“十三五”国家重点出版物出版规划项目

名校名家基础学科系列
Textbooks of Base Disciplines from Top Universities and Experts

大学物理

上册

主　编　王晓鸥　张伶莉　田　浩
参　编　王先杰　黄喜强　曹永印　李　均　袁承勋
　　　　刘志国　王　伟　王　旸　杨庆鑫　应　涛
　　　　裴延波　周可雅　宋　杰　朱杲宝

机械工业出版社

本书参照教育部现行的《理工科类大学物理课程教学基本要求》，根据当前各高校大学物理课程的教学需求编写而成，涵盖了该教学基本要求的A类内容，并择要介绍了一些B类扩展性内容．本书的主要特点是：在体系结构上，设有“章前问题”“学习要点”“思维拓展”“思考题”“章前问题解答”以及突出“课程思政”特点的“章后感悟”“科学家轶事”“应用拓展”等模块；在内容安排上，将物理知识与生产、生活和科技发展紧密联系；在内容结构上，突出了新形态教材的特点，即传统教材与网络教育的有机结合；在叙述上，力求开门见山、直击主题、深入浅出，并努力做到简明易懂，通顺流畅．本书主要内容为经典力学、狭义相对论和电磁学，共9章．

本书为全日制普通高等学校理工科类大学物理教材（120～150学时），也可作为成人教育、网络教育、高等教育自学考试的教材或参考书．

图书在版编目（CIP）数据

大学物理．上册/王晓鸥，张伶莉，田浩主编．—北京：机械工业出版社，2021.10（2025.7重印）
（名校名家基础学科系列）
“十三五”国家重点出版物出版规划项目
ISBN 978-7-111-69293-5

Ⅰ.①大…　Ⅱ.①王…　②张…　③田…　Ⅲ.①物理学－高等学校－教材
Ⅳ.①O4

中国版本图书馆CIP数据核字（2021）第201570号

机械工业出版社（北京市百万庄大街22号　邮政编码100037）
策划编辑：李永联　　　　责任编辑：李永联　李　乐
责任校对：樊钟英　张　薇　封面设计：马精明
责任印制：张　博
北京建宏印刷有限公司印刷
2025年7月第1版第2次印刷
184mm×260mm·20印张·493千字
标准书号：ISBN 978-7-111-69293-5
定价：65.00元

电话服务　　　　　　　　网络服务
客服电话：010-88361066　　机　工　官　网：www.cmpbook.com
　　　　　010-88379833　　机　工　官　博：weibo.com/cmp1952
　　　　　010-68326294　　金　　书　　网：www.golden-book.com
封底无防伪标均为盗版　　机工教育服务网：www.cmpedu.com

前言

哈尔滨工业大学是教育部“物理学拔尖学生培养基地”．本书作为教材，是基地建设的重要内容之一．我们对大学物理教学的理念是：大学物理课程不仅是理工科学生进一步学习专业知识的坚实基础，还是树立学生科学的世界观、增强学生分析和解决问题的能力、培养学生探索精神和创新意识的一门素质教育课程．大学物理课堂可以潜移默化地促进学生正确的价值观和人生观的养成，实现思想政治教育与知识体系教育的有机统一．

本书是哈尔滨工业大学物理学院大学物理教研室全体教师经过多年教学实践和教学改革，并考虑到大学和中学物理课程的衔接，结合当前“新工科”建设和“课程思政”改革编写而成．全书涵盖教育部现行《理工科类大学物理课程教学基本要求》A 类内容，并择要介绍了一些 B 类扩展性内容．在编写过程中，编者秉承哈尔滨工业大学“规格严格，功夫到家”的校训，始终贯彻大学物理是一门非物理学专业的公共基础课程的基本指导思想，在结构编排上力求物理知识体系的完整性，强调物理思想、物理方法以及物理图像的获取比知识本身更重要，凡能用物理图像说明清楚的，尽量不用较复杂的数学推证．因此，本书不仅便于教师讲授，更有助于学生自学和阅读．

本书每章开篇由“章前问题”引入，以期激发学生的学习兴趣．在章节中设置了“思维拓展”，力求引导学生主动思考，提升学生的创新思维、创造性科研和工程实践的能力，在“新工科”建设中培养高素质的复合型拔尖人才．

为了突出“课程思政”特点，在各章后还设置了“章后感悟”“科学家轶事”“应用拓展”等模块，期望开拓学生的科学视野、树立正确的人生观，其中，“章后感悟”旨在用物理规律启发学生树立正确的人生观和价值观；“科学家轶事”旨在通过介绍科学家胸怀祖国、服务人民的爱国精神，勇攀高峰、敢为人先的创新精神，追求真理、严谨治学的求实精神，以及淡泊名利、潜心研究的奉献精神等，激励学生争做重大科研成果的创造者、建设科技强国的奉献者，不断向科学技术的广度和深度进军；“应用拓展”旨在引导学生初步学会从物理学视角去洞察现实世界中形形色色的生活和工程实践现象，并用相应的物理知识去辨析，甚至有所创新．常言道：“授人以鱼，仅供一饭之需”，“惟有授人以渔，则终身受用无穷”，后者正是编者所企求的．

本书还突出了新形态教材的特点，即传统教材与现代网络教育的有机结合．书中配有与之对应的视频资源，学生通过扫描二维码可观看相应部分的演示实验，进而加深对物理概念、定理、定律的理解．

本书在叙述上力求开门见山，直击主题，深入浅出，尽可能避免繁文缛节，与此同时，行文力求简明易懂，通顺流畅．定理的推证在不违背严谨性的前提下做了一些简化，例如，理想气体压强公式的推导、氢原子定态薛定谔方程的求解等就是这样做的，但为了教师易教、学生易学，对重点内容做了重墨缕述，力求要言不烦；对非重点内容估计到学生阅读时会有困惑之处，仍不轻易回避，而是尽可能加以缕析，以期能对学生有所裨益.

本书由王晓鸥、张伶莉、田浩担任主编，王先杰、黄喜强、曹永印、李均、袁承勋、刘志国、王伟、王旸、杨庆鑫、应涛、裴延波、周可雅、宋杰、朱杲宝参加了编写. 本书演示实验的视频录制得到了大学物理教研室王庆东工程师的帮助，在此深表感谢!

本书的编写参考了国内外许多同类教材的有关资料，编者深受启迪，获益良多，在此谨向这些著作的作者深表感谢!

对书中错漏和不当之处，祈望读者们不吝赐正，是所至盼.

编　者

目 录

第 0 章

绪　论

章前问题

在人类漫长的 5000 多年的文明史中，为什么生活方式、生产方式没有发生根本性变化？为什么直到 18 世纪工业革命，特别是 19 世纪电力技术革命、20 世纪物理学取得了伟大成就以后，人类社会才发生了如此迅速的一次又一次革命性发展？

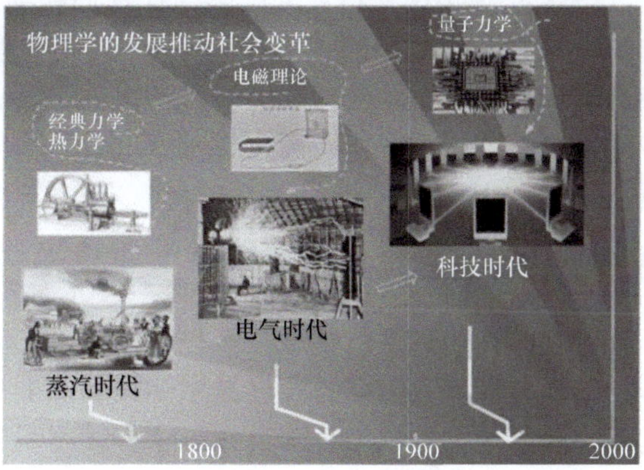

学习要点

1. 物理学；
2. 物理学的重要性；
3. 如何学习物理学.

纵观科技发展史，许多重大应用技术都是建立在物理学研究成果之上. 物理学上的每一次重大突破都能改变人们的思维方式，推动社会发展. 从电磁理论到互联网络的实时通信，从晶体管到高速计算机技术的成熟等. 物理学上的每一次重大突破都带来了物理学新领域、新方向的发展，以至于新的新兴学科、交叉学科和新技术学科的崛起，极大地推动了整个科学和技术甚至社会的发展，改变了世界的面貌.

本章重点了解什么是物理学、学习物理学的重要性以及如何学好物理学.

0.1　物理学

物质世界中色彩缤纷的自然景象和万物变迁，都是物质运动的种种表现，它们都是在相互联系和相互作用下通过能量的交换和传递而形成的. 因而，物质、运动、相互作用和能量是人们认识自然界的基本着眼点.

物理学是研究物质结构、相互作用和物质基本的、普遍的运动形式及其相互转化规律的科学. 其研究范围非常广泛. 从时间上看，大到宇宙的起源 10^{18} s，小到最不稳定粒子的寿命 10^{-25} s；从空间上看，大到宇宙的范围 10^{26} m，小到夸克的线度 10^{-20} m；从速度上看，大到物质运动的极限速度 3×10^{8} m · s^{-1}，小到速度为 0 的静止物体. 不同范围的物质具有不同的运动规律，因而产生了不同的研究方法．物理学的研究方法是科学的世界观和方法论建立的基础，深刻影响人类对物质世界的基本知识、人类的思维方式和社会活动，是人类文明发展的基石．物理学原理是技术源泉，是多学科交叉、转移和渗透的支撑点，在促进科技创新和技术进步等方面，物理学起着先导作用．

2000 年 12 月在德国柏林召开的第三届世界物理学大会决议指出："物理学是我们认识世界的基础……是其他学科和绝大部分技术发展的直接或不可缺少的基础，物理学曾经是、现在是、将来也是全球技术和经济发展的主要驱动力"．

0.2 物理学的重要性

1999 年在美国亚特兰大国际纯粹物理和国际应用物理联合会第 23 届代表大会上通过的决议"物理学对社会的重要性"中指出："物理学发展着未来技术进步所需的基本知识，而技术进步将持续驱动着世界经济发动机的运转；物理学有助于技术的基本建设，它为科学进步和发明的利用，提供所需训练有素的人才．……物理学扩展和提高我们对其他学科的理解"[1]．

0.2.1 物理学是一切自然科学和技术科学的基础

物理学作为自然科学和技术科学的基础，对其他学科有着深远甚至是决定性的影响．物理学的实验和理论方法，实验技术和设备不断影响着许多学科，并成为这些学科持续发展的基础．物理学已经成为许多自然科学和技术科学学科里不可分割的组成部分．物理学的进步导致了无线电、原子能、半导体、激光、计算机、光纤通信等的发明和发现，它们极大地影响了社会进步和人类的生活．物理学作用于其他自然科学和技术科学，催生了一大批分支科学和边缘交叉科学，如数学物理、化学物理、生物物理等．

物理学的发展要求尽可能准确地定量给出物质运动规律，数学就成为物理学不可缺少的工具，而丰富多彩的物理世界又为数学研究开辟了广阔的天地．历史上许多著名科学家，如牛顿（Newton，1643—1727）、欧拉（Euler，1707—1783）、高斯（Gauss，1777—1855）等，对于物理和数学都曾经做出了重大贡献．很多大数学家如庞加莱（Poincaré，1854—1912）、克莱因（Klein，1849—1925）、希尔伯特（Hilbert，1862—1943）等，也都精通理论物理学．近代物理学中关于混沌现象的研究也是物理学与数学相互结合的结果．

俄国化学家门捷列夫（Менделéев，1834—1907）在 1869 年提出元素周期律，很好地概括和描述了各种元素物理性质和化学性质之间的内在联系，但元素之间为什么存在这种联系，周期律解释不了．直到 20 世纪初，量子论的建立和描述微观粒子运动规律的量子力学的诞生，才从本质上说明了各种元素性质周期性变化的规律．量子力学导致了量子化学的产生．

物理学不仅为生命科学提供现代化的实验手段，如电子显微镜、X 射线衍射、核磁共振、扫描隧道显微镜等；还为生命科学提供理论概念和方法．从 19 世纪起，生物学家在生物遗传方面进行了大量的研究工作，提出了基因假设．但是，基因的物质基础问题，仍然是一个疑问．在 20 世纪 40 年代，物理学家薛定谔（Schrödinger，1887—1961）在他的小册子《生命是什么》中提出，生命的物质载体是非周期性晶体，遗传基因分子正是这种由大量原子秩序井然地结合起来的非周期性晶体；这种非周期性晶体的结构，可以有无限可能的排列，不同样式的排列相当于遗传的微型密码；并指出遗传密码存储于非周期性晶体的观点．同一时期，英国剑桥大学的卡文迪什实验室开展了对肌红蛋白的 X 射线结构分析，经过长期的努力终于确定下 DNA（脱氧核糖核酸）的晶体结构，揭示了遗传密码的本质，最终完成了人体信息图谱的工作．

物理学的应用常引发科学广泛的发展，像计算机因特网上常用的万维网（WWW）和超文本标记语言（HTML），就是由研究高能物理的西欧核子中心的研究人员为了交换实验数据而发明的，现在已经应用于日常生活．建立在基因研究基础上的生命科学，本身就是物理学家和生物学家携手共同努力的伟大创举．现代医学的诸多诊治方法，如 X 射线、B 超、CT、核磁共振、γ 射线、激光刀等都是直接应用现代物理学的成果．

0.2.2 物理学是现代技术革命的先导

物理学与技术的关系存在两种基本模式：其一是由于生产实践的需要而创建了技术，例如 18 世纪至 19 世纪蒸汽机等热机技术，然后根据物理学原理提高到理论上来，建立了热力学，再反馈到技术中去，促进技术的进一步发展；其二是先在实验室中揭示了基本规律，建立比较完整的物理学理论，然后再在生产中发展成为一种全新的技术．例如，19 世纪发展起来的电磁学理论，产生了今日的发电机、电动机、电报、电视、雷达，创建了现代的电力工程与无线电技术．到了 20 世纪更是如此，物理学已成为现代高新技术发展的先导与基础学科，如：原子能的利用是在核物理的实验和理论上发展出来的，半导体晶体管的发明是建立在量子力学和半导体物理能带理论的基础上的．

可以说，没有经典力学和热力学的发展，就不会有一代又一代热机的改进和发展，不能创造出汽车、火车、飞机，不能有火箭和人造卫星以实现飞离地球、奔向太空探索的梦想．没有电磁感应理论，就没有电力技术革命；没有量子力学的创立，就没有固体电子理论和半导体物理学，就不能创造出晶体管、集成电路，因而就没有现代信息技术．

例如，20 世纪 20 年代建立起来的描述微观世界规律的基本理论——量子力学，为人类了解物质结构奠定了基础．1926 年，狄拉克（Dirac，1902—1984）在薛定谔的多体波函数启示下，在费米（Fermi，1901—1954）统计分布的基础上，提出了固体中的电子服从的新的统计规律：费米－狄拉克统计规律．1928 年普朗克在应用量子力学研究金属导电问题中，提出了固体能带理论．1931 年英国物理学家威尔逊（Wilson，1869—1959）在能带理论的基础上，提出半导体的物理模型．在此基础上，1947 年物理学家肖克利（Shockley，1910—1989）、布拉顿（Brattain，1902—1987）、巴丁（Bardeen，1908—1991）成功地发明了晶体管．1958 年，成功研制了第一块集成电路．至今，集成电路的发展速度之快，对社会生产、生活的影响之大是人们始料未及的．以集成电路为核心的微电子技术已经渗透到现代通信、信息技术、计算机、医疗、能源、交通、自动化、教育传播等各个方面，尤其是对现代电子和信息技术的发展起了巨大的作用．

1905 年 9 月，爱因斯坦（Einstein，1879—1955）创立了狭义相对论，揭示了质量与能量之间的关系，提出了著名的质能关系式 $E=mc^2$，这就从理论上预言了原子内部蕴藏着巨大的能量．能否开发和利用这些能量呢？这是物理学家们不断探索的课题．1909 年 3 月，物理学家盖革（Geiger，1882—1945）和马斯登（Marsden，1888—1970）进行了著名的 α 粒子散射实验；卢瑟福在此试验基础上于1911年提出了原子的有核结构，确立了“原子核”概念；1913年，玻尔（Bohr，1885—1962）以卢瑟福原子模型为基础，引入量子概念，构筑了一个新的原子模型——量子化原子模型．随着中子和人工放射性，以及原子的人工嬗变、热中子核反应、重核裂变、链式反应等的重大发现，极大地激发了物理学家们的热情．虽然这些都是纯基础理论研究的成果，但它深深触及了人类开发原子核能这个十分现实的问题．1942年美国建成了世界上第一座原子反应堆，首次实现了人工控制的核裂变的反应，使爱因斯坦提出的质能关系变成了现实．如今，核电站发电已经超过了全球发电总量的1/5．欧洲一些国家核电在整个能源中所占的比例超过50%，法国高达80%．我国的核电起步于20世纪70年代初，目前形成了浙江秦山、广东大亚湾和江苏田湾等多个核电基地．截至2019年6月30日，建成19个，正在投入使用18个．2019年1～12月，我国47台运行核电机组（不包含台湾地区）累计发电量为3481.31亿kW·h，约占全国累计发电量的4.88%，比2018年同期发电量上升了18.09%．此外，核技术还广泛地应用于农业、医疗、材料、考古和环境保护等领域．

再如，激光也是基于量子理论发明的．1917年爱因斯坦提出受激辐射理论，1960年，基于这一理论成功地制造并运转了第一台激光器——红宝石脉冲激光器，获得了人类有史以来的第一束激光．如今，激光光谱用于大气污染分析；半导体激光器用于激光通信；CO_2激光器用于激光熔炼、激光切割、激光钻孔等．此外，激光全息术、激光外科手术、激光武器等都取得了长足发展．甚至于节假日的时候，还可用激光光束来增添节日的欢乐气氛．

激光技术的发展不仅充分显示出物理科学理论对技术发明的预见性，而且它本身又作为现代科学技术家族中重要的一员，也大大促进和推动着现代物理学和现代科学技术的发展．

0.2.3 物理学是现代物质文明的基础

物理学的技术成果，不断转化成生产力，已经创造出越来越多的物质财富．如物理学在半导体、集成电路、激光、磁性、超导等方面的成果，奠定了信息革命的科学基础．由物理学延伸的高技术产业应运而生，这些高技术产业，在20世纪下半叶的全球经济中扮演了重要的角色．为家庭开发了从微波炉到液晶电视等多种的家用电器，引导了以微电子、光电子、网络和微光机电技术为核心的第三次工业革命，为信息社会的到来奠定了技术基础．

由物理学研究带来的新技术和新产品层出不穷，从根本上改变了人们的生产方式和生活方式．例如，我们再不需要像从前那样只能到电影院看电影了，而尽可以坐在电视机前或在计算机前通过激光光盘或网络看所喜欢的电影；借助移动电话，我们可以和世界上任何地方的人随时保持联系；液晶和等离子体显示的彩电，已走进千家万户；半导体照明和节能灯已替代白炽灯，成为电照明的主力．

物理学的思想文化成果同样是十分宝贵的财富，它在提高公众科学文化素养方面有着十分重要的作用．物质文明可以通过商品市场普及亿万家庭．但是普及和提高精神文明却是一件十分艰巨的、长期的任务．公众的科学思想、科学方法和科学态度是需要进行长期教育培养的，各级物理教育课程的实施可以有效地承担这一重任．可以说，没有现代物理学就没有现代化家用电器，没有现代家庭物质文明．

0.3 如何学习物理学

著名物理学家爱因斯坦说："发展独立思考和独立判断的一般能力，应当始终放在首位，而不应当把专业知识放在首位. 如果一个人掌握了他的学科的基础理论，并且学会了独立思考和工作，他必定会找到自己的道路，而且比起那种主要以获得细节知识为其培训内容的人来，他一定会更好地适应进步和变化."

学习物理学就是发展独立思考和独立判断的一般能力的过程，不能仅仅掌握一些知识、死记硬背一些公式和定律（或定理），而应在学习过程中深入理解物理概念，掌握物理学的思维方法，建立物理图像. 正如著名物理学家费曼所说："科学是一种方法. 它教导人们：一些事物是怎样被了解的，什么事情是已知的，了解到了什么程度，如何对待疑问和不确定性，证据服从什么法则；如何思考事物，做出判断，如何区别真伪和表面现象."

学习物理最重要的就是理解. 理顺基本概念、基本原理以及不同主题之间的关系，创建思维导图. 要学会独立思考、学会推理与分析、学会总结；学会用简化模型处理问题，即在复杂事物中找出主要矛盾.

学好物理学，应做到培养学习兴趣、领悟学习方法. 重视预习复习，主动培养自学能力，适应"粗线条"的讲课方式；学会记笔记：主要记思路、要点和有特色的内容；高质量地及时完成作业，摒弃"题海战术"；反对应试观点，重视素质和能力的培养，特别是创新意识的培养. 要勤于思考，悟物穷理，不断建立自己的物理图像.

第 1 章

质点运动学

章前问题

一支吹气枪，以小球为抛体. 靶子是一个由磁铁悬吊着的铁罐，吹气枪管正瞄准铁罐. 若在小球离开吹气枪的同时，磁铁释放铁罐. 请问小球能否打到铁罐？若能打到铁罐，需要满足什么条件？

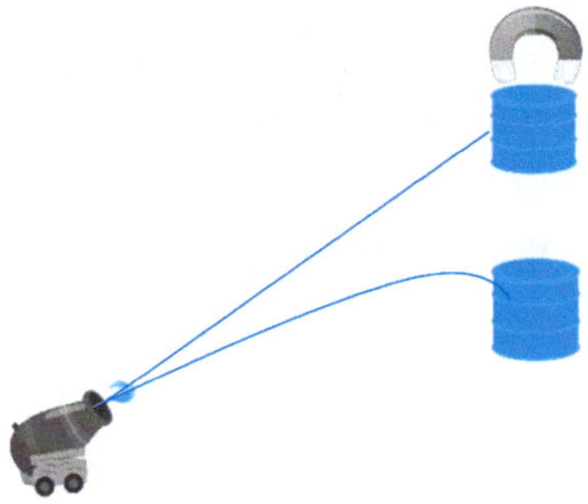

学习要点

1. 参考系、坐标系；
2. 位置矢量；
3. 位移；
4. 速度；
5. 加速度；
6. 自然坐标系；
7. 变速圆周运动；
8. 圆周运动的角量描述.

物体的运动一般较为复杂. 由于物体本身具有一定的形状和大小，物体上各点所处空间位置不同，因而在运动时，物体上各点的位置变动通常也不尽相同：同时，物体本身的大小和形状也可以不断改变，所以要详细描写物体的运动并不容易. 但在研究某些运动时，根据问题的性质和运动情况，在一定的近似下，可以不考虑物体的大小和形状. **这种把物体看成是没有大小和形状，且拥有物体全部质量的点**，称为**质点**. 因此，质点是将真实物体经过简化、抽象后的一个物理模型，它并不是真实物体的本身.

质点运动学的任务就是在允许将物体看成质点的情况下，来研究物体机械运动的规律. 例如，在地球绕太阳公转的同时，尚有自转，因而地球上各处的运动情况迥异。但是，由于地球到太阳的距离约为地球半径的两万多倍，所以相对于太阳而言，地球上各点的运动状态差异甚小，因而在研究地球绕太阳的公转时，也可将地球视作质点.

顺便指出，如果物体的形状和大小相对于其运动空间而言，不能视作质点，但若物体各点的运动状态相同，那么，我们就把物体的这种运动称为平动，并可用其中任一点的运动来代替该物体的整体运动。例如，局限于内燃机气缸内的活塞，在曲柄连杆驱动下做往复运动，就是一种平动。

当然，一个物体能否视作质点，应针对具体问题进行具体分析．例如，研究地球绕轴自转时，就不能将地球视作质点了．

综上所述，在研究物理现象时，要抓住其主要因素，撇开次要因素，把复杂的研究对象及其演变过程，简化成理想化的物理模型，以便能够更深刻地凸显问题的本质．这不仅是物理学中一种重要的研究方法，也是引领科技工作者去探索和解决实际问题的一种有效途径．读者通过本课程的学习，应逐步加以领会和掌握．本章着重阐明描述质点机械运动的一些物理量，如位矢、位移、速度、加速度等，并讨论质点的几种简单的运动．

1.1　参考系　坐标系

宇宙万物皆处于永恒的运动之中，这就是运动的绝对性．就机械运动而言，在描述物体位置的变动时，总是相对于另一个作为参考的物体来考察的．**这个被作为参考的物体称为参考系**．

显然，选择不同的参考系，同一个物体的运动将相应地有不同的描述，这就是说描述物体的运动具有相对性．例如，一个人坐在做匀速直线运动的列车中，若以列车为参考系，此人是静止的，而以地面为参考系，此人随车做同样的匀速直线运动．由此可见，研究某个物体的运动，必须确认是对哪个参考系而言的．

在运动学中，参考系的选择可以是任意的，选择的原则是，在问题的性质和情况允许的前提下，力求使运动的描述和处理简单方便．例如，研究地面上物体的运动，通常选地面（即地球）为参考系最为方便．研究行星运动时，则宜选太阳为参考系，有助于问题处理的简化．

在选定参考系后，为了描述物体在不同时刻所到达的空间位置，可以在参考系上任取一点 O 作为参考点，建立一个坐标系．最常用的是直角坐标系，如图 1-1a 所示．在参考系上任选参考点 O 作为坐标系的原点，并作相互垂直的 Ox 轴、Oy 轴和 Oz 轴，从而建构成空间直角坐标系 $Oxyz$. 于是，质点在空间的位置就可用 x、y、z 这三个坐标来表示．若质点在一个平面上运动，类似地可在这个平面上作平面直角坐标系 Oxy，用 x、y 这两个坐标就可以表示出它在平面上的位置．当质点做直线运动时，可以沿该直线作 Ox 轴，只需用一个坐标 x 就可表示它的位置．即坐标系是固结在参考系上的一组有刻度的射线、曲线或角度．这样，借助于参考系，利用坐标系，便可定量描述物体在不同时刻所到达的空间位置．除直角坐标系外，常用的坐标系还有自然坐标系、极坐标系等（见图 1-1b、c）．

把运动物体在空间所经历的一系列位置，按物体到达的先后相应地用数字大小排列成一个序列，这个数字就称为时刻．时刻是描述物体运动位置到达先后的物理量，它是标量，记作 t. 时间则是描述物体运动过程持续的物理量．设物体在运动过程中先后到达两个位置 P、Q，所对应的时刻分别为 t_0 和 t，则物体从位置 P 运动到位置 Q 所经历的时间为 $\Delta t = t - t_0$．倘若我们选择物体在起始位置的时刻 $t_0 = 0$，则 $\Delta t = t$. 在这种情况下，时间的量值 Δt 就是时刻的量值 t. 今后，我们在习惯上常常这么说，运动物体的空间位置随时间 t 的变更而改变，就是从上述这个意义上来说的．这里，时间 t 既具有时刻的含义，也具有与某起始位

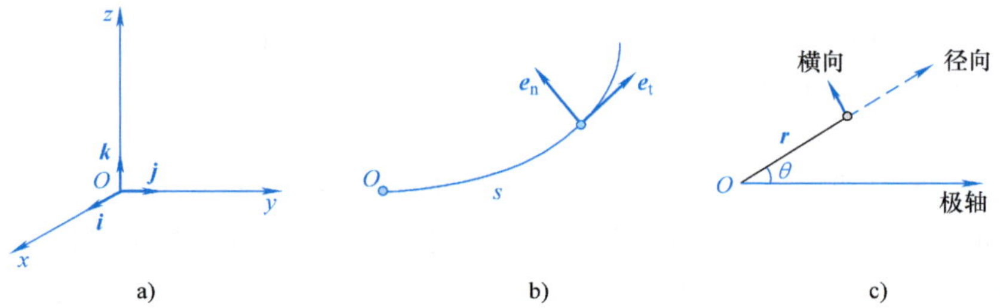

图 1-1 坐标系

a）直角坐标系 b）自然坐标系 c）极坐标系

置的零时刻之间的时间间隔的含义.

坐标的大小通常用几何上的长度来标示. 在国际单位制（SI）中，长度的单位是m（米），也常用 km（千米）、cm（厘米）等单位. 时刻和时间的单位都是 s（秒），有时也用 min（分）、h（小时）、d（天）或 a（年）作为单位.

值得指出，由于坐标系（连同所配置的尺和钟）固连于被选作参考系的物体上，因而质点相对于坐标系的运动，也就是相对于参考系的运动. 这意味着一旦建立了坐标系，实际上就暗示参考系也已选定.

> 注意：今后为简单起见，凡是说到“国际单位制”，都用它的代号“SI”表示；并认定各个物理量的单位皆用相应的基本单位及其导出单位或组合单位.

思考题

1-1 为了测量一艘货轮在大海中的航速，可否将此货轮看作质点？若要观察此货轮驶近码头停泊时的运动情况，这时将货轮看作质点是否正确？

1-2 何谓参考系和坐标系？为什么要引入这些概念？古诗词中常说“北雁南飞”，这究竟是对哪个参考系而言的？

1.2 描述质点运动的物理量

1.2.1 位矢

如图 1-2a 所示，在参考系上任意取定一个参考点 O，从点 O 指向质点在某一时刻的位置 P，作一矢量 $\boldsymbol{r}$，称为质点在该时刻的**位置矢量**，简称**位矢**. 位矢 $\boldsymbol{r}$ 的长度 $|\boldsymbol{r}|$ 表示质点离参考点 O 的远近，即 $|\boldsymbol{r}|=OP$；其方向自 O 指向 P，表示质点相对于参考点 O 的方位.

为了便于定量计算，如图 1-2b 所示，可在参考系上作一个以 O 为原点的空间直角坐标系 $Oxyz$，各轴的正方向分别用相应单位矢量 $\boldsymbol{i}$、$\boldsymbol{j}$、$\boldsymbol{k}$ 标示. 这样，点 P 的位置坐标 x、y、z 就是该点位矢 $\boldsymbol{r}$ 分别沿 Ox、Oy、Oz 轴上的分量，而 $x\boldsymbol{i}$、$y\boldsymbol{j}$、$z\boldsymbol{k}$ 则为位矢 $\boldsymbol{r}$ 的三个分矢量.

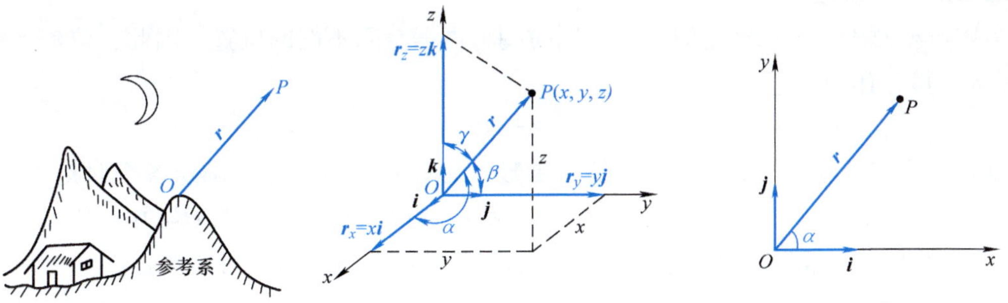

图 1-2 位矢

由此便可写出位矢 $\boldsymbol{r}$ 在空间直角坐标系 $Oxyz$ 中的正交分解式，即

$$\boldsymbol{r}=x\boldsymbol{i}+y\boldsymbol{j}+z\boldsymbol{k} \tag{1-1}$$

由位矢 $\boldsymbol{r}$ 的分量，即点 P 的坐标 x、y、z，可以求位矢 $\boldsymbol{r}$ 的大小和方向．其大小为标量，即

$$r=|\boldsymbol{r}|=\sqrt{x^2+y^2+z^2} \tag{1-2}$$

其方向可用位矢 $\boldsymbol{r}$ 分别与 Ox、Oy、Oz 轴所成的夹角（称为方向角）α、β、γ 表示，方向角的余弦称为 $\boldsymbol{r}$ 的方向余弦，即

$$\cos\alpha=\frac{x}{r},\cos\beta=\frac{y}{r},\cos\gamma=\frac{z}{r} \tag{1-3}$$

并且，读者不难自行证明：式（1-3）的三个方向余弦存在着如下的关系式：

$$\cos^2\alpha+\cos^2\beta+\cos^2\gamma=1 \tag{1-4}$$

显然，若已知质点的位置坐标 x、y、z，则该位矢便可由式（1-1）表示，并可借式（1-2）和式（1-3）具体算出 r、α、β、γ，从而确定位矢的大小和方向，反之亦然．也就是说，用位置坐标（x、y、z）或用位矢 $\boldsymbol{r}$ 来描述质点的位置是等价的．

当质点在同一平面内运动时，如图 1-2c 所示，在该平面上所构造的直角坐标系 Oxy 中，其位矢 $\boldsymbol{r}$ 为

$$\boldsymbol{r}=x\boldsymbol{i}+y\boldsymbol{j}$$

$\boldsymbol{r}$ 的大小为

$$r=|\boldsymbol{r}|=\sqrt{x^2+y^2} \tag{1-5}$$

$\boldsymbol{r}$ 的方向可用它与 Ox 轴的夹角 α 表示，即

$$\alpha=\arctan\frac{y}{x} \tag{1-6}$$

运动函数 轨道方程

当质点相对于参考系运动时，在不同时刻将占据空间不同的位置，因此，位矢 $\boldsymbol{r}$ 是时间 t 的函数，可记作

$$\boldsymbol{r}=\boldsymbol{r}(t) \tag{1-7}$$

这是一个矢量函数，称为质点的**运动函数**．根据运动函数，可确定各个时刻 t_1，t_2，… 的质点位矢 $\boldsymbol{r}_1$，$\boldsymbol{r}_2$，…．若质点做平面运动，则在选取的直角坐标系 Oxy 中，位矢 $\boldsymbol{r}$ 沿各坐标轴的分量也相应地随时间 t 在变化．上述运动函数的正交分解式可写作

$$\boldsymbol{r}=\boldsymbol{r}(t)=x(t)\boldsymbol{i}+y(t)\boldsymbol{j}+z(t)\boldsymbol{k} \tag{1-8}$$

与之等效的分量式为

$$\begin{cases} x=x(t) \\ y=y(t) \\ z=z(t) \end{cases} \tag{1-9}$$

由式（1-9）中消去时间参数 t，可得质点运动的轨道（或轨迹）方程，即

$$f(x,y,z)=0 \tag{1-10}$$

而式（1-9）则是轨道的参数方程．轨道方程描述了质点所经历的路径形状．若质点运动的路径为一直线，就称为直线运动；若质点运动的路径为一曲线，则称为曲线运动．

例题 1-1 一小车在水平面上的直角坐标系 Oxy 中的运动函数为

$$\boldsymbol{r}=(5\cos\pi t)\boldsymbol{i}+(5\sin\pi t)\boldsymbol{j}$$

式中，r 的单位是 m；t 的单位是 s．求小车的轨道方程．

解： 由题设的运动函数可得相应的分量式为

$$x=5\cos\pi t \tag{a}$$

$$y=5\sin\pi t \tag{b}$$

将式ⓐ和式ⓑ的两边分别平方，然后相加，得小车的轨道方程为

$$x^2+y^2=5^2$$

这表明小车在水平面上沿着以原点 O 为圆心、半径为 5m 的圆形轨道运动．

1.2.2 位移

设质点在时刻 t 位于点 P，在时刻 $t+\Delta t$ 运动到点 Q，则从点 P 指向点 Q 的矢量 $\Delta\boldsymbol{r}$ 称为 t 到 $t+\Delta t$ 这段时间内的位移，如图 1-3 所示，有

$$\Delta\boldsymbol{r}=\boldsymbol{r}_2-\boldsymbol{r}_1=(x_2-x_1)\boldsymbol{i}+(y_2-y_1)\boldsymbol{j}+(z_2-z_1)\boldsymbol{k} \tag{1-11}$$

式中，$\boldsymbol{r}_1$、$\boldsymbol{r}_2$分别为始点 P 和末点 Q 的位矢．相应地，在空间直角坐标系 $Oxyz$ 中的位置坐标分别为（x_1,y_1,z_1）、（x_2,y_2,z_2）．位移 $\Delta\boldsymbol{r}$ 是矢量，其大小表示质点位置的变动程度，其方向反映质点位置的变动趋向．

事实上，位移描述了质点在某段时间内始、末位置变动的总效果，它并不一定能反映质点在始、末位置之间所经历路径的实际行程．我们把质点运动所经历的实际行程的长度，称为路程．路程是一个**标量**，如图1-3所示，质点沿曲线运动时，与位移 $\Delta \boldsymbol{r}$ 对应的路程是弧长 Δs，而位移的大小 $|\Delta \boldsymbol{r}|$ 则是对应于这段弧的弦长．显然，$|\Delta \boldsymbol{r}| \neq \Delta s$.

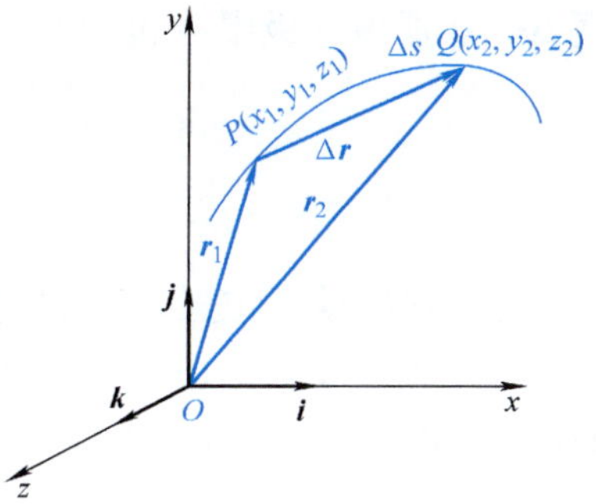

图1-3 位移

位移的大小和路程的单位都是 m（米），有时也用 km（千米）、cm（厘米）等作为单位．

思考题

1-3 （1）试述位移和路程的意义及其区别．

（2）若汽车沿平直公路（作为 Ox 轴）从点 O 出发行驶了 2000m 到达点 B，又折回到 OB 的中点 C. 求汽车行驶的路程和位移.

1-4 设在湖面上的坐标系 Oxy 中，小艇的运动函数为 $\boldsymbol{r}=(2t)\boldsymbol{i}+(3-8t^2)\boldsymbol{j}$(SI)，求轨道方程．

1.2.3 速度

平均速度

设质点按运动规律 $\boldsymbol{r}=\boldsymbol{r}(t)$ 沿曲线轨道 C 运动（见图1-4），某时刻 t 位于点 P，其位矢为 $\boldsymbol{r}_P=\boldsymbol{r}(t)$；在 $t+\Delta t$ 时刻，运动到了点 Q，其位矢为 $\boldsymbol{r}_Q=\boldsymbol{r}(t+\Delta t)$．则在时间 Δt 内，质点的位移为 $\Delta \boldsymbol{r}=\boldsymbol{r}(t+\Delta t)-\boldsymbol{r}(t)$，而位移 $\Delta \boldsymbol{r}$ 与所需时间 Δt 之比 $\Delta \boldsymbol{r}/\Delta t$，就是质点在时间 Δt 内的平均速度，以 $\overline{\boldsymbol{v}}$ 表示，即

$$\overline{\boldsymbol{v}}=\frac{\Delta \boldsymbol{r}}{\Delta t} \tag{1-12}$$

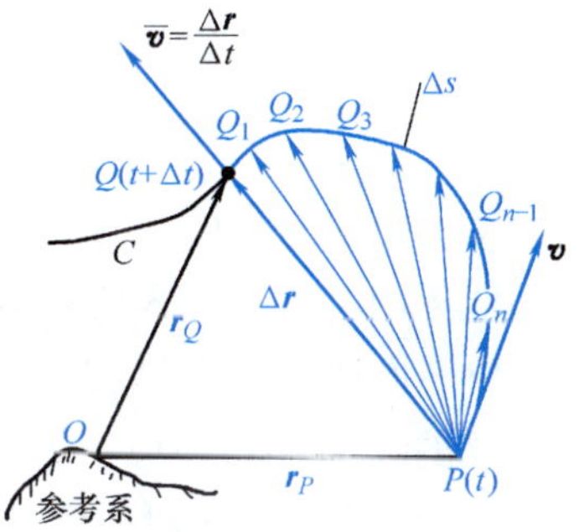

图1-4 速度

式中，位移 $\Delta \boldsymbol{r}$ 是矢量，而 Δt 是正的标量，则所得的平均速度仍是矢量．其方向与位移 $\Delta \boldsymbol{r}$ 的方向相同，其大小等于 $|\Delta \boldsymbol{r}|/\Delta t$.

瞬时速度　瞬时速率

平均速度只是粗略地反映了在某段时间内（或某段路程中）质点位置变动的快慢和方向．为了细致地描述质点在某一时刻（或相应的某一位置）的运动情况，应使所取的时间 Δt 尽量缩短并趋向于零；与此同时，$\Delta \boldsymbol{r}$ 的大小（即图1-4中的弦 PQ 的长度）也逐渐缩短而趋近于零，这时，质点的位置从点 Q 经 Q_1，Q_2，… 越来越接近点 P；位移 $\Delta \boldsymbol{r}$ 的方向以及平均速度 $\Delta \boldsymbol{r}/\Delta t$ 的方向也相应地从 $\overrightarrow{PQ}$ 改变到 $\overrightarrow{PQ_1}$，$\overrightarrow{PQ_2}$，…的方向，并逐渐趋向于点 P 的切线方向．于是，质点在某一时刻 t（或相应的位置 P）的运动情况，便可用 $\Delta t \to 0$ 时平均速

度 $\Delta\boldsymbol{r}/\Delta t$ 所取的极限（包括大小和方向的极限）——瞬时速度（简称速度）$\boldsymbol{v}$来描述，即

$$\boldsymbol{v}=\lim_{\Delta t\to 0}\frac{\Delta\boldsymbol{r}}{\Delta t}=\frac{\mathrm{d}\boldsymbol{r}}{\mathrm{d}t} \tag{1-13}$$

这一极限就是位矢 $\boldsymbol{r}$（矢量）对时间 t（标量）的导数 $\mathrm{d}\boldsymbol{r}/\mathrm{d}t$，称为矢量导数.

由于矢量导数仍是一个矢量，故**速度是矢量**. **速度方向沿着轨道上质点在该时刻所在点的切线，指向质点运动前进的一方**；其大小为

$$|\boldsymbol{v}|=\left|\frac{\mathrm{d}\boldsymbol{r}}{\mathrm{d}t}\right|=\frac{|\mathrm{d}\boldsymbol{r}|}{\mathrm{d}t} \tag{1-14}$$

需要指出，质点在任一时刻的位矢和速度，表述了质点在该时刻位于何处、朝着什么方向以多大的速率离开该处. 所以，位矢 $\boldsymbol{r}$ 和速度$\boldsymbol{v}$是全面描述质点运动状态的两个物理量，缺一不可. 通常，我们把质点在起始时刻（$t=0$）的运动状态（其位矢为 $\boldsymbol{r}_0$，速度为$\boldsymbol{v}_0$）称为质点运动的初始条件，记作 $t=0$ 时，$\boldsymbol{r}=\boldsymbol{r}_0$，$\boldsymbol{v}=\boldsymbol{v}_0$.

通常，我们还引用速率这一物理量，它描述质点运动的快慢，而不涉及质点的运动方向. 在图 1-4 中，质点在 Δt 时间内所通过的路程为曲线段$\overset{\frown}{PQ}$的弧长 Δs，则 Δs 与 Δt 之比叫作在时间 Δt 内质点的平均速率，记作 $\overline{v}$，即

$$\overline{v}=\frac{\Delta s}{\Delta t} \tag{1-15}$$

当 $\Delta t\to 0$ 时，平均速率的极限称为质点运动的**瞬时速率**（简称速率），记作 v，即

$$v=\lim_{\Delta t\to 0}\frac{\Delta s}{\Delta t}=\frac{\mathrm{d}s}{\mathrm{d}t} \tag{1-16}$$

平均速率是正的标量，而平均速度是矢量，两者不能等同看待；纵然是平均速度的大小，一般说来，与平均速率也不尽相等. 这是因为时间 Δt 内的位移的大小 $|\Delta\boldsymbol{r}|$一般不等于相应的路程 Δs.

> “线元”是指曲线上的一段微分直线段，整条曲线可以看成由无限多段的线元连接而成.

然而，当 $\Delta t\to 0$ 时，我们从图 1-4 中的质点位置演变过程来推想，这时点 Q 趋向于点 P，相应的位移 $\Delta\boldsymbol{r}$ 将变成位移元 $\mathrm{d}\boldsymbol{r}$（即位矢 $\boldsymbol{r}$ 的微分），$\mathrm{d}\boldsymbol{r}$ 的方向为 $\Delta t\to 0$ 时 $\Delta\boldsymbol{r}$ 的极限方向，即沿轨道在点 P 的切线方向；与此同时，路程 Δs 将趋近于轨道曲线的一段线元 $\mathrm{d}s$. 由于这时轨道曲线段$\overset{\frown}{PQ}$的弧长 Δs 与对应的弦长 PQ（即 $|\Delta\boldsymbol{r}|$）逐渐趋于相等，所以，当 $\Delta t\to 0$ 时，位移的大小将等于路程，即 $|\mathrm{d}\boldsymbol{r}|=\mathrm{d}s$，因而

$$|\boldsymbol{v}|=\left|\frac{\mathrm{d}\boldsymbol{r}}{\mathrm{d}t}\right|=\frac{\mathrm{d}s}{\mathrm{d}t}=v \tag{1-17}$$

可见，瞬时速度大小等于瞬时速率.

速度和速率的单位都是 $\mathrm{m}\cdot\mathrm{s}^{-1}$（米每秒）；有时也常用 $\mathrm{cm}\cdot\mathrm{s}^{-1}$（厘米每秒）、$\mathrm{km}\cdot\mathrm{s}^{-1}$（千米每秒）作为单位.

思考题

1-5　速度和速率有何区别？有人说：“一辆汽车的速度可达 110km/h，它的速率为向东 75km/h”．你觉得这种说法有何不妥？

例题 1-2　如例题 1-2 图所示，一质点在坐标系 Oxy 的第一象限内运动，轨道方程为 $xy=16$，且 x 随时间 t 的变动规律为 $x=4t^2$（$t\neq0$）．这里，x、y 以 m 计，t 以 s 计．求质点在 $t=1\text{s}$ 时的速度．

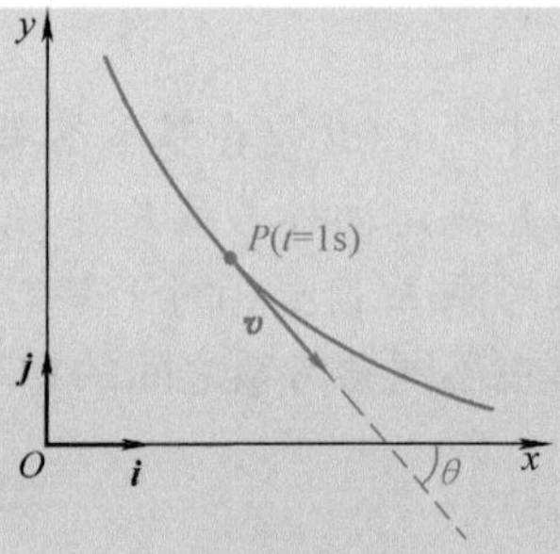

例题 1-2 图

解： 质点运动函数沿 Ox 轴的分量式为

$$x=4t^2 \quad ⓐ$$

将式ⓐ代入轨道方程 $xy=16$ 中，可得质点运动函数沿 Oy 轴的分量式为

$$y=4t^{-2} \quad (t\neq0) \quad ⓑ$$

显然，质点做平面运动，其运动函数的矢量正交分解式为

$$\boldsymbol{r}=(4t^2)\boldsymbol{i}+(4t^{-2})\boldsymbol{j} \quad ⓒ$$

把式ⓒ对时间 t 求导，便得质点在任一时刻的速度，即

$$\boldsymbol{v}=\frac{\mathrm{d}\boldsymbol{r}}{\mathrm{d}t}=(8t)\boldsymbol{i}+(-8t^{-3})\boldsymbol{j} \quad ⓓ$$

当 $t=1\text{s}$ 时，由式ⓓ可得速度$\boldsymbol{v}$的两个分量分别为

$$v_x=8\text{m}\cdot\text{s}^{-1},\ v_y=-8\text{m}\cdot\text{s}^{-1}$$

这时，质点速度$\boldsymbol{v}$的大小为

$$v=\sqrt{v_x^2+v_y^2}=\sqrt{(8\text{m}\cdot\text{s}^{-1})^2+(-8\text{m}\cdot\text{s}^{-1})^2}=8\sqrt{2}\text{m}\cdot\text{s}^{-1}=11.31\text{m}\cdot\text{s}^{-1}$$

在质点做平面运动的情况下，速度$\boldsymbol{v}$的方向仅需用它与 Ox 轴所成的夹角 θ 表示，即

$$\theta=\arctan\frac{v_y}{v_x}=\arctan\frac{-8\text{m}\cdot\text{s}^{-1}}{8\text{m}\cdot\text{s}^{-1}}=\arctan(-1)=-45°$$

相对运动

通常，我们在描述物体的运动时，常选地面或相对于地面静止的物体（如山峦、房舍等）作为参考系．但是，有时为了方便起见，往往也改选相对于地面运动的物体（例如行驶着的车、船等）作为参考系．这时，由于参考系的变换，就要考虑物体相对于不同参考系的运动及其相互关系，这就是相对运动问题．

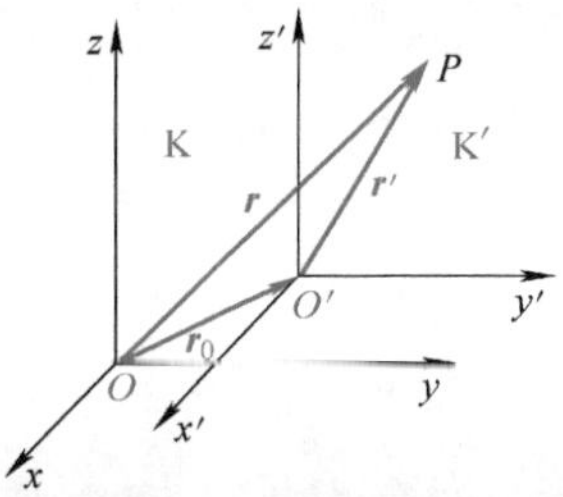

图 1-5　相对运动

通常，可先选定一个基本参考系 K（例如地球），如果另一个参考系 K′相对于基本参考系 K 在运动，则称之为运动参考系（例如一架飞行着的飞机）．如图 1-5 所示，$Oxyz$ 和 $O'x'y'z'$是分别建立在参考系 K 和 K′上的坐标系．

设一运动物体 P 在某一时刻相对于参考系 K 和 K′的位置，可分别用位矢 $\boldsymbol{r}$ 和 $\boldsymbol{r}'$表示；而运动参考系 K′上的原点 O'在基本参考系 K 中的位矢为 $\boldsymbol{r}_0$，从图 1-5 中可见，它们之间有如下关系：

$$\boldsymbol{r}=\boldsymbol{r}_0+\boldsymbol{r}'$$

将上式对时间 t 求导，得

$$\frac{\mathrm{d}\boldsymbol{r}}{\mathrm{d}t}=\frac{\mathrm{d}\boldsymbol{r}_0}{\mathrm{d}t}+\frac{\mathrm{d}\boldsymbol{r}'}{\mathrm{d}t}$$

式中，$\mathrm{d}\boldsymbol{r}/\mathrm{d}t$ 是在基本参考系 K 中观察到的物体速度，称为物体的绝对速度，用 $\boldsymbol{v}$ 表示；$\mathrm{d}\boldsymbol{r}'/\mathrm{d}t$ 是在运动参考系 K′中观察到的物体速度，称为物体的相对速度，用 $\boldsymbol{v}_\mathrm{r}$ 表示；$\mathrm{d}\boldsymbol{r}_0/\mathrm{d}t$ 是运动参考系 K′自身相对于基本参考系 K 的速度，称为物体的牵连速度，用 $\boldsymbol{v}_0$ 表示．于是，可得物体在不同参考系之间的相对速度为

$$\boldsymbol{v}=\boldsymbol{v}_0+\boldsymbol{v}_\mathrm{r} \tag{1-18}$$

即绝对速度等于牵连速度与相对速度的矢量和．

读者按式（1-18）不难推想，若在地球上以很高的速度发射火箭，此后，在该火箭上又以高速发射第二级火箭，…，原则上，只要火箭级（枚）数足够多，我们就可由式（1-18）获得任意大的速度．可是相对论（见第 5 章）指出：自然界中最大的速度是真空中的光速 c（$c=3\times10^8\mathrm{m\cdot s^{-1}}$），任何实物粒子及其组成的物体都不能超越这个极限速度．这意味着式（1-18）只是在速度较小的范围内近似正确．

思考题

1-6 （1）一人坐在行驶的汽车中，看到后面超车的汽车速度较实际速度慢，而看到迎面驶来的汽车速度较实际速度快．为什么？

（2）雨点竖直下降时，在行驶的火车中的乘客为什么看到雨点是倾斜落下的？

例题 1-3 如例题 1-3 图所示，在高层建筑中的升降机 A 以匀速 $\boldsymbol{v}_\mathrm{A}=6\mathrm{m\cdot s^{-1}}$ 往下运行．分别求吊绳 W 和平衡重 G 相对于升降机的速度．

分析： 在本题中，以地面为基本参考系 K，升降机 A 为运动参考系 K′，则升降机相对于地面的速度 $\boldsymbol{v}_\mathrm{A}$ 即为牵连速度，而吊绳 W 相对于升降机的速度 $\boldsymbol{v}_\mathrm{WA}$ 即为相对速度，则按相对运动的速度关系，吊绳 W 相对于地面的速度 $\boldsymbol{v}_\mathrm{W}$ 即为绝对速度，也即

$$\boldsymbol{v}_\mathrm{W}=\boldsymbol{v}_\mathrm{A}+\boldsymbol{v}_\mathrm{WA} \qquad ⓐ$$

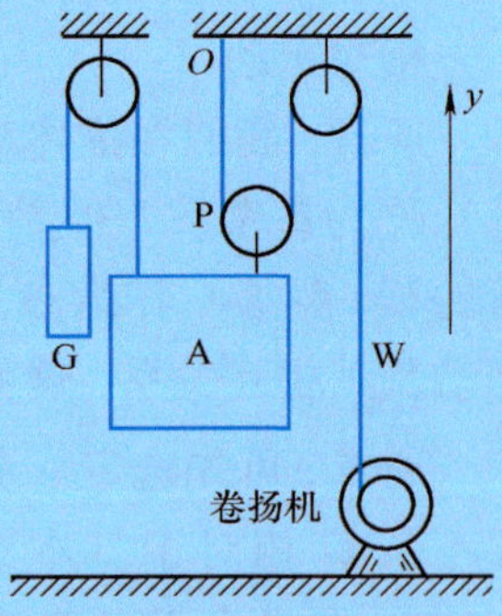

例题 1-3 图

已知 $\boldsymbol{v}_\mathrm{A}$ 的大小为 $6\mathrm{m\cdot s^{-1}}$，方向竖直向下，因此，欲求 $\boldsymbol{v}_\mathrm{WA}$，尚需先求出 $\boldsymbol{v}_\mathrm{W}$. 由图示的机械装置可以看出，若升降机下降距离 l_A 时，动滑轮 P 两侧的绳子都将各自被拉下一段长度 l_A. 由于吊绳上端固定于点 O，则卷扬机势必要把绳子放出 $2l_\mathrm{A}$ 的长度．这样，吊绳的位移 l_W 应是升降机位移 l_A 的两倍，即 $l_\mathrm{W}=2l_\mathrm{A}$. 将此关系式对时间 t 求导，即

$dl_W/dt = 2dl_A/dt$，便可给出吊绳与升降机的速度大小关系为 $|v_W| = 2|v_A|$. 已知 $|v_A| = 6\text{m}\cdot\text{s}^{-1}$，则 $v_W = 2\times6\text{m}\cdot\text{s}^{-1} = 12\text{m}\cdot\text{s}^{-1}$，方向竖直向上.

对平衡重 G 来说，它上升的位移大小 l_G 与升降机下降的位移大小 l_A 相等，仿照上述讨论，平衡重与升降机的速度大小相等，而 $v_G = |v_A| = 6\text{m}\cdot\text{s}^{-1}$，其方向竖直向上.

解： 根据上述分析，并取竖直向上为 y 轴正向，则 $v_W = +12\text{m}\cdot\text{s}^{-1}$，$v_A = -6\text{m}\cdot\text{s}^{-1}$，$v_G = +6\text{m}\cdot\text{s}^{-1}$；对式ⓐ进行标量运算，便可得吊绳相对于升降机的速度为

$$v_{WA} = v_W - v_A = (+12\text{m}\cdot\text{s}^{-1}) - (-6\text{m}\cdot\text{s}^{-1}) = 18\text{m}\cdot\text{s}^{-1}$$

v_{WA} 为正，表示其方向竖直向上. 同理，平衡重相对于升降机的速度为

$$v_{GA} = v_G - v_A = (+6\text{m}\cdot\text{s}^{-1}) - (-6\text{m}\cdot\text{s}^{-1}) = 12\text{m}\cdot\text{s}^{-1}$$

显然，v_{GA} 的方向也是竖直向上的.

1.2.4 加速度

如图 1-6a 所示，设质点沿一曲线轨道按速度 $\boldsymbol{v} = \boldsymbol{v}(t)$ 做变速运动. 在时刻 t，质点位于点 P，速度是 $\boldsymbol{v}_P = \boldsymbol{v}(t)$，在时刻 $t + \Delta t$，质点位于点 Q，速度变为 $\boldsymbol{v}_Q = \boldsymbol{v}(t + \Delta t)$. 而末速 $\boldsymbol{v}_Q$ 与初速 $\boldsymbol{v}_P$ 的矢量差（见图 1-6b）

$$\Delta\boldsymbol{v} = \boldsymbol{v}_Q - \boldsymbol{v}_P = \boldsymbol{v}(t + \Delta t) - \boldsymbol{v}(t) \quad (1\text{-}19)$$

就是这段时间 Δt 内的速度增量，它表示时间 Δt 内质点运动速度（包括其大小和方向）的改变.

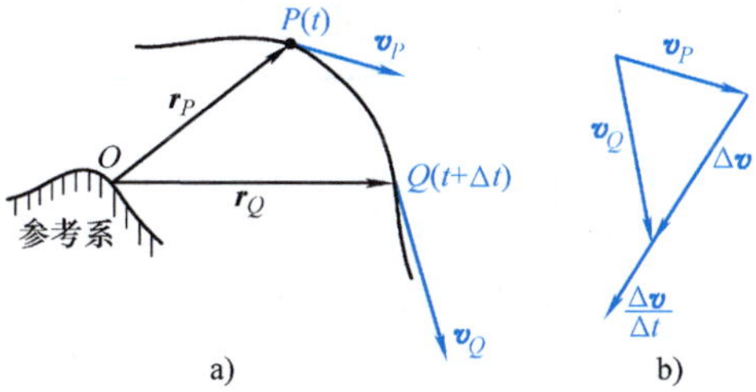

图 1-6 曲线运动的加速度

我们把速度增量 $\Delta\boldsymbol{v}$ 与所需时间 Δt 之比，称为质点从时刻 t 起，所取一段时间 Δt 内的平均加速度，记作 $\overline{\boldsymbol{a}}$，即

$$\overline{\boldsymbol{a}} = \frac{\Delta\boldsymbol{v}}{\Delta t} \quad (1\text{-}20)$$

由于 $\Delta\boldsymbol{v}$ 是一个矢量，Δt 是一个标量，则平均加速度也为一矢量，其方向与 $\Delta\boldsymbol{v}$ 相同，如图 1-6b 所示，大小为 $|\overline{\boldsymbol{a}}| = |\Delta\boldsymbol{v}|/\Delta t$.

平均加速度一般因时刻 t 及所取时间 Δt 不同而异，所以，应指明是在哪一时刻开始所取的哪一段时间内的平均加速度.

为了给出质点在时刻 t（或位置）的瞬时加速度，可令 $\Delta t\to0$，求平均加速度的极限，即为该时刻 t 的瞬时加速度，简称加速度，它是一个矢量，记作 $\boldsymbol{a}$，即

$$\boldsymbol{a} = \lim_{\Delta t\to0}\frac{\Delta\boldsymbol{v}}{\Delta t} = \frac{d\boldsymbol{v}}{dt} \quad (1\text{-}21)$$

因为 $\boldsymbol{v} = d\boldsymbol{r}/dt$，所以上式也可写成

$$\boldsymbol{a}=\frac{\mathrm{d}^2\boldsymbol{r}}{\mathrm{d}t^2} \tag{1-22}$$

其方向是 $\Delta t\to 0$ 时 $\Delta\boldsymbol{v}$的极限方向，如图 1-6b 所示，$\Delta\boldsymbol{v}$的方向以及它的极限方向一般不同于速度$\boldsymbol{v}$的方向．因而，加速度 $\boldsymbol{a}$ 的方向与同一时刻（或同一地点）的速度$\boldsymbol{v}$的方向一般也不相同．也就是说，加速度一般并不沿曲线的切线方向，但从 $\Delta\boldsymbol{v}/\Delta t$ 趋于极限方向的演变过程来看，加速度总是指向运动轨道曲线的凹侧（见图 1-6a）．

在 SI 中，速度大小的单位是 $\mathrm{m\cdot s^{-1}}$（米每秒），则加速度的单位便是 $\mathrm{m\cdot s^{-2}}$（米每二次方秒）．例如，自由落体的加速度（即重力加速度）g 的大小约为 $9.80\mathrm{m\cdot s^{-2}}$，其方向竖直向下．

思考题

1-7 （1）试述加速度的定义，并说明 $\mathrm{d}\boldsymbol{v}/\mathrm{d}t$ 与 $\mathrm{d}v/\mathrm{d}t$ 有何区别．

（2）在某时刻，物体的速度为零，加速度是否一定为零？加速度为零，速度是否一定为零？速度很大，加速度是否一定很大？加速度很大，速度是否一定很大？试举例说明．

例题 1-4 设一质点在水平面上所选的直角坐标系 Oxy 中的运动函数分量式为

$$x=8\sin\pi t, y=-2\cos 2\pi t \quad \text{(SI)}$$

求：（1）质点运动的轨道方程；（2）在 $t=0$ 到 $t=1\mathrm{s}$ 这段时间内质点的位移；（3）质点在 $t=1\mathrm{s}$ 时的速度和质点在 $t=(1/2)\mathrm{s}$ 时的加速度．

解：（1）从运动函数的分量式

$$x=8\sin\pi t, y=-2\cos 2\pi t$$

中消去时间 t，有

$$y=-2\cos 2\pi t=-2(1-2\sin^2\pi t)=-2\left[1-2\left(\frac{x}{8}\right)^2\right]$$

从而得轨道方程为

$$y=\frac{x^2}{16}-2 \quad \text{(SI)}$$

所以，在坐标系 Oxy 中，质点运动的轨道是一条开口向上的抛物线．

（2）按题设，质点运动函数的矢量表达式便是如下的正交分解式：

$$\boldsymbol{r}(t)=x\boldsymbol{i}+y\boldsymbol{j}=[(8\sin\pi t)\boldsymbol{i}+(-2\cos 2\pi t)\boldsymbol{j}](\mathrm{m}) \tag{ⓐ}$$

质点在 $t=0$ 时的位矢为

$$\boldsymbol{r}_1=8\sin(\pi\times 0)\boldsymbol{i}-2\cos(2\pi\times 0)\boldsymbol{j}=(-2\mathrm{m})\boldsymbol{j}$$

质点在 $t=1\mathrm{s}$ 时的位矢为

$$\boldsymbol{r}_2=8\sin(\pi\times 1)\boldsymbol{i}-2\cos(2\pi\times 1)\boldsymbol{j}=(-2\mathrm{m})\boldsymbol{j}$$

质点在 $t=0$ 到 $t=1\mathrm{s}$ 这段时间内的位移为

$$\Delta\boldsymbol{r}=\boldsymbol{r}_2-\boldsymbol{r}_1=(-2\boldsymbol{j})-(-2\boldsymbol{j})=\boldsymbol{0}$$

（3）今求式ⓐ对时间 t 的矢量导数，可得质点的速度为

$$v=\frac{\mathrm{d}\boldsymbol{r}}{\mathrm{d}t}=\frac{\mathrm{d}x}{\mathrm{d}t}\boldsymbol{i}+\frac{\mathrm{d}y}{\mathrm{d}t}\boldsymbol{j}=[(8\pi\cos\pi t)\boldsymbol{i}+(4\pi\sin2\pi t)\boldsymbol{j}](\mathrm{m}\cdot\mathrm{s}^{-1}) \quad ⓑ$$

则 $t=1\mathrm{s}$ 时的速度为

$$v|_{t=1\mathrm{s}}=(-8\pi\mathrm{m}\cdot\mathrm{s}^{-1})\boldsymbol{i}=(-25.13\mathrm{m}\cdot\mathrm{s}^{-1})\boldsymbol{i}$$

即质点在 $t=1\mathrm{s}$ 时速度沿 Ox 轴负向，大小为 $25.13\mathrm{m}\cdot\mathrm{s}^{-1}$.

求式ⓑ对时间 t 的矢量导数，可得质点的加速度为

$$\boldsymbol{a}=\frac{\mathrm{d}\boldsymbol{v}}{\mathrm{d}t}=\frac{\mathrm{d}v_x}{\mathrm{d}t}\boldsymbol{i}+\frac{\mathrm{d}v_y}{\mathrm{d}t}\boldsymbol{j}=[(-8\pi^2\sin\pi t)\boldsymbol{i}+(8\pi^2\cos2\pi t)\boldsymbol{j}](\mathrm{m}\cdot\mathrm{s}^{-2}) \quad ⓒ$$

则 $t=1/2\mathrm{s}$ 时的加速度为

$$\boldsymbol{a}\bigg|_{t=\frac{1}{2}\mathrm{s}}=[(-8\pi^2)\boldsymbol{i}+(-8\pi^2)\boldsymbol{j}](\mathrm{m}\cdot\mathrm{s}^{-2})$$

其大小为

$$|\boldsymbol{a}|=\sqrt{(-8\pi^2)^2+(-8\pi^2)^2}\mathrm{m}\cdot\mathrm{s}^{-2}$$
$$=8\sqrt{2}\pi^2\mathrm{m}\cdot\mathrm{s}^{-2}=111.66\mathrm{m}\cdot\mathrm{s}^{-2}$$

注意：位矢、速度和加速度等物理量的大小和方向都是对某一时刻而言的，即它们都具有瞬时性，或者说，它们都是瞬时量；而位移、平均速度等都是对一段时间而言的，它们都是过程量.

其方向可用 $\boldsymbol{a}$ 与 Ox 轴正向所成的夹角 θ 表示，即

$$\theta=\arctan\frac{a_y}{a_x}=\arctan\frac{-8\pi^2\mathrm{m}\cdot\mathrm{s}^{-2}}{-8\pi^2\mathrm{m}\cdot\mathrm{s}^{-2}}=\arctan1=45°$$

说明

读者在求一个矢量时，可以具体算出其大小和方向；也可以只给出其正交分解式. 因为给出一个矢量的正交分解式，意味着总是可由它的分量确切地求出该矢量的大小和方向.

例题1-5　一机车的车轮无滑动地在水平轨道上滚动，轮缘上一点 P 所经过的轨道在例题1-5图所示的坐标系 Oxy 中可用参数方程

$$x=R\omega t-R\sin\omega t,\ y=R-R\cos\omega t$$

表示. 式中，R、ω 为正的恒量；t 为时间. 求点 P 在任一时刻的位矢、速度和加速度；并由此求出加速度的大小和方向.

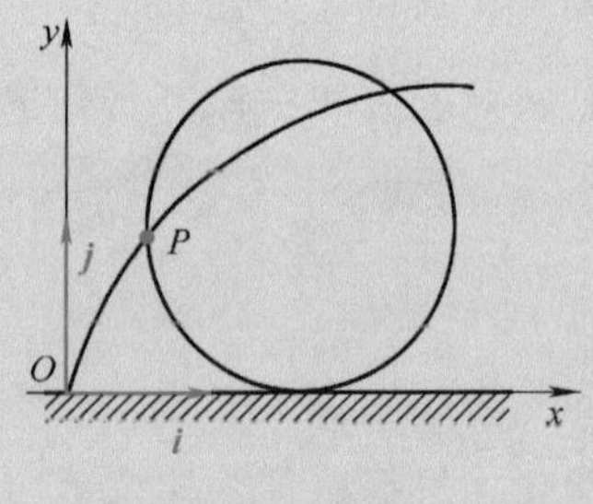

例题1-5图

解：已知轮缘上一点 P 的运动函数，则点 P 在任一时刻的位矢为

$$\boldsymbol{r}=x\boldsymbol{i}+y\boldsymbol{j}=(R\omega t-R\sin\omega t)\boldsymbol{i}+(R-R\cos\omega t)\boldsymbol{j}$$

速度为

$$\boldsymbol{v}=(\mathrm{d}x/\mathrm{d}t)\boldsymbol{i}+(\mathrm{d}y/\mathrm{d}t)\boldsymbol{j}=(R\omega-R\omega\cos\omega t)\boldsymbol{i}+(R\omega\sin\omega t)\boldsymbol{j}$$

加速度为

$$\boldsymbol{a}=(\mathrm{d}^2x/\mathrm{d}t^2)\boldsymbol{i}+(\mathrm{d}^2y/\mathrm{d}t^2)\boldsymbol{j}=(R\omega^2\sin\omega t)\boldsymbol{i}+(R\omega^2\cos\omega t)\boldsymbol{j}$$

其大小为

$$|\boldsymbol{a}|=[(R\omega^2\sin\omega t)^2+(R\omega^2\cos\omega t)^2]^{1/2}=R\omega^2$$

其方向可用与 Ox 轴所成夹角 θ 表示，即

$$\theta=\arctan\frac{a_y}{a_x}=\arctan\frac{R\omega^2\cos\omega t}{R\omega^2\sin\omega t}=\arctan(\cot\omega t)$$

故

$$\theta=k\pi+\pi/2-\omega t$$

按初始条件：$t=0$ 时，$\theta=\pi/2$，由上式可得 $k=0$，由此得

$$\theta=\pi/2-\omega t$$

例题 1-6 如例题 1-6 图所示，滑雪运动员以 2.1m/s^2 的加速度沿倾斜角度为 $15°$ 的斜坡滑雪. $t=0$ 时刻通过坐标系的原点时，位置矢量和速度分别为

$$\boldsymbol{r}(0)=(75.0\boldsymbol{i}+50.0\boldsymbol{j})\text{m}$$

$$\boldsymbol{v}(0)=(4.1\boldsymbol{i}-1.1\boldsymbol{j})\text{m}\cdot\text{s}^{-1}$$

求位置矢量和速度的 x 分量和 y 分量随时间的变化关系.

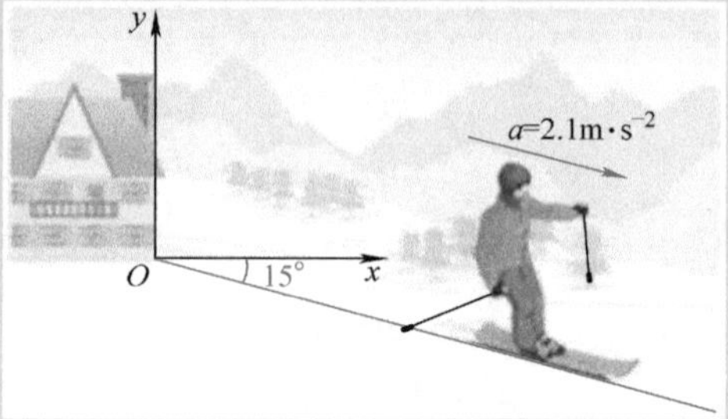

例题 1-6 图

解： 如例题 1-6 图所示，由题给条件可知速度分量

$$v_x(0)=4.1\text{m}\cdot\text{s}^{-1},\quad v_y(0)=-4.1\text{m}\cdot\text{s}^{-1}$$

加速度分量

$$a_x=a\cos\theta,\ a_y=a\sin\theta$$

由图知

$$\theta=-15°$$

根据加速度的定义式（1-21）：$\boldsymbol{a}=\frac{\mathrm{d}\boldsymbol{v}}{\mathrm{d}t}$可得

$$\boldsymbol{a}=\frac{\mathrm{d}\boldsymbol{v}}{\mathrm{d}t}=a_x\boldsymbol{i}+a_y\boldsymbol{j}=\frac{\mathrm{d}v_x}{\mathrm{d}t}\boldsymbol{i}+\frac{\mathrm{d}v_y}{\mathrm{d}t}\boldsymbol{j}$$

进而得到

$$a_x=\frac{\mathrm{d}v_x}{\mathrm{d}t},\ a_y=\frac{\mathrm{d}v_y}{\mathrm{d}t}$$

分别对上式积分即可得到速度的 x 分量和 y 分量随时间的变化关系

$$v_x(t)=\int_0^t a_x\mathrm{d}t+v_x(0)=\int_0^t a\cos\theta\mathrm{d}t+v_x(0)=2.0t+4.1(\text{m}\cdot\text{s}^{-1})$$

$$v_y(t)=\int_0^t a_y\mathrm{d}t+v_y(0)=\int_0^t a\sin\theta\mathrm{d}t+v_y(0)=-0.54t-1.1(\text{m}\cdot\text{s}^{-1})$$

同理，根据速度的定义式（1-13）：$\boldsymbol{v}=\frac{\mathrm{d}\boldsymbol{r}}{\mathrm{d}t}$可得

$$\boldsymbol{v}=\frac{\mathrm{d}\boldsymbol{r}}{\mathrm{d}t}=v_x\boldsymbol{i}+v_y\boldsymbol{j}=\frac{\mathrm{d}x}{\mathrm{d}t}\boldsymbol{i}+\frac{\mathrm{d}y}{\mathrm{d}t}\boldsymbol{j}$$

进而得到

$$v_x=\frac{\mathrm{d}x}{\mathrm{d}t},\ v_y=\frac{\mathrm{d}y}{\mathrm{d}t}$$

分别对上式积分即可得到位置矢量的 x 分量和 y 分量随时间的变化关系

$$x(t)=\int_0^t v_x\mathrm{d}t+x(0)=\int_0^t(2.0t+4.1)\mathrm{d}t+x(0)=t^2+4.1t+75.0(\text{m})$$

$$y(t)=\int_0^t v_y\mathrm{d}t+y(0)=\int_0^t(-0.54t-1.1)\mathrm{d}t+y(0)=-0.27t^2-1.1t+50.0(\text{m})$$

1.3　直线运动

前述各节，我们引入了描述质点运动的一些物理量，如位矢、位移、速度和加速度等．下面我们将讨论几种常见的运动．本节先讨论质点的直线运动，这是一种较简单而又最基本的运动．

现在我们讨论直线运动的标量表述．当质点相对于一定的参考系做直线运动时，只需沿此直线取 Ox 轴，并在其上选定一个合适的原点 O 和规定一个 Ox 轴的正方向，如图 1-7 所示．于是，描述质点直线运动的位矢、位移、速度和加速度等物理量皆可用标量处理，它们的矢量性体现在其方向可用正、负来标示，即凡与选定的 Ox 轴正向一致者，取正值；反之则取负值．这些标量式为

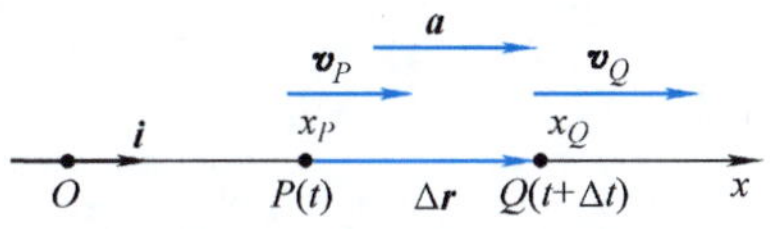

图 1-7　质点的直线运动

运动函数　$x = x(t)$

位移　$\Delta x = x_Q - x_P$

速度　$v = \dfrac{dx}{dt}$

加速度　$a = \dfrac{dv}{dt} = \dfrac{d^2x}{dt^2}$

不难理解，做直线运动的质点，若其加速度 $\boldsymbol{a}$ 与速度$\boldsymbol{v}$同号，即二者方向相同，则做加速运动；若二者异号，则做减速运动．

思维拓展

1-1　水龙头流出的稳定的水流总是越往下越细，这是为什么？假设水从水龙头流出时的速度的大小是 v_0，你能够估算出细流的直径随离开龙头的距离的变化关系吗？

例题 1-7　一质点沿 Ox 轴做直线运动，其运动函数为

$$x = t^3 - 4t^2 + 10t + 1 \quad \text{(SI)}$$

求：(1) 质点在 $t=0$，1s、2s 时的位矢、速度和加速度以及 $t=0$ 到 $t=2\text{s}$ 内的平均速度；

(2) 质点的最小速度和相应的位置坐标，并绘出 $v-t$ 曲线．

解：(1) 由质点运动函数

$$x = t^3 - 4t^2 + 10t + 1 \qquad ⓐ$$

可相继对时间 t 求导，便得质点的速度和加速度分别为

$$v = \frac{dx}{dt} = 3t^2 - 8t + 10 \qquad ⓑ$$

$$a = \frac{dv}{dt} = 6t - 8 \qquad ⓒ$$

由式ⓐ～式ⓒ可分别求得质点在题设各时刻的位矢（即位置坐标）、速度和加速度：

$$t=0, x_0 = 1\text{m}, v_0 = 10\text{m}\cdot\text{s}^{-1}, a_0 = -8\text{m}\cdot\text{s}^{-2}$$

$$t=1\text{s}, x_1 = 8\text{m}, v_1 = 5\text{m}\cdot\text{s}^{-1}, a_1 = -2\text{m}\cdot\text{s}^{-2}$$

$$t=2\text{s}, x_2=13\text{m}, v_2=6\text{m}\cdot\text{s}^{-1}, a_2=4\text{m}\cdot\text{s}^{-2}$$

则在 $t=0$ 到 $t=2\text{s}$ 内，质点的平均速度为

$$\overline{v}=\frac{\Delta x}{\Delta t}=\frac{x_2-x_0}{t_2-t_0}=\frac{13\text{m}-1\text{m}}{2\text{s}-0}=6\text{m}\cdot\text{s}^{-1}$$

（2）令 $\mathrm{d}v/\mathrm{d}t=0$，由式ⓒ，得 $t=(4/3)\text{s}$，且 $\mathrm{d}^2v/\mathrm{d}t^2\mid_{t=(4/3)\text{s}}=6>0$. 根据求函数极值的充要条件，则在 $t=(4/3)\text{s}$ 时，速度具有极小值 $v_{\min}$，因而可从式ⓑ算出这个最小速度为

$$v_{\min}=v\mid_{t=(4/3)\text{s}}=\left[3\left(\frac{4}{3}\right)^2-8\left(\frac{4}{3}\right)+10\right]\text{m}\cdot\text{s}^{-1}=4.67\text{m}\cdot\text{s}^{-1}$$

由式ⓐ，可求相应于质点速度最小时的位置坐标为

$$x=\left[\left(\frac{4}{3}\right)^3-4\left(\frac{4}{3}\right)^2+10\left(\frac{4}{3}\right)+1\right]\text{m}=\frac{259}{27}\text{m}=9.59\text{m}$$

根据上述这些结果，可大致绘出 $v-t$ 曲线，如例题1-7图所示.

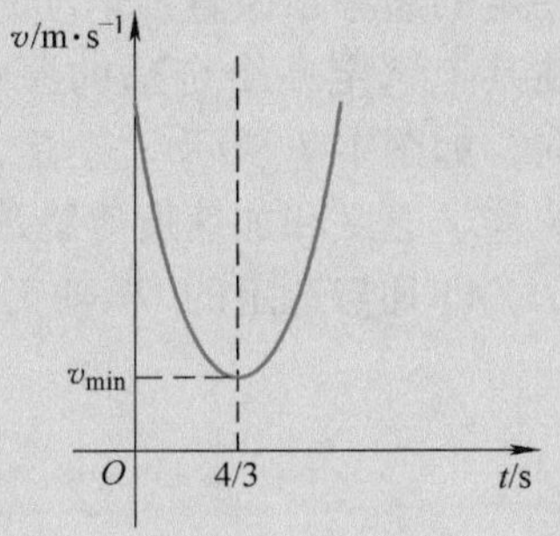

例题1-7图

注意：从式ⓒ可知，质点的加速度 a 随时间 t 而改变，故质点做变速直线运动. 为此，求平均速度时，应从它的定义式 $\overline{v}=\Delta x/\Delta t$ 入手，切忌随意套用匀变速直线运动中求平均速度的公式 $v=(v_0+v_2)/2$.

例题1-8 对一枚火箭的圆锥形头部进行试验. 把它以初速 $150\text{m}\cdot\text{s}^{-1}$ 竖直向上发射后，受空气阻力而减速，其阻力所引起的加速度大小为 $0.0005v^2$（SI）. 求火箭头部所能达到的最大高度.

解：取 Ox 轴向上为正（见例题1-8图），则火箭头部的总加速度为 $a=-(g+0.0005v^2)$，其中 g 是重力加速度的大小，其方向向下，阻力所引起的加速度方向也向下，二者皆与所取的 Ox 轴反向，故取负值. 今把加速度改写成 $a=v\mathrm{d}v/\mathrm{d}x$，从而可列出

$$v\frac{\mathrm{d}v}{\mathrm{d}x}=-(g+0.0005v^2)$$

当达到最大高度 $x=h_{\max}$ 时，$v=0$，对上式分离变量，并积分，有

$$\int_0^{h_{\max}}\mathrm{d}x=\int_{150}^{0}\frac{-v\mathrm{d}v}{g+0.0005v^2}$$

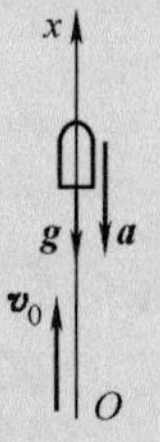

例题1-8图

由此可解算出

$$h_{\max}=-\frac{1}{2\times0.0005}[\ln9.80-\ln(9.80+0.0005\times150^2)]\text{m}=764.52\text{m}$$

说明

这里，a 是 v 的函数，且不涉及时间 t 这一自变量，为了便于运算，有必要借微分法中的复合函数求导法则，对加速度 $a=\mathrm{d}v/\mathrm{d}t$ 进行变量置换，即

$$a=\mathrm{d}v/\mathrm{d}t=(\mathrm{d}v/\mathrm{d}x)(\mathrm{d}x/\mathrm{d}t)=v\mathrm{d}v/\mathrm{d}x$$

例题1-9 导出质点的匀变速直线运动公式.

解： 质点沿 Ox 轴做匀变速直线运动，则其加速度 a 为恒量．若已知质点运动的初始条件为：当 $t=0$ 时，$x=x_0$，$v=v_0$．于是，按加速度的定义式 $a=\mathrm{d}v/\mathrm{d}t$，有

$$\mathrm{d}v = a\mathrm{d}t$$

并由初始条件，求上式的定积分，即

$$\int_{v_0}^{v}\mathrm{d}v = \int_0^t a\mathrm{d}t$$

由此可得质点在任一时刻的速度为

$$v = v_0 + at \tag{1-23}$$

由 $v=\mathrm{d}x/\mathrm{d}t$，可改写为 $\mathrm{d}x=v\mathrm{d}t$，并将式（1-23）代入，成为

$$\mathrm{d}x = (v_0 + at)\mathrm{d}t$$

按初始条件，对上式求定积分，有

$$\int_{x_0}^{x}\mathrm{d}x = \int_0^t v_0\mathrm{d}t + \int_0^t at\mathrm{d}t$$

由此可得质点在任一时刻 t 的位移为

$$x - x_0 = v_0 t + \frac{1}{2}at^2 \tag{1-24}$$

又因 $a=\mathrm{d}v/\mathrm{d}t=(\mathrm{d}v/\mathrm{d}x)(\mathrm{d}x/\mathrm{d}t)=v\mathrm{d}v/\mathrm{d}x$，可把它改写为

$$v\mathrm{d}v = a\mathrm{d}x$$

按初始条件，对上式求定积分，有

$$\int_{v_0}^{v} v\mathrm{d}v = \int_{x_0}^{x} a\mathrm{d}x$$

得

$$v^2 = v_0^2 + 2a(x - x_0) \tag{1-25}$$

应用式（1-23）~式（1-25）时，其中位置坐标的正、负取决于原点 O 的位置，速度和加速度的正、负则取决于它们的方向：凡是沿 Ox 轴正向的，用正值代入；凡是沿 Ox 轴负向的，用负值代入，所得结果若为正值，表示其方向沿 Ox 轴正向；若为负值，则沿 Ox 轴负向．

思考题

1-8　（1）质点做直线运动时，其位置、速度和加速度的意义如何？它们的大小和方向是如何确定的？试与曲线运动的情况相比较．

（2）物体在静止或做匀速直线运动时，它们的速度和加速度各如何？

1-9　设一木块在斜面顶端 O 自静止开始下滑，沿斜面做直线运动，如思考题 1-9 图所示，以出发点 O 为原点，沿斜面向下取 Ox 轴，则木块的运动函数为 $x=4t^2$（SI）．试绘制木块运动中的位置、速度和加速度与时间的函数关系 $x=x(t)$、$v=v(t)$、$a=a(t)$ 的图线，即所谓 $x-t$ 图、$v-t$ 图和 $a-t$ 图．

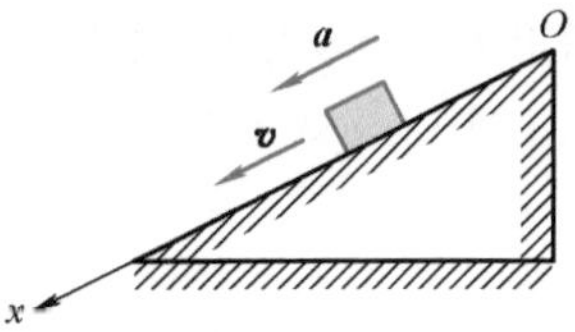

思考题 1-9 图

例题 1-10　在 20m 高的塔顶以速度 $6\mathrm{m}\cdot\mathrm{s}^{-1}$ 竖直向上抛一石子，求 2s 后石子离地面的高度．

解： 先建立坐标系，令地面（塔底）为坐标原点 O，取 Ox 轴向上为正向（见例题 1-10 图），则初位置 x_0 为正，$x_0=+20\mathrm{m}$；初速 $\boldsymbol{v}_0$ 与 Ox 轴正向一致，也取正值，$v_0=+6\mathrm{m}\cdot\mathrm{s}^{-1}$.

重力加速度 g 的方向向下，沿 Ox 轴负向，故取负值，$a=-g=-9.80\mathrm{m}\cdot\mathrm{s}^{-2}$. 在匀变速直线运动公式（1-24）中，$x-x_0$ 为位移，x 为末位置．把已知值代入式（1-24），算得

$$x=(+20\mathrm{m})+(+6\mathrm{m}\cdot\mathrm{s}^{-1})\times 2\mathrm{s}+\frac{1}{2}\times(-9.80\mathrm{m}\cdot\mathrm{s}^{-2})\times(2\mathrm{s})^2=+12.4\mathrm{m}$$

末位置坐标为正值，说明在 2s 后石子位于地面（原点）以上高 12.4m 处．

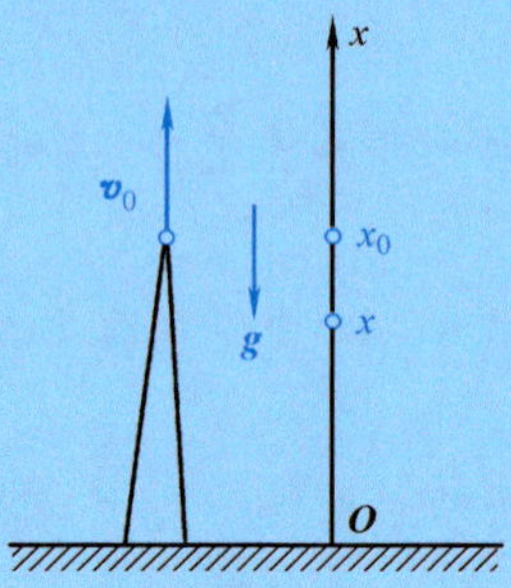

例题 1-10 图

说明

本例解法简明方便，其原因在于采取了坐标系和运用了位移、速度和加速度等物理量的矢量性．因此，在全过程中，无论是上升期间或后来的下落期间，实际上就是受重力加速度支配的同一个匀变速直线运动．因而便可直接求出式（1-24）中的位移 $x-x_0$，而不必分段考虑中间的路程如何．

1.4　抛体运动

抛体运动是一种平面曲线运动．

当地面附近的物体以速度 $\boldsymbol{v}_0$ 沿仰角为 θ 的方向斜抛出去后（见图 1-8），若物体的速度不大而可忽略空气阻力等，则物体在整个运动过程中只具有一个竖直向下的重力加速度 $\boldsymbol{g}$.

将开始抛出的时刻作为计时零点，即 $t=0$，由于初速 $\boldsymbol{v}_0$ 与 $\boldsymbol{g}$ 两者方向不一致，运动轨道不可能是一直线，而是在 $\boldsymbol{v}_0$ 与 $\boldsymbol{g}$ 两矢量所决定的竖直平面内做曲线运动．

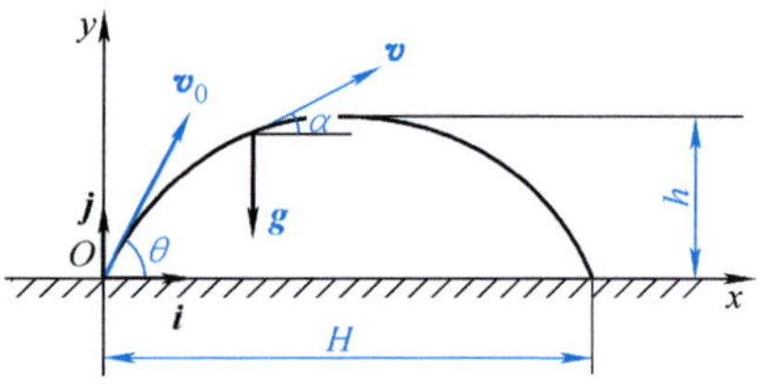

图 1-8　抛体运动

在上述物体运动的竖直平面内，以抛出点作为原点 O，沿水平和竖直方向分别取坐标轴 Ox、Oy. 在所建立的直角坐标系 Oxy 中，由于物体只具有一个竖直向下的重力加速度 $\boldsymbol{g}$，因而沿 Ox、Oy 轴的加速度分量分别为 $a_x=0$、$a_y=-g$，按平面运动的加速度定义式（参见例题 1-4 中的式ⓒ），有

$$\boldsymbol{a}=a_x\boldsymbol{i}+a_y\boldsymbol{j}=\frac{\mathrm{d}v_x}{\mathrm{d}t}\boldsymbol{i}+\frac{\mathrm{d}v_y}{\mathrm{d}t}\boldsymbol{j}=0\boldsymbol{i}+(-g)\boldsymbol{j} \quad ⓐ$$

则

$$\frac{\mathrm{d}v_x}{\mathrm{d}t}=0,\ \frac{\mathrm{d}v_y}{\mathrm{d}t}=-g$$

对以上两式分别进行不定积分，得 Ox、Oy 轴的速度分量为

$$v_x = c_1,\ v_y = -gt + c_2 \tag{b}$$

式中，c_1、c_2都是积分常量．考虑到 $t=0$ 时，初速 v_0 在 Ox、Oy 轴上的分量为 $v_x = v_0\cos\theta$、$v_y = v_0\sin\theta$，将这组速度的初始条件代入式ⓑ，得

$$c_1 = v_0\cos\theta,\ c_2 = v_0\sin\theta$$

将它们代回式ⓑ，得

$$v_x = v_0\cos\theta,\ v_y = v_0\sin\theta - gt \tag{c}$$

它们分别是物体在任一时刻 t 的速度 v 沿 Ox、Oy 轴的分量式．式ⓒ表明，物体沿水平的 Ox 轴方向，做匀速直线运动；沿竖直的 Oy 轴方向，以初速 $v_0\sin\theta$ 做匀变速直线运动．由式ⓒ可得沿 Ox 轴、Oy 轴的运动函数分别为

$$x = (v_0\cos\theta)t,\ y = (v_0\sin\theta)t - \frac{1}{2}gt^2$$

以上两式中消去时间参量 t，即得抛体运动的轨道方程

$$y = x\tan\theta - \frac{gx^2}{2v_0^2\cos^2\theta} \tag{1-26}$$

式（1-26）表明，轨道是一条抛物线．令上式中的 $y=0$，可解得此抛物线与 Ox 轴的两个交点的坐标分别为

$$x_1 = 0,\ x_2 = \frac{v_0^2\sin2\theta}{g}$$

其中，x_2即为抛体的射程，记作 H，则

$$H = \frac{v_0^2\sin2\theta}{g} \tag{1-27}$$

显然，当以仰角 $\theta = 45°$抛射时，射程可达最大值 $H_{max} = v_0^2/g$.

将式（1-26）对 x 求导，并令 $\mathrm{d}y/\mathrm{d}x = 0$ 则得 $x = \dfrac{v_0^2\sin2\theta}{2g}$，将它代回式（1-26），可得抛体在飞行时所能达到的最大高度 y_{max}，称为射高，记作 h，即

$$h = \frac{v_0^2\sin^2\theta}{2g} \tag{1-28}$$

章前问题解答

现在我们来分析本章开头提出的问题．如问题解答图所示，吹气枪精确地瞄准了铁罐，在小球以初速度$\boldsymbol{v}_0$ 射出时，铁罐开始下落．小球在空中做匀加速运动，其加速度为重力加速度，即 $\boldsymbol{a} = \boldsymbol{g}$. 根据加速度的定义式（1-21）：$\boldsymbol{a} = \dfrac{\mathrm{d}\boldsymbol{v}}{\mathrm{d}t}$，有 $\mathrm{d}\boldsymbol{v} = \boldsymbol{a}\mathrm{d}t$，对此式两边同时积分：$\int_{\boldsymbol{v}_0}^{\boldsymbol{v}}\mathrm{d}\boldsymbol{v} = \int_0^t \boldsymbol{a}\mathrm{d}t$，得$\boldsymbol{v} - \boldsymbol{v}_0 = \boldsymbol{a}t$，即

$$\boldsymbol{v} = \boldsymbol{a}t + \boldsymbol{v}_0 \tag{①}$$

式①为匀加速运动物体在任意时刻的速度表达式．

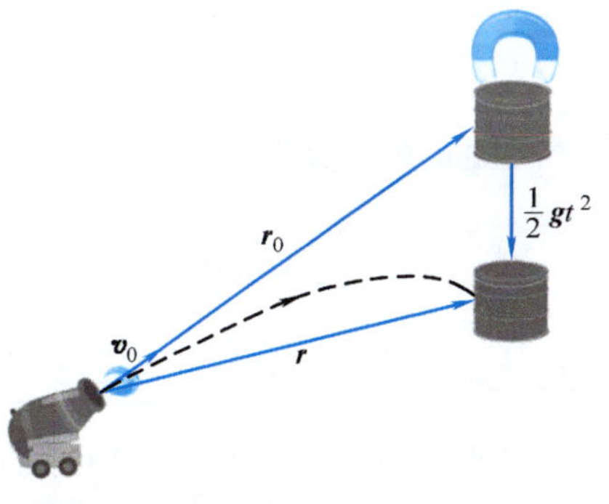

章前问题解答图

再由速度的定义式（1-13）：　$\boldsymbol{v}=\dfrac{\mathrm{d}\boldsymbol{r}}{\mathrm{d}t}$，有 $\mathrm{d}\boldsymbol{r}=\boldsymbol{v}\mathrm{d}t$

将式①代入，得 $\mathrm{d}\boldsymbol{r}=(\boldsymbol{v}_0+\boldsymbol{a}t)\mathrm{d}t$，对此式两边同时积分：$\int_{r_0}^{r}\mathrm{d}\boldsymbol{r}=\int_0^t(\boldsymbol{v}_0+\boldsymbol{a}t)\mathrm{d}t$ 得

$$\boldsymbol{r}-\boldsymbol{r}_0=\boldsymbol{v}_0t+\frac{1}{2}\boldsymbol{a}t^2 \qquad ②$$

式②为匀加速运动物体在任意时刻位移的表达式.

若取枪口处为坐标原点 O，即 $\boldsymbol{r}_0=0$，如问题解答图所示，则得到任意时刻小球的位移：

$$\boldsymbol{r}=\boldsymbol{v}_0t+\frac{1}{2}\boldsymbol{g}t^2 \qquad ③$$

式中，第一项 $\boldsymbol{v}_0t$ 为小球以速度 $\boldsymbol{v}_0$ 匀速运动的位移；第二项 $\frac{1}{2}\boldsymbol{g}t^2$ 为小球在重力加速度作用下的位移.

由于在小球射出时，铁罐开始下落，铁罐做自由落体运动，其初速度为零，由式②知，经时间 t 后，铁罐的位移为 $\boldsymbol{r}-\boldsymbol{r}_0=\frac{1}{2}\boldsymbol{g}t^2$.

在小球飞行时间内，小球和铁罐均相对于其初始时位置下落相同距离 $\frac{1}{2}gt^2$. 实验者吹的劲越大，小球的初速度就越大，飞行时间就越短，打中铁罐时下落距离越小.

思考题

1-10　试导出抛体运动的轨道方程. 若抛射角 $\theta=0°$，即成为平抛运动，试求其运动函数及轨道方程.

1-11　如思考题 1-11 图所示，一颗炮弹以仰角 θ 抛射出去，不计空气阻力，当这颗炮弹到达位于轨道上的点 P 时，其位移 $\Delta\boldsymbol{r}$ 和速度 $\boldsymbol{v}$ 与 Ox 轴正向分别成 α 和 β 角. 求证：$2\tan\alpha-\tan\beta=\tan\theta$.

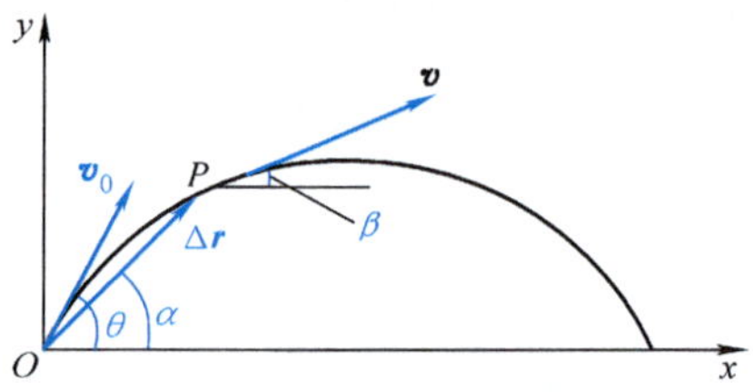

思考题 1-11 图

1.5　圆周运动

质点沿固定的圆周轨道运动，称为圆周运动. 它是一种平面曲线运动.

1.5.1　自然坐标系　变速圆周运动

当质点做半径为 R 的圆周运动时，显然，其运动轨道是既定的. 在这种场合下，如果仍用前述的直角坐标系来讨论也未尝不可；但若采用自然坐标系，会更简单明了. 所谓自然坐标系，就是在圆周轨道上任取一点 O' 作为原点，质点在时刻 t 的位置 P 取决于质点与原

点间的轨道长度 s，如图 1-9 所示．这样，质点沿轨道的运动函数便可写作

$$s=s(t) \tag{1-29}$$

同时，规定两条随质点一起运动的正交坐标轴：一条是沿质点运动方向的坐标轴（即轨道的切线方向），并沿运动方向取单位矢量 $\boldsymbol{e}_t$，标示此坐标轴的正向，$\boldsymbol{e}_t$称为**切向单位矢量**；另一条是垂直于切向并指向轨道凹侧的坐标轴，它沿法线方向指向圆心 O，用单位矢量 $\boldsymbol{e}_n$标示，称为**法向单位矢量**．

在上述自然坐标系中，质点在时刻 t 位于轨道上的点 P，其速度 v 的方向总是沿轨道上点 P 的切线方向，$\boldsymbol{v}$的大小为 $v=\mathrm{d}s/\mathrm{d}t$. 因而时刻 t 的速度可写作

$$\boldsymbol{v}=v(t)\boldsymbol{e}_t(t) \tag{1-30}$$

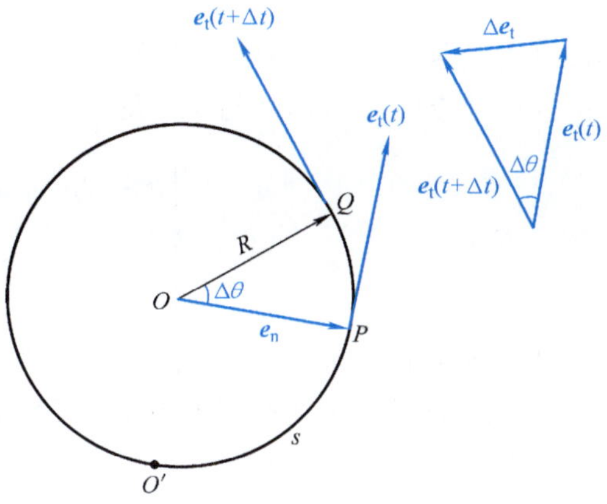

图 1-9　圆周运动

式中，$\boldsymbol{e}_t(t)$为质点在时刻 t 位于轨道上点 P 的切向单位矢量．当质点沿圆周轨道运动时，它随时间 t 在不断改变其方向．经 Δt 时间，质点运动到点 Q，其切向单位矢量变为 $\boldsymbol{e}_t(t+\Delta t)$. 按加速度的定义，将式（1-30）对时间 t 求导，有

$$\boldsymbol{a}=\frac{\mathrm{d}\boldsymbol{v}}{\mathrm{d}t}=\frac{\mathrm{d}v}{\mathrm{d}t}\boldsymbol{e}_t+v\frac{\mathrm{d}\boldsymbol{e}_t}{\mathrm{d}t} \tag{1-31}$$

式（1-31）中的$\frac{\mathrm{d}v}{\mathrm{d}t}\boldsymbol{e}_t$，表示由于速度大小改变所引起的加速度．因为$\frac{\mathrm{d}v}{\mathrm{d}t}$就是速率 v 对时间 t 的变化率，其方向沿轨道切向，所以叫作**切向加速度**，记作 $\boldsymbol{a}_t$，即

$$\boldsymbol{a}_t=\frac{\mathrm{d}v}{\mathrm{d}t}\boldsymbol{e}_t \tag{1-32}$$

至于式（1-31）中的 $v\frac{\mathrm{d}\boldsymbol{e}_t}{\mathrm{d}t}$这一项，由于表征速度方向的切向单位矢量 $\boldsymbol{e}_t$的大小 $|\boldsymbol{e}_t|=1$，那么，可见，$\mathrm{d}\boldsymbol{e}_t/\mathrm{d}t$ 必是质点沿圆周轨道运动时速度方向随时间 t 的变化率．所以 $v\frac{\mathrm{d}\boldsymbol{e}_t}{\mathrm{d}t}$表示由于速度方向改变所引起的加速度．如图 1-9 所示，当 $\Delta t\to 0$ 时，$\Delta\theta\to 0$，$\Delta\boldsymbol{e}_t$将垂直于轨道上点 P 处的切向单位矢量 $\boldsymbol{e}_t$，并指向轨道凹侧、沿法线方向指向圆心 O，即与点 P 的法向单位矢量 $\boldsymbol{e}_n$同方向，$\Delta\boldsymbol{e}_t$的大小为 $|\Delta\boldsymbol{e}_t|=|\boldsymbol{e}_t|\Delta\theta=\Delta\theta$，且

$$\frac{\mathrm{d}\boldsymbol{e}_t}{\mathrm{d}t}=\lim_{\Delta t\to 0}\frac{\Delta\boldsymbol{e}_t}{\Delta t}=\lim_{\Delta t\to 0}\frac{|\Delta\boldsymbol{e}_t|}{\Delta t}\boldsymbol{e}_n=\lim_{\Delta t\to 0}\frac{\Delta\theta}{\Delta t}\boldsymbol{e}_n=\frac{\mathrm{d}\theta}{\mathrm{d}t}\boldsymbol{e}_n$$

且可写成

$$\frac{\mathrm{d}\boldsymbol{e}_t}{\mathrm{d}t}=\frac{\mathrm{d}\theta\,\mathrm{d}s}{\mathrm{d}s\,\mathrm{d}t}\boldsymbol{e}_n=\frac{v}{R}\boldsymbol{e}_n$$

式中，$R=\mathrm{d}s/\mathrm{d}\theta$ 是圆周轨道的半径．将上式代入式（1-31）的第二项，便得加速度沿法线

方向的分量，叫做**法向加速度**，记作 $\boldsymbol{a}_n$，则 $\boldsymbol{a}_n = v\dfrac{\mathrm{d}\boldsymbol{e}_t}{\mathrm{d}t}$便可改写成

$$\boldsymbol{a}_n = \frac{v^2}{R}\boldsymbol{e}_n \tag{1-33}$$

于是，质点的变速圆周运动加速度应为

$$\boldsymbol{a} = a_t\boldsymbol{e}_t + a_n\boldsymbol{e}_n = \frac{\mathrm{d}v}{\mathrm{d}t}\boldsymbol{e}_t + \frac{v^2}{R}\boldsymbol{e}_n \tag{1-34}$$

据此可用变速圆周运动加速度的切向分量 $a_t = \mathrm{d}v/\mathrm{d}t = \mathrm{d}^2s/\mathrm{d}t^2$ 和法向分量 $a_n = v^2/R$ 来求加速度的大小和方向（可用 $\boldsymbol{a}$ 与 $\boldsymbol{v}$ 的夹角 φ 表示），即

$$\begin{cases} a = \sqrt{a_t^2 + a_n^2} = \sqrt{\left(\dfrac{\mathrm{d}v}{\mathrm{d}t}\right)^2 + \left(\dfrac{v^2}{R}\right)^2} \\ \varphi = \arctan\dfrac{a_n}{a_t} \end{cases} \tag{1-35}$$

加速度 $\boldsymbol{a}$ 的方向总是指向圆周的凹侧．当 $a_t = \mathrm{d}v/\mathrm{d}t > 0$，速率增快，这时 $\boldsymbol{a}_t$与 $\boldsymbol{v}$ 同向，质点做加速圆周运动（见图 1-10a）；当 $a_t = \mathrm{d}v/\mathrm{d}t < 0$ 时，速率减慢，这时 a_t与 v 反向，质点做减速圆周运动，φ 为钝角（$90° < \varphi < 180°$）（见图 1-10b）．

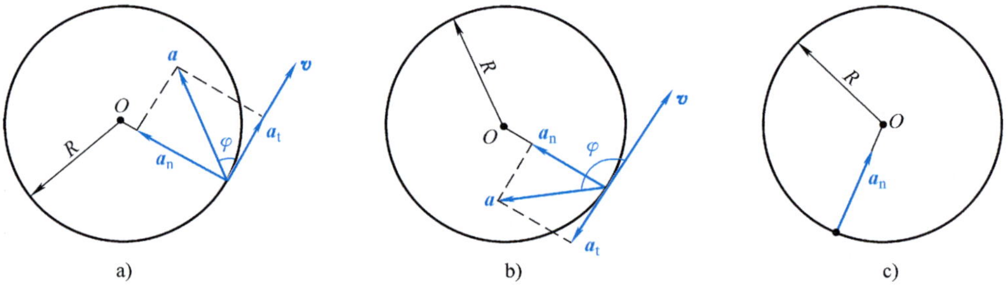

图 1-10 几种圆周运动

a）加速圆周运动 b）减速圆周运动 c）匀速率圆周运动

若质点在圆周运动中的速率 v 不随时间 t 而改变，显而易见，加速度的切向分量 $a_t = \mathrm{d}v/\mathrm{d}t = 0$，即 $v =$ 恒量，这时，质点做匀速率圆周运动．由于其速度方向仍在不断地改变，因而 $a_n \neq 0$. 按式（1-35），质点做匀速率圆周运动的加速度大小等于法向分量，即

$$a = \frac{v^2}{R} \tag{1-36}$$

方向沿半径并指向圆心（见图 1-10c），故常将这个加速度称为向心加速度．

思考题

1-12 （1）在变速圆周运动中，切向加速度和法向加速度是如何引起的？加速度的方向是否向着圆心？为什么？

（2）在匀速率圆周运动中，速度、加速度两者的大小和方向变不变？

思维拓展

1-2　如果细心观察就会发现，即使平原地区的河流也是弯弯曲曲的，可见河流的弯曲并不完全是由地形导致的．这是什么道理呢？

例题1-11　一质点沿圆心为 O、半径为 R 的圆周运动，如例题1-11图所示．设在点 P 开始计时（即 $t=0$），其路程从点 P 开始用劣弧 $\widehat{PQ}$ 表示，并令 $\widehat{PQ}=s$，它随时间变化的规律为 $s=v_0t-bt^2/2$，且 v_0、b 都是正的恒量．求：(1) 时刻 t 的质点加速度；(2) t 为何值时加速度的大小等于 b？(3) 加速度大小达到 b 值时，质点已沿圆周运行了几圈？

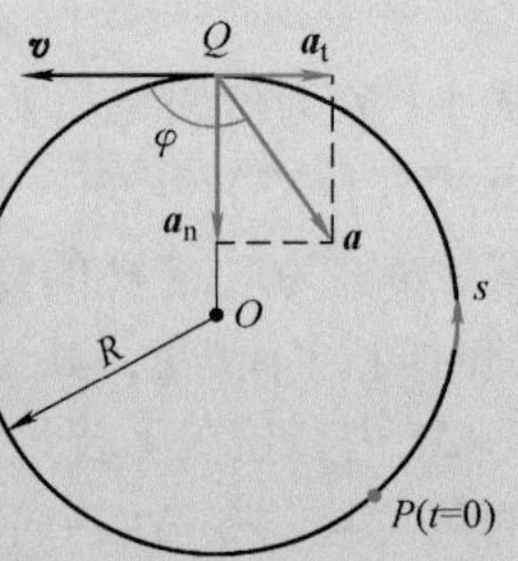

例题1-11图

解：(1) 由题设，可得质点的速率为

$$v=\frac{\mathrm{d}s}{\mathrm{d}t}=\frac{\mathrm{d}}{\mathrm{d}t}\left(v_0t-\frac{1}{2}bt^2\right)=v_0-bt$$

可见，质点沿圆周运动的速率 v 随时间 t 而均匀减小，是一种匀减速的变速圆周运动．欲求质点的加速度，需先求加速度的切向分量 a_t 和法向分量 a_n，即

$$a_\mathrm{n}=\frac{v^2}{R}=\frac{(v_0-bt)^2}{R},\ a_\mathrm{t}=\frac{\mathrm{d}v}{\mathrm{d}t}=\frac{\mathrm{d}}{\mathrm{d}t}(v_0-bt)=-b$$

上式表明，加速度的法向分量 a_n 随时间 t 而改变．由以上两式可求质点在 t 时刻的加速度 $\boldsymbol{a}$（见例题1-11图），其大小为

$$a=\sqrt{a_\mathrm{t}^2+a_\mathrm{n}^2}=\sqrt{(-b)^2+\left[\frac{(v_0-bt)^2}{R}\right]^2}=\frac{1}{R}\sqrt{R^2b^2+(v_0-bt)^4}$$

如例题1-11图所示，其方向与速度所成的夹角

$$\varphi=\arctan\frac{(v_0-bt)^2}{-Rb}$$

(2) 由 (1) 中求得的加速度 $\boldsymbol{a}$ 的大小，根据题设条件，有

$$\frac{1}{R}\sqrt{R^2b^2+(v_0-bt)^4}=b$$

解上式可知，在

$$t=\frac{v_0}{b}$$

时，加速度的大小等于 b.

(3) 由 (1) 中求出的 v 的表达式，按题设可知，在 $t=v_0/b$ 时，$v=0$，可见在 $t=0$ 到 $t=v_0/b$ 这段时间内，v 恒为正值．因此，质点已转过的圈数 n 为

$$n=\frac{s}{2\pi R}=\frac{v_0\left(\frac{v_0}{b}\right)-\frac{1}{2}b\left(\frac{v_0}{b}\right)^2}{2\pi R}=\frac{v_0^2}{4\pi Rb}$$

讨论：根据已求得的结果不难看出，在 $t=v_0/b$ 时刻，$a_\mathrm{n}=0$. 试问这意味着什么？又当 $t>v_0/\mathrm{b}$ 时，v 将如何变化？

1.5.2 圆周运动的角量描述

如图 1-11 所示，设质点沿半径为 R 的圆周运动，在某时刻 t 位于点 P，它相对于圆心 O 的位矢为 $\boldsymbol{r}$. 以圆心 O 为原点，取直角坐标系 Oxy，则点 P 的位置坐标为

$$x = R\cos\theta,\ y = R\sin\theta \tag{1-37}$$

式中，θ 为位矢 $\boldsymbol{r}$ 与 Ox 轴所成的角，且 $|\boldsymbol{r}| = R$ 是给定的．故由式（1-37）可知，只需用 θ 角就可确定质点在圆周上的位置，θ 称为对点 O 的**角坐标**．当质点沿圆周运动时，角坐标 θ 随时间 t 而改变，其运动函数可表述为 $\theta = \theta(t)$. 在时间 t 到 $t + \Delta t$ 内，位矢 $\boldsymbol{r}$ 转过 $\Delta\theta$ 角，质点到达点 Q，$\Delta\theta$ 称为对点 O 的角位移，令 Δt 趋向于零，取角位移 $\Delta\theta$ 与时间 Δt 之比的极限，此极限称为质点在 t 时刻对点 O 的**瞬时角速度**，简称**角速度**，用 ω 表示，即

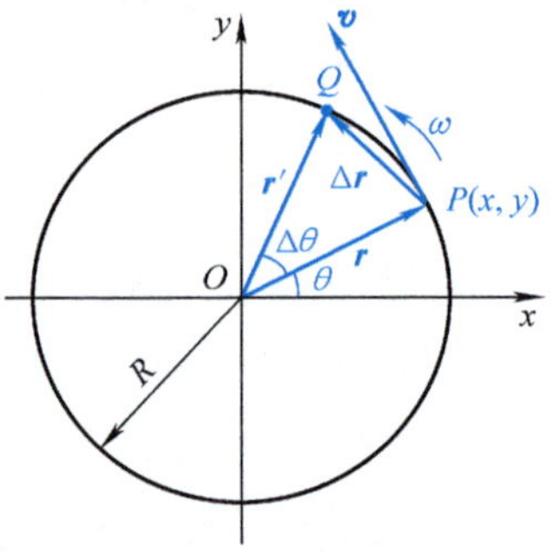

图 1-11 圆周运动的角量描述

$$\omega = \lim_{\Delta t \to 0} \frac{\Delta\theta}{\Delta t} = \frac{\mathrm{d}\theta}{\mathrm{d}t} \tag{1-38}$$

设质点在某一时刻 t 的角速度为 ω，经过时间 Δt 后，角速度变为 ω'. 在 Δt 时间内，角速度的增量为 $\Delta\omega = \omega' - \omega$. 令 Δt 趋近于零，取角速度增量 $\Delta\omega$ 与时间 Δt 之比的极限，此极限称为质点在 t 时刻对点 O 的**瞬时角加速度**，简称**角加速度**，以 α 表示，即

$$\alpha = \lim_{\Delta t \to 0} \frac{\Delta\omega}{\Delta t} = \frac{\mathrm{d}\omega}{\mathrm{d}t} \tag{1-39}$$

角坐标和角位移的单位是 rad（弧度），角速度和角加速度的单位分别是 $\mathrm{rad \cdot s^{-1}}$（弧度每秒）和 $\mathrm{rad \cdot s^{-2}}$（弧度每二次方秒）．

对给定的圆周轨道而言，用上述这些相对于圆心 O 的角量来描述圆周运动，则这些角量都可视作标量．其大小即为相应标量的绝对值；质点绕圆心的转向可用相应标量的正、负表示．一般规定：循圆周逆时针转向作为正的转向，各角量与正转向相同时，取正值；反之，取负值．

当 α 与 ω 同号时，两者同向，质点做加速圆周运动；当 α 与 ω 异号时，两者反向，质点做减速圆周运动．

现在，我们来寻求角量与线量之间的关系．由图 1-11 可知，与 $\Delta\theta$ 对应的弧长 $\overset{\frown}{PQ} = \Delta s$，则有

$$\Delta s = R\Delta\theta$$

由此，可得质点速度的大小（速率）v 与角速率 ω 的关系，即

$$v = \lim_{\Delta t \to 0} \frac{\Delta s}{\Delta t} = R \lim_{\Delta t \to 0} \frac{\Delta\theta}{\Delta t} = R\omega \tag{1-40}$$

质点做匀速率圆周运动时，因 v、R 是恒量，所以 ω 也是恒量．也可以说，这时质点对圆心点 O 做**匀角速转动**．

由式（1-39）、式（1-40）可得法向加速度 a_n 和切向加速度 a_t 的角量表示式

$$a_n=\frac{v^2}{R}=\frac{1}{R}(R\omega)^2=R\omega^2 \tag{1-41}$$

$$a_t=\frac{dv}{dt}=\frac{d}{dt}(R\omega)=R\frac{d\omega}{dt}=R\alpha \tag{1-42}$$

例题 1-12　一质点做圆周运动，其切向加速度与法向加速度的大小恒保持相等．设 θ 为圆周轨道上任意两点的速度 $\boldsymbol{v}_1$ 与 $\boldsymbol{v}_2$ 的夹角，试证：$v_2=v_1e^{\theta}$.

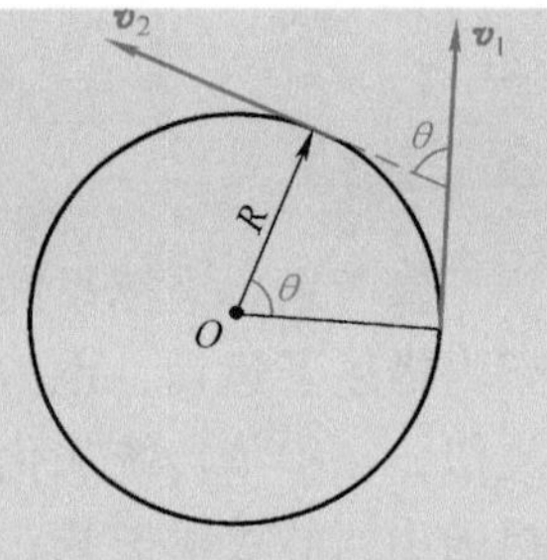

例题 1-12 图

证：设圆周轨道的半径为 R，则按题设，$a_n=a_t$，即

$$R\omega^2=R\alpha$$

为了便于运算，可将角加速度改写成 $\alpha=d\omega/dt=(d\omega/d\theta)(d\theta/dt)=\omega d\omega/d\theta$，并代入上式，化简后，得

$$d\theta=\frac{d\omega}{\omega}$$

再由角量与线量的关系式 $R\omega=v$，上式可化成

$$d\theta=\frac{dv}{v}$$

积分之，有

$$\int_0^{\theta}d\theta=\int_{v_1}^{v_2}\frac{dv}{v}$$

得

$$\theta=\ln\frac{v_2}{v_1}$$

即

$$v_2=v_1e^{\theta}$$

例题 1-13　如例题 1-13 图所示，一直立在地面上的伞形洒水器，其边缘的半径为 $O'O=R$，离地面的高度为 h，当洒水器绕中心的竖直输水管以匀角速 ω 旋转时，求证：从输水管顶端 S 喷出的水循圆锥形伞面淌下而沿边缘飞出后，将洒落在地面上半径为 $r=R\sqrt{1+2h\omega^2/g}$ 的圆周上．

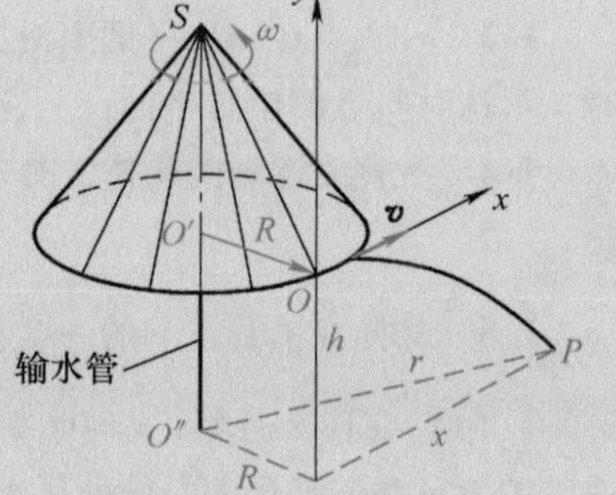

例题 1-13 图

证：水滴流到锥面边缘时将以速度 $\boldsymbol{v}$ 水平地沿切向飞出；而一旦脱离边缘，将同时具有竖直向下的重力加速度 $\boldsymbol{g}$. 今取坐标系 Oxy（见例题 1-13 图），令 Ox 轴沿离开边缘上点 O 的水滴速度 v 的方向．按题设，$v=R\omega$，则水滴在落地过程中的运动函数为

$$x=R\omega t,\ y=-\frac{1}{2}gt^2$$

落地时，$y=-h$，由上述后一式得所需时间为

$$t=\sqrt{\frac{2h}{g}}$$

这时
$$x=R\omega\sqrt{\frac{2h}{g}}$$

输水管轴位于地面上的点 O''，它与水滴着地点 P 的距离为

$$r=O''P=\sqrt{R^2+x^2}=\sqrt{R^2+R^2\omega^2(2h/g)}=R\sqrt{1+(2h\omega^2)/g}$$

即水滴落在半径为 r 的圆周上．倘若 R、h、ω 的大小可以根据需要进行调节，则水滴便可洒落在半径不同的圆周上．

章后感悟

参考系、坐标系的引入是一种物理的必然．坐标系作为一种数学的手段，在单一参照框架内描述了运动，也为不同参照框架中的运动甚至是物理定律的变换提供了研究基础．与此类似，在中华传统文化中也渗透着参考系的概念！唐朝诗仙李白在《望天门山》中描述了祖国山河的壮丽美景："天门中断楚江开，碧水东流至此回．两岸青山相对出，孤帆一片日边来．"在观察物体相对于参考物体的运动时，视角变换会营造出幽美的意境和身临其境的体验．生活中在不同"参考系"中思考问题也会有别样的意境和心情！您赞同这种说法吗？

习题 1

1-1　已知质点的运动函数为 $\boldsymbol{r}=(1-3t)\boldsymbol{i}+(6-t^3)\boldsymbol{j}$(SI)，求：(1) 质点的速度和加速度；(2) 质点在 0 到 2s 内的位移和平均速度．［答：(1) $\boldsymbol{v}=(-3\boldsymbol{i}-3t^2\boldsymbol{j})$(SI)，$\boldsymbol{a}=(-6t\boldsymbol{j})$(SI)；(2) $\Delta\boldsymbol{r}=(-6\boldsymbol{i}-8\boldsymbol{j})$(SI)；$\bar{\boldsymbol{v}}=(-3\boldsymbol{i}-5\boldsymbol{j})$(SI)］

1-2　设质点的运动函数为 $\boldsymbol{r}=5\sin t^2\boldsymbol{i}+5\cos t^2\boldsymbol{j}$，求：(1) 质点的轨道方程；(2) 质点在 t 时刻的速度和加速度．［答：(1) $x^2+y^2=5^2$(SI)；(2) $\boldsymbol{v}=(10t\cos t^2\boldsymbol{i}-10t\sin t^2\boldsymbol{j})(\mathrm{m\cdot s^{-1}})$；$\boldsymbol{a}=[(10\cos t^2\boldsymbol{i}-10\sin t^2\boldsymbol{j})+(-20t^2)(\sin t^2\boldsymbol{i}+\cos t^2\boldsymbol{j})](\mathrm{m\cdot s^{-2}})$］

1-3　一质点在 xOy 平面上沿抛物线轨道 $y^2=6x$(SI)运动．当质点分别沿 Ox、Oy 轴的速度分量 $v_x=v_y$ 时，求这时质点的位置坐标．［答：$x=1.5\mathrm{m}$，$y=3\mathrm{m}$］

1-4　沿直线运动的物体，其速度大小与时间成反比．求证：其加速度的大小与速度大小的二次方成正比．

1-5　悬挂在弹簧下端的一个小球，沿竖直轴 Ox 的运动函数为 $x=3\sin\left(\frac{\pi}{6}t\right)$（式中，$x$ 以 cm 计，t 以 s 计）．(1) 在什么时刻，$x=0$？(2) 在何时，小球离 $x=0$ 处为最远？这时，小球的速度为多大？(3) 加速度的大小在何处最大？何处最小？(4) 绘出 $x-t$ 图、$v-t$ 图、$a-t$ 图．［答：(1) 0s，6s，12s，…；(2) 3s，9s，15s，…，速度为 0；(3) $x=0$ 时，加速度最小；$x=\pm3\mathrm{cm}$ 时，加速度最大］

1-6　一质点从原点 O 以初速 v_0 沿 Ox 轴正向运动，加速度与速度成正比，且方向相反，即 $a=-kv$，k 为恒量．求证：其运动函数为 $x=(v_0/k)(1-\mathrm{e}^{-kt})$．

1-7　一机床的部件沿直轨道运动的速度 v 和位移 x 的关系曲线可借实验仪器测绘出来，如习题 1-7 图所示．试用图解法近似地求出它在 $x=3\mathrm{cm}$ 时的加速度 a_1 和速度 $v=10\mathrm{cm\cdot s^{-1}}$ 时的加速度 a_2．［答：$a_1=$

$v\mathrm{d}v/\mathrm{d}x = -48.05\mathrm{cm}\cdot\mathrm{s}^{-2}$，$a_2 = -35.6\mathrm{cm}\cdot\mathrm{s}^{-2}$]

1-8　湖中行驶的小艇，在发动机关闭后，做直线减速运动，其加速度 a 与速度 v 的二次方成正比，即 $a = -kv^2$（负号表示 a 与 v 反向；比例系数 k 为一恒量），并设发动机关闭时的速度为 v_0. 求：(1) 在发动机关闭后的 t 时刻的速度；(2) 在发动机关闭后的时间 t 内行驶的距离；(3) 在发动机关闭后行驶 x 距离时的速度．［答：(1) $v=[(1/v_0)+kt]^{-1}$；(2) $x=\dfrac{1}{k}\ln(v_0kt+1)$；(3) $v=v_0\mathrm{e}^{-kx}$］

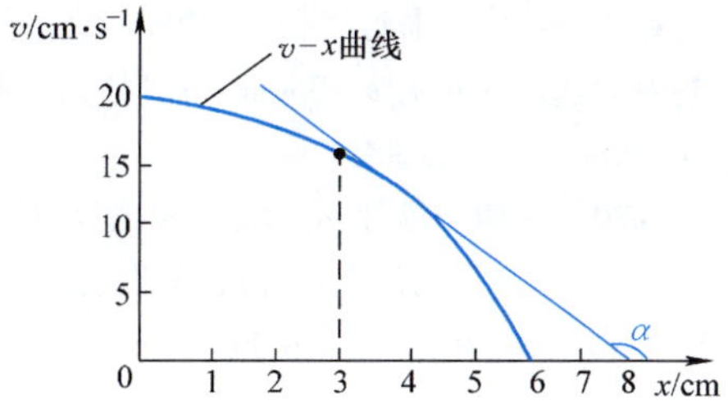

习题 1-7 图

1-9　如习题 1-9 图所示，小球 A 以速度 $v=1\mathrm{m}\cdot\mathrm{s}^{-1}$ 沿倾角为 30°的斜面匀速下滑，斜面以匀速 $v'=3\mathrm{m}\cdot\mathrm{s}^{-1}$ 向右沿平地做直线运动．开始时小球 A 在斜面顶端，经过 4s 后，求小球 A 相对于地面的位移大小．（答：$|\boldsymbol{r}|=15.59\mathrm{m}$）

1-10　如习题 1-10 图所示，岸边有人用长 $l=40\mathrm{m}$ 的绳，跨过湖面上方高度为 $h=20\mathrm{m}$ 处的定滑轮，拉动湖中的小船靠岸．当绳以恒定的速度 $v_0=3\mathrm{m}\cdot\mathrm{s}^{-1}$ 通过滑轮时，求第 5s 末的小船速度 v；并问船是否以匀速靠岸？（提示：$v\neq v_0$）　［答：$\boldsymbol{v}=(-5\mathrm{m}\cdot\mathrm{s}^{-1})\,\boldsymbol{i}$］

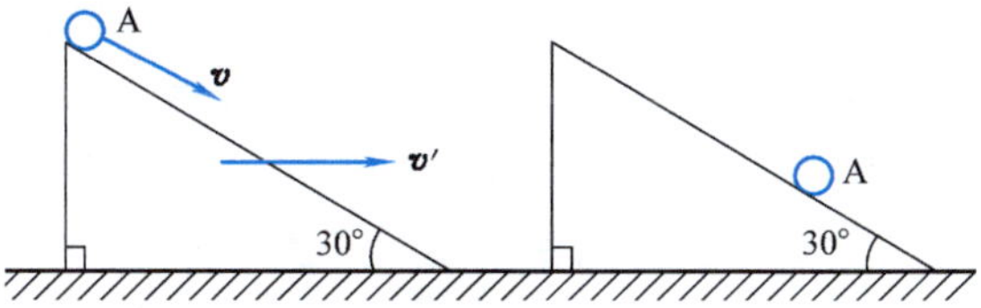

习题 1-9 图

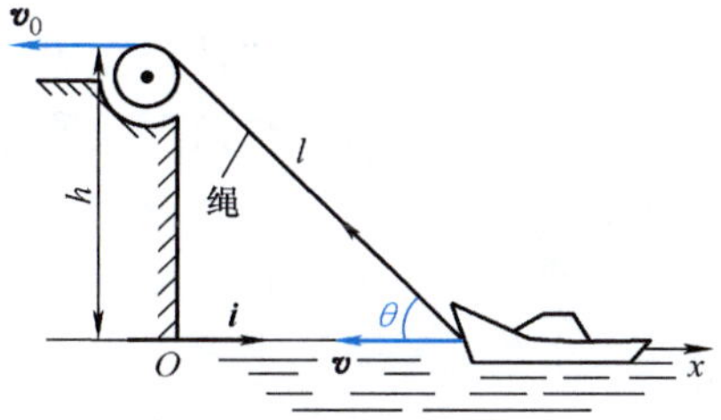

习题 1-10 图

1-11　一长为 l 的细棒用一条细绳竖直悬挂，离棒下端 l 处正下方有一长为 l 的竖直圆管．将绳剪断后，棒恰好从管内穿过．求棒穿过管内所需的时间．［答：$(\sqrt{6}-\sqrt{2})\sqrt{l/g}$］

1-12　一乘客坐在以匀速 $v_1=40\mathrm{km}\cdot\mathrm{h}^{-1}$ 行驶于平直轨道上的火车车厢里，看到与之平行的轨道上迎面驶来的列车从其身旁驶过，已知列车全长 $l=150\mathrm{m}$，以匀速 $v_2=35\mathrm{km}\cdot\mathrm{h}^{-1}$ 行驶．求此乘客看到列车经过他身旁的时间有多长？［答：7.2s］

1-13　在抗洪救灾时，停在空中的直升机向下投抛救灾物资袋，其运动函数近似地可表示为 $y=50(t+5\mathrm{e}^{-0.2t})-230$(SI)．求物资袋降落 10s 时的速度和加速度．［答：$43.23\mathrm{m}\cdot\mathrm{s}^{-1}$，$1.35\mathrm{m}\cdot\mathrm{s}^{-1}$］

1-14　一小车沿平直轨道运动，沿轨道取 Ox 轴，小车的运动函数为 $x=3t-t^2$(SI)．求小车在 $t=1\mathrm{s}$ 到 2s 内的位移和路程．［答：$\Delta x=0$，$\Delta s=0.5\mathrm{m}$］

1-15　从平地上斜抛一颗石子，其射高 h 与射程 H 相等，求抛射角 θ．［答：76°］

1-16　如习题 1-16 图所示，在平地上点 O 以仰角 α 发射一颗炮弹，初速为 $v_0=260\mathrm{m}\cdot\mathrm{s}^{-1}$．不计空气阻力，求击中山顶上一个军事目标 B 所需的炮弹飞行时间．已知山顶的高度为 600m，与发射处 O 相距 4000m．［答：47.26s 或 17.33s］

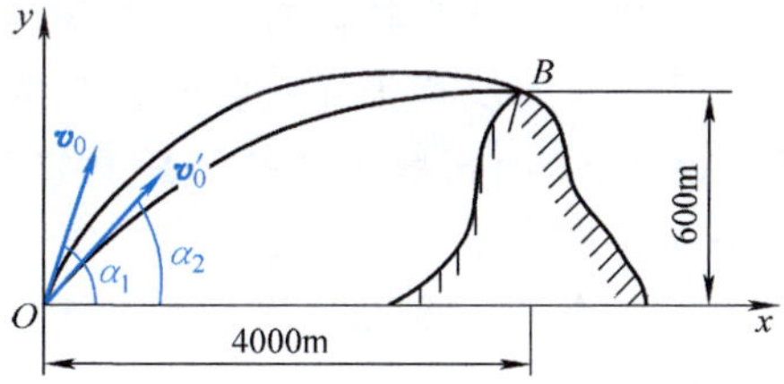

习题 1-16 图

1-17　一质点做变速圆周运动，其路程 s 随时间 t 的变化规律为 $s=t^3+3t$(SI)；当 $t=2\mathrm{s}$ 时质点的加速度为 $15\mathrm{m}\cdot\mathrm{s}^{-2}$．求此圆周轨道的半径．［答：$R=25\mathrm{m}$］

1-18　设电风扇叶片尖端的切向加速度为法向加速度的 3 倍．求：当风扇转速由 ω_0 转变到 ω 时所需的时间 t．［答：$t=\dfrac{1}{3}\left(\dfrac{1}{\omega_0}-\dfrac{1}{\omega}\right)$］

1-19 一汽车通过半径 $R=400\text{m}$ 的一段圆弧形弯道．已知汽车的切向加速度 $a_t=0.25\text{m}\cdot\text{s}^{-2}$．求当汽车拐弯时速度大小为 $v=36\text{km}\cdot\text{h}^{-1}$ 的这一瞬间，它的法向加速度和总加速度．［答：$a_n=0.25\text{m}\cdot\text{s}^{-2}$，$a=0.35\text{m}\cdot\text{s}^{-2}$，$\varphi=45°$］

1-20 一质点沿半径为 0.1m 的圆周运动，其角坐标 θ 与时间 t 的关系为 $\theta=2+4t^3$（SI）．求：（1）$t=2\text{s}$ 时质点的法向加速度和切向加速度；（2）当角坐标 θ 多大时，质点的加速度与半径成 45°角？［答：（1）$230.4\text{m}\cdot\text{s}^{-2}$，$4.8\text{m}\cdot\text{s}^{-2}$；（2）2.67rad］

科学家轶事

伽利略——不畏强权，坚信科学

1589 年夏天，在佛罗伦萨的店铺里度过了 4 年自学生活的伽利略，由于得到宫廷数学家玛窦·利奇的鼓励，特别是贵族盖特保图侯爵的推荐，他终于获得了比萨大学数学和科学教授的职位．伽利略可以在完成日常教学之外，专心从事他向往的科学研究．伽利略对自由落体运动进行了深入研究，做了著名的斜面实验．因为自由落体运动比较快，加速度较大，不易测量．伽利略决定“冲淡重力”，使一个光滑的黄铜小球在光滑斜面上滚落，以便在较小加速度的情况下测量球滚下过程中所需时间 t 与距离 s 的关系．他在不同的倾角的斜面上和铜球滚动不同距离的情况下做了上百次测定，完全证实了落体“所经过的各种距离 s 总是同所用时间 t 的平方成正比例”．然后，他又设想了一个实验，用铅、金和木做三个球．想象让这三个球在水银、水里和空气里下落，经分析推论，伽利略得出了在真空中，物体下落得同样快，即“落体运动的速度与其重量无关”的重要结论．这个结论的重要意义在于推翻了亚里士多德的权威结论．在那些思想保守、头脑僵化的人眼里，这个举动无异于挖了他们的祖坟，亚里士多德的信徒们与伽利略开始势不两立了．在比萨大学，伽利略因坚信科学而得罪了一个大公爵的亲戚乔范尼，又失去了教职．

1592 年，28 岁的伽利略又经盖特保图侯爵推荐被任命为帕多瓦大学的数学、科学和天文学教授，迎来了一生中的黄金时代．伽利略在佛罗伦萨的宫廷里继续进行科学研究，他的天文学发现以及他的天文学著作明显地体现出了哥白尼日心说的观点．1609 年，伽利略自己动手做了一架望远镜，几经改进后他的望远镜能够放大 20 倍．利用这架望远镜，伽利略发现了木星的 4 颗卫星，它们围绕木星而不是地球转动．这一证据表明天体并不一定要围绕地球转动，动摇了教会所信奉的地球是宇宙中心的信仰．1613 年伽利略发表了《论太阳黑子的书信》，表达了对哥白尼日心说的支持．因此，伽利略开始受到教会的注意．1616 年开始，伽利略受到罗马宗教裁判所长达 20 多年的残酷迫害．伽利略认为：“圣经只是教我们应该怎样去天堂，而没有告诉我们天堂是怎样运转的”．在这期间，伽利略坚持与教会进行科学辩论．在 1632 年出版了《关于托勒密和哥白尼两大世界体系的对话》，这本书一经出版立刻被全欧洲欢呼为文学和哲学的杰作．

1642 年 1 月 8 日，78 岁的伽利略停止了呼吸．但是他毕生捍卫的真理却与世长存．具有讽刺意味的是，300 多年后，1979 年 11 月，在世界主教会议上，罗马教皇提出重新审理“伽利略案件”．为此，世界著名科学家组成了一个审查委员会，负责重新审理这一冤案．其实，哪里还用得着审理什么呢？宇宙飞船在太空飞行，人类的足印深深地留在月球的表面，人造卫星的上天，宇宙探测器飞出太阳系发回的电波……所有这些现代科学技术的进步，早已宣告了宗教神学的彻底破产，人类将永远记住伽利略这个光辉夺目的名字．

应用拓展

我国的高速铁路

高速铁路，是当代我国重要的一类交通基础设施．截至2019年，我国高速铁路列车最高运行速度达到350km·h^{-1}，居全球首位．

2014年，我国已具有世界先进水平的高速铁路，形成比较完善的高铁技术体系；通过引进、消化、吸收、再创新的发展策略，系统掌握构造速度为200～250km·h^{-1}动车组制造技术，并且完成构造速度350km·h^{-1}动车组技术平台的搭建．2014年《高速铁路设计规范》正式发布，成为我国高铁建设技术标准体系．2016年7月15日，两列我国标准高速动车组均以420km·h^{-1}速度在郑徐高速铁路上完成安全交会，标志我国已全面掌握核心高铁技术，同时，我国中车集团公司在全球高铁市场占据69%份额，成为世界高铁领跑者．2017年6月26日，“复兴号”列车投入运营，装配由我国自主研发的大功率IGBT（绝缘栅双极型晶体管）；我国标准动车组所采用的254项重要标准中，我国标准占84%，国际兼容标准占16%，不同列车可以重联运行．2018年8月2日，我国铁路总公司在京沈高速铁路启动高速列车自动驾驶系统试验．2019年6月26日，我国自主研制的40m跨1000t运架成套设备投入使用，完成第三次突破高铁制架技术；9月底，京张城际铁路沿线5G信号基站全部开通．截至2019年11月23日，我国已系统掌握各种复杂地质及气候条件下高铁建造成套技术，攻克铁路工程建造领域一系列世界性技术难题；全面掌握构造速度200～250km·h^{-1}、300～350km·h^{-1}动车组制造技术，构建涵盖不同速度等级、成熟完备高铁技术体系．

第 2 章

牛顿运动定律

章前问题

假设地球自转速度加快到能使赤道上的物体处于失重状态，则一昼夜的时间应该为多少？

学习要点

1. 牛顿运动定律；
2. 力学中常见的力；
3. 非惯性参考系；
4. 加速平动参考系中的惯性力；
5. 转动参考系中的惯性力；
6. 宇宙速度．

上一章从几何观点描述了质点的运动，但并未涉及引起运动和运动改变的原因．质点动力学则是研究物体（可视作质点）之间相互作用，以及这种相互作用和物体本身属性两者所引起的物体运动状态的改变．

1687 年，英国物理学家牛顿（Newton，1643—1727）分析概括了意大利科学家伽利略（Galileo，1564—1642）等人对力学的研究成果，又根据本人的实验和观察，奠定了动力学的基础．而后，经过许多科学家的努力，把质点动力学的基本规律总结成三条定律，称为**牛顿运动定律**．在此基础上，从宏观上可进一步推导出许多力学规律，从而形成了一个完整的理论体系，通常称为**牛顿力学**或**经典力学**．

2.1 牛顿运动定律的内容

2.1.1 牛顿第一定律

牛顿第一定律的表述：**任何物体都保持静止或匀速直线运动状态，直至其他物体所作用的力迫使它改变这种状态为止**．

1）这条定律表明，物体在不受外力作用时，保持静止状态或匀速直线运动状态．可见，保持静止状态或匀速直线运动状态必然是物体自身某种固有性质的反映．这种性质称为物体的**惯性**．

物体仅在惯性支配下所做的匀速直线运动，叫作**惯性运动**．无论是静止或匀速直线运动状态，都意味着速度$\boldsymbol{v}$是恒矢量，即其大小和方向皆不变，或者说没有加速度．牛顿第一定律也称为**惯性定律**，可表示为

$$\boldsymbol{v}=\text{恒矢量} \tag{2-1}$$

2）人们不禁要问：惯性运动究竟是相对于哪个参考系而言的？这个参考系是否像运动学中那样可以任意选取？

事实上，牛顿第一定律是一条经验定律，它的正确性是以地面上观察到的大量实验事实为依据的．因此，定律中所说的静止或匀速直线运动显然皆相对于地面而言的．也即，选地球为参考系，牛顿第一定律所表述的结论可以认为是正确的．例如，当汽车紧急制动时，静坐在车中的乘客会向前倾倒．站在地面上的观察者（即以地面为参考系）认为，在未制动前，乘客随着汽车以相同的速度前进；在紧急制动时，乘客由于惯性还保持着自己原来的运动状态，但汽车已减速，因而乘客的上半身向前倾倒．这一例子以及许多事实都表明，物体相对于地面的运动表现出惯性，牛顿第一定律成立．

但是，若以汽车为参考系，坐着的乘客相对于汽车原是静止的，在汽车紧急制动时，乘客突然前倾，故乘客相对于汽车并不保持静止状态，也即并不表现出惯性．也就是说，以紧急制动的汽车为参考系，乘客的运动并不服从牛顿第一定律．可见，牛顿第一定律并非在任何参考系中都适用．

如果牛顿第一定律在某个参考系中适用，则这种参考系称为惯性参考系，简称**惯性系**；否则，就称为**非惯性参考系**，简称**非惯性系**．观察和理论指出，**凡是相对于惯性系静止或做匀速直线运动的参考系也都是惯性系**．反之，相对于任一惯性系做加速运动的参考系，一定是非惯性系．进一步的实验发现，**地球仅是一个近似的惯性系**；不过实践表明，相对于地球运动的物体都足够精确地遵守牛顿第一定律．因此，**地球或静止在地面上的物体都可看作惯性系，在地面上做匀速直线运动的物体也可看作惯性系**．我们平常观察和研究物体运动时，大都是立足于地面上的，实际上是以地球作为参考系．因此，应用牛顿第一定律所得的结果总是近似正确的．

3）若物体相对于惯性系不保持静止，也不做匀速直线运动，则牛顿第一定律断言，物体必受到力的作用．因此，牛顿第一定律在惯性系概念业已建立的基础上，定性地提出了力的定义：**力是物体在惯性系中运动状态发生变化的一个原因**．

至于什么叫作“没有力的作用”？这是经验事实的理想化，事实上，自然界不存在不受任何力作用的物体．然而迄今为止，人们发现所有的力都是随着物体间距离的增大而衰减的．因而，不妨认为，远离其他物体的**孤立物体**是不受力作用的．所以，上述这种理想化与实际情况没有抵触．

4）牛顿第一定律中的物体都是指质点，不能视作质点的物体是不符合这个定律的．例如，一个转动的砂轮，纵然不受外界驱动作用，它也将不断地匀速转动，而绝不会处于静止或匀速直线运动状态．

5）总而言之，牛顿第一定律仅定性地指出在惯性系中力与质点运动状态改变的关系．

2.1.2 牛顿第二定律

牛顿第二定律在牛顿第一定律的基础上，进一步说明物体在外力作用下运动状态的改变情况，并给出力、质量（惯性的量度）和加速度三者之间的定量关系．现在，我们将根据实验结果归纳出牛顿第二定律的内容．

（1）加速度与力的关系：通常，力的大小可用测力计（如弹簧秤）测定．若用**不同大小的力**相继作用于任一物体，实验证明：同一物体所获得的加速度 a 的大小与它所受外力 F 的大小成正比，加速度的方向与外力作用的方向一致，即

$$a \propto F \tag{ⓐ}$$

（2）加速度与质量的关系：如果我们用各种**不同物体**来做实验，将会发现，在相同的外力作用下，惯性越大的物体越不容易改变其原有的运动状态，其加速度越小．量度惯性大小的量，称为物体的**惯性质量**，简称**质量**，以 m 表示．在国际单位制中，质量是基本量，它的单位是kg（千克）．实验证明：在**相等的外力**作用下，各物体获得的加速度的大小与它自身的质量成反比，即

$$a \propto \frac{1}{m} \tag{ⓑ}$$

（3）把式ⓐ、式ⓑ合并，可得关系式 $a \propto F/m$，或

$$F = kma \tag{ⓒ}$$

式中，比例系数 k 取决于力、质量和加速度的单位．

在国际单位制（SI）中，我们规定：**以质量为1kg的物体产生 $1\mathrm{m}\cdot\mathrm{s}^{-2}$ 的加速度所需的力作为力的量度单位，即为1N（牛顿，简称牛）**．因此，把这些选定的单位代入式ⓒ，有

> 注意：切莫把质量误解为“物质的量”．应当指出，当前在SI中，“物质的量”是七个基本物理量之一，其单位是mol（摩尔）．

$$1\mathrm{N} = k(1\mathrm{kg})(1\mathrm{m}\cdot\mathrm{s}^{-2})$$

从上式两边的数值上来看，$k=1$；从等式两边的单位来看，有

$$1\mathrm{N} = 1\mathrm{kg}\cdot\mathrm{m}\cdot\mathrm{s}^{-2}$$

按各量的单位确定比例系数 $k=1$ 后，则式ⓒ成为

$$F = ma \tag{ⓓ}$$

（4）根据式ⓓ可计算力 F 的大小；但要确认力是矢量，还得证明力的合成符合平行四边形法则．为此，尚需补充一条**力的独立作用原理：“由几个力作用于物体上所产生的加速度，等于其中每个力分别作用于该物体时所产生的加速度的矢量和”**．也即，这些力各自对同一物体产生自己的加速度而互不影响．这是一个由实验所证实的经验性原理．据此，设有一组力 F_1，F_2，…，F_i，…，F_n 同时作用于一个质量为 m 的质点上，则其中任一力 $\boldsymbol{F}_i$ 将和其他力无关、而独自对该质点产生加速度 $\boldsymbol{a}_i$，且 $\boldsymbol{F}_i$ 与 $\boldsymbol{a}_i$ 同方向，即有 $\boldsymbol{F}_i = m\boldsymbol{a}_i$．这样，质点将同时分别获得加速度

$$\boldsymbol{a}_1 = \frac{\boldsymbol{F}_1}{m},\ \boldsymbol{a}_2 = \frac{\boldsymbol{F}_2}{m},\cdots,\ \boldsymbol{a}_n = \frac{\boldsymbol{F}_n}{m}$$

由于质点所获得的总加速度 $\boldsymbol{a}$ 是按照矢量的平行四边形合成法则相加的，即

$$\boldsymbol{a} = \sum_{i=1}^{n} \boldsymbol{a}_i = \frac{1}{m}\sum_{i=1}^{n} \boldsymbol{F}_i \qquad ⓔ$$

可见质点宛如仅受到一个单力 $\boldsymbol{F}$，它等于力 $\boldsymbol{F}_1$，$\boldsymbol{F}_2$，…，$\boldsymbol{F}_n$的矢量和，即

$$\boldsymbol{F} = \sum_{i=1}^{n} \boldsymbol{F}_i \qquad ⓕ$$

这就表明，**力也是服从矢量相加的平行四边形法则的**，即**力确实是矢量**，而 $\boldsymbol{F}$ 就称为质点所受的**合外力**.

（5）由式ⓔ、式ⓕ，得

$$\boldsymbol{F} = m\boldsymbol{a} \qquad (2\text{-}2)$$

这就是牛顿第二定律的数学表达式，可陈述如下：**质点所获得的加速度大小与合外力的大小成正比，与质点的质量成反比；加速度与合外力两者方向相同**.

（6）对牛顿第二定律的几点说明：

1）式（2-2）是**质点动力学的基本方程**，也称**质点的运动方程**，它只适用于质点的运动．今后，如果未指出要考虑物体的形状和大小，一般地，我们都把物体看成质点．

2）从式（2-2）可知，对于质量 m 一定的物体来说，若合外力 $\boldsymbol{F}$ 不变，则 $\boldsymbol{a}$ 也不变，可见匀加速运动是物体在恒力作用下的运动；若物体不受外力或所受合外力 $\boldsymbol{F}$ 为零，则 $\boldsymbol{a}$ 也为零，物体处于**平衡状态**．这时，物体将做匀速直线运动，或者处于静止状态（也称**静平衡**）．

3）式（2-2）表明加速度 $\boldsymbol{a}$ 只与合外力 $\boldsymbol{F}$ 同方向，但不一定与其中某个外力同方向．

4）牛顿第二定律只是说明瞬时关系，如 $\boldsymbol{a}$ 表示某时刻的加速度，则 $\boldsymbol{F}$ 表示该时刻物体所受的合外力．在另一时刻，合外力一旦改变了，加速度也将同时改变．

5）前面说过，牛顿第一定律适用于惯性参考系，并在惯性系概念业已建立的基础上定义了力，即力是物体在惯性系中运动状态改变（即有加速度）的一个原因．牛顿第二定律则在牛顿第一定律的基础上定量地给出一物体所受外力与加速度的关系，显然，这个加速度也是相对于惯性系而言的．因此，**牛顿第二定律也只适用于惯性参考系**．这也是观察和理论所证实的．今后我们应用牛顿第一、第二定律时，如未明确指出参考系，就认为以地球作为惯性系了．

6）式（2-2）是矢量式，按照此式具体求解力学问题时，可利用它的正交分量式，把矢量运算转化为标量运算．通常，在选定的直角坐标系 $Oxyz$ 中，将合外力 $\boldsymbol{F}$ 分别沿各坐标轴 Ox、Oy 和 Oz 分解，便可得三个正交分量 F_x、F_y、F_z；加速度 $\boldsymbol{a}$ 也可相应地分解为三个正交分量 a_x、a_y和 a_z．并令 $\boldsymbol{i}$、$\boldsymbol{j}$、$\boldsymbol{k}$ 分别为沿 Ox、Oy、Oz 轴的单位矢量，则式（2-2）成为

$$F_x\boldsymbol{i} + F_y\boldsymbol{j} + F_z\boldsymbol{k} = m(a_x\boldsymbol{i} + a_y\boldsymbol{j} + a_z\boldsymbol{k})$$

移项、合并同类项后，可得

$$(F_x - ma_x)\boldsymbol{i} + (F_y - ma_y)\boldsymbol{j} + (F_z - ma_z)\boldsymbol{k} = \boldsymbol{0}$$

因 $|\boldsymbol{i}| = |\boldsymbol{j}| = |\boldsymbol{k}| = 1 \neq 0$，故要求上式成立，意味着：

$$F_x - ma_x = 0,\ F_y - ma_y = 0,\ F_z - ma_z = 0$$

于是，在直角坐标系 $Oxyz$ 中，就得到了与矢量式 $\boldsymbol{F} = m\boldsymbol{a}$ 等价的一组分量式，即

$$\begin{cases} F_x = ma_x \\ F_y = ma_y \\ F_z = ma_z \end{cases} \tag{2-3}$$

实际上，根据力的独立作用原理，式（2-3）相当于物体同时沿三个正交方向做直线运动的牛顿第二定律的标量表达式.

需要注意，分量式（2-3）中的 F_x 是物体所受各外力的合力 $\boldsymbol{F}$ 在 Ox 轴上的分量，它等于各个外力在 Ox 轴上的分量的代数和. 至于各外力在 Ox 轴上的正、负，则视它们的方向与规定的 Ox 轴正方向一致与否而定. 同理，对分量式中的 F_y、F_z 也可以做类似的理解. 同时，对于加速度 $\boldsymbol{a}$ 的各分量，凡与相应坐标轴正方向一致者，取正值；反之，取负值.

在物体做圆周运动的情况下，我们也可以对式（2-2）写出相应的切向分量式和法向分量式，即

$$\begin{cases} F_t = m\dfrac{dv}{dt} \\ F_n = m\dfrac{v^2}{R} \end{cases} \tag{2-4}$$

7）顺便指出，在合外力为零的情况下，牛顿第二定律归结为牛顿第一定律，即牛顿第一定律似乎是牛顿第二定律的特例. 这从形式上来理解，似乎是正确的. 但从本源上讲，没有牛顿第一定律，就没有惯性参考系和力这些概念，牛顿第二定律也就无从说起. 牛顿第一定律乃是牛顿第二定律的前提，并不仅仅是牛顿第二定律的特例.

思考题

2-1 按牛顿第二定律，若物体所受的合外力为零，则 $\dfrac{d\boldsymbol{v}}{dt} = \boldsymbol{0}$，即 $\boldsymbol{v}$ = 恒量，以及物体保持静止（$\boldsymbol{v} = \boldsymbol{0}$，$\boldsymbol{0}$ 也是一个恒矢量）或做匀速直线运动（$\boldsymbol{v}$ 是不等于零的一个恒矢量）. 如此看来，牛顿第一定律是牛顿第二定律的一个特例. 你如何评判这一观点.

2.1.3 牛顿第三定律

我们讲过，力是物体间的相互作用. 事实上，任何一个物体所受的力一定来自其他物体，施力者与受力者不可能是同一个物体. **牛顿第三定律**进一步说明物体间相互作用的关系，可陈述如下：**当物体 A 以力 $\boldsymbol{F}_2$ 作用在物体 B 上时，物体 B 同时也以力 $\boldsymbol{F}_1$** 作用在物体 A 上，$\boldsymbol{F}_1$ 与 $\boldsymbol{F}_2$ 在一条直线上，大小相等而方向相反（见图 2-1），即

$$\boldsymbol{F}_1 = -\boldsymbol{F}_2 \tag{2-5}$$

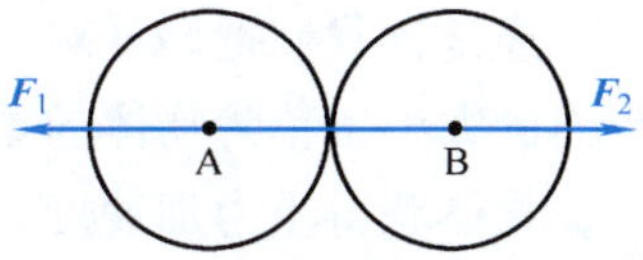

图 2-1　作用力与反作用力

牛顿第三定律的含义如下：

1）牛顿第三定律指出物体间的作用是相互的，即力是成对出现的．如果把物体 A 作用在物体 B 上的力称为**作用力**，那么，物体 B 作用在物体 A 上的力就称为**反作用力**；反之亦然．

2）**作用力和反作用力同时存在、同时消失**；当它们存在的时候，不论在哪一时刻，一定沿同一条直线，而且大小相等、方向相反．必须特别注意，**作用力和反作用力是作用在不同物体上的**，因此一个物体所受的作用力绝不能和这个力的反作用力互相抵消．当物体 B 受到物体 A 的作用力时，可获得相应的加速度；与此同时，物体 A 受到物体 B 的反作用力，也可获得相应的加速度．

3）力是按它在惯性系中产生的效应来定义的，作用力和反作用力当然也是如此，所以牛顿第三定律也只适用于惯性系．

4）**作用力和反作用力是属于同一性质的力**．例如，作用力是弹性力，或摩擦力，那么反作用力也一定相应地是弹性力，或摩擦力．

2.2　力学中常见的力

2.2.1　万有引力　重力

1680 年，牛顿发表了著名的万有引力定律，它是针对两个质点之间存在相互吸引力而言的，可表述为：**在自然界中，任何两个质点之间都存在引力，引力的大小与两个质点的质量 m_1、m_2 的乘积成正比，与两个质点间的距离 r 的二次方成反比；引力的方向在两个质点的连线上**（见图 2-2）．万有引力 $\boldsymbol{F}$（或 $\boldsymbol{F}'$）的大小可表示为

$$F = G\frac{m_1 m_2}{r^2} \tag{2-6}$$

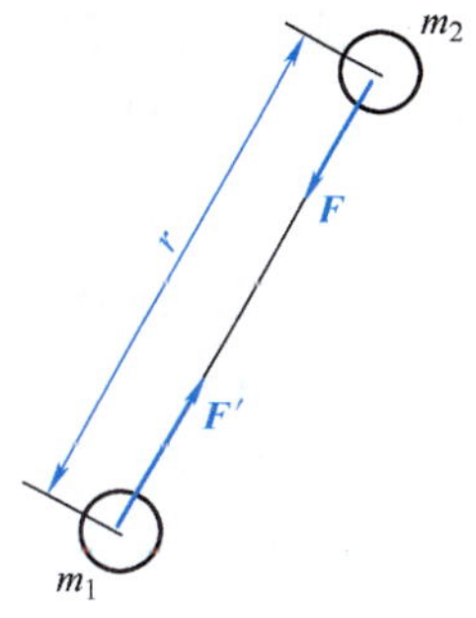

图 2-2　万有引力

式中，G 是一个普适常量，对任何物体都适用，称为**引力常量**，其值可由实验测得，通常取其近似值为

$$G = 6.672 \times 10^{-11}\,\text{N} \cdot \text{m}^2 \cdot \text{kg}^{-2}$$

需要指出，在万有引力定律中出现的质量是反映物体和其他物体之间引力强弱的一种定量描述，称为**引力质量**，它不涉及惯性；而牛顿第二定律 $\boldsymbol{F} = m\boldsymbol{a}$ 中的质量是指**惯性质量**，它反映质点保持其运动状态不变的顽强程度，而不涉及引力．引力质量和惯性质量是物体的两种不同属性．近代的精密实验证明，惯性质量等于引力质量．因此，以后两者不加区分，统称为**质量**．

通常，我们把**地球对地面附近物体所作用的万有引力**，称为物体所受的**重力**，记作 $\boldsymbol{W}$，重力的大小也称为物体的**重量**，重力的方向可认为竖直向下而指向地球中心．在重力作用下，物体获得重力加速度 $\boldsymbol{g}$，其方向与重力 $\boldsymbol{W}$ 方向相同．按式（2-2），质量为 m 的物体所受重力为

$$\boldsymbol{W}=m\boldsymbol{g} \tag{2-7}$$

设物体离开地面的高度为 h，地球的半径为 r_e，地球的质量为 m_e，则质量为 m 的物体在地面附近（即 $h \ll r_e$）的重力大小为

> 计算时需用的 G、r_e、m_e 等物理常量的大小可在书末附录 A 中查取.

$$F=G\frac{mm_e}{(r_e+h)^2}=m\frac{Gm_e}{(r_e+h)^2}=mg$$

式中，将 $(r_e+h)^{-2}$ 按泰勒公式展开，且因 $h \ll r_e$，可得 g 的近似值为

$$g=\frac{Gm_e}{(r_e+h)^2}\approx\frac{Gm_e}{r_e^{\ 2}}\left(1-2\frac{h}{r_e}\right)$$

可见重力加速度 g 随离地面高度 h 的增大而减小．当 $h/r_e \ll 1$ 时可取

$$g=\frac{Gm_e}{r_e^2} \tag{2-8}$$

g 近似为一常量，可按 G、m_e、r_e 等值算出 $g=9.82\mathrm{m\cdot s^{-2}}$，在通常计算时，可取 $g=9.80\mathrm{m\cdot s^{-2}}$.

前面说过，万有引力定律只适用于计算两个质点之间的引力，因而在上述计算地球对它附近的物体的引力时，不应把地球视作质点而直接应用式（2-6）．不过，如果地球内部质量均匀分布并具有球对称性，则可以证明（从略），**一个均匀球体（或球壳）对球外一个质点的万有引力，等于整个球体（或球壳）的质量集中于球心时对球外这个质点的引力**．因此，我们在上述求地球附近物体所受的地球引力时，就可以把地球近似看作质量集中于球心的一个质点．

近代物理指出，只有相互接触的物体之间才能够相互作用．那么，读者也许会进一步考问：任何物体之间若并未直接接触，为何存在万有引力呢？牛顿时代的有些人认为，任何物体并不需要直接接触，就可凭借无限大的速度瞬时地超越时空来传递万有引力．这就是所谓**超距作用**．这一观点是无法被近代物理学所接受的．

近代物理学指出，任何具有质量 m 的物体，在它周围空间都存在着某种特殊形式的物质㊀，这种物质称为引力场．当质量 m_2 的物体进入 m_1 的引力场内时，由于与该引力场接触，就在接触处受到 m_1 的引力场对它所作用的引力；与此同时，在 m_2 周围的空间也存在着引力场，物体 m_1 在 m_2 的引力场内，也要接触 m_2 的引力场而受到对它所作用的引力，而 m_1 与 m_2 所受引力的反作用力应是 m_1 和 m_2 分别对引力场所作用的．所以 m_1 与 m_2 所受的引力作用，

㊀ 引力场、电磁场等都是客观存在的物质，场与实物粒子是宇宙间的两类基本物质．场的观点是近代物理学中最基本的观点之一.

是通过它们周围的引力场来实现的.

由此看来，两质点之间的这一对引力并不能认为是一对作用力与反作用力. 可是，当两质点静止时，它们互施的这一对引力是等值、反向、共线的，因此，可以认为牛顿第三定律仍是成立的；并且近代物理指出，当这两质点相距甚远且两个质点低速运动时，牛顿第三定律对这一对引力仍近似适用.

地球在其地面附近的引力场称为**重力场**. 今后，我们在研究地面附近的物体运动时，必须考虑它所受的重力.

章前问题解答

现在我们来分析本章开头提出的问题. 随着地球自转的加快，向心力会逐渐增大，到一定程度后，物体所受支持力 $F_N=0$，物体处于失重状态，求此时对应的角速度，进而求出地球自转一昼夜的时间.

解： 动力学方程　　$mg=mR\omega^2$，则 $\omega=\sqrt{g/R}$

$$T=\frac{2\pi}{\omega}=2\pi\sqrt{R/g}=\left(2\times3.14\times\sqrt{\frac{6.4\times10^6}{9.8}}\right)\text{s}=5.08\times10^3\text{s}\approx1.4\text{h}$$

地球自转速度加快到能使赤道上的物体处于失重状态，则地球自转一昼夜的时间约为1.4h.

2.2.2　弹性力

物体在外力作用下发生形变（即改变形状或大小）时，由于物体具有弹性，产生企图恢复原来形状的力，这就是**弹性力**. 它的方向要根据物体形变的情况来决定. **弹性力产生在直接接触的物体之间，并以物体的形变为先决条件**. 下面介绍几种常见的弹性力.

1. 弹簧的弹性力

弹簧在外力作用下要发生形变（伸长或压缩），与此同时，弹簧反抗形变而对施力物体有力作用，这个力就是**弹簧的弹性力**. 如图2-3所示，把一条不计重力的轻弹簧的一端固定，另一端连接一个放置在水平面上的物体. 点 O 为弹簧处于**原长**（即没有伸长或压缩）时物体的位置，称为**平衡位置**. 以平衡位置 O 为原点，并取向右为 Ox 轴的正方向，则当物体自点 O 向右移动而将弹簧稍微拉长时，弹簧对物体作用的弹性力 F 指向左方；当物体自点 O 向左移动而稍微压缩弹簧时，F 就指向右方. 实验表明，**在弹簧的形变（伸长或压缩）甚小，而处于弹簧的弹性限度内时，弹性力为**

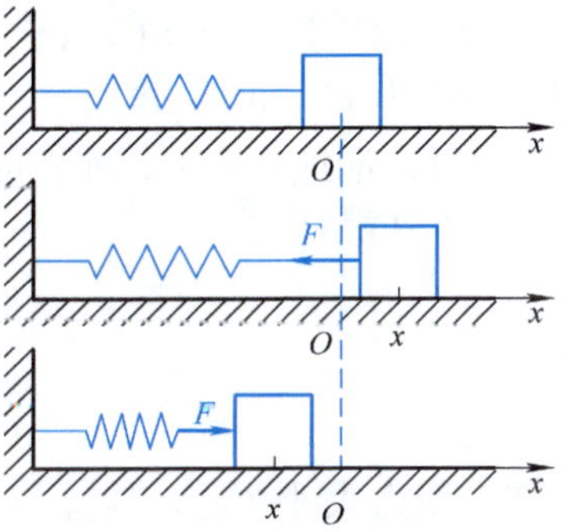

图2-3　弹簧的弹性力

$$F=-kx \tag{2-9}$$

式中，x 是**物体相对于平衡位置**（原点 O）的位移，其大小（绝对值）即为弹簧的伸长（或压缩）量；k 是一个正的恒量，称为弹簧的**劲度系数**，它表征弹簧的力学性能，即弹簧发生单位伸长量（或压缩量）时弹性力的大小，k 的单位是 $\text{N}\cdot\text{m}^{-1}$. 式（2-9）中的负号表示弹性力的方向，即当 $x>0$ 时，$F<0$，弹性力 F 指向 Ox 轴负向；当 $x<0$ 时，$F>0$，F 指

向 Ox 轴正向.

2. 物体间相互挤压而引起的弹性力

这种弹性力是由于彼此挤压的物体发生形变所引起的；其形变一般极为微小，肉眼不易觉察．例如，屋架压在柱子上，柱子因压缩形变而产生向上的弹性力，托住屋架；又如，物体压在支承面（如斜面、地面等）上，物体与支承面之间因相互挤压也要产生弹性力．如图 2-4 所示，一重物放置在桌面上，桌面受重物挤压而发生形变，它要力图恢复原状，对重物作用一个向上的弹性力 $\boldsymbol{F}_{\mathrm{N}}$，这就是桌面对重物的**支承力**；与此同时，重物受桌面挤压而发生形变，也要力图恢复原状而对支承的桌面作用一个向下的弹性力 $\boldsymbol{F}'_{\mathrm{N}}$，即重物对桌面的**压力**.

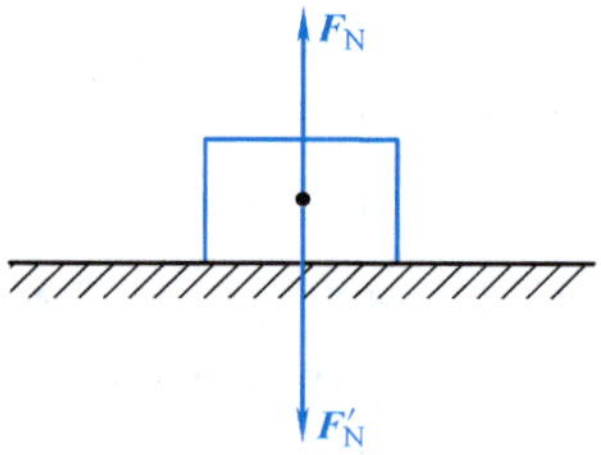

图 2-4　挤压弹性力

上述这种挤压弹性力总是垂直于物体间的接触面或接触点的公切面，故也称为**法向力**.

3. 绳子的拉力

一根杆在外界作用下，在一定程度上具有抵抗拉伸、压缩、弯曲和扭转的性能，但是，对一条柔软的绳子来说，它毫无抵抗弯曲、扭转的性能，也不能沿绳子方向受外界的推压，**而只能与相接触的物体沿绳子方向互施拉力**．这种拉力也是一种弹性力，它是在绳子受拉而发生拉伸形变（一般也很微小）时所引起的.

现在讨论绳子产生拉力时绳内的张力问题．如图 2-5 所示，手对绳施加一水平拉力 $\boldsymbol{F}$，拖动一质量为 m 的物体沿水平面以加速度 $\boldsymbol{a}$ 运动（见图 2-5a）．这时，绳子几乎被近水平地拉直而发生拉伸形变，绳子内部相邻各段之间便产生弹性力，这种弹性力称为**张力**．一般而言，绳内各处的张力是不相等的．设想把绳子分成数段，取其中任一段质量为 Δm 的绳子 CD，它要受前、后方相邻绳段的张力 $\boldsymbol{F}_{\mathrm{T1}}$ 和 $\boldsymbol{F}_{\mathrm{T2}}$ 作用．当绳子和物体一起以加速度 $\boldsymbol{a}$ 前进时，沿绳长取 Ox 轴正向，如图 2-5b 所示，则对绳段 CD 而言，按牛顿第二定律的分量式（2-3）有

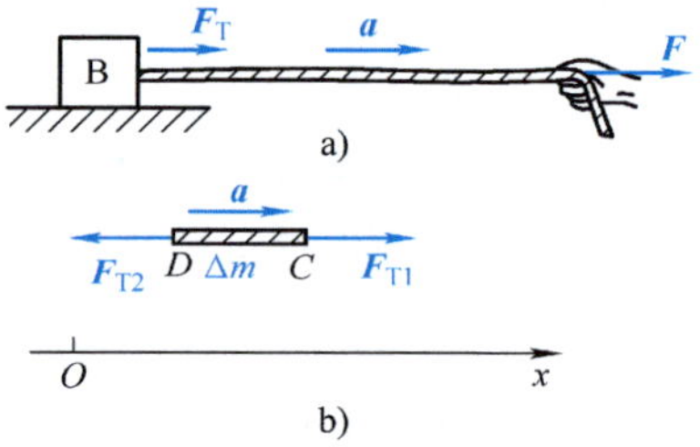

图 2-5　绳子的拉力

$$F_x = ma_x$$

即

$$F_{\mathrm{T1}} - F_{\mathrm{T2}} = \Delta m a$$

可知，张力大小 $F_{\mathrm{T1}} \neq F_{\mathrm{T2}}$，并可推断绳中各处的张力大小也是不相等的．但是，如果绳子是一条质量可以忽略不计（即 $m \approx 0$）的细线（或轻绳），则绳子各段的质量 $\Delta m = 0$；或者绳子质量不能忽略（$m \neq 0$），而处于匀速运动或静止状态（$a = 0$），在这两种情况下，由上式可得出，绳中各处的张力大小处处相等，且与拉重物的外力大小相等．于是，手拉绳子的力 $\boldsymbol{F}$ 和绳拉物体的力 $\boldsymbol{F}_{\mathrm{T}}$ 大小相等，亦即，拉力 $\boldsymbol{F}$ 的大小可以不变地传递到绳的另一端.

> 注意：今后凡是讲到“细绳”或“轻绳”，都是指绳的质量可以忽略不计．对于“轻杆”或“细杆”“轻弹簧”或“轻滑轮”等也都可做同样的理解.

类似地，当杆受拉伸或压缩时，其内部各处的内力情况也可仿此理解．不过，在受压时，杆中任何一点的内力是相向的一对作用力与反作用力，即**压力**．对轻杆而言，其中任何

一点的压力的大小都相等，外力的大小也可以沿杆不变地传递.

2.2.3　摩擦力

两个彼此接触而相互挤压的物体，当存在着相对运动或相对运动趋势时，在两者的接触面上就会引起相互作用的摩擦力. **摩擦力产生在直接接触的物体之间**，并以两物体之间是否有相对运动或相对运动的趋势为先决条件. 摩擦力的方向沿两物体接触面的切线方向，并与物体相对运动或相对运动趋势的方向相反. 粗略地说，产生摩擦力的原因通常是由于两物体的接触表面粗糙不平.

1. 静摩擦力

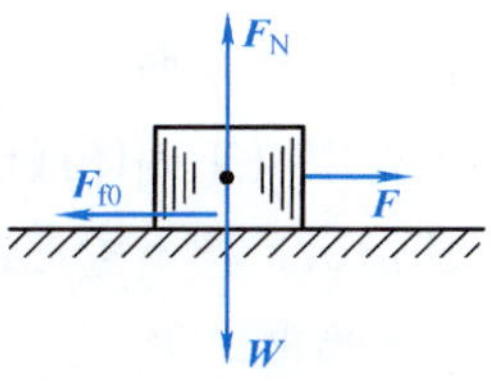

图2-6　静摩擦力

一物体静置在平地上，这时，它与支承的地面之间没有相对运动或相对运动趋势，两者的接触面之间就不存在摩擦力. 若用不大的力 $\boldsymbol{F}$ 去拉该物体（见图2-6），物体虽相对于支承面有滑动趋势，但并不开始运动，这是由于物体与支承面之间出现了摩擦力，它与力 $\boldsymbol{F}$ 相互平衡，所以，物体相对于支承面仍为静止，这个摩擦力叫作**静摩擦力**，以 $\boldsymbol{F}_{f0}$ 表示. $\boldsymbol{F}_{f0}$ 的大小与物体所受的其他外力有关，需由力学方程求解，$\boldsymbol{F}_{f0}$ 的方向总是与相对滑动趋势的方向相反.

当拉力 $\boldsymbol{F}$ 逐渐增大到一定程度时，物体将要开始滑动，这表明静摩擦力并非可以无限度地增大，而是有一最大限度，称为**最大静摩擦力**. 根据实验，最大静摩擦力的大小 F_{fmax} 与接触面间的法向支承力（也称正压力）的大小 F_N 成正比，即

$$F_{fmax} = \mu' F_N \tag{2-10}$$

式中，μ' 称为**静摩擦系数**，它与两物体接触面的材料性质、粗糙程度、干湿情况等因素有关，通常由实验测定，或查阅有关物理手册.

显然，静摩擦力的大小介于零与最大静摩擦力之间，即

$$0 < F_{f0} \leqslant F_{fmax} \tag{2-11}$$

在许多场合下，静摩擦力可以是一种驱动力. 例如，汽车行驶的驱动力就是凭借驱动轮轮胎与地面之间的静摩擦力；人们走路，就是依靠脚底与地面之间的静摩擦力. 否则将寸步难移.

2. 滑动摩擦力

当作用于上述物体的力 $\boldsymbol{F}$ 超过最大静摩擦力而发生相对运动时，两接触面之间的摩擦力称为**滑动摩擦力**. 滑动摩擦力的方向与两物体之间相对滑动的方向相反；滑动摩擦力的大小 F_f 也与法向支承力的大小 F_N 成正比，即

$$F_f = \mu F_N \tag{2-12}$$

式中，μ 称为**动摩擦系数**，通常它比静摩擦系数稍小一些，计算时，一般可不加区别，近似地认为 $\mu = \mu'$.

滑动摩擦力的方向，总是与物体相对运动的方向相反. 读者仍需注意“相对”两字.

例如，自行车的前轮是被动轮，当自行车后轮受地面作用的静摩擦力 $\boldsymbol{F}_{f1}$ 而前进时（见图2-7），就推动前轮相对于地面的接触点向前滚动，从而地面对它作用着向后的滑动摩擦力 $\boldsymbol{F}_{f2}$.

图2-7　自行车轮所受的摩擦力

3. 黏滞阻力

以上所说的仅是固体之间的摩擦力．另外，当固体在流体（液体、气体等）中运动时，或流体内部的各部分之间存在相对运动时，流体与固体之间或流体内部相互之间也存在着一种摩擦力，称为黏滞阻力，记作 $\boldsymbol{F}_r$. 黏滞阻力的大小主要取决于固体或流体的速度，但也与固体的形状、流体的性质等因素有关．本书中如不特别指出，均不考虑这种阻力，例如空气阻力等．

思考题

2-2　“摩擦力是阻碍物体运动的力”或“摩擦力总是与物体运动的方向相反”，这种说法为什么是不妥当的？你如何理解“相对滑动”和“相对滑动趋势”？如何判断静摩擦力和滑动摩擦力的方向？它们的大小如何决定？如何判断究竟真正发生了滑动还是仅仅有滑动趋势？

2-3　人推小车时，小车也推人．结果，小车向前行而人不向后退，这是为什么？试分析一下人和小车各受哪些力的作用．小车向前行而人不向后退的情况，是否仅由小车与人之间的相互作用力所决定的？

思维拓展

如思维拓展图所示，用一根绳悬挂一重物，并且重物下系着机械强度相同的绳子．用手拉重物下方的绳子，

(1) 持续缓慢地增加拉力，哪根绳子容易断？

(2) 突然施加很大的拉力，哪根绳子容易断？为什么？

思维拓展图

2.3　牛顿运动定律应用示例

应用牛顿运动定律求解质点动力学问题，都是以牛顿第二定律为核心而展开的．大致有下述两类问题：

1）已知质点运动函数，对其求导，可得加速度；再由 $\boldsymbol{F}=m\boldsymbol{a}$，就可求质点所受的合

外力.

2）已知质点所受的合外力，求质点的运动规律．若质点所受的是变力，则把 $\boldsymbol{F}=m\boldsymbol{a}$ 写成微分方程 $\boldsymbol{F}=m\mathrm{d}\boldsymbol{v}/\mathrm{d}t$ 或 $\boldsymbol{F}=m\mathrm{d}^2\boldsymbol{r}/\mathrm{d}t^2$，结合初始条件，进行积分，就可解得质点运动函数．

应用牛顿第二定律求解问题的一般步骤如下：

1）根据题设条件和需求，有目的地选取一个或几个物体，以此作为研究对象分别隔离出来，称为**隔离体**.

2）选定可以作为惯性系的参考系．

3）分析隔离体的受力情况，画**示力图**，并标示出其运动情况．

4）按牛顿第二定律的表达式 $\boldsymbol{F}=m\boldsymbol{a}$［式（2-2）］列出质点运动方程（矢量式）.

5）在惯性参考系中建立合适的坐标轴，对上述矢量形式的质点运动方程，写出它沿各坐标轴的分量式［参阅式（2-3）或式（2-4）］.

读者也可不列出矢量形式的质点运动方程，直接按所选定的坐标轴列出与之等价的一组运动方程分量（标量）式，在本书中有时就是这样做的.

6）解出用字母表示的所求结果（代数式）；如题中给出已知量的具体数据，应将各量统一换算成用国际制单位来表示，再代入用字母表示的式中，算出具体答案．必要时，还要对所得结果进行讨论．

其中，正确无误地分析隔离体的受力情况和画出示力图，乃是解决力学问题的关键性一步．否则，按照不准确的示力图去列式计算，是徒劳无益的，只能得出错误的答案．

鉴于力是物体之间的相互作用，因此，对所选定的隔离体分析受力情况时，除了重力和已知外力可先在示力图上画出外，接下来应无遗漏地逐一考察该隔离体与哪些物体存在着相互接触或联系，经过判断，如果它们在接触或联系处对该隔离体有弹性力或摩擦力等作用，也在示力图上逐个画出，并标出各力的方向．

例题 2-1 质量为 m 的小艇在靠岸时关闭发动机，此时的船速为 v_0. 设水对小艇的阻力 $\boldsymbol{F}_\mathrm{r}$ 正比于船速 $\boldsymbol{v}$，其大小为 $F_\mathrm{r}=kv$（系数 k 为正的恒量），问小艇在关闭发动机后还能前进多远？

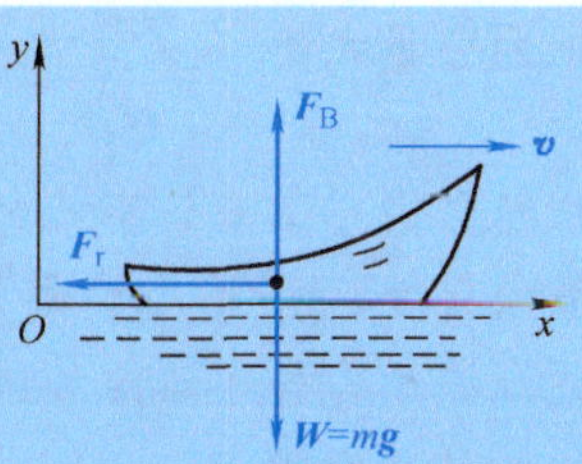

例题 2-1 图

解： 小艇受重力 $\boldsymbol{W}=m\boldsymbol{g}$、水对它的浮力 $\boldsymbol{F}_\mathrm{B}$ 和阻力 $\boldsymbol{F}_\mathrm{r}$ 三力，其方向如例题 2-1 图所示．

按牛顿第二定律，小艇的运动方程为

$$\boldsymbol{W}+\boldsymbol{F}_\mathrm{B}+\boldsymbol{F}_\mathrm{r}=m\boldsymbol{a}$$

小艇的运动方程在所取坐标系 Oxy 中沿 Ox 轴、Oy 轴方向的分量式分别为

$$-F_\mathrm{r}=ma_x \quad ⓐ$$

$$F_\mathrm{B}-mg=ma_y \quad ⓑ$$

式中，由于沿 Oy 轴方向水对小艇的浮力 $\boldsymbol{F}_\mathrm{B}$ 和重力 $\boldsymbol{W}$ 平衡，故 $a_y=0$；阻力 $F_\mathrm{r}=kv$. 今设小艇沿水面上的 Ox 轴运动时的速度大小为 v，则 $a_x=\mathrm{d}v/\mathrm{d}t=(\mathrm{d}v/\mathrm{d}x)(\mathrm{d}x/\mathrm{d}t)=v(\mathrm{d}v/\mathrm{d}x)$. 将这些量代入式ⓐ，化简得

$$\frac{\mathrm{d}v}{\mathrm{d}x}=-\frac{k}{m}$$

当 $x=0$ 时，$v=v_0$，积分上式，有 $\int_{v_0}^{v}\mathrm{d}v=-\int_0^x\left(\frac{k}{m}\right)\mathrm{d}x$

即

$$v=v_0-\frac{kx}{m}$$

当 $v=0$ 时，由上式可得小艇前进的距离为

$$x=\frac{mv_0}{k}$$

说明

从本题的要求来说，式ⓑ无助于求解，故也可不列出此式.

例题 2-2 试计算一质量为 m 的小球在阻尼介质（水、空气或油等，这里是指水）中竖直沉降的速度. 已知：水对小球的浮力为 $\boldsymbol{F}_B$，水对小球运动的黏性阻力为 $\boldsymbol{F}_r$，其大小为 $F_r=\gamma v$. 式中，v 为小球在水中运动的速度，γ 是与小球的半径、水的黏性等有关的一个恒量.

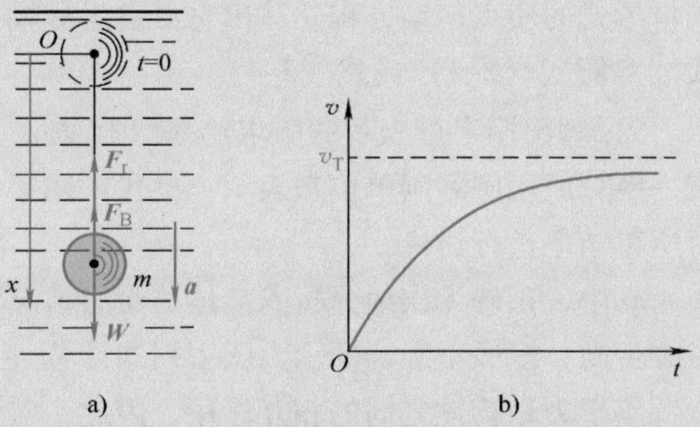

例题 2-2 图

解：小球受重力 $\boldsymbol{W}=m\boldsymbol{g}$、浮力 $\boldsymbol{F}_B$ 和黏性阻力 $\boldsymbol{F}_r$ 作用，各力方向如例题 2-2 图 a 所示. 按牛顿第二定律，有

$$\boldsymbol{W}+\boldsymbol{F}_B+\boldsymbol{F}_r=m\boldsymbol{a}$$

取 Ox 轴方向竖直向下，并将小球开始下落处取为 Ox 轴的原点 O，列出上述运动方程沿 Ox 轴的分量式为

$$mg-F_B-\gamma v=ma \tag{a}$$

显然，当小球开始下落时，即 $t=0$ 时，$x=0$，$v=0$，则由式ⓐ可知，这时，加速度却具有最大值 $a=g-F_B/m$. 继而，沉降速度 v 逐渐增加，黏性阻力也随之增大，小球的加速度就逐渐减小. 当小球的加速度减小到零时，其速度称为**收尾速度**，记作 v_T，由式ⓐ可得小球的收尾速度为

$$v_T=\frac{mg-F_B}{\gamma} \tag{b}$$

这时，小球所受的重力 $\boldsymbol{W}$、浮力 $\boldsymbol{F}_B$ 和黏性阻力 $\boldsymbol{F}_r$ 三者达到平衡；此后，小球将以收尾速度 v_T 匀速地沉降. 由式ⓑ得 $\gamma v_T=mg-F_B$，并代入式ⓐ，有

$$\gamma(v_T-v)=m\frac{\mathrm{d}v}{\mathrm{d}t}$$

分离变量，并积分之，有

$$\int_0^v\frac{\mathrm{d}v}{v_T-v}=-\int_0^t\frac{\gamma}{m}\mathrm{d}t$$

可解得　　$$v = v_T(1 - e^{-\frac{\gamma}{m}t})$$　　ⓒ

上述 v 与 t 的关系曲线如例题2-2图b所示.

说明：利用收尾速度的概念可解释许多常见的现象. 例如，轮船的速度不能无限制地增大，这是由于黏性阻力随速度而变，当船速达到收尾速度 v_T 后，阻力已增大到与轮船推进力相平衡，即推进力已全部用于克服阻力，故不可能再加速，而以匀速行驶. 又如，飞行员的跳伞、江河中的泥沙沉降和空气中的尘粒或雨滴降落等，当达到重力、阻力与浮力三者平衡时，也以收尾速度下降.

从式ⓒ还可看出，小球在阻尼介质中的沉降速度 v 与 γ 有关，而实验表明，γ 又与小球的半径有关. 这样，大小不同的小球在同一介质中将具有不同的沉降速度. 据此，在工农业生产中（例如选矿、净化颗粒等）常可用来分离不同粒径的球状微粒.

例题2-3　如例题2-3图所示，一长为 l 的细绳，上端固定于 O' 点，下端拴一质量为 m 的小球. 当小球在水平面上以匀角速 ω 绕竖直轴 OO' 做圆周运动时，绳子将画出一圆锥面，故这种装置称为圆锥摆. 求此时绳与竖直轴所成的夹角 θ.

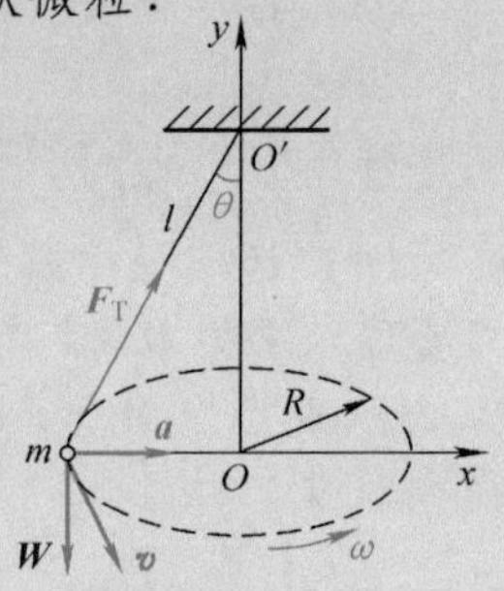

例题2-3图

解：小球在水平面上做圆周运动的任一时刻，受重力 $\boldsymbol{W} = m\boldsymbol{g}$ 和绳的拉力 $\boldsymbol{F}_T$ 作用，其加速度为 $\boldsymbol{a}$，且恒指向圆心 O；小球所受 $\boldsymbol{W}$、$\boldsymbol{F}_T$ 的合力，其方向应与加速度 $\boldsymbol{a}$ 的方向一致. 故在任一时刻，W、F_T 与 a 三者必处于同一竖直面内. 据此，我们就可以在运动过程中任一时刻的这样竖直平面内，建立一个与地面相连接的平面坐标系 Oxy，如例题2-3图所示. 于是，也可直接写出沿 Ox、Oy 轴方向的分量式，即

$$\begin{cases} F_T\sin\theta = ma_x \\ -W + F_T\cos\theta = ma_y \end{cases}$$

由于小球在竖直方向无运动，即 $a_y = 0$；而 $a_x = R\omega^2 = (l\sin\theta)\omega^2$ 为小球向心加速度，代入上述两式，可求得

$$\theta = \arccos\frac{g}{l\omega^2}$$

讨论：由上式可知，若角速度 ω 与绳长 l 已定，则 θ 也就一定. 若角速度 ω 增大，$\cos\theta$ 就减小，θ 便增大，因而 $R = l\sin\theta$ 也随之增大；反之亦然. 工厂里常见的离心调速器就是根据圆锥摆的这一原理做成的.

例题2-4　质量分别为 $m_1 = 5\text{kg}$、$m_2 = 3\text{kg}$ 的两物体A、B在水平桌面上靠置在一起，如例题2-4图a所示. 在物体A上作用一水平向左的推力 $F = 10\text{N}$，不计摩擦力，求：(1) 两物体的加速度及其相互作用力；(2) 桌面作用于两物体上的支承力.

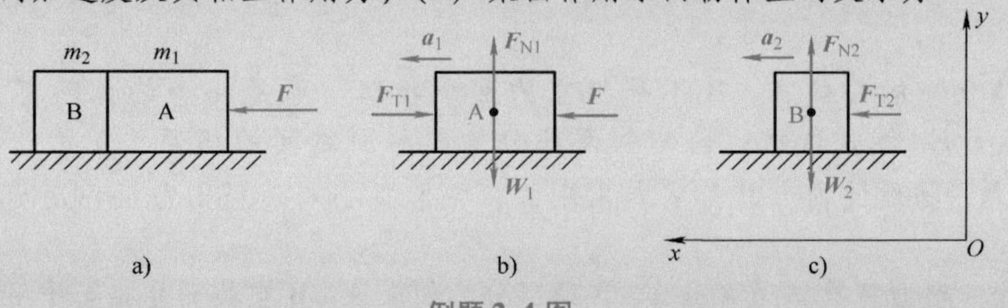

例题2-4图

分析 本题要研究的对象不止一个物体；并且还要求解物体间的相互作用力，因此在求解时，必须分别取物体A和B为隔离体.

解：(1) 分别选取物体A和B为隔离体.

(2) 以地面为惯性系，按题意分析物体A和B的受力和运动情况.

物体A受四个力作用：已知的外力$\boldsymbol{F}$、重力$\boldsymbol{W}_1=m_1\boldsymbol{g}$、桌面的支承力$\boldsymbol{F}_{N1}$和物体B对它的作用力$\boldsymbol{F}_{T1}$（这是由于在推力$\boldsymbol{F}$作用下，物体A、B间相互挤压而引起的弹性力），它们的方向如例题2-4图b所示. 设物体A的加速度为$\boldsymbol{a}_1$.

物体B受三个力作用：重力$\boldsymbol{W}_2=m_2\boldsymbol{g}$，桌面的支承力$\boldsymbol{F}_{N2}$和物体A对它的作用力$\boldsymbol{F}_{T2}$，方向如例题2-4图c所示. 设物体B的加速度为$\boldsymbol{a}_2$.

(3) 按牛顿第二定律，分别列出物体A和B的运动方程：

$$\begin{aligned}&\text{物体A}\qquad \boldsymbol{W}_1+\boldsymbol{F}+\boldsymbol{F}_{N1}+\boldsymbol{F}_{T1}=m_1\boldsymbol{a}_1\\&\text{物体B}\qquad \boldsymbol{W}_2+\boldsymbol{F}_{N2}+\boldsymbol{F}_{T2}=m_2\boldsymbol{a}_2\end{aligned}\tag{ⓐ}$$

(4) 选取坐标系，给出上述运动方程的分量式. 初看起来，两物体都在做水平运动，只要取水平的Ox轴就行了；但题中还要求竖直方向的支承力，因而还得取Oy轴. 今选取Oy轴方向竖直向上，Ox轴方向水平向左，则物体A、B的运动方程沿Ox轴、Oy轴的分量式分别为

$$\text{物体A}\begin{cases}F-F_{T1}=m_1a_1\\F_{N1}-m_1g=0\end{cases},\ \text{物体B}\begin{cases}F_{T2}=m_2a_2\\F_{N2}-m_2g=0\end{cases}\tag{ⓑ}$$

(5) 求解. 由于两物体在外力$\boldsymbol{F}$作用下紧靠在一起运动，它们的加速度必相同，其大小以a表示，即$a_1=a_2=a$，又因物体A、B间的相互作用力F_{T1}、F_{T2}是一对作用力与反作用力，大小相等，以F_T表示，即$F_{T1}=F_{T2}=F_T$，则由式ⓑ解得

$$F_T=\frac{m_2}{m_1+m_2}F,\ a=\frac{F}{m_1+m_2}\tag{ⓒ}$$

$$F_{N1}=m_1g,\ F_{N2}=m_2g\tag{ⓓ}$$

(6) 计算. 将$m_1=5\text{kg}$、$m_2=3\text{kg}$、$F=10\text{N}=10\text{kg}\cdot\text{m}\cdot\text{s}^{-2}$代入式ⓒ、式ⓓ中的各式，读者可自行算出物体的加速度、两物体之间的相互作用力和桌面对物体A、B的支承力分别为

$$a=1.25\text{m}\cdot\text{s}^{-2},\ F_T=3.75\text{N},\ F_{N1}=49\text{N},\ F_{N2}=29.4\text{N}$$

讨论：在式ⓒ中，$m_2/(m_1+m_2)<1$，所以$F_T<F$. 如果$m_1\gg m_2$，则两物体间的相互作用力$F_T\approx 0$；若$m_1\ll m_2$，则$F_T\approx F$，这相当于外力$\boldsymbol{F}$的大小通过物体A不变地传递到物体B.

说明

如果本例中的物体A、B不是独立的两个物体，而是一个物体不可分割的两部分，则F_{T1}、F_{T2}就是这物体内相邻两部分的交界面之间的相互作用力，它们都称为物体的**内力**. 物体的内力总是成对出现的，它们是一对作用力与反作用力，服从牛顿第三定律.

设想用一截面将物体隔离成A、B两部分，如果A、B在截面处相互作用的内力$\boldsymbol{F}_{T1}$、

$\boldsymbol{F}_{T2}$的方向都是分别朝向截面的，这样的内力叫作**压力**，本例图示的$\boldsymbol{F}_{T1}$、$\boldsymbol{F}_{T2}$两力就是压力；如果这对内力$\boldsymbol{F}_{T1}$、$\boldsymbol{F}_{T2}$的方向都是分别背离截面的，这样的内力叫作**张力**. 如杆件或绳索受拉时，其内部相互作用的内力就是张力.

在材料力学、结构力学和流体力学中，对内力的分析是极其重要的. 分析内力的方法，通常就是利用隔离体法，即在物体（固体或流体）内部取一截面，将物体假想分割成为两部分，以暴露出这两部分间相互作用的内力，然后再根据力学方法求出内力. 所以，隔离体法不仅可用在上述由几个物体组成的分立的物体系统上，也可以用在连续的物体系统（如流体、固体等）上.

例题 2-5　如例题 2-5 图 a 所示，质量分别为 m_1、m_2 的物体 B_1 和 B_2，分别放置在倾角为 α 和 β 的斜面上，通过一跨过轻滑轮 P 的细绳相连接，设此两物体与斜面的摩擦系数皆为 μ. 求物体的加速度.

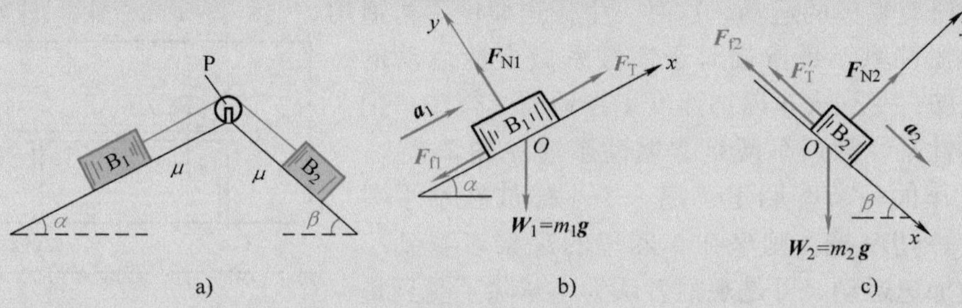

例题 2-5 图

解： 取物体 B_1 和 B_2 为隔离体，它们的受力情况如例题 2-5 图 b、c 所示. 设物体 B_1 上滑，物体 B_2 下滑，则按牛顿第二定律，物体 B_1 和 B_2 的运动方程分别为

$$\boldsymbol{W}_1+\boldsymbol{F}_{N1}+\boldsymbol{F}_T+\boldsymbol{F}_{f1}=m_1\boldsymbol{a}_1$$

$$\boldsymbol{W}_2+\boldsymbol{F}_{N2}+\boldsymbol{F}'_T+\boldsymbol{F}_{f2}=m_2\boldsymbol{a}_2$$

选取图示的 Ox 轴和 Oy 轴，则上两式沿 Ox、Oy 轴的分量式分别为

$$F_T-m_1g\sin\alpha-F_{f1}=m_1a_1 \quad ⓐ$$

$$F_{N1}-m_1g\cos\alpha=0 \quad ⓑ$$

$$m_2g\sin\beta-F'_T-F_{f2}=m_2a_2 \quad ⓒ$$

$$F_{N2}-m_2g\cos\beta=0 \quad ⓓ$$

且

$$F_T=F'_T \quad ⓔ$$

$$F_{f1}=\mu F_{N1} \quad ⓕ$$

$$F_{f2}=\mu F_{N2} \quad ⓖ$$

因为 $a_1=a_2=a$，联立求解式ⓐ ~ 式ⓖ，得物体的加速度

$$a=\frac{m_2g(\sin\beta-\mu\cos\beta)-m_1g(\sin\alpha+\mu\cos\alpha)}{m_1+m_2}$$

讨论：（1）当 $m_2g(\sin\beta-\mu\cos\beta)-m_1g(\sin\alpha+\mu\cos\alpha)>0$，即$\dfrac{m_2}{m_1}>\dfrac{\sin\alpha+\mu\cos\alpha}{\sin\beta-\mu\cos\beta}$时，

$a>0$，则物体 B_1 上滑，物体 B_2 下滑．

（2）当 $\dfrac{m_2}{m_1}=\dfrac{\sin\alpha+\mu\cos\alpha}{\sin\beta-\mu\cos\beta}$ 时，$a=0$，则物体 B_1 与 B_2 皆静止或以初速沿斜面做匀速运动．

（3）同理，设物体 B_2 上滑、物体 B_1 下滑，这时，除摩擦力 $\boldsymbol{F}_{f1}$、$\boldsymbol{F}_{f2}$ 的方向改变以外，其他情况皆相同，读者可自行求出此时物体的加速度．

2.4 非惯性参考系　惯性力

2.4.1 加速平动参考系中的惯性力

我们通常都是在惯性系中讨论物体的运动．但是，有时为了方便起见，也可以在非惯性系中观察和研究物体的运动．这时，牛顿定律便不再适用．

所谓非惯性系，是指相对于惯性系做变速运动的参考系．例如，一列火车以加速度 $\boldsymbol{a}_i$ 在地面上行驶，把地面看作惯性系，则列车便是非惯性系（见图 2-8）．今在这列火车的一节车厢里，把一个小球放在水平桌面上，不计一切摩擦，则坐在车厢里的观察者看到小球在往后做加速运动．可是观察者认为小球除了受到重力 $\boldsymbol{W}$ 和桌面的支承力 $\boldsymbol{F}_N$ 这两个互相平衡的真实力以外，似乎并不受其他力作用，感到难以理解；而地面上的观察者却看到此球保持静止或匀速直线运动．若把小球系于弹簧秤的一端，另一端则固定于桌面上．小球跟着弹簧秤一起运动，秤上则会显示出某一读数．地面上的观察者看到小球在弹簧秤的拉力作用下做加速运动，列车内的观察者却看到小球受到弹簧秤的拉力而保持静止不动．

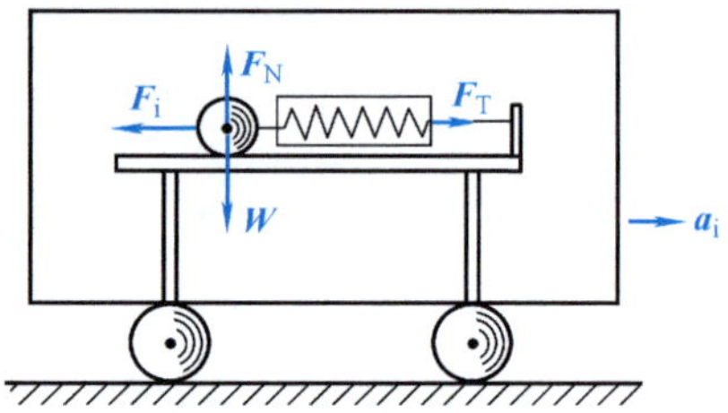

图 2-8　加速运动的车厢

地面上的观察者处于惯性系，他观察到小球的运动遵从牛顿第二定律．列车中的观察者处于非惯性系，他感到小球的运动并不遵从牛顿第二定律．不过，如果小球除了受到各种真实力作用外，还加上一个假想的力 $\boldsymbol{F}_i=-m\boldsymbol{a}_i$，则在非惯性系中物体的运动也遵从牛顿第二定律了．这个在非惯性系中假想的力称为**惯性力**．它的大小为 $|\boldsymbol{F}_i|=ma_i$，方向与 $\boldsymbol{a}_i$ 相反．

当汽车起动时，车上的人会感到一个向后的附加力；制动时，会感到一个向前的附加力；拐弯时，身体会感到一个向外的附加力；…；这是由于汽车起动或制动时是一个非惯性系，它相对于惯性系的加速度为 $\boldsymbol{a}_i$，因而人会受到一个附加的惯性力 $\boldsymbol{F}_i=-m\boldsymbol{a}_i$.

所以，在非惯性系中，若物体所受的真实力的合力为 $\boldsymbol{F}$，物体对非惯性系的加速度为 $\boldsymbol{a}'$，而此非惯性系对惯性系的加速度为 $\boldsymbol{a}_i$，则牛顿第二定律的表达式（2-2）应修改为

$$\boldsymbol{F}+\boldsymbol{F}_i=m\boldsymbol{a}' \tag{2-13}$$

式中，$\boldsymbol{F}$ 是实际所受的合外力，即真实力；$\boldsymbol{F}_i$ 是惯性力．惯性力不是物体间相互作用的真实力，所以也没有反作用力，而是一种虚拟力；它来源于参考系的非惯性性质．因此，对于非惯性系来说，牛顿第三定律不再适用．

例题 2-6 如例题 2-6 图所示，某大楼内的升降机自静止开始在 5s 内加速上升，其运动函数为 $z=0.125t^3/6$（式中，z 以 m 计，t 以 s 计），求 $t=4\text{s}$ 时，站在升降机中质量 $m=60\text{kg}$ 的人对地板的压力．

解： 选上升的升降机为参考系，它在 $t=4\text{s}$ 时的加速度为

$$a_0=\frac{\mathrm{d}v_z}{\mathrm{d}t}=\frac{\mathrm{d}^2z}{\mathrm{d}t^2}=\frac{\mathrm{d}^2}{\mathrm{d}t^2}\left(\frac{0.125t^3}{6}\right)$$
$$=0.125t=(0.125\times4)\,\text{m}\cdot\text{s}^{-2}=0.50\,\text{m}\cdot\text{s}^{-2}$$

相应的惯性力为 $\boldsymbol{F}_\text{i}=-m\boldsymbol{a}_0$. 从升降机中看，人受重力 $\boldsymbol{W}$ 和地板对他的支承力 $\boldsymbol{F}_\text{N}$，还要另加一个惯性力 $\boldsymbol{F}_\text{i}$，方向如例题 2-6 图所示．此人相对于升降机是静止的，即 $a'=0$. 则由牛顿第二定律，有

$$\boldsymbol{F}_\text{N}-\boldsymbol{W}-\boldsymbol{F}_\text{i}=m\times0=0$$

由此得

$$\boldsymbol{F}_\text{N}=\boldsymbol{W}+\boldsymbol{F}_\text{i}=mg+ma_0=60\text{kg}\times(9.80+0.50)\,\text{m}\cdot\text{s}^{-2}=618\text{N}$$

按牛顿第三定律，在 $t=4\text{s}$ 这一时刻，人对地板的向下压力为

$$F'_\text{N}=F_\text{N}=618\text{N}$$

例题 2-6 图

可见，当升降机加速上升时，人对地板的压力大于人的重量，这就是所谓“超重”现象．读者不难自行解出，当升降机加速下降时，人对地板的压力小于人的重量，这就是所谓“失重”现象．尤其是当升降机自由落下时，$\boldsymbol{a}=\boldsymbol{g}$，这时，人对地板的压力 $F_\text{N}=0$，显然，升降机也就不用托住人了．人造地球卫星中的物体（如放置于卫星中的仪器设备等），在随卫星绕地球转动时，物体在卫星轨道上的加速度就是地球引力所产生的加速度（$\approx\boldsymbol{g}$），所以，卫星中的物体因完全失重而不再需要任何支承力．但要注意，在失重现象中，失去压力并不意味着失去重力．物体始终受有地球对它的吸引力——重力．

2.4.2 转动参考系中的惯性力

1. 匀角速转动参考系中静止物体所受的惯性力

在图 2-9 中，光滑转盘上质量为 m 的物体由一绳与转轴相连，当转盘绕轴以匀角速度 ω 转动时，物体在距轴心 r 处相对于对于转盘静止．在地面观察者看来，绳供了 m 做圆周运动的向心力，即

$$F=m\omega^2r \tag{2-14}$$

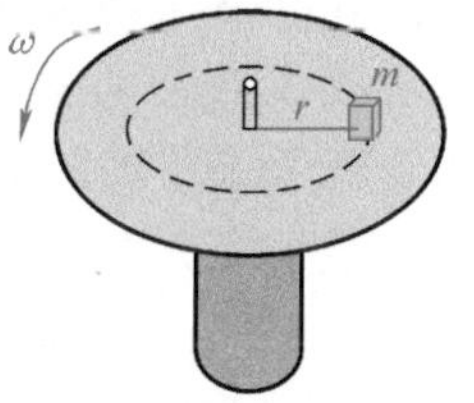

图 2-9 转动参考系中的惯性力

而在转盘上的观察者看来，m 受到绳的作用却并未沿绳的方向运动，而是静止在圆盘上．因此，若要在转盘参考系中使用牛顿第二定律，转盘上的观察者必须设想物体还受到沿半径向外的惯性力 $F_{惯}$ 的作用，即

$$F_{惯}=-m\omega^2r \tag{2-15}$$

这样，在转盘参考系中，物体 m 所受的合力 $\boldsymbol{F}_{合}=\boldsymbol{F}+\boldsymbol{F}_{惯}=0$，所以保持静止．在转动参考系中设想的物体所受的这个沿半径向外的惯性力称为**惯性离心力**，该力与物体所受的向

心力大小相等，方向相反. 惯性离心力是虚拟力，是运动物体的惯性在转动参考系中的表现.

当飞船围绕地球做圆周运动时，物体在飞船参考系中要受到惯性离心力的作用. 这个惯性力与物体受到的引力大小相等、方向相反，所以总体上体现出不受力，因此产生了失重现象，这时物体并不是不受力，而是受力的合力为零.

演示实验——科里奥利力

2. 匀角速转动参考系中运动物体所受的惯性力

如图 2-10a 所示，地面上放置一个水平圆盘，圆盘以匀角速度 ω 沿逆时针方向旋转，在距圆盘中心分别为 r_A 和 r_B 两处坐着两个老顽童（沿同一半径），A 处的老顽童以相对圆盘的速度 v' 沿半径方向向 B 处的老顽童抛出一质量为 m 的小球. 如果圆盘是静止的，则经过一段时间 $\Delta t=(r_A-r_B)/v'$ 后，球会到达 B 处. 但圆盘在转动，这时 B 处的老顽童接不到这个小球，问是什么原因呢？

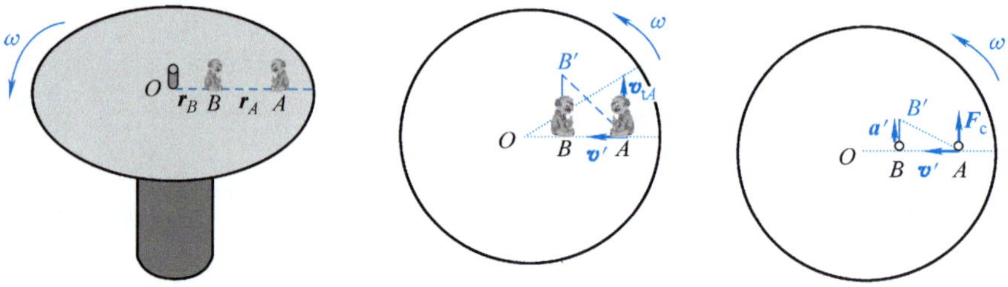

a)　　b)　　c)

图 2-10　科里奥利力

a）以匀角速度转动的圆盘　b）在地面上观察　c）在圆盘上观察

在地面上（惯性系）观察，球离开老顽童 A 处的手时，除了沿半径方向的速度 v' 外，还具有切向速度 v_{tA}，而 B 处老顽童的切向速度为 v_{tB}. 由于 $v_{tB}<v_{tA}$，所以当经过时间 Δt 后，小球并不到达 B 处，而是到达 B 处老顽童转动的前方某点 B' 处. 因此，B 处的老顽童不能接到这个小球，如图 2-10b 所示.

在圆盘（转动参考系）上观察，即在固定在圆盘上的转动参考系内观察. B 处老顽童只看到 A 处老顽童以初速度 v' 向他抛来一球，但球并不沿直线到达他，而是向球运动的前方的右侧偏去，如图 2-10c 所示. 这一观测结果使得他认为，小球离开 A 处老顽童的手后，在具有沿半径方向的初速度 v' 的同时，还具有垂直于这一方向而向右的加速度 $\boldsymbol{a}'$. 用牛顿第二定律解释这一加速度产生的原因时，他认为既然小球出手后在水平方向并没有受到什么“真实力”的作用，那么小球一定受到了一个垂直于速度 v' 而向右的惯性力，称为**科里奥利力**，用 $\boldsymbol{F}_c$ 表示. 科里奥利力是由于转动参考系中各点的线速度不同而产生的加速运动效应.

应用牛顿第二定律给出科里奥利力公式. 在转动参考系内观察，小球经过 $\Delta t'$ 时间后从 A 到达 B' 处，小球从 A 点到达 B' 点的时间为 $\Delta t'=(r_A-r_B)/v'$. 在这段时间内，小球偏离 AB 直线的距离为

$$BB'=(v_{tA}-v_{tB})\Delta t'=\omega(r_A-r_B)\Delta t'=v'\omega(\Delta t')^2 \tag{2-16}$$

在 $\Delta t'$ 很小的情况下，可以认为沿 BB' 的运动是初速度为零的匀加速运动，以 $\boldsymbol{a}'$ 表示此加速度，则应有

$$BB' = \frac{1}{2}a'(\Delta t')^2 \tag{2-17}$$

比较式（2-16）和式（2-17），得到 $a' = 2v'\omega$. 在此转动参考内应用牛顿第二定律，可得到科里奥利力大小为 $F_c = ma' = 2mv'\omega$. 再考虑到$\boldsymbol{v}'$和 $\boldsymbol{\omega}$ 的方向，得到科里奥利力的矢量表达式

$$\boldsymbol{F}_c = 2m\boldsymbol{v}' \times \boldsymbol{\omega} \tag{2-18}$$

由式（2-18）知，科里奥利力是相对于匀速转动转盘做直线运动的物体的运动效果，并不是真实的力，即科里奥利力来自于物体运动所具有的惯性，是惯性作用在非惯性系内的体现.

由于存在自转，地球类似转动的圆盘，是一个非惯性参考系，因而地面上运动的物体会受到科里奥利力的影响. 例如，地面上的河流流动相当于盘上的运动的小球，受到科里奥利力 $2mv' \times \omega$ 的作用，使北半球河流冲刷右岸，如图 2-11 所示. 由图可见，所有的科里奥利力 F_c 的方向都指向运动方向$\boldsymbol{v}$的右侧.

单摆的摆动可以看作一种往复的二维运动，在地球上的摆动会受到地球自转的影响. 只要摆面方向与地球自转的角速度方向存在一定的夹角（见图 2-12a），摆面就会受到科里奥利力的影响，而产生一个与地球自转方向相反的扭矩，从而使得摆面发生转动. 1851 年法国物理学家傅科（J. B. L. Foucault）首先预言了这种现象的存在，并且在巴黎国葬院以实验证明了这种现象，他用一根长约 67m 的钢丝绳和一枚 27kg 的金属球组成一个单摆，并将这个巨大的单摆悬挂在国葬院穹顶之上，发现在摆的过程中，摆动平面不断做顺时针方向的偏转，如图 2-12b 所示，从而证明了地球是不断自转的. 由于傅科首先提出并完成了这一实验，因而实验被命名为傅科摆实验.

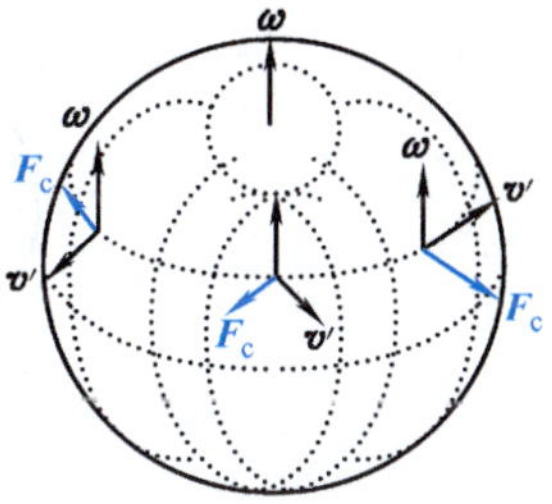

图 2-11　北半球科里奥利力方向

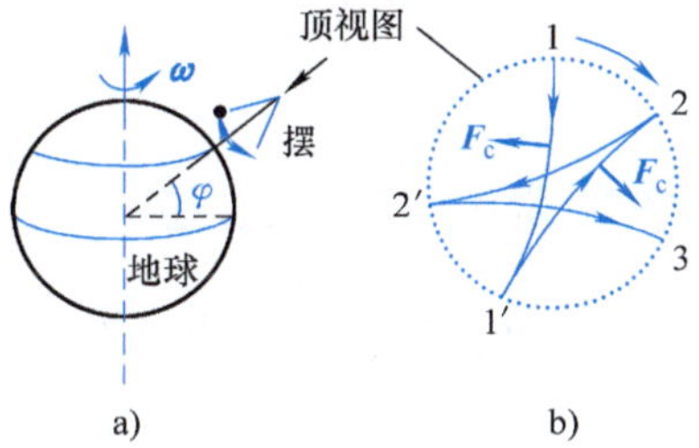

图 2-12　傅科摆的轨迹

2.5　宇宙速度

发射人造星体，必须具有足够大的速率，才能使其在空间运行.

2.5.1　第一宇宙速度

要使人造地球卫星在距地面高度为 h 处环绕地球运行而不落下，必须使卫星所受地球的万有引力正好等于卫星绕地球运行的向心力. 假设卫星沿圆周轨道运转，则有

$$G\frac{m_e m}{r^2} = m\frac{v^2}{r}$$

式中，r 为人造卫星与地心的距离，即轨道半径，$r = r_e + h$；m_e、r_e 分别为地球的质量和半径；m、v 分别为人造卫星的质量和运动速率. 由上式得

$$v=\sqrt{Gm_e/r}$$

这就是人造卫星沿半径为 r 的圆周轨道绕地球运转时所需的速率. 今借关系式（2-8），即

$$g=Gm_e/r_e^2$$

由上式可得

$$v=\sqrt{r_e^2 g/r}$$

若 $h \ll r_e$，则 $r=r_e+h\approx r_e$，于是，由上式可算出从地面上发射出去的人造卫星绕地球运转所需的最小速度，称为**第一宇宙速度**，记作 v_{I}，即

$$v_{\mathrm{I}}=\sqrt{r_e g} \tag{2-19}$$

以 $g=9.80\mathrm{m}\cdot\mathrm{s}^{-2}$、$r_e=6.37\times10^6\mathrm{m}$ 代入上式，可算得 $v_{\mathrm{I}}=7.9\mathrm{km}\cdot\mathrm{s}^{-1}$.

2.5.2 第二宇宙速度

从地球上发射出去的物体，能脱离地球的引力而不再回到地球上来，所需的最小发射速度，称为**第二宇宙速度**，记作 v_{II}.

设质量为 m 的宇宙飞船从地面上竖直向上发射，初速为 v_0. 取地心 O 为原点、Oy 轴竖直向上的坐标系（见图 2-13）. 设飞船（视作质点）在运动过程中只受地球引力，其大小为

$$F=\frac{Gmm_e}{y^2}$$

方向竖直向下. 由关系式（2-8）有 $Gm_e=gr_e^2$，代入上式，则有

$$F=\frac{gr_e^2 m}{y^2}$$

按牛顿第二定律，列出飞船运动方程沿 Oy 轴方向的分量式：

$$-\frac{gr_e^2 m}{y^2}=ma_y=m\frac{\mathrm{d}v_y}{\mathrm{d}t}=m\frac{\mathrm{d}v_y}{\mathrm{d}y}\frac{\mathrm{d}y}{\mathrm{d}t}=mv_y\frac{\mathrm{d}v_y}{\mathrm{d}y}$$

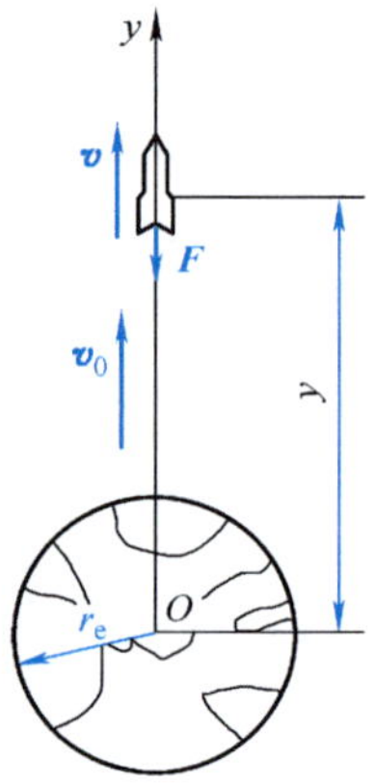

图 2-13 发射宇宙飞船

即

$$-\frac{gr_e^2}{y^2}=v_y\frac{\mathrm{d}v_y}{\mathrm{d}y}$$

或

$$-gr_e^2\frac{\mathrm{d}y}{y^2}=v_y\mathrm{d}v_y$$

已知 $y=r_e$（即在地面上）时，$v_y=v_0$；又设飞船抵达高度 y 时的速度为 v. 根据这些条件，对上式进行积分

$$-gr_e^2\int_{r_e}^{y}\frac{\mathrm{d}y}{y^2}=\int_{v_0}^{v}v_y\mathrm{d}v_y$$

得

$$v^2=v_0^2-2gr_e^2\left(\frac{1}{r_e}-\frac{1}{y}\right) \tag{2-20}$$

在上式中，如果 $y\to\infty$，$v\geqslant 0$，则飞船就有可能脱离地球的引力范围，不再返回地球．飞船脱离地球引力作用的空间范围，所需的最小发射速度即为**第二宇宙速度** v_{II}．这时，$v_0=v_{\mathrm{II}}$，它可从上式中取 $y\to\infty$ 和 $v=0$ 而得到，即

$$v_{\mathrm{II}}=\sqrt{2gr_{\mathrm{e}}}=\sqrt{2\times9.80\mathrm{m\cdot s^{-2}}\times6370\times10^3\mathrm{m}}=11.2\mathrm{km\cdot s^{-1}}$$

当发射速度 v_0 的大小为 $v_{\mathrm{I}}<v_0<v_{\mathrm{II}}$ 时，飞船不能脱离地球引力的束缚，只能成为绕地球运转的人造卫星；当 $v_0>v_{\mathrm{II}}$ 时，发射的飞船虽能脱离地球引力，但仍受太阳引力的作用，这样，就成为太阳系的人造行星．

2.5.3　第三宇宙速度

从地面发射的物体，不仅能脱离地球引力，而且还能脱离太阳引力（即逃出太阳系），这时所需的最小发射速度，称为第三宇宙速度，记作 v_{III}．理论计算得出（从略）

$$v_{\mathrm{III}}=16.7\mathrm{km\cdot s^{-1}}$$

上述高速发射问题中的三种宇宙速度，在航天工业中，具有重要意义．

章后感悟

牛顿在提出三大定律的过程之中，十分重视演绎推理．他认为演绎推理得出结论的价值大于归纳论证的价值．牛顿正是利用演绎推理逻辑来构建他的力学的，但是他也没有轻视实验！他强调：综合演绎推理的结果必须经过实验归纳的验证，由此构建出分析－综合方法．理论与实践的统一是马克思主义的一个最基本的原则，凡是科学的理论，都经得起实践的检验．只有坚持实践是检验真理的唯一标准，才能够使伪科学、伪理论现出原形，从而捍卫真正的科学与理论．对此，您有什么看法和理解呢？

习 题 2

2-1　为了确定混凝土块与木板之间的摩擦系数，把一立方体的混凝土试块放在木板上，渐渐抬高板的一端．当板的倾角达到30°时，试块开始滑动，求静摩擦系数．当试块开始滑动后，恰好在4s内匀加速滑下4.0m的距离，求动摩擦系数．［答：0.58；0.52］

2-2　一气球的总质量为 m，以大小为 a 的加速度竖直下降，今欲使它以大小为 a 的加速度竖直上升，则需从气球中抛掉压舱沙袋的质量为多大？设气球在升降时的空气阻力不计，而空气浮力则不变．［答：$2ma/(a+g)$］

2-3　如习题2-3图所示，重物的质量 $m'=50\mathrm{kg}$，人的质量 $m=60\mathrm{kg}$，倘若此人没有把绳握牢，而是相对于地面以加速度 $g/18$ 下滑，如果不计绳子和滑轮的质量以及它们之间的摩擦，求重物的加速度 a．［答：$a=2g/15$，↑］

2-4　如习题2-4图所示，质量 $m=3.0\mathrm{t}$ 的货车驶过丘陵地带的一座半径为 $R_1=20\mathrm{m}$ 的圆弧形小山，求货车驶过山顶而仍能保持与山顶接触的最大速率 $v_{\max}$；若货车保持此最大速率接着驶入一半径为 $R_2=500\mathrm{m}$ 的圆弧形低洼路段，求货车驶到圆弧路面最低点处时，路面对货车的支承力和货车对路面的压力．［答：$14\mathrm{m\cdot s^{-1}}$；$3.06\times10^4\mathrm{N}$（↑），$3.06\times10^4\mathrm{N}$（↓）］

2-5　如习题2-5图所示，单摆的摆长为 l，摆锤的质量为 m．当单摆在摆动过程中，摆锤相对于平衡位置 O 的路程 s 随时间 t 的变化规律为 $s=s_0\sin(\sqrt{g/l})t$（式中 s_0 为正的恒量）．求摆锤经过最低点 O 时，摆

线对摆锤的拉力．［答：$F_T = mg(1 + s_0^2/l^2)$］

习题 2-3 图

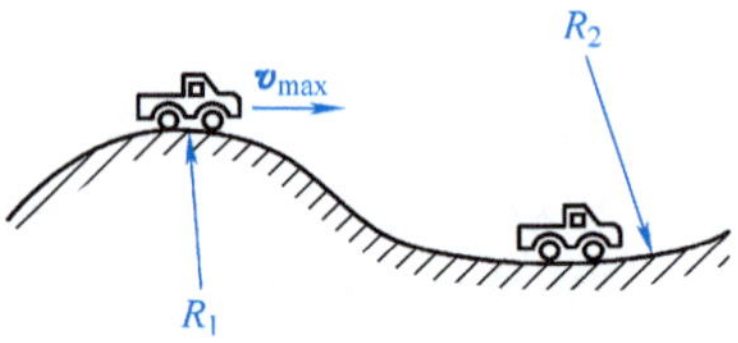

习题 2-4 图

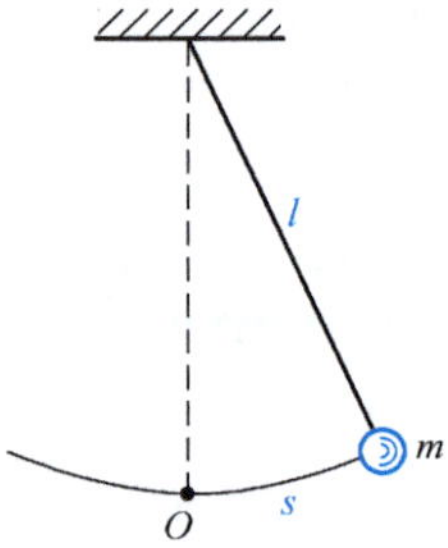

习题 2-5 图

2-6　一质量为 1kg 的质点沿 Ox 轴运动，其运动函数为 $x = 3(e^{-2t} + e^{2t})$ (SI)．求质点在 $x = 8$m 处所受的力．［答：32N，沿 Ox 轴正向］

2-7　一质量为 $m = 30$t 的机车以 $20\text{m}\cdot\text{s}^{-1}$的速率驶入半径为 400m 的圆弧形弯道后，其速率均匀减小，在 5s 内减到 $10\text{m}\cdot\text{s}^{-1}$．求机车进入弯道后第 2s 末所受的合外力．［答：$F = 6.3\times10^4$N，$\theta = -72.26°$］

2-8　如习题 2-8 图所示，一物体靠置在墙角上，其重力为 $W = 30$N，物体与地面间的静摩擦系数 $\mu' = 0.5$. 若一水平向右的外力 $\boldsymbol{F}$ 作用于此物体上，在外力 $\boldsymbol{F}$ 的大小为 10N 时，试分析：(1) 物体的受力情况；(2) 地面对物体作用的摩擦力；(3) 当 $F = 25$N 时，墙壁是否对物体有力作用？

2-9　一个重力为 $\boldsymbol{W}$ 的物体放在倾角为 θ 的斜面上，受水平力 $\boldsymbol{F}$ 作用，如习题 2-9 图所示，设斜面的静摩擦系数 $\mu' = \tan\beta$，且 $\theta > \beta$. 求证：欲防止物体下滑或上滑，则此水平力 $\boldsymbol{F}$ 的大小应满足 $W\tan(\theta - \beta) < F < W\tan(\theta + \beta)$.

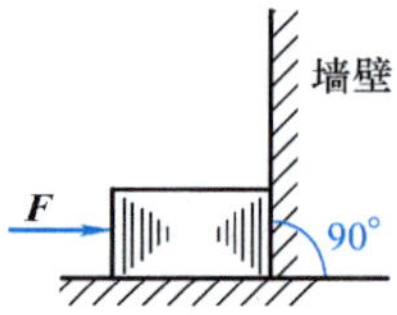

习题 2-8 图

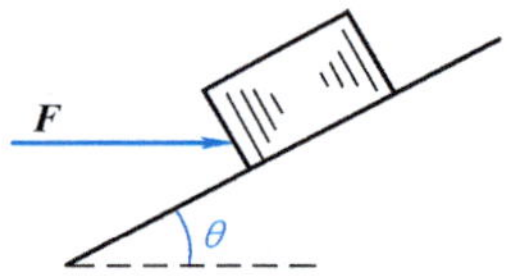

习题 2-9 图

2-10　如习题 2-10 图所示，一人坐在小车上，为了把自己拉上倾角为 $\theta = 21°$的斜坡，对绳子需施加 350N 的拉力，若人与车的总质量为 120kg，绳子和滑轮的质量及一切摩擦皆不计，拉车上坡时各段绳子均保持与斜坡平行．求车的加速度．［答：$5.16\text{m}\cdot\text{s}^{-2}$］

2-11　在顶角为 2α 的圆锥顶点 O 系一弹簧（弹簧质量不计），其劲度系数为 k，原长为 l_0，今在弹簧的另一端挂一质量为 m 的物体，使它停留在圆锥面上绕竖直的圆锥轴线 Oz 做圆周运动．(1) 试沿如习题 2-11 图所示的 $O'x$、$O'y$ 轴列出物体运动方程的分量式；(2) 求出恰使物体离开圆锥面的角速度 ω 和此时弹簧的长度 l.（圆锥面与物体间摩擦力不计）｛答：(2) $\omega = [kg/(kl_0\cos\alpha + mg)]^{1/2}$，$l = l_0 + mg/(k\cos\alpha)$｝

2-12　如习题 2-12 图所示，两圆环 A、B 可以在水平杆上滑动，环与杆之间的静摩擦系数为 μ，环的质量不计，用长为 a 的细线将两环连接起来，并在线的中点 C 悬挂一重量为 W 的物体，试证：在平衡时，两环之间最大可能的距离为 $l = \mu a/\sqrt{1 + \mu^2}$.

习题 2-10 图

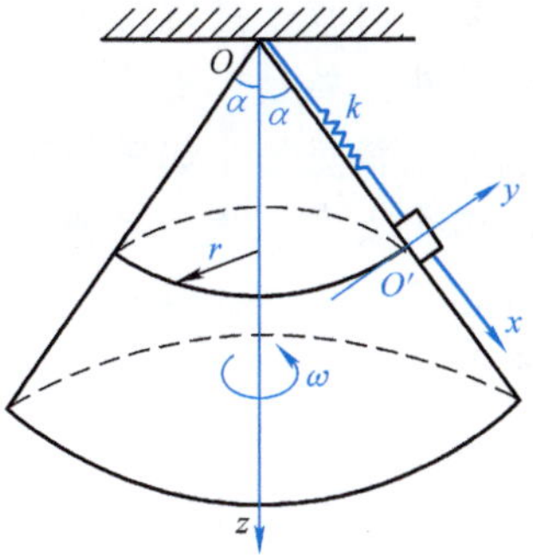

习题 2-11 图

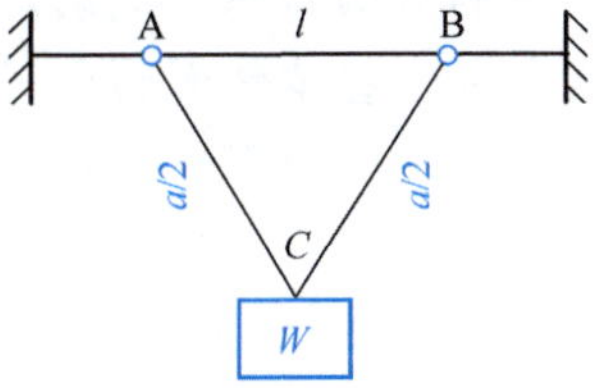

习题 2-12 图

2-13　如习题2-13图所示，在光滑水平面上放置一块质量为5kg的铁块A，继而，在A上又放置一块质量为4kg的铁块B. 为了使铁块B在A上滑动时铁块A保持不动（利用外界对A施力来维持），必须对铁块B施加12N的水平力，试求：(1) 使两铁块一起运动时，在铁块A上最多能施加多大的水平力 $\boldsymbol{F}$？(2) 两铁块一起运动时的加速度多大？　[答：(1) 27N；(2) $3.0\text{m}\cdot\text{s}^{-2}$]

2-14　一水平圆台以角速度 $\omega=10\text{rad}\cdot\text{s}^{-1}$ 做匀速率转动（见习题2-14图）. 一根长度为3m的细绳的一端连接于转台的竖直轴上. 在细绳上，每隔1m连接一小球. 三个小球 A、B、C 放在转台平面上和转台一起运动. 小球的质量均为 $m=0.1\text{kg}$. 问绳子的 BC 段、AB 段和 OA 段各受张力多大？不计一切摩擦. [答：30N，50N，60N]

2-15　如习题2-15图所示，升降机以加速度 $\boldsymbol{a}$ 向下运动，跨过滑轮的物体A和B的质量分别为 m_1、m_2，且 $m_1>m_2$，不计绳和滑轮的质量，忽略一切阻力，求物体A和B相对于升降机的加速度和绳中的张力.　[答：$(m_1-m_2)(g-a)/(m_1+m_2)$，$2m_1m_2(g-a)/(m_1+m_2)$]

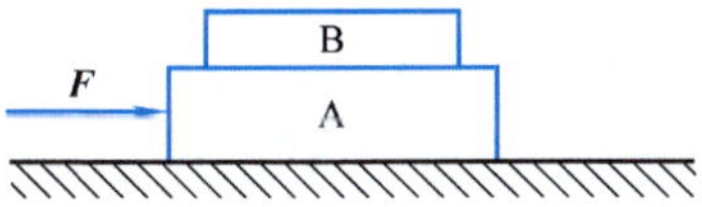

习题 2-13 图

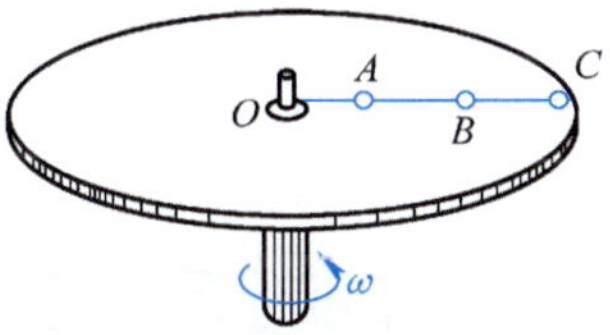

习题 2-14 图

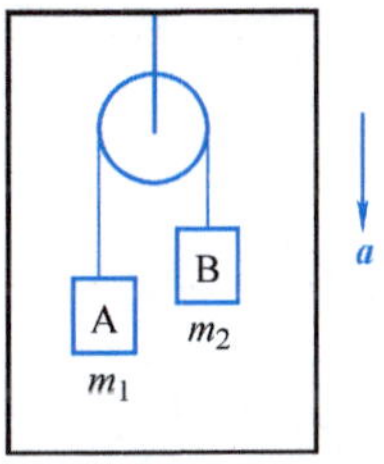

习题 2-15 图

科学家轶事

牛顿——不怕失败，勤奋专研

伊萨克·牛顿爵士，英国炼金术士、数学家、科学家和哲学家. 他在1687年7月5日发表的《自然哲学的数学原理》里提出的万有引力定律以及他的牛顿运动定律是经典力学的基石. 牛顿还和莱布尼茨各自独立地发明了微积分. 牛顿被誉为人类历史上最伟大的科学家之一. 他的万有引力定律在人类历史上第一次把天上的运动和地上的运动统一起来，为日心说提供了有力的理论支持，使得自然科学的研究最终挣脱了宗教的枷锁.

牛顿23岁时，鼠疫流行于伦敦. 剑桥大学为预防学生受传染，通告学生休学回家避疫，学校暂时关闭. 牛顿回到故乡林肯郡乡下. 万有引力、微积分、光的分析等发明的基础工作，都是此期间完成的．那时，乡下的孩子是常常用投石器打几个转转之后，把石头抛得很远．他们还可以把一桶牛奶用力从头上转过，而牛奶不掉下来．这些事实使他怀疑起来：什么力量使投石器里面的石头，以及水桶里的牛奶不掉下来呢？对于这个问题，他曾想到开普勒和伽利略的思想．他从浩瀚的宇宙太空、周行不息的行星、广寒的月球直至庞大的地球，进而想到这些庞然大物之间力的相互作用．这时，牛顿开始了“引力”的计算和验证工作．牛顿计划用这个原理验证太阳系各行星的运动规律．他首先推求月球距地球的距离，由于引用的资料数据不正确，计算的结果错了．因为依理推算月球围绕地球转动，每分钟的向心加速度应是16ft㊀．但据推算仅得13.9ft．在失败的困境中，牛顿毫不灰心和气馁，反而以更大的努力进行辛勤地研究．整整经过了七个春秋寒暑，到他30岁时终于把举世闻名的“万有引力定律”全面证明出来了，从而奠定了理论天文学、天体力学的基础．

这时期牛顿还对光学进行了研究，发现了颜色的根源．一次，他在用自制望远镜观察天体时，无论怎样调整镜片，视点总是不清楚．他想，这可能与光线的折射有关．接着就做起实验来．他在暗室的窗户上留一个小圆孔用来透光，在室内窗孔后放一个三棱镜，在三棱镜后挂好白屏接收通过三棱镜折进的光．结果，大出意外，牛顿惊异地看到，白屏上所接收的折光呈椭圆形，两端出现多彩的颜色．对于这个奇异的现象，牛顿进行了深入的思考．得知光受折射后，太阳的白光散射为红、橙、黄、绿、蓝、靛、紫共七种颜色．因此，白光（阳光）是由红、橙、黄、绿、蓝、靛、紫七色光线汇合而成的．自然界雨后天晴，阳光经过天空中雨滴的折射、反射，形成五彩缤纷的虹霓，正是这个道理．经过进一步研究，牛顿指出世界万物之所以有颜色，并非其自身有颜色．太阳普照万物，各物体只吸收它所接收的颜色，而将它所不能接收的颜色反射出来．这反射出来的颜色就是人们见到的各种物体的颜色．这一学说准确地道出了颜色的根源，世界上自古以来所出现的各种颜色学说都被它所推翻．

应用拓展

大国崛起，重器先行

新中国成立70多年来，装备制造领域的国之重器相继问世，从逐梦深蓝到利剑长空，从无人问津到走出国门，从跟跑到领跑，展现了当今中国“可上九天揽月，可下五洋捉鳖”的综合实力，闪耀着中国人民砥砺奋斗、自主发展的智慧成果．真正的大国重器，一定要掌握在自己手里．中国正以前所未有之势推动自主创新，着力突破核心技术的瓶颈，为民族复兴汇聚前行之力，让国人骄傲，让世界惊叹！

在海上，全球最大的钻井平台“蓝鲸”系列是中国独创深海的利器．全球领先的海洋科技实力使中国一举实现了海洋工程的新跨越．

2017年5月海上钻井平台“蓝鲸1号”在南海海域完成中国首次可燃冰试采，取得了持续产气时间最长、产气总量最大、气流稳定、环境安全等多项重大突破性成果，创造了产气时长和总量的两项世界纪录．期间强热带风暴“苗柏”造访，风力最大达到12级，“蓝鲸1号”牢牢钉在工作海域，试采工作从未停顿，成为当之无愧的“定海神针”．“蓝鲸1

㊀ 1ft（英尺）=0.3048m（米）．——编辑注

号”是目前全球最新一代超深水双钻塔半潜式钻井平台，长117m、宽92.7m、高118m；拥有100多个大系统、1000多个子系统，27354台设备，40000多根管路，50000多个机械完工质量报验点，电缆拉放长度1200km，相当于北京到上海的距离；最大作业水深3658m，最大钻井深度15250m，适用于全球深海作业．它代表了当今世界海洋钻井平台设计建造的最高水平，将我国深水油气勘探开发能力带入世界先进行列．

在“蓝鲸1号”的基础上，2017年8月，其姊妹船“蓝鲸2号”完成试航，这座“巨无霸”最大作业水深3658m，最大钻井深度15250m，是目前全球作业水深、钻井深度最深的半潜式钻井平台，在全球95%的深海畅通无阻，代表了世界海洋工程装备领域的中国深度．“蓝鲸2号”的推进器一共有八个，它们是确保“蓝鲸2号”能够在15级飓风下屹立不倒的定海神针．“蓝鲸2号”还在全球范围内首次实现了在码头安装推进器．过去，这样的安装只能在深海完成，仅安装费就需要1000多万元，现在，中国人把安装成本降到了十分之一．

在天空，我国自主研制的大飞机，开始打破世界垄断，逐鹿全球市场．

2017年5月5日C919首飞成功，中国收获了又一个“大国重器”．C919上有近100多万个标准件，一个国家能够生产的“标准件”越多，整体工业实力就越强．研制出一架大飞机，意味着中国工业体系整体实力的升级．航电系统，是民用客机上最为复杂的关键机载系统之一．此前，全球只有波音、空客拥有大飞机航电系统的集成能力，相关技术严密封锁．在C919身上，中国人研发出了自己的大飞机航电系统．在仿真座舱右侧的屏幕上，显示了夜间飞行时的能见度；左侧是技术人员引入视景增强技术后的效果．中国是在民用客机领域第一个使用这项技术的国家，它能大大提升飞机的安全性．2017年11月5日，C919大型客机101架机在上海完成了第四次试飞，飞行高度首次超6000m．过去9年，科研人员在C919上，完成了102项关键技术突破．200多家企业、6所高校、数十万技术员参与其中，一条完整的中国民用客机制造产业链正在形成．

ARJ21新支线飞机是中国首次按照国际民航规章自行研制、具有自主知识产权的中短程新型涡扇支线飞机，座级78~90座，航程2225~3700km，主要用于满足从中心城市向周边中小城市辐射型航线的使用．这是中国自主研制生产的首款喷气式支线飞机，自2016年启动商业运营以来，已经开通20余条航线．

2017年经过为期7天16架次的高原科研验证飞行，中国自主研发的ARJ21-700飞机首次在海拔2184m的西宁机场完成高原机场的试飞验证任务，标志着中国自主研发的ARJ21-700飞机已具备在高原环境安全飞行的能力．

2019年8月26日至27日，成都航空的一架国产喷气支线客机ARJ21配合北京大兴机场完成了第二阶段试飞任务，这也是ARJ21飞机首次参与新机场试飞任务．滑行、起飞、平飞，8月26日晚上21时32分，ARJ21稳稳降落，成为机场夜空最亮的星．

中国航空工业经过多年的努力取得了丰硕的成果．民用领域，中国第一架大型民用高原直升机AC313，已登陆珠穆朗玛峰大本营，征服“世界屋脊”；“新舟”系列飞机已向18个国家交付超100架飞机；中国自行研制、具有自主知识产权的大型喷气式民用飞机C919目前已接到815架订单．军用领域，歼-10、歼-20、歼-15、运-20相继亮相，中国凭自主创新进入“全球大飞机俱乐部”．

第3章

力学中的守恒定律

章前问题

花样溜冰运动员在表演时，通常是先将两臂和腿伸开旋转起来，然后两臂和腿突然收拢，使自身旋转速度加快. 表演快结束时，重新把两臂和腿伸开，降低转速，平稳地停下来. 花样溜冰运动员是根据什么原理控制自身旋转速度的呢？为什么收拢双臂和腿，转速会增大，而张开双臂和腿，转速会降低呢？

学习要点

1. 功、变力做功；
2. 动能定理；
3. 保守力做功的特点；
4. 机械能守恒定律；
5. 动量与冲量、质点的动量定理；
6. 系统的动量定理；
7. 系统的动量守恒定律；
8. 质心、质心运动定理；
9. 弹性碰撞、非弹性碰撞；
10. 力矩；
11. 质点的角动量、角动量定理；
12. 角动量守恒定律.

牛顿运动定律阐明了力及其对物体所产生加速度的瞬时效应. 可是，物体在某时刻具有加速度，只能说明物体在该时刻的运动状态（速度）要发生改变. 所以，欲使物体运动状态发生有限的改变，就得探究在力的持续作用下，经过一段空间（或时间）过程所发生的累积效应，并由此进一步给出相应的守恒定律.

守恒定律，即在自然界中某种物理量的值恒定不变的规律. 力学中的守恒定律不仅适用于力学所研究的机械运动，而且还可应用于牛顿定律所不能讨论的其他运动形式，因此具有比牛顿定律更普遍、更基本的意义. 同时，也为求解力学问题提供了另外一些途径.

本章将先讨论力的空间累积效应，然后再讨论力和力矩的时间累积效应．

3.1 功 动能定理

为了研究作用在物体上的力持续地经历一段位移（空间）过程的累积效应，引入功的概念．进而研究功与物体运动状态变化的关系．

3.1.1 功 功率

设物体（可视作质点）在恒力 $\boldsymbol{F}$ 作用下做直线运动，其位移为 $\Delta\boldsymbol{r}$，力与位移的夹角为 θ（见图 3-1），则力 $\boldsymbol{F}$ 对物体所做的功定义为

$$A = F|\Delta\boldsymbol{r}|\cos\theta = \boldsymbol{F}\cdot\Delta\boldsymbol{r} \tag{3-1}$$

即恒力 $\boldsymbol{F}$ 对物体所做的功，等于力 $\boldsymbol{F}$ 在物体位移方向的分量（$F\cos\theta$）和位移大小 $|\Delta\boldsymbol{r}|$ 的乘积，因而也可写成 $\boldsymbol{F}$ 与 $\Delta\boldsymbol{r}$ 的标量积 $\boldsymbol{F}\cdot\Delta\boldsymbol{r}$，所以功是标量．当 $0\leqslant\theta\leqslant\pi/2$ 时，功是正值，表示外力对物体做功；当 $\pi/2<\theta\leqslant\pi$ 时，功是负值，称为物体对外界做功．或者说，物体反抗外力做正功．

如果物体受一变力 $\boldsymbol{F}$ 作用，沿曲线 l 从点 a 移动到点 b（见图 3-2），可先求力 $\boldsymbol{F}$ 在曲线上一段位移元 $\mathrm{d}\boldsymbol{r}$ 上所做的功，叫作元功．在位移元 $\mathrm{d}\boldsymbol{r}$ 上，可以认为力 $\boldsymbol{F}$ 的大小和方向变化不大，可当作恒力；$\mathrm{d}\boldsymbol{r}$ 所对应的实际路径上的一段曲线元近似为与 $\mathrm{d}\boldsymbol{r}$ 重合的直线路程，其长度为 $\mathrm{d}s=|\mathrm{d}\boldsymbol{r}|$．因此，力 $\boldsymbol{F}$ 在这段位移元 $\mathrm{d}\boldsymbol{r}$ 上所做的元功为 $\mathrm{d}A=\boldsymbol{F}\cdot\mathrm{d}\boldsymbol{r}=F|\mathrm{d}\boldsymbol{r}|\cos\theta=F\mathrm{d}s\cos\theta$. 在物体从点 a 沿曲线路径 l 移到点 b 的全过程中，力 $\boldsymbol{F}$ 所做的功等于所有位移元上该力所做元功的总和．从而可给出功的一般定义式为

$$A = \int_a^b \boldsymbol{F}\cdot\mathrm{d}\boldsymbol{r} = \int_l F\cos\theta\mathrm{d}s \tag{3-2}$$

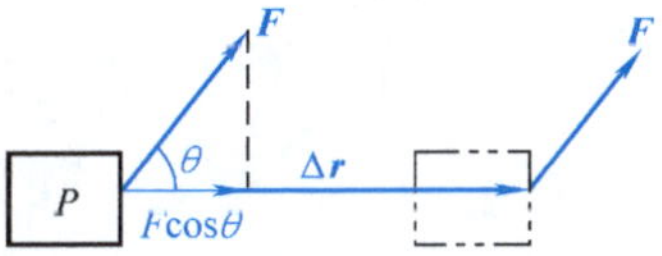

图 3-1 恒力做功

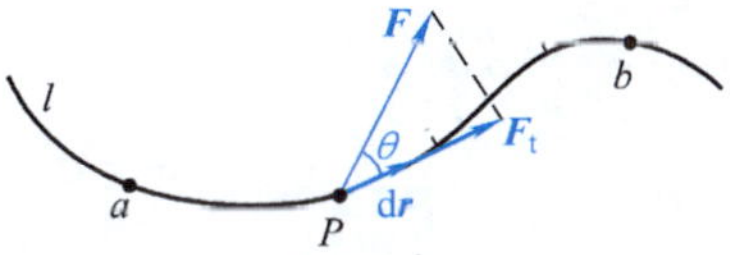

图 3-2 变力沿曲线所做的功

如果物体同时受到 n 个力 $\boldsymbol{F}_1$，$\boldsymbol{F}_2$，…，$\boldsymbol{F}_n$ 的作用，其合力为 $\boldsymbol{F}=\boldsymbol{F}_1+\boldsymbol{F}_2+\cdots+\boldsymbol{F}_n$，则按标量积的分配律，合力 $\boldsymbol{F}$ 对物体所做的功为

$$\begin{aligned}A &= \int_a^b \boldsymbol{F}\cdot\mathrm{d}\boldsymbol{r} = \int_a^b(\boldsymbol{F}_1+\boldsymbol{F}_2+\cdots+\boldsymbol{F}_n)\cdot\mathrm{d}\boldsymbol{r}\\ &= \int_a^b \boldsymbol{F}_1\cdot\mathrm{d}\boldsymbol{r}+\int_a^b \boldsymbol{F}_2\cdot\mathrm{d}\boldsymbol{r}+\cdots+\int_a^b \boldsymbol{F}_n\cdot\mathrm{d}\boldsymbol{r}\end{aligned}$$

即

$$A = A_1+A_2+\cdots+A_n = \sum_{i=1}^{n} A_i$$

也即，合力对物体所做的功等于其中各个力分别对该物体所做功的代数和．

为了表征各种机械（如发动机、机床等）或工人的做功快慢，还可引入功率的概念．

设在 Δt 时间内完成 ΔA 的功，那么在这段时间内的平均功率是

$$\overline{P}=\frac{\Delta A}{\Delta t} \tag{3-3}$$

当 Δt 趋近于零时，$\Delta A/\Delta t$ 的极限称为在某时刻的瞬时功率．即

$$P=\lim_{\Delta t\to 0}\frac{\Delta A}{\Delta t}=\frac{\mathrm{d}A}{\mathrm{d}t} \tag{3-4}$$

若将 $\Delta A=F\cos\theta\Delta s$ 代入式（3-4），则有

$$P=\lim_{\Delta t\to 0}\left(F\cos\theta\frac{\Delta s}{\Delta t}\right)=F\cos\theta\frac{\mathrm{d}s}{\mathrm{d}t}=Fv\cos\theta=\boldsymbol{F}\cdot\boldsymbol{v} \tag{3-5}$$

从式（3-5）可知，一辆功率一定的汽车，在上坡时，为了增大牵引力 $\boldsymbol{F}$，必须放慢汽车的速率 v. 功的单位是 J（焦耳），功率的单位是 W（瓦），$1\mathrm{W}=1\mathrm{J}\cdot\mathrm{s}^{-1}$；$1\mathrm{kW}=10^3\mathrm{W}$.

思考题

3-1 （1）试述功和功率的定义，功的正负如何确定？

（2）汽车发动机的功率是恒定的，为什么汽车在载货时比空载时跑得慢？

例题 3-1 如例题 3-1 图所示，一单摆，摆球质量为 m，摆线长为 l，今有一水平力 $\boldsymbol{F}$ 将摆球从最低位置很缓慢地拉起，使摆线与竖直方向成 θ_0 角．计算此过程中 $\boldsymbol{F}$ 对摆球所做的功．

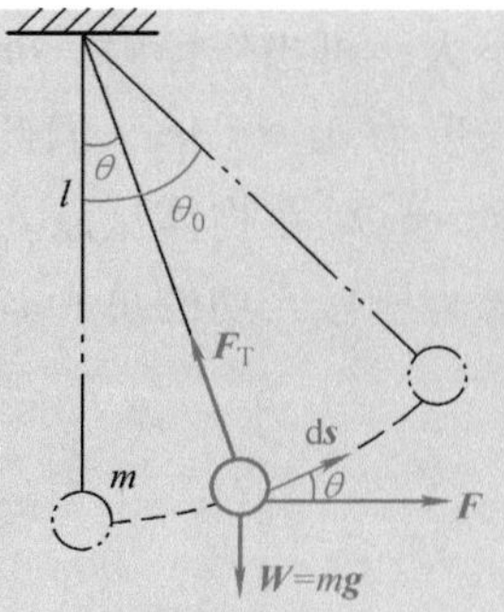

例题 3-1 图

解：按题意，力 $\boldsymbol{F}$ 拉动小球的过程进行得很缓慢，这可理解为对任一微小位移 $\mathrm{d}\boldsymbol{s}$，摆球都近似处于 $\boldsymbol{F}$、$\boldsymbol{F}_\mathrm{T}$ 和 $\boldsymbol{W}=m\boldsymbol{g}$ 三力平衡状态．这样沿水平和竖直方向的合外力皆为零．当摆球被拉到其摆线与竖直方向成 θ 角时，有

$$F-F_\mathrm{T}\sin\theta=0$$

$$F_\mathrm{T}\cos\theta-mg=0$$

由此得

$$F=mg\tan\theta$$

摆球从 $\theta=0°$ 到 $\theta=\theta_0$ 的拉动过程中，$\boldsymbol{F}$ 经历的位移元大小为 $l\mathrm{d}\theta$，则 $\boldsymbol{F}$ 对摆球所做的功为

$$A=\int_l \boldsymbol{F}\cdot\mathrm{d}\boldsymbol{s}=\int_0^{\theta_0}(mg\tan\theta)(\cos\theta)l\mathrm{d}\theta=mgl(1-\cos\theta_0)$$

例题 3-2 在丘陵地区建筑工地的斜坡（$\alpha=25°$）线路上，用绞车及牵引索拉运一辆装土方的小车，如例题 3-2 图 a 所示．车上装土 2 方（每方土的质量为 1.9t）．如果当放松牵引索（即此时索中拉力为零）时，小车能以匀速自行滑下．而当绞车在电动机驱动下卷绕牵引索时，小车以 $3\mathrm{m}\cdot\mathrm{s}^{-1}$ 的匀速被拉上．问所配置的电动机至少具有多少功率？设滑轮与牵引索之间的摩擦不计，小车和滑轮的质量也不计．

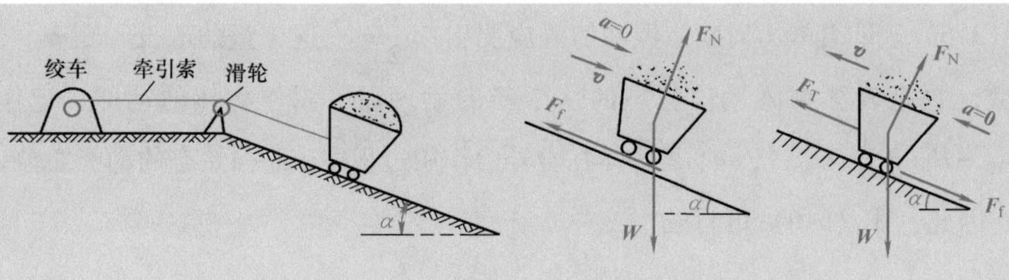

a)　　b)　　c)

例题 3-2 图

解：如例题 3-2 图 b 所示，当小车匀速下滑时，按牛顿第二定律，沿斜面方向的分量式为

$$mg\sin\alpha - F_f = m\times 0 = 0$$

则滑动摩擦力的大小为

$$F_f = mg\sin\alpha \tag{ⓐ}$$

当绞车对小车施加牵引力 F_T 匀速上滑时（见例题 3-2 图 c），沿斜面方向，有

$$F_T - mg\sin\alpha - F_f = m\times 0 = 0 \tag{ⓑ}$$

将式ⓐ代入式ⓑ，得绞车牵引力为

$$F_T = mg\sin\alpha + mg\sin\alpha = 2mg\sin\alpha$$

按题设 $m=2\times1.9\times10^3\text{kg}=3.8\times10^3\text{kg}$，则小车以匀速 $v=3\text{m}\cdot\text{s}^{-1}$ 上滑时，绞车的功率为

$$\begin{aligned}P &= \boldsymbol{F}_T\cdot\boldsymbol{v} = F_T v\cos0° \\ &= 2mgv\sin\alpha \\ &= 2\times(3.8\times10^3\text{kg})\times(9.80\text{m}\cdot\text{s}^{-2})\times(3\text{m}\cdot\text{s}^{-1})\times\sin25° \\ &= 94.43\times10^3\text{N}\cdot\text{m}\cdot\text{s}^{-1} = 94.43\times10^3\text{J}\cdot\text{s}^{-1} = 94.43\times10^3\text{W} = 94.43\text{kW}\end{aligned}$$

3.1.2　质点的动能定理

外力对物体做功过程中所产生的空间累积效应，使物体的运动状态改变. 上面讲过，在合外力是变力的情况下，物体做曲线运动时，功的定义式是

$$A = \int_a^b F\cos\theta \mathrm{d}s$$

式中，$F\cos\theta$ 是合外力 $\boldsymbol{F}$ 沿物体运动轨道切线方向的分力（见图 3-2），即切向力 F_t（另一分力——法向力处处与运动轨道垂直，不做功）. 根据牛顿第二定律的分量式（2-4），有 $F_t = ma_t = m\mathrm{d}v/\mathrm{d}t$，把它代入上式，又因 $\mathrm{d}s/\mathrm{d}t = v$，并设物体在起点 a 和终点 b 时的速度大小分别为 v_1 和 v_2，则可得

$$\begin{aligned}A &= \int_a^b F\cos\theta\mathrm{d}s = \int_a^b m\frac{\mathrm{d}v}{\mathrm{d}t}\mathrm{d}s = \int_a^b m\frac{\mathrm{d}v}{\mathrm{d}s}\frac{\mathrm{d}s}{\mathrm{d}t}\mathrm{d}s = \int_{v_1}^{v_2} mv\mathrm{d}v \\ &= \frac{1}{2}mv_2^2 - \frac{1}{2}mv_1^2\end{aligned} \tag{3-6}$$

式（3-6）表明合外力对物体做功的效应要引起$\frac{1}{2}mv^2$这个量的改变. $\frac{1}{2}mv^2$是物体速率的函数，它是表征物体运动状态的一个新的物理量，叫作物体的动能，记作E_k；而$\Delta E_k = E_{k2} - E_{k1} = \frac{1}{2}mv_2^2 - \frac{1}{2}mv_1^2$是物体在合外力作用过程中末态与始态的动能之差，即动能的增量. 因此，式（3-6）可写成

$$A = E_{k2} - E_{k1} \tag{3-7}$$

即**合外力对物体所做的功等于物体动能的增量**. 这个结论称为**质点的动能定理**. 它表述了做功与物体运动状态改变（即动能的增量）之间的关系.

按照质点动能定理的表达式（3-7）可知，若合外力对物体做正功（$A>0$），使物体增加或获得动能；反之，若合外力对物体做负功（$A<0$），这时物体反抗合外力做功，或者说，物体克服施力物体的作用力做了正功，使物体减少或付出动能. 如此看来，我们也可以把动能看作运动物体所拥有的做功本领. 并且，从数值上说，合外力的功恰好等于动能的改变值（增量）. 所以，物体动能的改变可用功来量度. 动能是标量，其单位与功的单位相同，也是J（焦耳）.

动能是反映物体运动状态的物理量，是一种状态量. 也即，物体在某时刻（或相应的位置）处于一定的运动状态，就相应地拥有一定的动能. 而功则涉及受力物体所经历的位移过程，它是一个与空间过程有关的过程量，因此说物体在某一时刻或某一位置拥有多少功，是没有任何意义的.

思考题

3-2 （1）试述质点的动能定理. 阐明功与动能的区别和联系.

（2）若将行星绕太阳的运动近似看作匀速率圆周运动，那么太阳对行星的引力是否做功？行星的动能是否不变？

例题3-3 质量为 m 的物体沿 Ox 轴方向运动，试求在沿 Ox 轴方向的合外力 $F = -k/x^2$ 的作用下，从 $x = x_0$ 处自静止开始而到达 x 处的速度大小.

解： 由题设，按质点动能定理，有

$$\int_{x_0}^{x}\left(-\frac{k}{x^2}\right)\mathrm{d}x = \frac{mv^2}{2} - 0$$

即

$$\left.\frac{k}{x}\right|_{x_0}^{x} = \frac{mv^2}{2}$$

由此得速度大小为

$$v = \sqrt{\frac{2k}{m}\left(\frac{1}{x} - \frac{1}{x_0}\right)}$$

3.1.3 系统的动能定理

在研究力学问题时，我们往往根据需要将若干个互有联系的物体作为一个整体来加以研

究．通常把这些物体所组成的总体或物体组称为系统．**如果组成系统的各物体都可认为是质点的话，则称为质点系．**

系统内各物体间所存在的相互作用力，称为系统的内力；系统外的其他物体对系统内的物体的作用力，称为系统的外力．

我们知道，系统内质点间相互作用的内力都是成对地以作用力和反作用力的形式出现的．这一对内力的矢量和虽然为零，可是这一对内力的两个受力质点的位移不一定相同，因而它们做功的代数和就不一定为零．例如，炸弹在爆炸过程中发生动能的突变，就是由于内力做功的结果．

现在我们讨论系统的动能定理．

设系统由 n 个物体所组成，对其中每个物体（可视为质点），按质点动能定理，有

$$A_1=\frac{1}{2}m_1v_{12}^2-\frac{1}{2}m_1v_{11}^2$$

$$A_2=\frac{1}{2}m_2v_{22}^2-\frac{1}{2}m_2v_{21}^2$$

$$\vdots$$

$$A_i=\frac{1}{2}m_iv_{i2}^2-\frac{1}{2}m_iv_{i1}^2$$

$$\vdots$$

$$A_n=\frac{1}{2}m_nv_{n2}^2-\frac{1}{2}m_nv_{n1}^2$$

式中，A_i 表示系统运动过程中作用于第 i 个物体上的合力所做的功；v_{i1} 和 v_{i2} 分别表示第 i 个物体在起始和末了时的速率，把以上各式相加，得

$$A_1+A_2+\cdots+A_i+\cdots+A_n=\left(\frac{1}{2}m_1v_{12}^2+\frac{1}{2}m_2v_{22}^2+\cdots+\frac{1}{2}m_iv_{i2}^2+\cdots+\frac{1}{2}m_nv_{n2}^2\right)-\left(\frac{1}{2}m_1v_{11}^2+\frac{1}{2}m_2v_{21}^2+\cdots+\frac{1}{2}m_iv_{i1}^2+\cdots+\frac{1}{2}m_nv_{n1}^2\right)$$

用求和号把上式的左端记作 $\sum\limits_{i=1}^{n}A_i$，右端前、后两项分别记作 $\sum\limits_{i=1}^{n}E_{ki2}$、$\sum\limits_{i=1}^{n}E_{ki1}$，则

$$\sum_{i=1}^{n}A_i=\sum_{i=1}^{n}E_{ki2}-\sum_{i=1}^{n}E_{ki1}$$

式中，$\sum\limits_{i=1}^{n}A_i$ 表示作用于系统内各个物体上一切力做功的代数和．对系统内每个物体来说，既可能受到系统以外的物体对它作用的外力，又存在着系统内其他物体对它作用的内力，因而，可将 $\sum\limits_{i=1}^{n}A_i$ 分为两部分：所有外力做功之和 $\sum\limits_{i=1}^{n}A_{外i}$ 与所有内力做功之和 $\sum\limits_{i=1}^{n}A_{内i}$；其次，我们把系统内各物体的动能之和称为系统的动能，则上式右端的 $\sum\limits_{i=1}^{n}E_{ki2}$、$\sum\limits_{i=1}^{n}E_{ki1}$ 分别是系统的末动能和初动能．这样，上式成为

$$\sum_{i=1}^{n}A_{外i}+\sum_{i=1}^{n}A_{内i}=\sum_{i=1}^{n}E_{ki2}-\sum_{i=1}^{n}E_{ki1} \tag{3-8}$$

即一切外力对系统所做的功与系统内各物体间一切内力所做的功的代数和，等于该系统的动能的增量，这就是系统的动能定理.

思考题

3-3　试导出系统的动能定理，并阐明其意义.

3-4　如思考题 3-4 图所示，物体 B_1、B_2 用跨过轻滑轮 P 的细绳连接，当物体 B_1 在水平恒力 $\boldsymbol{F}$ 拉动下，物体 B_1、B_2 分别在高差为 h 的平台上运动，不计一切摩擦，今将物体 B_1、B_2 和细绳各自所受的力都已画在图上. 若把这三者视作一系统时，试指出哪些力是系统的外力？哪些是系统的内力？

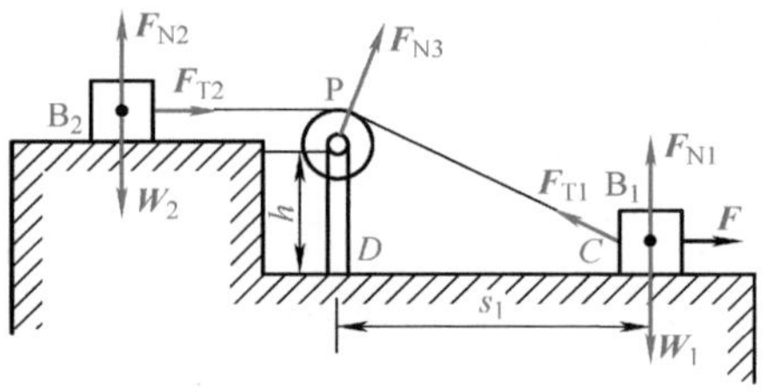

思考题 3-4 图

例题 3-4　水平桌面上放置一质量为 $m'=1\text{kg}$ 的厚木块，其初速 $V_1=0$. 一质量为 $m=20\text{g}$ 的子弹以 $v_1=200\text{m}\cdot\text{s}^{-1}$ 的速度水平地射入木块，穿出木块后的速度大小为 $v_2=100\text{m}\cdot\text{s}^{-1}$，并使木块获得 $V_2=2\text{m}\cdot\text{s}^{-1}$ 大小的速度. 求子弹穿透木块过程中阻力所做的功（木块与桌面间的摩擦不计）.

分析： 在子弹射穿木块的过程中，纵然可以断定子弹与木块两者在阻力相互作用下各自发生了位移，怎奈阻力和位移的情况皆无从获悉，故无法直接求出阻力的功. 联想到功与能的关系，读者自然可以对子弹和木块分别运用质点动能定理求解本题. 然而，考虑到子弹穿透木块过程的内情不详，可能甚为复杂，不如用系统的动能定理求解，更为合适，也较简便.

解： 以子弹与木块所组成的系统作为研究对象. 分析系统的受力情况：子弹和木块分别受地球作用的重力 $\boldsymbol{W}_1$ 和 $\boldsymbol{W}_2$、桌面对木块的支承力 $\boldsymbol{F}_N$、木块与子弹相互作用的阻力 $\boldsymbol{F}_f$ 与 $\boldsymbol{F}'_f$（互为作用与反作用）. 显然，$\boldsymbol{W}_1$、$\boldsymbol{W}_2$ 和 $\boldsymbol{F}_N$ 都是系统的外力，且皆垂直于桌面，故它们在子弹射穿木块而使木块发生水平位移的过程中皆不做功；阻力 $\boldsymbol{F}_f$、$\boldsymbol{F}'_f$ 为系统的内力，设其做功之和为 $A_{阻}$. 则按系统的动能定理，有

$$(A_{W_1}+A_{W_2}+A_{F_N})+A_{阻}=\left(\frac{1}{2}m'V_2^2+\frac{1}{2}mv_2^2\right)-\left(\frac{1}{2}m'V_1^2+\frac{1}{2}mv_1^2\right)$$

按题设和以上所述，$A_{W_1}=A_{W_2}=A_{F_N}=0$，$m'=1\text{kg}$，$m=20\text{g}=0.02\text{kg}$，$V_1=0$，$V_2=2\text{m}\cdot\text{s}^{-1}$，$v_1=200\text{m}\cdot\text{s}^{-1}$，$v_2=100\text{m}\cdot\text{s}^{-1}$，代入上式，可算得阻力所做的功

$$A_{阻}=\left[\frac{1}{2}\times(1\text{kg})\times(2\text{m}\cdot\text{s}^{-1})^2+\frac{1}{2}\times(0.02\text{kg})\times(100\text{m}\cdot\text{s}^{-1})^2\right]-$$

$$\left[0+\frac{1}{2}\times(0.02\text{kg})\times(200\text{m}\cdot\text{s}^{-1})^2\right]=-298\text{J}$$

负号表示子弹与木块间相互作用的阻力做负功. 也即，子弹以消耗自身的动能为代价，用于克服阻力做功，并使木块获得了动能

$$E_k = \frac{m'V_2^2}{2} = \frac{1\text{kg} \times (2\text{m} \cdot \text{s}^{-1})^2}{2} = 2\text{J}$$

说明

像本例中的阻力这一类内力的功，一般是很难求出的. 对于这类问题应用功与能的关系来求解，就方便多了.

3.2　保守力　系统的势能

能量是物质的基本属性之一，它普遍依存于自然界的各种物质运动形式. 在机械运动中，涉及的能量包括动能和势能. 上节讲过，动能是运动物体所拥有的做功本领，可用合外力所做的功来量度. 而势能则是由物体之间相互作用和相对位置改变而拥有的做功本领，它是与保守力相关联的. 常见的保守力有万有引力、重力和弹性力等. 本节先引述这三种保守力所做的功及其特点；继而再相应地讨论引力势能、重力势能和弹性势能.

3.2.1　保守力做功的特点

1. 万有引力做的功

如图3-3所示，一质量为 m_0 的均质球体，其中心为 O，球外有一质量为 m 的质点. 在讨论均质球体和球外质点之间的引力时，可以认为球体是固定不动且其质量 m_0 集中于中心 O 的一个质点.

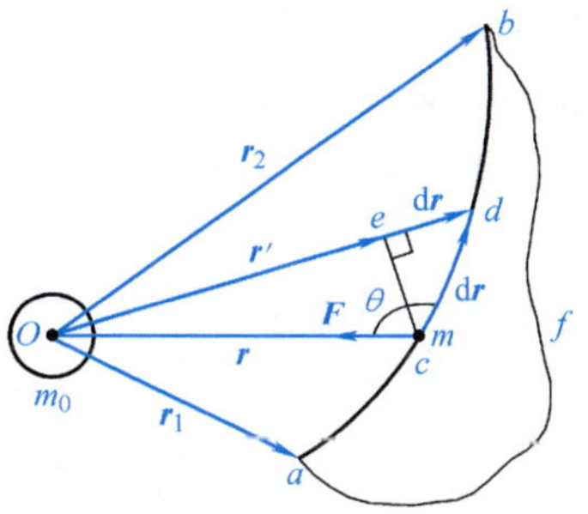

图3-3　万有引力做功

当质点处于球体的引力场内，从点 a 沿任意路径运动到点 b 的过程中，在 c 点经过位移元 $\mathrm{d}\boldsymbol{r}$ 时，万有引力 $\boldsymbol{F}$ 对它所做的元功为

$$\mathrm{d}A = \boldsymbol{F} \cdot \mathrm{d}\boldsymbol{r} = \frac{Gmm_0}{r^2}|\mathrm{d}\boldsymbol{r}|\cos\theta$$

式中，θ 为 $\boldsymbol{F}$ 与 $\mathrm{d}\boldsymbol{r}$ 之间小于180°的夹角；若点 c、d 相对于点 O 的位矢分别为 $\boldsymbol{r}$ 和 $\boldsymbol{r}'$，作 $ce \perp Od$，则位矢 $\boldsymbol{r}$ 与 $\boldsymbol{r}'$ 大小的增量为 $\mathrm{d}r = ed = |\boldsymbol{r}'| - |\boldsymbol{r}|$，由于 $\boldsymbol{r}'$ 与 $\boldsymbol{r}$ 的夹角甚小，故 $\angle Oce \approx 90°$，从而 $|\mathrm{d}\boldsymbol{r}|\sin(\theta - 90°) = \mathrm{d}r$ 或 $-|\mathrm{d}\boldsymbol{r}|\cos\theta = \mathrm{d}r$，于是，上式可化为

$$\mathrm{d}A = -\frac{Gmm_0}{r^2}\mathrm{d}r$$

在质点从点 a 沿任意路径到达点 b 的过程中，设始、末位置 a 与 b 相对于点 O 的位矢分别为 $\boldsymbol{r}_1$ 和 $\boldsymbol{r}_2$，则对上式积分，便得万有引力所做的功为

$$A_{ab} = \int_{r_1}^{r_2}\left(-\frac{Gmm_0}{r^2}\right)\mathrm{d}r = -\left[\left(-\frac{Gmm_0}{r_2}\right) - \left(-\frac{Gmm_0}{r_1}\right)\right] \tag{3-9}$$

式（3-9）表明，当质点的质量 m_0 和 m 给定时，万有引力所做的功只与质点的始、末

位置（用 r_1、r_2 表示）有关，而与所经历的路径无关. 具有这种特点的力称为**保守力**. 万有引力既然是一种保守力，那么，读者不妨以点 b 为起始位置，经历另一条任取的路径 bfa，回到末了位置 a，则按式（3-9），计算万有引力的功，有

$$A_{ba}=-\left[\left(-\frac{Gmm_0}{r_1}\right)-\left(-\frac{Gmm_0}{r_2}\right)\right]$$

这样，质点沿任一闭合路径 $acbfa$ 绕行一周，万有引力所做的功为

$$\oint_l \boldsymbol{F}\cdot \mathrm{d}\boldsymbol{r}=A_{acb}+A_{bfa}=0 \tag{3-9a}$$

即质点绕行闭合路径一周保守力 $\boldsymbol{F}$ 所做的功为零. $\oint_l \boldsymbol{F}\cdot \mathrm{d}\boldsymbol{r}$ 称为保守力的环流. 式（3-9a）表明保守力的环流为零. 显然，式（3-9a）与式（3-9）是等价的. 而环流不为零的力则称为非保守力或耗散力，例如摩擦力、磁场力等.

2. 重力做的功

如前所述，在地球表面附近的空间内，质量为 m 的物体所受的万有引力即为物体的重力 $\boldsymbol{W}=m\boldsymbol{g}$，此空间就是重力场. 如图 3-4 所示，在地平面上取空间直角坐标系 $Oxyz$，物体在任一点 c 的位矢为 $\boldsymbol{r}=x\boldsymbol{i}+y\boldsymbol{j}+z\boldsymbol{k}$，其重力为 $\boldsymbol{W}=-mg\boldsymbol{k}$，物体在点 c 的位移元为 $\mathrm{d}\boldsymbol{r}=\mathrm{d}x\boldsymbol{i}+\mathrm{d}y\boldsymbol{j}+\mathrm{d}z\boldsymbol{k}$，则重力所做的元功为

$$\mathrm{d}A=\boldsymbol{W}\cdot\mathrm{d}\boldsymbol{r}=(-mg\boldsymbol{k})\cdot(\mathrm{d}x\boldsymbol{i}+\mathrm{d}y\boldsymbol{j}+\mathrm{d}z\boldsymbol{k})=-mg\mathrm{d}z$$

设物体从点 a 沿任意路径 acb 运动到点 b，其在点 a、b 的高度分别为 $z_a=h_1$ 和 $z_b=h_2$，则在此过程中重力所做的功为

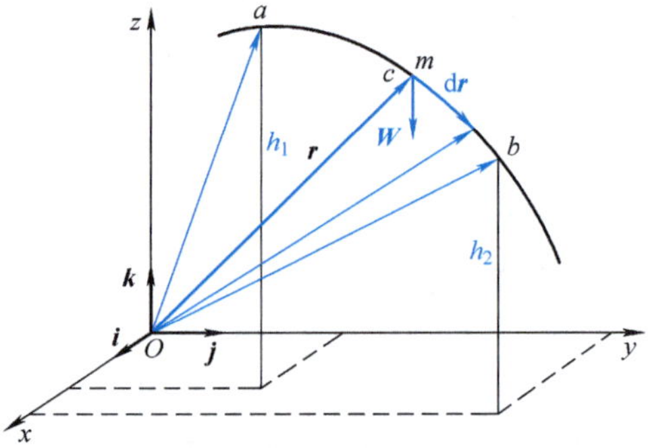

图 3-4 重力做功

$$A_{ab}=\int_{z_a}^{z_b}\mathrm{d}A=\int_{h_1}^{h_2}(-mg)\mathrm{d}z=-(mgh_2-mgh_1) \tag{3-10}$$

显然，重力做功也与路径无关，只由始、末位置决定. 因而重力是保守力.

3. 弹簧的弹性力做的功

如图 3-5 所示，一劲度系数为 k 的水平轻弹簧，一端固定，另一端连接一物体，以弹簧处于原长时的平衡位置 O 为原点，取 Ox 轴正向向右，相应的单位矢量为 $\boldsymbol{i}$. 在弹簧伸长（或缩短）甚小而处于弹性限度内的情况下，让它经历一个向右拉伸的过程，其间在伸长量为 x 的一点处移过一段位移元 $\mathrm{d}\boldsymbol{r}=\mathrm{d}x\boldsymbol{i}$，则弹簧弹性力 $\boldsymbol{F}=-kx\boldsymbol{i}$ 所做的元功为

$$\mathrm{d}A=\boldsymbol{F}\cdot\mathrm{d}\boldsymbol{r}=(-kx\boldsymbol{i})\cdot(\mathrm{d}x\boldsymbol{i})=-kx\mathrm{d}x$$

当物体从弹簧伸长量为 x_1 的点 a，移到伸长量为 x_2 的点 b，在这个过程中，弹性力做功为

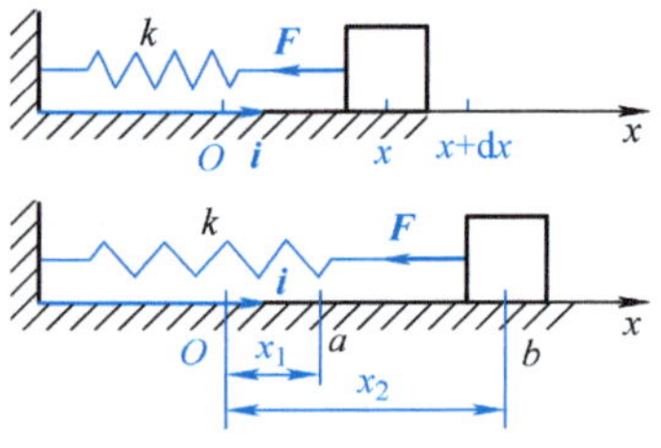

图 3-5 弹性力做功

$$A_{ab}=\int_a^b \mathrm{d}A=\int_{x_1}^{x_2}(-kx)\,\mathrm{d}x=-\left(\frac{1}{2}kx_2^2-\frac{1}{2}kx_1^2\right) \tag{3-11}$$

显然，弹性力的功也与路径无关，只由始、末位置决定，因而弹性力是保守力.

思考题

3-5　（1）举例说明保守力和非保守力的区别.

（2）甲将弹簧拉伸0.05m后，乙又继续再将弹簧拉伸0.03m，甲、乙二人谁做功多些？

3.2.2　势能

我们已知，重力、弹性力和万有引力等都是保守力，而保守力做功只与始、末位置有关. 由于做功是能量变化的量度，则由式（3-9）~式（3-11）可以看出，相应于保守力做功所引起的能量变化表现为一种位置函数之差，**这种位置函数分明是一种能量，称为势能**，也称**位能**，用E_p表示. 这样，我们从上述三式中，可以分别给出如下的三种势能，即

$$\begin{cases}\text{重力势能}\ E_p=mgh\\ \text{弹性势能}\ E_p=\dfrac{1}{2}kx^2\\ \text{引力势能}\ E_p=-G\dfrac{m_0m}{r}\end{cases} \tag{3-12}$$

于是，我们可把前述的式（3-9）~式（3-11）三式统一表示为

$$A_{\text{保}}=-(E_{p2}-E_{p1})=-\Delta E_p \tag{3-13}$$

式中，E_{p1}、E_{p2}为系统在始、末状态时的势能，而$\Delta E_p=E_{p2}-E_{p1}$表示系统势能的增量. 式（3-13）表明，保守力所做的功等于相应势能增量的负值（或者说，等于相应势能之差）.

显然，势能也是一个标量，势能的单位与功的单位相同. 其次，由于保守力做功与路径无关，因此，只要知道系统在始、末状态的势能之差，按式（3-13）便可求出相应的保守力所做的功. 这就简化了保守力做功的计算.

由于势能是位置的函数，根据式（3-12）可画出势能随相对位置变化的关系曲线，称为**势能曲线**，图3-6a、b、c所示分别为重力势能、引力势能和弹性势能曲线.

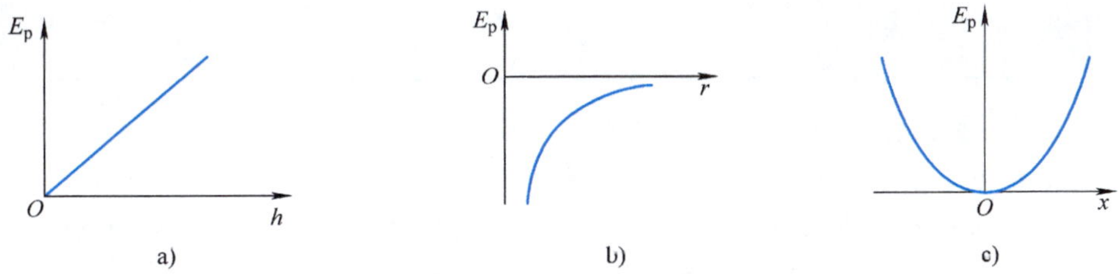

图3-6　势能曲线

a）重力势能曲线　b）引力势能曲线　c）弹性势能曲线

式（3-13）所表述的是保守力做功只能确定始、末位置的势能之差. 为了表述某一位置的势能，通常可以选择一个位置作为基准，将这一位置的势能人为地指定为零，这个基准位置称为势能零点，那么，其他位置的势能就有确定的数值了. 如以保守力做功过程中的末了位置作为势能零点，则由式（3-13），因 $E_{p2}=0$，故在起始位置处，相应于该保守力的势能为

$$E_{p1}=A_{保} \tag{3-14}$$

即某一位置的势能在数值上等于保守力从该位置到势能零点所做的功；然而，这个“某一位置的势能”实质上仍是该位置相对于势能零点的势能之差. 也就是说，势能只有相对意义，客观上并不存在某一位置的绝对势能. 我们对前面所述的重力势能和弹性势能也应做这样的理解. 例如，若选定地面作为重力势能零点（即将地面的高度 h 看作零），则相对于地面位于高度 h 处的重力势能就有确定的值 mgh；对于弹簧的弹性势能零点，一般选在弹簧处于原长（其伸长或压缩量 $x=0$）时的平衡位置，则弹簧在伸长（或压缩）量为 x 时，弹性势能就有确定的值 $kx^2/2$.

对引力势能来说，由式（3-12）可见，引力势能是负值，这是因为我们规定了无限远处的引力势能为零的缘故. 不难看出，质点在从无限远处移到 r 处的过程中，引力做正功，这功等于引力势能的减少，势能减少到比无限远处的零值还要小，那自然是负值. 反之，在将质点 m 从距球心为 r 的位置移到无限远处时，外力反抗引力所做的功为 Gm_0m/r，使系统的引力势能从负值增大到零.

由于重力是地球对物体的万有引力，因此，重力势能就是引力势能. 已知地球的质量为 m_e、半径为 r_e，则质量为 m 的物体在离地面高 h 处与在地面 $h=0$ 处的引力势能之差为

$$\Delta E_p=\left(-G\frac{m_em}{r_e+h}\right)-\left(-G\frac{m_em}{r_e}\right)=G\frac{m_em}{r_e(r_e+h)}h$$

由于 $h\ll r_e$，且由式（2-8）有 $g=Gm_e/r_e^2$，则

$$\Delta E_p=G\frac{m_em}{r_e^2}h=mgh$$

我们选地面的重力势能为零，则重力势能为 $E_p=mgh$，可见 E_p 与上述 ΔE_p 一致，即

$$E_p=\Delta E_p=mgh$$

最后，必须强调，势能是属于参与保守力相互作用的物体所组成的系统的，而不是属于其中个别物体的. 例如，重力势能是属于地球与受重力作用的物体所组成的系统. 对弹簧的弹性势能来说也是如此，它是属于弹簧各质元所组成的弹性系统. 但为了叙述方便，常常把系统等字省去，说成“物体的势能”.

思考题

3-6　试述系统的保守性内力做功与其相应势能的关系. 如何选择重力势能和弹性势能的零点？如思考题 3-6 图所示，若分别选点 B 和点 D 为重力势能零点，试求质量为 m 的物体处于位置 A、B、D 点时的重力势能和 A、D 两点之间的重力势能之差.

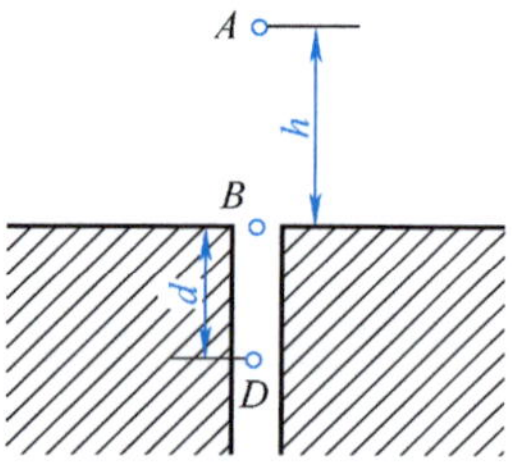

思考题 3-6 图

例题3-5　如例题3-5图所示，一根劲度系数为 k 的竖直轻弹簧，上端 O 固定，下端挂一质量为 m 的小球. 将球托起，使弹簧处于原长，然后放手，并给小球以向下的初速度 v_0. 求小球所能下降的最大距离 s.

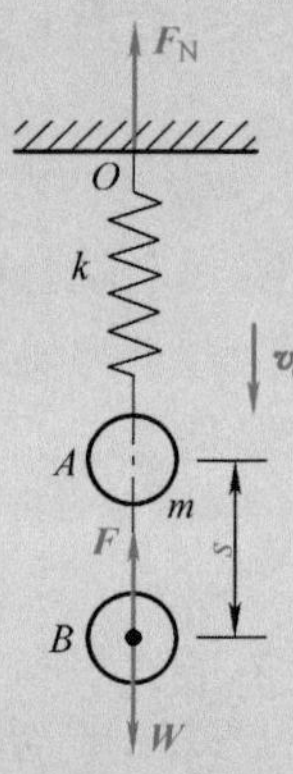

例题3-5图

解：选取小球、弹簧和地球为一系统，因弹簧上端 O 固定不动，点 O 处顶壁对弹簧的支承力（外力）$\boldsymbol{F}_N$ 不做功. 设弹簧为原长时，小球位于点 A，经最大位移 s 后，小球位于点 B. 在此过程中，小球受重力 $\boldsymbol{W}=m\boldsymbol{g}$ 和弹簧的弹性力 $\boldsymbol{F}$ 作用，两者都是保守性内力，而保守力做功等于相应势能的减小. 今设小球在点 B 的重力势能为零，弹簧为原长时的弹性势能为零，则重力和弹簧弹性力所做的功分别为

$$A_W = mgs - 0 = mgs$$

$$A_F = 0 - \frac{1}{2}ks^2 = -\frac{1}{2}ks^2$$

小球在点 A 时速度为 v_0，到达点 B 时速度为零. 故按系统动能定理，有

$$mgs - \frac{1}{2}ks^2 = 0 - \frac{1}{2}mv_0^2$$

化简后，上式成为关于 s 的一元二次方程，即

$$ks^2 - 2mgs - mv_0^2 = 0$$

求解这个方程，并在解的根式前取正号（为什么?），得小球下降的最大距离为

$$s = \frac{mg + \sqrt{(mg)^2 + kmv_0^2}}{k}$$

3.2.3　由势能求保守力

由式（3-9）~式（3-11）可以看出，势能是由保守力对路径的线积分定义的. 反过来，我们也可以从势能函数对路径的导数求出保守力.

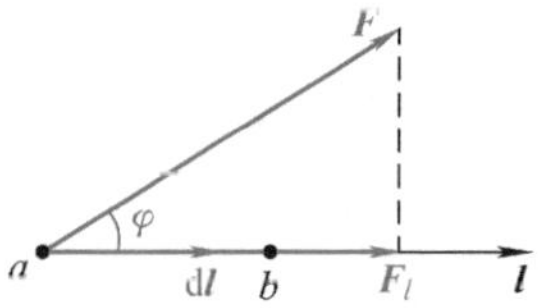

图3-7　由势能求保守力

如图3-7所示，以 $\mathrm{d}\boldsymbol{l}$ 表示质点在保守力 $\boldsymbol{F}$ 作用下沿某一给定的 $\boldsymbol{l}$ 方向从 a 到 b 的元位移，以 $\mathrm{d}E_p$ 表示从 a 到 b 的势能增量. 根据势能定义式（3-13），有

$$-\mathrm{d}E_p = A_{ab} = \boldsymbol{F}\cdot\mathrm{d}\boldsymbol{l} = F\cos\varphi\mathrm{d}l$$

由于 $F\cos\varphi = F_l$ 为力 $\boldsymbol{F}$ 在 $\boldsymbol{l}$ 方向的分量，所以上式可写作

$$-\mathrm{d}E_p = F_l\mathrm{d}l$$

由此可得

$$F_l = -\frac{\mathrm{d}E_p}{\mathrm{d}l} \tag{3-15}$$

此式说明，保守力沿某一给定的 l 方向的分量等于与此保守力相应的势能函数沿 l 方向的空间变化率（即经过单位距离时的变化）的负值.

可以用引力势能公式验证式（3-15）．这时取 l 方向为此质点到另一质点的矢径 $\boldsymbol{r}$ 的方向．引力沿 $\boldsymbol{r}$ 方向的空间变化率应为

$$F_r = -\frac{\mathrm{d}}{\mathrm{d}r}\left(-\frac{Gm_1m_2}{r}\right) = -\frac{Gm_1m_2}{r^2}$$

这实际上就是引力公式．

对于弹簧的弹性势能，可取 $\boldsymbol{l}$ 方向为伸长量 x 的方向．这样弹力沿伸长方向的空间变化率就是

$$F_x = -\frac{\mathrm{d}}{\mathrm{d}x}\left(\frac{1}{2}kx^2\right) = -kx$$

这正是关于弹簧弹力的胡克定律公式．

对于重力势能，可取 l 方向为竖直向上的 h 方向．这样重力沿 h 方向的空间变化率就是

$$F_h = -\frac{\mathrm{d}}{\mathrm{d}h}(mgh) = -mg$$

这就是重力的表达式．

一般来讲，E_p可以是位置坐标（x，y，z）的多元函数．这时式（3-15）中 l 的方向可依次取 x、y 和 z 轴的方向而得到，相应的保守力沿各轴方向的分量为

$$F_x = -\frac{\partial E_\mathrm{p}}{\partial x}, F_y = -\frac{\partial E_\mathrm{p}}{\partial y}, F_z = -\frac{\partial E_\mathrm{p}}{\partial z}$$

式中的导数分别是 E_p对 x、y 和 z 的偏导数．这样，保守力就可表示为

$$\boldsymbol{F} = F_x\boldsymbol{i} + F_y\boldsymbol{j} + F_z\boldsymbol{k} = -\left(\frac{\partial E_\mathrm{p}}{\partial x}\boldsymbol{i} + \frac{\partial E_\mathrm{p}}{\partial y}\boldsymbol{j} + \frac{\partial E_\mathrm{p}}{\partial z}\boldsymbol{k}\right) = -\nabla E_\mathrm{p} \tag{3-16}$$

这是在直角坐标系中由势能求保守力的最一般的公式．

式（3-16）中括号内的势能函数的空间变化率叫作势能的梯度，它是一个矢量．因此可以说，保守力等于相应的势能函数的梯度的负值．

式（3-16）表明保守力应等于势能曲线斜率的负值．例如，在图 3-6c 所示的弹性势能曲线图中，在 $x>0$ 的范围内，曲线的斜率为正，弹力即为负，这表示弹力与 x 的正方向相反．在 $x<0$ 的范围内，曲线的斜率为负，弹力即为正，这表示弹力与 x 的正方向相同．在 $x=0$的点，曲线的斜率为零，即没有弹力．这正是弹簧处于原长的情况．

3.3 机械能守恒定律　能量守恒定律

3.3.1 功能原理

系统的内力一般可区分为保守性内力和非保守性内力，若用 $\sum_{i=1}^{n} A_{保内i}$和 $\sum_{i=1}^{n} A_{非保内i}$ 分别表示该系统所有保守性内力和非保守性内力的功，则系统内一切内力所做的功可写成 $\sum_{i=1}^{n} A_{内i} = \sum_{i=1}^{n} A_{保内i} + \sum_{i=1}^{n} A_{非保内i}$．这样，便可将系统的动能定理表达式（3-8）改写成

$$\sum_{i=1}^{n} A_{外i} + \sum_{i=1}^{n} A_{保内i} + \sum_{i=1}^{n} A_{非保内i} = \sum_{i=1}^{n} E_{ki2} - \sum_{i=1}^{n} E_{ki1} \tag{3-17}$$

式中，保守力的功 $A_{保内i}$，是相应于该保守力的势能的增量的负值. 若对系统内所存在的各种保守性内力的功求和，则得

$$\sum_{i=1}^{n} A_{保内i} = -\left(\sum_{i=1}^{n} E_{pi2} + \sum_{i=1}^{n} E_{pi1}\right) \tag{3-18}$$

式中，$\sum_{i=1}^{n} E_{pi1}$、$\sum_{i=1}^{n} E_{pi2}$ 分别表示系统处于始、末位置状态时相应于各种保守性内力的势能之和. 把式（3-18）代入式（3-17），并移项，得

$$\sum_{i=1}^{n} A_{外i} + \sum_{i=1}^{n} A_{非保内i} = \left(\sum_{i=1}^{n} E_{ki2} + \sum_{i=1}^{n} E_{pi2}\right) - \left(\sum_{i=1}^{n} E_{ki1} + \sum_{i=1}^{n} E_{pi1}\right) \tag{3-19}$$

我们把系统中各物体的**动能与势能的总和称为系统的机械能**，常用 E 表示；而 $\left(\sum_{i=1}^{n} E_{ki1} + \sum_{i=1}^{n} E_{pi1}\right)$、$\left(\sum_{i=1}^{n} E_{ki2} + \sum_{i=1}^{n} E_{pi2}\right)$ 就分别为系统在始、末状态的机械能. 于是，式（3-19）表明，**系统的机械能的增量等于它所受的一切外力和非保守性内力两者做功的代数和. 这称为系统的功能原理**，它全面地表达了力学中的功能关系.

功能原理是从质点系的动能定理推导出来的. 因此它们之间并无本质上的区别. 使用动能定理可解决的问题，使用功能原理同样可以解决. 由于功能原理中将保守内力的功用相应的势能增量的负值代替了. 而计算势能的增量往往比直接计算功会更方便. 因此，功能原理更适用于讨论机械能和其他形式能量之间的转化问题. 因此，利用功能原理求解力学问题时，只需要计算系统外力所做的功 $\sum_{i=1}^{n} A_{外i}$ 和系统的非保守性内力所做的功 $\sum_{i=1}^{n} A_{非保内i}$. 对保守性内力（重力、弹性力等）所做的功无须计算，因为它们所做的功已用相应的势能的减少所置换了.

思考题

3-7　雪橇从高 20m 覆盖着冰的山上沿一缓坡滑下，滑到没有冰的平地以后继续滑行 50m 而停止，若雪橇与冰之间的摩擦力可以不计. 试利用系统的功能定理，求雪橇与地面之间的摩擦系数.

3.3.2　机械能守恒定律

若在一个力学过程中，外力和非保守性内力都不做功，即

$$\sum_{i=1}^{n} A_{外i} = 0, \quad \sum_{i=1}^{n} A_{非保内i} = 0$$

则式（3-19）成为

$$\sum_{i=1}^{n} E_{ki2} + \sum_{i=1}^{n} E_{pi2} = \sum_{i=1}^{n} E_{ki1} + \sum_{i=1}^{n} E_{pi1}$$

或

$$\sum_{i=1}^{n} E_{\mathrm{k}i} + \sum_{i=1}^{n} E_{\mathrm{p}i} = \text{恒量} \tag{3-20}$$

式（3-20）表明，**如果一系统的所有外力和非保守性内力都不做功，则系统的机械能总是保持为一恒量**. 这个结论称为**系统的机械能守恒定律**. 或者说，**当系统中只有保守内力做功时，系统的总机械能保持不变**.

若外力不做功，则说明系统与外界没有能量交换，若非保守内力不做功，则说明系统内部不发生机械能与其他形式能量的转换. 当这两个条件同时满足时，系统内部只能发生动能与势能之间的转化，而总机械能保持不变.

我们经常考察地球附近一个物体的运动过程. 这时，把地球与物体看作一个系统，除重力这个保守性内力外，若所有外力和非保守性内力都不做功，则这个系统的机械能守恒. 对该系统运动过程中任意取定的始、末两状态，设其相应的速度和位置分别为 v_1、v_2 和 h_1、h_2，则式（3-20）可以具体地写作

$$\frac{1}{2}mv_2^2 + mgh_2 = \frac{1}{2}mv_1^2 + mgh_1$$

如果在上述系统内尚包括弹簧，还存在着弹性力这种保守性内力，则类似地可得它的机械能守恒定律具体表达式为

$$\frac{1}{2}mv_2^2 + mgh_2 + \frac{1}{2}kx_2^2 = \frac{1}{2}mv_1^2 + mgh_1 + \frac{1}{2}kx_1^2$$

即在满足机械能守恒的条件下，对地球、物体和弹簧这一系统来说，动能、重力势能和弹性势能可以相互转换，但它们之和是守恒的. 也即，在过程中的任一时刻，系统的机械能 E（即动能和各种势能之和）为一恒量，或者说 $\mathrm{d}E/\mathrm{d}t = 0$.

思考题

3-8　（1）试由系统的功能定理导出系统的机械能守恒定律.

（2）起重机将一集装箱竖直地匀速上吊，以此集装箱与地球作为一系统，此系统的机械能是否守恒？

例题 3-6　在高 $h_0 = 20\mathrm{m}$ 处，以初速 $v_0 = 18\mathrm{m \cdot s^{-1}}$ 倾斜地向地面上方抛出一石块（见例题 3-6 图），（1）若空气阻力忽略不计，求石块达到地面时的速率.（2）如果考虑空气阻力，而石块落地时速率变成 $v = 20\mathrm{m \cdot s^{-1}}$. 求空气阻力所做的功. 已知石块的质量为 $m = 50\mathrm{g}$.

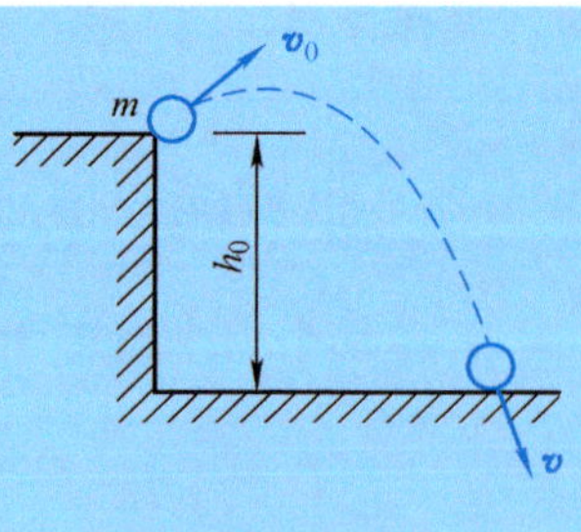

例题 3-6 图

解：（1）先分析力. 在抛出后，如果不计空气阻力，则石块只受重力（保守力）作用，别无外力，所以对石块和地球组

成的系统而言，机械能守恒. 在地面上，取重力势能零点，并设 v 为石块到达地面时的速率. 则按机械能守恒定律，对抛出点和落地点，有

$$\frac{1}{2}mv_0^2+mgh_0=\frac{1}{2}mv^2+0 \quad ⓐ$$

解得

$$v=\sqrt{v_0^2+2gh_0}=\sqrt{(18\mathrm{m\cdot s^{-1}})^2+2\times(9.8\mathrm{m\cdot s^{-2}})\times 20\mathrm{m}}=26.76\mathrm{m\cdot s^{-1}}$$

（2）仍把石块和地球看作一个系统，在抛出后，除重力（内力）外，还有外力——空气阻力做功 $A_{阻}$，因此机械能不守恒. 这时，可应用系统功能原理［式（3-19）］，即外力做功等于系统机械能的增量，仍取地面为重力势能零点，得

$$A_{阻}=\left(\frac{1}{2}mv^2+0\right)-\left(\frac{1}{2}mv_0^2+mgh_0\right) \quad ⓑ$$

代入题给数据，读者可自行求得空气阻力所做负功为

$$A_{阻}=-7.91\mathrm{J}$$

说明

如果在一个力学问题中，涉及物体在力的作用下经历一段位移过程，这时，我们通常可运用以上各节所述的有关功、能的定理或定律去求解，会简捷得多. 读者今后通过学习，将会逐步体察到从功、能观点出发，审视和解决物理学和其他科学、技术问题的重要性.

思考题

3-9 如思考题3-9图所示，在倾角为 α 的斜面上放置一劲度系数为 k 的轻弹簧，其下端固定，上端连接一质量为 m 的物体，若物体在弹簧为原长时的位置自静止开始下滑，试分别对斜面与物体间的摩擦系数为 $\mu=0$ 和 $\mu\neq 0$ 这两种情况求出物体下滑的最大距离.

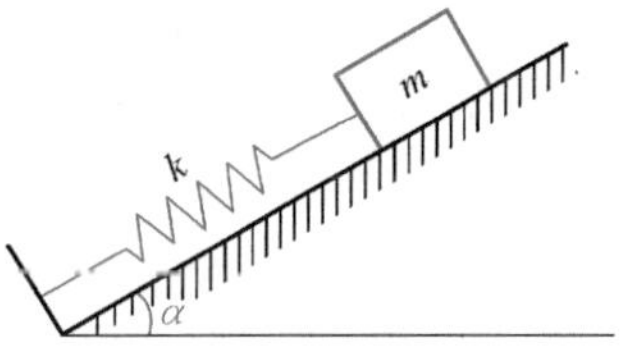

思考题3-9图

例题3-7 如例题3-7图所示，一个质量为 $m=0.1\mathrm{kg}$ 的小球被压缩的水平轻弹簧弹出后，沿着水平轨道 AB 和铅直的半圆形轨道 BB' 运动，当小球达到点 D 时，刚好脱离轨道. 设半圆形轨道的半径 $R=1.5\mathrm{m}$，点 D 离水平轨道的高度 $H=2.4\mathrm{m}$，弹簧的劲度系数 $k=500\mathrm{N\cdot m^{-1}}$，并不计一切摩擦，求弹簧原先被压缩的长度.

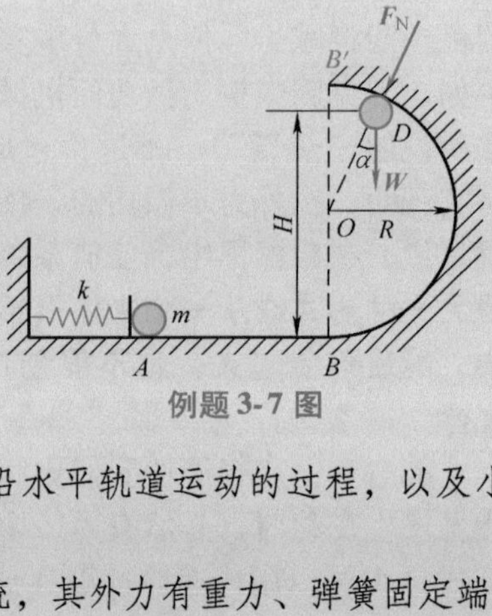

例题3-7图

分析： 根据在运动全过程中受力情况的不同，可分为三个过程来考虑，即：小球被弹簧弹出的过程、弹出后沿水平轨道运动的过程，以及小球进入半圆形轨道运动的过程.

解： 在小球被弹簧弹出的过程中，以小球和弹簧为系统，其外力有重力、弹簧固定端

和水平轨道的支承力，它们皆不做功，即 $\sum_{i=1}^{n} A_{外i}=0$；又因不计摩擦，$\sum_{i=1}^{n} A_{非保内i}=0$，故系统的机械能守恒. 由于系统内仅有保守性内力——弹簧的弹性力，则按机械能守恒定律，取弹簧原长时作为弹性势能零点，便可列出

$$0+0+\frac{1}{2}kx^2=\frac{1}{2}mv^2+0+0$$

或

$$\frac{1}{2}kx^2=\frac{1}{2}mv^2 \tag{a}$$

而今，小球被弹出时的速率 v 不知道，故不能由上式求弹簧原先的压缩量 x；且此后沿水平轨道运动的过程中，小球以弹出时的速率 v 保持匀速前进，无助于求速率 v. 为此，只得再考察小球进入半圆形轨道 BD 段的运动过程：把小球和地球视作一系统，轨道的法向支承力 $\boldsymbol{F}_{\mathrm{N}}$ 为系统的唯一外力，但它处处垂直于小球的位移，故不做功. 因而，系统的机械能守恒. 在系统内力仅有保守力——重力 $\boldsymbol{W}=m\boldsymbol{g}$ 的情况下，按机械能守恒定律，取此过程中的最低点作为重力势能零点，便可列出

$$\frac{1}{2}mv^2+0=\frac{1}{2}mv_D^2+mgH \tag{b}$$

式中，v_D 为小球在点 D 的速率. 相应于小球在点 D 的瞬时，按牛顿第二定律，列出小球运动方程的法向分量式，即

$$F_{\mathrm{N}}+mg\cos\alpha=m\frac{v_D^2}{R} \tag{c}$$

式中，$\cos\alpha=(H-R)/R$. 按题意，在点 D 处，小球开始脱离轨道，故 $F_{\mathrm{N}}=0$，则由式ⓐ~式ⓒ联立求解，并代入已知数据，可解算出弹簧原先的压缩量为

$$x=\sqrt{\frac{mg(3H-R)}{k}}=\sqrt{\frac{0.1\mathrm{kg}\times 9.80\mathrm{m}\cdot\mathrm{s}^{-1}\times(3\times 2.4\mathrm{m}-1.5\mathrm{m})}{500\mathrm{N}\cdot\mathrm{m}^{-1}}}=0.106\mathrm{m}$$

3.3.3 能量守恒定律

如果系统存在着非保守性内力，并且这种非保守性内力（如摩擦力）做负功，则系统的机械能将减少. 但是大量事实证明，在机械能减少的同时，必然有其他形式的能量增加. 例如，因克服摩擦力做功而机械能减少时，必然有“热”产生，“热”也是一种能量（即平常所说的“热量”）. 不过，它是一种超出机械能范围的另一种形式的能量. 而且大量实验事实证明，在外力不做功的条件下，系统的机械能和其他形式的能量的总和仍是一恒量. 这就是说，**在自然界中，任何系统都具有能量，能量有各种不同的形式，可以从一种形式转换为另一种形式或从一个物体（或系统）传递给另一个物体（或系统），在转换和传递的过程中，能量不会消失，也不能创造. 这一结论称为能量守恒定律**. 它是自然界的一条普遍规律.

能量守恒定律能使我们更深刻地理解功的意义. 按能量守恒定律，当一个物体或系统的能量发生变化时，必然有另一个物体或系统的能量同时也发生变化. 所以，当外界用做功的方式（也可以用传递热量等其他方式）使一个系统的能量变化时，其实质是这个系统和另

一个系统（指外界）之间发生了能量的交换，而所交换的能量在数量上就等于功（或传递的热量等）. 因此，从本质上说，做功是能量交换或转化的一种形式；从数量上说，功是能量交换或转化的一种量度. 还可以说，功率是单位时间内的能量转换的量度.

再次重申，功是一个过程量，它总是和能量变化或交换的过程相联系；而能量只取决于系统的状态，系统在一定状态时，就具有一定的能量，所以，能量是一种状态量. 例如，对一个在重力场中运动的物体，当它在一定的运动状态（在一定位置，具有一定的速度）时，它就具有一定量值的机械能（动能和重力势能）. 所以我们说，能量是系统状态的单值函数.

思考题

3-10　试述能量守恒定律；并问功与能有何区别和联系？利用晚上用电低谷时的电能来做功，用于压缩一硬弹簧，使它获得弹性势能而成为储能器；白天时，将它储存的弹性势能释放出来，对外做功（例如驱动车辆行驶或使物体移位），这一设想是否可行？

3.4　动量与冲量　质点的动量定理

牛顿第二定律是力与受力物体的加速度的瞬时关系式，即与力作用的同时物体所获得的加速度和此力的关系. 而实际上，力对物体的作用总要延续一段或长或短的时间. 例如，在运动场上，运动员在投掷铅球时总是伸长手臂，尽可能地延长对铅球的作用时间，以提高铅球出手时的动量（或速度）. 因此，我们将引入新的物理量来描述力对物体持续作用一段时间过程所产生的累积效应.

为了研究力的时间累积效应，我们把牛顿第二定律的表达式改写成

$$\boldsymbol{F}=m\boldsymbol{a}=m\frac{\mathrm{d}\boldsymbol{v}}{\mathrm{d}t}=\frac{\mathrm{d}(m\boldsymbol{v})}{\mathrm{d}t}=\frac{\mathrm{d}\boldsymbol{p}}{\mathrm{d}t} \tag{3-21}$$

在经典力学中，认为物体质量 m 是恒量，故可把它移到微分号内. 式中，$\boldsymbol{p}=m\boldsymbol{v}$是物体（视作质点）的质量 m 与速度$\boldsymbol{v}$的乘积，称为物体的**动量**，记作$\boldsymbol{p}$. 动量 $\boldsymbol{p}$ 是矢量，其方向就是速度$\boldsymbol{v}$的方向. 我们知道，速度$\boldsymbol{v}$是从运动学角度描述物体运动状态的一个物理量；显然，动量 $m\boldsymbol{v}$则是从动力学意义上全面描述物体运动状态的一个物理量. 现把式（3-21）两边乘以时间 $\mathrm{d}t$，即得

> 牛顿最初就是以 $F=\mathrm{d}p/\mathrm{d}t$ 的形式来表述牛顿第二定律的，即质点所受的合外力等于质点动量对时间的变化率. 表达式 $\boldsymbol{F}=\mathrm{d}\boldsymbol{p}/\mathrm{d}t$ 比 $\boldsymbol{F}=m\boldsymbol{a}$ 更具有普遍意义. 在相对论力学中，$\boldsymbol{F}=m\boldsymbol{a}$ 不再适用，而 $\boldsymbol{F}=\mathrm{d}\boldsymbol{p}/\mathrm{d}t$ 仍然成立.

$$\boldsymbol{F}\mathrm{d}t=\mathrm{d}\boldsymbol{p} \tag{3-22}$$

其中，**质点所受合外力 $\boldsymbol{F}$ 与作用时间 $\mathrm{d}t$ 的乘积 $\boldsymbol{F}\mathrm{d}t$，称为合外力 $\boldsymbol{F}$ 的元冲量，它描述合外力 $\boldsymbol{F}$ 在极短时间 $\mathrm{d}t$ 内的累积效应，$\boldsymbol{F}\mathrm{d}t$ 是矢量，其方向与合外力的方向相同**. 式（3-22）表明，**质点所受合外力 $\boldsymbol{F}$ 在 $\mathrm{d}t$ 时间内的元冲量等于质点在同一时间 $\mathrm{d}t$ 内的动量之增量 $\mathrm{d}\boldsymbol{p}$**，这一结论称为质点的动量定理. 式（3-21）和式（3-22）都是它的微分表达式. 对

式（3-22）两边积分，即得质点动量定理的积分表达式为

$$\int_{t_1}^{t_2}\boldsymbol{F}\mathrm{d}t = \int_{\boldsymbol{p}_1}^{\boldsymbol{p}_2}\mathrm{d}\boldsymbol{p} = \boldsymbol{p}_2 - \boldsymbol{p}_1 \tag{3-23}$$

或

$$\int_{t_1}^{t_2}\boldsymbol{F}\mathrm{d}t = m\boldsymbol{v}_2 - m\boldsymbol{v}_1 \tag{3-24}$$

上式左端是合外力 $\boldsymbol{F}$ 在有限时间 $\Delta t = t_2 - t_1$ 内的冲量，记作 $\boldsymbol{I}$，即 $\boldsymbol{I} = \int_{t_1}^{t_2}\boldsymbol{F}\mathrm{d}t$，这个累积效应导致质点在 Δt 时间内发生运动状态的改变，即 $m\boldsymbol{v}_2 - m\boldsymbol{v}_1$.

动量定理的表达式（3-24）是矢量式，为此，在具体计算时，可以建立一个合适的坐标系，把它化成等效的一组分量式. 这样，就便于用标量进行运算了. 例如，在质点的平面运动中，可取坐标系 Oxy，则式（3-24）的分量式为

$$\begin{cases}\int_{t_1}^{t_2}F_x\mathrm{d}t = mv_{2x} - mv_{1x}\\ \int_{t_1}^{t_2}F_y\mathrm{d}t = mv_{2y} - mv_{1y}\end{cases} \tag{3-25}$$

这些分量式说明：任何冲量分量等于在它自己方向上的动量分量的增量，即任何冲量分量只能改变其相应方向的动量分量，而不改变在其垂直方向的动量分量. 在应用分量式时，应注意各分量的正、负号与各坐标轴方向的关系.

对动量定理还应注意：

1）动量定理表明，合外力冲量的方向与动量增量的方向一致. 不要误以为合外力冲量的方向就是动量的方向.

2）在处理碰撞、打击等问题时，由于作用力变化情况甚为复杂，不易求出其冲量；但若知道始、末动量，就可由动量定理求出冲量；如果能够进一步测出碰撞时间 $\Delta t = t_2 - t_1$，则还可算出这段时间内的平均冲力 $\overline{\boldsymbol{F}}$，这样，式（3-24）的左端成为

$$\int_{t_1}^{t_2}\boldsymbol{F}\mathrm{d}t = \overline{\boldsymbol{F}}\int_{t_1}^{t_2}\mathrm{d}t = \overline{\boldsymbol{F}}(t_2 - t_1) = \overline{\boldsymbol{F}}\Delta t$$

则由式（3-24）便可得平均冲力为

$$\overline{\boldsymbol{F}} = \frac{m\boldsymbol{v}_2 - m\boldsymbol{v}_1}{\Delta t} \tag{3-26}$$

从式（3-26）可知，碰撞时的冲力不仅取决于动量的改变，而且也与作用的时间有关. 若作用时间 Δt 越短，动量改变越大，则碰撞时的冲力也越大. 例如，工厂中的冲压机械就是利用锤头在极短时间内所发生的动量变化，以提供巨大的冲击力，用来冲压锻件；又如，当人从高处跳下时，因做落体加速运动，所以在与地板碰撞前的一刹那，速度较大，而在碰撞地板的极短时间内，由于人受到地板向上的作用冲力，碰撞后的速度几乎变成零，于是在极短时间内动量改变很大，故地板对人的冲力就颇大. 为了减小这个冲力，我们可以在地板上铺一些富有弹性的软垫，使人慢慢地停下来，以延长碰撞的时间 Δt，这样，就可减小地板对人的冲力. 与此同时，根据作用与反作用的关系，人对地板也有一个反作用冲力，相应地使地板受到的撞击有所减弱.

3）值得指出，由于冲力作用的时间极短，所以质点的位置变动一般都很小，在整个冲

击时间内可以认为质点的位置几乎没有改变. 这样，质点的位移就体现不出来，也就无从计算冲力的功，难以从功、能关系去考察和处理这类力学问题. 于是，我们就不得不转而从力的时间累积效应入手，使用动量定理去解决碰撞之类的问题.

4）还要说明，由于冲力极大，在冲击过程中，作用在质点上其他有限大小的力（如重力等）与冲力相比，往往也可忽略不计。

5）冲量的单位是 N · s，动量的单位是 kg · m · s^{-1}. 其实，两者的单位在量纲上是一致的.

6）功和冲量都是过程量，它们分别量度力对空间和时间的累积效应. 如果物体虽受外力作用而不发生位移，则力对物体就没有空间累积效应（即不做功），就不致引起物体动能的改变；可是，物体受外力作用总是会存在时间累积效应的（即具有冲量），这就必然要引起其动量的改变.

7）动量和动能都是描述质点运动状态的物理量. 但是，动能是标量，动量是矢量. 因此，两者不能混淆.

思考题

3-11　（1）试述物体的动量和所受外力的冲量之间的关系.（2）所谓“以卵击石”，是说拿蛋去碰撞石头，必碎无疑；但是若蛋落于棉絮中，则可能不碎. 这是为什么？

例题 3-8　当质量为 m 的物体沿水平的 Ox 轴方向运动时，它所受的水平力为 $F=\mu mg(1-kt)$，式中，μ、k 为恒量. 设物体在 $t=0$ 时的速度为 v_0，求此物体在时刻 t 的速度.

解： 按题意，$F_x=F$，则按式（3-25）的第一个分量式，有

$$\int_0^t F_x \mathrm{d}t = mv_x - mv_{x0} = mv - mv_0$$

而

$$\int_0^t F_x \mathrm{d}t = \int_0^t \mu mg(1-kt)\mathrm{d}t = \mu mg\left(t - \frac{kt^2}{2}\right)$$

由以上两式，可求出物体在时刻 t 的速度为

$$v = v_0 + \frac{\mu g(2t - kt^2)}{2}$$

例题 3-9　氢分子的质量 $m=3.3\times10^{-27}$kg，它在碰撞容器壁前、后的速度大小不变，均为 $v=1.6\times10^3$m · s^{-1}，而碰撞前、后的方向分别与垂直于器壁的法线成 $\varphi=60°$ 角（见例题 3-9 图），碰撞时间是 10^{-13}s. 求氢分子碰撞容器壁的平均作用力.

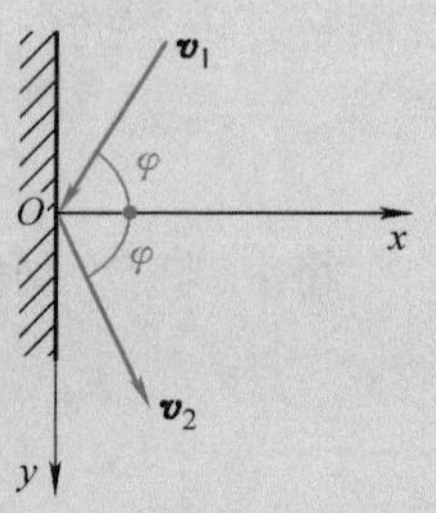

例题 3-9 图

解： 设器壁对氢分子的平均冲力为 $\overline{\boldsymbol{F}}$，氢分子在碰撞前、后的速度分别为 $\boldsymbol{v}_1$ 和 $\boldsymbol{v}_2$，按质点动量定理，有

$$\overline{\boldsymbol{F}}\Delta t = m\boldsymbol{v}_2 - m\boldsymbol{v}_1$$

取垂直和平行于器壁的 Ox 和 Oy 轴正向如图所示，将冲量和动量沿 Ox、Oy 轴分解，其分量式为

$$\overline{F}_x \Delta t = mv_{2x} - mv_{1x}$$

$$\overline{F}_y\Delta t = mv_{2y} - mv_{1y}$$

根据氢分子碰撞前、后的速度$\boldsymbol{v}_1$和$\boldsymbol{v}_2$的方向，从图可知，它们沿 Ox、Oy 轴的分量分别为 $v_{1x} = -v\cos\varphi$，$v_{2x} = v\cos\varphi$，$v_{1y} = v\sin\varphi$，$v_{2y} = v\sin\varphi$，代入以上两式，得

$$\overline{F}_x\Delta t = mv\cos\varphi - m(-v\cos\varphi) = 2mv\cos\varphi$$

$$\overline{F}_y\Delta t = mv\sin\varphi - mv\sin\varphi = 0$$

由此得

$$\overline{F}_x = \frac{2mv\cos\varphi}{\Delta t}, \overline{F}_y = 0$$

这里，$\Delta t \neq 0$. 上式表明，器壁对氢分子的平均作用力为 $\overline{F} = \overline{F}_x$，其方向沿器壁的法线，与 Ox 轴的正向相同. 代入题给数据，得平均作用力的大小为

$$\overline{F} = \overline{F}_x = \frac{2\times 3.3\times 10^{-27}\text{kg}\times 1.6\times 10^{3}\text{m}\cdot\text{s}^{-1}\times\cos 60^\circ}{10^{-13}\text{s}} = 5.28\times 10^{-11}\text{N}$$

按牛顿第三定律，氢分子对器壁的平均作用力和这个力等值、反向、共线，即垂直地指向器壁.

3.5 系统的动量定理 动量守恒定律

3.5.1 系统的动量定理

如图 3-8 所示，设质量分别为 m_1、m_2 的两个质点，在时刻 t_0 开始发生相互作用，其速度分别为$\boldsymbol{v}_{10}$、$\boldsymbol{v}_{20}$；在时刻 t，相互作用结束时，速度分别为$\boldsymbol{v}_1$、$\boldsymbol{v}_2$. 在相互作用的一段时间 $\Delta t = t - t_0$ 内，这两个质点可视作一个系统，它们除相互间作用的内力 $\boldsymbol{F}_1'$、$\boldsymbol{F}_2'$ 外，还分别受合外力 $\boldsymbol{F}_1$、$\boldsymbol{F}_2$ 的作用. 对系统内每一物体应用质点动量定理［式（3-21）］，得

$$\boldsymbol{F}_1 + \boldsymbol{F}_1' = \frac{\mathrm{d}\boldsymbol{p}_1}{\mathrm{d}t}$$

$$\boldsymbol{F}_2 + \boldsymbol{F}_2' = \frac{\mathrm{d}\boldsymbol{p}_2}{\mathrm{d}t}$$

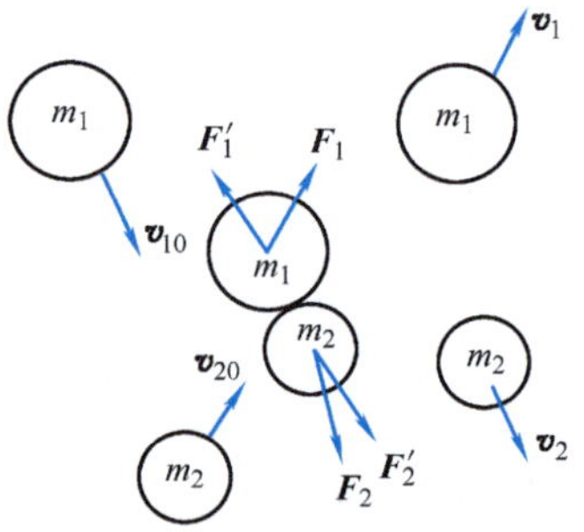

图 3-8 两个质点的相互作用

将以上两式相加，按牛顿第三定律，$\boldsymbol{F}_1' = -\boldsymbol{F}_2'$，故对整个系统而言，内力的矢量和为零，即 $\boldsymbol{F}_1' + \boldsymbol{F}_2' = \boldsymbol{0}$，从而得

$$\boldsymbol{F}_1 + \boldsymbol{F}_2 = \frac{\mathrm{d}\boldsymbol{p}_1}{\mathrm{d}t} + \frac{\mathrm{d}\boldsymbol{p}_2}{\mathrm{d}t} = \frac{\mathrm{d}}{\mathrm{d}t}(\boldsymbol{p}_1 + \boldsymbol{p}_2)$$

将上式推广到由 n 个物体所组成的系统，有

$$\boldsymbol{F}_1 + \boldsymbol{F}_2 + \cdots + \boldsymbol{F}_n = \frac{\mathrm{d}}{\mathrm{d}t}(\boldsymbol{p}_1 + \boldsymbol{p}_2 + \cdots + \boldsymbol{p}_n)$$

$$\sum_{i=1}^{n}\boldsymbol{F}_{外i} = \frac{\mathrm{d}}{\mathrm{d}t}\sum_{i=1}^{n}\boldsymbol{p}_i = \frac{\mathrm{d}}{\mathrm{d}t}\left(\sum_{i=1}^{n}m_i\boldsymbol{v}_i\right) \tag{3-27}$$

我们把系统内各质点的动量的矢量和 $\sum_{i=1}^{n} m_i \boldsymbol{v}_i$ 称为系统的动量，则式（3-27）表明，系统所受外力的矢量和等于系统动量对时间的变化率.

已知外力作用时间自 t_0 到 t，则将式（3-27）积分，得

$$\int_{t_0}^{t} \left(\sum_{i=1}^{n} \boldsymbol{F}_{外i}\right) \mathrm{d}t = \sum_{i=1}^{n} m_i \boldsymbol{v}_i - \sum_{i=1}^{n} m_i \boldsymbol{v}_{i0} \tag{3-28}$$

式中，右端表示相应于始、末状态的系统动量的增量；左端表示在 t_0 到 t 这段时间过程中系统所受外力矢量和的冲量. 式（3-28）表明，**在一段时间内，作用于系统的外力的矢量和在该段时间内的冲量等于系统动量的增量. 这一结论称为系统的动量定理**. 式（3-27）为系统动量定理的微分形式.

3.5.2　系统的动量守恒定律

若在一定的过程中，系统所受外力的矢量和等于零，即

$$\sum_{i=1}^{n} \boldsymbol{F}_{外i} = \boldsymbol{0} \tag{3-29}$$

则由式（3-28），有如下的矢量式：

$$m_1 \boldsymbol{v}_1 + m_2 \boldsymbol{v}_2 + \cdots + m_n \boldsymbol{v}_n = m_1 \boldsymbol{v}_{10} + m_2 \boldsymbol{v}_{20} + \cdots + m_n \boldsymbol{v}_{n0} \tag{3-30}$$

上式表明，**如果系统所受外力的矢量和为零，那么，系统的总动量保持不变**. 这一结论称为**动量守恒定律**. 式（3-29）**是动量守恒定律的适用条件**.

动量守恒定律的表达式（3-30）是一个矢量式，若系统内各物体都在同一平面内运动，可在该平面内选取直角坐标系 Oxy，则可用下列分量式进行代数运算. 即系统在一定过程中，它所受合外力满足 $\sum_{i=1}^{n} F_{外ix} = 0$ 和 $\sum_{i=1}^{n} F_{外iy} = 0$ 的条件，则分别有

$$m_1 v_{1x} + m_2 v_{2x} + \cdots + m_n v_{nx} = m_1 v_{1x0} + m_2 v_{2x0} + \cdots + m_n v_{nx0} \tag{3-30a}$$

$$m_1 v_{1y} + m_2 v_{2y} + \cdots + m_n v_{ny} = m_1 v_{1y0} + m_2 v_{2y0} + \cdots + m_n v_{ny0} \tag{3-30b}$$

上述分量式还有着重要的物理意义：有时系统所受的合外力虽不为零，但外力在某方向（例如沿 Ox 轴方向）的分量的代数和为零（沿其他方向则不为零），这时，尽管系统的动量不守恒，但它在该方向的分量却是守恒的，这一结论称为沿某一方向的动量守恒定律.

动量守恒定律在生产实践和科学实验中的应用非常广泛，它不仅适用于由大量分子、原子组成的宏观物体，也适用于原子、原子核等微观粒子之间的相互作用过程. 在原子、原子核等微观领域中，牛顿定律虽不适用，但动量守恒定律仍是适用的. 因此，动量守恒定律与能量守恒定律一样，是自然界的一条普遍定律.

思考题

3-12　（1）试述系统的动量定理，并由此给出动量守恒定律及其适用条件.

（2）汽车停在马路上，车上的乘客们纷纷用力推车，无法使车获得动量而前进. 大家下车后站在路上用力推车，车就动了，这是何故？

(3) 在地面的上空停着一气球，气球下面吊着软梯，梯上站有一人. 当这人沿着软梯往上爬时，气球是否运动?

(4) 如果系统所受外力的矢量和的冲量等于零，即 $\int_{t_1}^{t_2}(\sum_{i=1}^{n}\boldsymbol{F}_{外i})\mathrm{d}t=\boldsymbol{0}$，为什么系统的动量不一定守恒?

例题 3-10 水平地面上有一质量为 m_0 的大炮，炮身与水平方向成 θ_0 角时射出一颗质量为 m 的炮弹，设炮弹相对于炮身的出口速度为$\boldsymbol{v}$，试求炮车的反冲速度 $\boldsymbol{u}$. 炮车和地面间的摩擦力可以忽略不计.

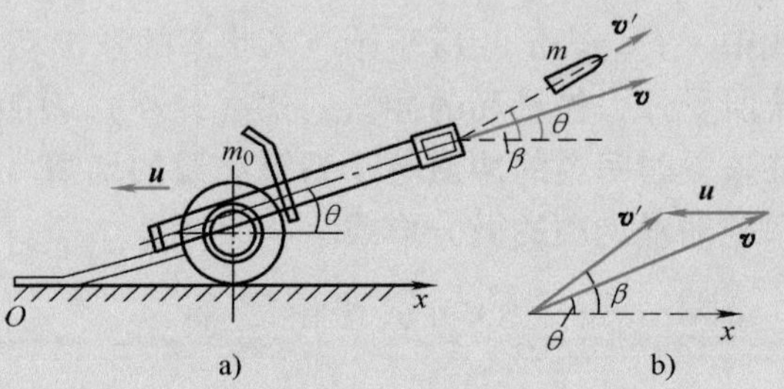

例题 3-10 图

分析: (1) 动量守恒定律中各物体的速度都是对同一惯性系来说的. 炮车的反冲速度 $\boldsymbol{u}$ 是对地面而言的，所以，炮弹的速度也应换成相对于地面的速度$\boldsymbol{v}'$. 由于在开炮的这一瞬间，炮车以水平速度 u 后退，所以，炮弹出口时兼有速度$\boldsymbol{v}$和 $\boldsymbol{u}$，其合速度为$\boldsymbol{v}'=\boldsymbol{v}+\boldsymbol{u}$，例题 3-10 图 b 说明了它们之间的关系. 由此图可以看出，沿水平方向，有

$$v'\cos\beta=v\cos\theta-u \tag{ⓐ}$$

(2) 在炮弹发射过程中，炮车和炮弹可看成一个系统. 此系统所受外力有摩擦力（水平方向)、重力和地面的支承力（这两者都是沿竖直方向). 其中，摩擦力可忽略，重力是恒量，而支承力是变力，开炮时，炮身受到向下的冲力，此时支承力（向上）必须与冲力和重力相平衡，其值大于重力，不能忽略不计，所以，系统的动量不守恒，但系统沿水平方向的动量却是守恒的.

解: 由于发射前炮车和炮弹都是静止的，系统沿水平方向的动量为零，所以发射后的一瞬间系统沿水平方向的动量仍为零. 今取水平向右为 Ox 轴，假定炮车发射时向左运动，则根据式 (3-30a)，有

$$mv'\cos\beta-m_0u=0+0 \tag{ⓑ}$$

将上面的式ⓐ代入式ⓑ，化简，得

$$u=\frac{mv\cos\alpha}{m_0+m}$$

若 $m \ll m_0$，则

$$u=\frac{mv\cos\alpha}{m_0}$$

u 为正值，表明其方向与假设的方向相同，即炮车沿 Ox 轴负向运动.

例题 3-11 炮弹在抛物线轨道的顶点分裂成质量相等的两块碎片，一块碎片自由落下，落地处离发射炮弹处的水平距离 $L=1\mathrm{km}$. 轨道顶点离地面的高度 $h=196\mathrm{m}$，若不计空气阻力，求另一块碎片落地处离发射处的水平距离.

解: 按题意,画示意图，并选定如例题 3-11 图所示的坐标系 Oxy. 设质量为 m 的炮弹在最高点分裂为质量各为 $m/2$ 的两块碎片 A、B. 在最高点上，把碎片 A、B 视作一个系统，

考虑到这时在水平方向上系统不受外力作用，故系统在水平方向的动量守恒．分裂前，炮弹的水平速度为 v_x；分裂后，碎片 A 在水平方向的速度为 $v_{xA}=0$，设碎片 B 沿水平方向的速度为 v_{xB}，则

$$mv_x=\frac{m}{2}v_{xB}+\frac{m}{2}\times 0$$

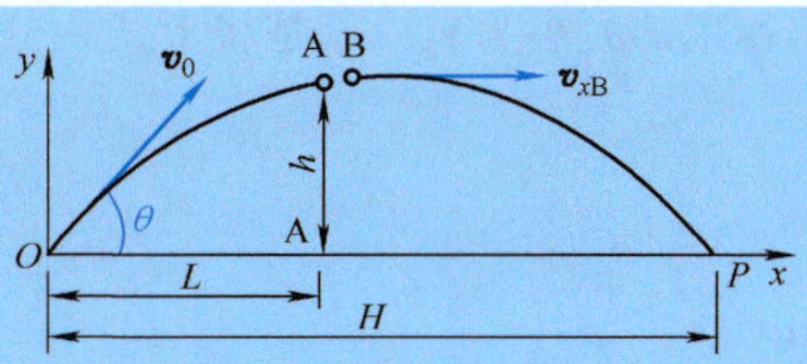

例题 3-11 图

即
$$v_{xB}=2v_x \tag{a}$$

因碎片自由落下，由 $h=gt^2/2$，故碎片 A 落地时间为 $t=\sqrt{2h/g}$；与此同时，碎片 B 落于点 P，设它与发射处的水平距离为 H，则

$$H-L=v_{xB}t=v_{xB}\sqrt{\frac{2h}{g}}=2v_x\sqrt{\frac{2h}{g}} \tag{b}$$

设炮弹以仰角 θ 发射的初速为 v_0，则由 $h=v_0^2\sin^2\theta/(2g)$ 和 $L=v_0^2\sin\theta\cos\theta/g$，可得 $\tan\theta=2h/L$；将 $h=196\text{m}$、$L=1000\text{m}$ 代入，便可算出 $\theta=21.4°$ 以及 $v_0=170\text{m}\cdot\text{s}^{-1}$．于是由式ⓑ可解算出

$$H=L+2v_x\sqrt{\frac{2h}{g}}=L+2v_0\cos\theta\sqrt{\frac{2h}{g}}$$
$$=1000\text{m}+2\times170\text{m}\cdot\text{s}^{-1}\times\cos21.4°\times\sqrt{\frac{2\times196\text{m}}{9.8\text{m}\cdot\text{s}^{-1}}}=3002\text{m}$$

3.5.3　火箭的飞行原理

火箭是利用燃料燃烧时产生的大量高温、高压气体，从尾部以高速朝后喷出，使火箭获得反冲力而向前飞行的．因此，火箭无须依赖外力而可以在空气稀薄的高空甚至宇宙空间飞行．下面，我们来求火箭的飞行速度．

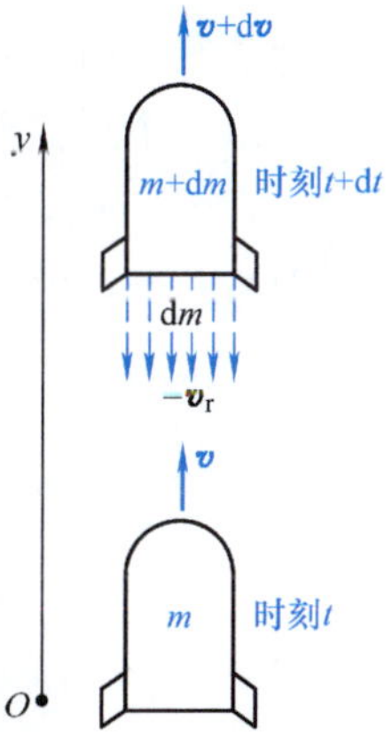

图 3-9　火箭飞行原理

选地面为惯性参考系，并沿火箭飞行方向取 Oy 轴，如图 3-9 所示．以火箭（包括壳体、装备、燃料和人造卫星、弹头等负载）和喷出的气体作为一系统．

在火箭飞行的某时刻 t，它的总质量为 m，速度的大小为 v，在 $\mathrm{d}t$ 时间内，它喷出质量为 $-\mathrm{d}m$ 的气体，相对于火箭的喷气速度大小为 v_r，这时，火箭的速度大小增至 $v+\mathrm{d}v$．由于不计火箭与喷出气体的重力和阻力等外力，所以系统沿 Oy 轴的动量守恒，有

$$[m-(-\mathrm{d}m)](v+\mathrm{d}v)+(-\mathrm{d}m)(v+\mathrm{d}v-v_\mathrm{r})=mv$$

化简后，得

$$\mathrm{d}v=-v_\mathrm{r}\frac{\mathrm{d}m}{m}$$

设开始点火时，火箭的质量为 m_1，初速度的大小为 v_1；燃料烧尽后，火箭质量为 m_2，

末速度的大小为 v_2. 于是将上式积分，有

$$\int_{v_1}^{v_2} \mathrm{d}v = -v_\mathrm{r} \int_{m_1}^{m_2} \frac{\mathrm{d}m}{m}$$

得

$$v_2 - v_1 = v_\mathrm{r} \ln \frac{m_1}{m_2}$$

说明：

上式表明，火箭在喷气终了时所增加的速度和喷气速度成正比，也和火箭的始、末质量比的自然对数成正比. 显然，提高火箭速度的途径是提高喷射速度和质量比. 但由于许多实际条件的限制，这两者并不能无限制地提高. 据估算，利用单级火箭发射人造卫星，它所能达到的最大速度远低于第一宇宙速度($v_1 = 7.9\mathrm{km \cdot s^{-1}}$)，不可能将人造卫星送上天空. 为了使火箭能够运载人造卫星、宇宙飞船升空，并经制导后，进入预定轨道按一定的速度运行，一般是利用由几个单级火箭组合而成的多级火箭，以达到所需的速度.

在生产实践和日常生活中，我们有时需要利用冲力，如锻锤所产生的冲力可以使铁块变形；利用火药的推力可将射钉枪中的钉子射入水泥墙上；水力冲击煤层可以使煤破碎等.

3.6 质心 质心运动定理

3.6.1 质心

为了便于研究系统的运动，我们引入质心的概念.

设由 n 个质点组成的系统，各质点的质量分别为 m_1，m_2，…，m_i，…，m_n，它们对某一坐标系 $Oxyz$ 的原点 O 的位矢分别为 $\boldsymbol{r}_1$，$\boldsymbol{r}_2$，…，$\boldsymbol{r}_i$，…，$\boldsymbol{r}_n$，如图 3-10 所示. 质心的位矢定义为

$$\boldsymbol{r}_C = \frac{\sum_{i=1}^{n} m_i \boldsymbol{r}_i}{\sum_{i=1}^{n} m_i} = \frac{\sum_{i=1}^{n} m_i \boldsymbol{r}_i}{m} \tag{3-31}$$

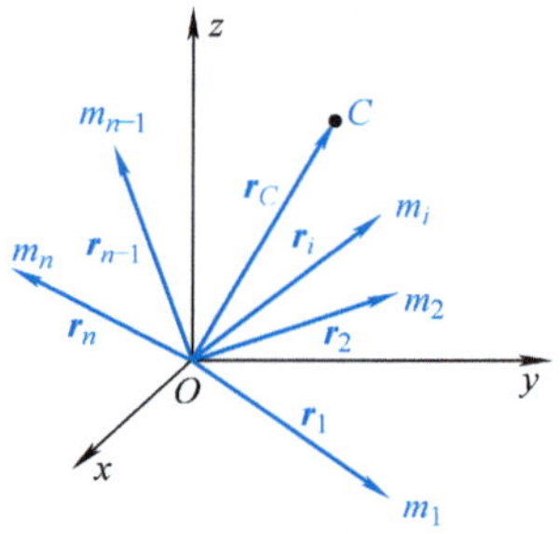

图 3-10 质心的位矢

式中，$m = \sum_{i=1}^{n} m_i$ 为系统的总质量. 质心的位置与坐标系的选择有关，但与质心相对于系统内各质点的相对位置的选取无关. 具体计算 $\boldsymbol{r}_C$ 时，可用选定的直角坐标系 $Oxyz$ 中的质心位矢的分量式，即

$$\begin{cases} x_C = \dfrac{\sum\limits_{i=1}^{n} m_i x_i}{m} \\ y_C = \dfrac{\sum\limits_{i=1}^{n} m_i y_i}{m} \\ z_C = \dfrac{\sum\limits_{i=1}^{n} m_i z_i}{m} \end{cases} \tag{3-31a}$$

对一个连续组成的物体（即所谓连续介质）而言，可把它视作由许多质元组成. 设其中任一质元的质量为 dm，其位矢为 $\boldsymbol{r}$，则物体的质心的位矢及其沿各坐标轴的相应分量式为

$$\boldsymbol{r}_C = \dfrac{\iiint\limits_V \boldsymbol{r}\mathrm{d}m}{m}, \begin{cases} x_C = \dfrac{\iiint\limits_V x\mathrm{d}m}{m} \\ y_C = \dfrac{\iiint\limits_V y\mathrm{d}m}{m} \\ z_C = \dfrac{\iiint\limits_V z\mathrm{d}m}{m} \end{cases} \tag{3-31b}$$

例题 3-12　求证：一均质杆的质心位置 C 在杆的中点.

证明： 设杆长为 l，质量为 m，因杆为均质，即杆的质量均匀分布，每单位长度的质量为 $\rho = \dfrac{m}{l}$，ρ 称为质量线密度.

如例题 3-12 图所示，沿杆长取 Ox 轴，原点 O 选在杆的中点. 在坐标 x 处取长为 dx 的质元，其质量为 $\mathrm{d}m = \rho\mathrm{d}x = \left(\dfrac{m}{l}\right)\mathrm{d}x$. 按式（3-31b），得

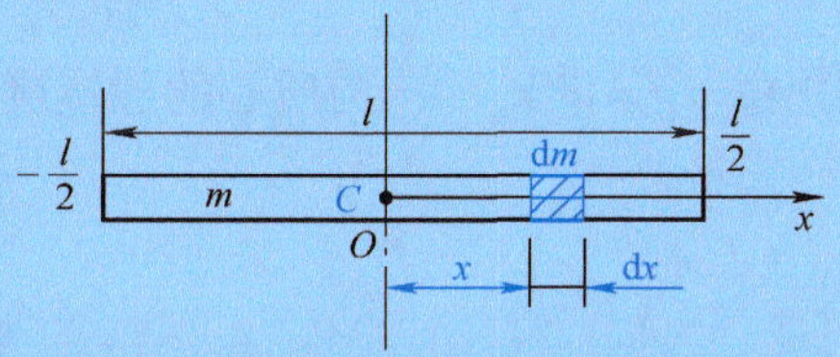

例题 3-12 图

$$x_C = \frac{1}{m}\int_l x\mathrm{d}m = \frac{1}{m}\int_{-\frac{l}{2}}^{\frac{l}{2}} \frac{m}{l} x\mathrm{d}x = 0$$

即均质杆的质心在杆的中点.

说明

在上述以杆的中心 O 为原点的坐标系中，若将杆分成许多质量相等的质元，在坐标 x_1 处有一质元 m_1，则由于对称，在坐标为 $-x_1$ 处必有一个质量相同的质元 m_1，因而在式（3-31a）的分子中求和时，相应两项之和 $m_1x_1 + m_1(-x_1) = 0$，其他每一对的对称质元都是如此，则总和 $\sum\limits_{i=1}^{n} m_i x_i = 0$，故有 $x_C = \sum\limits_{i=1}^{n} \dfrac{m_i x_i}{m} = 0$.

根据这种“对称性”分析的方法可以证明，质量均匀分布、形状对称的物体，其质心必在几何中心上. 例如，均质圆环或圆盘的质心在圆心上，均质矩形板的质心在矩形板对角线的交点上.

值得指出，在地球表面附近的均质物体，如其体积不过分大，可以证明，物体的质心位置与其重心位置是重合的. 因此，也可用确定重心的实验方法（参阅中学物理教材），求出质心的位置.

由于物体各部分都受重力作用，而整个物体所受的重力可以等效地看成作用于重心上. 如果物体远离地球而不受重力作用（例如，宇宙飞船脱离地球引力范围），就无重心可言，重心失去意义；但物体的质心依然存在，并且其运动仍服从质心运动定理. 可见，质心比重心更具有普遍意义.

3.6.2 质心运动定理

按系统动量定理的微分形式（3-27），将$\boldsymbol{v}_i = \mathrm{d}\boldsymbol{r}_i/\mathrm{d}t$代入之，得

$$\sum_{i=1}^{n} \boldsymbol{F}_{外i} = \frac{\mathrm{d}\left(\sum_{i=1}^{n} m_i \boldsymbol{v}_i\right)}{\mathrm{d}t} = \sum_{i=1}^{n} \frac{\mathrm{d}(m_i \boldsymbol{v}_i)}{\mathrm{d}t} = \frac{\mathrm{d}^2}{\mathrm{d}t^2}\left(\sum_{i=1}^{n} m_i \boldsymbol{r}_i\right)$$

且由式（3-31）有 $\sum_{i=1}^{n} m_i \boldsymbol{r}_i = m\boldsymbol{r}_C$，则上式成为

$$\sum_{i=1}^{n} \boldsymbol{F}_{外i} = \frac{\mathrm{d}^2}{\mathrm{d}t^2}(m\boldsymbol{r}_C) = m\frac{\mathrm{d}^2 \boldsymbol{r}_C}{\mathrm{d}t^2}$$

式中，$\boldsymbol{a}_C = \mathrm{d}^2 \boldsymbol{r}_C/\mathrm{d}t^2$ 为质心的加速度，于是，得

$$\sum_{i=1}^{n} \boldsymbol{F}_{外i} = m\boldsymbol{a}_C \tag{3-32}$$

式（3-32）表明，系统所受外力的矢量和，等于整个系统的质量与质心加速度之积，称为系统的质心运动定理. 此定理酷似牛顿第二定律，我们可以把外力的矢量和对系统的作用等效于对一个质点的作用，此质点的质量 m 等于系统中所有质点的质量之和 $\sum_i m_i$，质点的位置就是系统的质心. 当系统所受外力的矢量和 $\sum_{i=1}^{n} \boldsymbol{F}_{外i} \neq \mathbf{0}$ 时，质心具有加速度$\boldsymbol{a}_C$；当 $\sum_{i=1}^{n} \boldsymbol{F}_{外i} = \mathbf{0}$ 时，$\boldsymbol{a}_C = \mathbf{0}$，质心保持静止或匀速直线运动. 实际上，这是系统的动量守恒定律的另一种表述. 总之，不论系统所受外力的矢量和是否为零，对系统内各个质点在内力彼此作用下仍以某一速度或加速度在运动. 因而质心运动定理只反映系统的整体运动，却未能反映系统内每个质点的运动状况. 例如，斜向发射一枚炮弹，若不计空气阻力，炮弹将在重力作用下沿抛物线运动（见图 3-11）. 当炮弹在空中爆炸时，碎片四溅，但因爆炸力是内力，不影响质心的运动，而由全部碎片组成的系统，它所受外力的矢量和仍等于原来炮弹的重力. 所以，在未有一个碎片碰到其他物体（如地面）而受另外的外力作用之前，这一系统

（炮弹）的质心仍沿未爆炸前的抛物线轨道运动.

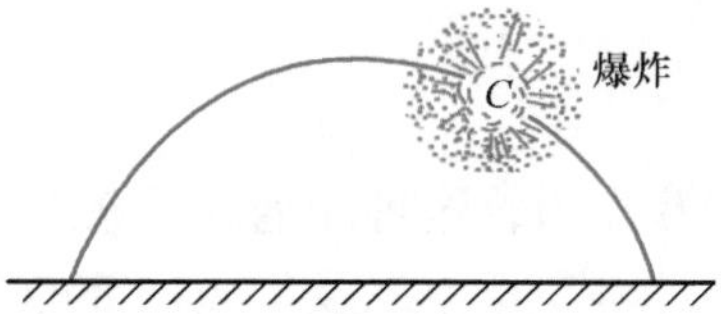

图 3-11　炮弹在空中爆炸

演示实验——锥体上滚、质心

例题 3-13　如例题 3-13 图所示，一质量为 $m=60\text{kg}$ 的人站在浮于静水面的船之左端，船的质量为 $m_{船}=300\text{kg}$，船的长度为 $l=8\text{m}$. 当此人走到船的右端时，船相对于地面移动了多少距离？

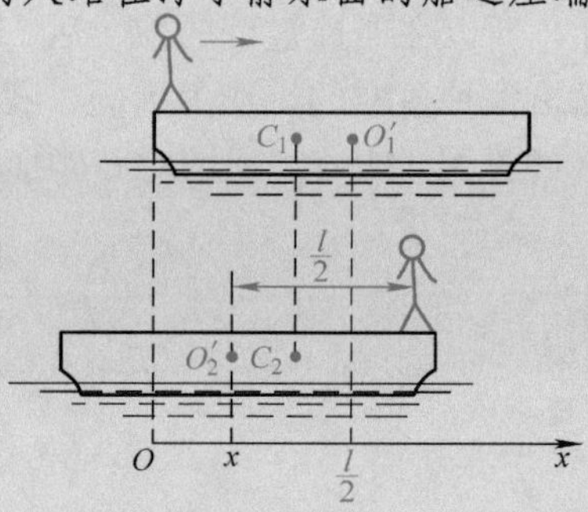

例题 3-13 图

解： 对人与船组成的系统来说，当人在船上行走时，人受重力 $\boldsymbol{W}_1=m\boldsymbol{g}$，船受重力 $\boldsymbol{W}_2=m_{船}\boldsymbol{g}$ 和水的浮力 $\boldsymbol{F}_B$，船对人作用的摩擦力（方向向前）和向上的支承力，人对船作用的向下压力和摩擦力（方向向后）等. 其中，$\boldsymbol{W}_1$、$\boldsymbol{W}_2$ 和 $\boldsymbol{F}_B$ 为系统所受的外力，其余为人与船之间的相互作用力，皆为内力. 系统所受的外力沿水平方向没有分力，所以系统在水平方向的动量守恒.

如图所示，选取水平向右作为 Ox 轴正向，坐标原点 O 取人在开始走动时的位置，船长为 l.

人开始走时，位于 $x=0$ 处，船中心 O'_1 位于 $x=l/2$ 处，设系统的质心位于 x_{C_1} 处，则

$$x_{C_1}=\frac{m_{船}\left(\frac{l}{2}\right)+m\times 0}{m_{船}+m}=\frac{m_{船}\frac{l}{2}}{m_{船}+m}$$

人走到右端时，若船中心 O'_2 位于 x 处，则人位于 $x+l/2$ 处，设此时系统的质心位于 x_{C_2} 处，则

$$x_{C_2}=\frac{m_{船}x+m\left(x+\frac{l}{2}\right)}{m_{船}+m}$$

由于系统的动量守恒，质心保持静止，即 $x_{C_1}=x_{C_2}$，于是有

$$m_{船}\frac{l}{2}=m_{船}x+m\left(x+\frac{l}{2}\right)$$

从而得

$$x=\frac{(m_{船}-m)l}{2(m_{船}+m)}$$

这样，船相对于地面的位移 Δx 为

$$\Delta x=x-\frac{l}{2}=-\frac{ml}{m_{船}+m}=-\frac{60\times 8}{300+60}\text{m}\approx -1.33\text{m}$$

3.7 碰撞

如果两个或两个以上的物体因相遇而发生短暂的相互作用，这种相遇就是碰撞. 一般物体间的撞击，如人跳上电车、子弹打入墙壁、锻铁、打桩等现象，以及物质内部的分子、原子或原子核的相互作用而引起分裂或衰变过程等都是碰撞. 因为参与碰撞的物体相互作用的时间很短，相互作用的内力很大，一般的外力与系统内相互作用的内力比较，可以忽略不计，所以在碰撞过程的前、后，可认为参与碰撞的物体系统，其总动量保持不变. 碰撞的情况是多种多样的，作为示例，我们应用动量守恒定律和机械能守恒定律来讨论两球的对心碰撞（见图 3-12）. 所谓对心碰撞，乃是两球碰撞前后的速度在同一直线上.

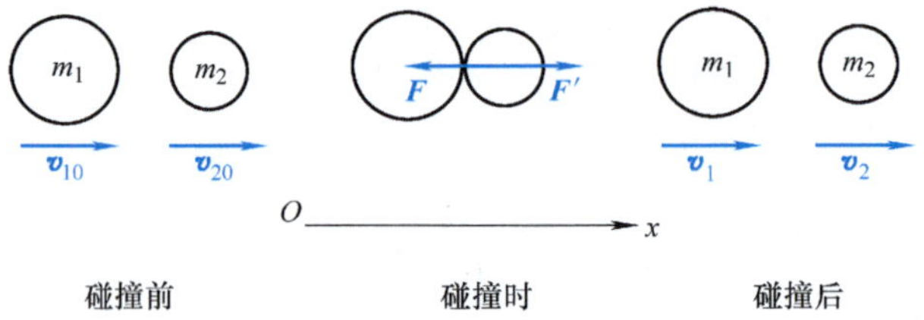

图 3-12 两球的对心碰撞

今沿两球中心连线取 Ox 轴，正向向右. 设质量分别为 m_1 和 m_2 的两球在对心碰撞前的速度分别为 v_{10} 和 v_{20}，碰撞后的速度分别为 v_1 和 v_2，则以碰撞时两球所组成的系统，沿 Ox 轴方向应用动量守恒定律，可得

$$m_1v_{10}+m_2v_{20}=m_1v_1+m_2v_2 \tag{ⓐ}$$

这里假定两球碰撞前、后都是往右运动，如果计算结果得到的速度是负值，表示运动的速度与所假定的方向相反.

3.7.1 弹性碰撞

当两个小球做对心碰撞时，相互作用的内力仅是弹性力 $\boldsymbol{F}$ 和 $\boldsymbol{F}'$，并设 $\boldsymbol{F}$ 和 $\boldsymbol{F}'$ 在弹性限度内，使得碰撞过程中因相互挤压而产生的弹性形变在碰撞结束时完全消失，两球恢复原状，因而在碰撞前、后，由两球组成的系统，其动能完全没有损失，这种理想的情形，就是**弹性碰撞**. 实际上，碰撞总是或多或少伴随着热能、声能的散逸，动能难免有所损失. 但是，用优质钢、象牙、玻璃等材料制成的小球，它们在碰撞时可近似看作弹性碰撞. 微观粒子在一定条件下的碰撞则是严格的弹性碰撞，如低能电子与原子的碰撞等. 因此，在弹性碰撞过程中两球系统不仅按式ⓐ服从动量守恒，而且碰撞前、后的动能也是相等的，即

$$\frac{1}{2}m_1v_{10}^2+\frac{1}{2}m_2v_{20}^2=\frac{1}{2}m_1v_1^2+\frac{1}{2}m_2v_2^2 \tag{ⓑ}$$

从式ⓐ和式ⓑ，可解出碰撞后两球的速度分别为

$$\begin{cases} v_1=\dfrac{(m_1-m_2)v_{10}+2m_2v_{20}}{m_1+m_2} \\ v_2=\dfrac{(m_2-m_1)v_{20}+2m_1v_{10}}{m_1+m_2} \end{cases} \tag{3-33}$$

1）如果两球的质量相等，即 $m_1=m_2$，代入上式，得

$$v_1=v_{20},\ v_2=v_{10}$$

即两球在碰撞时交换速度.

2）如果质量为 m_2 的物体在碰撞前静止不动，即 $v_{20}=0$，且 $m_2>>m_1$，所以，v_1 和 v_2 的近似值是

$$v_1\approx -v_{10},\ v_2\approx 0$$

即质量甚大且原来静止的物体在碰撞后仍静止不动，质量极小的运动物体在碰撞前、后的速度等值反向．橡皮球在与墙壁或地面碰撞时就近似地是这种情形.

3.7.2 完全非弹性碰撞

两个物体碰撞后如果不再分开，这样的碰撞叫完全非弹性碰撞. 当两球发生这种碰撞时，在它们相互压缩以后，完全不能恢复原状，这时就宛如连同在一起，以相同的速度运动，如黏土、油灰等物体的碰撞就是如此. 由于在压缩以后完全不能恢复原状，所以在压缩过程中，所减少的动能不再复原，而是转变为热能，从而碰撞后的总动能就比碰撞前的少.

在完全非弹性碰撞中，两球碰撞后以相同的速度运动，这时 $v_1=v_2=v$，据此，只需从式ⓐ就可以解出碰撞后的速度为

$$v=\frac{m_1v_{10}+m_2v_{20}}{m_1+m_2} \tag{3-34}$$

利用式（3-34），可以算出在完全非弹性碰撞中机械能的损失为

$$\Delta E=\left(\frac{1}{2}m_1v_{10}^2+\frac{1}{2}m_2v_{20}^2\right)-\frac{1}{2}(m_1+m_2)v^2=\frac{m_1m_2(v_{10}-v_{20})^2}{2(m_1+m_2)}$$

例题 3-14 原子核在衰变过程中是一种弹性碰撞. 今有一个开始为静止的放射性原子核 N，在衰变过程中放射出一个电子 e 和一个中微子 ν，放射出来的电子和中微子的速度互相垂直，如例题 3-14 图所示. 电子的动量大小为 $p_1=1.2\times10^{-22}\text{kg}\cdot\text{m}\cdot\text{s}^{-1}$，中微子的动量大小为 $p_2=6.4\times10^{-23}\text{kg}\cdot\text{m}\cdot\text{s}^{-1}$. 求原子核衰变后的反冲动量的大小和方向.

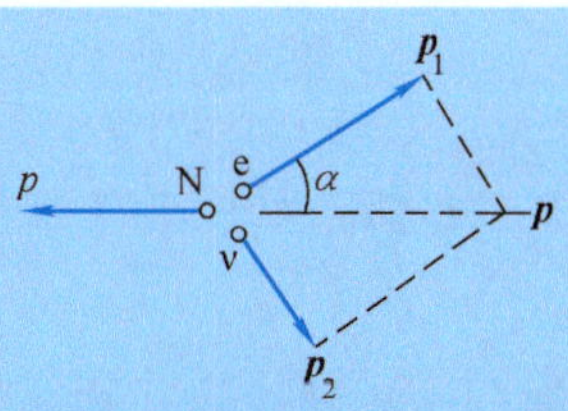

例题 3-14 图

解： 按题设，原子核开始为静止，在衰变过程中放射出一个电子 e 和一个中微子 ν，其动量分别为 $\boldsymbol{p}_1$、$\boldsymbol{p}_2$，且 $p_1=1.2\times10^{-22}\text{kg}\cdot\text{m}\cdot\text{s}^{-1}$，$p_2=6.4\times10^{-23}\text{kg}\cdot\text{m}\cdot\text{s}^{-1}$. 设衰变后的核 N 的动量为 $\boldsymbol{p}$，则由于 e、ν、N 三者在衰变过程中动量守恒，有

$$\boldsymbol{0}=\boldsymbol{p}_1+\boldsymbol{p}_2+\boldsymbol{p}$$

即

$$\boldsymbol{p}=-(\boldsymbol{p}_1+\boldsymbol{p}_2)$$

上述矢量关系如例题 3-14 图所示，即三者共面. 由此可求出原子核衰变后的反冲动量 $\boldsymbol{p}$ 的大小和方向分别为

$$p=\sqrt{p_1^2+p_2^2}=\sqrt{(1.2\times10^{-22}\text{kg}\cdot\text{m}\cdot\text{s}^{-1})^2+(0.64\times10^{-22}\text{kg}\cdot\text{m}\cdot\text{s}^{-1})^2}$$
$$=1.36\times10^{-22}\text{kg}\cdot\text{m}\cdot\text{s}^{-1}$$

$$\alpha=\arctan\frac{p_2}{p_1}=\arctan\frac{6.4\times10^{-23}\text{kg}\cdot\text{m}\cdot\text{s}^{-1}}{1.2\times10^{-22}\text{kg}\cdot\text{m}\cdot\text{s}^{-1}}=28.0°$$

即 $\boldsymbol{p}$ 与电子的速度方向成 $180° - 28.0° = 152°$.

例题 3-15 如例题 3-15 所示，一质量为 m 的子弹沿水平方向以速度 v_0 射入竖直悬挂的靶内，设靶的质量为 m_0，求子弹射入靶后，与靶一起摆动的最大高度 h.

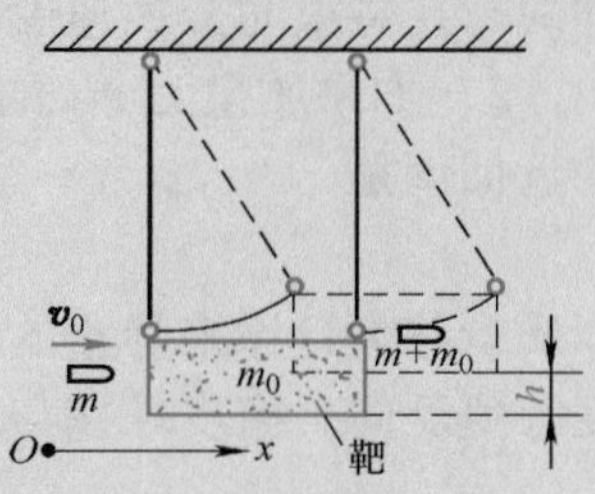

例题 3-15 图

解： 本题应分为两个过程来考虑：

一是从子弹开始射入靶内，直至子弹与靶即将开始一起摆动，这是一个完全非弹性碰撞过程. 由于子弹进入靶内时，需反抗摩擦阻力（内力）而做功，因此，对于子弹与靶所组成的系统来说，机械能不守恒. 又由于这一阶段的时间非常短暂，靶虽受冲击但还来不及发生显著的移动，而可视为仍处于竖直悬挂状态，因而靶所受外力（即悬线拉力与重力）的冲量在水平方向的分量可不计，于是，在这阶段中，子弹与靶所组成的系统，在水平方向的动量是守恒的. 取 Ox 轴为水平向右，设子弹与靶一起运动时的速度为 v，则得

$$mv_0 = (m + m_0)v \quad ⓐ$$

二是从子弹与靶一起摆动，经历一段位移过程，直至摆到最高位置. 在摆动的过程中，对于子弹与靶所组成的系统来说，有外力（悬线的拉力和重力）不断地作用，因此动量是不守恒的. 但由于摆动过程中，悬线拉靶的一端沿圆弧轨道运动，故悬线的拉力处处恒与圆弧路径垂直，因此拉力不做功，所以，对地球和靶（包括子弹）组成的系统，机械能是守恒的，即

$$\frac{1}{2}(m + m_0)v^2 = (m + m_0)gh \quad ⓑ$$

由式ⓐ和式ⓑ可求得靶与子弹摆动的最大高度为

$$h = \frac{v_0^2}{2g}\left(\frac{m}{m + m_0}\right)^2$$

上述装置称为冲击摆，可以用来测定子弹的速率. 其方法是测定靶摆动的高度 h，则可按上式求出子弹的速率 v_0；且因子弹质量远小于靶的质量，即 $m \ll m_0$，因而近似地有

$$v_0 = \frac{m + m_0}{m}\sqrt{2gh} \approx \frac{m_0}{m}\sqrt{2gh}$$

思维拓展

3-1 在胸口碎大石的表演中，为什么石头被敲碎而下面的人不会受到伤害（切勿模仿，需要专业人员才能进行此表演）？

3-2 假设一个正在滑雪的小孩将要撞到你身上，这个小孩的质量和速度可能有两种情况，一是较小的质量和较快的速度，另一种情况是质量是前者的两倍，而速度减半. 你选择哪种？

3.8　角动量　力矩　质点的角动量守恒定律

为了便于描述物体具有转动特征的运动状态，需要引用一个新的物理量——角动量.

在日常经验中，我们不难体察到，物体在外力作用下，不仅可以平动，还可以转动；而转动则与力的作用点有关. 为了考察力的不同作用点对物体转动状态的影响，还得引入力矩这一物理量. 正是由于力矩的时间累积效应，将引起物体角动量的改变.

3.8.1　质点的角动量

如图3-13所示，在某时刻，设一质量为 m 的质点位于点 P 时，相对于惯性系中给定的参考点 O，其位矢为 $\boldsymbol{r}$，速度为 $\boldsymbol{v}$，动量为 $m\boldsymbol{v}$，则质点位矢 $\boldsymbol{r}$ 与其动量 $m\boldsymbol{v}$ 的矢量积称为质点对定点 O 的角动量（也称动量矩），显然，它是描述质点运动状态（$\boldsymbol{r}$，$m\boldsymbol{v}$）的函数，用 $\boldsymbol{L}$ 表示，即

$$\boldsymbol{L}=\boldsymbol{r}\times m\boldsymbol{v} \tag{3-35}$$

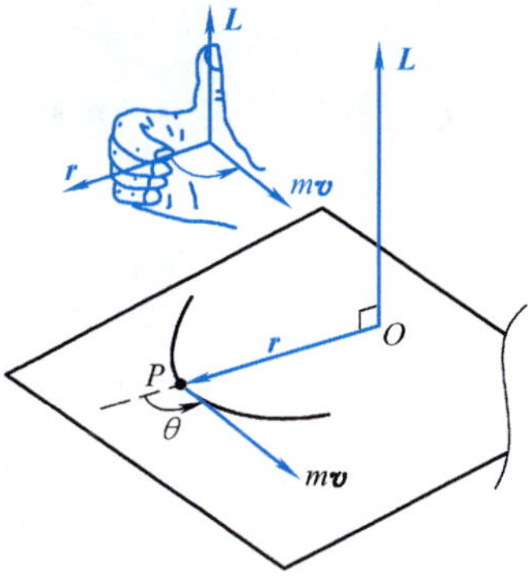

图3-13　角动量 L 的方向

$\boldsymbol{L}$ 是一个矢量，按矢量积定义，$\boldsymbol{L}$ 的方向垂直于位矢 $\boldsymbol{r}$ 与动量 $m\boldsymbol{v}$ 所构成的平面（显然，此平面必通过参考点 O），并按右手螺旋法则确定其指向，如图3-13所示；$\boldsymbol{L}$ 的大小为

$$L=|\boldsymbol{L}|=mvr\sin\theta \tag{3-35a}$$

θ 为 $\boldsymbol{r}$ 与 $m\boldsymbol{v}$（或 $\boldsymbol{v}$）之间小于180°的夹角，通常将角动量矢量 $\boldsymbol{L}$ 的始端画在参考点 O 上. 角动量的单位是 $\mathrm{kg\cdot m^2\cdot s^{-1}}$.

值得注意，由于位矢 $\boldsymbol{r}$ 总是相对于参考点而言的，因而质点的角动量（包括大小和方向）一般随所选参考点位置的不同而异. 所以，在谈到角动量时，必须指明是以哪一点作为参考点的角动量.

3.8.2　力矩

如图3-14所示，设力 $\boldsymbol{F}$ 的作用点 P 相对于惯性系中给定参考点 O 的位矢为 $\boldsymbol{r}$，则定义这个力 $\boldsymbol{F}$ 相对于参考点 O 的力矩为

$$\boldsymbol{M}=\boldsymbol{r}\times\boldsymbol{F} \tag{3-36}$$

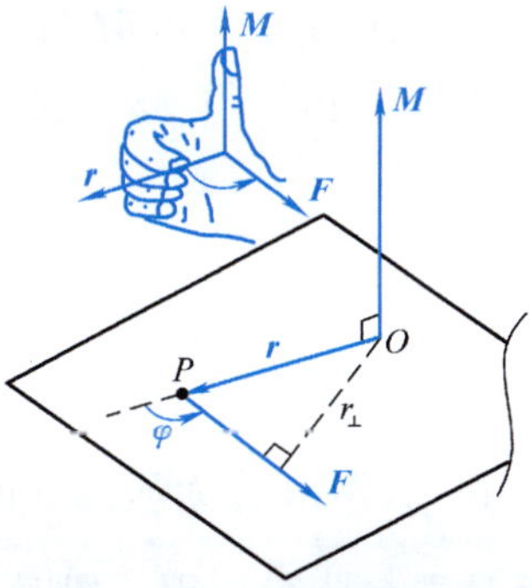

图3-14　力矩的定义

力矩是矢量，不仅与力的大小和方向有关，还与其作用点的位置有关. 其大小为

$$M=|\boldsymbol{M}|=rF\sin\varphi \tag{3-36a}$$

式中，φ 是 $\boldsymbol{r}$ 与 $\boldsymbol{F}$ 之间小于 180°的夹角，$r\sin\varphi = r_{\perp}$ 是垂直于力 $\boldsymbol{F}$ 的位矢分量，也称力臂. 因此，**力矩的大小等于力乘力臂**. 力矩的方向按右手螺旋法则确定.

注意，只有垂直于位矢的分力 $F\sin\varphi$ 才能形成力矩. 当 $\varphi = 0$ 或 180°时，力的作用线通过参考点 O，它对参考点 O 的力矩 $\boldsymbol{M} = \boldsymbol{0}$.

如果质点受 n 个力 $\boldsymbol{F}_1$，$\boldsymbol{F}_2$，…，$\boldsymbol{F}_n$ 作用，这些共点力对参考点 O 的力矩分别为 $\boldsymbol{M}_1 = \boldsymbol{r} \times \boldsymbol{F}_1$，$\boldsymbol{M}_2 = \boldsymbol{r} \times \boldsymbol{F}_2$，…，$\boldsymbol{M}_n = \boldsymbol{r} \times \boldsymbol{F}_n$，则对参考点 O 的力矩 $\boldsymbol{M}$ 等于其合力 $\boldsymbol{F}$ 对同一参考点 O 的合力矩. 即

$$\boldsymbol{M} = \boldsymbol{r} \times \boldsymbol{F}_1 + \boldsymbol{r} \times \boldsymbol{F}_2 + \cdots + \boldsymbol{r} \times \boldsymbol{F}_n = \boldsymbol{r} \times (\boldsymbol{F}_1 + \boldsymbol{F}_2 + \cdots + \boldsymbol{F}_n) = \boldsymbol{r} \times \sum_{i=1}^{n} \boldsymbol{F}_i = \boldsymbol{r} \times \boldsymbol{F} \tag{3-37}$$

力矩的单位是 N · m 或 kg · m^2 · s^{-2}. 注意，它不能用功和能的专门名称的单位——焦耳来表示.

3.8.3 质点的角动量定理

当质点相对于参考点 O 运动时，其位矢 $\boldsymbol{r}$ 和动量 $m\boldsymbol{v}$ 都可能随时间 t 而改变，因而质点对点 O 的角动量 $\boldsymbol{L} = \boldsymbol{r} \times m\boldsymbol{v}$ 也随时间而改变，现在我们来研究质点角动量随时间的变化率 $\mathrm{d}\boldsymbol{L}/\mathrm{d}t$. 按矢量积的求导法则，有

$$\frac{\mathrm{d}\boldsymbol{L}}{\mathrm{d}t} = \frac{\mathrm{d}}{\mathrm{d}t}(\boldsymbol{r} \times m\boldsymbol{v}) = \frac{\mathrm{d}\boldsymbol{r}}{\mathrm{d}t} \times (m\boldsymbol{v}) + \boldsymbol{r} \times \frac{\mathrm{d}}{\mathrm{d}t}(m\boldsymbol{v})$$

因 $\mathrm{d}\boldsymbol{r}/\mathrm{d}t = \boldsymbol{v}$，它与 $m\boldsymbol{v}$ 是共线矢量，故其矢量积 $\boldsymbol{v} \times m\boldsymbol{v} = \boldsymbol{0}$；又因 $\mathrm{d}(m\boldsymbol{v})/\mathrm{d}t = m\boldsymbol{a} = \boldsymbol{F}$，而 $\boldsymbol{r} \times \boldsymbol{F}$ 就是合力 $\boldsymbol{F}$ 对点 O 的力矩 $\boldsymbol{M}$. 于是，上式可写作

$$\boldsymbol{M} = \frac{\mathrm{d}\boldsymbol{L}}{\mathrm{d}t} \tag{3-38}$$

即质点所受合力对任一参考点的力矩等于该质点对同一参考点的角动量随时间的变化率. 这一结论就是质点的角动量定理. 式（3-38）与质点动量定理的微分表达式（3-22），即 $\boldsymbol{F} = \mathrm{d}\boldsymbol{p}/\mathrm{d}t$ 相对应，力矩 $\boldsymbol{M}$ 与力 $\boldsymbol{F}$ 相对应、角动量 $\boldsymbol{L}$ 与动量 $\boldsymbol{p}$ 相对应.

我们对式（3-38）在一段时间 $\Delta t = t_2 - t_1$ 内进行积分，得

$$\int_{t_1}^{t_2} \boldsymbol{M}\mathrm{d}t = \boldsymbol{L}_2 - \boldsymbol{L}_1 \tag{3-39}$$

式中，$\int_{t_1}^{t_2} \boldsymbol{M}\mathrm{d}t$ 称为质点在时间 Δt 内相对于参考点 O 所受合外力的冲量矩. 它表示合力矩对质点持续作用一段时间的累积效应；由此引起了该段时间内质点运动状态的改变，

即角动量的增量 $\boldsymbol{L}_2-\boldsymbol{L}_1$，$\boldsymbol{L}_1$ 和 $\boldsymbol{L}_2$ 分别为质点在时刻 t_1 和 t_2 相对于同一参考点的始、末角动量. 式（3-39）是质点角动量定理的积分形式，可表述为：相对于同一参考点，质点所受合外力的冲量矩等于质点角动量的增量. 而式（3-38）则为质点角动量定理的微分表达式.

3.8.4　质点的角动量守恒定律

在质点运动过程中，若所受合外力 $\boldsymbol{F}$ 对某一点 O 的力矩为零，即 $\boldsymbol{M}=\boldsymbol{0}$，则由式（3-38），得 $\mathrm{d}\boldsymbol{L}/\mathrm{d}t=\boldsymbol{0}$，或

$$\boldsymbol{L}=\boldsymbol{r}\times m\boldsymbol{v}=\text{恒矢量} \tag{3-40}$$

式（3-40）表明，**如果作用于质点上的合力对参考点的力矩等于零，则质点对该参考点的角动量始终保持不变**. 这就是**质点的角动量守恒定律**. 它在天体力学和原子物理学中有重要应用. 例如，当一颗行星 P（如地球）在太阳的万有引力 $\boldsymbol{F}$ 作用下绕太阳沿椭圆轨道运动时（见图3-15），它的动量是不守恒的；但是，由于万有引力 $\boldsymbol{F}$ 的作用线恒指向太阳中心 O，它与行星相对于太阳中心 O（看作固定不动的参考点）的位矢 $\boldsymbol{r}$ 共线，即 $\boldsymbol{M}=\boldsymbol{r}\times\boldsymbol{F}=\boldsymbol{0}$，所以行星相对于太阳的角动量 $\boldsymbol{L}=\boldsymbol{r}\times m\boldsymbol{v}$守恒. 又如，原子中带负电的电子在带正电的原子核的静电吸力（即库仑力）作用下绕原子核转动时，相对于原子核的力矩恒等于零，所以电子相对于原子核的角动量是一恒量.

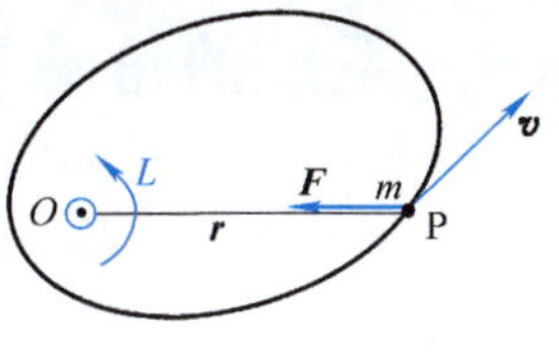

图3-15　行星绕太阳沿椭圆轨道运动

思考题

3-13　(1) 质点对一点的角动量和力对一点的力矩是如何定义的? 导出质点的角动量定理和角动量守恒定律.

(2) 当小球在水平面上绕圆心 O 做匀速率圆周运动时，其速率为 v. 问：小球的机械能和动量是否都守恒? 对点 O 的角动量是否守恒? 为什么?

例题3-16　如例题3-16图所示，质量为 m 的小球拴在细绳的一端，绳的另一端穿过水平桌面上的小孔 O 而下垂，先使小球在桌面上以速度$\boldsymbol{v}_1$ 沿半径为 r_1 的圆周匀速转动，然后非常缓慢地将绳向下拉，使圆的半径减小到 r_2，设小球与桌面的摩擦不计，求此时小球的速度$\boldsymbol{v}_2$ 以及在此过程中绳子拉力 $\boldsymbol{F}_\mathrm{T}$所做的功.

解： 小球在运动过程中受重力 $\boldsymbol{W}=m\boldsymbol{g}$、桌面支承力 $\boldsymbol{F}_\mathrm{N}$和绳子拉力 $\boldsymbol{F}_\mathrm{T}$作用，其中 $\boldsymbol{W}$ 与 $\boldsymbol{F}_\mathrm{N}$相互平衡，绳子拉力 $\boldsymbol{F}_\mathrm{T}$的作用线恒通过点 O，故拉力 $\boldsymbol{F}_\mathrm{T}$对点 O 的力矩为零. 因此小球对点 O 的角动量守恒. 按矢量积的右手螺旋法则可以判断，始、末角动量 $\boldsymbol{r}_1\times m\boldsymbol{v}_1$、$\boldsymbol{r}_2\times m\boldsymbol{v}_2$ 均垂直于水平桌面，指向朝上，即是两个同方向的矢量，因而均可按标量处理；又由于缓慢拉绳，小球沿绳方向的速度甚小，可略去不计，故$\boldsymbol{v}_1\perp\boldsymbol{r}_1$，$\boldsymbol{v}_2\perp\boldsymbol{r}_2$. 于是，有

$$mv_1r_1 = mv_2r_2$$

得

$$v_2 = v_1\frac{r_1}{r_2}$$

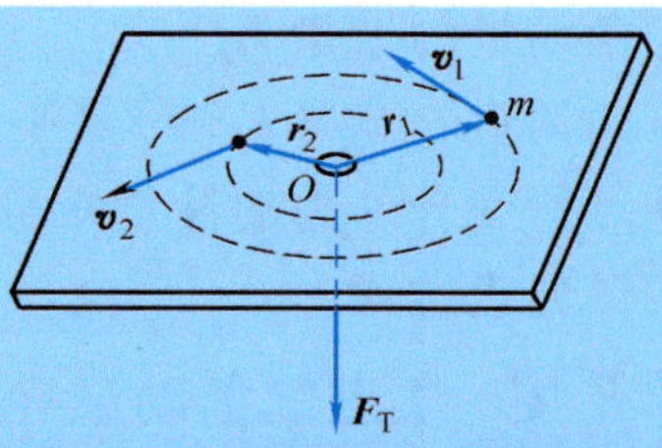

例题 3-16 图

因 $r_1 > r_2$，故 $v_2 > v_1$，即小球速率随半径的减小而增大.

按质点动能定理，绳子拉力对小球所做的功 A 等于小球动能的改变，即

$$A = \frac{1}{2}mv_2^2 - \frac{1}{2}mv_1^2 = \frac{1}{2}mv_1^2\left[\left(\frac{r_1}{r_2}\right)^2 - 1\right]$$

3.9 系统的角动量守恒定律

对 n 个质点组成的系统而言，列出其中每个质点相对于给定参考点 O 的角动量定理表达式为

$$\boldsymbol{r}_1 \times \boldsymbol{F}_1 = \frac{\mathrm{d}}{\mathrm{d}t}(\boldsymbol{r}_1 \times m\boldsymbol{v}_1)$$

$$\boldsymbol{r}_2 \times \boldsymbol{F}_2 = \frac{\mathrm{d}}{\mathrm{d}t}(\boldsymbol{r}_2 \times m\boldsymbol{v}_2)$$

$$\vdots$$

$$\boldsymbol{r}_i \times \boldsymbol{F}_i = \frac{\mathrm{d}}{\mathrm{d}t}(\boldsymbol{r}_i \times m\boldsymbol{v}_i)$$

$$\vdots$$

对整个系统内的所有质点按上述各式求和，得

$$\sum_{i=1}^{n}\boldsymbol{r}_i \times \boldsymbol{F}_i = \sum_{i=1}^{n}\frac{\mathrm{d}}{\mathrm{d}t}(\boldsymbol{r}_i \times m\boldsymbol{v}_i) \qquad ⓐ$$

把作用于系统上任一质点所受的力$\boldsymbol{F}_i$ 区分为系统的内力$\boldsymbol{F}_{i内}$和外力$\boldsymbol{F}_{i外}$，则

$$\sum_{i=1}^{n}\boldsymbol{r}_i \times \boldsymbol{F}_i = \sum_{i=1}^{n}\boldsymbol{r}_i \times (\boldsymbol{F}_{i内} + \boldsymbol{F}_{i外}) = \sum_{i=1}^{n}\boldsymbol{r}_i \times \boldsymbol{F}_{i内} + \sum_{i=1}^{n}\boldsymbol{r}_i \times \boldsymbol{F}_{i外}$$

其中 $\sum_{i=1}^{n}\boldsymbol{r}_i \times \boldsymbol{F}_{i内}$ 表示各质点所受的各内力矩的矢量和. 在系统内任取第 i 个和第 j 个质点，它们相互作用的成对内力服从牛顿第三定律，即 $\boldsymbol{F}_{ij} = -\boldsymbol{F}_{ji}$，如图 3-16 所示，两者对参考点 O 的力矩为

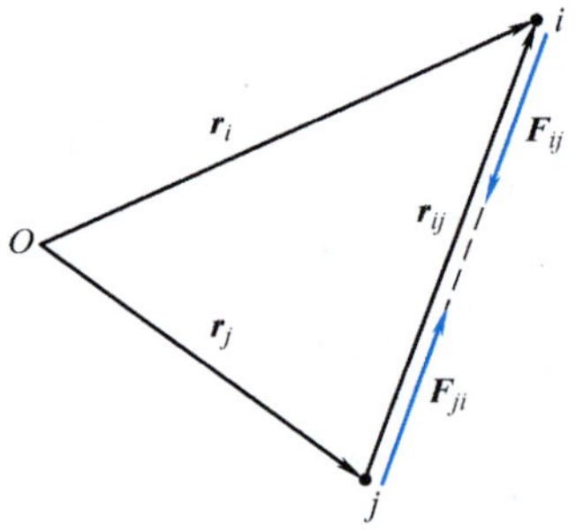

图 3-16　系统内第 i 个和第 j 个质点的受力

$$\boldsymbol{r}_i \times \boldsymbol{F}_{ij} + \boldsymbol{r}_j \times \boldsymbol{F}_{ji} = \boldsymbol{r}_i \times \boldsymbol{F}_{ij} + \boldsymbol{r}_j \times (-\boldsymbol{F}_{ij})$$

$$=(\boldsymbol{r}_i-\boldsymbol{r}_j)\times\boldsymbol{F}_{ij}=\boldsymbol{r}_{ij}\times\boldsymbol{F}_{ij}=\boldsymbol{0}$$

上式中，因 $\boldsymbol{r}_{ij}$ 与 $\boldsymbol{F}_{ij}$ 两者共线，其矢量积为零. 对整个系统中任意两质点都有此结果，所以

$$\sum_{i=1}^{n}\boldsymbol{r}_i\times\boldsymbol{F}_{i内}=\boldsymbol{0}$$

从而，式ⓐ可写作

$$\sum_{i=1}^{n}\boldsymbol{r}_i\times\boldsymbol{F}_{i外}=\frac{\mathrm{d}}{\mathrm{d}t}\sum_{i=1}^{n}\boldsymbol{r}_i\times m_i\boldsymbol{v}_i \qquad ⓑ$$

上式右端 $\sum_{i=1}^{n}\boldsymbol{r}_i\times m_i\boldsymbol{v}_i$ 是系统内各质点对参考点 O 的角动量的矢量和，称为系统的角动量，记作 $\boldsymbol{L}$；而 $\sum_{i=1}^{n}\boldsymbol{r}_i\times\boldsymbol{F}_{i外}$ 是作用于系统内各质点的外力对参考点 O 的力矩（即外力矩）的矢量和，记作 $\boldsymbol{M}$. 于是，式ⓑ可写作

$$\boldsymbol{M}=\frac{\mathrm{d}\boldsymbol{L}}{\mathrm{d}t} \qquad (3\text{-}41)$$

式（3-41）表明，**相对于惯性系中一个给定参考点，作用于系统内各质点上的外力矩的矢量和，等于该系统对同一参考点的角动量随时间 t 的变化率. 这一结论称为系统的角动量定理**，式（3-41）即为此定理的数学表达式. 若

$$\boldsymbol{M}=\boldsymbol{0} \qquad (3\text{-}42)$$

则由式（3-41），即得系统角动量守恒定律的表达式，即

$$\boldsymbol{L}=\sum_{i=1}^{n}\boldsymbol{r}_i\times m_i\boldsymbol{v}_i=恒矢量 \qquad (3\text{-}43)$$

这个定律表明，若外力对参考点 O 的力矩的矢量和等于零，则系统对同一参考点的角动量守恒. 式（3-42）就是系统角动量守恒定律的适用条件.

值得注意，系统的内力矩可以改变系统内各质点的角动量，但并不能改变整个系统的角动量. 其次，式（3-42）是系统角动量守恒的条件，它要求系统所受的外力矩的矢量和为零，但并不要求系统所受的外力的矢量和必须为零. 这意味着系统的角动量守恒时，系统的动量不一定守恒；反之，即使外力的矢量和为零，但由于各个外力可能有不同的作用点，对同一参考点的外力矩的矢量和也不一定为零，因而系统的动量守恒，系统的角动量也不见得一定守恒.

例题 3-17　如例题 3-17 图所示，跨过定滑轮的细绳的两端各有一人，其质量相等，若他们自静止开始进行爬绳比赛，求证两人将同时爬到最高点.

解： 以定滑轮、两人和绳子作为一系统，系统所受外力有定滑轮的重力 $\boldsymbol{W}$、支撑力 $\boldsymbol{F}_\mathrm{N}$ 以及两人的重力 $\boldsymbol{W}_1$ 和 $\boldsymbol{W}_2$. 以定滑轮轴上的点 O 为参考点，则 $\boldsymbol{W}$ 和 $\boldsymbol{F}_\mathrm{N}$ 皆通过定滑轮轴点 O，其力矩均为零. 令两人对点 O 的位矢分别为 $\boldsymbol{r}_1$ 和 $\boldsymbol{r}_2$，则左方的人，其重力 $m_1\boldsymbol{g}$ 对点 O 的力矩为 $\boldsymbol{r}_1\times m_1\boldsymbol{g}$，大小为 $r_1m_1g\sin\theta=m_1gR$，方向垂直纸面向外；右方的人，其重力 $m_2\boldsymbol{g}$

对点 O 的力矩为 $\boldsymbol{r}_2\times m_2\boldsymbol{g}$，大小为 $r_2m_2g\sin\alpha=m_2gR$，方向垂直纸面向里. 由题设 $m_1=m_2$，则系统对点 O 的合外力矩大小

$$\left|\sum \boldsymbol{r}_i\times \boldsymbol{F}_{i外}\right| = m_1gR - m_2gR = mgR - mgR = 0$$

因而系统对点 O 的角动量守恒. 设左、右方两人相对于地面的速度分别为 v_1 和 v_2，m_1 对点 O 的角动量为 $\boldsymbol{r}_1\times m_1\boldsymbol{v}_1$，其大小为 m_1v_1R，方向垂直纸面向里；而 m_2 对点 O 的角动量为 $\boldsymbol{r}_2\times m_2\boldsymbol{v}_2$，其大小为 m_2v_2R，方向垂直纸面向外，并以此方向取作正方向，则系统的角动量

$$0+0=m_2v_2R-m_1v_1R$$

即

$$0=mv_2R-mv_1R$$

从而得

$$v_1=v_2$$

可见两人对地的上爬速度相同，两人同时爬到最高点.

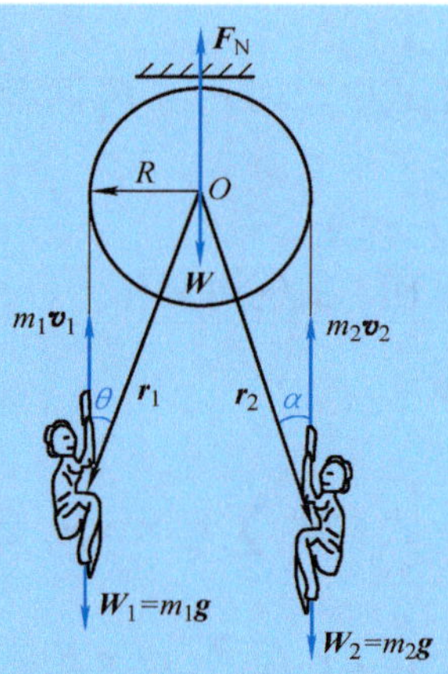

例题 3-17 图

章前问题解答　现在我们来分析本章开头提出的问题. 花样溜冰运动员利用角动量守恒定律，在做旋转动作时，先将两臂和腿伸开，旋转起来，转动惯量为 J_1，角速度为 ω_1，然后两臂和腿突然收拢，使转动惯量减小为 J_2，获得角速度 ω_2. 由于旋转过程中运动员对自身轴的合外力矩为零，故角动量守恒，即 $J_1\omega_1=J_2\omega_2$. 由于 $J_1>J_2$，所以 $\omega_1<\omega_2$，转速加快. 停止的时候，重新把两臂和腿伸开，降低转速，运动员平稳地停下来.

章后感悟

守恒定律揭示了在物体运动变化过程中保持恒定不变的东西，这里保持恒定的是什么？您考虑过吗？回顾历史，笛卡儿将 $m\boldsymbol{v}$ 称为“运动之量”，提出“宇宙间运动之量总和不变”的原理，但当时还不了解动量是矢量，他的学生们把 $m\boldsymbol{v}$ 作为运动的唯一量度. 1686 年，莱布尼茨在惠更斯研究的基础上指出应该用 mv^2 作为运动的量度，并称之为“活力”（法国科学家科里奥利后来将活力改正为 $\frac{1}{2}mv^2$）. 笛卡儿和莱布尼茨的争论持续了 50 年，达朗贝尔认为这是一场“毫无益处的咬文嚼字”，您如何看待这场争论呢？

习题 3

3-1　如习题 3-1 图所示，在寒冷的森林地区，一钢制滑板的雪橇满载木材，总质量 $m=5$t，当雪橇在倾角 $\varphi=10°$ 的斜坡冰道上从高度 $h=10$m 的点 A 滑下时，平顺地通过坡底 B，设雪橇与冰道间的摩擦系数为 $\mu=0.03$，求雪橇沿斜坡下滑到坡底 B 的过程中各力所做的功和合外力的功.　[答：$A_W=4.9\times10^5$J；$A_{F_N}=0$；$A_{F_f}=-8.34\times10^4$J；$A_{合}=407\times10^5$J]

3-2　如习题 3-2 图所示，用跨过轻滑轮的细绳，以大小不变的拉力 $F=1600$N 牵引一台质量 $m=200$kg 的机器，使之沿倾角 $\theta=30°$ 的斜面运动. 求机器从静止开始自位置 A 移到位置 B 的过程中重力和拉力所做的功. 已知机器在 A 和 B 处时绳子与斜面分别成 $\alpha_1=45°$、$\alpha_2=60°$ 角，滑轮的大小不计，它离机器的垂直距离 $h=6$m.　[答：-2.49×10^3J；2.49×10^3J]

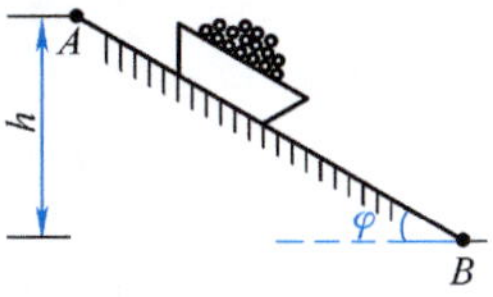

习题 3-1 图

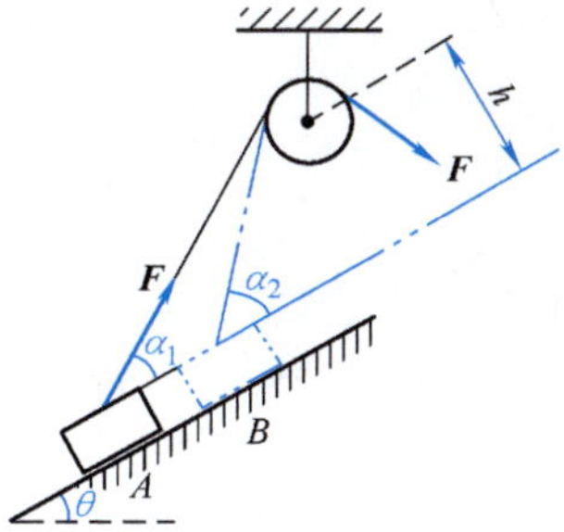

习题 3-2 图

3-3　设小车受 Ox 轴方向的力 $F=kx-c$ 作用，从 $x_a=0.5\text{m}$ 运动到 $x_b=0.6\text{m}$，已知 $k=8\text{N}\cdot\text{m}^{-1}$，$c=12\text{N}$. （1）求力在此过程中所做的功；（2）以 x 为横坐标，F 为纵坐标，绘出 F 与 x 的关系图线（称为示功图）；并直接计算示功图在 x_a 到 x_b 范围内的面积，以验证你在（1）中求出的答案.

3-4　一质量为 1.5t 的汽车在关闭发动机后，以 $30\text{km}\cdot\text{h}^{-1}$ 的匀速沿一段斜度（斜度 = 斜面高/斜面的底边长）为 5/100 的公路下滑. 若令此车以同样的速度向上行驶，求发动机的功率.　［答：14.7kW］

3-5　一质量为 10g、速度为 $200\text{m}\cdot\text{s}^{-1}$ 的子弹水平地射入墙壁内 10cm 后而停止运动. 若墙的阻力是一恒量，求子弹射入墙壁内 5cm 时的速率.　［答：$141.42\text{m}\cdot\text{s}^{-1}$］

3-6　如习题 3-6 图所示，打捞船由电动机 M 拖动一卷扬机，以吊起沉于海面下 36.5m、质量为 2t 的一台机器. 已知机器刚吊达海面时的速度为 $6.1\text{m}\cdot\text{s}^{-1}$，设海水对机器运动的阻力恒定，等于机器重量的 20%. 求机器达到海面时，卷扬机所做的功.（机器在海水中所受浮力不计）　［答：$8.96\times10^5\text{J}$］

3-7　如习题 3-7 图所示，AB 为半径 $R=1.5\text{m}$ 的 1/4 圆周的运料滑道. BC 为水平滑道. 一块质量为 2kg 的卵石从 A 处自静止开始下滑，滑到点 C 停止. 设滑到点 B 的速度为 $4\text{m}\cdot\text{s}^{-1}$，$B$、$C$ 间距离为 $l=3\text{m}$. 求卵石自点 A 滑到点 B 克服摩擦力所做的功；并求 BC 段水平滑道的滑动摩擦系数.　［答：$A_f=13.4\text{J}$；$\mu=0.27$］

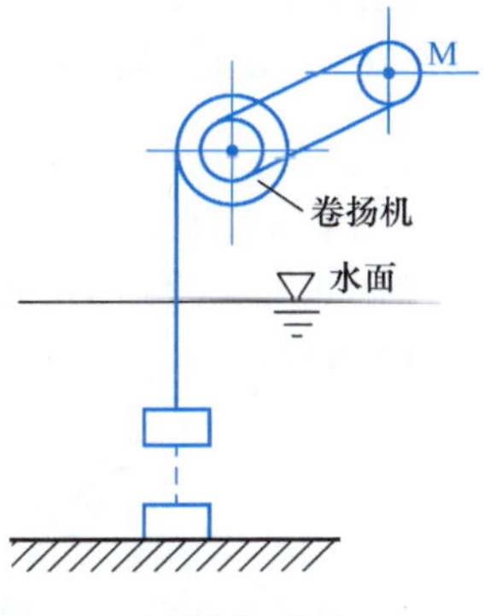

习题 3-6 图

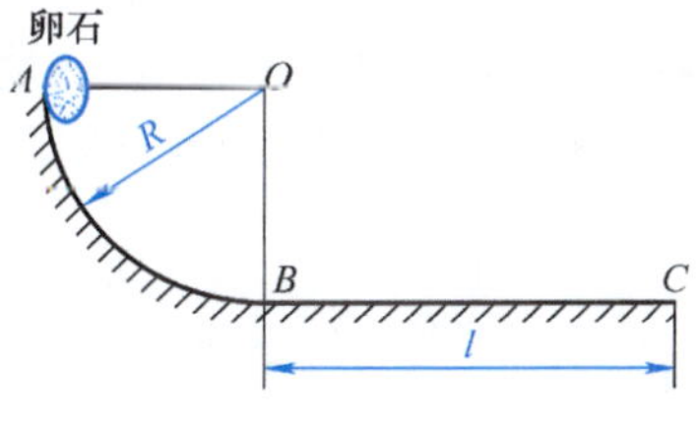

习题 3-7 图

3-8　如习题 3-8 图所示，传送带沿斜面向上运行的速度为 $v=1\text{m}\cdot\text{s}^{-1}$，设物料无初速地每秒钟落到传送带下端的质量为 $Q=50\text{kg}\cdot\text{s}^{-1}$，并被输送到高度 $h=5\text{m}$ 处. 求配置的电动机所需功率. 不计传送机各部件间的摩擦和物料落到传送带上因碰撞所引起的能量损失.　［答：$P\approx2.5\text{kW}$］

3-9　一质量 $m_1=0.1\text{kg}$ 的物块 B 与质量 $m_0=0.8\text{kg}$ 的物体 A，用跨过轻滑轮的细绳连接，如习题 3-9 图所示. 滑轮与绳间的摩擦不计. 物块 B 上另放一质量为 $m_2=0.1\text{kg}$ 的物块 C，物体 A 放在水平桌面上. 它们均由静止开始运动，物块 B 下降一段距离 $h_1=50\text{cm}$ 后，通过圆环 D，将物块 C 卸去，又下降一段距离 $h_2=30\text{cm}$，速度变为零. 试求物体 A 与水平桌面间的滑动摩擦系数.（提示：将物体 A、B、C 及绳子视作

一系统）　［答：$\mu=0.2$］

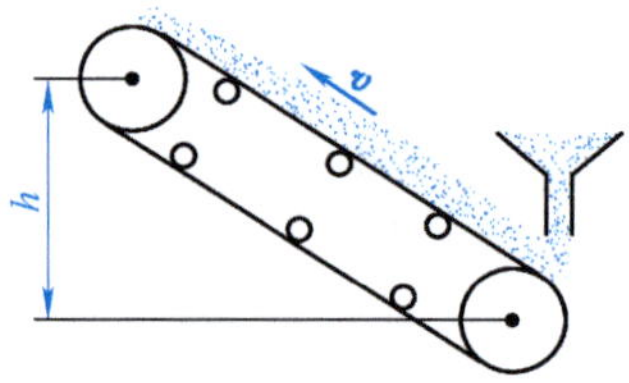

习题 3-8 图

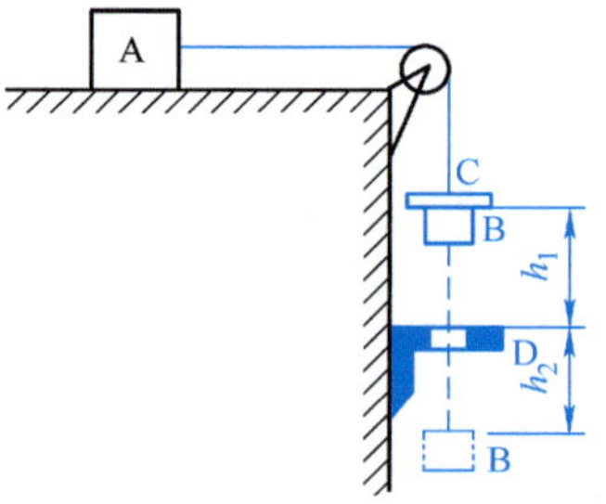

习题 3-9 图

3-10　如习题 3-10 图所示，一质量为 m 的物体，在倾角为 α 的斜面上系于一劲度系数为 k 的轻弹簧一端，弹簧的另一端固定，设物体在弹簧处于原长时的动能为 E_{k1}，且不计物体与斜面间的摩擦，试求物体在弹簧伸长 x 时的速率．　［答：$v=[(2E_{k1}+2mgx\sin\alpha-kx^2)/m]^{\frac{1}{2}}$］

3-11　如习题 3-11 图所示，劲度系数分别为 k_1、k_2 的轻弹簧 A、B 串联后，在弹簧 B 下端挂一物体 C. 求证此两弹簧的弹性势能之比为 $E_{p_A}/E_{p_B}=k_2/k_1$.

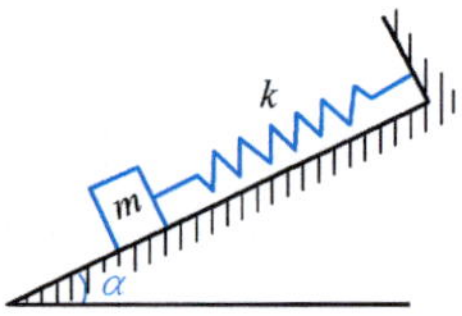

习题 3-10 图

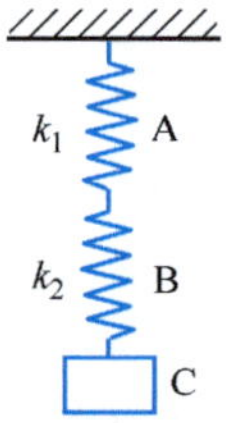

习题 3-11 图

3-12　如习题 3-12 图所示，一劲度系数为 k 的轻弹簧，两端分别固定于 A、B 处，当弹簧处于水平位置时恰为原长 $2l$. 今在弹簧的中点 O 悬挂一质量为 m 的仪器，则仪器无初速地开始下降到点 O 以下 h 处的速度为多大？　［答：$v=[2gh-(2k/m)(\sqrt{l^2+h^2}-l)^2]^{\frac{1}{2}}$］

3-13　如习题 3-13 图所示，一质量为 m 的滑环可沿竖直平面内的半圆形（半径为 R）曲杆 ABC 滑动，不计摩擦. 若滑环与压缩量为 l 的水平轻弹簧一端相接触，然后自静止开始释放，求滑环到达高度为 R 的点 B 时曲杆对它的作用力（已知弹簧的另一端固定于 A 处，且其劲度系数为 k）.　［答：$kl^2/R-2mg$］

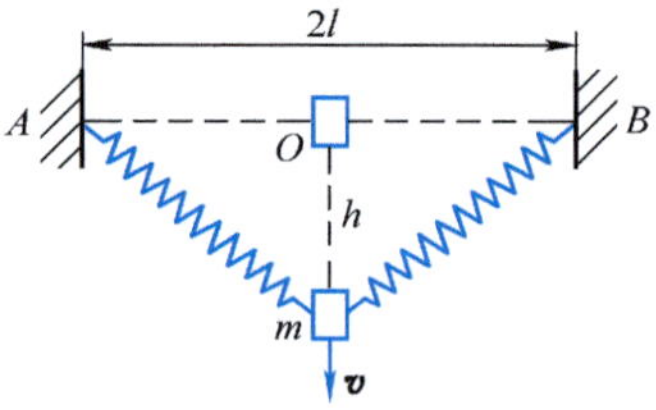

习题 3-12 图

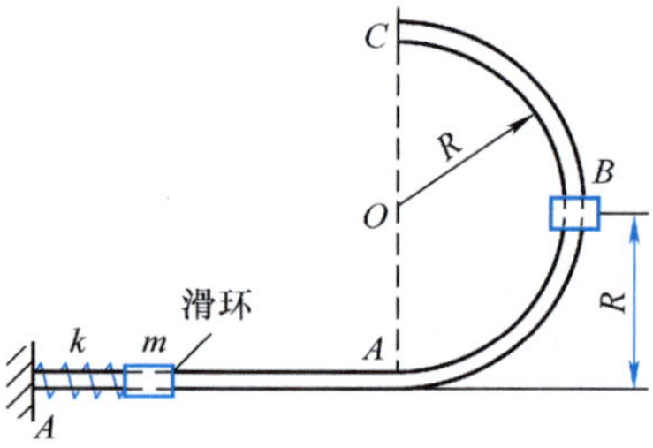

习题 3-13 图

3-14　一长为 l 的细绳所能承受的最大拉力为 11.8N，上端系于点 O，下端挂质量 m 为 0.6kg 的重物（见习题 3-14 图），问重物应当拉到什么位置，然后放手，就会使重物回到最低点 B 时悬线即断（不计一切摩擦）？　［答：60°］

3-15 如习题3-15图所示，在电动机驱动下，倾角为 $\alpha=30°$ 的传送带以保持不变的速度 $v_0=3\text{m}\cdot\text{s}^{-1}$ 运行. 今把一质量为 $m=20\text{kg}$ 的货箱无初速地放在传送带底端，并被运送到高度 $h=2.5\text{m}$ 处. 已知货箱与传送带之间的摩擦系数为 $\mu=\sqrt{3}/2$，其他损耗不计. 求传送带运送货箱过程中产生的热能和电动机消耗的电能. ［答：$E_f=270.5\text{J}$，$E_e=850.5\text{J}$］

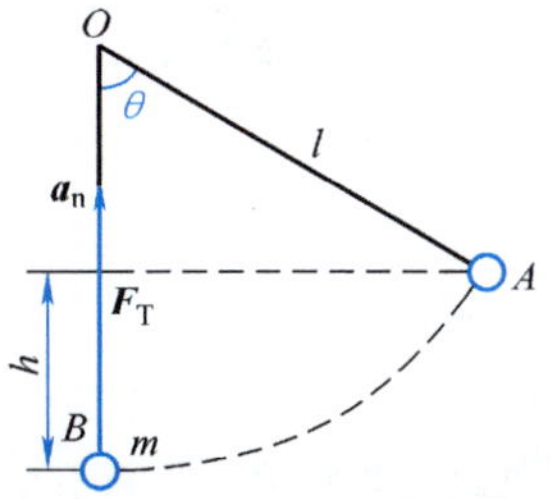

习题3-14图

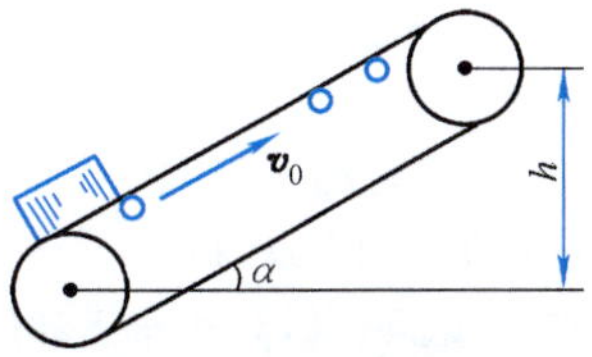

习题3-15图

3-16 一质量为700g的足球从 $h_1=5\text{m}$ 的高处自由落下. 试求：(1) 它以多大的速度撞击地面？此时它的动量是多大？(2) 如果反跳到 $h_2=3.2\text{m}$ 的高处，那么反跳而离开地面的瞬时，其动量为多大？(3) 在撞击的极短过程中动量的变化如何？球受地面的冲量为多大？(4) 若球与地面的接触时间是0.02s，那么，球对地面的平均作用力为多大？ ［答：(1) $7\text{kg}\cdot\text{m}\cdot\text{s}^{-1}\downarrow$；(2) $5.6\text{kg}\cdot\text{m}\cdot\text{s}^{-1}\uparrow$；(3) $12.6\text{kg}\cdot\text{m}\cdot\text{s}^{-1}\uparrow$；(4) $630\text{N}\downarrow$］

3-17 速度为 $820\text{m}\cdot\text{s}^{-1}$，质量为96g的子弹，垂直地穿过墙壁后，速度变为 $722\text{m}\cdot\text{s}^{-1}$，穿过墙壁历时 $2.0\times10^{-5}\text{s}$，求墙壁对子弹的平均阻力. ［答：$-4.7\times10^5\text{N}$，负号表示阻力的方向与子弹的运动方向相反］

3-18 一消防队员自高度为 $h=2.5\text{m}$ 的墙顶自由地跳落到地面，若他的脚底与地面接触后，经1.6s，身体才完全站定，则地面沿竖直方向作用于脚上的平均冲力是他体重的几倍. ［答：约1.4倍］

3-19 如习题3-19图所示，某风景区的索道运客车厢以 $2.8\text{m}\cdot\text{s}^{-1}$ 的速度沿着索道向上运动，倘若系于车厢C处的操纵绳索突然断掉，求自断掉后车厢沿索道向下运动的速度达到 $0.65\text{m}\cdot\text{s}^{-1}$ 时所需的时间. 不计摩擦，设索道的倾角 $\alpha=12.5°$. ［答：$t=1.63\text{s}$］

3-20 如习题3-20图所示，传送带沿水平方向以速度 $v=1.5\text{m}\cdot\text{s}^{-1}$ 匀速传送煤炭，从送料斗中每小时竖直地落到传送带上的煤炭质量为72t. 求传送带对煤炭的水平拖动力. (假设煤炭落到传送带时不影响传送带的运行速度) ［答：30N］

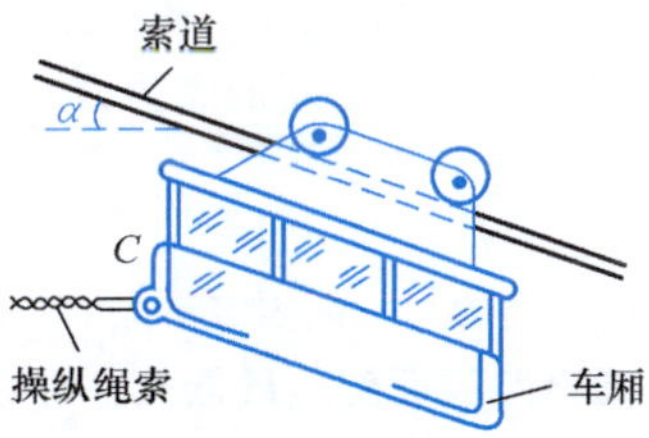

习题3-19图

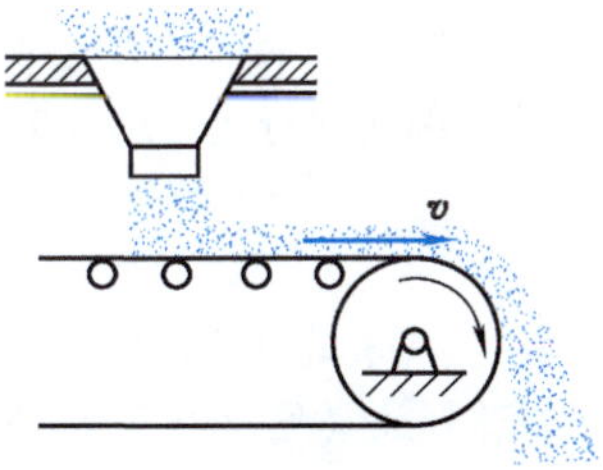

习题3-20图

3-21 一质量为 m 的质点，在水平面上以匀角速 ω 绕圆心 O 做半径为 R 的圆周运动. 求从点 P_1 转过90°而到达点 P_2 的过程中，质点所受向心力的冲量（按习题3-21图所示的坐标系 Oxy 计算）. ［答：$\boldsymbol{I}=-mR\omega\boldsymbol{i}-mR\omega\boldsymbol{j}$，即 $I=\sqrt{2}mR\omega$，方向与 Ox 轴成225°角］

3-22 如习题3-22图所示，一质量为 m_0 的楔块，其斜面 AB 的长度为 l，倾角为 θ，楔块底面 BC 可沿水平地面移动. 设一质量为 m 的物体从斜面顶端自静止开始下滑，不计一切摩擦，求物体在下滑到斜面底

端的过程中，楔块沿水平地面滑行的总位移．　［答：$ml\cos\theta/(m_0+m)$］

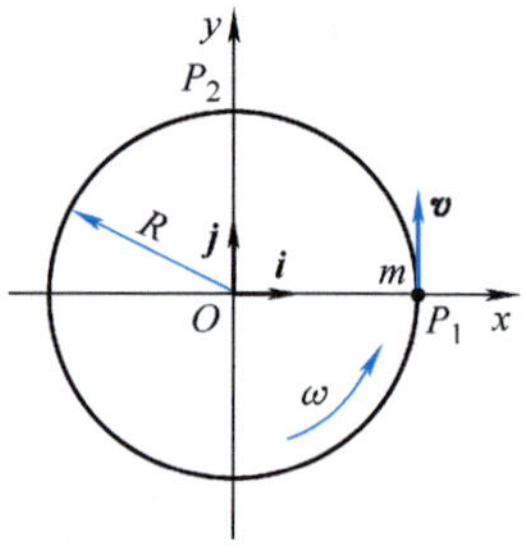

习题 3-21 图

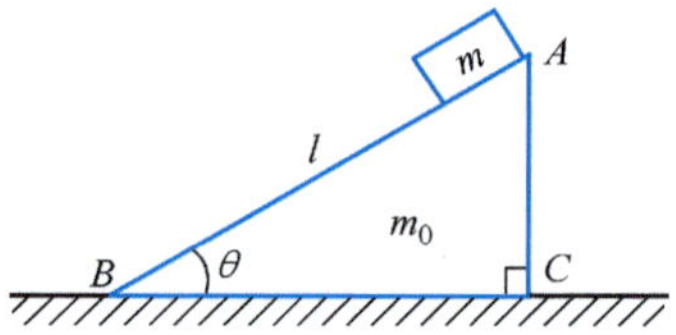

习题 3-22 图

3-23　质量为 60kg 的人以 $2\mathrm{m\cdot s^{-1}}$的速度从后面跳上质量为 80kg 的小车，小车原来沿平直轨道前进的速度为 $1\mathrm{m\cdot s^{-1}}$．试问：(1) 小车运动速度变为多少？(2) 如果此人迎面跳上这辆小车，小车的速度又变为多少？　［答：(1) $1.43\mathrm{m\cdot s^{-1}}$；(2) $-0.29\mathrm{m\cdot s^{-1}}$］

3-24　一辆质量为 30t 的车厢，在平直铁轨上以 $2\mathrm{m\cdot s^{-1}}$ 的速度和它前面的一辆质量为 50t、以 $1\mathrm{m\cdot s^{-1}}$的速度沿相同方向前进的机车挂接，挂接后它们以同一速度前进．试求：(1) 挂接后的速度；(2) 机车受到的冲量．　［答：(1) $1.38\mathrm{m\cdot s^{-1}}$，→；(2) $1.90\times10^4\mathrm{N\cdot s}$，方向沿 Ox 轴正向］

3-25　如习题 3-25 图所示，在溜冰场中，一质量为 $m_1=75\mathrm{kg}$ 的溜冰员以速度 $v_1=1.5\mathrm{m\cdot s^{-1}}$朝东滑行，另一个质量为 $m_2=60\mathrm{kg}$ 的溜冰员以速度 $v_2=2.0\mathrm{m\cdot s^{-1}}$朝南滑行，它们在点 O 相遇而拥抱在一起滑行．求两人相遇后的速度．　［答：$v=1.22\mathrm{m\cdot s^{-1}}$；东偏南 46.9°角］

3-26　如习题 3-26 图所示，由传送带将矿砂竖直地卸落在沿平直轨道行驶着的列车的一节车厢中，每秒钟卸入的矿砂重量为 w，车厢空载时车身重量为 W_0、初速为$\boldsymbol{v}_0$，忽略轨道阻力，求车厢在加载过程中某一时刻 t 的速度和加速度．　［答：$v=W_0v_0/(W_0+wt)$；$a=-W_0wv_0/(W_0+wt)^2$］

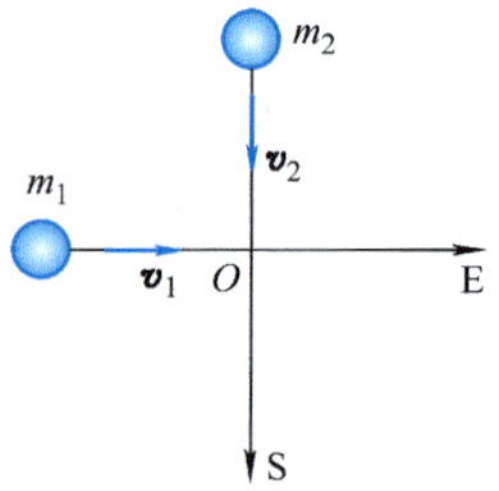

习题 3-25 图

习题 3-26 图

3-27　如习题 3-27 图所示，一质量为 m 的平板车以速度$\boldsymbol{v}_0$ 沿平直轨道运动．质量为 m_0 的人以相对于车的速度 v_r 从车的后端向前行走．求此时平板车的速度．不计车与轨道之间的摩擦力．　［答：$v=v_0-\dfrac{m_0v_r}{m_0+m}$］

3-28　一质量 $m=1\mathrm{kg}$ 的钢球，拴于长 $l=1\mathrm{m}$ 的细绳的一端，绳的另一端固定于点 O．在绳处于水平拉直的静止状态时将球释放（见习题 3-28 图），球经过 1/4 的圆弧路径而到达最低点，对心地撞击一质量 $m_0=5\mathrm{kg}$ 的静止钢块．设碰撞是弹性的，碰撞后钢块沿水平面滑行，与一劲度系数 $k=2000\mathrm{N\cdot m^{-1}}$的水平轻弹簧相碰撞而将弹簧压紧．不计一切摩擦，求弹簧的压缩量．　［答：0.0738m］

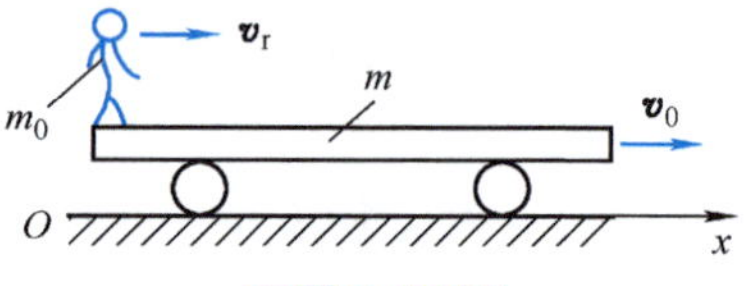

习题 3-27 图

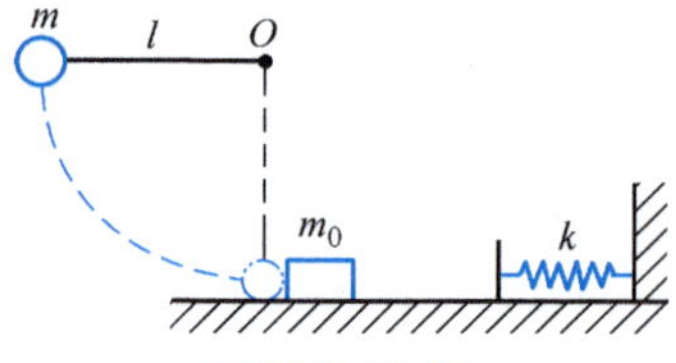

习题 3-28 图

3-29 在氢原子中，设想电子绕原子核做半径为 $r=0.5\times10^{-11}$ m 的匀速圆周运动. 若电子对原子核的角动量为$\frac{h}{2\pi}$（h 为普朗克常量，$h=6.63\times10^{-34}$ J·s），求它的角速度. 已知电子的质量为 9.11×10^{-31} kg. ［**答**：4.63×10^{18} rad·s^{-1}］

科学家轶事

钱学森——满腔热血，一心为国

1935 年钱学森怀着学成归来报效祖国的赤子之心留学美国. 1949 年 10 月 1 日，新中国成立的消息传到大洋彼岸，钱学森下定决心，立誓返回魂牵梦绕的祖国，投身到祖国的建设中. 但是美国方面敌视中国，怕钱学森回国对他们不利，就千方百计地阻挠. 1950 年 7 月，钱学森准备将整理好的 800 公斤㊀的书籍和科研笔记带回祖国，遭到美国移民当局的强行拘留，并扣押了所有的资料和书籍. 美国海军部高级次长表示“钱学森参加了美国许多机密科研机构，无论走到哪里，他都抵得上 5 个步兵师. 我宁可将这家伙击毙，也不让他回到中国!”钱学森在美国遭到强行拘留的消息传到国内，举国震惊. 国内多位科学家纷纷声援钱学森，谴责美国政府的做法太过极端. 新中国公开指责美国在违反个人意愿的情况下强行扣押钱学森，是完全不符合美国所谓的人权、民主、自由等口号. 中国为了让钱学森早日回国，也在时时刻刻想着法子. 在祖国的帮助下，在 1955 年 9 月 17 日，被美方扣留了 5 年的钱学森先生终于得偿夙愿，携带妻子和一双幼小的儿女踏上了归国轮船. 当年 10 月，钱学森先生终于回到广州.

回到祖国的钱学森开始了他一生中最为光辉的历程. 他迫不及待地投身到祖国的航空、国防建设中. 1956 年，钱学森向中共中央、国务院提出《建立我国国防航空工业的意见书》，意见书中详细阐述了中国导弹、火箭工程的发展、建设规划. 同年，国务院、中央军委根据他的建议，成立了导弹、航空科学研究的领导机构——航空工业委员会，并任命他为委员. 1956 年钱学森受命组建中国第一个火箭、导弹研究所——国防部第五研究院并担任首任院长. 为了让从未接触过导弹的学者们尽快融入导弹、火箭的建设开发之中，钱学森首先给分配过来的 156 名大学生和教授讲述《导弹概论》，并亲自拟定空气动力学、发动机等相关专业的学习计划. 20 世纪 60 年代，中苏关系迅速恶化，苏联将其所有援华的科学家全部撤走，同时将支援中国的工业项目的合同全部撕毁. 虽然国外技术死死封锁，钱学森领导的团队在极端困难的条件下也能攻克重重难关. 在 1960 年 11 月 5 日，中国发射了第一枚导弹. 1964 年 10 月 16 日，中国自行研制的第一颗原子弹试爆成功，并在 1966 年 10 月 27 日，完成了中国装有核弹头的中近程对地导弹的发射试爆实验和中国原子弹、导弹相结合的实践，使我国的国防力量达到了世界尖端水平，震惊全世界. 1965 年，钱学森向中国国务院提出了建设我国人造卫星的建议. 1970 年，我国第一颗人造卫星“东方红”成功发射，标志着我国航天事业的发展又迈上了一个高台阶.

钱学森为中国导弹、航空、火箭等科学技术的发展付出了 40 多年的努力，有着中国“导弹之父”“火箭大王”和“中国航空之父”的荣誉称号. 而他一生淡泊名利，有着崇高

㊀ 1 公斤 =1 千克（kg）. ——编辑注

的人格品质. 钱学森曾经说过:“我是一个中国的科技工作者,我所学到的科学技术只服务于我的祖国,我活着的目的就是要为全体中国人民服务. 如果说我有所求的话,那我想要的最高奖赏,就是全国人民对我工作的满意.”

应用拓展

记住这些高光时刻

从嫦娥奔月的神话到万户飞天的尝试,中国人的飞天梦,与中华民族的历史一样悠远. 让我们记住中国航天事业所走过的伟大历程!

1956 年 10 月 8 日,中国第一个导弹火箭研究机构——国防部第五研究院成立,标志着中国航天事业正式创建.

1970 年 4 月 24 日,我国第一颗人造卫星“东方红一号”发射,当“东方红”的音乐在太空响起,**中国人探索宇宙、和平利用太空序幕开启了**.

2003 年 10 月 15 日,杨利伟搭乘“神舟五号”飞船成功往返,**从此,中国人叩开了太空的大门**.

2007 年 10 月 24 日,中国首颗月球探测器“嫦娥一号”准确入轨,**实现了中华民族千年奔月的梦想**.

几十年来,中国已成功发射了 200 多颗卫星、11 艘飞船和 1 个空间实验室. 从无人飞行到载人飞行,从一人一天到多人多天,从舱内实验到太空行走,从单船飞行到组合体稳定运行……天地往返、出舱活动、交会对接……如今,中国开始迈向空间站时代,触角伸向更远的星际. 近年来,中国航天事业取得了世界瞩目的成就.

2016 年 4 月 6 日,我国首颗微重力科学实验卫星——实践十号返回式科学实验卫星发射成功. 卫星在太空飞行期间,累计开展 19 项微重力科学实验和空间生命科学实验,取得了一批重要成果和科学数据.

2016 年 8 月 16 日,世界首颗“量子卫星”发射升空,标志着我国空间科学研究又迈出重要一步. 这将使我国在世界上首次实现卫星和地面之间的量子通信,构建天地一体化的量子保密通信与科学实验体系.

2016 年 9 月 25 日,被誉为“中国天眼”的 500m 口径球面射电望远镜(FAST),在贵州省黔南州平塘县大窝凼竣工落成. FAST 是具有中国自主知识产权、世界最大单口径、最灵敏的射电望远镜. 截至 2020 年 11 月,“中国天眼”设施运行稳定可靠,取得一系列重大科学成果,发现脉冲星数量超过 240 颗,基于“中国天眼”数据发表的高水平论文达到 40 余篇.

2016 年 10 月 19 日 3 时 31 分,“神舟十一号”飞船与“天宫二号”自动交会对接成功. “天宫二号”空间实验室和“神舟十一号”载人飞船先后成功发射,形成组合体并稳定运行,开展了较大规模的空间科学实验与技术试验,突破掌握了航天员中期驻留、地面长时间任务支持和保障等技术.

2017 年 4 月 20 日,我国首艘货运飞船“天舟一号”,在我国文昌航天发射场发射成功. “天舟一号”具有与“天宫二号”空间实验室交会对接、实施推进剂在轨补加、开展空间科学实验和技术试验等功能. 这是我国载人航天工程“三步走”发展战略第二步的收官之作，标志着我国即将开启空间站时代.

2017年11月5日，我国在西昌卫星发射中心成功发射两颗“北斗三号”全球组网卫星，标志着中国北斗卫星导航系统步入全球组网新时代.

2017年11月27日，我国暗物质粒子探测卫星“悟空”腾空700多天后，获得了目前国际上最精确的TeV电子宇宙射线能谱，并首次直接测量到了该能谱在1TeV（1万亿电子伏特）处的拐折. 这一疑似暗物质的踪迹，是近年来科学家离暗物质最近的一次重大发现，将打开人类观测宇宙的一扇新窗口.

2018年2月2日，中国首颗电磁监测试验卫星“张衡一号”发射升空，标志着中国成为世界上少数拥有在轨运行高精度地球物理场探测卫星的国家之一. 该卫星主要用于获取全球空间电磁场、电磁波、电离层等离子体、高能粒子沉降等科学数据，为研究和提取与地震前兆相关的空间环境信息提供技术支持，为未来建立空间电磁场和电离层应用业务化系统进行技术准备.

2018年4月2日，遨游太空6年多的“天宫一号”，在中国航天人预测的时间范围内再入大气层，化作流星，归隐南太平洋. “天宫一号”于2011年9月发射升空，此后分别与“神舟八号”“神舟九号”“神舟十号”3艘飞船6次交会对接，成为中国首个“太空之家”. 它的设计寿命原本只有两年，但却凭借出色表现，超期服役了两年半，超寿命工作了1000多天.

2020年7月23日，我国在文昌航天发射场成功发射“天问一号”探测器，这是我国首次进行火星探测. 天问一号探测器的发射成功，标志着我国迈出了行星探测第一步.

中国探月工程——嫦娥工程有序实施：自2007年10月24日，“嫦娥一号”成功发射升空，到2018年12月8日，“嫦娥四号”探测器实现国际上首次月球背面软着陆和巡视探测，国际上首次月球拉格朗日L2点中继与探测，国际上首次月基低频射电天文观测，国内首次实测月夜期间浅层月壤温度. 再到2020年11月24日，成功发射探月工程“嫦娥五号”探测器，开启了我国首次地外天体采样返回之旅.

第 4 章

刚体与流体

章前问题

直升机都是通过螺旋桨的旋转来升空的. 仔细观察的话，我们会发现几乎所有的直升机都有前后两个螺旋桨，只不过有的直升机后面的螺旋桨是在一个竖直的平面上旋转，有的螺旋桨是在一个水平的平面上旋转，这是为什么呢?

学习要点

1. 刚体定轴转动；
2. 刚体定轴转动的转动动能；
3. 刚体的转动惯量；
4. 力矩的功；
5. 刚体定轴转动的动能定理；
6. 刚体定轴转动的角动量定理；
7. 刚体定轴转动的角动量守恒定律；
8. 静止流体的压强；
9. 理想流体的连续性方程；
10. 理想流体的伯努利方程.

在前几章中，我们研究物体的运动时，根据具体情况，可以把物体看作质点，即忽略了物体的形状和大小. 但在有些情况下，物体的形状和大小是不能忽略的. 例如，在研究机床上的传动轮绕轴转动时，轮子上各点的运动情况不尽相同；并且在力的作用下还会引起轮子的微小形变. 因此，当我们进一步研究物体的转动时，或在讨论物体受力而引起形变的问题时，就不能再将物体简化为质点了.

根据问题的性质和要求，如果物体在外力作用下所引起的形变很小，可以不予考虑，即把物体的形状和大小视作不变，那么，我们就将这种**在外力作用下形状和大小保持不变的物体**称为**刚体**. 刚体是从实际物体抽象出来的一种理想模型.

我们在研究刚体运动时，可以将刚体看成由无数个拥有质量 $\mathrm{d}m$ 的刚性微体积元 $\mathrm{d}V$、一个挨一个地连续组成的系统，这种体积元称为刚体的**质元**. 由于刚体的形状和大小在运动过程中始终保持不变，因而这种系统具有如下的基本特征：**刚体内任何两个质元之间的距离，在运动过程中始终保持不变**. 在研究刚体力学时，我们需要随时考虑到刚体的这一特征.

基于上述观点，我们能够把构成刚体的全部质元的运动加以综合，给出刚体的整体运动所具有的规律.

4.1 刚体的基本运动形式

一般来说，刚体的运动较为复杂. 平动和转动是刚体的两种最基本的运动形式. 本章重点研究刚体的定轴转动.

4.1.1 刚体的平动

当刚体运动时，如果**刚体中任意一条直线始终保持平行移动**，则这种运动称为**平动**，如图 4-1 所示. 由于刚体上任意一条直线（如 AB、AC、AD 等）在刚体平动过程中始终保持平行移动，则直线上所有的点在任何一段时间内的位移和任一时刻的速度和加速度皆应完全相等. 况且该直线又是任意的. 因而，刚体在平动时，其上各点的运动情况是完全相同的，刚体内任一点的运动皆能代表整个刚体的运动. 因此，我们也可以用前述的质点运动规律来描述刚体的平动.

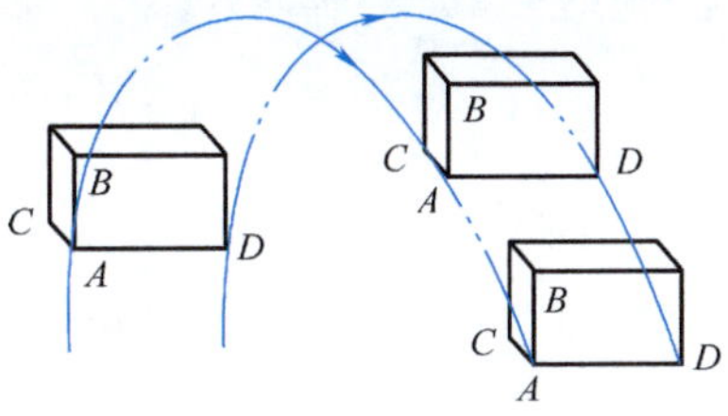

图 4-1 刚体的平动

思维拓展

4-1 为什么驾驶大货车的难度要比驾驶小汽车大得多?

例题 4-1 如例题 4-1 图 a 所示，一曲柄连杆机构的曲柄 OA 长为 r，连杆 AB 长为 l. 连杆 AB 的一端用销子 A 与曲柄 OA 相连接，另一端以销子 B 与活塞相连接. 当曲柄以匀角速 ω 绕轴 O 做逆时针旋转时，通过连杆将带动活塞在气缸内往复运动，试求活塞的运动函数.

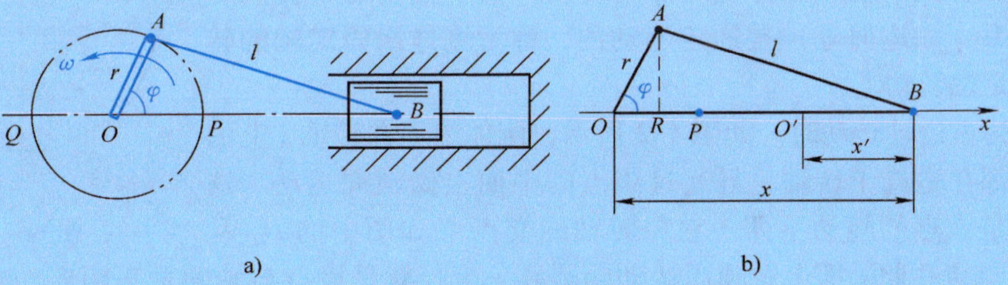

例题 4-1 图

分析： 实际上，与活塞自身大小相比，它局限在气缸内的运动空间并不大，因而不能把活塞视作质点；但由于它在气缸内做平动，所以活塞运动可按质点运动学方法来处理.

取 O 为原点，水平向右为 Ox 轴正向（见例题4-1 图 b），并设开始时，曲柄销 A 在 Ox 轴上的点 P. 当曲柄以匀角速 ω 做逆时针转动时，在 t 时刻曲柄的角坐标为 $\varphi=\omega t$，这时活塞的位置相应地为 $x=OR+RB$，即

$$x=r\cos\omega t+\sqrt{l^2-r^2\sin^2\omega t} \qquad ⓐ$$

这就是活塞的运动函数. 由于式中含有 $\cos\omega t$ 和 $\sin\omega t$，其值均随时间 t 呈周期性变化，因此，活塞在两个极端位置 $x_{右}=l+r$ 与 $x_{左}=l-r$ 之间沿 Ox 轴来回运动.

我们把式ⓐ右端的平方根式按泰勒级数展开为

$$\sqrt{l^2-r^2\sin^2\omega t}=l\left[1-\left(\frac{r}{l}\right)^2\sin^2\omega t\right]^{1/2}=l\left[1-\frac{1}{2}\left(\frac{r}{l}\right)^2\sin^2\omega t+\cdots\right] \qquad ⓑ$$

由于在实际的曲柄连杆机构中，$r/l<1/3.5$，因此可略去$(r/l)^4\sin^4\omega t$ 以上的高阶小量，又因 $\sin^2\omega t=(1-\cos2\omega t)/2$，于是，式ⓐ可写成

$$x=l\left[1-\frac{1}{4}\left(\frac{r}{l}\right)^2+\frac{r}{l}\cos\omega t+\frac{1}{4}\left(\frac{r^2}{l}\right)\cos2\omega t\right] \qquad ⓒ$$

或

$$x-l\left[1-\frac{1}{4}\left(\frac{r}{l}\right)^2\right]=r\cos\omega t+\frac{1}{4}l\left(\frac{r^2}{l}\right)\cos2\omega t \qquad ⓓ$$

令 $x'=x-l[1-(r/l)^2/4]$，即将坐标原点从点 O 移到坐标为 $l[1-(r/l)^2/4]$ 的点，从而可得，活塞以点 O'为原点，以 x'为位置坐标的运动函数为

$$x'=r\cos\omega t+\frac{1}{4}l\left(\frac{r}{l}\right)^2\cos2\omega t \qquad ⓔ$$

若 $l\geqslant r$，读者试分析活塞的运动，并由式ⓔ试求活塞的速度和加速度.

4.1.2　刚体的定轴转动

刚体运动时，如果从几何上来看，**刚体内各点都绕同一直线做圆周运动**，这种运动称为刚体的**转动**，该直线称为轴（见图4-2）. 例如机器上飞轮的转动，电动机的转子绕轴旋转，旋转式门窗的开、关，地球的自转等都是转动. 如果轴相对于我们所取的参考系（如地面等）是固定不动的，称为刚体**绕固定轴的转动**，简称**定轴转动**.

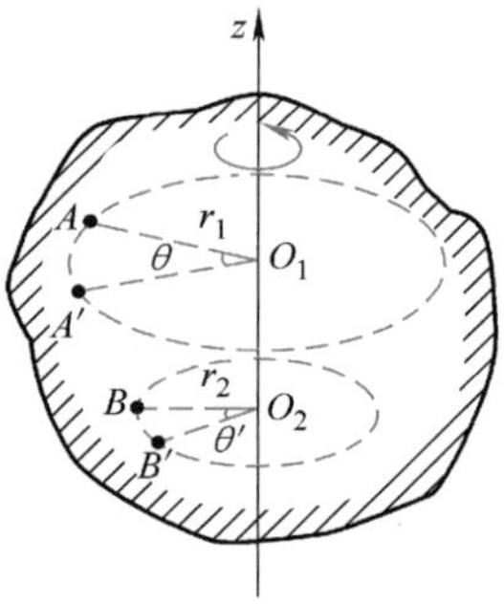

图 4-2　刚体绕定轴的转动

当刚体做定轴转动时，如图 4-2 所示，刚体内不在转轴 z 上的任一点，都在垂直于转轴，且通过该点的平面上做圆周运动. 这个平面就是该点的**转动平面**，它与转轴的交点（如图中的 O_1 和 O_2）就是该点在此平面上做圆周运动的圆心. 半径就是该点与轴的垂直距离. 当刚体转动时，其内各点因位置不同（即半径不同），在同一段时间内通过的圆弧路程$\overset{\frown}{AA'}$、$\overset{\frown}{BB'}$等也不相同. 但由于刚体内各点之间相对位置不变，其中某点的半径在其转动平面内扫过多大的中心角，所有其他的点也在各自的转动平面内一起扫过同样大小的中心角（见图 4-2 中的 θ 角），并且，各点都具有相同的角位移、角速度和角加速度. 这样，刚体在同一段时间内也

必定以与上述相同的角位移、角速度和角加速度等角量绕定轴转动. 因而我们可用任一点在其转动平面内做圆周运动的角量来描述整个刚体的定轴转动. 这样，刚体定轴转动的角坐标 θ 随时间 t 的变化规律（运动函数）、角位移 $\Delta\theta$、角速度 ω、角加速度 α 便可用角量分别表示成

$$\theta=\theta(t) \tag{4-1}$$

$$\Delta\theta=\theta(t+\Delta t)-\theta(t) \tag{4-2}$$

$$\omega=\frac{\mathrm{d}\theta}{\mathrm{d}t} \tag{4-3}$$

$$\alpha=\frac{\mathrm{d}\omega}{\mathrm{d}t}=\frac{\mathrm{d}^2\omega}{\mathrm{d}t^2} \tag{4-4}$$

按上述各个角量的定义式相应地可给出它们的单位. 其中角坐标、角位移的单位是 rad，时间的单位是 s，因此，角速度的单位是 $\mathrm{rad\cdot s^{-1}}$，即弧度每秒. 工程上，机器的角速度常用 $\mathrm{r\cdot min^{-1}}$（每分钟的转数）作为单位. 因为 1 转相当于 $2\pi\mathrm{rad}$，故每分钟 n 转相当于

$$\omega=\frac{2\pi n}{60}\mathrm{rad\cdot s^{-1}}=\frac{\pi n}{30}\mathrm{rad\cdot s^{-1}} \tag{4-5}$$

角加速度的单位是 $\mathrm{rad\cdot s^{-2}}$，即弧度每二次方秒.

若已知刚体转动的初始条件：$t=0$ 时，$\theta=\theta_0$，$\omega=\omega_0$，按上述各个定义式，利用积分法，也可导出刚体绕定轴做匀变速转动（即 $\alpha=$恒量）的三个公式（它们类似于匀变速直线运动的公式）：

$$\omega=\omega_0+\alpha t \tag{4-6}$$

$$\theta=\theta_0+\omega_0 t+\frac{1}{2}\alpha t^2 \tag{4-7}$$

$$\omega^2-\omega_0^2=2\alpha(\theta-\theta_0) \tag{4-8}$$

至于描述刚体定轴转动的这些角量，它们与刚体内各个点运动的位移、速度和加速度等线量的关系（见图 4-3）仍可依照式（1-40）~式（1-42）表示成

$$v=r\omega \tag{4-9}$$

$$a_{\mathrm{n}}=\frac{v^2}{r}=r\omega^2 \tag{4-10}$$

$$a_{\mathrm{t}}=r\alpha \tag{4-11}$$

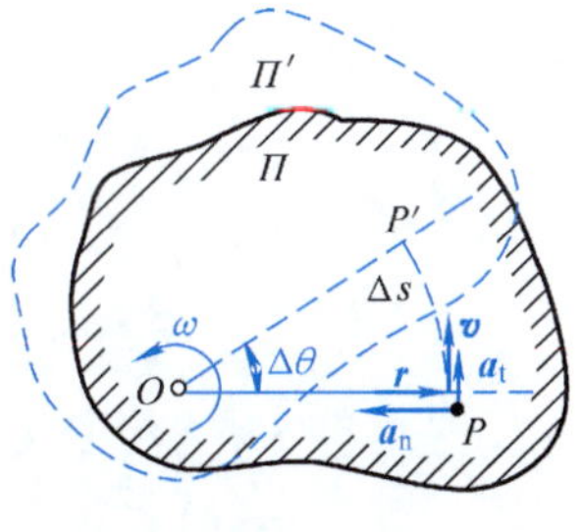

图 4-3　定轴转动刚体内一点运动的线量描述

式中，r 为刚体内一点相对于转轴的位矢 $\boldsymbol{r}$ 的大小.

考虑到刚体的定轴转动只有逆时针和顺时针两种转向，一般规定：俯视转轴 z 所规定的正向时，刚体沿逆时针转动，则角量 θ、$\Delta\theta$、ω 和 α 皆取正值，而沿顺时针转动，则皆取负

值. 当然，这也并非绝对的，有时根据问题的情况和需要，也可取顺时针转向的各角量为正值. 于是，在计算时，我们就可把描述刚体定轴转动的这些角量都视作标量（代数量）. 例如，当刚体加速转动时，α 与 ω 同号；减速转动时，α 与 ω 异号.

综上所述，刚体平动时，可借用质点运动规律来处理；刚体定轴转动时，其整体运动可用角量来描述.

思考题

4-1 (1) 刚体定轴转动的角坐标、角位移、角速度和角加速度等角量是如何表述的？并由此导出刚体绕定轴做匀变速转动的三个运动学公式.

(2) 若以逆时针转向为正，则下列各组不等式 $\theta>0$，$\omega<0$；$\theta<0$，$\omega>0$；$\alpha<0$，$\omega>0$；$\alpha<0$，$\omega<0$；$\alpha>0$，$\omega<0$ 分别表示刚体的什么运动情况？

(3) 当刚体以角速度 ω、角加速度 α 绕定轴转动时，刚体上距轴 r 处的一点，其加速度的大小和方向如何确定？

例题 4-2 如例题 4-2 图所示，卷扬机转筒的直径为 $d=40\text{cm}$，在制动的 2s 内，鼓轮的运动函数为 $\theta=-t^2+4t$. 式中，θ 以 rad 为单位，t 以 s 为单位. 绳端悬挂一重物 B，绳上方与鼓轮边缘相切于点 P；且绳与鼓轮之间无相对滑动. 求 $t=1\text{s}$ 时轮缘上点 P 及重物 B 的速度和加速度.

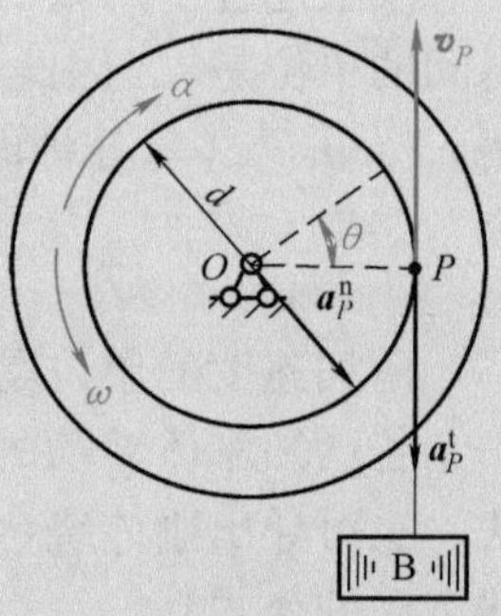

例题 4-2 图

解：按题设，鼓轮在制动过程中的角速度和角加速度分别为

$$\omega=\frac{d\theta}{dt}=\frac{d}{dt}(-t^2+4t)=-2t+4\text{rad}\cdot\text{s}^{-1}$$

$$\alpha=\frac{d\omega}{dt}=\frac{d}{dt}(-2t+4)=-2\text{rad}\cdot\text{s}^{-2}$$

当 $t=1\text{s}$ 时，由上两式可算得

$$\omega=2\text{rad}\cdot\text{s}^{-1},\ \alpha=-2\text{rad}\cdot\text{s}^{-2}$$

ω 与 α 异号，且 α 为恒量，表明转筒做匀减速转动，此时点 P 的速度、切向加速度和法向加速度的大小分别为

$$v_P=r\omega=[(0.4/2)\text{m}](2\text{rad}\cdot\text{s}^{-1})=0.4\text{m}\cdot\text{s}^{-1}$$

$$a_P^{t}=r\alpha=[(0.4/2)\text{m}](-2\text{rad}\cdot\text{s}^{-2})=-0.4\text{m}\cdot\text{s}^{-2}$$

$$a_P^{n}=r\omega^2=[(0.4/2)\text{m}](2\text{rad}\cdot\text{s}^{-1})^2=0.8\text{m}\cdot\text{s}^{-2}$$

点 P 的加速度大小为

$$a_P=\sqrt{(a_P^{t})^2+(a_P^{n})^2}=\sqrt{(-0.4\text{m}\cdot\text{s}^{-2})^2+(0.8\text{m}\cdot\text{s}^{-2})^2}=0.894\text{m}\cdot\text{s}^{-2}$$

方向可用与速度 $\boldsymbol{v}_P$ 所成的夹角 φ 表示，即

$$\varphi=\arctan\frac{a_P^{n}}{a_P^{t}}=\arctan\frac{r\omega^2}{r\alpha}=\arctan\frac{\omega^2}{|\alpha|}$$

$$=\arctan\frac{(2\text{rad}\cdot\text{s}^{-1})^2}{2\text{rad}\cdot\text{s}^{-2}}=\arctan 2=63.5°$$

由于绳与鼓轮之间无相对滑动，因此，绳在点 P 的速度和加速度，必定等于鼓轮轮缘上与点 P 相接触的那点的速度和加速度，并因绳无伸缩，因而重物 B 的速度和加速度分别等于轮缘上点 P 的速度和切向加速度，即

$$v_B = v_P = 0.4\mathrm{m \cdot s^{-1}},\ a_B = a_P^t = -0.4\mathrm{m \cdot s^{-2}}$$

4.2 刚体定轴转动的转动动能 转动惯量

4.2.1 刚体定轴转动的转动动能

刚体以角速度绕定轴 O 转动时，刚体内各质元具有不同的线速度. 如图 4-4 所示，设其中第 i 个质元的质量为 m_i，离转轴 O 的垂直距离为 r_i，其线速度大小 $v_i = r_i\omega$，相应的动能为 $m_iv_i^2/2 = m_ir_i^2\omega^2/2$. **整个刚体的转动动能就是刚体内所有质元的动能之和**，即

$$E_k = \frac{1}{2}m_1r_1^2\omega^2 + \frac{1}{2}m_2r_2^2\omega^2 + \cdots = \frac{1}{2}(m_1r_1^2 + m_2r_2^2 + \cdots)\omega^2$$
$$= \frac{1}{2}(\sum_i m_ir_i^2)\omega^2$$

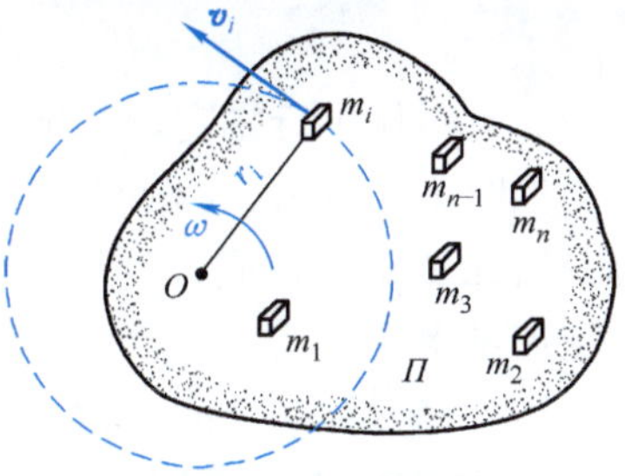

图 4-4 刚体定轴转动的转动动能计算用图

式中，$\sum_i m_ir_i^2$ 称为**刚体对给定轴的转动惯量** J，故上式可以写成

$$E_k = \frac{1}{2}J\omega^2 \tag{4-12}$$

即刚体绕定轴的转动动能等于刚体对此轴的转动惯量与角速度二次方的乘积的二分之一. 将物体转动动能 $J\omega^2/2$ 与物体的平动动能 $mv^2/2$ 相比较，也可发现物体的转动惯量 J 与物体平动时的质量 m 相对应，角速度 ω 与线速度 v 相对应.

4.2.2 刚体的转动惯量

从上述转动惯量的定义

$$J = \sum m_ir_i^2 = m_1r_1^2 + m_2r_2^2 + \cdots + m_ir_i^2 + \cdots \tag{4-13}$$

可知，**刚体对某一轴的转动惯量 J 等于构成此刚体的各质元的质量和它们分别到该轴距离的二次方的乘积之总和**，其单位为 $\mathrm{kg \cdot m^2}$，即千克二次方米.

一般刚体的质量可以认为是连续分布的，式（4-13）可写成积分形式

$$J = \iiint_m r^2 \mathrm{d}m \tag{4-14}$$

其中，r 为刚体质元 dm 到转动轴的垂直距离.

转动惯量是刚体转动惯性大小的量度. 根据转动惯量的定义，一个刚体的转动惯量的大小与刚体的总质量、质量的分布以及转轴的位置有关. 显然，不同质量、不同质量分布的刚体对同一转轴的转动惯量是不同的；而同一刚体相对于不同转轴，其转动惯量也不同. 所以，由转动惯量的定义可知，转动惯量具有叠加性，即：**对多个刚体组成的体系而言，相对于某一固定转动轴的转动惯量等于每个刚体对该转轴的转动惯量之和**，这就是**转动惯量的叠加原理**.

我们可以导出一个对不同轴的转动惯量之间的一般关系. 以 m 表示刚体的质量，以 J_C 表示它对于通过质心 C 轴的转动惯量，那么它对于与质心轴平行且相距为 d 的 z 轴的转动惯量为

$$J_z = J_C + md^2 \tag{4-15}$$

这一关系叫作**平行轴定理**. 证明如下：

如图 4-5 所示，x 轴与两平行转轴垂直并相交. 刚体上任选一质元 Δm_i，该质元到两转轴的距离分别为 r_i' 和 r_i，由余弦定理可得

$$r_i^2 = r_i'^2 + d^2 - 2dr_i'\cos\theta_i = r_i'^2 + d^2 - 2dx_i'$$

这里 x_i' 是质元 Δm_i 相对于质心 C 的 x 坐标值.

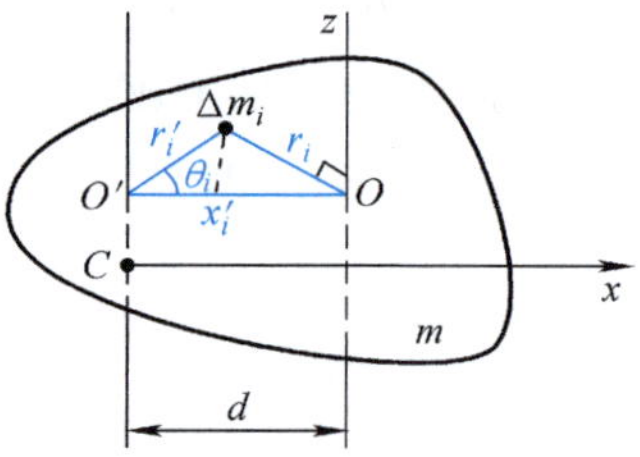

图 4-5 平行轴定理证明图

根据转动惯量的定义，可知质元 Δm_i 相对于 z 轴的转动惯量

$$J_z = \sum_i \Delta m_i r_i^2 = \sum_i \Delta m_i r_i'^2 + \sum_i \Delta m_i d^2 - \sum_i 2d\Delta m_i x_i'$$

上式第三项中 $\sum_i \Delta m_i x_i' = mx_C' = 0$，这是因为 x_C' 是质心相对于质心点 C 的坐标. 第一项就是相对于质心轴的转动惯量 J_C，第二项为 md^2，即

$$J_z = J_C + md^2$$

这正是式（4-15）.

几何形状简单、密度均匀（均质）的几种物体对不同转轴的转动惯量，见表 4-1.

表 4-1 几种常见物体对不同转轴的转动惯量

薄圆环 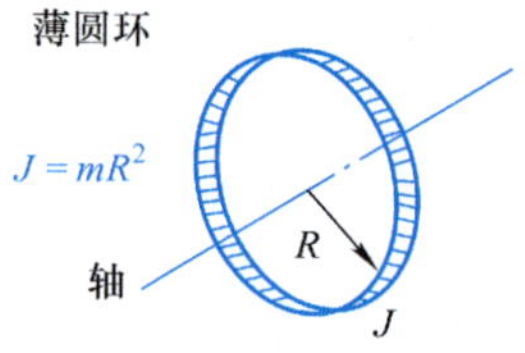 轴线通过中心、与环面垂直	圆环 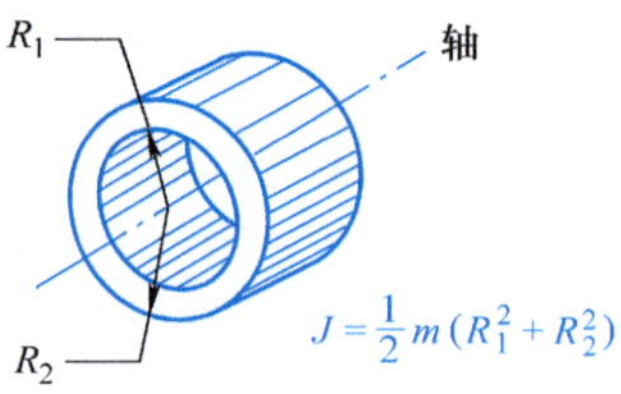 轴线通过中心、与环面垂直

（续）

薄圆盘或圆柱

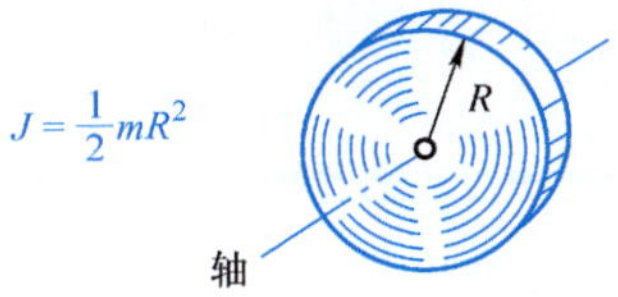

轴线通过中心，与盘面(或圆柱横截面)垂直

球体

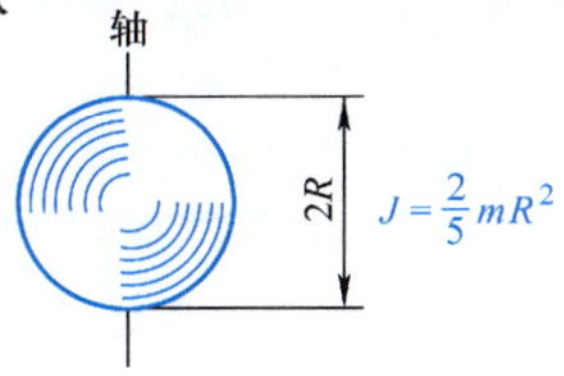

轴线沿直径

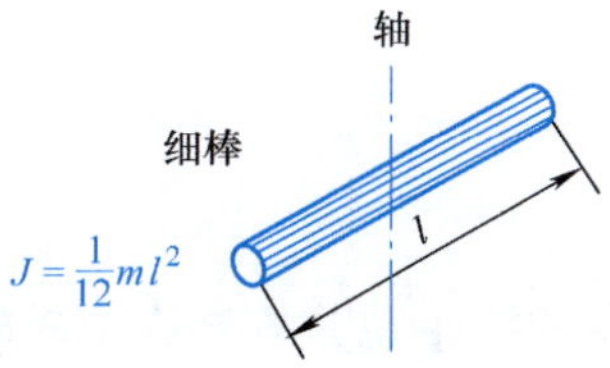

轴线通过中心、与棒垂直

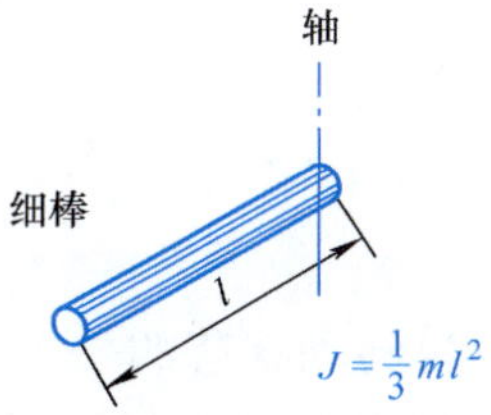

轴线通过端点、与棒垂直

从表 4-1 所列的公式可知，物体的转动惯量除与轴的位置有关以外，还与刚体的质量 m 有关. 在质量一定的情况下，转动惯量又与质量的分布有关，也即与刚体的形状、大小和各部分的密度有关. 例如，同质料的质量相等的空心圆柱体和实心圆柱体，对中心轴来说，前者的转动惯量比后者为大. 这是因为物体的质量分布离轴越远，即 r 越大，它的转动惯量也就越大. 所以制造飞轮时，常做成大而厚的边缘，借以增大飞轮的转动惯量，使飞轮转动得较为稳定.

在工程上，相应于刚体转轴的转动惯量 J，还定义刚体对转轴的**回转半径**，记作 r_G，即

$$r_G=\sqrt{\frac{J}{m}} \tag{4-16}$$

式中，m 为整个刚体的质量. 例如，半径为 R、质量为 m 的均质圆盘其转轴通过圆盘中心且垂直于盘面，则查表 4-1 知，圆盘对此轴的转动惯量为 $J=\frac{1}{2}mR^2$，其回转半径为

$$r_G=\sqrt{\frac{J}{m}}=\sqrt{\frac{mR^2/2}{m}}=\frac{R}{\sqrt{2}}$$

思考题

4-2 (1) 试述刚体转动惯量的含义和计算方法. 对于一个给定的刚体，它的转动惯量的大小是否一定?

(2) 设有两个圆盘是用密度不同的金属制成的，但重量和厚度都相同. 对通过盘心且垂直于盘面的轴而言，试讨论哪个圆盘具有较大的转动惯量.

4-3 一根长为 l 的刚性杆，在杆的两端和中心分别固定一个相同质量 m 的小物体. 如果取轴和杆垂直，并通过与杆一端相距为 1/4 的一点. 若杆的质量不计，如何求这个系统对该轴的转动惯量和回转半径?

4.3 力矩的功 刚体定轴转动的动能定理

4.3.1 力矩

如图4-6a所示，设刚体所受外力 $\boldsymbol{F}$ 在转动平面 Π 内，其作用点 P 与转轴相距为 r（相应的位矢为 $\boldsymbol{r}$），力的作用线与转轴的垂直距离为 d，叫作**力对转轴的力臂**. 若力 $\boldsymbol{F}$ 与位矢 $\boldsymbol{r}$ 的夹角为 φ，则 $d=r\sin\varphi$. 我们定义：**力的大小与力臂的乘积**称为**力对转轴的力矩**，记作 $\boldsymbol{M}$，则其大小为

$$M=Fd=Fr\sin\varphi \tag{4-17}$$

力矩是改变物体转动状态的一个物理量. 因此，开关门窗的把手总是安装在离转轴尽可能远的地方. 如果作用力的方向平行于转轴或通过转轴，那么纵然用很大的力也难以开、关门窗. 只有在转动平面内，且与转轴不相交的力才能改变物体的转动状态. 如果力 $\boldsymbol{F}$ 不在转动平面 Π 内（见图4-6b），我们可把 $\boldsymbol{F}$ 分解为两个分力：一个是平行于转轴的分力 $\boldsymbol{F}_{/\!/}$，它对刚体的转动不起作用；另一个是垂直于转轴而在转动平面内的分力 $\boldsymbol{F}_{\perp}$，它对刚体的转动有影响. 这时，在计算力 $\boldsymbol{F}$ 对转轴的力矩公式（4-17）中，$\boldsymbol{F}$ 应理解为 $\boldsymbol{F}_{\perp}$.

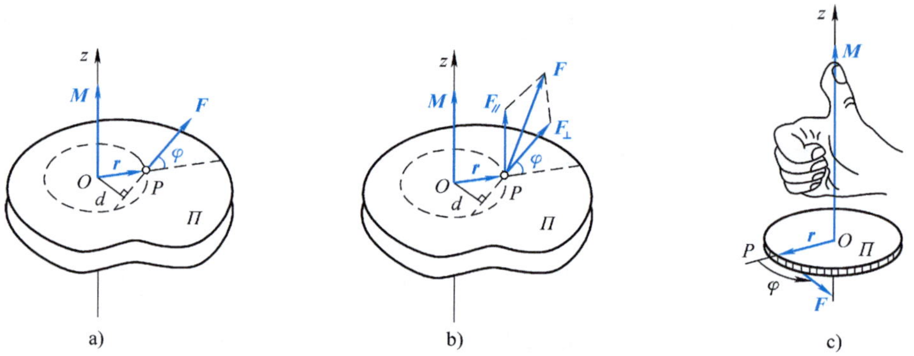

图4-6 力对转轴的力矩

a）力矩 b）力矩的计算 c）力矩矢量

力矩不仅有大小，也有方向，是一个矢量，记作 $\boldsymbol{M}$. 它的方向可用右手螺旋法则确定，即右手四指自 $\boldsymbol{r}$ 循小于180°角转向力 $\boldsymbol{F}$ 的方向时（见图4-6c），大拇指的指向就是 $\boldsymbol{M}$ 的方向. 按矢积定义，便可将式（4-17）表示成矢量形式，即

$$\boldsymbol{M}=\boldsymbol{r}\times\boldsymbol{F} \tag{4-18}$$

对定轴转动的刚体而言，力矩 $\boldsymbol{M}$ 的方向可画在转轴上. 由于沿转轴只有两个可能的方向，通常规定：若按右手螺旋法则判定的方向沿转轴 Oz 的正向，M 取正值；反之，取负值. 这时，力矩便可作为标量处理.

当有几个力同时作用于定轴转动的刚体上时（见图4-7），它们对转轴的力矩可以用效

果相同的一个对同轴的力矩来代替，这个力矩称为这几个力的**合力矩**. **由于力对定轴的力矩是标量，故对同一定轴而言，合力矩等于这几个力的力矩的代数和.**

如图4-7所示，读者可按力对轴的力矩定义式（4-17），求出刚体所受外力$\boldsymbol{F}_1$、$\boldsymbol{F}_2$、$\boldsymbol{F}_3$、$\boldsymbol{F}_4$、$\boldsymbol{F}_5$对Oz轴的力矩以及合外力矩为

$$\begin{aligned} M &= M_1 + M_2 + M_3 + M_4 + M_5 \\ &= -M_1 - M_2 + M_3 + 0 + 0 \\ &= -F_1 d_1 - F_2 d_2 + F_{3\perp} d_3 \end{aligned}$$

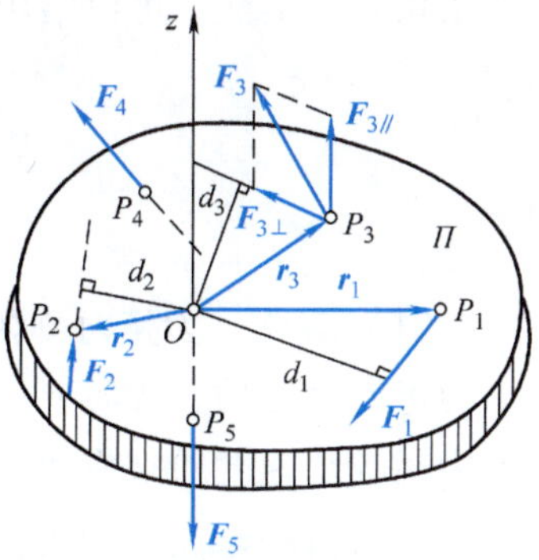

图4-7　几个力的合力矩

4.3.2　力矩的功

如图4-8所示，刚体在垂直于Oz轴的外力$\boldsymbol{F}$作用下转动. 力$\boldsymbol{F}$的作用点P离开轴的距离$OP=r$（相应的位矢为$\boldsymbol{r}$）. 经时间$\mathrm{d}t$后，刚体的角位移为$\mathrm{d}\theta$，位矢$\boldsymbol{r}$也随之扫过$\mathrm{d}\theta$角，使点P发生位移$\mathrm{d}\boldsymbol{r}$. 由于时间$\mathrm{d}t$很小，位移$\mathrm{d}\boldsymbol{r}$与点P沿圆周轨道移过的路程相重合，故位移$\mathrm{d}\boldsymbol{r}$的大小$|\mathrm{d}\boldsymbol{r}|=\mathrm{d}s=r\mathrm{d}\theta$，位移$\mathrm{d}\boldsymbol{r}$的方向与$OP$相垂直. 按功的定义，力$\boldsymbol{F}$在这段位移中所做的**元功**为

$$\begin{aligned} \mathrm{d}A &= \boldsymbol{F} \cdot \mathrm{d}\boldsymbol{r} = F|\mathrm{d}\boldsymbol{r}|\cos\delta = F\cos\delta\mathrm{d}s \\ &= F\cos(90° - \varphi) r\mathrm{d}\theta = Fr\sin\varphi\mathrm{d}\theta \end{aligned}$$

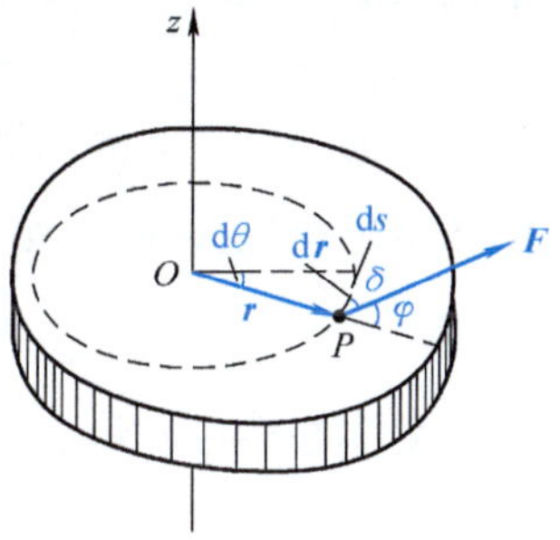

图4-8　力矩所做的功

式中，φ为$\boldsymbol{F}$与$\boldsymbol{r}$的正方向之间小于180°的夹角，而$Fr\sin\varphi$是作用于点P的力$\boldsymbol{F}$对Oz轴的力矩M，故上式可写成

$$\mathrm{d}A = M\mathrm{d}\theta \tag{4-19}$$

若刚体受到许多外力作用，这些外力在转动平面上的分力分别为$\boldsymbol{F}_1$，$\boldsymbol{F}_2$，…，$\boldsymbol{F}_n$，当刚体转过角位移$\mathrm{d}\theta$时，各力作用点的位矢皆扫过$\mathrm{d}\theta$角，而各外力的力矩做功的代数和就等于这些外力的合力矩所做的元功，即

$$\mathrm{d}A = \sum_i \mathrm{d}A_i = \sum_i M_i \mathrm{d}\theta = \left(\sum_i M_i\right)\mathrm{d}\theta = M\mathrm{d}\theta$$

式中，$M = \sum_i M_i = M_1 + M_2 + \cdots + M_n$为作用于刚体的合外力矩. 若刚体在合外力矩作用下转过θ角，则此力矩对刚体做功为

$$A = \int_0^\theta \mathrm{d}A = \int_0^\theta M\mathrm{d}\theta \tag{4-20}$$

若力矩M是恒定的，则式（4-20）成为

$$A = \int_0^\theta M\mathrm{d}\theta = M\int_0^\theta \mathrm{d}\theta = M\theta$$

由功率的定义，可以给出**力矩的瞬时功率**（简称**功率**）为

$$P=\frac{\mathrm{d}A}{\mathrm{d}t}=M\frac{\mathrm{d}\theta}{\mathrm{d}t}=M\omega \tag{4-21}$$

式（4-21）表明，**力矩对刚体定轴转动所做的功，其功率等于力矩与角速度的乘积**.

力矩所做的功，实质上仍是力所做的功. 只是在刚体转动的情况下，这个功在形式上表现为力矩与角速度的乘积而已. 力矩的功，其单位仍是 J.

4.3.3 刚体定轴转动的动能定理

我们说过，刚体是由无数个质元所组成的系统. 设在合外力矩 M 作用下，刚体绕定轴转动的角速度自 ω_1 变为 ω_2. 在此过程中，按系统的动能定理：一切外力对系统所做的功与系统内各物体间一切内力所做的功的代数和，等于该系统动能的增量，其表达式见式（3-8）. 考虑到刚体内质元间保持距离不变，所有内力做功皆为零. 对定轴转动刚体来说，外力做功实质上就是外力矩所做的功，系统的机械能就是刚体的转动动能 E_k. 于是，刚体在转过角位移 $\mathrm{d}\theta$ 的元过程中应有如下的关系，即

$$\mathrm{d}A=\mathrm{d}E_\mathrm{k} \tag{4-22}$$

当刚体在转过 θ 角的过程中，角速度自 ω_1 变到 ω_2，对式（4-22）积分，有

$$A=\int_\theta \mathrm{d}A=\int_{\omega_1}^{\omega_2}\mathrm{d}\left(\frac{1}{2}J\omega^2\right)$$

即

$$A=\frac{1}{2}J\omega_2^2-\frac{1}{2}J\omega_1^2 \tag{4-23}$$

式（4-23）表明，**合外力矩对刚体所做的功等于刚体转动动能的增量**. 称为**刚体定轴转动的动能定理**.

当定轴转动的刚体受到阻力矩的作用时，由于阻力矩与角位移的转向相反，阻力矩做负功，由式（4-23）可知，转动动能的增量为负值；或者说，定轴转动的刚体克服阻力矩做功，它的转动动能就减少. 在这种情况下，刚体的转动角速度也就逐渐减慢下来，最终停止转动.

上述对单个刚体定轴转动的动能定理可推广到定轴转动的刚体与其他质点所组成的系统，这时，式（4-23）可写成

$$A=E_{\mathrm{k}2}-E_{\mathrm{k}1} \tag{4-24}$$

式中，A 表示作用于系统所有外力（及外力矩）做功的代数和；$E_{\mathrm{k}1}$ 和 $E_{\mathrm{k}2}$ 分别表示系统在始、末状态的总功能（即系统内所有的刚体转动动能和质点平动动能之和）.

例题 4-3　如例题 4-3 图所示，在工厂车间或建筑工地中，为了省力，起重时常使用差动滑轮（俗称“神仙葫芦”），首尾环接的链条嵌在半径为 R 和 r 的共轴定滑轮周缘的齿上. AB 段自由下垂，不着力. 工人若想拉住重量为 W 的重物，需在 CB 段的链条上施加多大的拉力呢？（动滑轮及链条的质量、轴承与滑轮间的摩擦均不计.）

解： 如例题 4-3 解答图所示，各段链条中的张力大小有如下关系：

$$F_1 = F_1' = F_2 = F_2'$$

而

$$F_2 = F_2' = \frac{W}{2}$$

且

$$F_3 = 0$$

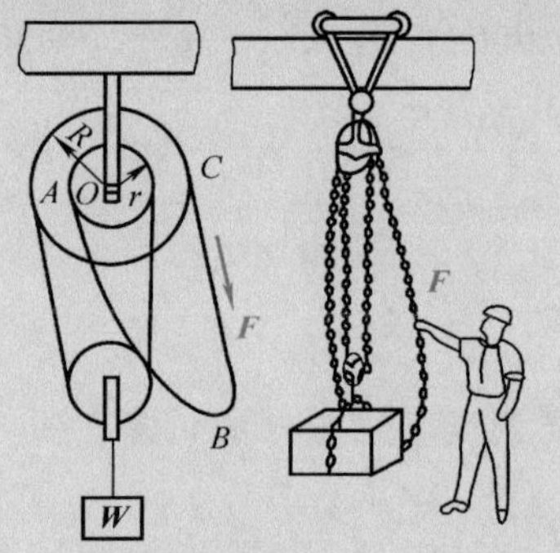

例题 4-3 图

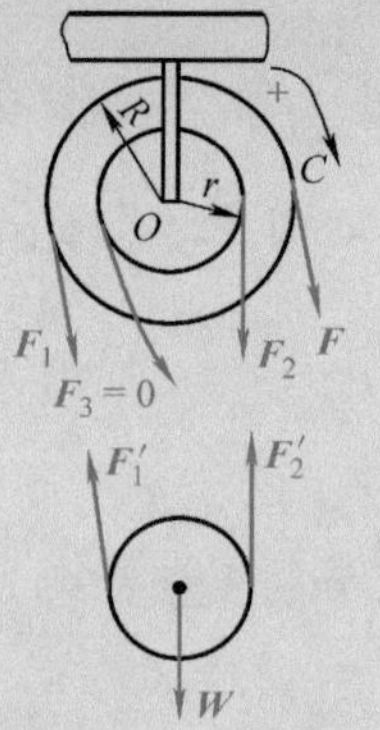

例题 4-3 解答图

按题意，系统处于对轴 O 的力矩平衡状态，取正转向如图所示，则

$$FR + F_2 r = F_1 R$$

从而得

$$F = W(R - r)/(2R)$$

思维拓展

4-2　合外力和合外力矩之间的关系如何？是否其中之一为零时，另一个也为零？合外力做功和合外力矩做功分别改变的是什么？

例题 4-4　如例题 4-4 图所示，一根质量为 m、长为 l 的均质直杆 OA 可绕通过其一端的轴 O 在竖直平面内转动，杆在轴承处的摩擦不计. 若让杆自水平位置自由释放，求直杆转到竖直位置时杆端 A 的速度.

解：首先分析杆 OA 所受的力．均质直杆受有重力 $\boldsymbol{W}=m\boldsymbol{g}$，作用于杆的重心（即中点 C），方向竖直向下，轴与杆之间由题设不计摩擦力，轴对杆的支承力 $\boldsymbol{F}_N$ 作用于杆和轴的接触面且通过点 O．在杆的下落过程中，支承力 $\boldsymbol{F}_N$ 的大小和方向是随时改变的，但对轴的力矩等于零，对杆不做功．

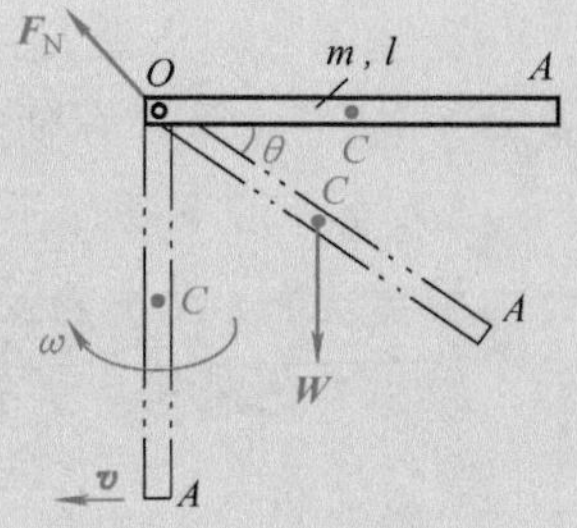

例题 4-4 图

由于在杆下落的过程中，重力 $\boldsymbol{W}$ 的力臂是变化的，所以重力的力矩是一个变力矩，由于它的大小等于 $mg(l/2)\cos\theta$，则杆转过一微元角位移 $\mathrm{d}\theta$ 时，重力矩所做的元功为

$$\mathrm{d}A=mg\frac{l}{2}\cos\theta\mathrm{d}\theta$$

而在杆从水平位置下落到竖直位置的过程中，重力矩所做的功为

$$A=\int_0^{\frac{\pi}{2}}\mathrm{d}A=\int_0^{\frac{\pi}{2}}mg\frac{l}{2}\cos\theta\mathrm{d}\theta=mg\frac{l}{2}$$

按题意，杆的初角速度 $\omega_1=0$，设杆转到竖直位置时的角速度为 $\omega_2=\omega$，根据刚体定轴转动的动能定理［式（4-23）］，有

$$mg\frac{l}{2}=\frac{1}{2}J\omega^2$$

式中，$J=\frac{1}{3}ml^2$（查表 4-1）．于是由上式解得杆转到竖直位置时的角速度为

$$\omega=\sqrt{3g/l}$$

这时，杆端速度的方向向左，大小为

$$v=l\omega=l\sqrt{\frac{3g}{l}}=\sqrt{3gl}$$

例题 4-5　如例题 4-5 图所示，压力机上装配一质量为 1000kg 的飞轮．今用转速为 $900\mathrm{r}\cdot\mathrm{min}^{-1}$ 的电动机通过带传动来驱动此飞轮，已知电动机的传动轴直径为 10cm．求：（1）飞轮的转动动能；（2）若压力机冲断 0.5mm 厚的薄钢片需用冲力 $9.8\times10^4\mathrm{N}$，并且所消耗的能量全部由飞轮提供，试问冲断钢片后飞轮的转速变为多大？

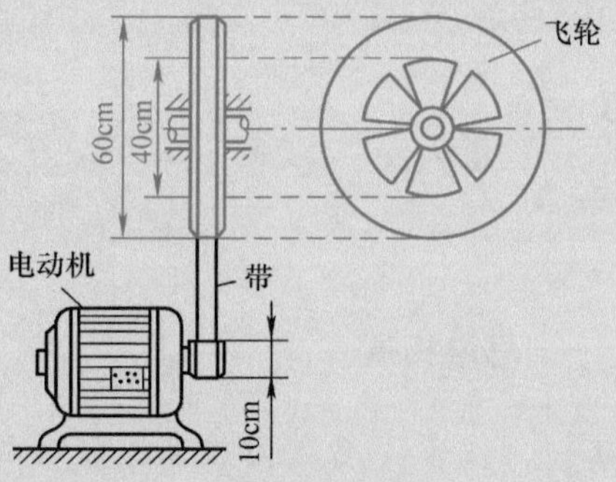

例题 4-5 图

解：（1）为了求飞轮的转动动能，需先求出飞轮的转动惯量 $\boldsymbol{J}$ 和转速 ω．由于飞轮的质量大部分分布在轮缘上，故可按图示尺寸，近似用圆筒的转动惯量公式（查表 4-1）来求，即

$$J=\frac{m}{2}\left(r_1^2+r_2^2\right)=\frac{1}{2}\times1000\mathrm{kg}\times\left[\left(\frac{0.6}{2}\mathrm{m}\right)^2+\left(\frac{0.4}{2}\mathrm{m}\right)^2\right]=65\mathrm{kg}\cdot\mathrm{m}^2$$

在带传动机构中，电动机的传动轴是主动轮，飞轮是从动轮．设两轮与带间无相对滑动，则两轮的转速 $n_{主}$、$n_{从}$ 与它们的直径 $d_{主}$、$d_{从}$ 成反比，即飞轮的转速为

$$n_{从} = n_{主}\frac{d_{主}}{d_{从}} = (900\text{r} \cdot \text{min}^{-1}) \times \frac{10\text{cm}}{60\text{cm}} = 150\text{r} \cdot \text{min}^{-1}$$

由此得飞轮的角速度

$$\omega = 2\pi n_{从} = \left(2 \times 3.14 \times \frac{150}{60}\right)\text{rad} \cdot \text{s}^{-1} = 15.7\text{rad} \cdot \text{s}^{-1}$$

于是，得飞轮的转动动能

$$E_{\text{k}} = \frac{1}{2}J\omega^2 = \frac{1}{2} \times 65\text{kg} \cdot \text{m}^2 \times (15.7\text{rad} \cdot \text{s}^{-1})^2 = 8011\text{J}$$

(2) 在冲断钢片过程中，冲力 $\boldsymbol{F}$ 所做的功为

$$A = Fd = 9.80 \times 10^4\text{N} \times 0.5 \times 10^{-3}\text{m} = 49\text{J}$$

这也是飞轮所消耗的能量. 此后，飞轮的能量变为

$$E'_{\text{k}} = E_{\text{k}} - A$$

这时飞轮的角速度 ω' 可由

$$\omega' = \sqrt{\frac{2E'_{\text{k}}}{J}} = \sqrt{\frac{2(E_{\text{k}} - A)}{J}}$$

决定；因而飞轮的转速变为

$$n'_{从} = \frac{60}{2\pi}\omega' = \frac{60}{2\pi}\sqrt{\frac{2(E_{\text{k}} - A)}{J}}$$

$$= \frac{30}{\pi}\sqrt{\frac{2 \times (8011 - 49)\text{J}}{65\text{kg} \cdot \text{m}^2}}$$

$$= 149.5\text{r} \cdot \text{min}^{-1}$$

计算表明，冲断钢片后飞轮的转速变化很小. 而后，飞轮借带在电动机传动下，仍可很快达到额定转速，从而保证冲床连续平稳地工作.

压力机在冲制钢板时，冲力有时可高达本例所给数据的数十倍甚至上百倍，若由电动机直接带动冲头，电动机是无法承受如此巨大负荷的. 中间配置飞轮的目的，就在于使运转的飞轮把能量以转动动能 $J\omega^2/2$ 的形式储存起来. 在冲制时，由飞轮带动冲头向下对钢板冲孔做功，把所储存能量的一部分释放出来，这样就可以极大减少电动机的直接负荷，使冲床能平稳地工作.

思考题

4-4 比较力和力矩所做的功和功率的表达式. 试导出刚体定轴转动的动能定理.

4.4 刚体定轴转动定律

在刚体定轴转动时，由式 (4-22)，将合外力矩对刚体所做的元功和刚体动能的增量代入，有

$$Md\theta = d\left(\frac{1}{2}J\omega^2\right) = J\omega d\omega$$

对上式两边同除以 dt，且因 $d\theta/dt = \omega$，$d\omega/dt = \alpha$，则

$$M = J\alpha \tag{4-25}$$

式（4-25）表明，**刚体绕定轴转动时，所受的合外力矩等于刚体对该轴的转动惯量与刚体在此合外力矩作用下所获得的角加速度的乘积**. 这一结论称为**刚体的定轴转动定律**. 与牛顿第二定律 $\boldsymbol{F} = m\boldsymbol{a}$ 相对照：力矩 $\boldsymbol{M}$ 对应于力 $\boldsymbol{F}$，它是刚体定轴转动状态变化的一个原因，转动惯量 J 对应于质量 m，反映了改变转动状态的难易程度；角加速度 α 对应于线加速度 $\boldsymbol{a}$，体现了力矩对刚体作用所产生的瞬时转动效果. 式（4-25）表述了刚体定轴转动的基本规律. 需要注意以下事项：

1）在刚体定轴转动中，角加速度 α 的方向沿着轴向，并恒与合外力矩 M 的方向一致，因此，式（4-25）为标量式.

> 若将角加速度 α 看作矢量，则按右手螺旋法则，α 沿轴向.

2）式（4-25）中的 M、J、α 都是对同一转轴而言的.

3）由式（4-25）得 $J = M/\alpha$，即刚体所受合外力矩 M 一定时，J 越大，α 越小，越难改变其角速度，从而越能保持其原来的转动状态；反之亦然. 这就是说，转动惯量 J 是量度刚体转动惯性的物理量.

4）转动定律表明了刚体在合外力矩作用下绕定轴转动的瞬时效应，即某时刻的合外力矩将引起该时刻刚体转动状态的改变，也即使刚体获得角加速度. 当合外力矩为零时，角加速度也为零，则刚体处于静止或匀角速转动状态. 若合外力矩为一恒量，则刚体做匀角加速转动.

章前问题解答

现在我们来分析本章开头提出的问题. 直升机的整体可近似看作一个刚体. 当直升机需要做直线运动时，直升机这个刚体的转动角加速度 $\boldsymbol{\alpha}$ 应当是接近于零的，这样才能保持刚体定轴转动的角速度 $\boldsymbol{\omega}$ 接近于零. 根据刚体的定轴转动定律：$\boldsymbol{M} = J\boldsymbol{\alpha}$. 当螺旋桨以角速度 $\boldsymbol{\omega}$（方向顺时针）转动时，直升机必然受到空气给予的方向相反的力矩 $-\boldsymbol{M}$（方向逆时针）. 由于合外力矩 $\boldsymbol{M}=0$ 不成立，需要提供一个大小为 $\boldsymbol{M}$、方向相反的力矩，使得合外力矩为零，从而使得角加速度 $\boldsymbol{\alpha}$、转动角速度 $\boldsymbol{\omega}$ 接近于零，保证直升机的直线运动.

思考题

4-5 如思考题 4-5 图所示，两条质量和长度皆相同的直棒 A、B，可分别绕通过中点 O 和左端 O' 的水平轴转动，设它们在右端都受到一个垂直于棒的力 $\boldsymbol{F}$ 作用，则它们绕各自转轴的角加速度 α_A 与 α_B 的关系为

(A) $\alpha_A = \alpha_B$；　　(B) $\alpha_A > \alpha_B$；

(C) $\alpha_A < \alpha_B$；　　(D) 不能确定.

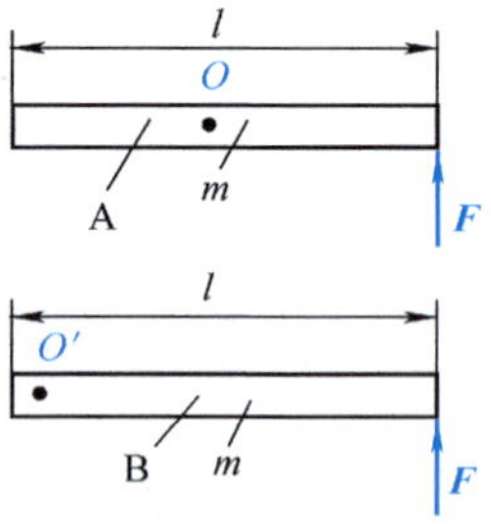

思考题 4-5 图

例题4-6　一细绳绕在质量为 m_0、半径为 R 的定滑轮（可视作均质圆盘）边缘，绳的下端挂一质量为 m 的重物A. 今将重物A自静止开始释放并带动滑轮绕轴 O 转动，这时，轴对滑轮的摩擦阻力矩为 M_f. 求重物下降的角加速度.

分析： 重物A下降时，绳的张力 $\boldsymbol{F}_T$ 对定轴 O 的力矩 $\boldsymbol{M}=\boldsymbol{F}_T R$ 将带动滑轮旋转，其角加速度 α 可用转动定律来求；而重物在下降时做平动，可用质点力学规律来处理.

解： 以地面为惯性参考系，考察本题中重物和滑轮的运动情况，为便于讨论，不妨选顺时针的转向和竖直向下的 Oy 轴作为正向.

滑轮的角加速度 α 为未知值，可设它沿顺时针转向，并设沿顺时针转向为正.

滑轮受重力 $\boldsymbol{W}_0=m_0\boldsymbol{g}$ 和转轴对它的支承力 $\boldsymbol{F}_N$，均作用于滑轮中心 O 处，对转轴的力矩皆为零. 滑轮还受到转轴对它作用的摩擦阻力矩 $\boldsymbol{M}_f$，它与滑轮的角加速度 α 反向；至于绳子对滑轮作用的拉力 $\boldsymbol{F}_T$，其方向向下.

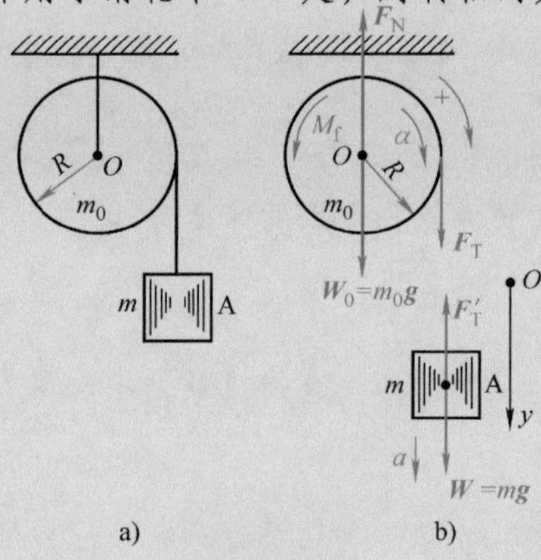

例题4-6图

重物A在重力 $\boldsymbol{W}=m\boldsymbol{g}$ 和绳子拉力 $\boldsymbol{F}'_T$ 作用下，竖直向下运动，设其加速度 $\boldsymbol{a}$ 的方向沿 Oy 轴正向，竖直向下.

据上所述，绘出以滑轮和重物A为隔离体的受力图（见例题4-6图b），按牛顿第二定律和转动定律，列出重物A和滑轮的运动方程为

$$-F'_T+mg=ma \tag{a}$$

$$F_T R-M_f=J\alpha \tag{b}$$

上两式中，有 F'_T、F_T、a 和 α 四个未知量，为此还需要列出两个方程，才能求解. 按牛顿第三定律和考虑到滑轮定轴转动的角量与线量的关系，在大小上有

$$F'_T=F_T,\quad a=R\alpha \tag{c}$$

联立式ⓐ~式ⓒ，便可解出

$$\alpha=\frac{mgR-M_f}{J+mR^2}$$

查表4-1，把 $J=m_0R^2/2$ 代入上式，得滑轮绕定轴 O 的角加速度为

$$\alpha=\frac{2(mgR-M_f)}{(m_0+2m)R^2}$$

例题4-7　如例题4-7图a所示，一细绳跨过质量为 $m_轮$、半径为 R 的均质定滑轮，一端与劲度系数为 k 的竖直轻弹簧相连，另一端与质量为 m 的物块B相连，物块B置于倾角为 θ 的斜面上. 开始时滑轮与物块B皆静止，而弹簧处于原长. 求物块B释放后沿斜面下滑距离 l 时的速度. 不计物块B与斜面间和滑轮与轴承间的摩擦.

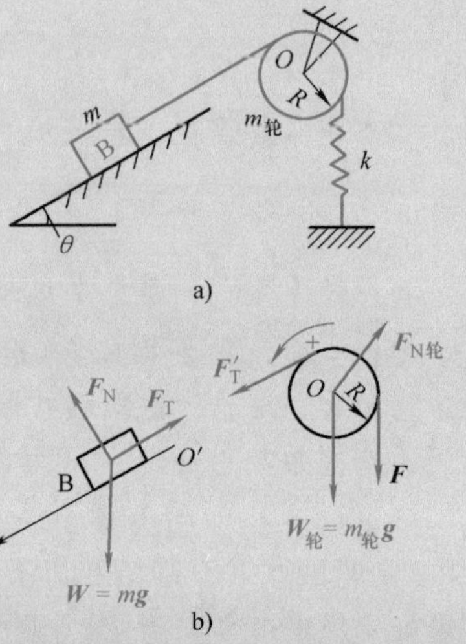

例题4-7图

解法一： 分析滑轮和物块B的受力情况，并分别规定正的转向和 $O'x$ 轴正向，如例题4-7图b所示. 按转动定律和牛顿第二定律沿 $O'x$ 轴的分量式，分别对滑轮

和物块 B 列出运动方程

$$F'_{\mathrm{T}}R-kxR=J\alpha \tag{a}$$

$$mg\sin\theta-F_{\mathrm{T}}=ma \tag{b}$$

及

$$a=R\alpha \tag{c}$$

且

$$F_{\mathrm{T}}=F'_{\mathrm{T}} \tag{d}$$

其中，滑轮对轴的转动惯量为 $J=m_{轮}R^2/2$，弹性力 $\boldsymbol{F}$ 的大小为 $F=|-kx|$（x 为弹簧伸长量），对上述方程ⓐ～ⓓ联立求解，得

$$a=\frac{2(mg\sin\theta-kx)}{m_{轮}+2m}$$

式中，$a=\mathrm{d}v/\mathrm{d}t=(\mathrm{d}v/\mathrm{d}x)(\mathrm{d}x/\mathrm{d}t)=v\mathrm{d}v/\mathrm{d}x$，代入上式，并分离变量然后积分，得

$$\int_0^v v\mathrm{d}v=\frac{2}{m_{轮}+2m}\int_0^l(mg\sin\theta-kx)\mathrm{d}x$$

由此可求出滑块的速度为

$$v=\left[\frac{4(mgl\sin\theta-0.5kl^2)}{m_{轮}+2m}\right]^{1/2}$$

解法二：在物块 B 下滑距离 l 的过程中，按题意，应用质点动能定理，有

$$mgl\sin\theta+\int_0^l F_{\mathrm{T}}\mathrm{d}x\cos180°=\frac{1}{2}mv^2-0 \tag{a}$$

式ⓐ左端为物块重力与绳子拉力做功的代数和. 当物块 B 下滑距离 x 时，滑轮转过角 $\beta=x/R$，故 $\mathrm{d}x=R\mathrm{d}\beta$；对滑轮转过角 β 的过程而言，重力 $\boldsymbol{W}_{轮}$ 和轴承支承力 $F_{\mathrm{N}轮}$ 通过中心 O，对滑轮的力矩为零，未做功；绳子拉力 $\boldsymbol{F}'_{\mathrm{T}}$ 和弹簧弹性力 $\boldsymbol{F}$ 对滑轮所做的功分别为

$$A_{F'_{\mathrm{T}}}=\int_0^\beta F'_{\mathrm{T}}R\mathrm{d}\beta=\int_0^l F_{\mathrm{T}}\mathrm{d}x$$

$$A_F=\int_0^\beta(kx)(R\mathrm{d}\beta)\cos180°=-\int_0^l kx\mathrm{d}x=-\frac{1}{2}kl^2$$

对滑轮应用定轴转动的动能定理，有

$$\int_0^l F'_{\mathrm{T}}\mathrm{d}x+\left(-\frac{1}{2}kl^2\right)=\frac{1}{2}J\omega^2-0 \tag{b}$$

把式ⓐ和式ⓑ相加，且因 $F_{\mathrm{T}}=F'_{\mathrm{T}}$，$J=m_{轮}R^2/2$，$R\omega=v$，化简后，得

$$v=\left[\frac{4(mgl\sin\theta-0.5kl^2)}{m_{轮}+2m}\right]^{1/2}$$

例题 4-8 一质量为 $m_0=60\mathrm{kg}$、半径为 $R=15\mathrm{cm}$ 的圆柱状均质鼓轮 A，往下运送一质量为 $m=40\mathrm{kg}$ 的重物 B（见例题 4-8 图 a）. 重物以匀速率 $v=0.8\mathrm{m\cdot s^{-1}}$ 向下运动. 为了使重物停止，用一摩擦式制动器 K 以正压力 $F_{\mathrm{N}}=1962\mathrm{N}$ 作用在轮缘上，制动器 K 与轮缘之间的摩擦系数为 $\mu=0.4$. 求制动开始后，重物的下降距离 h（不计其他摩擦）.

解：取鼓轮 A 为隔离体，它受重力 $\boldsymbol{W}_1=m_0\boldsymbol{g}$、轴的支承力 $\boldsymbol{F}_{\mathrm{N1}}$、制动器 K 的正压力 $\boldsymbol{F}_{\mathrm{N}}$ 与摩擦力 $\boldsymbol{F}_{\mathrm{f}}$、绳的拉力 $\boldsymbol{F}_{\mathrm{T}}$ 等五个力作用，设其角加速度为 α，如例题 4-8 图 b 所示. 若规定逆时针转向为正，则按刚体的定轴转动定律，可列出鼓轮的转动方程为

$$-F_{\mathrm{T}}R+F_{\mathrm{f}}R=J(-\alpha) \tag{a}$$

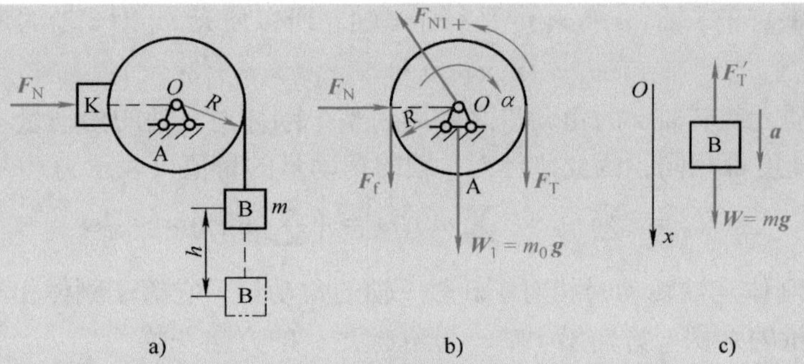

例题 4-8 图

重物 B 受重力 $\boldsymbol{W}=m\boldsymbol{g}$ 和绳的拉力 $\boldsymbol{F'}_{\mathrm{T}}(F'_{\mathrm{T}}=F_{\mathrm{T}})$ 作用，设其加速度为 $\boldsymbol{a}$，按所取的 Ox 轴正向（见例题 4-8 图 c），由牛顿第二定律，可列出物体的运动方程为

$$mg-F'_{\mathrm{T}}=ma \qquad ⓑ$$

再考虑刚体定轴转动的角加速度 α 与重物的平动加速度 a 的运动学关系

$$a=R\alpha \qquad ⓒ$$

又因

$$F_{\mathrm{f}}=\mu F_{\mathrm{N}} \qquad ⓓ$$

将 $J=MR^2/2$ 和 $F_{\mathrm{f}}=\mu F_{\mathrm{N}}$ 代入式ⓐ，联立求解式ⓐ ~ 式ⓓ，可得

$$a=\frac{mg-\mu F_{\mathrm{N}}}{0.5m_0+m}$$

代入题给数据，可算出 $a=-5.61\mathrm{m}\cdot\mathrm{s}^{-2}$；又由 $v^2-v_0^2=2ah$，且因 $v=0$，$v_0=0.8\mathrm{m}\cdot\mathrm{s}^{-1}$，便可解算出重物的下降距离为

$$h=-\frac{{v_0}^2}{2a}=\frac{-(0.8\mathrm{m}\cdot\mathrm{s}^{-1})^2}{2\times(-5.61\mathrm{m}\cdot\mathrm{s}^{-2})}=0.057\mathrm{m}$$

4.5　刚体定轴转动的角动量定理　角动量守恒定律

刚体的定轴转动定律 $M=J\alpha$ 表示出合外力矩对刚体作用的瞬时效应. 现在我们讨论合外力矩在一段时间内的累积效应.

4.5.1　角动量　冲量矩　角动量定理

当刚体绕 z 轴以角速度 ω 转动时，其内部的所有质元都绕 z 轴做圆周运动，如图 4-9 所示. 设其中第 i 个质元 m_i 对点 O 的位矢为 $\boldsymbol{r}_{i0}$，转动的线速度为 $\boldsymbol{v}_{i0}$. 对 z 轴上转动中心 O'_i 的位矢为 $\boldsymbol{r}_i$，则此质元对点 O 的角动量为

$$\boldsymbol{L}_i=\boldsymbol{r}_{i0}\times m_i\boldsymbol{v}_i=(\boldsymbol{R}_i+\boldsymbol{r}_i)\times m_i\boldsymbol{v}_i$$

其中，$\boldsymbol{R}_i$ 为 O'_i 对点 O 的位矢，$\boldsymbol{R}_i$ 垂直于 $\boldsymbol{r}_i$，将上式展开得到两项，即

$$\boldsymbol{L}_i=\boldsymbol{R}_i\times m_i\boldsymbol{v}_i+\boldsymbol{r}_i\times m_i\boldsymbol{v}_i$$

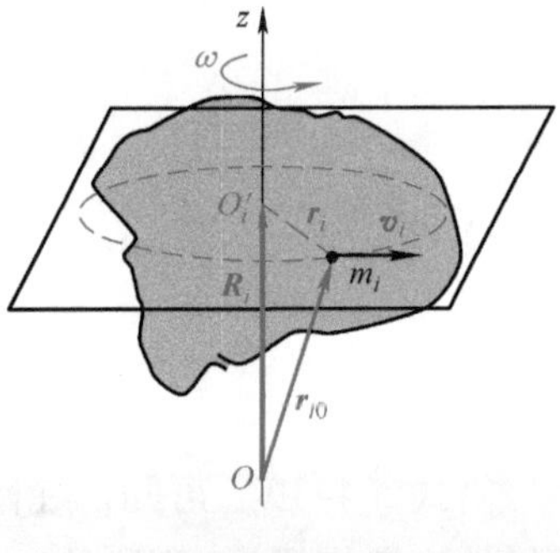

图 4-9　刚体对定轴的角动量 L

其中，$\boldsymbol{R}_i \times m_i \boldsymbol{v}_i$ 垂直于 z 轴，$\boldsymbol{r}_i \times m_i \boldsymbol{v}_i$ 平行于 z 轴. 所以质元 m_i 对 z 轴的角动量

$$L_{iz} = |\boldsymbol{r}_i \times m_i \boldsymbol{v}_i| = r_i m_i v_i = m_i r_i^2 \omega$$

显然，所有质元对转轴 z 的角动量之和即为整个刚体对 z 轴的角动量. 由于刚体上所有质元对 z 轴的角速度都相同，因此刚体对 z 轴的角动量的量值可表示为

$$L_z = \sum_i L_{iz} = \sum_i m_i r_i^2 \omega = \left(\sum_i m_i r_i^2\right)\omega = J\omega \tag{4-26}$$

式（4-26）就是刚体定轴转动时相对于转轴 z 轴的角动量，它等于刚体相对于该转轴的角速度和它的转动惯量的乘积. 方向沿 z 轴，与角速度 ω 的方向一致.

把刚体定轴转动定律 $M = J\alpha = J\dfrac{\mathrm{d}\omega}{\mathrm{d}t}$改写为

$$M = \frac{\mathrm{d}(J\omega)}{\mathrm{d}t} \tag{4-27}$$

设刚体在定轴转动的过程中，相应于时刻 t_1、t_2 的角速度分别为 ω_1 和 ω_2，则对式（4-27）积分，得

$$\int_{t_1}^{t_2} M\mathrm{d}t = J\omega_2 - J\omega_1 \tag{4-28}$$

式中，$\int_{t_1}^{t_2} M\mathrm{d}t$ 称为刚体在 $\Delta t = t_2 - t_1$ 时间内所受的**冲量矩**；$J\omega$ 称为**刚体对转轴的角动量**. 式（4-28）表明，**作用于定轴转动刚体上的冲量矩，等于在作用时间内刚体对同一转轴的角动量的增量**. 这一结论称为**刚体定轴转动的角动量定理**. 这一定理反映了作用于定轴转动的刚体所受合外力矩对时间的累积效应——冲量矩引起刚体角动量的改变.

在定轴转动情况下，角动量和冲量矩都沿轴向，可看成标量. 角动量的正、负取决于角速度的正、负；当力矩为恒量时，冲量矩 $\int_{t_1}^{t_2} M\mathrm{d}t = M(t_2 - t_1)$，即其正、负与力矩的正负相同.

角动量的单位是 $\mathrm{kg \cdot m^2 \cdot s^{-1}}$，冲量矩的单位为 $\mathrm{N \cdot m \cdot s}$.

演示实验——角动量守恒

4.5.2 角动量守恒定律

根据刚体定轴转动的角动量定理，若**刚体绕定轴转动时所受的合外力矩为零**，即

$$M = 0 \tag{4-29}$$

则由式（4-27），有$\dfrac{\mathrm{d}(J\omega)}{\mathrm{d}t} = 0$，或

$$J\omega = \text{恒量} \tag{4-30}$$

由式（4-30）可知，**在刚体做定轴转动时，如果它所受外力对轴的合外力矩为零（或不受外力矩作用），则刚体对同轴的角动量保持不变**. 这就是**刚体定轴转动的角动量守恒定**

律. 式（4-29）是这条定律的适用条件.

应用角动量守恒定律的几种情形如下：

1）由于单个刚体对定轴的转动惯量 J 保持不变，若所受外力对同轴的合外力矩 M 为零，则该刚体对同轴的角动量是守恒的，即任一时刻的角动量 $J\omega$ 应等于初始时刻的角动量 $J\omega_0$，也即 $J\omega = J\omega_0$，因而 $\omega = \omega_0$. 这时，物体对定轴做匀角速转动.

2）当物体定轴转动时，如果它对轴的转动惯量是可变的，则在满足角动量守恒的条件下，变化前、后的角动量之间的关系满足 $J\omega = J_0\omega_0$. 遂得 $\omega = (J_0/J)\omega_0$，因此，物体的角速度 ω 随转动惯量 J 的改变而变，但二者的乘积 $J\omega$ 却保持不变. 当 J 变大时，ω 变小；J 变小时，ω 变大. 例如，芭蕾舞演员表演时，如欲在原地绕其自身飞快旋转，需先伸开两臂以增大转动惯量 J_0，使其初始角速度 ω_0 较小；然后再将两臂突然收拢，使转动惯量 J 尽量减小，由于演员的重力和地面支承力沿竖直方向相互抵消，对轴的合外力矩为零，故演员的角动量守恒，从而获得较大的旋转角速度 ω.

3）若由几个物体（其中除了可视作刚体的物体外，也包括可视作质点的物体）所组成的系统绕一条公共的固定轴转动，则因系统的内力总是成对、共线的作用力和反作用力，它们对轴的合力矩的代数和为零，不影响系统整体的转动状态，因而在系统所受外力对公共轴的合外力矩为零的条件下，该系统对此轴的总角动量也守恒. 这时，将式（4-30）推广，可得**系统绕定轴转动的角动量守恒定律**的表达式为

$$\sum_i J_i\omega_i = \text{恒量} \tag{4-31}$$

思维拓展

4-3 跳水是一项优美的水上运动. 仔细观察会发现，运动员一般在空中开始做各种旋转或翻腾动作时，都会尽量把身体抱在一起. 入水时，又会把手臂和双腿伸直，这是为什么呢？

例题4-9 如例题4-9图所示，一水平均质圆形转台，质量为 $m_台$，半径为 R，绕铅直的中心轴 Oz 转动. 质量为 m 的人相对于地面以不变的速度 u 在转台上行走，且与轴的距离始终保持为 r. 开始时，转台与人均静止. 问转台以多大的角速度 ω 绕轴转动？

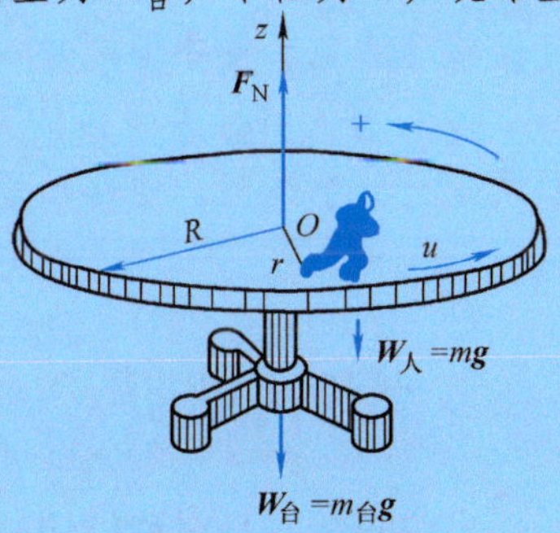

例题4-9图

分析：可将人和转台看作一个系统. 人行走时，人作用于转台的力和转台对人的反作用力都是系统的内力，系统所受的外力有：人和转台的重力 $W_人$ 和 $W_台$ 以及竖直轴对转台的支承力 $\boldsymbol{F}_N$，这些力的方向均与竖直轴平行，对轴的力矩均为零. 故该系统不受外力矩作用，它对 Oz 轴的角动量守恒.

解： 以地面为参考系，取逆时针转向为正. 转台的角速度 $\omega_台$ 是未知的，但其转向可假定为正（如计算结果为负，表明其实际转向与所假定的相反）；人到 Oz 轴的距离为 r，沿转台行走的速度，是相对于地面而言的，因此，人（可视作质点）相对于地面的角速度

为 $\omega_{人}=u/r$，设转台相对于地面转动的角速度为 ω. 按题设，走动前 $\omega_{人0}=\omega_{台0}=0$. 于是，按系统绕定轴转动的角动量守恒定律，有

$$0+0=\frac{1}{2}m_{台}R^2\omega+mr^2\frac{u}{r}$$

由此可求得转台的角速度为 $$\omega=-\frac{2mru}{m_{台}R^2}$$

负号表示转台的转动方向与假定的正方向相反.

例题 4-10 如例题 4-10 图所示，两轮 A、B 分别绕通过其中心的垂直轴同向转动，且此两轮的中心轴共线. 角速度分别为 $\omega_A=50\text{rad}\cdot\text{s}^{-1}$，$\omega_B=100\text{rad}\cdot\text{s}^{-1}$. 已知两轮的半径与质量分别为 $r_A=0.2\text{m}$，$r_B=0.1\text{m}$，$m_A=2\text{kg}$，$m_B=4\text{kg}$. 试求两轮对心衔接（即啮合）后的角速度 ω.

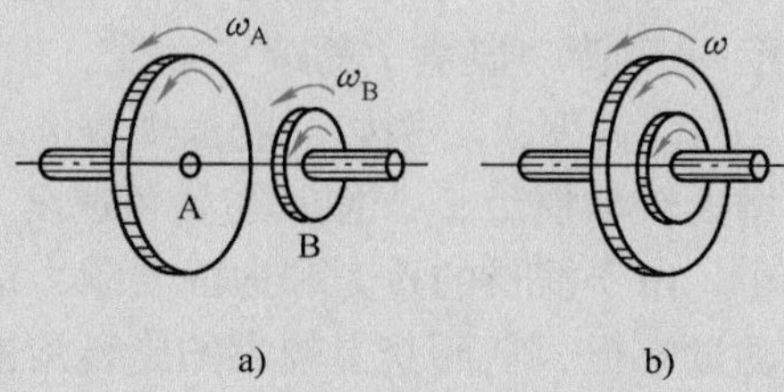

例题 4-10 图

解： 在衔接过程中，对转轴无外力矩作用，故由两轮构成的系统的角动量守恒，即衔接前两轮的角动量之和等于衔接后两轮的角动量之和. 可得

$$J_A\omega_A+J_B\omega_B=(J_A+J_B)\omega$$

得

$$\omega=\frac{J_A\omega_A+J_B\omega_B}{J_A+J_B}=\frac{m_Ar_A^2\omega_A/2+m_Br_B^2\omega_B/2}{m_Ar_A^2/2+m_Br_B^2/2}$$

$$=\frac{0.04\times50+0.02\times200}{0.04+0.02}\text{rad}\cdot\text{s}^{-1}=100\text{rad}\cdot\text{s}^{-1}$$

思考题

4-6 （1）试导出刚体定轴转动的角动量守恒定律，角动量守恒的条件，并讨论系统绕定轴转动的角动量守恒定律.

（2）有人将握着哑铃的两手伸开，坐在以一定角速度 ω 转动着的转椅上，摩擦不计. 如果此人把手缩回，使转动惯量减为原来的一半. 试问：角速度变为多少？

4.6 刚体的进动

当陀螺绕自身对称轴快速旋转时，有时会栏随着陀螺的摇头现象，即陀螺的自转轴绕垂直于地面的竖直轴旋转，扫出一个圆锥面. 这种**自旋物体的转动轴在空间转动的现象**称为**进动**，又称为**旋进**，如图 4-10a 所示. 下面利用角动量定理解释陀螺在重力矩作用下的进动.

陀螺绕自身轴转动的角动量为 $\boldsymbol{L}=J\boldsymbol{\omega}$，如图 4-10a 所示. 陀螺所受的对支点的外力矩为重力矩，即

$$\boldsymbol{M}=\boldsymbol{r}_c\times m\boldsymbol{g}$$

重力矩的方向垂直于 $\boldsymbol{r}_c$ 和 $m\boldsymbol{g}$ 组成的平面，顺着 $\boldsymbol{L}$ 的方向看去指向 $\boldsymbol{L}$ 的左侧，即垂直于纸面向里，如图 4-10b 所示. 根据刚体的角动量定理［式（4-27）］可知，在重力矩的作用下，在 $\mathrm{d}t$ 时间内陀螺对支点的自旋角动量 $\boldsymbol{L}$ 增量为

$$\mathrm{d}\boldsymbol{L}=\boldsymbol{M}\mathrm{d}t$$

其方向与重力矩 $\boldsymbol{M}$ 的方向一致，也指向 $\boldsymbol{L}$ 的左侧，并垂直于陀螺的自转轴，也就是垂直于 t 时刻角动量的方向，即 $\mathrm{d}\boldsymbol{L}\perp\boldsymbol{L}$. 所以，$\mathrm{d}\boldsymbol{L}$ 只改变 $\boldsymbol{L}$ 的方向而不改变其大小，于是，陀螺自转轴向纸面里偏转，即沿 $\mathrm{d}\boldsymbol{L}$ 方向转动，连续不断地向左偏转就形成了陀螺自转轴绕竖直轴 z 的转动，这就是进动现象，如图 4-10c 所示.

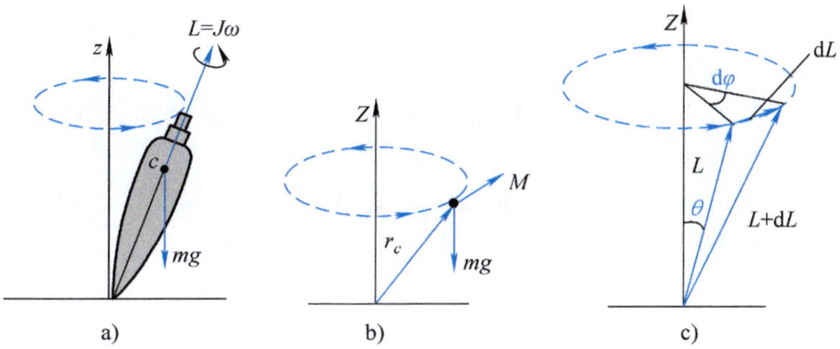

图 4-10　刚体的进动

由于陀螺自转轴绕竖直轴 z 转动（即进动），$\mathrm{d}t$ 时间内自转轴绕 z 轴转动的角度为 $\mathrm{d}\varphi=\dfrac{\mathrm{d}L}{L\sin\theta}$，相应的角速度叫作进动角速度，为

$$\Omega=\frac{\mathrm{d}\varphi}{\mathrm{d}t}=\frac{\mathrm{d}L}{L\sin\theta\mathrm{d}t}=\frac{M}{L\sin\theta}$$

进动现象在科学技术中有广泛的应用，如物质的磁性可以用电子在外磁场中的进动加以解释；炮弹和枪弹在飞行过程中受空气的阻力矩作用，会像手榴弹一样翻转前进，为了避免弹尾先触目标而不引爆，在炮膛和枪膛内壁都刻有螺旋形的来复线，使弹体射出后像陀螺一样高速旋转，空气阻力矩的作用只能使它进动而不致翻转；地球也存在进动，旋进周期为 25800 年.

4.7　理想流体力学简介

物质存在的状态有三种，即固体、液体和气体. 我们称液体和气体为**流体**，其特征是各部分之间可以发生相对移动，即**流动性**，因此流体没有固定的形状. 液体和气体间的差别是，液体有一定的体积，不易压缩；而气体没有确定的体积，压缩率较高. 这一章介绍流体（主要是液体）运动的宏观规律.

4.7.1　静止流体的压强

如图 4-11a 所示，容器内的流体处于静止状态，流体内部任何一部分都处于受力平衡状态. 选取边长分别为 $\mathrm{d}x$、$\mathrm{d}y$ 和 $\mathrm{d}z$ 的一个立方体体积元，其每个面上所受到的作用力一定垂直于这个面，否则两部分流体间有相对运动，与静止状态不符. 定义流体的**压强** p 为

$$p=\frac{\mathrm{d}F}{\mathrm{d}S}=\frac{\mathrm{d}F}{\mathrm{d}x\mathrm{d}y}\tag{4-32}$$

式中，$\mathrm{d}S=\mathrm{d}x\mathrm{d}y$，$\mathrm{d}y$ 为垂直纸面方向的边长，$\mathrm{d}F$ 为作用于 $\mathrm{d}S$ 面上的力. 压强是一个标量，

其国际单位为帕斯卡，简称帕（Pa）.

$$1\mathrm{Pa}=1\mathrm{N}\cdot\mathrm{m}^{-2}$$

图4-11b给出了这个体积元的受力情况，$\boldsymbol{G}$ 为重力. 设流体的密度为 ρ，则 $G=\rho g\mathrm{d}x\mathrm{d}y\mathrm{d}z$. 体积元处于受力平衡状态，在 x 方向，

$$p_A\mathrm{d}y\mathrm{d}z=p_B\mathrm{d}y\mathrm{d}z$$

可得 $p_A=p_B$，即在高度相等的同一水平线上压强相等；在 y 方向，

$$p_C\mathrm{d}x\mathrm{d}y+\rho g\mathrm{d}x\mathrm{d}y\mathrm{d}z=p_D\mathrm{d}x\mathrm{d}y$$

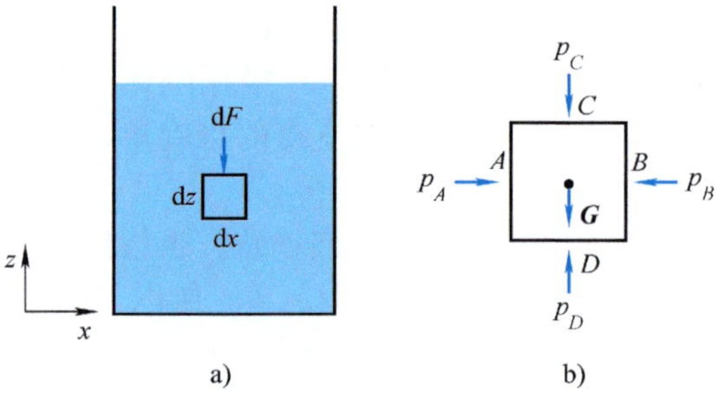

图 4-11
a）静止的流体 b）体积元的受力

可得 $p_C+\rho g\mathrm{d}z=p_D$. 若 C 和 D 的高度差为一有限值 Δz，考虑到液体很难压缩，其密度可看成常量，则

$$p_D=p_C+\rho g\Delta z$$

如果 C、D 的 z 坐标分别为 z_C 和 z_D，那么两点间压强的关系为

$$p_D=p_C+\rho g(z_C-z_D) \tag{4-33}$$

可见，重力场中静止流体两点间的压强只决定于其高度差 z_C-z_D. 根据式（4-33），若对流体某处施加压强 p_0，那么只要流体处于静止状态，其他各处的压强都会增加 p_0. 也就是说，这一压强将被均匀传遍整个流体，这就是**帕斯卡定律**.

思考题

4-7 油压千斤顶是一种起重装置，可以利用较小的力（如手臂）抬升起较重的物体. 思考题4-7图为其示意图，你能说明其工作原理吗？图中 $\boldsymbol{F}_1$、S_1 和 $\boldsymbol{F}_2$、S_2 分别为小活塞和大活塞上的力和相应的面积.

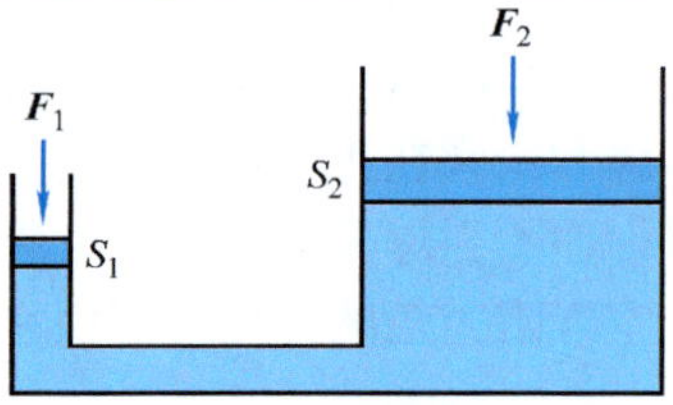

思考题 4-7 图

例题 4-11 长度均为 l 的水银柱和水柱放入U形管两侧，达到平衡，如例题4-11图所示. 已知水和水银的密度分别为 ρ_w 和 ρ_H，求水银和水分界面 A 以下水银柱的长度.

解： 如例题4-11图所示，A 和 B 与U形管底部 E 的高度差相等，两侧水银柱对称，故 A 和 B 两点压强相等. 又因为 C、D 两点压强相等，均为大气压强 p_0，所以左侧长为 l 的水柱与右侧长 Δl 的水银柱产生的压强相等，即

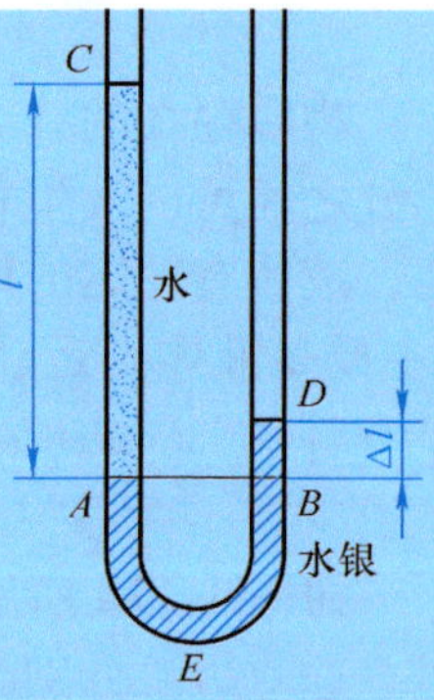

例题 4-11 图

$$\rho_w gl=\rho_h g\Delta l$$

$$\Delta l=\frac{\rho_w}{\rho_h}l$$

因此，分界面之下的水银柱长为

$$\Delta x=l-\Delta l=l-\frac{\rho_w}{\rho_h}l=\frac{\rho_h-\rho_w}{\rho_h}l$$

4.7.2　理想流体的连续性方程

日常生活中的流体，除了具有流动性以外，还具有一定的压缩性和黏性. 为了描述问题方便，可以暂不考虑流体的可压缩性和黏性. 这种**不可压缩、没有黏性的流体**称为**理想流体**. 显然，理想流体也是一种物理模型.

由于理想流体是不可压缩的，因而其密度 ρ 为常量，又因为理想流体没有黏性，所以在流动时各相邻流层之间不存在切向力（内摩擦力），其内部压强与静止流体内的压强具有相同的性质，即内部某点压强沿各个方向都相等.

描述流体的流动，可以选定其中的一些质元，观察其在外力作用下的运动，这是质点力学的方法. 更常用的方法是把流体作为一个整体来进行研究. 在某一时刻，流体中每一点（质元）都具有确定的流速，所有质元的速度矢量就构成了一个矢量场，称为**流速场**. 如果空间各点的流速只与位置有关，而与时间无关，则称为**稳定流动**，简称**稳流**. 反过来，如果各点流速只与时间有关，而与空间位置无关，则称为**均匀流动**.

用场线描述矢量场是常用的几何手段，如静电场中使用的电场线、磁场中使用的磁感应线等. 可以用**流线**描述流速场. **流线是流体内一些连续的有向曲线，在任意时刻，曲线上每一点的切线方向与该点流速方向一致**，如图 4-12 所示. 不同流线不能相交，因为对空间每一点来说，流速是确定的，只有一个方向. 应该注意，通常情况下，流线并不是流体中质元的运动轨迹. 但在稳定流动的情况下，流线的形状和分布不随时间变化，且与流体质元的运动轨迹相重合. 在流体内任取一封闭曲线（不是流线），经过它的流线围成一个管，称为**流管**，如图 4-13 所示. 由于流线之间不相交，流管内流体的速度没有穿出流管的分量，因此不会流到流管外；流管外的流体也一样，不能流到流管内. 对稳定流动，流管的形状不随时间变化，和真实管道类似.

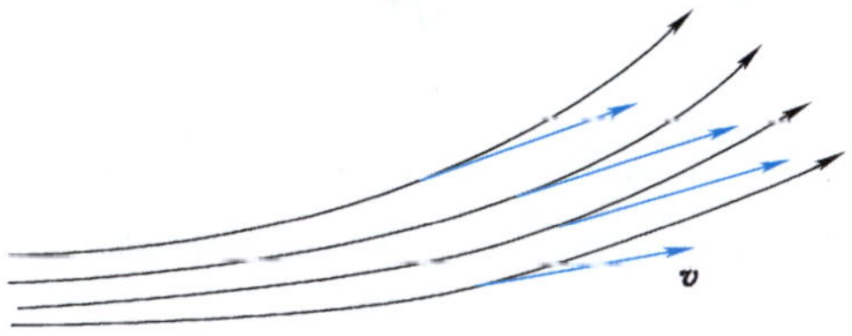

图 4-12　流线

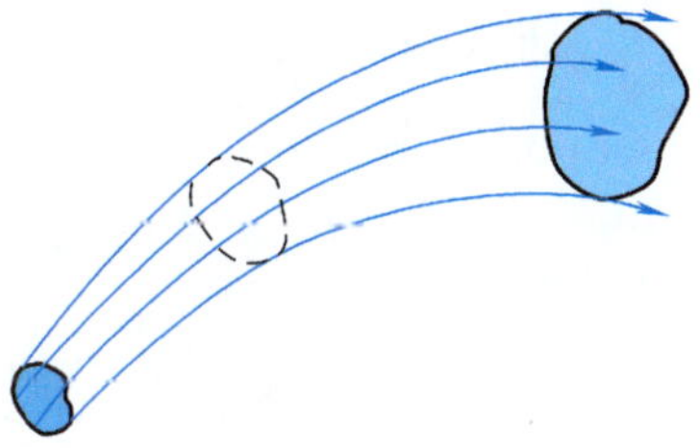

图 4-13　流管

考虑稳定流动流体的一根细流管，如图 4-14 所示. 两个垂直截面的面积分别为 $\mathrm{d}S_1$ 和 $\mathrm{d}S_2$，相应位置处流体的密度和流速分别为 ρ_1、v_1 和 ρ_2、v_2. 由于稳定流动的流体质量是守恒的，因此 $\mathrm{d}t$ 时间内从 $\mathrm{d}S_1$ 面流入流管的流体质量等于从 $\mathrm{d}S_2$ 面流出流管的流体质量，则有

$$\rho_1 v_1 \mathrm{d}t\mathrm{d}S_1 = \rho_2 v_2 \mathrm{d}t\mathrm{d}S_2$$

即

$$\rho v \mathrm{d}S = 常量 \tag{4-34}$$

对不可压缩流体，如理想流体，两端的密度相等，$\rho_1 = \rho_2$. 则有

$$v_1 \mathrm{d}S_1 = v_2 \mathrm{d}S_2$$

或者说，对于理想流体的稳定流动，任一流管的截面面积和速度满足

$$v\mathrm{d}S = 常量 \tag{4-35}$$

$v\mathrm{d}S$ 是单位时间内流过横截面面积为 $\mathrm{d}S$ 的流体的体积，称为**流量**. 流量的单位为 $\mathrm{m^3 \cdot s^{-1}}$.

如上所述，**理想流体做稳定流动时，同一流管中任意横截面通过的流量 $v\mathrm{d}S$ 为一常量**. 这一结论称为流体的**连续性原理**. 相应地，式（4-35）称为流体的**连续性方程**. 这一点在日常生活中经常能看到，如河流在河道变窄处变得湍急，而在河道变宽处流动平稳. 从水龙头流出来的水，下面比上面细，如图 4-15 所示.

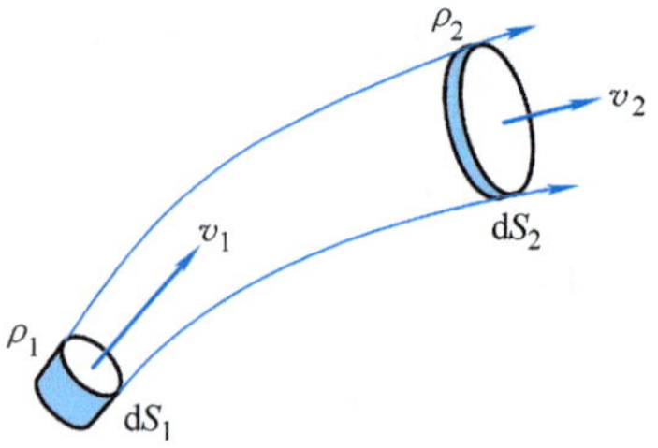

图 4-14　连续性原理

图 4-15　流体连续性原理

例题 4-12　例题 4-12 图所示为儿童玩具水枪的示意图，储水部分截面面积 S_1 远远大于喷嘴面积 S_2，如果大活塞的推进速度为 v_1，那么喷口处出射水流的速度 v_2 为多大？

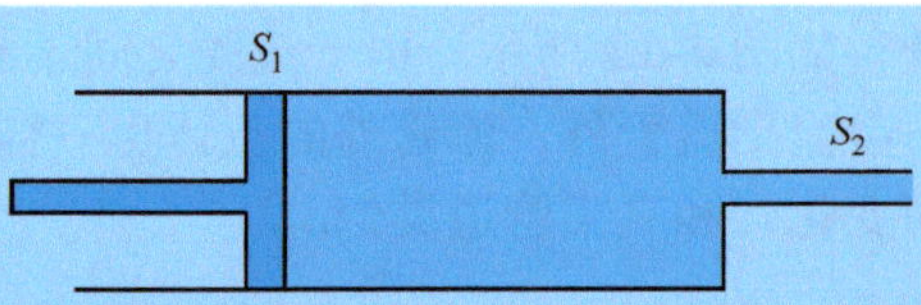

例题 4-12 图

解： 根据流体连续性原理，$v_1 S_1 = v_2 S_2$，可得

$$v_2 = \frac{S_1}{S_2} v_1$$

由于 $S_1 >> S_2$，因此可在喷口处获得非常高速的喷射水流.

4.7.3　理想流体的伯努利方程

对于重力场中理想流体的稳定流动，同一流线上各点的压强、速度和高度满足确定的关系，这就是**伯努利方程**，是瑞士数学家、物理学家丹尼尔·伯努利在 1738 年得到的.

演示实验——伯努利悬浮器

取稳定流动理想流体中的一段细流管，如图 4-16 所示. 观察截面 S_1 和 S_2 之间的一段流体，经过 Δt 时间之后，截面 S_1 向前移动了 Δl_1，S_2 移动了 Δl_2. 这个流动过程可以等效为：左侧体积为 $\Delta V_1 = S_1 \Delta l_1$ 的流体直接转移到了右侧，体积变为 $\Delta V_2 = S_2 \Delta l_2$，而中间部分流体状态保持不变. 由于理想流体不可压缩，有 $\Delta V_1 = \Delta V_2 = \Delta V$.

在流动过程中，外力对这段流体做的功等于其机械能的变化，也就是 ΔV_1 和 ΔV_2 流体的机械能之差. 设截面 S_1 和 S_2 处流体的流速分别为 v_1 和 v_2，质心高度分别为 h_1 和 h_2，则机械能分别为

$$E_1=\frac{1}{2}(\rho\Delta V)v_1^2+(\rho\Delta V)gh_1$$

$$E_2=\frac{1}{2}(\rho\Delta V)v_2^2+(\rho\Delta V)gh_2$$

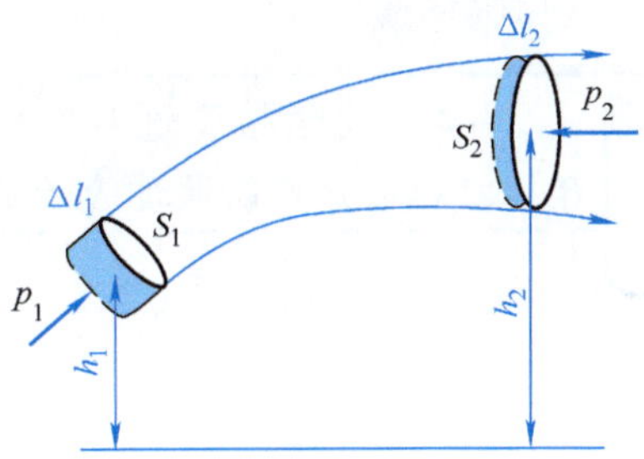

图 4-16　理想流体稳定流动的流管

外力对这段流体所做的功为

$$A=(p_1S_1)\Delta l_1-(p_2S_2)\Delta l_2=(p_1-p_2)\Delta V$$

由功能原理 $A=E_2-E_1$，得

$$(p_1-p_2)\Delta V=\rho g\Delta V(h_2-h_1)+\frac{1}{2}\rho\Delta V(v_2^2-v_1^2)$$

整理后，得

$$p_1+\rho gh_1+\frac{1}{2}\rho v_1^2=p_2+\rho gh_2+\frac{1}{2}\rho v_2^2 \tag{4-36}$$

或

$$p+\rho gh+\frac{1}{2}\rho v^2=常量 \tag{4-37}$$

式（4-36）和式（4-37）称为**伯努利方程**，给出了理想流体沿流线运动时的功能关系.

如果流速 $v_1=v_2=0$，则式（4-36）变为

$$p_1=p_2+\rho g(h_2-h_1)$$

就回到了式（4-33）. 可见，流体静力学是流体动力学的特例. 如果流线是水平的，那么 $h_1=h_2$，式（4-36）变为

$$p_1+\frac{1}{2}\rho v_1^2=p_2+\frac{1}{2}\rho v_2^2$$

即流速大的地方压强小，反之亦然.

思考题

4-8　如思考题4-8图所示，图中给出了水通过管子平稳的流动方向（即图中箭头方向）以及管子的形状. 请对标注了号的四段管子从大到小排列：(1) 流速；(2) 水压 p.

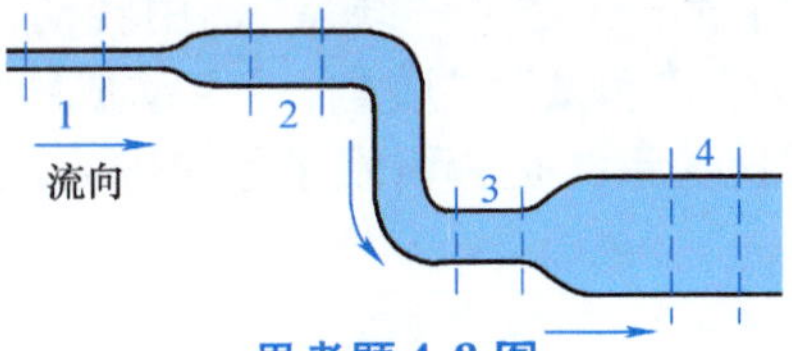

思考题4-8图

思维拓展

4-4 思维拓展题4-4图所示为一虹吸管，只要点B的位置比容器内水平面A低，容器内的水就可以通过管子从点B处流出. 试解释这种现象.

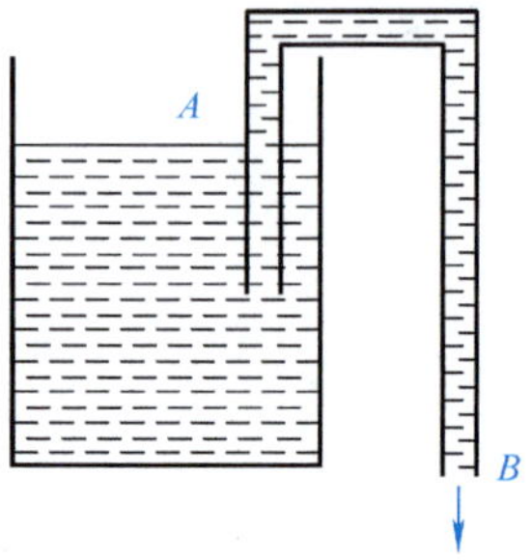

思维拓展4-4图

例题4-13 如例题4-13图所示，水桶侧面开一小孔，距水面为h，求小孔B处的水流速度. 图中p_0为大气压强.

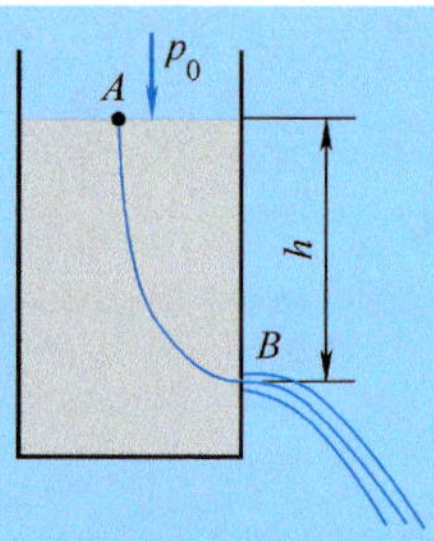

例题4-13图

解： 选取一流线，连接液面处点A和小孔B，根据伯努利方程，有

$$p_A+\frac{1}{2}\rho v_A^2+\rho g h_A=p_B+\frac{1}{2}\rho v_B^2+\rho g h_B$$

由于压强$p_A=p_B=p_0$，高度差$h_A-h_B=h$，速度$v_A\approx 0$，可得

$$\frac{1}{2}\rho v_B^2=\rho g h$$

因此

$$v_B=\sqrt{2gh}$$

这个关系是由托里拆利首先发现的，又称托里拆利定律.

章后感悟

在研究刚体整体的运动规律（即平动）时，引入了质心的概念，于是就有了与质点运动规律类似的质心运动定理、质心动量定理、质心动能定理. 在研究刚体的定轴转动时，用“角量”代替了“线量”，用转动代替平动，用“力矩”“角动量”“转动惯量”分别代替了“力”“动量”“质量”. 点动成线，线动成面，面动成体，您如何看待这种从分散到集中的类比关系？是否引发了您更深入的思考呢？

习题4

4-1 一砂轮在电动机驱动下，以1800r·min^{-1}的转速绕定轴做逆时针转动，如习题4-1图所示. 关闭电源后，砂轮均匀地减速，经时间$t=15$s而停止转动. 求：(1) 砂轮的角加速度α；(2) 到停止转动时，砂轮已转过的转数；(3) 关闭电源后 $t=10\text{s}$ 时，砂轮的角速度 ω 以及此时砂轮边缘上一点的速度和加速度. 设砂轮的半径为 $r=250\text{mm}$. (提示：先选定循逆时针转向的角量取正值) [**答**：(1) $-12.57\text{rad}\cdot\text{s}^{-2}$；(2) 225r；(3) $\omega=62.8\text{rad}\cdot\text{s}^{-1}$，$v=15.7\text{m}\cdot\text{s}^{-1}$，$a=9.88\times10^{2}\text{m}\cdot\text{s}^{-2}$，$\boldsymbol{a}$ 与 $\boldsymbol{v}$ 成夹角 $\varphi=90.18°$]

4-2　如习题4-2图所示，发电机的带轮A被汽轮机的带轮B带动. 已知A轮和B轮的半径分别为 $r_1=30\text{cm}$，$r_2=75\text{cm}$. 若汽轮机在起动后以恒定的角加速度 $0.8\pi\ \text{rad}\cdot\text{s}^{-2}$ 转动，且两轮与带间均无相对滑动发生. 问汽轮机起动后经几秒钟发电机做600r/min的转动？ [**答**：10s]

4-3　如习题4-3图所示，一磁带分别绕过半径为 $r_1=3\text{cm}$ 和 $r_2=5\text{cm}$ 的鼓轮Ⅰ、Ⅱ，磁带移动的速度在2s内自 $v_1=0.60\text{m}\cdot\text{s}^{-1}$ 匀加速地变为 $v_2=1.80\text{m}\cdot\text{s}^{-1}$，若磁带与鼓轮之间无相对滑动，求鼓轮Ⅱ的角加速度及鼓轮Ⅰ在2s内的转数. [**答**：$\alpha_{\text{Ⅱ}}=12\text{rad}\cdot\text{s}^{-2}$；$n_{\text{Ⅰ}}=12.73\text{r}$]

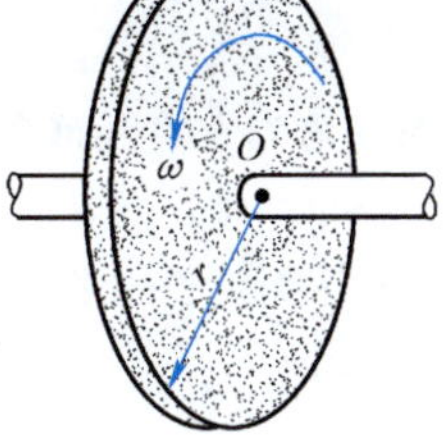

习题4-1图

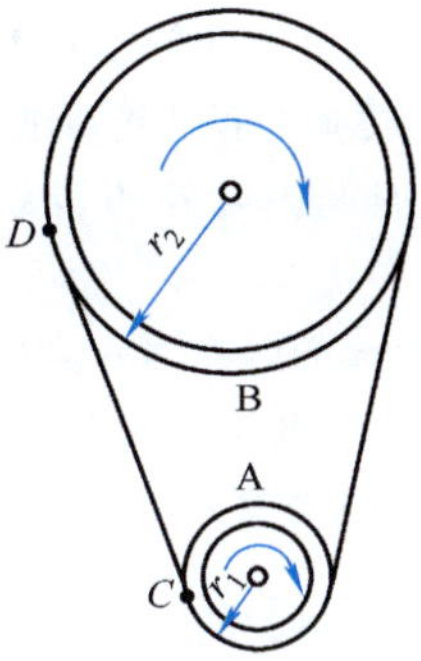

习题4-2图

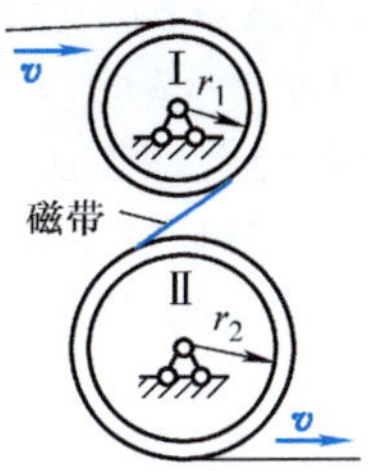

习题4-3图

4-4　假定地球是一均质球体，取地球半径为 $6.4\times10^{6}\text{m}$，质量为 $6.0\times10^{24}\text{kg}$. 求地球绕自转轴的转动动能. (球体绕自转轴的转动惯量可查表4-1) [**答**：$E_\text{k}\approx2.6\times10^{29}\text{J}$]

4-5　如习题4-5图所示，假设直升机的主螺旋桨可看成是由四根质量皆为36kg、长皆为3m的细长杆组成的，求它对中心轴 Oz 的转动惯量. [**答**：$I=432\text{kg}\cdot\text{m}^2$]

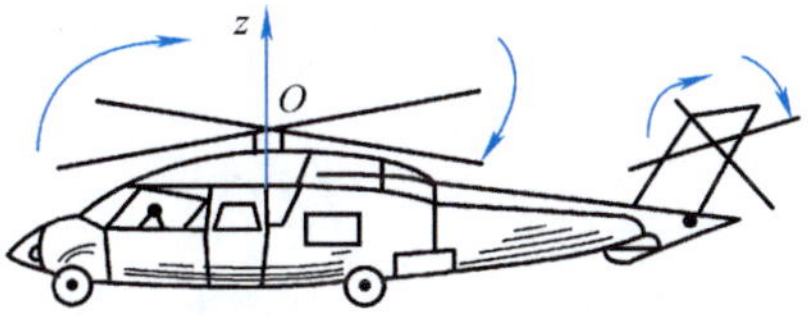

习题4-5图

4-6　一长为 a、宽为 b 的均质矩形薄平板，质量为 m，试证：

(1) 对通过平板中心并与长边平行的轴的转动惯量为 $mb^2/12$；

(2) 对与平板一条长边重合的轴的转动惯量为 $mb^2/3$.

4-7　如习题4-7图所示，半径为 R 的主动轮Ⅰ对轴 O_1 的转动惯量为 J_1，半径为 r 的从动轮Ⅱ对轴 O_2 的转动惯量为 J_2，两轮通过带传动. 若不计带的质量和一切摩擦，当主动轮Ⅰ以角速度 ω 转动时，试求整个系统的动能. [**答**：$E_\text{k}=[J_1+J_2(R/r)^2]\omega^2/2$]

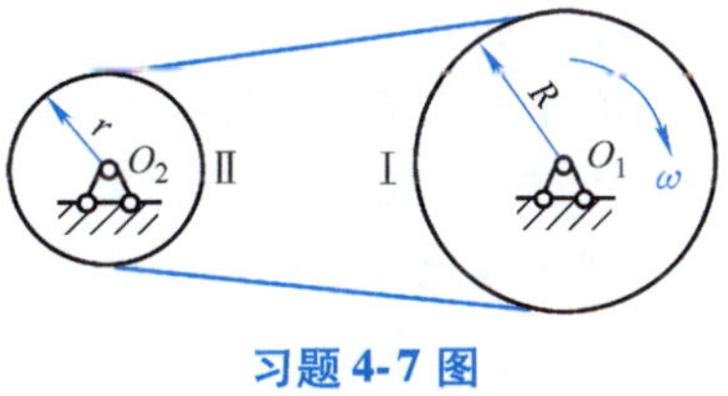

习题4-7图

4-8　一根长为 l、质量为 m 的均质细棒，其一端通过水平轴，竖直悬挂并可绕此轴在竖直平面内自由转动. 今推动它一下，若它在经过竖直位置时的角速度为 ω. 试求在摆动过程中，重心能升高多少？ [**答**：$\Delta h=\omega^2l^2/(6g)$]

4-9　如习题4-9图所示，传送机支承轮Ⅰ、Ⅱ的半径均为 r，质量均为 m，可视作均质圆柱. 在传送带上放置一袋质量为 m 的水泥. 今由电动机向支承轮Ⅰ提供一不变的力矩 M，使传送带自静止开始向上运动. 设传送带的倾角为 θ，并认为传送带与支承轮之间无相对滑动，其质量可不计. 求证：这袋水泥移动距离 l 时的速度为 $v=[l(M-mgr\sin\theta)/(mr)]^{1/2}$.

4-10　一螺旋桨在发动机驱动下，以转速 $1200\text{r}\cdot\text{min}^{-1}$ 做匀速转动，所受的阻力矩为 $8000\text{N}\cdot\text{m}$，为了保持螺旋桨正常运转，求发动机克服此阻力矩所需提供的功率. [**答**：1005kW]

4-11 如习题4-11图所示，长为 l 的均质细杆左端与墙用铰链A相连接，右端用一铅直细绳B悬挂，杆处于水平静止状态. 若绳B被突然烧断，求杆右端的加速度. ［答：$3g/2$］

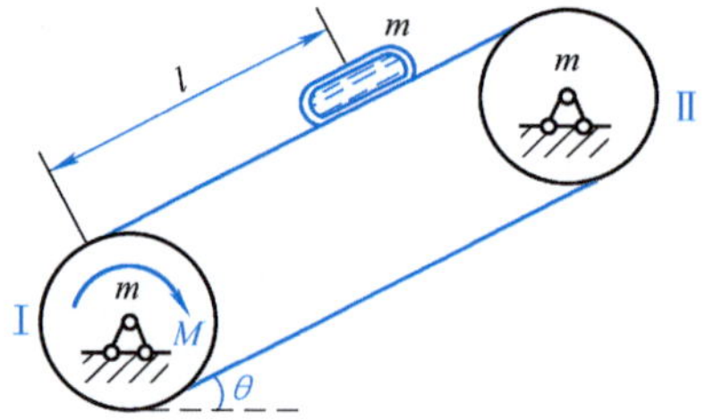

习题4-9图

习题4-11图

4-12 如习题4-12图所示，轴流式通风机的叶轮以初角速度 ω_0 绕轴 O 转动. 所受的空气阻力矩 $\boldsymbol{M}_r$ 与角速度 ω 成正比，即 $M_r=k\omega$，k 为比例恒量. 若叶轮对轴 O 的转动惯量为 J，试问经过多长时间叶轮的角速度减为初角速度的一半？并求这段时间内叶轮的转数. 轴与叶轮间的摩擦忽略不计. ［答：$t=(J\ln2)/k, n=J\omega_0/(4\pi k)$］

4-13 如习题4-13图所示，质量均为 m 的两物体A、B，其中A放在倾角为 θ 的斜面上，并与半径为 r_2 的小轮上的细绳相连接，B与半径为 r_1 的大轮上的细绳相连接. 大轮和小轮共轴，两者对轴 O 的总转动惯量为 J. 轮与细绳间无相对滑动，忽略所有摩擦力，当物体B下降时，求各条绳子的张力和物体A的加速度. ［答：$a_A=m(r_1-r_2\sin\theta)r_2g/(J+mr_1^2+mr_2^2)$；$F_{TA}=mg\sin\theta+\dfrac{m^2gr_2(r_1-r_2\sin\theta)}{J+mr_1^2+mr_2^2}$，$F_{TB}=mg-\dfrac{m^2gr_1(r_1-r_2\sin\theta)}{J+mr_1^2+mr_2^2}$］

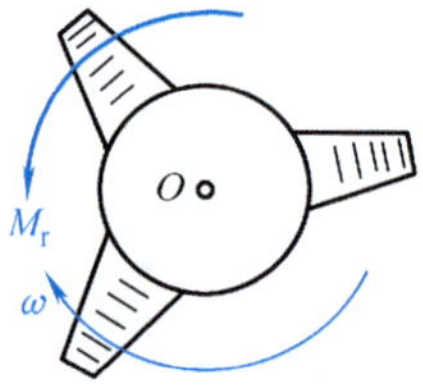

习题4-12图

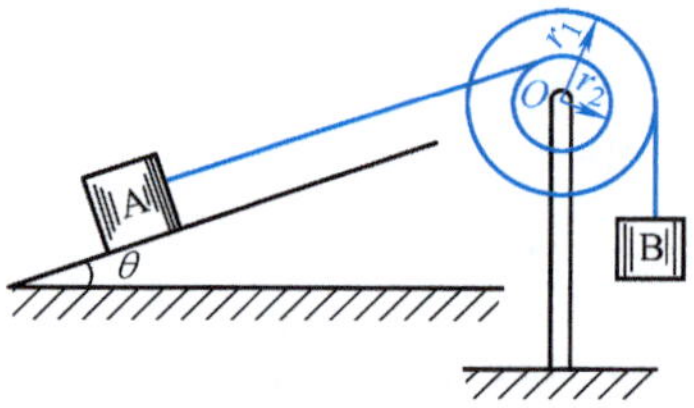

习题4-13图

4-14 如习题4-14图所示，两均质轮的半径分别为 R_1、R_2，质量分别为 m_1、m_2，两轮用张紧的带（质量不计）连接. 若在主动轮A上作用一外力矩 M，在被动轮B上具有摩擦力矩 M_f，并设带与轮之间无相对滑动. 求A轮的角加速度. ［答：$2(MR_2-M_fR_1)/(m_1+m_2)R_1^2R_2$］

4-15 如习题4-15图所示，一长为 $2l$ 的棒AB，其质量不计，它的两端牢固地连接着质量各为 m 的小球，棒的中点 O 焊结在竖直轴 Oz 上，并且棒与轴成 α 角. 若棒绕 Oz 轴（正向为铅直向上）以角速度 $\omega=\omega_0(1-e^{-t})$ 转动，其中，ω_0 为恒量，t 为时间. 求：(1) 棒与两球构成的系统在时刻 t 对 Oz 轴的角动量；(2) 在 $t=0$ 时刻系统所受外力对 z 轴的合外力矩. ［答：(1) $L=2ml^2\omega_0(1-e^{-t})\sin^2\alpha$；(2) $M=2ml^2\omega_0\sin^2\alpha$］

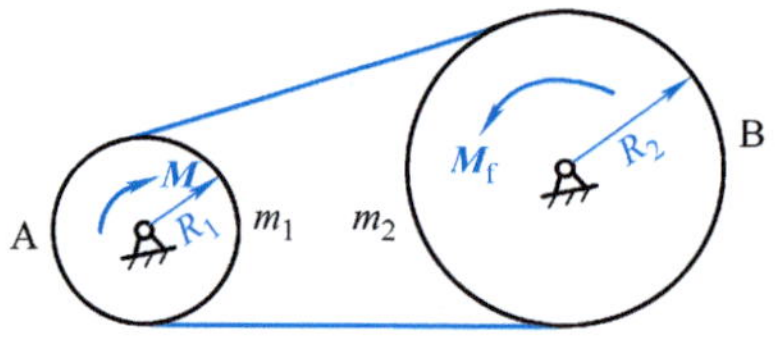

习题4-14图

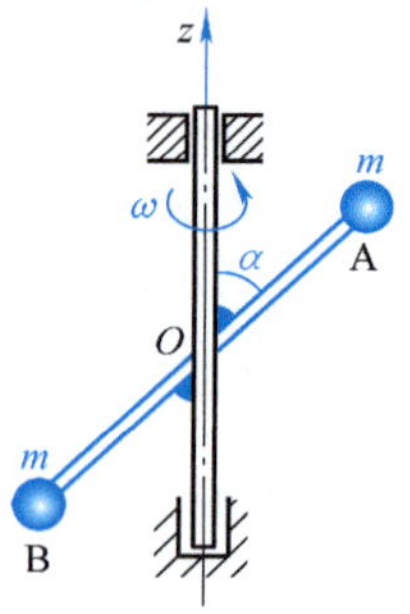

习题4-15图

4-16　如习题4-16图所示，一水平均质圆形转台的质量 $m_{盘}=200\text{kg}$、半径 $r=2\text{m}$，可绕经过中心的竖直轴转动．质量 $m=60\text{kg}$ 的人站在转台边缘．开始时，人和转台皆静止．如果人在台上以 $1.2\text{m}\cdot\text{s}^{-1}$ 的速率沿转台边缘循逆时针转向奔跑，求此时转台转动的角速度．设轴承对转台的摩擦力矩不计．［答：$-0.225\text{rad}\cdot\text{s}^{-1}$］

4-17　如习题4-17图所示，一长为 $l=0.40\text{m}$、质量为 $m'=1\text{kg}$ 的均质杆，竖直悬挂．试求：当质量为 $m=8\times10^{-3}\text{kg}$ 的子弹以水平速度 $v=200\text{m}\cdot\text{s}^{-1}$ 在距转轴 O 为 $3l/4$ 处射入杆内时，此杆的角速度．［答：$\omega=8.88\text{rad}\cdot\text{s}^{-1}$］

4-18　如习题4-18图所示，均质水平钢管 OP 的质量为 m_0，长为 $2l$．在管内的中点放置一质量为 m 的钢珠B，用长为 l 的细线连接于管端 O．设钢管与钢珠一起以匀角速度 ω_0 绕通过 O 端的竖直轴 Oz 在水平面内转动，若细线在某一时刻断掉，求钢珠飞离到管端 P 时钢管的角速度．［答：$\omega=(m_0+0.75m)\omega_0/(3m_0+m)$］

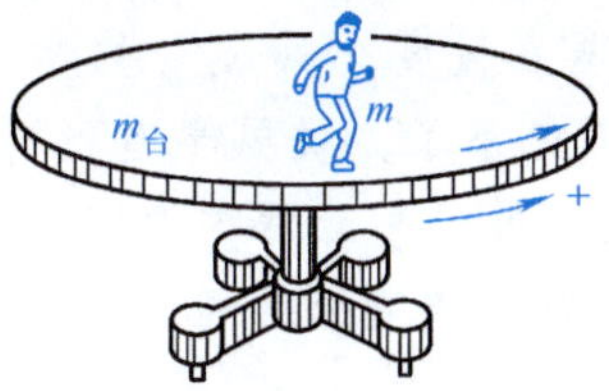

习题 4-16 图

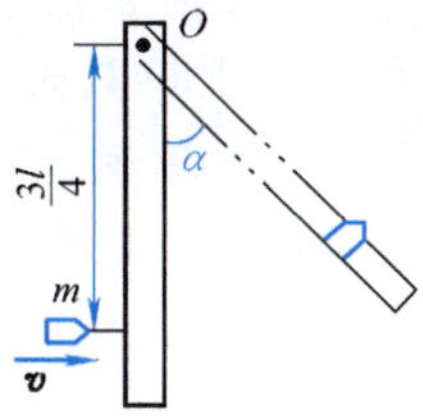

习题 4-17 图

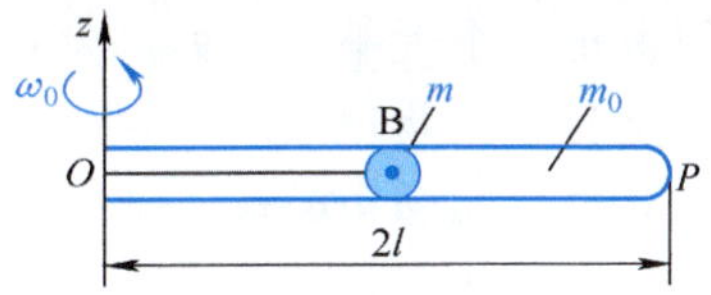

习题 4-18 图

4-19　设某恒星绕自转轴每45天转一周，其内核半径为 $2\times10^7\text{m}$，由于星体内大量物质喷入星际空间而使其内核坍缩成半径仅为 $6\times10^3\text{m}$ 的中子星．求中子星的自转角速度．设恒星在星际空间中所受外力矩可忽略不计，恒星坍缩前、后的内核皆可视作均质圆球．［答：$0.65\times10^{12}\text{rad}\cdot\text{s}^{-1}$］

4-20　如习题4-20图所示，装有水的容器以加速度 $\boldsymbol{a}$ 沿水平方向向右运动，求液面下点 B 和点 C 的压强．已知水的密度为 ρ．

［答：$p_B=p_0+\rho\sqrt{a^2+g^2}\,\overline{AB}$；$p_C=p_0+\rho g\,\overline{AC}$］

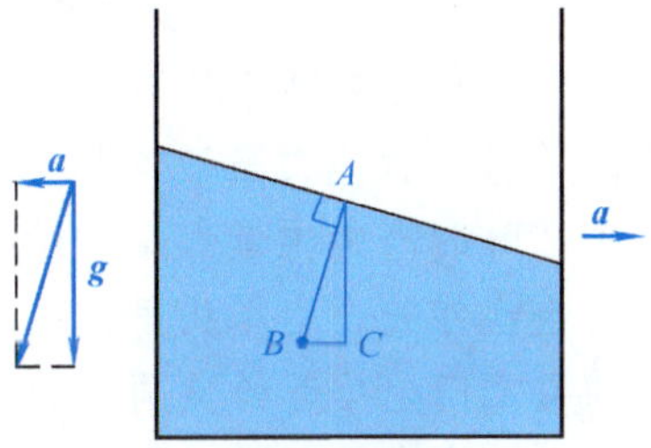

习题 4-20 图

4-21　长为 l 的密闭细玻璃管装满密度为 ρ 的理想流体，绕着一端 O 在水平面上做角速度为 ω 的圆周运动，求另一端 A 处的压强．

［答：$p_A=\frac{1}{2}\rho\omega^2l^2$］

4-22　消防水枪喷口的直径为2cm，最高可将水喷到6楼．如果想将水喷到9楼，试估计喷口的直径．忽略空气阻力．［答：1.81cm］

4-23　地面自来水管的直径为2cm，水流速度为0.5m/s，水压为300kPa．4楼住户的水龙头直径为1cm，距地面高度为10m．假设只有这一户用水，求水龙头处水的流速．［答：$14.2\text{m}\cdot\text{s}^{-1}$］

4-24　文丘里流量计是利用压强差测定流体流量的仪器，其结构如习题4-24图所示．流量计中粗管和细管的截面面积分别为 S_1 和 S_2．如果1、2两处液柱高度差为 h，试证明流体的体积流量为

$$Q=\sqrt{\frac{2gh}{\frac{1}{S_2^2}-\frac{1}{S_1^2}}}$$

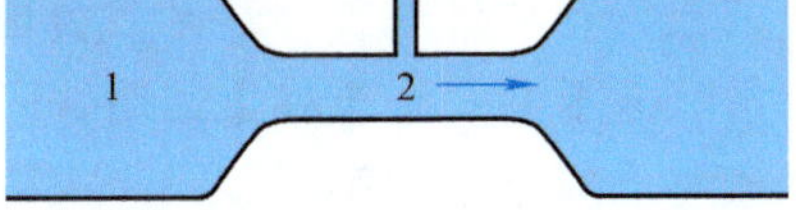

习题 4-24 图

科学家轶事

钱伟长——“我没有专业，祖国的需要就是我的专业.”

钱伟长被称为“万能”科学家，一生都在学习、研究，一直奉行为国而学的使命. 钱伟长曾深情地说：“我没有专业，祖国的需要就是我的专业.”

1935年，钱伟长毕业于清华大学物理系. 当初，他选择物理专业，不是因为专长，而是出于一个年轻学子的爱国之情. 考清华时，钱伟长的国文和历史特别出色，因此顺理成章地选择清华大学历史系. 挑好志愿的第二天，“九·一八”事变爆发了. 日本侵略者的铁蹄在一夜之间占领了我国东北三省，人民在硝烟与血泪中挣扎. 钱伟长和大多数青年一样，激起了“科学救国”的热情. 因此这个在文史上极具天赋、数理上极度“瘸腿”的学生，一夜之间做出一个近乎荒唐的决定：弃文从理，他说：我不读历史系了，我要学造飞机大砲，毅然决定转学到物理系. 第一学期对钱伟长来说是非常艰苦的，除学习正课和做实验外，还要自己补习英语和中学的一些理科知识，年终考试，钱伟长的各科成绩都达到了70分以上. 4年后，22岁的钱伟长以优异的成绩大学毕业.

1935年，他考取清华大学研究院和高梦旦奖学金，在导师吴有训的指导下做光谱分析. 1939年7月，中英文教基金会招考第七届公费留学生，钱伟长从3000多名考生中脱颖而出，以优异的成绩被录取，第二年1月，22名青年满怀壮志，告别了家乡亲人，乘船赴加拿大留学. 钱伟长进了多伦多大学应用数学系，跟随系主任、著名的应用数学家辛格教授(原籍爱尔兰，是英国皇家学会会员)，从事流体力学和弹性力学的学习、研究. 仅仅50天后，钱伟长与导师辛格合作，用微分几何与张量分析方法，给出了薄板薄壳非线性内禀方程，并以“板壳内禀理论”为题目的博士论文，刊登在著名教授冯·卡门60寿辰文集中，该论文集的论文作者都是赫赫有名的科学家，如爱因斯坦，铁木申柯等，此时28岁的青年博士生钱伟长，崭露头角，挤进了世界著名科学家行列，引起学术界的轰动. 辛格教授将自己的得意门生推荐给美国加州理工学院航空系系主任冯·卡门教授. 这位举世闻名的科学家，对曾在自己祝寿文集上发表论文的钱伟长，表示热烈欢迎. 钱伟长跟随冯·卡门教授做博士后，从事火箭、导弹的设计研究工作.

抗日战争胜利后，钱伟长立即向冯·卡门教授提出了回国请求，可是教授怎么也舍不得放这位精明强干的学生，最后，钱伟长提出要回国探望阔别6年的妻子和还未见过面的已6岁的孩子，冯·卡门教授无奈，只得放行，并再三叮嘱钱伟长：早点回来. 1946年5月6日，钱伟长踏上了归国的航程，为了不引人注意，钱伟长只带了简单的行李和一些书籍. 钱伟长回到了阔别多年的清华园，立即投入了艰苦紧张的复校工作，工作繁忙，教学任务很重，生活却非常艰苦. 这时，美国的研究所托人催促钱伟长回美工作，并承诺可以全家迁美定居，只要在一个表格上注明，一旦中美发生战争，绝对忠于美国. 钱伟长毫不犹豫地在那张表格上写下了“NO”.

归国后，钱伟长教授在教学和科研两方面同时并进，取得了许多举世瞩目的成就. 发表了大量的论著，现已出版有《圆薄板大扰度问题》《弹性力学》《变元法和有限元》《穿甲力学》《广义变分原理》《应用数学》等学术专著20余部，在国内外发表的学术论文200余篇.

“从义理到物理，从固体到流体，顺逆交替，委屈不曲，荣辱数变，老而弥坚，这就是他人生的完美力学，无名无利无悔，有情有义有祖国.”这是2010年钱伟长当选为“感动中国”年度人物时组委会给予他的评价，这也是他一生的真实写照. 钱伟长的一生都在超越自己，为了祖国的发展，他鞠躬尽瘁死而后已. 他认为，学习是一个持续的过程，只有不断学习、终身学习才能跟上时代的步伐. “活到老，学到老，做到老”是钱伟长的口头禅. 他说：“我36岁学力学，44岁学俄语，58岁学电池知识. 不要以为年纪大了不能学新知识，我学计算机是在64岁以后，我现在也研究计算机了，当然不像年轻人那么好，不过也吓不倒我.”

应用拓展

我国的北斗卫星导航系统

2020年7月31日，习近平总书记向全世界宣布北斗三号全球卫星导航系统正式开通，标志着北斗“三步走”发展战略圆满完成，北斗迈进全球服务新时代.

北斗卫星导航系统（以下简称北斗系统）是中国着眼于国家安全和经济社会发展需要，自主建设、独立运行的卫星导航系统，是为全球用户提供全天候、全天时、高精度的定位、导航和授时服务的国家重要空间基础设施，是除美国的全球定位系统（GPS），俄罗斯的GLONASS之后，全世界第三个成熟的卫星导航系统.

2020年6月23日，北斗三号最后一颗全球组网卫星在西昌卫星发射中心点火升空. 至此北斗三号全球卫星导航系统星座部署比原计划提前半年全面完成. 随着北斗系统建设和服务能力的发展，已全面服务交通运输、公共安全、救灾减灾、农林牧渔、城市治理等行业，融入电力、金融、通信等国家核心基础设施建设. 10年来我国卫星导航与位置服务产业总体产值年均增长20%以上，2019年达到3450亿元，较2018年增长14.4%. 北斗在中欧班列运输、京张高铁建设运营、民用航空等方面得到应用，基于北斗的高精度服务在抗击新冠疫情和南方水灾中发挥积极作用，正在加速进入新基建，与新一代通信、区块链、物联网、人工智能等新技术深度融合，北斗应用新模式、新业态、新经济不断涌现.

北斗已是联合国认可的四大全球卫星导航系统之一. 与美国、俄罗斯、欧盟卫星导航的兼容与互操作及系统间合作持续深化. 相继进入民航、海事、搜救卫星、移动通信等多个国际组织，多个支持北斗系统的国际标准已发布. 目前，北斗相关产品已出口120余个国家和地区，向亿级以上用户提供服务，基于北斗的国土测绘、精准农业、数字施工、智慧港口等已在东盟、南亚、东欧、西亚、非洲成功应用.

秉承“中国的北斗、世界的北斗、一流的北斗”的发展理念，大力弘扬“自主创新、开放融合、万众一心、追求卓越”的新时代北斗精神，2035年前将建成更加泛在、更加融合、更加智能的国家综合定位导航授时体系，为未来智能化、无人化发展提供核心支撑，持续推进系统升级换代，融合新一代通信、低轨增强等新兴技术，大力发展量子导航、全源导航、微PNT等新质能力，构建覆盖天空地海、基准统一、高精度、高智能、高安全、高效益的时空信息服务基础设施. 服务全球，造福人类！

第 5 章

狭义相对论

章前问题

随着科技的进步，人们产生了越来越多的奇思妙想. 例如有很多科幻电影的一些新奇的概念，甚至时空观都是不一样的. 于是有人开始思考：在我们生活的空间和时间坐标里，时间和空间是否有联系？如果我们乘着速度非常快的宇宙飞船，能否让时间走得慢一点呢？

学习要点

1. 狭义相对论的相对性原理；
2. 光速不变原理；
3. 洛伦兹变换式；
4. 同时的相对性；
5. 时间延缓；
6. 长度收缩；
7. 质量与速率的关系；
8. 质量与能量的关系；
9. 能量与动量的关系.

到 19 世纪末，随着电磁学和光学的发展，人们在研究电磁波的传播速度（如光速）与参考系之间的关系时，做了大量实验和理论研究，发现在电磁（光）现象和高速运动问题中，应用经典力学，其结果与实验事实竟不相容. 正是在这样的历史背景下，爱因斯坦于 1905 年提出了时间和空间的新观念以及在惯性系高速运动问题的理论，创建了狭义相对论；1915 年又把它拓展到非惯性系中去，继而创建了广义相对论.

狭义相对论研究在高速情况下的运动相对性问题. 它集中体现在惯性系之间的时间和空间的相对性上，由此给出的运动规律更具有普遍性，既适用于高速运动的情况也适用于低速运动的情况；而牛顿力学只不过是相对论在低速情况下的近似.

狭义相对论的观念虽然很难用人们的日常经验去领会，但是它在物理学上却是如此地合理、和谐，并且已为实验所证实.

5.1　经典力学的相对性原理　伽利略变换

如前所述，牛顿运动定律所适用的参考系，称为惯性系；而相对于某一惯性系做匀速直线运动的一切参考系，牛顿运动定律皆同样适用，因而也都是惯性系. 这就表明，对一切惯性系而言，力学现象都服从同样的规律. 这就是经典力学的相对性原理，它是在力学范围内根据大量实验事实总结出来的一条普遍规律. 按照这一原理，我们在研究一个力学现象时，不论取哪一个惯性系，对这一现象的描述都是没有丝毫区别的. 因此，我们也可将力学相对性原理表述为：一切惯性系都是等价的. 例如，静坐在匀速直线运动轮船内的旅客，如果把船舱四周的窗帘拉上，而且船身又不摇晃，旅客就不会感觉到船在前进，这时，竖直向上抛掷一件东西，仍将落回原处；人向后走动并没有感到比向前走动来得困难. 由此可知，在船上与在地面上发生的任一力学现象并没有什么两样，选择轮船还是选择地面为参考系来描述运动是完全一样的. 如上所述，在匀速直线运动的轮船上，旅客既然觉察不到船上所发生的力学现象与在地面上时有何区别，因而，船上的旅客也就不能通过任何力学现象（或任何力学实验）来判断轮船究竟相对于地面是静止的，还是在匀速直线行驶.

所以，力学的相对性原理要求：力学定律从一个惯性系转换到另一个惯性系时，定律的表述形式保持不变. 而下述的伽利略变换正是表达了惯性系之间的这种换算关系.

设有一惯性参考系 K′（例如，以飞机作为这一参考系）以速度 $\boldsymbol{u}$ 相对于惯性参考系 K（例如地面，它近似为一惯性系）做匀速直线运动（即平动）. 在 K 和 K′系中分别安置时钟（已按同样标准校准过）和选取坐标系 $Oxyz$、$O'x'y'z'$，并将 Ox 和 $O'x'$轴取在沿速度方向 u 的同一直线上，其他相应的坐标轴始终各自平行（见图 5-1）. 在时刻 $t=0$，设 K 和 K′系的原点 O、O'相重合.

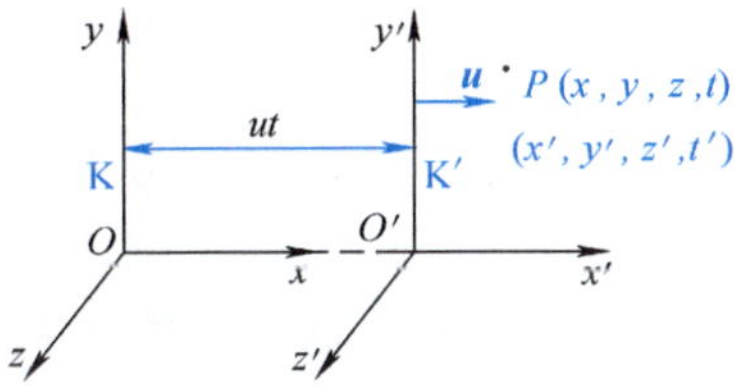

图 5-1　伽利略变换

> 今后，我们对设置在两个惯性系 K 和 K′上的坐标系的安排和计时零点的选取，如不另做说明，都采取这种考虑和图 5-1 所示的布设.

我们在 K 和 K′系中观测同一质点 P 的运动. 在 K 系中测得质点 P 在时刻 t 的位置为 (x, y, z)，在 K′系测得相应的时刻为 t'、位置为 (x', y', z'). 牛顿力学认为，从不同的惯性参考系中去测量同一段时间间隔，所测得的大小总是相同的；并且认为，从不同的参考系中去测量同一个空间间隔，所测得的长短也总是相同的. 或者说，时空的测量与参考系以及它们之间的相对运动状态无关. 这就是牛顿的绝对时空观. 从这一前提出发，在上述两个惯性系 K、K′中测得的时刻是相同的，即 $t=t'$；y、z 轴方向的坐标也是相同的，x 轴方向的坐标相差一段 $OO'=ut$. 因此，这两组坐标、时间之间的变换关系为

$$\begin{cases} x'=x-ut \\ y'=y \\ z'=z \\ t'=t \end{cases} \quad \text{或} \quad \begin{cases} x=x'+ut \\ y=y' \\ z=z' \\ t=t' \end{cases} \tag{5-1}$$

以上两列式是互逆的，皆称为伽利略变换式.

为了描述质点 P 的运动情况，将式（5-1）的位置坐标对时间求导，从而得出伽利略的速度变换公式

$$\begin{cases}\dfrac{dx'}{dt'}=\dfrac{dx}{dt}-u\\[2mm]\dfrac{dy'}{dt'}=\dfrac{dy}{dt}\\[2mm]\dfrac{dz'}{dt'}=\dfrac{dz}{dt}\end{cases}\text{，即}\begin{cases}v'_x=v_x-u\\v'_y=v_y\\v'_z=v_z\end{cases}\tag{5-2}$$

写成矢量式，即为

$$\boldsymbol{v}'=\boldsymbol{v}-\boldsymbol{u}$$

或

$$\boldsymbol{v}=\boldsymbol{v}'+\boldsymbol{u}\tag{5-3}$$

在所述的惯性系 K 和 K′做相对平动的情况下，将上式对时间再求导一次，因 u 为恒量，故 $\mathrm{d}\boldsymbol{u}/\mathrm{d}t=\boldsymbol{0}$，则

$$\boldsymbol{a}=\boldsymbol{a}'\tag{5-4}$$

因而按伽利略变换，在不同惯性系中，同一质点的加速度是相同的. 牛顿力学认为，在不同的参考系中，物体的质量是不变的. 因此，在惯性系 K 和 K′中，质点 P 的质量相同，即 $m=m'$，则式（5-4）可写成

$$m\boldsymbol{a}=m'\boldsymbol{a}'\tag{5-5}$$

这样，在惯性系 K 和 K′中，牛顿第二定律都具有相同的表述形式

在 K 系中，

在 K′系中，

$$\begin{cases}\boldsymbol{F}=m\boldsymbol{a}\\\boldsymbol{F}'=m\boldsymbol{a}\end{cases}\tag{5-6}$$

即牛顿第二定律的表达形式对于伽利略变换是不变的. 由式（5-6），可得

$$\boldsymbol{F}=\boldsymbol{F}'$$

即在不同惯性系中，测得同一物体所受的力都相同. 由于每一个力总是与其反作用力同时存在的，故表述作用力与反作用力关系的牛顿第三定律，在不同惯性系中也都具有相同的表述形式.

综上所述，通过伽利略变换，牛顿运动三定律在一切惯性系中都保持相同的表述形式. 由于牛顿运动三定律是牛顿力学的基本规律，故可广而言之，在伽利略变换下，牛顿力学的一切规律在所有惯性系中都保持相同的表述形式，这正是经典力学相对性原理所要求的. 但应指出，当物体在高速运动的情况下，伽利略变换不再适合所述的力学的相对性原理，牛顿力学就得改造，才能给出符合实际的结果.

思考题

5-1 （1）试阐明力学的相对性原理.

（2）为什么说，牛顿力学的规律都符合力学的相对性原理？

（3）试由伽利略变换判断时间间隔、空间间隔、速度和加速度等物理量中，哪些是不变量？

5.2 狭义相对论的基本原理 洛伦兹变换

5.2.1 狭义相对论的基本原理

上节所讲的伽利略变换和牛顿力学的相对性原理，在相对论创建以前，一直被人们确信无疑. 但是，把它应用到高速运动物体的力学问题，特别是推广到电磁现象和光学现象中时，则与实验事实存在着不可调和的矛盾，从而导致狭义相对论的诞生.

现在我们以光的传播速度问题为例，指出按伽利略变换所给出的结果与实验事实之间的矛盾. 设想一高速飞行的火箭，它相对于地面（近似为一惯性系）以速度 $\boldsymbol{u}$ 做匀速直线运动，则火箭也为一惯性系. 以地面和火箭分别作为参考系 K、K′，建立坐标系 $Oxyz$ 和 $O'x'y'z'$，并使 Ox、$O'x'$轴沿火箭运动方向，如图 5-1 所示. 开始时，两坐标系的原点 O、O'重合，这时 $t=t'=0$. 当 $t=0$ 时，火箭沿飞行方向发出一次闪光（即一个光脉冲），它沿 $O'x'$轴以真空中的光速 c 传播. 按伽利略速度变换公式（5-3），光相对于地面的观察者来说，其传播速度应为 $v=c+u$；如果上述光脉冲发出的方向与火箭飞行方向相反，则光相对地面的传播速度应为 $v=c-u$；如果上述光脉冲沿其他各个方向发出，则光相对于地面的传播速度也可按伽利略速度变换公式算出，其大小和方向将各不相同. 这就是说，在做相对运动的不同惯性系中，所测得的光速是不同的.

但是，根据麦克斯韦电磁场理论和有关光速测量的实验都证实，不论在哪个惯性系中，沿任何方向去测定真空中的光速，结果都相同，其大小都等于常量 c，与光源和观察者的运动情况无关. 这显然与上述伽利略速度变换公式所预期的结果相矛盾.

由于伽利略速度变换公式来源于伽利略变换，因而以上所述，也表明伽利略变换在电磁现象（包括光学现象）中是不成立的. 尽管那时有些物理学家做了许多实验，例如，最著名的是迈克耳孙（Michelson，1852—1931）-莫雷（Morey，1838—1923）实验，但由于因袭了绝对的时空观念，并企图在维持伽利略变换的前提下解释上述矛盾，结果都无一例外地归于失败. 这样，就从根本上动摇了牛顿力学的绝对时空观. 正是在这样的历史背景下，1905 年，爱因斯坦断然摆脱绝对时空观的束缚，科学地提出了两条假说，作为狭义相对论的两条基本原理：

（1）**狭义相对论的相对性原理** 在所有惯性系中，物理定律都具有相同的表达形式.

这条原理是力学相对性原理的推广，它不仅仅适合于力学定律，乃至适合于电磁学、光学等所有物理定律，其表达形式在不同惯性系中都保持不变，即一切惯性系都是等价的. 人们不论在哪个惯性系中做任何物理实验（不仅仅是力学实验），都不能确定该惯性系是静止的还是在做匀速直线运动.

（2）**光速不变原理** 在所有惯性系中，测得真空中的光速都等于 c. 而光速 c 是一切速度大小的上限，与光源（即发光体）的运动情况无关.

按照伽利略速度变换公式，光速与观察者和光源之间的相对运动有关，因此光速不变原理实际上是否定了伽利略变换.

这样，我们必须放弃伽利略变换，从光速不变原理出发，寻找一个新的时空变换关系，并使得任何物理定律在这一新的变换下保持表述形式上的不变. 这一变换就是下述的洛伦兹变换.

5.2.2 洛伦兹变换

按照狭义相对论两条基本原理的要求，对图 5-1 所示的情况做进一步的讨论，可以导出惯性系 K、K′之间新的时空变换关系为

$$\begin{cases} x=\dfrac{x'+ut'}{\sqrt{1-(u/c)^2}} \\ y=y' \\ z=z' \\ t=\dfrac{t'+(u/c^2)x'}{\sqrt{1-(u/c)^2}} \end{cases} \quad 或 \quad \begin{cases} x'=\dfrac{x-ut}{\sqrt{1-(u/c)^2}} \\ y'=y \\ z'=z \\ t'=\dfrac{t-(u/c^2)x}{\sqrt{1-(u/c)^2}} \end{cases} \tag{5-7}$$

式中，c 为真空中的光速. 式（5-7）称为洛伦兹（Lorentz，1853—1928）变换.

式（5-7）中，当 $u \ll c$ 时，洛伦兹变换就退化成伽利略变换. 可见，伽利略变换是洛伦兹变换在低速情况下的一种近似. 其次，在洛伦兹变换中，时间的变换是与坐标的变换相联系的，这说明时间与空间是不可分割的.

并且，考虑到 x'和 t'都应是实数，这就要求 $1-u^2/c^2 \geqslant 0$，即速度值 u 必须满足

$$u \leqslant c \tag{5-8}$$

这就表明，任何物体的运动速度都不能大于真空中的光速 c，也即真空中的光速 c 是物体运动的极限速度.

洛伦兹变换推导

设 K 系和 K′系是两个惯性参考系. 在 K 系中，事件的发生时刻用 t 表示，空间坐标用（x，y，z）表示. 在 K′系中，事件的发生时刻用 t'表示，空间坐标用（x'，y'，z'）表示. K′系相对于 K 系以速度 u 沿 x 轴正向匀速平动，如图 5-1 所示，设两惯性系的坐标原点重合时为计时起点，$t=t'=0$.

根据狭义相对论的相对性原理，物理规律在两个惯性系中有相同的形式，考虑到时空是均匀的，则两惯性系间的时空变换式应是线性变换. 又由于两惯性系在 y、z 方向上无相对运动，因此，两惯性系之间的时空变换式可以写为

$$\begin{cases} x'=a_{11}x+a_{14}t \\ y'=y \\ z'=z \\ t'=a_{41}x+a_{44}t \end{cases} \tag{a}$$

由于 K′系以 u 的速度相对于 K 系沿 x 轴正向运动，即 K′系的坐标原点 $O'(x'=0)$在 t 时刻位于 x 轴上 ut 处，则有 $0=a_{11}ut+a_{14}t$，由此得到 $a_{14}=-a_{11}u$，将此式代入式（a）中，得到

$$\begin{cases} x'=a_{11}(x-ut) \\ y'=y \\ z'=z \\ t'=a_{41}x+a_{44}t \end{cases} \tag{b}$$

在 K′系中观测，K 系的坐标原点 $O(x=0)$ 在 t' 时刻位于 x' 轴上 $-ut'$ 处，代入式（b）中，得到

$$\begin{cases} -ut' = a_{11}ut \\ y' = y \\ z' = z \\ t' = a_{44}t \end{cases}$$

由此式得到 $a_{11}=a_{44}$. 再将 $a_{11}=a_{44}$ 和 $a_{14}=-a_{11}u$ 代入式（a）中，得

$$\begin{cases} x' = a_{11}(x-ut) \\ y' = y \\ z' = z \\ t' = a_{11}\left(t+\dfrac{a_{41}}{a_{11}}x\right) \end{cases} \tag{c}$$

根据光速不变原理，设 O 和 O' 重合时（$t=t'=0$）发出一光信号，该信号传到点 P 时，$x=ct$，$x'=ct'$，将此代入式（c）中，得

$$\begin{cases} ct' = a_{11}(ct-ut) = a_{11}(c-u)t \\ y' = y \\ z' = z \\ t' = a_{11}\left(t+\dfrac{a_{41}}{a_{11}}ct\right) = a_{11}\left(1+\dfrac{a_{41}}{a_{11}}c\right)t \end{cases}$$

将上述方程中的第一个等式与第四个等式相除，可得 $a_{41}=-\dfrac{a_{11}u}{c^2}$，将此代入式（c），得

$$\begin{cases} x' = a_{11}(x-ut) \\ y' = y \\ z' = z \\ t' = a_{11}\left(t-\dfrac{u}{c^2}x\right) \end{cases} \tag{d}$$

由于 K 系与 K′系具有对称性，只要把式（d）中的 u 换成 $-u$，同时把 t 与 t'，x 与 x' 对换，则式（d）可写成逆变换式：

$$\begin{cases} x = a_{11}(x'+ut') \\ y = y' \\ z = z' \\ t = a_{11}\left(t'+\dfrac{u}{c^2}x'\right) \end{cases} \tag{e}$$

将式（d）和式（e）中的第一个等式等号两侧分别相乘，再利用 $x=ct$ 和 $x'=ct'$，得

$$c^2tt' = a_{11}^2(ct'+ut')(ct-ut) = a_{11}^2t't(c+u)(c-u) = a_{11}^2t't(c^2-u^2)$$

得

$$a_{11} = \pm\frac{1}{\sqrt{1-u^2/c^2}}$$

考虑到 $u \ll c$ 时，应为伽利略变换（$a_{11}=1$），所以 a_{11} 应为正值，即 $a_{11}=\dfrac{1}{\sqrt{1-u^2/c^2}}$，代入式（d）、式（e），即得

$$\begin{cases} x=\dfrac{x'+ut'}{\sqrt{1-(u/c)^2}} \\ y=y' \\ z=z' \\ t=\dfrac{t'+(u/c^2)x'}{\sqrt{1-(u/c)^2}} \end{cases} \quad \text{或} \quad \begin{cases} x'=\dfrac{x-ut}{\sqrt{1-(u/c)^2}} \\ y'=y \\ z'=z \\ t'=\dfrac{t-(u/c^2)x}{\sqrt{1-(u/c)^2}} \end{cases}$$

此式即为洛伦兹变换式（5-7）.

思维拓展

5-1　如果物体的运动速度超过光速，那么回到过去、时空穿梭这些科幻电影里的情节是否能够成为现实呢？目前的各种理论和实验都证明，光速是物体运动速度的极限，并且光速不随惯性系的变化而变化.

例题 5-1　若以地球作为惯性系 K，观察到 $x=4.0\times10^6\text{m}$ 处在 $t=0.02\text{s}$ 时刻开始发生闪光. 试求：在相对于地球以匀速 $u=0.5c$ 沿 Ox 轴正方向运动的飞船中（作为 K′系），观察到的闪光开始发生的地点和时刻.

解： 按洛伦兹变换式（5-7），由题给数据可分别算出：

$$x'=\frac{x-ut}{\sqrt{1-(u/c)^2}}=\frac{4.0\times10^6\text{m}-(0.5\times3\times10^8\text{m}\cdot\text{s}^{-1})(0.02\text{s})}{\sqrt{1-(0.5)^2}}=1.15\times10^6\text{m}$$

$$t'=\frac{t-ux/c^2}{\sqrt{1-(u/c)^2}}=\frac{0.02\text{s}-\dfrac{(0.5)(4.0\times10^6\text{m})}{3\times10^8\text{m}\cdot\text{s}^{-1}}}{\sqrt{1-(0.5)^2}}=0.015\text{s}$$

牛顿力学的时空观认为，在不同的惯性系中观察到同一事件开始发生的地点和时间应是相同的，而相对论的时空观则认为是不同的.

思考题

5-2　（1）试述狭义相对论的两条基本原理.

（2）试从洛伦兹变换式（5-7）给出当 $u\ll c$ 时的伽利略变换式.

5.2.3　洛伦兹速度变换公式

根据洛伦兹变换，可以导出洛伦兹速度变换公式.

设惯性系 K、K′及其相对运动情况和计时零点的规定仍如图 5-1 所示，今在 K、K′系中分别考察质点 P 的运动速度 v 和 v'. 先对洛伦兹变换式（5-7）右侧的变换式求微分，有

$$\mathrm{d}x'=\frac{\mathrm{d}x-u\mathrm{d}t}{\sqrt{1-(u/c)^2}},\ \mathrm{d}y'=\mathrm{d}y,\ \mathrm{d}z'=\mathrm{d}z,\ \mathrm{d}t'=\frac{\mathrm{d}t-(u/c^2)\mathrm{d}x}{\sqrt{1-(u/c)^2}}$$

用上面第四式中的 $\mathrm{d}t'$ 与前三式相除，得质点 P 在 K′系中坐标为（x'，y'，z'）处的速度 v' 沿 Ox'、Oy'、Oz' 轴方向的分量分别为

$$v'_{x'}=\frac{\mathrm{d}x'}{\mathrm{d}t'}=\frac{\mathrm{d}x-u\mathrm{d}t}{\mathrm{d}t-(u/c^2)\mathrm{d}x}$$

$$v'_{y'}=\frac{\mathrm{d}y'}{\mathrm{d}t'}=\frac{\sqrt{1-(u/c)^2}\mathrm{d}y}{\mathrm{d}t-(u/c^2)\mathrm{d}x}$$

$$v'_{z'}=\frac{\mathrm{d}z'}{\mathrm{d}t'}=\frac{\sqrt{1-(u/c)^2}\mathrm{d}z}{\mathrm{d}t-(u/c^2)\mathrm{d}x}$$

将以上各式右端的分子和分母同除以 $\mathrm{d}t$，其中 $\mathrm{d}x/\mathrm{d}t=v_x$、$\mathrm{d}y/\mathrm{d}t=v_y$、$\mathrm{d}z/\mathrm{d}t=v_z$，即为质点 P 在 K 系中坐标为（x，y，z）处的速度 v 沿 Ox、Oy、Oz 轴方向的分量. 于是，得洛伦兹速度变换公式及其逆变换公式（下式右侧）为

$$\begin{cases}v'_{x'}=\dfrac{v_x-u}{1-(u/c^2)v_x}\\[2ex] v'_{y'}=\dfrac{\sqrt{1-(u/c)^2}v_y}{1-(u/c^2)v_x}\\[2ex] v'_{z'}=\dfrac{\sqrt{1-(u/c)^2}v_z}{1-(u/c^2)v_x}\end{cases}\quad\text{或}\quad\begin{cases}v_x=\dfrac{v'_x+u}{1+(u/c^2)v'_{x'}}\\[2ex] v_y=\dfrac{\sqrt{1-(u/c)^2}v'_{y'}}{1+(u/c^2)v'_{x'}}\\[2ex] v_z=\dfrac{\sqrt{1-(u/c)^2}v'_{z'}}{1+(u/c^2)v'_{x'}}\end{cases}\tag{5-9}$$

现在，我们可根据上述结果来讨论真空中的光速. 设在 K 系中有一束光沿某一方向（取 Ox 轴方向）以速度 c 传播，即 $v_x=c$，则按洛伦兹速度变换公式（5-9），此光束在 K′系中的传播速度为

$$v'_{x'}=\frac{v_x-u}{1-(u/c^2)v_x}=\frac{c-u}{1-cu/c^2}=c\tag{5-10}$$

也即，在别的惯性系中观察到真空中的光速也为 c，这符合光速不变原理.

思考题

5-3　试由洛伦兹变换导出洛伦兹速度变换公式. 试证它在 $u\ll c$ 时转化成为式（5-2）.

5.3　相对论的时空观

相对论突破了牛顿的绝对时空观，提出了一种新的时空观，认为时空的量度是相对的，不是绝对的. 而洛伦兹变换则集中反映了相对论的时空观，由该变换可以推出如下的一些结论.

5.3.1　同时的相对性

同时是指：相对于某一惯性系来说，两个事件发生于同一时刻. 例如，分别从南京和杭

州开来的两列列车于 19 点 30 分这一时刻同时到达上海火车站，对站在月台上（作为惯性系）的观察者来说，上述发生在同一地点的两个事件是同时的. 又如，岸上的哨所和大海中匀速航行的军舰同时侦察到敌机入侵，这是说两个不同地点观察到一事件的发生是同时的.

从牛顿力学的绝对时空观来说，在同一惯性系 K 中观察到的是同时发生的事件，在另一惯性系 K′中，按伽利略变换 $t=t'$，也应观察到是同时发生的. 但是，相对论认为时间不是绝对的，因而同时性也不是绝对的. 在 K 系观察到是同时的两个事件，一般而言，在 K′系观察到的并不是同时的.

设在惯性系 K′中观测到不同地点同时发生的两个事件，其时空坐标分别为（x'_1，y'_1，z'_1，t'）和（x'_2，y'_2，z'_2，t'），按洛伦兹变换式（5-7），在惯性系 K 中观测到这两个事件发生的时刻分别为

$$t_1 = \frac{t' + ux'_1/c^2}{\sqrt{1-(u/c)^2}},\quad t_2 = \frac{t' + ux'_2/c^2}{\sqrt{1-(u/c)^2}}$$

其中，u 为 K′系相对于 K 系的运动速度. 由上两式可得

$$t_2 - t_1 = \frac{(x'_2 - x'_1)u/c^2}{\sqrt{1-(u/c)^2}} \tag{5-11}$$

这就表明，如果在 K′中观测到的两个同时事件发生于不同地点，即 $x'_1 \neq x'_2$，则在 K 系中观测到的这两个事件并非同时，而是有先有后，其相隔的时间 $\Delta t = t_2 - t_1$ 取决于式（5-11）. 如果这两个事件发生在同一地点，即 $x'_1 = x'_2$，则在 K 系观测到的这两个事件才是同时发生的.

上述由洛伦兹变换导出的同时的相对性，可用一个理想实验来说明. 如图 5-2 所示，在一节长为 L 的列车车厢的两端，分别安装一只光信号接收器 A′和 B′. 当车厢的中点 P' 与地面上的点 P 对齐时，从点 P'发出一次闪光，向车厢的前、后端传播. 若分别以地面和车厢作为参考系 K、K′，且车厢以速度 $\boldsymbol{u}$ 沿着 K 系的 Ox 轴方向匀速前进，则在车厢中的观察者认为，该闪光分别传播到 A′和 B′处所经过的距离相等，皆为 $L/2$，按光速不变原理，A′和 B′应同时接收到该光信号；可是，在地面上的观察者认为，当光信号经过时间 t 传到 B′时，由于在这段时间 t 内车厢相对于点 P 向前移过了距离 ut，所以这时 B′相对于点 P 的距离为 $L/2+ut$，而 A′相对于点 P 的距离为 $L/2-ut$，即这两段距离不相等；又因光速相等，故当光信号传到 A′处时，却尚未传到 B′处. 也即，对 K 系中的观察者来说，A′和 B′处分别接收到光信号这两个事件并非同时发生. 由此可知，在车厢内同时发生，但发生地点不同的两个事件，在地面上看来，是先后发生的，并非同时. 这就说明了同时的相对性，即“同时”只是相对于某个参考系而言的，没有绝对意义.

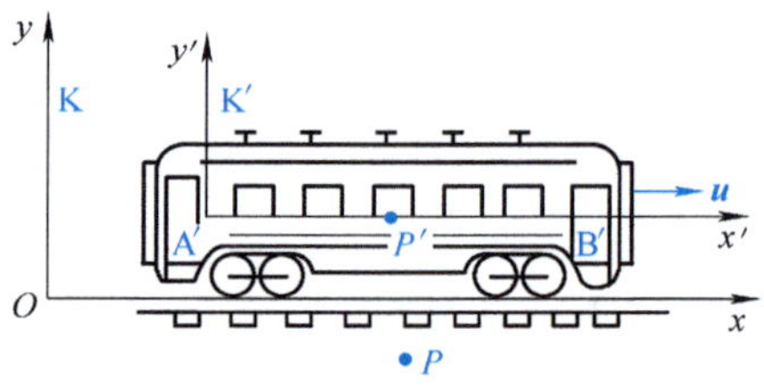

图 5-2 同时的相对性理想实验

思考题

5-4 何谓同时性？试阐明同时的相对性.

例题 5-2 甲、乙两人分别静止于惯性系K和K′中，设K′系相对于K系沿 Ox 轴正向以匀速度 $\boldsymbol{u}$ 运动（见图5-1）. 若甲测得在同一地点发生的两事件的时间间隔为4s，而乙测得这两事件发生的时间间隔为5s. 求：(1) 速度 u；(2) 乙测得这两事件发生地点的距离.

解：(1) 按洛伦兹变换式，由于两事件在K系中发生于同一地点，即 $x_1=x_2$，则有

$$t_2'-t_1'=\frac{t_2-(u/c^2)x_2}{\sqrt{1-(u/c)^2}}-\frac{t_1-(u/c^2)x_1}{\sqrt{1-(u/c)^2}}=\frac{t_2-t_1}{\sqrt{1-(u/c)^2}}$$

解得

$$\begin{aligned}u&=[1-(t_2-t_1)^2(t_2'-t_1')^{-2}]^{\frac{1}{2}}c\\&=[1-(4\text{s})^2(5\text{s})^{-2}]^{\frac{1}{2}}\times(3\times10^8\text{m}\cdot\text{s}^{-1})\\&=1.8\times10^8\text{m}\cdot\text{s}^{-1}\end{aligned}$$

(2) 因 $x_1=x_2$，按洛伦兹变换式，有

$$x_1'-x_2'=\frac{x_1-ut_1}{\sqrt{1-(u/c)^2}}-\frac{x_2-ut_2}{\sqrt{1-(u/c)^2}}=\frac{u(t_2-t_1)}{\sqrt{1-(u/c)^2}}$$

以 $u=1.8\times10^8\text{m}\cdot\text{s}^{-1}$，$t_2-t_1=4\text{s}$，代入上式，可算出

$$x_1'-x_2'=9\times10^8\text{m}$$

说明

本例题指出，K系中同一地点（$x_1=x_2$）、不同时（$t_2\neq t_1$）发生的两事件，它们在K′系中发生于不同地点和不同时间，这就是同时的相对性.

5.3.2 长度收缩

在图5-3中，设一尺杆相对于K′系为静止，且随同K′系相对于K系以速度 $\boldsymbol{u}$ 沿 Ox 轴方向运动. 在K′系中的观察者测得尺杆两端的坐标分别为 x_1'、x_2'，由于尺杆相对于K′系为静止，这种测量可以同时进行，也可以先后进行，不会影响所测到的长度，即 $x_2'-x_1'=L_0'$ 为尺杆相对于K′系静止时的长度，称为固有长度. 在K系中的观察者，要获悉其长度，对尺杆的两端必须同时测得其坐标 x_1、x_2，否则，两者之差不能代表其长度. 设在同一时刻 t 测得尺杆的长度为 $L=x_2-x_1$. 由式（5-7）右侧的第一式，得

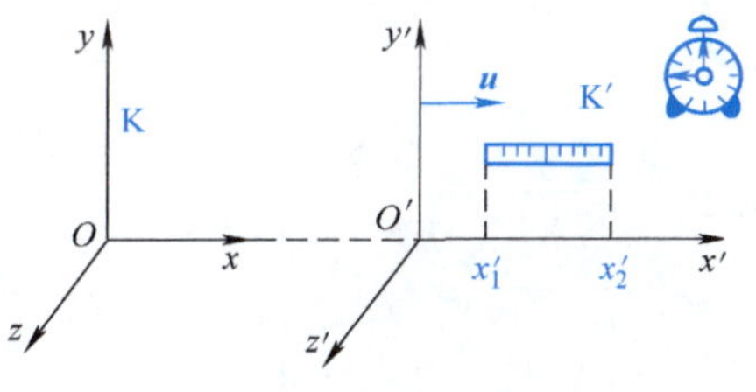

图 5-3 长度的收缩

$$L_0'=x_2'-x_1'=\frac{x_2-ut}{\sqrt{1-(u/c)^2}}-\frac{x_1-ut}{\sqrt{1-(u/c)^2}}=\frac{x_2-x_1}{\sqrt{1-(u/c)^2}}$$

即
$$L=x_2-x_1=L_0'\sqrt{1-\left(\frac{u}{c}\right)^2} \tag{5-12}$$

即尺杆相对于观察者运动时，观察者沿运动方向测得尺杆的长度 L 要比尺杆的固有长度 L_0' 短一些.

反之，如果尺杆在 K 系中是静止的，这时尺杆的固有长度可表示为 $L_0=x_2-x_1$，而 K 系相对于 K′系以速度 $-u$ 运动，则由式（5-7）左侧的第一式，得

$$L_0=x_2-x_1=\frac{x_2'+ut'}{\sqrt{1-(u/c)^2}}-\frac{x_1'+ut'}{\sqrt{1-(u/c)^2}}$$
$$=\frac{x_2'-x_1'}{\sqrt{1-(u/c)^2}}$$

其中，$L'=x_2'-x_1'$为 K′系中在同一时刻 t'测得的杆长，即

$$L'=L_0\sqrt{1-\left(\frac{u}{c}\right)^2} \tag{5-12a}$$

即在 K′系看起来，尺杆的长度同样也要缩短.

总之，在某一惯性系中静止的物体，在相对于该惯性系以匀速 u 运动的其他惯性系中来量度时，长度在其运动方向上有了收缩. 但在与 u 垂直的方向（y、z 方向），物体的长度没有收缩.

思考题

5-5　（1）试述长度收缩效应（也称“尺缩效应”）；何谓固有长度？

（2）宇航员坐在宇宙飞船中，拿着一个正方体木块. 设飞船以接近光速的速度从地球匀速地飞向一恒星，且木块的一棱边平行于飞船运动方向. 试分析在地球上和飞船上所观察到的木块形状.

思维拓展

5-2　在一个相对运动速度接近光速的参考系里观测另一个参考系，神话故事里的“缩地成寸”就有可能实现.

例题 5-3　如例题 5-3 图所示，设惯性系 K′相对于惯性系 K 以匀速 $u=c/2$ 沿 Ox 轴方向运动. 在 K′系的 $x'O'y'$平面内静置一长为 1.5m 且与 $O'x'$轴成 $\theta'=30°$角的棒. 试问：在 K 中观察到此棒的长度和棒与 Ox 轴的夹角为多大？

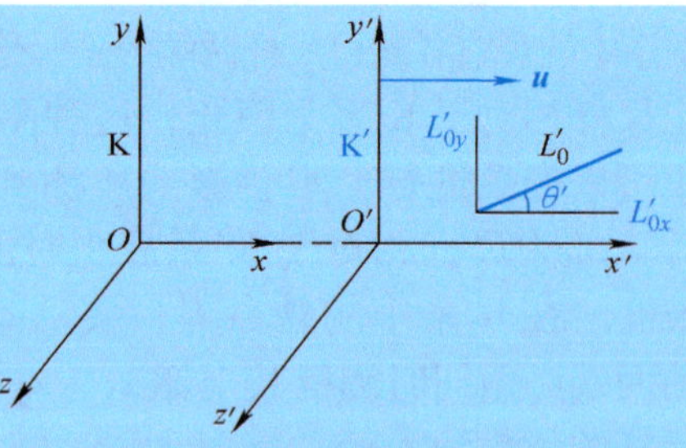

例题 5-3 图

解： 在 K′系中，棒的长度在 $O'x'$、$O'y'$轴上的投影 L'_{0x}、L'_{0y}分别为

$$L'_{0x}=L'_0\cos\theta',L'_{0y}=L'_0\sin\theta'$$

式中，L_0'为K′系中测得的棒长，即固有长度1.5m. 由于K和K′系仅在沿Ox轴方向有相对运动，故在K系中，棒在Ox轴方向的投影L_x有收缩，而在Oy轴方向的投影则没有改变，即

$$L_x = L'_{0x}\sqrt{1-(u/c)^2} = L_0'\cos\theta'\sqrt{1-(u/c)^2}, L_y = L'_{0y} = L_0'\sin\theta'$$

因此，在K系中，观察到棒的长度L及杆与Ox轴的夹角θ分别为

$$L = \sqrt{L_x^2 + L_y^2} = L_0'\sqrt{1-(u/c)^2\cos^2\theta'}$$

$$\theta = \arctan\frac{L_y}{L_x} = \arctan\left[\frac{L_0'\sin\theta'}{L_0'\cos\theta'}\frac{1}{\sqrt{1-(u/c)^2}}\right] = \arctan\frac{\tan\theta'}{\sqrt{1-(u/c)^2}}$$

在上两式中，代入题给的数据，读者不难自行算出$L=1.35$m，$\theta=33.669°$. 可见，在K系中观察到这条高速运动的棒，不仅长度缩短，其空间方位也有改变.

例题5-4　一列火车的静止长度为800m，通过一条长度为900m的长直隧道. 当这列火车以假想速度$0.8c$穿行隧道时，若在地面上测量，列车从前端进入隧道到尾端驶出隧道需要多少时间?

解: 由题意，列车的固有长度为$l_0=800$m，按照长度收缩公式，列车相对于地面以速度$u=0.8c$运动时，其长度为

$$L_T = l_0\sqrt{1-(u/c)^2} = \sqrt{1-(0.8c/c)^2}\times 800\text{m} = 480\text{m}$$

已知隧道固有长度为$l_c=900$m，则在地面上测得列车前段进入隧道到其尾端驶出隧道所需时间为

$$t = \frac{l_T + l_c}{0.8c} = \frac{480+900}{0.8\times 3\times 10^8}\text{s} = 0.575\times 10^{-5}\text{s}$$

5.3.3　时间延缓

首先说明什么是固有时间. 如果相对于某一惯性系静止的观察者，用一只时钟分别测定两个事件A和B在同一地点发生的时刻为t_A和t_B，则在与这两事件发生地点相对静止的该惯性系中，测得的时间间隔$\Delta t = t_B - t_A$，就称为固有时间.

若在K′系内装置一时钟，如图5-3所示. 设时钟随着K′系相对于K系以速度$\boldsymbol{u}$沿Ox轴方向运动，在K′系中测得两个事件发生的时间间隔为$t_2' - t_1'$，这就是固有时间，记作$\Delta t_0'$. 由于时钟随K′系一起运动，两个事件发生在同一地点，即x'不变，则在K系中的观察者测得该两个同地事件发生的时间间隔$\Delta t_0 = t_2 - t_1$，可由式（5-7）左侧的第四式求出，即

$$t_2 - t_1 = \frac{t_2' + (u/c^2)x'}{\sqrt{1-(u/c)^2}} - \frac{t_1' + (u/c^2)x'}{\sqrt{1-(u/c)^2}} = \frac{t_2' - t_1'}{\sqrt{1-(u/c)^2}}$$

由于$\Delta t_0' = t_2' - t_1'$，则上式成为

$$\Delta t - \frac{\Delta t_0'}{\sqrt{1-(u/c)^2}} \tag{5-13}$$

可见$\Delta t > \Delta t_0'$，即在K系中的观察者（相对于时钟在运动）测得的该两事件的时间间隔，比K′系中的观察者（相对于时钟为静止）测得的固有时间要长些.

反之亦然，如果时钟设置于K系内，而K系则相对于K′系以 $-\boldsymbol{u}$ 运动，若在K系中测得的固有时间为 $\Delta t_0 = t_2 - t_1$，则按式（5-7）右侧的第四式，在K′系中测得两个同地事件的时间间隔 $\Delta t' = t_2' - t_1'$，比在K系中测得的固有时间 $\Delta t_0 = t_2 - t_1$ 要长，即

$$\Delta t' = \frac{\Delta t_0}{\sqrt{1-(u/c)^2}} \tag{5-13a}$$

总之，静止在某一惯性系内的时钟所指示的时间间隔，在其他以相对速度 $\boldsymbol{u}$ 运动的惯性系内观测时，时间有了延长.

章前问题解答

现在我们来分析本章开头提出的问题. 根据经典力学的相对性原理，时间和空间是彼此独立的，而且时间和空间都与物体的运动状态无关. 所以不管我们是静止不动还是努力奔跑，时间都是一样在流逝的.

但根据狭义相对论的时间延缓效应，如果我们的奔跑速度能够接近光速，那么在地面上静止的朋友看来，我们这个运动系统的时间流逝变慢了. 但在我们自身来看，时间的流逝却一如往常.

最后我们指出，对于上述长度缩短和时间变慢的现象，仅当低速时才与牛顿力学时空观的结论相一致. 这时，$u \ll c$，$\sqrt{1-(u/c)^2} \approx 1$，由式（5-12）、式（5-13）得到

$$L = L_0', \quad \Delta t = \Delta t_0'$$

由于人们在日常生活中接触到的现象，u 都远比 c 小，因此上述“相对论效应”几乎是观测不到的. 在这些情况下，牛顿力学的时空观和伽利略变换都是适用的. 应该指出，相对论的时空观直接或间接地已为实验所证实.

思考题

5-6 （1）何谓固有时间？试述时间延缓效应（也称“钟慢效应”）.

（2）两只经校准的时钟甲、乙做相对运动，从甲钟所在的惯性系中观察，哪只钟走得快？

例题 5-5 静止的 μ 子的平均寿命 $\tau_0 = 2\times10^{-6}$s. 今在 8km 的高度，由于 τ 介子的衰变产生了一个 μ 子，它相对于地面以速度 $u = 0.998c$（c 为真空中的光速）向地面飞行着. 试论证这个 μ 子有无可能到达地面：（1）按经典理论；（2）考虑相对论效应.

解：（1）经典理论，以地面为参考系，μ 子飞行的距离为 $s_1 = u\tau_0 = 0.998c\tau_0 = 0.998\times3\times10^8\text{m}\cdot\text{s}^{-1}\times2\times10^{-6}\text{s} = 598.8\text{m}$，$s_1$ 远小于 8km，故 μ 子在平均寿命期间，根本不可能到达地面.

（2）由于 μ 子的飞行速度接近于光速 c，必须考虑相对论效应. 以地面为参考系，μ 子的平均寿命为

$$\tau = \frac{\tau_0}{\sqrt{1-(u/c)^2}} = \frac{2\times10^{-6}\mathrm{s}}{\sqrt{1-(0.998c/c)^2}} = 31.6\times10^{-6}\mathrm{s}$$

则 μ 子的平均飞行距离为

$$\begin{aligned} s_2 &= u\tau = 0.998c\tau \\ &= (0.998\times3\times10^8\mathrm{m\cdot s^{-1}})\times(31.6\times10^{-6}\mathrm{s}) = 9.46\mathrm{km} \end{aligned}$$

μ 子飞行距离 $s_2=9.46\mathrm{km}>8\mathrm{km}$，故有可能到达地面.

5.4 狭义相对论的动力学基础

5.4.1 质量与速率的关系

我们说过，牛顿第二定律 $\boldsymbol{F}=m\boldsymbol{a}$ 作为经典力学的基本定律，在伽利略变换下具有不变性；但是在洛伦兹变换下，它将不再具有不变性. 因而，在狭义相对论中，牛顿第二定律的数学表达形式需做合理修改.

倘若不把 $\boldsymbol{F}=m\boldsymbol{a}$ 的表达形式加以改造，那么，质点在有限的恒力 $\boldsymbol{F}$ 作用下，将沿此力的方向做匀加速（$a=F/m=$恒量）直线运动，从牛顿力学来看，物体质量为一恒量，与物体的速率无关，则按公式 $v=v_0+at$，质点的速度将随时间 t 可以无限地增加，于是，经过足够长时间，总可使其速度超过光速 c. 这显然与相对论中运动速度不能超过光速 c 这一论断相抵触. 究其根源，在于把物体质量看作与速率无关. 倘若认为物体在高速运动时，其质量随速率而俱增，也即速率越大，越难加速，则就有可能实现速率的极限不超过光速. 因此，在狭义相对论中，认为物体的质量并非恒量，而是随速率而变化的，并可根据相对性原理来探讨质量与速率的变化关系.

考虑到动量守恒定律是一条普遍规律，在相对论中也是成立的，也即，根据相对性原理，如果在一个惯性系中，系统的动量守恒，则经过洛伦兹变换，在另一个惯性系中，动量仍是守恒的. 因而从动量守恒定律出发，可以推导（从略）出运动物体的质量 m 与其速率 v 的关系（简称“质速关系”）为

$$m = \frac{m_0}{\sqrt{1-\left(\frac{v}{c}\right)^2}} \tag{5-14}$$

式中，m_0是物体在静止（即 $v=0$）时的质量，称为静止质量. 图 5-4 绘出的曲线给出了物体的质量 m 随其速率 v 的变化关系. 从图中看出，仅当物体速率 v 与光速 c 可比较时，其质量 m 与静止质量 m_0 才存在显著差别；当速率接近于 c 时，其质量将迅速增大到无限大，即越难加速. 这就是物体的速率 v 以光速 c 为极限的动力学根源.

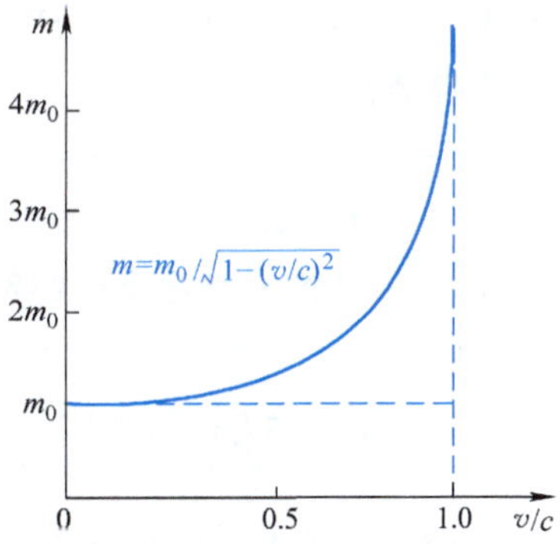

图 5-4　物体质量 m 随其速率 v 的变化关系

低速物体的质量变化很难观测. 例如，地球公转的速率虽高达 $v=30\mathrm{km\cdot s^{-1}}=30\times10^3\mathrm{m\cdot s^{-1}}$，但与光速 $c=$

$3\times10^{8}\mathrm{m}\cdot\mathrm{s}^{-1}$相比仍然甚小，这时质量的变化极其微小，即

$$m=\frac{m_0}{\sqrt{1-\left(\frac{v}{c}\right)^2}}=\frac{m_0}{\sqrt{1-\left(\frac{30\times10^{3}\mathrm{m}\cdot\mathrm{s}^{-1}}{3\times10^{8}\mathrm{m}\cdot\mathrm{s}^{-1}}\right)^2}}=\frac{m_0}{\sqrt{1-\frac{1}{10^{8}}}}$$
$$=1.000000005m_0$$

但是对电子等微观粒子，我们则可以比较容易地使它加速到接近于光速的情形，其质量的变化就非常显著．不难证明，速度 $v=2.7\times10^{8}\mathrm{m}\cdot\mathrm{s}^{-1}$的快速电子，其质量竟变到$m=2.3m_0$.

某些基本粒子（如光子等）的速率等于光速 c，按质量与速率的关系式（5-14），粒子的静止质量 m_0必须等于零．否则，粒子的质量将变成无限大，没有实际意义．

现在我们利用式（5-14）修正牛顿第二定律．应该指出，牛顿最初所提出的运动方程，原是用动量 $\boldsymbol{p}=m\boldsymbol{v}$ 来描述的，即

$$\boldsymbol{F}=\frac{\mathrm{d}(m\boldsymbol{v})}{\mathrm{d}t}=\frac{\mathrm{d}\boldsymbol{p}}{\mathrm{d}t}\tag{5-15}$$

但由于牛顿力学认为物体的质量 m 与速率无关，是一个恒量，故式（5-15）才可写成经典力学中熟知的形式，即

$$\boldsymbol{F}=\frac{\mathrm{d}(m\boldsymbol{v})}{\mathrm{d}t}=m\frac{\mathrm{d}\boldsymbol{v}}{\mathrm{d}t}=m\boldsymbol{a}$$

而在相对论力学中，质量随速度而变，不是恒量，将运动方程表述成式（5-15），就具有更普遍的意义了．

相对论中的动量应该写作

$$\boldsymbol{p}=m\boldsymbol{v}=\frac{m_0}{\sqrt{1-\left(\frac{v}{c}\right)^2}}\boldsymbol{v}\tag{5-16}$$

在相对论中，力学的运动方程就必须改造成如下形式：

$$\boldsymbol{F}=\frac{\mathrm{d}}{\mathrm{d}t}\left(\frac{m_0}{\sqrt{1-(v/c)^2}}\boldsymbol{v}\right)\tag{5-17}$$

式（5-17）是相对论力学的运动方程．它的数学表达形式在洛伦兹变换下具有不变性．显然，当 $v\ll c$ 时，质量才可认为不变，即 $m=m_0$．于是，上述方程就退化到牛顿力学的运动方程形式 $\boldsymbol{F}=m_0\boldsymbol{a}$，所以它是狭义相对论的一个特例．

思考题

5-7　（1）试述狭义相对论中物体的质量与速率的关系．
（2）写出狭义相对论中的动量表示式和牛顿运动方程．

5.4.2　质量与能量的关系

根据相对论力学的运动方程（5-17），可以推导出相对论中的动能表达式；由此可得到相对论中质量与能量之间的一个重要关系式．

在牛顿力学中，动能定理表述为：物体动能的增量（微分）$\mathrm{d}E_{\mathrm{k}}$ 等于合外力对它所做

的元功 dA. 这一关系也适用于相对论. 为简单起见，我们研究物体沿 Ox 轴方向的运动. 设物体在 $x=x_1$ 处自静止开始，在 Ox 轴方向的合外力 $\boldsymbol{F}$ 作用下运动到 $x=x_2$处，其速度为$\boldsymbol{v}$，相应的始、末动能分别为 0 和 E_k，则按功的定义，有

$$dE_k = dA = \boldsymbol{F}\cdot d\boldsymbol{r} = F dx\cos 0^\circ = F dx$$

将 $F=d(mv)/dt$ 和 $dx=vdt$ 代入上式，得

$$dE_k = F dx = \frac{d(mv)}{dt}vdt = vd(mv)$$

再将式（5-14）代入，并积分，得

$$\int_0^{E_k} dE_k = \int_0^v vd\left(\frac{m_0 v}{\sqrt{1-(v/c)^2}}\right)$$

式中，m_0为物体的静止质量. 对上式积分，其右端利用分部积分法，就可得到相对论动能的表达式为

$$\begin{aligned} E_k &= \left.\frac{m_0 v^2}{\sqrt{1-(v/c)^2}}\right|_0^v - \int_0^v \frac{m_0 v dv}{\sqrt{1-(v/c)^2}} \\ &= \frac{m_0 v^2}{\sqrt{1-(v/c)^2}} + m_0 c^2 \left.\sqrt{1-(v/c)^2}\right|_0^v \\ &= mc^2 - m_0 c^2 \end{aligned} \tag{5-18}$$

其中，$m=m_0/\sqrt{1-(v/c)^2}$是物体以速率 v 运动时的质量. 由式（5-18）可知，当物体以低速（$v \ll c$）运动时，将式（5-18）的第一项利用二项式定理展开后，成为

$$\begin{aligned} E_k &= \frac{m_0 c^2}{\sqrt{1-(v/c)^2}} - m_0 c^2 = m_0 c^2\left\{\left[1+\frac{1}{2}\left(\frac{v}{c}\right)^2+\frac{3}{8}\left(\frac{v}{c}\right)^4+\cdots\right]-1\right\} \\ &= m_0 c^2\left[\frac{1}{2}\left(\frac{v}{c}\right)^2+\frac{3}{8}\left(\frac{v}{c}\right)^4+\cdots\right] \end{aligned}$$

忽略高次项，近似可得

$$E_k = \frac{1}{2}m_0 v^2$$

这就是牛顿力学的动能表达式. 所以从能量角度来看，牛顿力学也是相对论力学的近似.

按式（5-18），由于物体的动能 E_k 等于 mc^2 与 $m_0 c^2$ 之差，故 mc^2 和 $m_0 c^2$ 也是能量. 如果把 mc^2 看成是物体的总能量 E. 即 $E=mc^2$，则当物体静止时，即使动能 $E_k=0$，但仍有能量 $m_0 c^2$. 因而将 $m_0 c^2$ 叫作静止质量为 m_0的物体所具有的静能，以 E_0表示. 式（5-18）可写作

$$E = E_k + E_0 = mc^2 \tag{5-19}$$

即物体的总能量等于其动能与静能之和.

在式（5-19）中，c 为真空中的光速，是一常量. 所以，狭义相对论指出，物体的质量和能量是相互联系的，即

$$E = mc^2 \tag{5-20}$$

这就是狭义相对论的**质量与能量的关系**（简称“质能关系”）. 它反映了任何物质客体都具有质量和相对应的能量，从而揭示了能量和质量的不可分割性. 式（5-20）只表述了质量与能量的联系，但并不是说，质量和能量可以相互转化. 对此，读者切莫误解.

我们知道，质量和能量都是物质的重要属性. 质量可以通过物体的惯性和万有引力现象显示出来，能量则通过物质系统状态变化时对外做功、传递热量等形式显示出来. 能量与质量虽然在表现方式上有所不同，但两者是不可分割的，任何质量的改变，都伴有相应的能量改变. 事实上，如果一物体的速率由 v 增大到 $v+\Delta v$，相应地它的质量就由 m 增加到 $m+\Delta m$，它的总能量由 E 增加到 $E+\Delta E$，由式（5-20），有

$$E+\Delta E=(m+\Delta m)c^2$$

与式（5-19）相减，得

$$\Delta E=c^2\Delta m \tag{5-21}$$

反之，任何能量的改变，也伴有质量的改变. 这可由下式表述：

$$\Delta m=\frac{\Delta E}{c^2} \tag{5-22}$$

由此可知，对一个系统来说，如果它的能量守恒（即 $\Delta E=0$），则它的质量也必定守恒（即 $\Delta m=0$）. 因此，在相对论中，能量守恒意味着质量守恒.

由式（5-21）可以看出，微小的质量改变能够带来巨大的能量改变. 利用这种性质，人们进行核反应来获取大量的能量. 例如铀核裂变以后产生碎片，所有这些碎片的质量加起来少于裂变以前的铀核质量，即铀核质量在裂变前后发生了变化，相应能量的改变可由公式 $\Delta E=c^2\Delta m$ 来表示，称之为原子能，即：能量等于光速的平方乘以质量. 由于光速是个很大的数字（$c=3\times10^8\mathrm{m\cdot s^{-1}}$），所以这种能量的改变是一个非常巨大的数量. 质能关系奠定了原子能理论的基础.

值得指出，在历史上，能量守恒和质量守恒是分别发现的两条相互独立的自然规律；而今，则在相对论中被统一起来了. 至于历史上发现的质量守恒和式（5-22）给出的结果是有区别的. 它只涉及粒子的静止质量，它是相对论质量守恒在质点能量变化很小时的近似. 正如爱因斯坦所说：“就一个粒子来说，如果由于自身内部的过程使它的能量减小了，它的质量也将相应地减小”；并指出“用那些所含能量是高度可变的物体（例如用镭盐）来验证这个理论，不是不可能成功的”. 事实上，正如他所预料的那样，在放射性蜕变、原子核反应和高能粒子实验中，都证明了式（5-20）所表达的质能关系的正确性，显示出它们之间深刻的内在联系，从而催动着原子能时代的到来.

思考题

5-8 （1）何谓物体的总能量？何谓物体的静能？
（2）试阐述相对论中的质量与能量的关系.

5.4.3 能量与动量的关系

设粒子的静止质量为 m_0、速度为 v，则其动量和能量分别为

$$p = mv = \frac{m_0 v}{\sqrt{1-(v/c)^2}} \quad ⓐ$$

$$E = mc^2 = \frac{m_0 c^2}{\sqrt{1-(v/c)^2}} \quad ⓑ$$

将上两式平方后相除，有

$$v^2 = \frac{p^2c^4}{E^2} \quad ⓒ$$

再将式ⓒ代入式ⓑ中，便得相对论中的能量与动量的关系式，即

$$E^2 = m_0^2c^4 + p^2c^2$$

或

$$E^2 = E_0^2 + (pc)^2 \quad (5\text{-}23)$$

在高能物理中，当粒子的总能量已知时，利用式（5-23）可求其动量；反之亦然．借图5-5中的直角三角形，有助于记忆狭义相对论中的总能量、动量和静能三者之间的关系．

顺便指出，光子是以光速 c 运动的粒子，即 $v=c$，由关系式 $v^2=p^2c^4/E^2$，便可得光子的能量与动量的关系式，即

$$E = pc \quad (5\text{-}24)$$

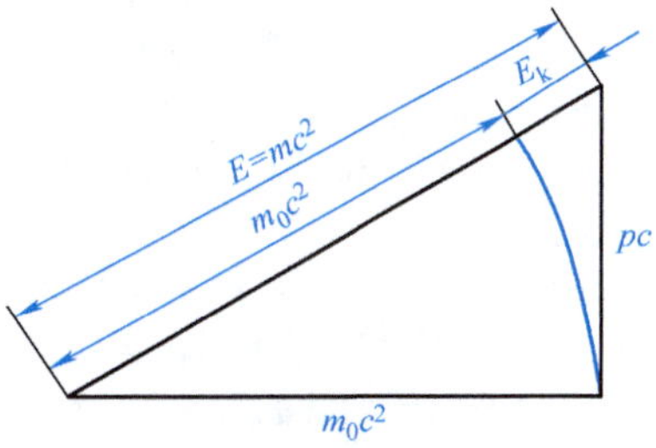

图5-5 狭义相对论中总能量、动量和静能三者之间的关系

由于光子的运动速率为 c，根据式（5-14），光子的静止质量必须等于零，即 $m_0=0$，这又说明一切静止质量 $m_0\neq0$ 的物体，不可能以光速运动，光速是所有静止质量不为零的物体运动速度的极限．

思考题

5-9 试导出相对论的能量与质量的关系．

章后感悟

爱因斯坦指出，科学的发展除了一般性的创造性活动的自由发展之外，还需要另一种自由，就是内心的自由．这种内心的自由在于思想内部不受权威和社会偏见的束缚，也不受违背哲理的常规和习惯的束缚．科学史上大量的事例告诉我们，任何科学认识的产生和科学创造都是在冲破前人的局限、摆脱对权威的迷信和改变传统思维定式下实现的．从爱因斯坦创建相对论的思想发展历程之中，您得到了关于科学进步发展的哪些深刻启示呢？

习题 5

5-1 甲、乙两人所乘的飞船沿 Ox 轴飞行，甲测得两个事件的时空坐标为 $x_1=6.0\times10^4\text{m}$，$y_1=z_1=0$，$t_1=2.0\times10^{-2}\text{s}$；$x_2=12.0\times10^4\text{m}$，$y_2=z_2=0$，$t_2=1.0\times10^{-4}\text{s}$. 而乙测得这两个事件发生于同时. 求乙相对于甲的运动速度和乙测得两个事件的空间间隔. ［答：$u=-c/2$，$x_2'-x_1'=5.2\times10^4\text{m}$］

5-2 一汽车以 $108\text{km}\cdot\text{h}^{-1}$ 的速度沿一长直的高速公路行驶，试问站在路旁的人观察到该汽车长度缩短了多少？已知此汽车停在路旁时，测得其长度为 3m. ［答：$1.5\times10^{-14}\text{m}$，这个缩短量实际上察觉不到.］

5-3 假设一宇宙飞船以速度 $0.8c$ 匀速地飞向一恒星. 在地球上测得地球与该恒星相距 $5.1\times10^{16}\text{m}$，问飞船中旅客觉察到旅程缩短为多少？ ［答：$3.06\times10^{16}\text{m}$，尺缩效应显著！即对高速运动而言，必须用相对论理论来处理.］

5-4 一飞船在静止时的长度为 100m. 问：假设飞船以（1）$u=30\text{m}\cdot\text{s}^{-1}$，（2）$u=2.7\times10^8\text{m}\cdot\text{s}^{-1}$ 的速度做匀速直线运动时，对地面的观察者来说，它的长度各是多少？ ［答：（1）100m；（2）43.6m，长度收缩极为显著！］

5-5 设想一宇航员到距地球 5 光年的星球去旅行，若他所乘的飞船以匀速飞行. 如果宇航员希望他把这路程缩短为 3 光年，则他所乘的飞船相对于地球的速度 v 应为多大？ ［答：$2.4\times10^8\text{m}\cdot\text{s}^{-1}$］

5-6 在 1966—1972 年期间，欧洲原子核研究中心（CERN）对储存环中沿圆周运动的 μ 粒子的平均寿命进行多次实测，μ 粒子固有寿命的实验值为 $2.197\times10^{-6}\text{s}$，当 μ 粒子的速度为 $0.9965c$ 时，测得其平均寿命为 $26.17\times10^{-6}\text{s}$. 试比较相对论预期的结果与实验值的符合程度. ［答：$\Delta t_0'=2.188\times10^{-6}\text{s}$；相对偏差≈0.4%］

5-7 求 1kg 的纯水从 0℃ 加热到 100℃ 时所增加的能量和质量.（水的比热容为 $4.186\times10^3\text{J}\cdot\text{kg}^{-1}\cdot\text{K}^{-1}$） ［答：$\Delta E=4.186\times10^5\text{J}$，$\Delta m=4.65\times10^{-12}\text{kg}$］

5-8 一电子的动能为 3.0MeV，求该电子的静止能量、总能量和动量的大小，以及电子的速率. 已知电子的静止质量为 $9.11\times10^{-31}\text{kg}$. ［答：$E_0=0.51\text{MeV}$，$E=3.51\text{MeV}$，$p=1.85\times10^{-21}\text{kg}\cdot\text{m}\cdot\text{s}^{-1}$，$v=2.965\times10^8\text{m}\cdot\text{s}^{-1}$］

科学家轶事

钱三强——和平年代的英雄

1937 年 9 月，钱三强考取了法国巴黎大学的留学机会，进入到巴黎大学镭学研究所居里实验室攻读博士学位，师从伊莱纳·约里奥－居里夫人，对当时的极端科学核裂变进行研究，有了一系列突破性发现. 最为突出的是他和夫人何泽慧发现了铀核的三分裂和四分裂现象，并又对三裂变放射出裂片质量、动量和角度做了精确的测量和计算. 钱三强夫妇引发了世界核物理研究领域的一次地震，为人类利用核能源提供了至关重要的基础理论. 1947 年，多家西方媒体均对钱三强的实验成果做了详细报道，称赞“中国的居里夫妇发现了原子核新分裂法”. 很快，法国国家科学研究中心晋升钱三强为研究导师. 然而，就在周围的人以为这个中国科学家将长期留在法国工作下去的时候，钱三强和夫人毅然决定回国. 他说：“虽然科学没有国界，科学家却是有祖国的. 祖国再穷，是自己的. 而且正因她贫穷落后，更需要我们去努力改变她的面貌.”

1948 年在新中国成立之前，钱三强带着世界级的科研成果回到了阔别 11 年的祖国，忘我地投入原子能事业的领导和统筹工作. 然而，中国的核弹研究工作并没有那么一帆风顺.

1959年6月苏联单方面终止中苏两国签订的国防新技术协定，并于1960年撤走了全部专家，还讥讽说："离开外界的帮助，中国20年也搞不出原子弹．就守着这堆废铜烂铁吧！"作为一个有爱国心的知识分子，钱三强很清楚，原子弹对于中国原子核科学事业，甚至于中国的国防、中国的历史，将意味着什么．摆在面前的道道难关，只要有一道攻克不下，千军万马都会搁浅．如果真是这样的话，造成巨大的经济损失且不说，中华民族的自立精神将再一次受到创伤．为了牢牢记住那个撕毁合同的日子，我国第一颗原子弹的工程代号定为"596"．疾风识劲草，严寒知松柏．钱三强带领原子能战线上的工作人员，精神抖擞地投入依靠自己的力量发展核科学的伟大事业中．人马调齐，工作配套，各方面的研制进展神速．要想研发出原子弹，必须提炼出铀235．当时，有一种扩散分离膜是铀235生产中最关键、最机密的部分，苏联人称它是"社会主义安全的心脏"，从不让中国科学家接近．"别人能搞出来的东西，我们也能搞出来"，钱三强为此组织了攻关小组，联合中科院、冶金部和复旦大学等几个研究单位，经过两年努力，终于成功研制出合格的扩散分离膜，并开始批量生产，使中国成为继美、苏、法之后，第四个能制造扩散分离膜的国家．紧接着，中科院计算所研制出我国第一台大型通用计算机——109丙机，正是这台计算机承担了第一颗原子弹内爆分析和计算工作．

1964年10月16日，我国西部上空升腾起第一朵蘑菇云，中国成功研制出原子弹的消息随着无线电波迅速传遍了全中国乃至全世界！起初，有些外国人还不以为然，以为只不过是一个低水平的玩意儿，直到他们对大气中的漂浮物进行分析后，才感到震惊．中国在如此短的时间内独立研制出原子弹令美苏等大国均对中国刮目相看．遮盖在中国大地上的乌云吹散了，钱三强紧锁的眉头却没有解开．他带领着技术队伍，再一次投入到研制氢弹的工作中．"曾经以为最艰难困苦的关头，却是干得最欢、最带劲、最舒服的'黄金时代'"．仅仅2年零8个月以后，我国第一颗氢弹爆炸了，成为世界上从原子弹到氢弹发展最快的国家．

如果在20世纪60年代，中国没有原子弹、氢弹，中国就不能称为一个具有影响力的大国．在这样的目标下，钱三强一生脚踏实地、艰苦攻坚，创造了世界导弹研究领域奇迹，为共和国铸就了不朽的丰碑，最终成为中国"两弹一星"元勋，也实现了他父亲临终前的嘱托："学以致用，报效祖国．"

应用拓展

我国的核能发展

核能是人类历史上的一项伟大发现，这离不开物理学家的探索发现．1905年爱因斯坦提出质能关系式．1935年英国物理学家查得威克发现了中子．1938年德国科学家奥托·哈恩用中子轰击铀原子核，发现了核裂变现象．1942年12月2日美国芝加哥大学成功启动了世界上第一座核反应堆，从此人类开始将核能运用于能源、军事、工业、航天等领域．美国、苏联、英国、法国、中国、日本、以色列等国相继展开核能应用研究．

核能发电在技术成熟性、经济性、可持续性等方面具有很大的优势，同时相较于水电、光电、风电具有无间歇性、受自然条件约束少等优点，是可以大规模替代化石能源的清洁能源．目前核能主要用于发电，只有少数反应堆应用于核能供热和海水淡化．随着技术的发展，尤其是第四代核能系统技术逐渐成熟和应用，核能有望超脱出仅仅提供电力的角色．

全球发电总量中，核能发电比例为10.4%，截至2019年3月，全球有449座商用核动力反应堆在30个国家运行，总装机容量达396GW，在建核电机组55座，在建核电机组装机容量57GW. 此外，还有大约240座研究堆运行在56个国家，180座动力堆为大约140艘舰船、潜艇提供着动力. 根据中国核能行业协会统计，截至2018年12月31日，我国投入商业运行的核电机组44台（不包含台湾地区），总装机容量44.6GW，在建的核电机组11台，总装机容量11GW. 2018年1～12月，我国核电机组累计发电量为2865.11亿kW·h时，占总发电量的4.22%. 核电设备平均利用小时数为7499.22h，设备平均利用率为85.61%. 与燃煤发电相比，核能发电相当于减少燃烧标准煤7646.8万t，减少排放二氧化碳20034.6万t，减少排放二氧化硫65.0万t，减少排放氮氧化物56.6万t.

在确保安全的基础上高效发展核电，是当前我国能源建设的一项重要政策，对保障能源供应与安全、保护环境、实现可持续发展具有十分重要的意义. 国家发展改革委、国家能源局在《能源发展“十三五”规划》中明确了“十三五”时期我国能源发展的路径和重点任务，提出努力构建清洁低碳、安全高效的现代能源体系. 国家发展改革委、国家能源局《能源技术革命创新行动计划（2016—2030年）》也明确提出我国将继续深入实施创新驱动发展战略，完善核能领域科技研发体系，支持小型模块化堆、第四代核能系统、核能制氢等领域的科研工作，使核能为建设“美丽中国”贡献更多力量.

近年，核能供热产业在国内获得极大的关注. 2017年，由国家发展改革委、国家能源局、环保部等十部门共同制定的《北方地区冬季清洁取暖规划（2017—2021年）》就明确提出，研究探索核能供热，推动现役核电机组向周边供热，安全发展供暖示范. 中核集团推出了“燕龙”泳池式低温供热堆，中广核集团和清华大学推出了壳式低温供热堆，国家电投提出了微压供热堆，上述核能供热试点目前已经在黑龙江、吉林、辽宁、河北、山东、宁夏、青海等多个省区开展了相关厂址普选和产业推广工作. 核能供热战略布局可以有效解决我国北方多地的缺热情况.

能源与水源是现代社会发展必不可少的两种重要资源. 海水淡化技术已是解决全球淡水资源危机的重要途径. 核能与海水淡化结合可以满足能源和淡水的持续增长的需求，使海水淡化降低成本，走向大型化的趋势. 将核动力工厂与海水淡化工艺相结合，既能提供电力，又能提供淡化海水所需的热能. 目前，国内核电站大多建于沿海地区，为推动基于核能海水淡化建设提供了更多便利. 其中，红沿河核电站、宁德核电站、三门核电站、海阳核电站、徐大堡核电站、田湾核电站，以及未来的山东荣成示范核电站均采用海水淡化技术为厂区提供可用淡水.

第四代核能系统，可以通过熔盐传蓄热和高温制氢技术，将核能和可再生能源的优势充分发挥，协同利用. 因而构建核能-可再生能源融合的复合能源系统（HES）是实现能源低碳清洁高效利用的重要解决方案.

2020年6月18日，我国第四代核能系统钠冷快堆关键技术研究中“钠-超临界二氧化碳换热器研制和试验项目”顺利通过专家组验收. 这标志着我国首个高效紧凑型钠-超临界二氧化碳印制电路板式换热器研制成功，在第四代核能系统——液态金属冷却快堆革新型动力转换技术领域取得重大突破.

第6章

静 电 场

章前问题

大气污染物对人们的健康危害是多方面的，尤其会引起呼吸道疾病，以及眼鼻等黏膜组织受到刺激而患病，是造成老年哮喘的慢性因素．在冶金、化学等工业中为了净化气体或回收有用尘粒，减小对大气的污染，用到了一种方法叫作静电除尘，你知道该方法的物理原理吗?

学习要点

1. 库仑定律、静电力叠加原理；
2. 电场强度、电场强度叠加原理；
3. 电通量、高斯定理及其应用；
4. 静电力的功、静电场的环路定理；
5. 电势、电势差；
6. 电场强度与电势的关系；
7. 静电场中的金属导体；
8. 静电场中的电介质；
9. 有电介质时的高斯定理、电位移矢量；
10. 电容、电容器；
11. 电场的能量.

本章将从静止电荷之间存在着作用力这一事实出发，引入静电场的两个基本概念（电场强度和电势）以及两者之间的关联，并总结出静电场的基本规律，为学习以后几章打好基础.

6.1 电荷 库仑定律

6.1.1 电荷 电荷守恒定律

实验表明，两个不同材质的物体（例如丝绸和玻璃棒）相互摩擦后，都能吸引羽毛或纸屑等轻小物体. 这时，显示出这两种物体都拥有电或电荷，即它们都处于**带电状态**，我们把这两种物体都称为**带电体**. 今后，我们也往往把**带电体本身简称为电荷**（如运动电荷、自由电荷等）.

其实，自然界并不存在脱离物质而单独存在的电或电荷. **电或电荷乃是物质的一种固有属性**. 实验证明，**自然界只存在两种不同的电荷：正（+）电荷和负（-）电荷**. **同种电荷互相排斥，异种电荷互相吸引**. 这种相互作用的斥力或引力便是**电性力**.

通常可用验电器来检验物体是否带电. 检验结果表明，当一个带电体增加同种电荷时，这个带电体的电荷为二者之和；当一个带电体增加异种电荷时，则一种电荷消失，另一种电荷也减少，甚至两种电荷都消失. 因此，我们可以用代数中的正和负来区别这两种电荷，至于何者为正，何者为负，我们一直沿袭历史上美国物理学家富兰克林（Franklin，1706—1790）的规定，即在室温下，凡与被丝绸摩擦过的玻璃棒上所带电荷同种的电荷，称为**正电荷**；凡与被毛皮摩擦过的硬橡胶棒所带电荷同种的电荷，称为**负电荷**.

通常用**电荷量**（简称电荷）表示物体所带电荷的多少. 在国际单位制（SI）中，电荷量的单位是 C（库仑，简称**库**）. 不过，我们在叙述时，往往对电荷和电荷量不加区分，且皆用 q 或 Q 表示. 对正、负电荷而言，可分别表示为 $q>0$ 和 $q<0$. 这样，如果将存在等量异种电荷的物体相互接触，它们所带的正、负电荷的代数和为零，表现为对外的电效应互相抵消，在宏观上宛如不带电一样，它们呈现电中性. 这种现象叫作**放电或电中和**. 并且，在放电时还可能看到火花.

我们知道，宏观物体（固体、液体、气体等）都是由分子、原子组成的. 任何化学元素的原子，都含有一个带正电的原子核和若干个在原子核周围运动的带负电的电子. 原子核中含有带正电荷的质子和不带电的中子，原子核所带的正电就是核内全部质子所带正电的总和. 一个质子所带的电荷量和一个电子所带的电荷量的大小相等，都用 e 表示. 据测定，$e \approx 1.60 \times 10^{-19}$ C.

由此可见，任何物体都是一个拥有大量正、负电荷的集合体. 在正常状态下，原子核外电子的数目等于原子核内质子的数目，也即每个原子里电子所带的负电荷和原子核所带的正电荷都相等，原子内的**净电荷**为零（即正、负电荷的代数和为零），因而，每个原子都呈**电中性**. 这时，整个物体对外界不显示电性. 换句话说，在一切不带电的中性物体中，并非其固有的属性——电消失了，而总是有等量的正、负电荷同时存在.

然而，两种不同质料的中性物体通过相互摩擦或借其他方式而起电的过程，会使每个物体中都有一些电子摆脱了带正电荷的原子核的束缚而转移到另一个物体上去. 不同材质的物体，彼此向对方转移的电子个数往往不相等，其结果必然是，一个物体因失去一部分电子而带正电，另一个物体则得到这部分电子而带负电. 所以，在起电时，两个物体总是同时带异种而等量的电荷.

总而言之，一切起电过程其实都是使物体上正、负电荷分离或转移的过程，在这一过程中，电荷既不能消灭，也不能创生，只能使原有的电荷重新分布. 由此可以总结出**电荷守恒定律：一个孤立系统的总电荷（即系统中所有正、负电荷的代数和）在任何物理过程中始终保持不变**，即

$$\sum_i q_i = \text{恒量} \tag{6-1}$$

这里所指的孤立系统，就是它与外界没有电荷的交换. 电荷守恒定律也是自然界中的一条基本定律，在宏观和微观领域中普遍适用.

在不同的惯性系中观测物体所带电荷的多少是相同的，即电荷不随物体的运动速度而改变. 即，同一电荷在所有惯性系中皆取同样的量值. 这就是电荷不变性原理.

电荷是量子化的. 自然界中有许多事物是**量子化**的，例如动植物的个数，珍珠的粒数，台阶的级数等；另一些事物是可以**连续变化**的，如时间的流逝、空间的长度、质量的大小、速率的大小、力的强弱等.

> 读者应区别不变量和守恒量：前者是指在特定的坐标变换下不改变的量；而后者是指不随时间而变化的量.

然而，人们起初意想不到的是，电荷竟是不连续的. 目前认为，电子是自然界具有最小电荷的带电粒子. 任一带电体所拥有的电荷量都是电子所带电荷量 e 的整数倍，这就是说，**e 是电荷的一个基本单元**. 当带电体的电荷发生改变时，它只能按 e 的整数倍改变其大小，不能进行连续的任意改变. 这种电荷只能一份一份地取分立的、不连续的量值的性质，叫作**电荷的量子化**. **电荷的量子就是** e. 不过，常见的宏观带电体所带的电荷远大于元电荷 e，在一般灵敏度的电学测试仪器中，电荷的量子性是显示不出来的. 因此，在分析带电情况时，可以认为电荷是连续变化的. 这正像人们看到"不尽长江滚滚流"时，认为水流总是连续的，而并不觉得水是由一个个分子、原子等微观粒子组成的一样.

思考题

6-1　何谓电荷的量子化？何谓电荷守恒定律？

6.1.2　库仑定律　静电力叠加原理

带电体之间存在着作用力，它与带电体的大小、形状、电荷分布、相互间的距离等因素有关. 当带电体之间的距离远大于它们自身的几何线度时，上述因素所导致的影响可以忽略不计. 这时，就可把带电体视作"**点电荷**". 可见，点电荷这个概念和力学中的"质点"概念相仿，只有相对的意义. 例如，有两个带电体，其线度皆为 d，若两者相距为 r，则只有在 $r \gg d$ 的情况下，才能把它们当作点电荷来处理.

下面讨论真空中两个静止点电荷之间的作用力. 假定这两个点电荷的电荷量分别为q_1和q_2，它们相距为 r（见图6-1）. 实验表明，**两个静止的点电荷之间存在着作用力 $\boldsymbol{F}$，其大小与两个点电荷的电荷量的乘积成正比，与两个点电荷之间的距离的平方成反比；作用力的方**

向沿着两个点电荷的连线；同号电荷相斥，异号电荷相吸. 这就是**真空中的库仑定律**，它是库仑（Coulomb，1736—1806）从实验中总结出来的静电学基本定律. 今设从q_1指向q_2的单位矢量为$\boldsymbol{e}_r$，如图6-1a所示，电荷q_2受到电荷q_1的作用力$\boldsymbol{F}$可表示为

$$\boldsymbol{F} = \frac{1}{4\pi\varepsilon_0}\frac{q_1q_2}{r^2}\boldsymbol{e}_r \tag{6-2}$$

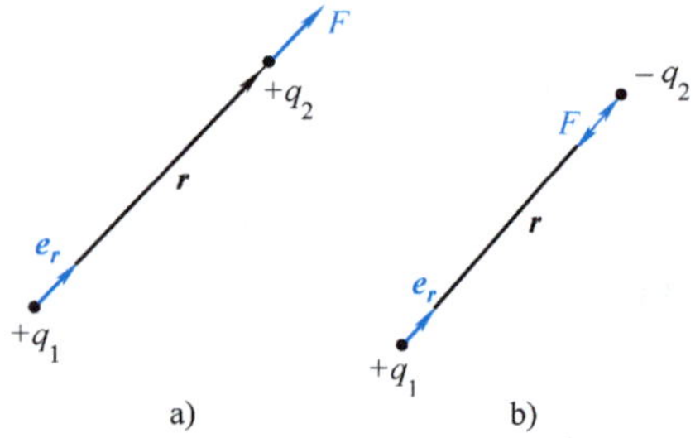

图6-1 q_1对q_2的作用力

a）q_1、q_2同号 b）q_1、q_2异号

式中，比例常量$\frac{1}{4\pi\varepsilon_0}=8.987776\times10^9\mathrm{N\cdot m^2\cdot C^{-2}}\approx 9\times10^9\ \mathrm{N\cdot m^2\cdot C^{-2}}$（计算时取近似值）；其中$\varepsilon_0$称为真空电容率（习惯上也称**真空介电常数**），它表征真空的电学特性，$\varepsilon_0=8.85\times10^{-12}\mathrm{C^2\cdot N^{-1}\cdot m^{-2}}$.

若r为q_1指向q_2的位矢，则自q_1指向q_2的单位矢量$\boldsymbol{e}_r=\boldsymbol{r}/r$标志了位矢$\boldsymbol{r}$的方向.

静电力$\boldsymbol{F}$通常又称为**库仑力**. 当q_1、q_2为同种电荷时，$\boldsymbol{F}$与$\boldsymbol{e}_r$同方向，两者之间表现为斥力；当q_1、q_2为异种电荷时，$\boldsymbol{F}$与$\boldsymbol{e}_r$反方向，两者之间表现为引力. 在一般情况下，对于两个以上的点电荷，实验证明：其中每个点电荷所受的总静电力，等于其他点电荷单独存在时作用于该点电荷上的静电力的矢量和. 这就是静电力叠加原理. 也就是说，不管周围有无其他电荷存在，两个点电荷之间的作用力总是符合库仑定律的. 设$\boldsymbol{F}_1$，$\boldsymbol{F}_2$，…，$\boldsymbol{F}_n$分别为点电荷q_1，q_2，…，q_n单独存在时对点电荷q_0作用的静电力，则q_0所受静电力的合力$\boldsymbol{F}$为

$$\boldsymbol{F}=\boldsymbol{F}_1+\boldsymbol{F}_2+\cdots+\boldsymbol{F}_n=\sum_{i=1}^{n}\boldsymbol{F}_i \tag{6-2a}$$

式（6-2a）即为静电力叠加原理的表达式.

思考题

6-2 什么是点电荷？在库仑定律表达式（6-2）中，若$r\to0$，则库仑力$F\to\infty$，显然没有意义，请对此做出解释.

例题6-1 计算氢原子内电子和原子核之间的库仑力与万有引力的比值（注意，氢原子的核外只有一个带$-e$的电子，核内只有一个带$+e$的质子）.

今后，凡对电荷周围介质的情况未加任何说明时，均指真空.

解： 设氢原子里电子与原子核相距为r，且因电子和原子核所带的电荷等量异种，电荷大小均为e，故电子与原子核之间的库仑力（吸引力）大小为

$$F_{\mathrm{e}}=\frac{1}{4\pi\varepsilon_0}\frac{e^2}{r^2}$$

设电子质量为 m_1、原子核质量为 m_2，则电子与原子核之间的万有引力大小为

$$F_m = G\frac{m_1 m_2}{r^2}$$

式中，G 为引力常量. 以上两式相除，有

$$\frac{F_e}{F_m} = \frac{1}{4\pi\varepsilon_0 G}\frac{e^2}{m_1 m_2}$$

查书末附录 A，$e = 1.60\times10^{-19}$ C，$m_1 = 9.11\times10^{-31}$ kg，$m_2 = 1836m_1$；常量 $1/(4\pi\varepsilon_0) = 9\times10^9\,\mathrm{N\cdot m^2\cdot C^{-2}}$，$G = 6.67\times10^{-11}\,\mathrm{N\cdot m^2\cdot kg^{-2}}$，将它们代入上式，可算出库仑力与万有引力的比值为

$$\frac{F_e}{F_m} = \frac{(9\times10^9\,\mathrm{N\cdot m^2\cdot C^{-2}})\times(1.6\times10^{-19}\mathrm{C})^2}{(6.67\times10^{-11}\,\mathrm{N\cdot m^2\cdot kg^{-2}})\times1836\times(9.11\times10^{-31}\mathrm{kg})^2} = 2.26\times10^{39}$$

显然，在微观粒子之间的作用力中，万有引力远小于静电力，可略去不计. 然而，在讨论宇宙中的行星、恒星、星系等大型天体之间的作用力时，则主要考虑万有引力. 因为这些星体也是由带正电和带负电的粒子所组成的，可是它们相距是如此遥远，其正电与正电之间的斥力、负电与负电之间的斥力以及正电和负电之间的引力的合力为零，所以其静电作用力表现不出来，而可视作中性的.

例题 6-2　如例题 6-2 图所示，两个电荷量相等的正点电荷 q，相距为 $2l$. 若一个点电荷 q_0 放在上述两电荷连线的中垂线上. 问：欲使受力最大，到两电荷连线中点的距离 r 为多大?

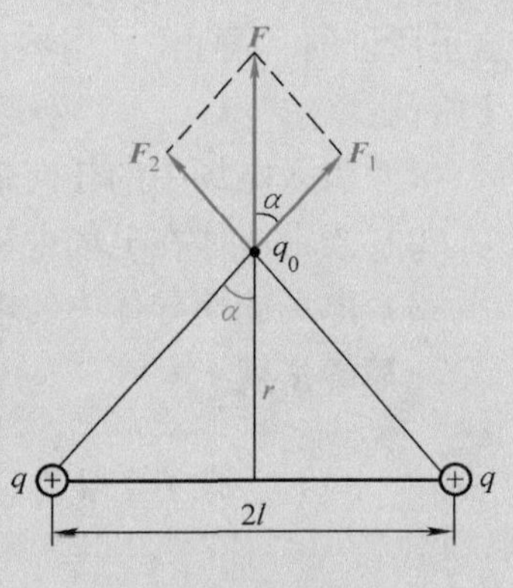

例题 6-2 图

解：由库仑定律和静电力叠加原理可知，电荷 q_0 受两个电荷 q 的静电力分别为 $\boldsymbol{F}_1$ 和 $\boldsymbol{F}_2$，合力为 $\boldsymbol{F}$，其值随 r 而变. 当 r 较大时，q_0 与 q 之间的距离较大，合力随这个距离的增加而减小；当 r 较小时，q_0 受 q 的力增大，但所受两个力之间的夹角 2α 变大，合力仍是减小. 因此，当 r 为某一定值时，q_0 所受的合力有最大值. 相应的 r 值可用求极值方法算出. 由于 $F_1 = F_2$，则合力为

$$F = 2F_1\cos\alpha = \frac{2q_0 q}{4\pi\varepsilon_0(l^2+r^2)}\frac{r}{(l^2+r^2)^{\frac{1}{2}}} = \frac{q_0 q r}{2\pi\varepsilon_0\sqrt{(l^2+r^2)^3}}$$

且

$$\frac{\mathrm{d}F}{\mathrm{d}r} = \frac{q_0 q}{2\pi\varepsilon_0}\left[\frac{\sqrt{(l^2+r^2)^3}r^2 - 3\sqrt{l^2+r^2}r^2}{(l^2+r^2)^3}\right]$$

令 $\frac{\mathrm{d}F}{\mathrm{d}r} = 0$，则化简后，得

$$r = \frac{l}{\sqrt{2}}$$

> 由于两个点电荷 q 相对于中垂线对称，故中垂线上任一点的静电力 F_1 和 F_2，其水平分量 $F_1\sin\alpha = F_2\sin\alpha$，等值反向共线，互相抵消. 因此，合力 F 的大小等于 $F_1\cos\alpha + F_2\cos\alpha = 2F_2\cos\alpha$.

又可以求出 $\left.\frac{\mathrm{d}^2F}{\mathrm{d}r^2}\right|_{r=\frac{l}{\sqrt{2}}} < 0$. 因此，当 $r = \frac{l}{\sqrt{2}}$ 时，F 具有极大值.

6.2　电场　电场强度

6.2.1　电场

库仑定律给出了两个点电荷之间作用力的定量关系，但并未阐明电荷之间的作用是如何实现的. 过去，人们一直认为，这种作用不必通过中间的介质物质，也不需要传递的时间，而可以从一个带电体直接作用到另一个带电体. 这种所谓“超距作用”的观点随着近代物理学的发展而被摒弃，新的观点认为，在带电体的周围空间存在着电场，当其他带电体处于此电场中时，所受到的作用力是由该电场所施加的，称为电场力. 那么，此力的反作用力，也就应该作用在电场上了. 因此，电荷之间的作用力是通过电场来传递的. 可表示为

$$\text{电荷 A} \rightleftharpoons \text{电场} \rightleftharpoons \text{电荷 B}$$

理论和实验都已证明，后一种观点是正确的. 电场与由分子、原子等组成的实物一样，也具有能量、动量和质量，所以电场也是物质的一种形态. 不过，场与实物的一个重要区别，就是同一个空间不能同时被两个实物所占据，但可以存在两个以上的场；如果是同一性质的场，还可以在同一空间内叠加. 在本章只研究由静止电荷所激发的电场，称为静电场. 这里所说的“静止”，当然也是相对于惯性参考系而言的. 静电场对外的表现主要有如下三个特征：

1）引入电场中的任何带电体，都将受到电场力的作用.

2）当带电体在电场中移动时，电场力将对带电体做功.

3）电场能使导体中的电荷重新分布，能使电介质极化.

思维拓展

6-1　除了电场外，你还知道有哪些“场”？这些场的作用原理都一样吗？

6.2.2　电场强度　电场强度叠加原理

由于电场对电荷有力的作用，因此可以利用电荷作为检测电场的工具. 用于判断电场的存在与否和电场强弱的电荷称为试探电荷，记作 q_0. 通常将激发电场的电荷称为场源电荷. 场源电荷可以是若干个点电荷或具有某种电荷分布和任意形状的带电体. 试探电荷则应满足下列两个条件：首先，试探电荷的电荷量 q_0 应足够小，不会因 q_0 引入电场而导致场源电荷激发的电场分布发生显著的变化；其次，试探电荷的几何线度应足够小，可视作点电荷，以能确切地探测电场内每一点（即场点）的电场强弱和方向. 这样，我们就可借试探电荷 q_0 对空间各点电场的强弱和方向进行检测和探究.

实验表明，对于场源电荷及其分布给定的电场，在其中任一确定场点 P_1 上放置试探电荷 q_0；适当改变 q_0 的大小，q_0 所受电场力 $\boldsymbol{F}$ 将随之改变，但其比值 $\boldsymbol{F}/q_0$ 却不变；如果任意选择电场中不同的场点 P_1，P_2，…，P_n，重复上述实验，比值 $\boldsymbol{F}/q_0$ 只随地点不同而异，而

与试探电荷 q_0 大小无关. 因此，可用比值 F/q_0 描述电场中各点电场的强弱和方向. F/q_0 称为电场强度，它是一个矢量，既有大小，又有方向. 通常用 $\boldsymbol{E}$ 表示电场强度矢量，即

$$\boldsymbol{E}=\frac{\boldsymbol{F}}{q_0} \tag{6-3}$$

在式（6-3）中，取 $q_0=+1$，则 $\boldsymbol{E}=\boldsymbol{F}$. 这就是说，**电场中任一点的电场强度在量值上等于一个单位正电荷在该点所受到的电场力，电场强度的方向规定为正电荷在该点所受电场力的方向**.

在 SI 中力的单位是 N，电荷的单位是 C，则按式（6-3），电场强度的单位应是 $\mathrm{N\cdot C^{-1}}$（牛顿每库仑），也可写作 $\mathrm{V\cdot m^{-1}}$（伏特每米）.

如果电场中各点的电场强度的大小都相同，方向也都相同，这样的电场称为**均匀（或匀强）电场**.

若已知电场中任一点的电场强度，则放在该点的电荷所受的电场力为

$$\boldsymbol{F}=q\boldsymbol{E} \tag{6-4}$$

显然，放在该点的电荷 q 为正，则 $\boldsymbol{F}$ 与 $\boldsymbol{E}$ 同方向；反之，若此电荷 q 为负，则 $\boldsymbol{F}$ 与 $\boldsymbol{E}$ 反方向.

值得指出，电场对电荷的作用力与电场强度是两个不同的概念. 前者是指电场与电荷的相互作用，它取决于电场与引入场中的电荷；后者则是描述电场中各场点的强弱和方向，仅与场源电荷有关.

若电场是由一组场源电荷 q_1，q_2，…，q_n 所激发的，为了计算它们周围空间某一点的电场强度，仍可把试探电荷 q_0 放在该点，从它的受力情况来计算电场强度. 设 $\boldsymbol{F}_1$，$\boldsymbol{F}_2$，…，$\boldsymbol{F}_n$ 分别表示点电荷 q_1，q_2，…，q_n 单独存在时对 q_0 的作用力，则按静电力叠加原理式（6-2a），q_0 所受的合力为

$$\boldsymbol{F}=\boldsymbol{F}_1+\boldsymbol{F}_2+\cdots+\boldsymbol{F}_n$$

将上式两边同除以 q_0，得

$$\boldsymbol{E}=\boldsymbol{E}_1+\boldsymbol{E}_2+\cdots+\boldsymbol{E}_n=\sum_i \boldsymbol{E}_i \tag{6-5}$$

式（6-5）表明，**电场中某点的总电场强度等于各个点电荷单独存在时在该点的电场强度的矢量和**. 这就是**电场强度叠加原理**. 利用这个原理，我们可以计算任意的**点电荷系**或带电体的电场强度.

思考题

6-3 由电场强度的定义式（6-3）知，电场中的某定点电场强度的大小 $E=F/q_0$ 与试探电荷 q_0 成反比，为何却说 E 与 q_0 无关？

6.3 电场强度和电场力的计算

6.3.1 点电荷电场中的电场强度

如图6-2所示，在真空中有一个静止的点电荷 q，在与它相距为 r 的场点 P 上，设想放一个试探电荷 q_0（$q_0>0$），按库仑定律，试探电荷 q_0 所受的力为

$$\boldsymbol{F}=\frac{1}{4\pi\varepsilon_0}\frac{qq_0}{r^2}\boldsymbol{e}_r$$

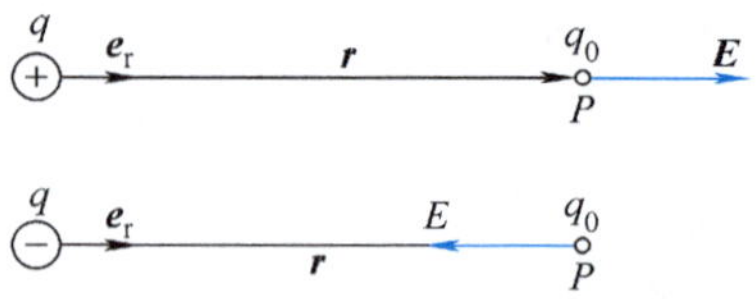

图6-2 点电荷电场中的电场强度

式中，$\boldsymbol{e}_r$ 是单位矢量，用来标示点 P 相对于场源点电荷 q 的位矢 $\boldsymbol{r}$ 的方向. 按电场强度的定义，$\boldsymbol{E}=\boldsymbol{F}/q_0$，由上式即得点 P 的电场强度为

$$\boldsymbol{E}=\frac{1}{4\pi\varepsilon_0}\frac{q}{r^2}\boldsymbol{e}_r \tag{6-6}$$

即在点电荷 q 的电场中，任一点 P 的电场强度大小为 $E=|q|/(4\pi\varepsilon_0 r^2)$，其值与场源电荷的大小 $|q|$ 成正比，并与点电荷 q 到该点距离 r 的平方成反比，且当 $r\to\infty$ 时，电场强度大小 $E\to 0$；电场强度 $\boldsymbol{E}$ 的方向沿场源电荷 q 和点 P 的连线，其指向取决于场源电荷 q 的正、负（见图6-2）：若 q 为正电荷（$q>0$），其方向与 $\boldsymbol{e}_r$ 的方向相同，即沿 $\boldsymbol{e}_r$ 而背离 q；若 q 为负电荷（$q<0$），其方向与 $\boldsymbol{e}_r$ 的方向相反，指向 q.

显然，在点电荷 q 的电场中，以点电荷 q 为中心、以 r 为半径的球面上各点的电场强度大小均相同，电场强度的方向皆分别沿半径向外（若 $q>0$）（见图6-3）或指向中心（若 $q<0$），通常说，具有这样特点的电场是球对称的.

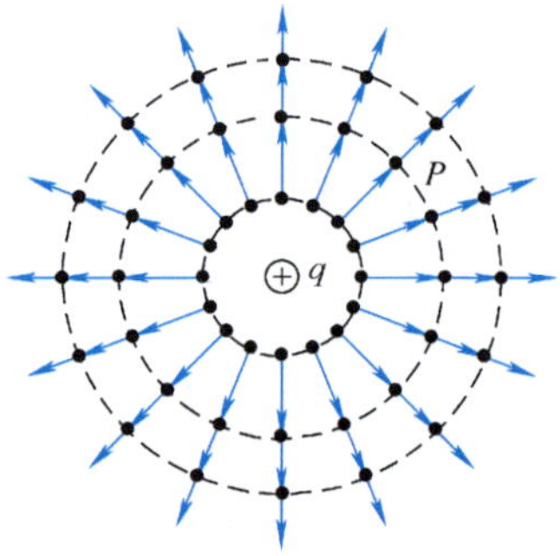

图6-3 点电荷的电场是球对称的

6.3.2 点电荷系电场中的电场强度

设电场是由一组点电荷 q_1，q_2，…，q_n 所构成的点电荷系共同激发的，而场点 P 与各个点电荷的距离分别为 r_1，r_2，…，r_n（相应的位矢为 $\boldsymbol{r}_1$，$\boldsymbol{r}_2$，…，$\boldsymbol{r}_n$），则各个点电荷激发的电场在点 P 的电场强度按式（6-6）分别为

$$\boldsymbol{E}_1=\frac{q_1}{4\pi\varepsilon_0 r_1^2}\boldsymbol{e}_{r1},\boldsymbol{E}_2=\frac{q_2}{4\pi\varepsilon_0 r_2^2}\boldsymbol{e}_{r2},\cdots,\boldsymbol{E}_n=\frac{q_n}{4\pi\varepsilon_0 r_n^2}\boldsymbol{e}_{rn}$$

式中，$\boldsymbol{e}_{r1}$，$\boldsymbol{e}_{r2}$，…，$\boldsymbol{e}_{rn}$ 分别是场点 P 相对于场源电荷 q_1，q_2，…，q_n 的位矢 $\boldsymbol{r}_1$，$\boldsymbol{r}_2$，…，$\boldsymbol{r}_n$ 方向上的单位矢量，按照电场强度叠加原理［式（6-5）］，这些点电荷各自在点 P 激发的电场强度的矢量和，等于点 P 的总电场强度 $\boldsymbol{E}$，即

$$\boldsymbol{E}=\boldsymbol{E}_1+\boldsymbol{E}_2+\cdots+\boldsymbol{E}_n=\sum_i\boldsymbol{E}_i=\sum_i\frac{q_i}{4\pi\varepsilon_0 r_i^2}\boldsymbol{e}_{ri} \tag{6-7}$$

例题6-3 如例题6-3图所示，有一对相距为 l 的等量异种点电荷 $+q$ 和 $-q$，试求这两个点电荷连线的延长线上一点 P 的电场强度. 设点 P 离这两个点电荷连线的中点 O 的距离为 r.

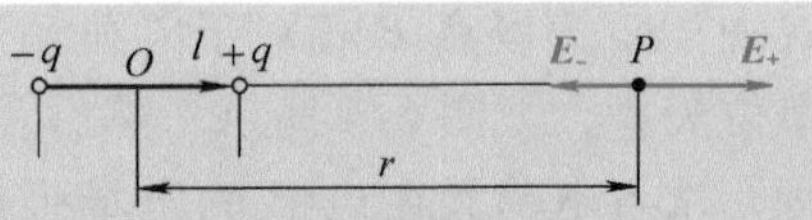

例题6-3图

解：这两个点电荷 $+q$ 和 $-q$ 在点 P 所激发的电场强度大小分别为

$$E_+ = \frac{q}{4\pi\varepsilon_0\left(r-\frac{l}{2}\right)^2},\quad E_- = \frac{q}{4\pi\varepsilon_0\left(r+\frac{l}{2}\right)^2}$$

由于共线矢量 $\boldsymbol{E}_+$ 和 $\boldsymbol{E}_-$ 方向相反，所以，根据电场强度叠加原理，点 P 处的电场强度 $\boldsymbol{E}$ 的大小为

$$E_P = E_+ - E_- = \frac{q}{4\pi\varepsilon_0\left(r-\frac{l}{2}\right)^2} - \frac{q}{4\pi\varepsilon_0\left(r+\frac{l}{2}\right)^2} = \frac{2qrl}{4\pi\varepsilon_0\left(r^2-\left(\frac{l}{2}\right)^2\right)^2}$$

$\boldsymbol{E}$ 的方向向右.

这样一对等量异种电荷称为**电偶极子**. 这时，可以用电偶极矩（简称电矩）$\boldsymbol{p}_e = q\boldsymbol{l}$ 来描述电偶极子，其中 $\boldsymbol{l}$ 是从 $-q$ 指向 $+q$ 的矢量. 因而电偶极子的电矩是矢量，其方向与 $\boldsymbol{l}$ 的方向相同. 当 $r \gg l$ 时，$r^2-\left(\frac{l}{2}\right)^2 \approx r^2$，有

$$E_P = \frac{2ql}{4\pi\varepsilon_0 r^3}$$

若用电矩 $\boldsymbol{p}_e$ 表示，则可写成如下的矢量式，即

$$\boldsymbol{E}_P = \frac{2\boldsymbol{p}_e}{4\pi\varepsilon_0 r^3} \tag{6-8}$$

有时，我们要用到电偶极子的概念. 例如，由于无线电波的发射天线里电子的运动，在其两端交替地带正、负电荷时，就可以把天线看作是一个振荡电偶极子.

顺便指出，如果 $\boldsymbol{l}=\boldsymbol{0}$，则 $+q$ 和 $-q$ 将重合在一起，点 P 的电场强度为零，即

$$E_P = \frac{q}{4\pi\varepsilon_0 r^2} + \frac{(-q)}{4\pi\varepsilon_0 r^2} = 0$$

这就是**电中和**的意义. 所谓等量异种电荷的中和，并不是说这些电荷消失了，也就不激发电场了，而是指它们聚集在一起，对外所激发的电场相互抵消.

6.3.3 连续分布电荷的电场强度

如果场源电荷在空间某一范围内是连续分布的，则在计算该电荷系所激发的电场时，一般可将全部电荷看成许多微小的电荷元 dq 的集合，每个电荷元 dq 在空间任一点 P 所激发的电场强度，与点电荷在同一点激发的电场强度相同，即按式（6-6），可表示为

$$\mathrm{d}\boldsymbol{E} = \frac{1}{4\pi\varepsilon_0}\frac{\mathrm{d}q}{r^2}\boldsymbol{e}_r \tag{6-9}$$

式中，$\boldsymbol{e}_r$ 为场点 P 相对于电荷元 $\mathrm{d}q$ 的位矢 $\boldsymbol{r}$ 方向上的单位矢量，如图6-4所示. 然后，根据电场强度叠加原理，求各电荷元在点 P 的电场强度的矢量和（即求矢量积分），就可得到电荷系在点 P 的电场强度为

$$\boldsymbol{E} = \iiint_V \mathrm{d}\boldsymbol{E} = \iiint_V \frac{1}{4\pi\varepsilon_0}\frac{\mathrm{d}q}{r^2}\boldsymbol{e}_r \tag{6-10}$$

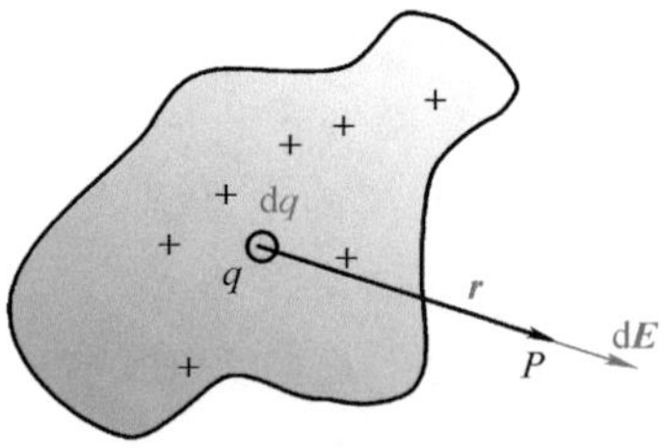

图6-4　电荷连续分布电场的电场强度

式中，积分号下的 V 表示对场源电荷的集合在整个分布范围求积分. 式（6-10）是一个矢量积分，具体计算时要利用分量式转化为标量积分.

思考题

6-4　（1）试写出电荷在电场中所受电场力的公式.

（2）如何计算连续分布的电荷的电场？

例题6-4　如例题6-4图a所示，设一长为 L 的均匀带电细棒，带电荷 Q（$Q>0$），求棒的中垂线上一点 P 的电场强度.

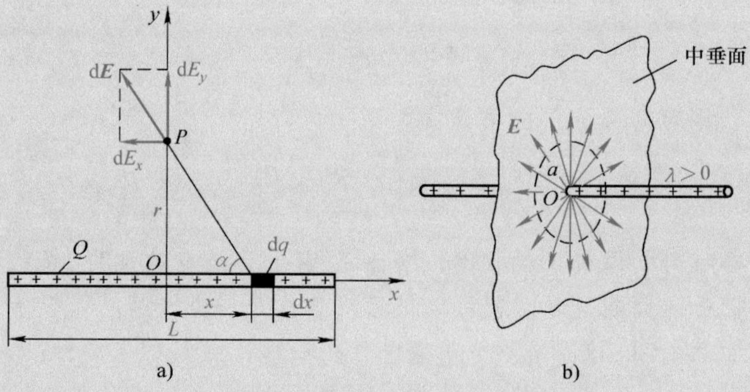

例题6-4图

解： 以棒的中点 O 为原点，建立坐标系 Oxy，在棒上坐标为 x 处取一线元 $\mathrm{d}x$，其上带电荷为 $\mathrm{d}q$. 按题设，细棒均匀带电，则电荷线密度 $\lambda=Q/L$ 为一恒量，因此电荷元为 $\mathrm{d}q=\lambda\mathrm{d}x$，它在场点 P 激发的电场强度为

$$\mathrm{d}E = \frac{1}{4\pi\varepsilon_0}\frac{\lambda\mathrm{d}x}{x^2+r^2}$$

其方向如图所示. 上式中的 r 为中垂线上的场点 P 与棒的中点 O 的距离.

将 $\mathrm{d}E$ 分解成 $\mathrm{d}E_x$ 和 $\mathrm{d}E_y$ 两个分量，由于电荷对中垂线为对称分布，应有 $\int_L \mathrm{d}E_x = 0$（读者可自行分析），而 $\mathrm{d}E_y$ 分量为

$$dE_y = dE\sin\alpha = \frac{1}{4\pi\varepsilon_0}\frac{\lambda dx}{x^2+r^2}\frac{r}{\sqrt{x^2+r^2}}$$

因而，点 P 的总电场强度为

$$E = E_y = \int_L dE_y = \int_{-\frac{L}{2}}^{\frac{L}{2}} \frac{\lambda r dx}{4\pi\varepsilon_0\sqrt{(x^2+r^2)^3}} = \frac{\lambda r}{4\pi\varepsilon_0}\frac{x}{r^2\sqrt{x^2+r^2}}\Bigg|_{-\frac{L}{2}}^{\frac{L}{2}}$$

$$= \frac{\lambda r L}{4\pi\varepsilon_0 r^2\sqrt{\frac{L^2}{4}+r^2}} = \frac{Q}{4\pi\varepsilon_0 r\sqrt{\frac{L^2}{4}+r^2}}$$

E 沿 Oy 轴正方向. 当 $r \ll L$ 时，将$\sqrt{\frac{L^2}{4}+r^2}$按泰勒级数展开，近似为 $L/2$，则上式成为

$$E = \frac{\lambda}{2\pi\varepsilon_0 r} \tag{6-11}$$

此时，相对于距离 r，可将该细棒看作“无限长”，而式（6-11）就是与无限长均匀带电细棒相距为 r 处的电场强度 E 的公式. $\boldsymbol{E}$ 的方向垂直细棒向外（如棒带负电，即 $Q<0$，则 $\boldsymbol{E}$ 的方向垂直地指向细棒).

在细棒为无限长的情况下，棒上任一点都可当作中点，任何垂直于细棒的平面都可看成是中垂面，那么，按式（6-11），无限长均匀带电细棒的中垂面上的电场强度分布情况如例题 6-4 图 b 所示. 并且，在垂直于它的任一平面上其电场强度分布情况都是相同的，也即都和例题 6-4 图 b 所示的情况一样. 具有这种特点的电场是轴对称的.

值得指出，无限长的带电棒是不存在的，实际上都是有限长的，但如果我们研究棒的中央附近而又离棒很近的区域内的电场，就可以近似地把棒看成是无限长的.

例题 6-5　如例题 6-5 图所示，求垂直于均匀带电细圆环的轴线上任一场点 P 的电场强度. 设圆环半径为 R，带电量为 Q. 环心 O 与场点 P 相距为 x.

解： 设点 P 在圆环右侧的轴线上，以此轴线为坐标轴 Ox，按题设，圆环均匀带电，其电荷线密度为 $\lambda = Q/(2\pi R)$. 任取一电荷元 dq，长为 dl，它所带的电量为 $dq=\lambda dl$，电荷元在点 P 的电场强度为 dE，其方向如图所示，大小为

$$dE = \frac{dq}{4\pi\varepsilon_0 r^2} = \frac{\lambda dl}{4\pi\varepsilon_0(R^2+x^2)}$$

将 $d\boldsymbol{E}$ 分解为沿 Ox 轴的分量 $dE_{//}$和垂直于 Ox 轴的分量 $dE_\perp$，由于相对于轴线而言，电荷分布具有对称性，则 $\int_L dE_\perp = 0$，于是点 P 的总电场强度为

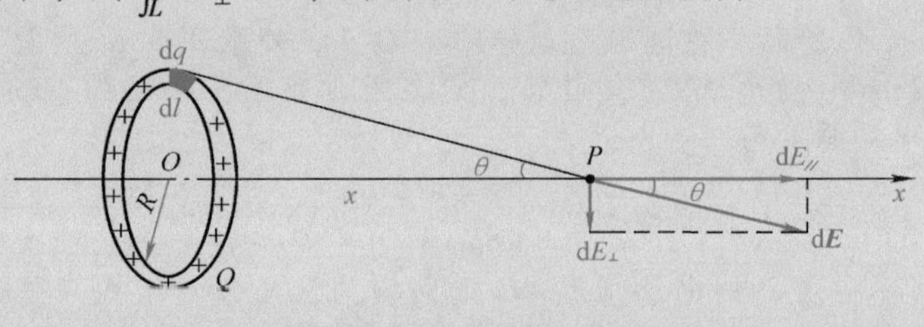

例题 6-5 图

$$E = \int_L \mathrm{d}E_{//} = \int_L \mathrm{d}E\cos\theta = \int_0^{2\pi R} \frac{\lambda \mathrm{d}l}{4\pi\varepsilon_0(R^2+x^2)} \frac{x}{\sqrt{R^2+x^2}}$$

$$= \frac{\lambda(2\pi R)x}{4\pi\varepsilon_0\sqrt{(R^2+x^2)^3}} = \frac{Qx}{4\pi\varepsilon_0\sqrt{(R^2+x^2)^3}} \tag{6-12}$$

式（6-12）即为均匀带电圆环中心轴线上一点的电场强度. 若 $Q>0$，$\boldsymbol{E}$ 沿 Ox 轴正向；若 $Q<0$，$\boldsymbol{E}$ 沿 Ox 轴负向.

当 $x \gg R$ 时，$E = \frac{Qx}{4\pi\varepsilon_0 x^3} = \frac{Q}{4\pi\varepsilon_0 x^2}$，与点电荷的电场强度公式相同.

同理，沿圆环左侧的 Ox 轴负向，也可同样给出式（6-12），但当 $Q>0$ 时，$\boldsymbol{E}$ 的方向则沿 Ox 轴负向；当 $Q<0$ 时，$\boldsymbol{E}$ 沿 Ox 轴正向. 所以，在垂直于均匀带电圆环的轴线上，其两侧的电场强度是对称分布的.

说明

从以上各例可以看到，利用电场强度叠加原理求各点的电场强度时，由于电场强度是矢量，具体运算时，需将矢量的叠加转化为各分量（标量）的叠加；并且在计算时，关于电场强度的对称性的分析也是不可忽视的，在某些情形下，它往往能使我们立即看出矢量 $\boldsymbol{E}$ 的某些分量相互抵消而等于零，使计算大为简化.

例题 6-6 如例题 6-6 图所示，一半径为 R 的均匀带电圆平面 S 上，电荷面密度为 σ（即单位面积所带电荷，其单位为 $\mathrm{C\cdot m^{-2}}$），设圆平面带正电，即 $\sigma>0$，求垂直于圆平面的轴上任一场点 P 的电场强度.

分析： 按题设，S 为一均匀带电圆平面，因而电荷面密度 σ 为一恒量. 求解时，可将均匀带电圆平面视作由许多不同半径的同心带电圆环所组成，每一圆环在轴上任一场点的电场强度 $\mathrm{d}\boldsymbol{E}$ 可借上例的结果［式（6-12）］给出，再按电场强度叠加原理，通过积分，就可以求出整个带电圆平面在点 P 的电场强度 $\boldsymbol{E}$.

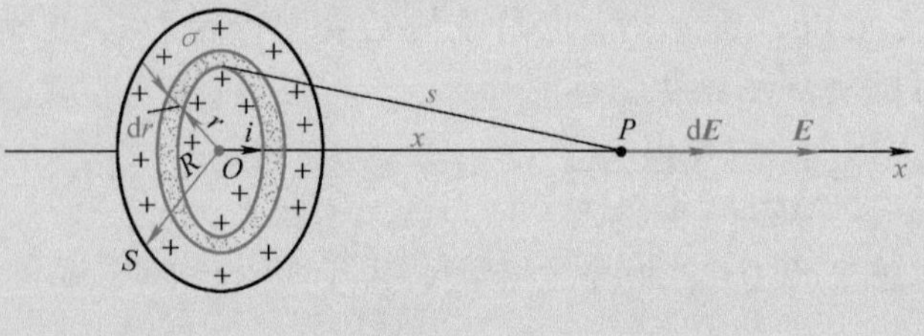

例题 6-6 图

正如上例所说，垂直于圆平面的轴上各点电场强度相对于圆平面是左右对称的. 为此这里只对右侧的场点进行讨论.

解： 如例题 6-6 图所示，在圆平面上距中心 O 为 r 处取宽度 $\mathrm{d}r$ 的圆环，在这个圆环上带有电荷 $\mathrm{d}q=\sigma(2\pi r\mathrm{d}r)$，利用式（6-12），它在沿垂直于圆平面的 Ox 轴上（其单位矢量为 $\boldsymbol{i}$）的点 P，其电场强度为

$$\mathrm{d}\boldsymbol{E} = \frac{1}{4\pi\varepsilon_0}\frac{(\mathrm{d}q)x}{(x^2+r^2)^{3/2}}\boldsymbol{i} = \frac{2\pi r\sigma x\mathrm{d}r}{4\pi\varepsilon_0(x^2+r^2)^{3/2}}\boldsymbol{i} = \frac{\sigma x}{2\varepsilon_0}\frac{r\mathrm{d}r}{(x^2+r^2)^{3/2}}\boldsymbol{i}$$

由于各带电同心圆环在点 P 的电场强度 $\mathrm{d}\boldsymbol{E}$ 方向相同，所以对上式只需进行标量积分，可得整个带电圆平面在轴上一点 P（x 为定值）的电场强度为

$$\boldsymbol{E} = \iint_S \mathrm{d}\boldsymbol{E} = \left[\frac{\sigma x}{2\varepsilon_0}\int_0^R \frac{r\mathrm{d}r}{(x^2+r^2)^{3/2}}\right]\boldsymbol{i}$$

即

$$\boldsymbol{E}=\frac{\sigma}{2\varepsilon_0}\left(1-\frac{x}{\sqrt{x^2+R^2}}\right)\boldsymbol{i} \tag{6-13}$$

由于所述均匀带电圆平面两侧沿 Ox 轴的电场分布也是对称的，所以在圆平面左侧沿 Ox 轴负向的电场强度也与式（6-13）相同，但其方向则沿 Ox 轴负向.

例题 6-7　设有一很大的、电荷面密度为 σ 的均匀带电平面. 在靠近平面的中部而且离开平面的距离比平面的几何线度小得多的区域内的电场，称为“无限大”均匀带电平面的电场. 试证此带电平面两侧的电场都是均匀电场.

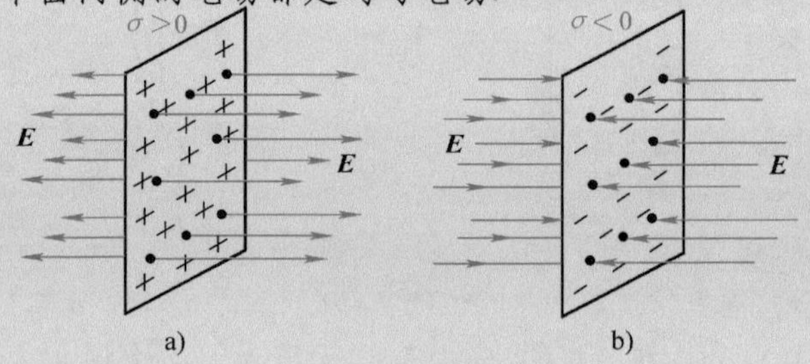

例题 6-7 图

证明： 在上例中，若 $x \ll R$，则均匀带电圆平面就可视作无限大的均匀带电平面；对无限大的平面而言，凡是 $x \ll R$ 的点都处于本例中所述的区域内. 因此，由式（6-13），可得无限大均匀带电平面的电场中各点电场强度 $\boldsymbol{E}$ 的大小为

$$E=\frac{\sigma}{2\varepsilon_0} \tag{6-14}$$

可见，在上述电场区域内，各点电场强度 $\boldsymbol{E}$ 的大小相等，且与上述区域内各点离开平面的距离无关，也与平面的形状和线度无关. 至于电场强度 $\boldsymbol{E}$ 的方向，理应沿着垂直于该平面的中心轴，由于平面为“无限大”，所以在上述区域内，任一条垂直于该平面的轴线都可视作中心轴，因而各点电场强度 $\boldsymbol{E}$ 的方向都垂直于平面而相互平行；若该平面带正电，即 $\sigma>0$，则电场强度 $\boldsymbol{E}$ 的方向背离平面（见例题 6-7 图 a），反之，若平面带负电，即 $\sigma<0$，则电场强度 $\boldsymbol{E}$ 的方向指向平面（见例题 6-7 图 b).

综上所述，**“无限大”均匀带电平面两侧的电场皆是均匀电场**.

说明

实际上，任何一个带电平面，其大小总是有限的. 因此，也只有在靠近平面中部附近的区域，电场才是均匀的，而相对于平面边缘附近的点而言，就不能将平面看作是无限大的，该处的电场也是不均匀的，这就是所谓**边缘效应**. 因此，对该处而言，式（6-14）不再适用.

例题 6-8　设有两个平行平面 A 和 B，两平面的线度比它们的间隔要大得多，则两平面皆可视作无限大平面. 平面 A 均匀地带正电，平面 B 均匀地带负电，电荷面密度分别为 $\sigma>0$ 和 $\sigma<0$（见例题 6-8 图 a). 求该两个带电平面所激发的电场.

解： 根据电场强度叠加原理，两个带电平面在任一场点所激发的电场强度 $\boldsymbol{E}$，是每个带电平面分别在该点激发的电场强度 $\boldsymbol{E}_A$ 和 $\boldsymbol{E}_B$ 的矢量和，即

$$\boldsymbol{E}=\boldsymbol{E}_A+\boldsymbol{E}_B$$

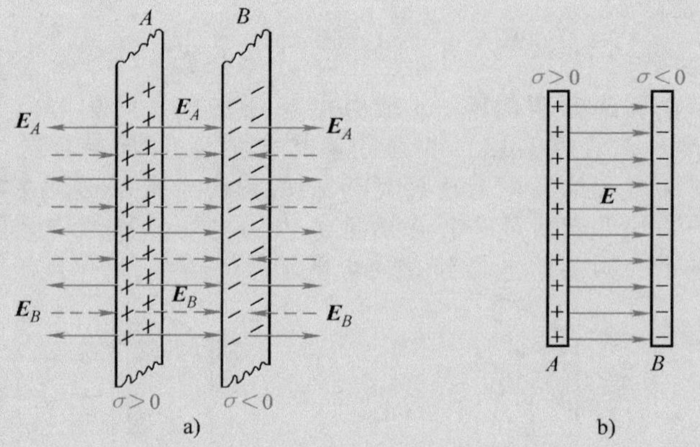

例题 6-8 图

除两平面边缘的附近处以外，$\boldsymbol{E}_A$ 和 $\boldsymbol{E}_B$ 分别是"无限大"均匀带电平面 A 和 B 所激发的电场强度，由上例可知，其大小皆为$\dfrac{\sigma}{2\varepsilon_0}$，方向分别如例题 6-8 图 a 中的实线和虚线所示.

在两平面之间的区域内，$\boldsymbol{E}_A$ 和 $\boldsymbol{E}_B$ 的方向相同，都从 A 面指向 B 面，其大小均为$\dfrac{\sigma}{2\varepsilon_0}$，所以总电场强度的方向是从电荷面密度为 $\sigma>0$ 的 A 面指向电荷面密度为 $\sigma<0$ 的 B 面，显而易见，其大小为 $\boldsymbol{E}=\boldsymbol{E}_A+\boldsymbol{E}_B=\dfrac{\sigma}{2\varepsilon_0}+\dfrac{\sigma}{2\varepsilon_0}$，即

$$E=\frac{\sigma}{\varepsilon_0} \tag{6-15}$$

在两平面的外侧区域，$\boldsymbol{E}_A$ 和 $\boldsymbol{E}_B$ 的方向相反、大小相等，所以总电场强度的大小为

$$\boldsymbol{E}=\boldsymbol{E}_A+\boldsymbol{E}_B=\boldsymbol{0}$$

因此，均匀地分别带上等量正、负电荷的两个无限大平行平面（即电荷面密度的大小相同），当平面的线度远大于两平面的间距时，除了边缘附近为非均匀电场而存在边缘效应外，电场全部集中于两平面之间（见例题 6-8 图 b），**而且是均匀电场. 局限于上述区域内的电场，称为"无限大"均匀带电平行平面的电场.**

例题 6-9　求电偶极子在均匀电场中所受的作用力.

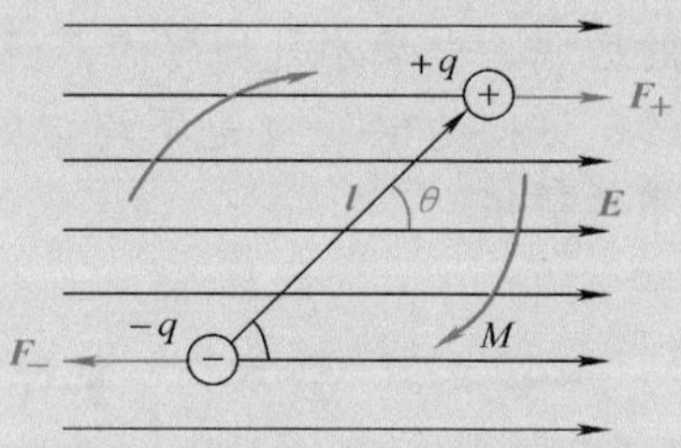

例题 6-9 图

解：如例题 6-9 图所示，设电偶极子处于电场强度为 $\boldsymbol{E}$ 的均匀电场中，$\boldsymbol{l}$ 表示从 $-q$ 指向 $+q$ 的矢量，电偶极子的电矩 $\boldsymbol{p}_e=q\boldsymbol{l}$ 方向与 $\boldsymbol{E}$ 之间的夹角为 θ. 作用于电偶极子正、负电荷上的电场力分别为 $\boldsymbol{F}_+$ 和 $\boldsymbol{F}_-$，其大小相等，按式 (6-4)，有

$$F=|\boldsymbol{F}_+|=|\boldsymbol{F}_-|=qE$$

其方向相反，因此两力的矢量和为零，电偶极子不会发生平动；但由于电场力 $\boldsymbol{F}_+$ 和 $\boldsymbol{F}_-$ 的作用线不在同一直线上，此两力组成一个力偶，使电偶极子发生转动. 电偶极子所受力偶矩的大小为

$$M = Fl\sin\theta = qEl\sin\theta = p_e E\sin\theta \qquad ⓐ$$

式中，$l\sin\theta$ 为力偶矩的力臂；$p_e = ql$ 为电偶极子的电矩大小. 式ⓐ表明，当 $\boldsymbol{p}_e \perp \boldsymbol{E}(\theta = \pi/2)$ 时，力偶矩最大；当 $\boldsymbol{p}_e // \boldsymbol{E}(\theta = 0$ 或 $\pi)$ 时，力偶矩等于零. 在力偶矩作用下，电偶极子发生转动，即其电矩 $\boldsymbol{p}_e$ 将转到与外电场 $\boldsymbol{E}$ 一致的方向上去.

综上所述，我们也可将式ⓐ表示成矢量式（$\boldsymbol{p}_e$ 与 $\boldsymbol{E}$ 的矢积），即

$$\boldsymbol{M} = \boldsymbol{p}_e \times \boldsymbol{E} \qquad (6\text{-}16)$$

例题 6-10　压碎的某种磷酸盐矿石是磷酸盐和石英颗粒的混合体，在通过输送器 A 时将它们振动，引起摩擦带电，使磷酸盐带正电，石英带负电，尔后从两块平行带电平板（可视作无限大均匀带电平行平面）之间的中央落入，设其间的电场强度大小为 $E = 0.5 \times 10^5 \text{N} \cdot \text{C}^{-1}$，方向如例题 6-10 图所示，它们所带电荷的大小均为每千克 10^{-5}C. 为了使磷酸盐能分离出来，两种粒子必须至少分开 10cm. 求：(1) 粒子在两板间至少通过多少距离？(2) 板上的电荷面密度大小.

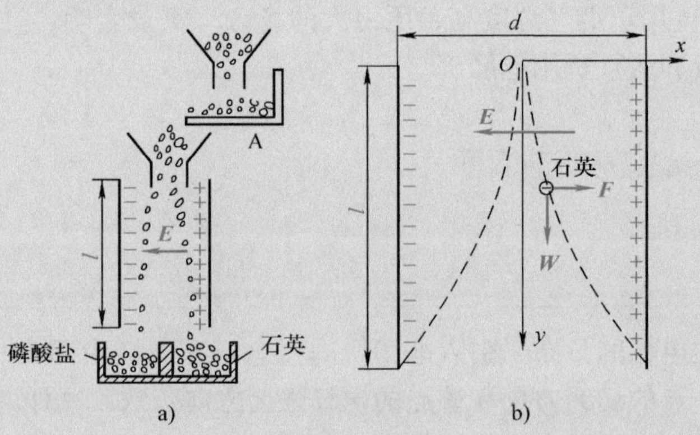

例题 6-10 图

解：(1) 石英颗粒带负电 $q = -10^{-5}\text{C} \cdot \text{g}^{-1}$，进入电场强度 $E = 0.5 \times 10^5 \text{N} \cdot \text{C}^{-1}$ 的平行带电平板之间的中央时，受水平向右的电场力 $\boldsymbol{F}$（$F = |q|E$）和竖直向下的重力 $\boldsymbol{W} = m\boldsymbol{g}$ 作用. 在图示的坐标系 Oxy 中，按牛顿第二定律，粒子运动方程沿 Ox、Oy 轴方向的分量式分别为

$$|q|E = ma_x, mg = ma_y$$

设 $m = 1$kg，则上两式成为

$$a_x = |q|E, a_y = g$$

对上两式进行积分，并根据初始条件：$t = 0$ 时 $x = 0$，$v_x = v_y = 0$，则得

$$x = \frac{1}{2}|q|Et^2, y = \frac{1}{2}gt^2$$

因粒子从中央进入，即 $x=d/2$，$d=10\text{cm}$；并设粒子通过的距离为 l，即 $y=l$，代入上两式，得

$$l=\frac{gd}{2|q|E}$$

代入题设数据，可算出 $l=0.98\text{m}$.

（2）由 $E=\sigma/\varepsilon_0$，得平板上的电荷面密度大小为

$$\sigma=\varepsilon_0 E=(8.85\times10^{-12}\text{C}^2\cdot\text{N}^{-1}\cdot\text{m}^{-2})\times(0.5\times10^5\text{N}\cdot\text{C}^{-1})=4.43\times10^{-7}\text{C}\cdot\text{m}^{-2}$$

章前问题解答

需要净化的气体通过强的静电场，其中负极对应着接有高压直流电源的阴极线（又称电晕极），正极对应着接地的阳极板. 因为阴极具有较强的电场强度，所以发生电晕放电、气体被电离. 带负电的气体离子在电场力作用下向阳极板运动，运动中与粉尘颗粒碰撞，把电荷传给尘粒，尘粒在电场力的作用下向阳极板运动并沉积在阳极板上，从而回收尘粒，以达到净化空气的目的.

静电除尘器与其他除尘设备相比，耗能少，除尘效率高，适用于除去烟气中 0.01 ~ 50μm 的粉尘，而且可用于烟气温度高、压力大的场合. 实践表明，处理的烟气量越大，使用静电除尘器的投资和运行费用越经济.

6.4 电通量 真空中的高斯定理

6.4.1 电场线

为了形象地描述电场的分布，引入电场线的概念. **在电场中画出一系列有指向的曲线，使这些曲线上的每一点的切线方向和该点的电场强度方向一致**. 这样的曲线就叫作电场线.

为了使电场线不仅能表示电场强度的方向，而且又能表示电场强度的大小，我们规定：**在电场中任一点附近，通过该处垂直于电场强度 $\boldsymbol{E}$ 方向的单位面积的电场线条数 ΔN 等于该点电场强度 $\boldsymbol{E}$ 的大小，即** $\Delta N/\Delta S_{\perp}=E$. 这样，就可以看到，在电场中电场强度较大的地方，电场线较密；电场强度较小的地方，电场线较疏. 图 6-5 表示几种典型电场的电场线分布. 从图中可以看出，静电场的电场线有以下两个性质：电场线总是起始于正电荷，终止于负电荷，不会形成闭合曲线，也不会在没有电荷的地方中断；任何两条电场线都不会相交.

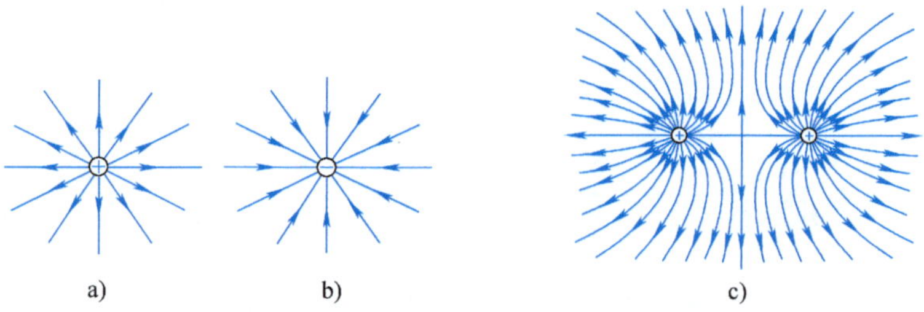

图 6-5 几种典型电场的电场线分布图形

a）正点电荷 b）负点电荷 c）一对等量同种点电荷

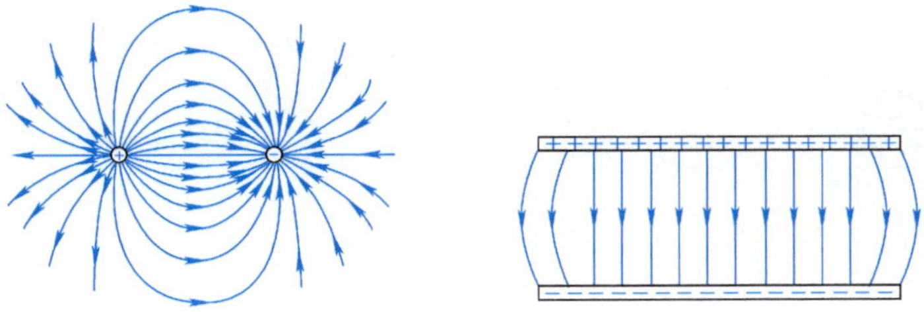

d) e)

图 6-5 几种典型电场的电场线分布图形（续）

d）一对等量异种点电荷 e）均匀带异种电荷的平行板

思考题

6-5 为什么均匀电场的场线是一系列的疏密均匀的同方向平行直线?

6.4.2 电通量

在电场中任一点处，取一块面积元 $\Delta S_{\perp}$，与该点电场强度 $\boldsymbol{E}$ 的方向相垂直，我们把电场强度的大小 E 与面积元 $\Delta S_{\perp}$ 的乘积，称为穿过该面积元 $\Delta S_{\perp}$ 的电通量，用 $\Delta \Phi_{\mathrm{e}}$ 表示，即

$$\Delta \Phi_{\mathrm{e}} = E\Delta S_{\perp} \tag{6-17}$$

另一方面，由上面有关电场线的描述，可得 $\Delta N = E\Delta S_{\perp}$. 这样，我们就可以把穿过电场中任一个给定面积 S 的电通量 $\Delta \Phi_{\mathrm{e}}$ 用通过该面积的电场线条数来表述.

在均匀电场中，电场线是一系列均匀分布的同方向平行直线（见图 6-6a）. 想象一个面积为 S 的平面，它与电场强度 E 的方向相垂直. 由于在均匀电场中，电场强度的大小 E 处处相等，这样，根据式（6-17），穿过 S 面的电通量为

$$\Phi_{\mathrm{e}} = ES \qquad ⓐ$$

如果在均匀电场中，平面 S 与电场强度 $\boldsymbol{E}$ 不相互垂直，那么我们可以用平面的法线矢量 $\boldsymbol{e}_{\mathrm{n}}$ 来标示平面 S 在空间中的方位. 设 $\boldsymbol{e}_{\mathrm{n}}$ 与 $\boldsymbol{E}$ 的方向成 θ 角（见图 6-6b），这时可先求出平面 S 在垂直于 $\boldsymbol{E}$ 的平面上的投影面积 $S_{\perp}$，即 $S_{\perp} = S\cos\theta$. 由图可见，通过面积 $S_{\perp}$ 的电场线必定全部穿过面积 S. 按式ⓐ，通过 $S_{\perp}$ 的电场线条数等于 $ES_{\perp} = ES\cos\theta$，所以穿过倾斜面积 S 的电通量也应该是

> 注：平面的法线矢量 $\boldsymbol{e}_{\mathrm{n}}$ 是指垂直于平面的一个单位矢量. 它的指向可以背离平面（或曲面）向外或朝向平面（或曲面），可任意选定. 但对于闭合曲面，通常规定法线矢量 $\boldsymbol{e}_{\mathrm{n}}$ 指向朝着闭合曲面的外侧.

$$\Phi_{\mathrm{e}} = ES\cos\theta \qquad ⓑ$$

即穿过给定平面的电通量 Φ_{e}，等于电场强度 $\boldsymbol{E}$ 在该平面上的法向分量 $E\cos\theta$ 与面积 S 的乘积.

显然，穿过给定面积的电通量是一个标量，其正、负取决于这个面的法线矢量 $\boldsymbol{e}_{\mathrm{n}}$ 和电

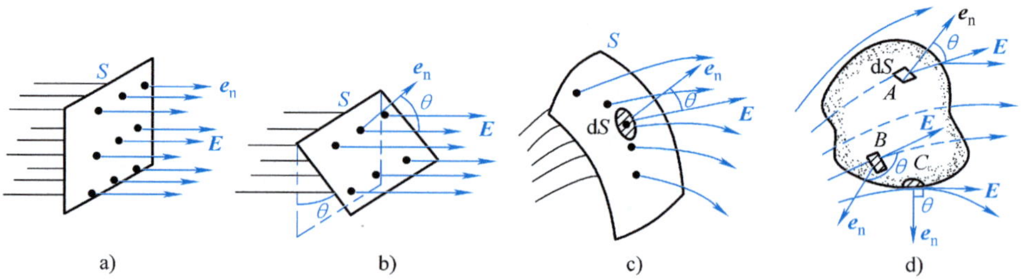

图 6-6　计算电通量用图

场强度 $\boldsymbol{E}$ 两者方向之间的夹角 θ.

如果是非均匀电场，并且 S 也不是平面，而是一个任意曲面（见图 6-6c），那么，可以先把曲面分成无限多个面积元 $\mathrm{d}S$，每个面积元 $\mathrm{d}S$ 都可视作平面，而且在面积元 $\mathrm{d}S$ 的微小区域上，各点的电场强度 E 也可视作相等，则由式ⓑ，穿过面积元 $\mathrm{d}S$ 上的电通量为

$$\mathrm{d}\Phi_e = E\mathrm{d}S\cos\theta \qquad ⓒ$$

其中，θ 为面积元的法线矢量 $\boldsymbol{e}_n$ 与该处电场强度 $\boldsymbol{E}$ 之间的夹角. 通过整个曲面 S 的电通量为

$$\Phi_e = \iint_S \mathrm{d}\Phi_e = \iint_S E\cos\theta\mathrm{d}S = \iint_S \boldsymbol{E}\cdot\mathrm{d}\boldsymbol{S} \qquad ⓓ$$

式中，$\mathrm{d}\boldsymbol{S}$ 为**面积元矢量**，其大小为 $\mathrm{d}S$，方向用法线矢量 $\boldsymbol{e}_n$（$\boldsymbol{e}_n$ 的大小是 1）表示，可写作 $\mathrm{d}\boldsymbol{S} = \mathrm{d}S\boldsymbol{e}_n$.

对电场中的一个封闭曲面来说，所通过的电通量为

$$\Phi_e = \oint\!\!\!\!\oint_S \mathrm{d}\Phi_e = \oint\!\!\!\!\oint_S \boldsymbol{E}\cdot\mathrm{d}\boldsymbol{S} = \oint\!\!\!\!\oint_S E\cos\theta\mathrm{d}S \qquad (6\text{-}18)$$

“$\oint\!\!\!\!\oint_S$” 表示整个闭合曲面求积分.

值得注意，**对一个封闭曲面而言，通常规定面积元法线矢量 $\boldsymbol{e}_n$ 的正方向为垂直于曲面向外.** 因而，由图 6-6d 可见，在电场线从曲面内穿出来的地方（如点 A），电场强度 $\boldsymbol{E}$ 和曲面法线矢量 $\boldsymbol{e}_n$ 的夹角 $\theta < 90°$，$\cos\theta > 0$，故电通量 $\mathrm{d}\Phi_e$ 为正；在电场线穿入曲面的地方（如点 B），$90° < \theta < 180°$，$\cos\theta < 0$，电通量 $\mathrm{d}\Phi_e$ 为负；在电场线与曲面相切的地方（如点 C），$\theta = 90°$，$\cos 90° = 0$，电通量 $\mathrm{d}\Phi_e = 0$.

6.4.3　高斯定理及其应用

从电通量的概念出发，可以引证真空中静电场的**高斯定理**.

首先讨论点电荷的静电场. 设在真空中有一个正的点电荷 q，则在其周围存在着静电场. 以点电荷 q 的所在处为中心，取任意长度 r 为半径，作一个闭合球面，包围这个点电荷（见图 6-7a）. 显然，点电荷 q 的电场具有球对称性，球面上任一点电场强度 $\boldsymbol{E}$ 的大小都是 $q/(4\pi\varepsilon_0 r^2)$，方向都是以点电荷 q 为中心，对称地沿着半径方向呈辐射状，并且处处与球面垂直. 在此闭合球面上任取一面积元矢量 $\mathrm{d}\boldsymbol{S}$，其方向也沿半径向外，与电场强度 $\boldsymbol{E}$ 的夹角

$\theta = 90°$. 按式（6-18），穿过整个闭合球面的电通量为

$$\Phi_e = \oint\!\!\!\oint_S d\Phi_e = \oint\!\!\!\oint_S \boldsymbol{E} \cdot d\boldsymbol{S} = \oint\!\!\!\oint_S \frac{q}{4\pi\varepsilon_0 r^2}\cos 0° dS$$

$$= \frac{q}{4\pi\varepsilon_0 r^2}\oint\!\!\!\oint_S dS = \frac{q}{4\pi\varepsilon_0 r^2}(4\pi r^2) = \frac{q}{\varepsilon_0} \tag{ⓐ}$$

即穿过此球面的电通量 Φ_e 只与被球面所包围的点电荷 q 有关，而与半径 r 无关. 上式中的 q 是正的，因此 $\Phi_e > 0$，这表示电场线从正电荷处发出并穿出球面；若 q 为负，读者同样可以推出上述结果，但这时 $\Phi_e < 0$，表示电场线穿入球面，并终止于负电荷.

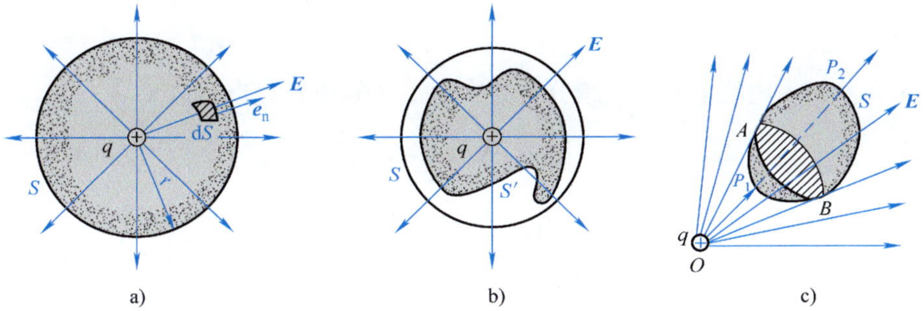

图 6-7 证明高斯定理用图

a）从点电荷发出的电场线穿过球面 b）从点电荷发出的电场线穿过任意闭合曲面

c）点电荷在闭合曲面之外

然后，我们来讨论穿过包围点电荷 q（设 $q > 0$）的任意闭合曲面 S'的电通量. 如图 6-7b所示，在 S'的外面作一个以点电荷 q 为中心的球面 S，S 和 S'包围同一个点电荷 q，S 和 S'之间并无其他电荷，故电场线不会中断，穿过闭合曲面 S'和穿过球面 S 的电场线条数是相等的. 由式ⓐ可知，穿过球面 S 的电通量等于 q/ε_0，因此穿过任意闭合曲面 S'的电通量 Φ_e 也应等于 q/ε_0. 并且在电场中作包围点电荷 q 的无限多个形状和大小不一的闭合曲面，不用计算就能断定，穿过每一闭合曲面的电通量 Φ_e 也都等于 q/ε_0.

如果点电荷 q 在闭合曲面 S 之外（见图 6-7c），则只有与闭合曲面相切的锥体 AOB 范围内的电场线才能通过此闭合曲面，而且每一条电场线从某处穿入曲面（如图中 P_1 处），必从另一处穿出曲面（如图中 P_2 处）. 按照规定，电场线从曲面穿入，电通量为负，电场线从曲面穿出，电通量为正，一进一出，正负相消. 这样，从这一曲面穿入和穿出的电场线条数是相等的，即穿过这一闭合曲面的电通量的代数和为零，有

$$\oint\!\!\!\oint_S \boldsymbol{E} \cdot d\boldsymbol{S} = 0 \tag{ⓑ}$$

以上我们只讨论了单个点电荷的电场中，穿过任一闭合面的电通量. 现在，将上述结果推广到点电荷系 q_1，q_2，…，q_n，q_{n+1}，…，q_s 的电场中去. 今作一任意闭合面 S，它包围了 n 个点电荷 q_1，q_2，…，q_n，对其中每个点电荷来说，由式ⓐ，有 $\Phi_{e_1} = q_1/\varepsilon_0$，$\Phi_{e_2} = q_2/\varepsilon_0$，…，$\Phi_{e_n} = q_n/\varepsilon_0$，而对于在闭合面 S 以外的点电荷 q_{n+1}，…，q_s，由式ⓑ，它们对闭合面 S 上电通量的贡献分别为零. 于是，穿过闭合面 S 的电通量合计为

$$\Phi_e = \frac{q_1}{\varepsilon_0} + \frac{q_2}{\varepsilon_0} + \cdots + \frac{q_n}{\varepsilon_0} + 0 + \cdots + 0 = \frac{1}{\varepsilon_0}\sum_i q_i \quad (i = 1,2,\cdots,n)$$

根据穿过闭合曲面 S 的电通量表达式（6-18），可将上式写成

$$\oint_S \boldsymbol{E} \cdot \mathrm{d}\boldsymbol{S} = \frac{1}{\varepsilon_0}\sum_i q_i \tag{6-19}$$

式（6-19）表明，**穿过静电场中任一闭合面的电通量 Φ_e，等于包围在该闭合面 S（称为高斯面）内所有电荷的代数和 $\sum_i q_i$ 的 $1/\varepsilon_0$，而与闭合面外的电荷无关**. 这一结论称为真空中的**高斯定理**.

如果闭合曲面 S 内的电荷是连续分布的，则式（6-19）可以写成

$$\oint_S \boldsymbol{E} \cdot \mathrm{d}\boldsymbol{S} = \frac{1}{\varepsilon_0}\int_{S内} \mathrm{d}q \tag{6-19a}$$

若电荷的体密度为 ρ，且连续分布在一定的体积 V 中，则高斯定理可写成

$$\oint_S \boldsymbol{E} \cdot \mathrm{d}\boldsymbol{S} = \frac{1}{\varepsilon_0}\iiint_V \rho \mathrm{d}V \tag{6-19b}$$

式中，V 为曲面 S 所包围的体积.

请读者注意，高斯定理指出了通过闭合面的电通量只与该面所包围的总电荷（净电荷）有关；而闭合面上任意一点的电场强度则是由激发该电场的所有场源电荷（包括闭合面内、外所有的电荷）共同决定的，并非只由闭合曲面所包围的电荷激发的.

前面说过，电场线起自正电荷、终止于负电荷，其实，这是高斯定理的必然结果. 高斯定理式（6-19b）的微分形式可写成

$$\nabla \cdot \boldsymbol{E} = \frac{\rho}{\varepsilon_0} \tag{6-20}$$

式中，$\nabla \cdot \boldsymbol{E}$ 是电场强度的散度，该式表明电场强度的散度不为 0 的那些区域必有电荷存在，所以高斯定理反映了静电场的有源性. 激发电场的电荷则为该电场的“源头”. 或者形象地说，正电荷是电场的“源头”，每单位正电荷向四周发出 $1/\varepsilon_0$ 条电场线；负电荷是电场的“尾闾”，每单位负电荷有 $1/\varepsilon_0$ 条电场线向它会聚（或终止）.

高斯定理是一条反映静电场规律的普遍定理，在进一步研究电学时，这条定理很重要. 在这里，我们只是应用它来计算某些具有对称分布的电场.

思维拓展

6-2 高斯定理并不是只能应用于电场中. 根据数学公式上的相似性，高斯定理也可以应用于其他由平方反比律决定的物理量上，例如辐照度、引力等.

例题6-11　如例题6-11图a所示，电荷q（$q>0$）均匀分布在半径为R的球面上；（2）一半径为R、电荷体密度为ρ（即单位体积所带的电荷，其单位为$C\cdot m^{-3}$）的均匀带电球体．试求上述球面和球体外的电场分布．

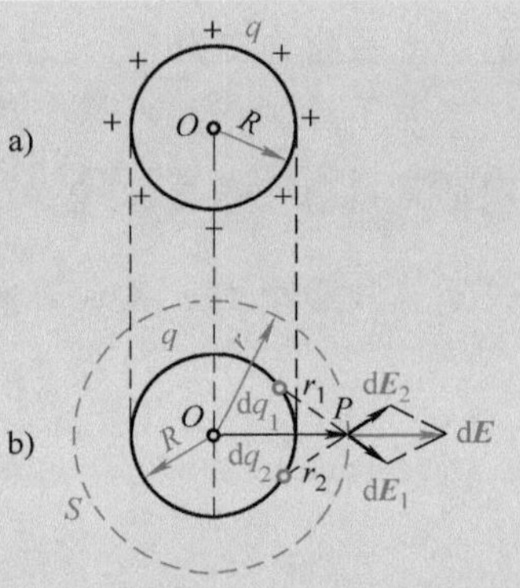

例题6-11图

分析：用高斯定理求电场强度时，首先要分析电场分布的对称性．如例题6-11图b所示，我们以带电球面为例，来考虑球面外与球心O相距r的任一场点P，点P和球心O的连线OP沿半径方向．由于电荷均匀分布在球面上，故对球面上任一电荷元dq_1，总可在球面上找到等量的另一电荷元dq_2，两者对连线OP是完全对称的，故dq_1、dq_2与点P的距离相等．即$r_1=r_2$，因而，在点P的电场强度$dE_1=dq_1/(4\pi\varepsilon_0 r_1^2)$和$dE_2=dq_2/(4\pi\varepsilon_0 r_2^2)$，大小相等，且与$OP$成等角，即对称于连线$OP$．显然，它们的矢量$d\boldsymbol{E}=d\boldsymbol{E}_1+d\boldsymbol{E}_2$是沿着连线$OP$的．将整个带电球面上的每一对的对称电荷元在点$P$的电场强度叠加，所得的总电场强度$\boldsymbol{E}$也必定沿连线$OP$，即沿半径方向．

同理，分析通过点P并与带电球面同心的球面（图中的虚线球面）上各点的电场强度，其方向各自沿所在点的半径指向球外，即整个电场的电场线呈辐射状；其大小都和点P的相同．所以，**均匀带电球面的电场分布是球对称的**．

解：（1）既然电场是球对称的，就以通过点P的同心球面作为高斯面S（如虚线所示），在S面上各点的电场强度$\boldsymbol{E}$的大小处处都和点P的电场强度E相同；方向各沿其半径而指向球外，与球面上所在点的外法线方向一致，因而处处有$\theta=0°$，$\cos\theta=1$，通过此高斯面（球面）S的电通量为

$$\Phi_e=\oiint_S \boldsymbol{E}\cdot d\boldsymbol{S}=\oiint_S E\cos\theta dS=E\oiint_S dS=E(4\pi r^2)$$

其中$r=OP$，是球面S的半径．

由于所取场点P在带电球面外（$r>R$），则高斯面所包围的电荷$\sum_i q_i$即为球面上所带电荷q．于是，按高斯定理，有

$$4\pi r^2E=\frac{q}{\varepsilon_0}$$

故在球面外的场点P，其电场强度为

$$E=\frac{1}{4\pi\varepsilon_0}\frac{q}{r^2}\quad(r>R)$$

$\boldsymbol{E}$的方向沿半径指向球外（若$q<0$，则沿半径指向球内），因而可用沿径向的单位矢量$\boldsymbol{e}_r$标示，则上式可表示为矢量式

$$\boldsymbol{E}=\frac{1}{4\pi\varepsilon_0}\frac{q}{r^2}\boldsymbol{e}_r\quad(r>R)\tag{6-21}$$

（2）计算均匀带电球体外的电场分布．由于电荷的分布对球心O是对称的，因此电场分布也具有球对称性，即以O为圆心的同心球面上，各点电场强度大小均相等，方向皆分

别沿半径指向球外.

为了计算球外离球心为 r 处的电场强度，以 O 为圆心、$r>R$ 为半径作一球形高斯面，则高斯面内的电荷为 $\sum_i q_i=\rho(4\pi R^3/3)$，按高斯定理，由于高斯面上各点处处有 $\boldsymbol{E}\perp \mathrm{d}\boldsymbol{S}$ 的关系，且高斯面上各点 E 相等，则

$$\oiint_S \boldsymbol{E}\cdot \mathrm{d}\boldsymbol{S}=\oiint_S E\cos 0^\circ \mathrm{d}S=E\oiint_S \mathrm{d}S=E(4\pi r^2)$$

从而有

$$E(4\pi r^2)=\frac{1}{\varepsilon_0}\rho\left(\frac{4}{3}\pi R^3\right)$$

得

$$E=\frac{1}{4\pi\varepsilon_0}\frac{q}{r^2}(r>R)$$

同理，可以用矢量式表示为

$$\boldsymbol{E}=\frac{1}{4\pi\varepsilon_0}\frac{q}{r^2}\boldsymbol{e}_r(r>R) \tag{6-22}$$

综上所述，可得如下结论：均匀带电球面（或球体）外的电场强度分布，与球面（或球体）上电荷全部集中于球心的点电荷所激发的电场强度分布相同.

6.5 静电场的环路定理 电势

在前几节中，从电荷在电场中受电场力作用这一事实出发，引入了电场强度等概念，研究了描述静电场性质的一条基本定理——高斯定理. 现在从电场力对电荷做功这一角度，将推出描述静电场性质的另一条基本定理，并由此从功能观点引入电势等概念.

6.5.1 静电力的功

如图 6-8 所示，在点电荷 q 的电场中，场点 a 和 b 到点电荷 q 的距离分别为 r_a 和 r_b，C 为从点 a 到点 b 的任意路径 l 上的任一点，点 C 到 q 的距离为 r，点 C 处的电场强度大小为

$$\boldsymbol{E}=\frac{1}{4\pi\varepsilon_0}\frac{q}{r^2}$$

当试探电荷 q_0 沿路径 l 自点 C 经历位移元 $\mathrm{d}\boldsymbol{l}$ 时，电场力 $\boldsymbol{F}=q\boldsymbol{E}$ 所做的元功为

$$\mathrm{d}A=\boldsymbol{F}\cdot\mathrm{d}\boldsymbol{l}=q_0\boldsymbol{E}\cdot\mathrm{d}\boldsymbol{l}=q_0E\cos\theta\mathrm{d}l=q_0E\mathrm{d}r \tag{a}$$

式中，θ 为电场强度 $\boldsymbol{E}$ 与位移元 $\mathrm{d}\boldsymbol{l}$ 之间的夹角；$\mathrm{d}r$ 为位移元 $\mathrm{d}\boldsymbol{r}$ 沿电场强度 $\boldsymbol{E}$ 方向的分量. 当试探电荷 q_0 从点 a 移到点 b 时，电场力所做的功为

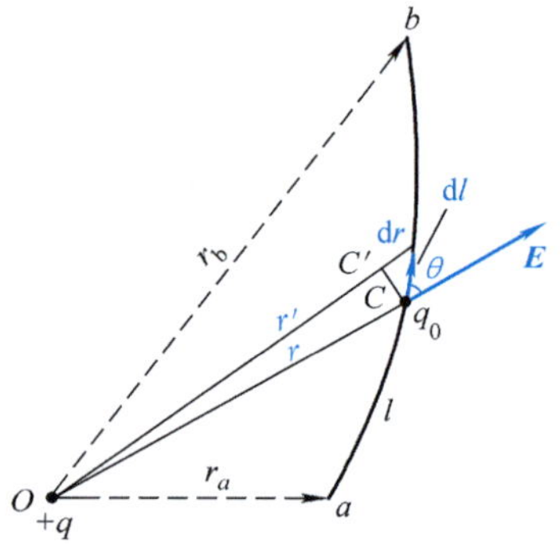

图 6-8 静电场力所做的功

$$A = \int_a^b \mathrm{d}A = \int_{r_a}^{r_b} q_0 E \mathrm{d}r = \frac{q_0}{4\pi\varepsilon_0}\int_{r_a}^{r_b} \frac{q\mathrm{d}r}{r^2} = \frac{q_0 q}{4\pi\varepsilon_0}\left(\frac{1}{r_a} - \frac{1}{r_b}\right) \tag{6-23}$$

式（6-23）表明，试探电荷 q_0 在静止点电荷 q 的电场中移动时，静电场力所做的功只与始点和终点的位置以及试探电荷的量值 q_0 有关，而与试探电荷在电场中所经历的路径无关.

上述结论对于任何静电场皆适用. 考虑到任何静电场都可看作是由点电荷系所激发的，根据电场强度叠加原理，其电场强度 $\boldsymbol{E}$ 是各个点电荷 q_1，q_2，…，q_i，…，q_n 单独存在时的电场强度 $\boldsymbol{E}_1$，$\boldsymbol{E}_2$，…，$\boldsymbol{E}_i$，…，$\boldsymbol{E}_n$ 的矢量和，即

$$\boldsymbol{E} = \boldsymbol{E}_1 + \boldsymbol{E}_2 + \cdots + \boldsymbol{E}_i + \cdots + \boldsymbol{E}_n$$

当试探电荷 q_0 在电场中从场点 a 沿任意路径 l 移动到场点 b 时，由式ⓐ，按矢量标积的分配律，电场力所做的功为

$$\begin{aligned} A_{ab} &= q_0\int_a^b \boldsymbol{E}\cdot \mathrm{d}\boldsymbol{l} = q_0\int_a^b (\boldsymbol{E}_1 + \boldsymbol{E}_2 + \cdots + \boldsymbol{E}_i + \cdots + \boldsymbol{E}_n)\cdot \mathrm{d}\boldsymbol{l} \\ &= q_0\int_a^b \boldsymbol{E}_1\cdot \mathrm{d}\boldsymbol{l} + q_0\int_a^b \boldsymbol{E}_2\cdot \mathrm{d}\boldsymbol{l} + \cdots + q_0\int_a^b \boldsymbol{E}_i\cdot \mathrm{d}\boldsymbol{l} + \cdots + q_0\int_a^b \boldsymbol{E}_n\cdot \mathrm{d}\boldsymbol{l} \end{aligned}$$

或

$$A_{ab} = A_1 + A_2 + \cdots + A_i + \cdots + A_n = \sum_i A_i \tag{6-24}$$

即静电场力所做的功等于各个场源点电荷 q_i 对试探电荷 q_0 所施电场力做功的代数和. 由于每一个场源点电荷施于试探电荷 q_0 的电场力所做的功，都与路径无关［见式（6-23）］，那么，这些功的代数和也与路径无关，故得结论：试探电荷在任何静电场中移动时，静电场力所做的功，仅与试探电荷以及始点和终点的位置有关，而与所经历的路径无关.

6.5.2 静电场的环路定理

上述静电场力做功与路径无关的结论，还可换成另一种说法：**静电场力沿任何闭合路径所做的功等于零.** 如图6-9所示，设试探电荷 q_0 在静电场中从某点 a 出发，沿任意闭合路径 l 绕行一周，又回到原来的点 a，即始点与终点重合. 为了计算沿闭合路径 l 所做的功，设想在 l 上再任取一点 c，将 l 分成 l_1 和 l_2 两段，则沿闭合路径 l 绕行一周，电场力对试探电荷 q_0 所做的功为

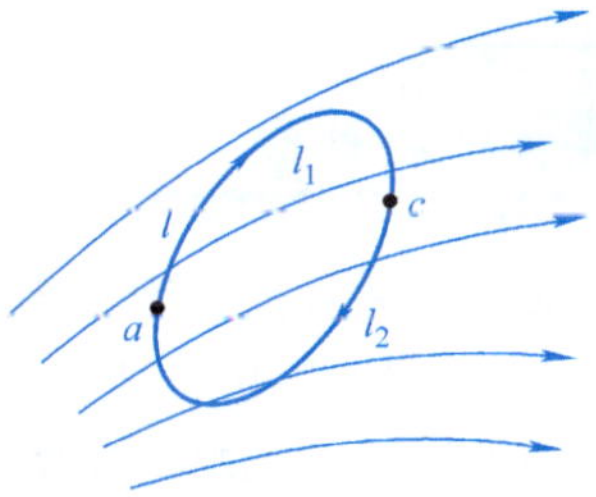

图 6-9 静电场中电场强度的环流等于零

$$\begin{aligned} q_0\oint_l \boldsymbol{E}\cdot \mathrm{d}\boldsymbol{l} &= q_0\underset{(l_1)}{\int_a^c} \boldsymbol{E}\cdot \mathrm{d}\boldsymbol{l} + q_0\underset{(l_2)}{\int_c^a} \boldsymbol{E}\cdot \mathrm{d}\boldsymbol{l} \\ &= q_0\underset{(l_1)}{\int_a^c} \boldsymbol{E}\cdot \mathrm{d}\boldsymbol{l} - q_0\underset{(l_2)}{\int_a^c} \boldsymbol{E}\cdot \mathrm{d}\boldsymbol{l} \end{aligned} \tag{b}$$

由于电场力做功与路径无关，对相同的始点和终点而言，有

$$q_0\underset{(l_1)}{\int_a^c} \boldsymbol{E}\cdot \mathrm{d}\boldsymbol{l} = q_0\underset{(l_2)}{\int_a^c} \boldsymbol{E}\cdot \mathrm{d}\boldsymbol{l} \tag{c}$$

将式ⓒ代入式ⓑ，并因 $q_0 \neq 0$，故可证得

$$\oint_l \boldsymbol{E} \cdot \mathrm{d}\boldsymbol{l} = 0 \tag{6-25}$$

式中，$q_0\oint_l \boldsymbol{E} \cdot \mathrm{d}\boldsymbol{l}$ 是电场强度 $\boldsymbol{E}$ 沿闭合路径 l 的线积分，称为电场强度 $\boldsymbol{E}$ 的环流. 式（6-25）表示，**静电场中电场强度 $\boldsymbol{E}$ 的环流恒等于零**. 这一结论是电场力做功与路径无关的必然结果，称为**静电场的环路定理**. 它是描述静电场性质的另一条重要定理.

> 静电场中电场强度 $\boldsymbol{E}$ 的环流为零，表明静电场是无旋场，数学上可以证明：无旋场必是有势场.

利用数学上的斯托克斯公式有 $\oint_l \boldsymbol{E} \cdot \mathrm{d}\boldsymbol{l} = \iint_S (\nabla \times \boldsymbol{E}) \cdot \mathrm{d}\boldsymbol{S} = 0$，可得环路定理的微分式

$$\nabla \times \boldsymbol{E} = \boldsymbol{0} \tag{6-25a}$$

此式表明静电场的旋度为 0，即静电场是无旋场.

静电场力做功与路径无关这一特性，表明静电场是保守力场，因此，是一种有势场，也即静电场力和重力相类同，也是一种保守力.

静电场的高斯定理和环路定理是描述静电场性质的两条基本定理. **高斯定理指出静电场是有源的；环路定理指出静电场是有势的，是一种保守力场**. 因此，要完全地描述一个静电场，必须联合运用这两条定理.

思考题

6-6 证明电荷在静电场中移动时，电场力做功与路径无关，并由此导出静电场环路定理. 试问环路定理说明了静电场的什么性质？

6.5.3 电势能

对于每一种保守力，都可以引入相应的势能. 正如重力与重力势能的关系一样，静电场力也有与之相关的势能——静电势能（简称电势能）. 由保守力做功与势能改变的关系可知，静电场力做的功等于电势能的减少. 例如，以 W_a 和 W_b 分别表示试探电荷 q_0 在电场中始点 a 和终点 b 处的电势能，则试探电荷从点 a 移到点 b，静电场力对它做的功为

$$A_{ab} = q_0\int_a^b \boldsymbol{E} \cdot \mathrm{d}\boldsymbol{l} = W_a - W_b \tag{6-26}$$

势能都是相对的量，电势能也是如此，其量值与势能零点的选择有关. 当电荷分布在有限区域时，通常规定无限远处的电势能为零. 这样，若令式（6.26）中的点 b 在无限远处，则 $W_b = W_\infty = 0$，于是

$$W_a = q_0\int_a^\infty \boldsymbol{E} \cdot \mathrm{d}\boldsymbol{l} \tag{6-27}$$

即试探电荷 q_0 在电场中点 a 的电势能，在量值上等于把它从点 a 移到势能零点处静电场力所做的功. 一般来说，这个功有正（例如斥力场中）有负（例如引力场中），电势能也有正有负. 式（6-27）所表示的试探电荷 q_0 的电势能，乃是对形成那个电场的场源电荷而言的，实际上是由于试探电荷 q_0 与这一场源电荷间存在着电场力这种保守力而具有的. 因此，电势能是属于场源电荷和引入电场中的电荷所组成的带电系统的. 电势能的单位为 J（焦耳）.

思考题

6-7　电势能是如何引入的？试将其与重力势能相比较，说明负的试探电荷在正电荷的电场中移动时所做的功和相应电势能的增减情况.

6.5.4　电势　电势差

静电势能不仅与给定点的位置有关，而且与试探电荷 q_0 的大小有关，尚不能用来反映电场的做功本领，而比值 W_a/q_0 却与 q_0 无关，只取决于给定点 a 的位置，故可用来表征电场在一点所拥有的做功本领，我们把这个比值称为点 a 的**电势**，记为 V_a，由式（6-27）可得

$$V_a = \int_a^\infty \boldsymbol{E} \cdot \mathrm{d}\boldsymbol{l} \tag{6-28}$$

式（6-28）说明，**电场中某点的电势在量值上等于单位正电荷放在该点时所具有的电势能，也等于单位正电荷从该点经过任意路径移到无穷远处时静电场力所做的功**. 电势是标量，有正或负的量值.

在静电场中，任意两点 a 和 b 的电势之差，叫作**该两点间的电势差**，也叫作**电压**，用符号 U_{ab}表示. 依定义

$$U_{ab} = V_a - V_b = \int_a^b \boldsymbol{E} \cdot \mathrm{d}\boldsymbol{l} \tag{6-29}$$

这就是说，**静电场中 a、b 两点的电势差（或电压），在数值上等于单位正电荷从点 a 经任意路径移到点 b 时，静电场力所做的功**. 因此，当试探电荷 q_0 在电场中从点 a 移到点 b 时，静电场力所做的功可用电势差表示为

$$A_{ab} = q_0(V_a - V_b) \tag{6-30}$$

和电势能一样，电势也是一个相对量，电势零点可以任意选择. 当研究有限大小的带电体时，一般选无限远处电势为零. 在实际中，往往选取地球（或接地的电器外壳）的电势为零.

在 SI 中，电势的单位是 V（**伏特**，简称**伏**），$1\mathrm{V} = 1\mathrm{J} \cdot \mathrm{C}^{-1}$. 电势差（或电压）的单位也是 V（伏）.

已知电子电荷 e 等于 $1.60 \times 10^{-19}\mathrm{C}$，当电子在电场中经过电势差为 1V 的两点时，所增加（或减少）的能量为 1 **电子伏特**，简称**电子伏**，符号为 eV. 电子伏是近代物理学中常用

的一种能量单位，它与焦耳的换算关系为

$$1\mathrm{eV} = 1.60 \times 10^{-19}\mathrm{C} \times 1\mathrm{V} = 1.60 \times 10^{-19}\mathrm{J}$$

有时用电子伏作为单位显得太小，而常用 MeV（兆电子伏）作为单位，$1\mathrm{MeV} = 10^6\mathrm{eV}$.

思考题

6-8 (1) 为什么不用电势能而用电势来描述电场？电势和电势差及其单位是如何规定的？

(2) 当场源电荷分布在有限区域内时，通常取无限远处的电势为零，这样，电场中各点的电势是否一定为正？如果我们把地球的电势不取为零，而取为 10V，可以吗？这对测量电势的数值和测量电势差的数值是否都有影响？

(3) 在电子器件的维修技术中，有时将整机的机壳作为电势零点. 若机壳未接地，能否说因为机壳电势为零，人站在地上就可以任意接触机壳若机壳接地，则又如何？

6.5.5 电势的计算

点电荷电场中某一点的电势可由式（6-28）和式（6-23）求得. 设在点电荷 q 的电场中有一点 a，点 a 距点电荷 q 的距离为 r，则可得点 a 的电势为

$$V_a = \int_a^\infty \boldsymbol{E} \cdot \mathrm{d}\boldsymbol{l} = \frac{q}{4\pi\varepsilon_0}\left(\frac{1}{r} - \frac{1}{r_\infty}\right) = \frac{q}{4\pi\varepsilon_0 r} \tag{6-31}$$

式（6-31）表明，在选取无限远处的电势为零后，正点电荷电场中各点的电势值总是正的，负点电荷电场中各点的电势值总是负的.

设在有限空间内分布着 n 个点电荷 q_1，q_2，…，q_n. 为了求这个点电荷系电场中一点 a 的电势 V_a，按电场强度叠加原理和矢量标积的分配律，有

$$\begin{aligned} V_a &= \int_a^\infty \boldsymbol{E} \cdot \mathrm{d}\boldsymbol{l} = \int_a^\infty (\boldsymbol{E}_1 + \boldsymbol{E}_2 + \cdots + \boldsymbol{E}_i + \cdots + \boldsymbol{E}_n) \cdot \mathrm{d}\boldsymbol{l} \\ &= \int_a^\infty \boldsymbol{E}_1 \cdot \mathrm{d}\boldsymbol{l} + \int_a^\infty \boldsymbol{E}_2 \cdot \mathrm{d}\boldsymbol{l} + \cdots + \int_a^\infty \boldsymbol{E}_i \cdot \mathrm{d}\boldsymbol{l} + \cdots + \int_a^\infty \boldsymbol{E}_n \cdot \mathrm{d}\boldsymbol{l} \end{aligned}$$

即

$$V_a = \sum_{i=1}^n \int_a^\infty \boldsymbol{E}_i \cdot \mathrm{d}\boldsymbol{l} = \sum_{i=1}^n V_i = \sum_{i=1}^n \frac{1}{4\pi\varepsilon_0}\frac{q_i}{r_i} = \frac{1}{4\pi\varepsilon_0}\sum_{i=1}^n \frac{q_i}{r_i} \tag{6-32}$$

式中，E_i 和 V_i 分别为第 i 个点电荷 q_i 单独在与之相距为 r_i 的点 P 激发的电场强度和电势. 式（6-32）表明，**在点电荷系的电场中，任意一点的电势等于各个点电荷在该点激发的电势的代数和**. 这一结论称为**电势的叠加原理**.

欲求连续分布电荷电场中任意一点的电势，可根据连续带电体上的电荷分布情况，分别引用电荷体密度 ρ、电荷面密度 σ 和电荷线密度 λ，将式（6-32）分别写成

$$V_a = \frac{1}{4\pi\varepsilon_0}\iiint_\tau \frac{\rho \mathrm{d}\tau}{r}, V_a = \frac{1}{4\pi\varepsilon_0}\iint_S \frac{\sigma \mathrm{d}S}{r}, V_a = \frac{1}{4\pi\varepsilon_0}\int_l \frac{\lambda \mathrm{d}l}{r} \tag{6-33}$$

例题 6-12　两个点电荷相距 20cm，电荷分别为 $q_1 = -10\times10^{-9}$C 和 $q_2 = 30\times10^{-9}$C，求连线中点 O 处的电场强度和电势.

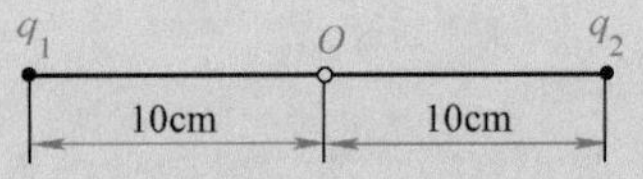

例题 6-12 图

分析：将两个点电荷分别在点 O 处激发的电场强度和电势叠加，即得所求结果.

电场强度是矢量，为此需要分别求出它们的大小（绝对值）和方向，再求矢量和. 电势是标量，所以只要求出它们的代数和就可以了.

解：在点电荷 q_1、q_2 的电场中，点 O 处的电场强度大小和方向分别为

$$E_1 = \frac{1}{4\pi\varepsilon_0}\frac{|q_1|}{r^2} = \left[9\times10^9\times\frac{10\times10^{-9}}{(0.1)^2}\right]\text{N}\cdot\text{C}^{-1} = 9.0\times10^3\text{N}\cdot\text{C}^{-1}\quad(\text{方向沿着连线向左})$$

$$E_2 = \frac{1}{4\pi\varepsilon_0}\frac{q_2}{r^2} = \left[9\times10^9\times\frac{30\times10^{-9}}{(0.1)^2}\right]\text{N}\cdot\text{C}^{-1} = 27.0\times10^3\text{N}\cdot\text{C}^{-1}\quad(\text{方向沿着连线向左})$$

由于电场强度 E_1、E_2 是同方向的两个矢量，故可按标量求和法则，算得点 O 的总电场强度 E 为

$$E = E_2 + E_1 = (27.0+9.0)\times10^3\text{N}\cdot\text{C}^{-1} = 36.0\times10^3\text{N}\cdot\text{C}^{-1}\quad(\text{方向沿着连线向左})$$

在点电荷 q_1、q_2 的电场中，点 O 处的电势分别为

$$V_1 = \frac{1}{4\pi\varepsilon_0}\frac{q_1}{r} = \left[9\times10^9\times\left(-\frac{10\times10^{-9}}{0.1}\right)\right]\text{V} = -0.9\times10^3\text{V}$$

$$V_2 = \frac{1}{4\pi\varepsilon_0}\frac{q_2}{r} = \left(9\times10^9\times\frac{30\times10^{-9}}{0.1}\right)\text{V} = 2.7\times10^3\text{V}$$

故点 O 的总电势 V 为

$$V = V_1 + V_2 = -0.9\times10^3\text{V} + 2.7\times10^3\text{V} = 1.8\times10^3\text{V}$$

例题 6-13　一半径为 R 的细圆环连续均匀地带有电荷 q. 求：（1）垂直于环面的轴上一点 A 的电势，已知点 A 与环面相距为 x；（2）环心的电势.

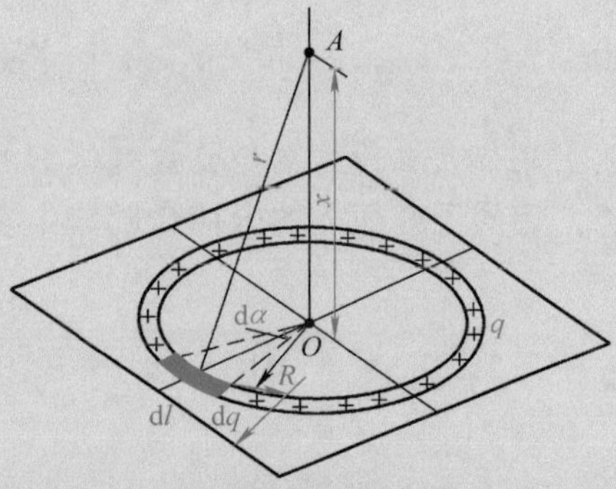

例题 6-13 图

解：（1）点 A 的电势是环上所有电荷元在该点的电势的代数和. 由于电荷在环上是连续均匀分布的，则环上的电荷线密度为 $\lambda = q/(2\pi R)$. 现在我们在环上任取一电荷元 $\mathrm{d}q = \lambda\mathrm{d}l = \lambda R\mathrm{d}\alpha$（$\mathrm{d}\alpha$ 是弧长 $\mathrm{d}l$ 所对应的中心角，见例题 6-13 图）. 则根据式（6-33）中的第三式，得点 A 的电势为

$$V_A = \int_l \frac{\mathrm{d}q}{4\pi\varepsilon_0 r} = \int_0^{2\pi}\frac{1}{4\pi\varepsilon_0}\frac{\lambda R\mathrm{d}\alpha}{\sqrt{R^2+x^2}} = \frac{1}{4\pi\varepsilon_0}\frac{\lambda R}{\sqrt{R^2+x^2}}\int_0^{2\pi}\mathrm{d}\alpha$$

$$= \frac{1}{4\pi\varepsilon_0}\frac{\lambda 2\pi R}{\sqrt{R^2+x^2}} = \frac{1}{4\pi\varepsilon_0}\frac{q}{\sqrt{R^2+x^2}}\qquad(6\text{-}34)$$

（2）令上式中的 $x=0$，即得环心的电势为

$$V_O = \frac{q}{4\pi\varepsilon_0 R} \tag{6-34a}$$

如点 A 远离环心，即 $x \gg R$，读者试求点 A 的电势 V.

例题 6-14 如例题 6-14 图所示，一半径为 R 的均匀带电球面，电荷为 q，求球外、球面及球内各点的电势.

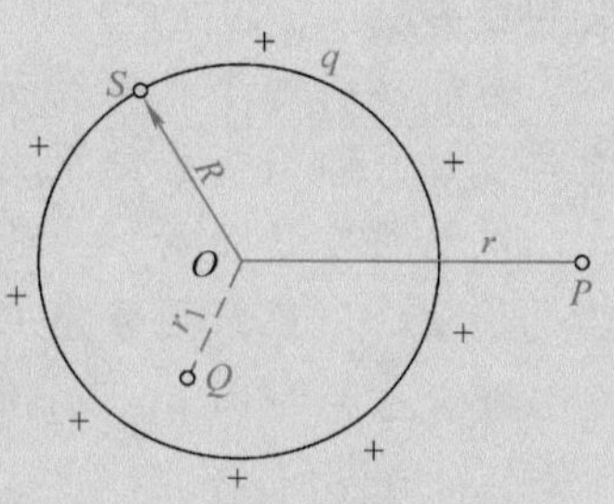

例题 6-14 图

分析：不必细说，读者可以根据高斯定理很容易地求出均匀带电球面内、外的电场强度：$E_{内} = 0$，$E_{外} = q/(4\pi\varepsilon_0 r^2)$. 因此在本例已知电场强度分布的情况下，可以直接利用电势的定义式（6-28）求解. 同时考虑到均匀带电球面的对称关系，电场强度方向沿径向；又因为电场力做功与路径无关，于是为了计算方便起见，我们常常选择这样的路径：把单位正电荷从该点沿径向移到无限远，这样将使电场强度 $\boldsymbol{E}$ 与位移 $\mathrm{d}\boldsymbol{l}$ 的方向处处一致，即 $\theta = 0°$.

解：任取球面内一点 Q，设与球心距离为 r_1，其电势为

$$V_Q = \int_{r_1}^{\infty} E\cos\theta \mathrm{d}r = \int_{r_1}^{\infty} E\cos 0° \mathrm{d}r = \int_{r_1}^{R} E_{内}\, \mathrm{d}r + \int_{R}^{\infty} E_{外}\, \mathrm{d}r$$

$$= \int_{r_1}^{R} 0\mathrm{d}r + \int_{R}^{\infty} \frac{q}{4\pi\varepsilon_0 r^2}\mathrm{d}r = \frac{q}{4\pi\varepsilon_0}\left[-\frac{1}{r}\right]_R^{\infty} = \frac{q}{4\pi\varepsilon_0 R}$$

球面 S 上一点的电势为

$$V_S = \int_{R}^{\infty} E\cos 0° \mathrm{d}r = \int_{R}^{\infty} \frac{q}{4\pi\varepsilon_0 r^2}\mathrm{d}r = \frac{q}{4\pi\varepsilon_0 R}$$

可见，在球面内和球面上各点的电势均相等，皆等于恒量 $q/(4\pi\varepsilon_0 R)$.

任取球面外一点 P（设与球心相距 r），其电势同样可求出，即

$$V_P = \int_{r}^{\infty} E\cos 0° \mathrm{d}r = \int_{r}^{\infty} \frac{q}{4\pi\varepsilon_0 r^2}\mathrm{d}r = \frac{q}{4\pi\varepsilon_0 r}$$

把上式与点电荷的电势公式（6-31）相比较，可见，**表面均匀带电的球面在球外一点的电势，等同于球面上的电荷全部集中在球心的点电荷所激发的电场中该点的电势**.

6.6 等势面 电场强度与电势的关系

6.6.1 等势面

为了描述静电场中各点电势的分布情况，我们**将静电场中电势相等的各点连接成一个面**，叫作**等势面**.

按式（6-29），在静电场中，电势差为 $U_{ab} = \int_a^b E\cos\theta \mathrm{d}l$. 如果单位正电荷沿着某一等势面从点 a 移到点 b 的位移为 $\mathrm{d}\boldsymbol{l}$，因为在等势面上各点电势相等，故 $V_a = V_b$，即 $U_{ab} = V_a - V_b = 0$，所以电场力所做的功 A_{ab} 为零，亦即

$$\int_a^b E\cos\theta \mathrm{d}l = 0$$

但单位正电荷所受的力 $\boldsymbol{E}$ 和位移 $\mathrm{d}\boldsymbol{l}$ 都不等于零，因此必须满足的条件是 $\cos\theta=0$，即 $\theta=90°$，或者说，等势面上微元位移 $\mathrm{d}\boldsymbol{l}$ 和该位移 $\mathrm{d}\boldsymbol{l}$ 处的电场强度 $\boldsymbol{E}$ 相互正交. 也就是说，电场强度 $\boldsymbol{E}$ 的方向——电场线的方向必然与等势面正交. 由此得到结论：

1）在任何静电场中，沿着等势面移动电荷时，电场力所做的功为零.

2）在任何静电场中，电场线与等势面是互相正交的.

同电场线相仿，也可以对等势面的疏密做一个规定，使它们也能显示出电场的强弱. 这个规定是：**使电场中任何两个相邻等势面的电势差都相等**. 这样，等势面越密（即间距越小）的区域，电场强度也越大.

图6-10所示是按照上述规定画出来的几种电场的等势面（用虚线表示）和电场线图（用实线表示）. 对其中的图6-10c，读者试解释为什么离带电体越远处的等势面，其形状越近似于一球面.

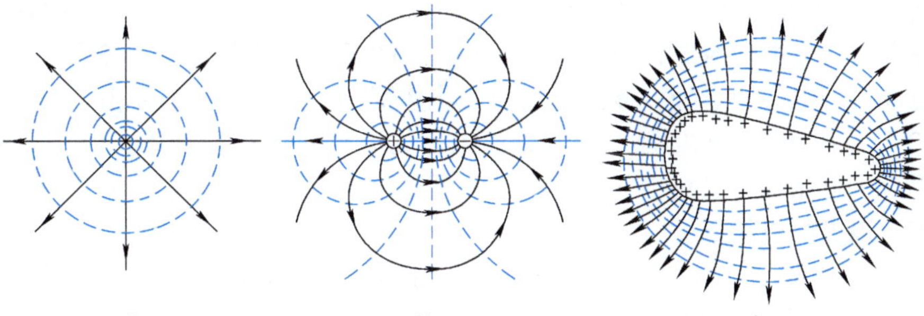

图6-10 几种常见电场的等势面和电场线

a）正点电荷 b）正、负点电荷 c）不规则带电体

思考题

6-9 什么叫作等势面？它有哪些特征？问在下述情况下，电场力是否做功：(1) 电荷沿同一个等势面移动；(2) 电荷从一个等势面移到另一个等势面；(3) 电荷沿一条电场线移动.

6.6.2 电场强度与电势的关系

电场强度和电势都是描述电场的物理量，两者之间必有一定的联系. 式（6-28）表述了电场强度与电势之间的积分关系，现在来研究它们之间的微分关系.

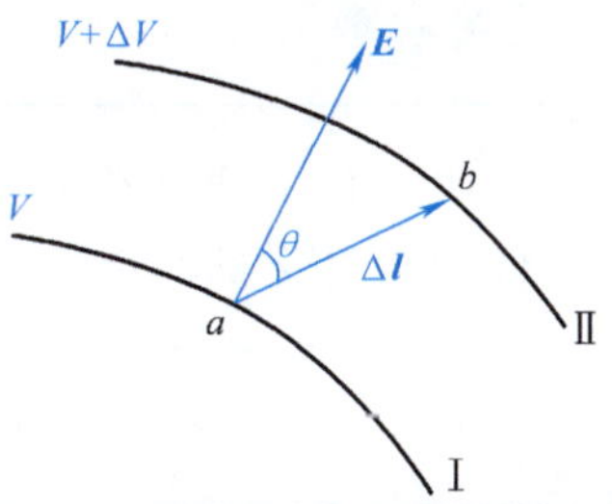

图6-11 电场强度

如图6-11所示，在静电场中两个等势面Ⅰ和Ⅱ靠得很近，其电势分别为 V 和 $V+\Delta V$，且 $\Delta V<0$. 在两个等势面上分别取点 a 和点 b，其间距 Δl 很小. 它们之间的电场强度 $\boldsymbol{E}$ 可以认为不变. 设 $\Delta\boldsymbol{l}$ 与 $\boldsymbol{E}$ 之间的夹角为 θ，则将单位正电荷由点 a 移到点 b 时，电场力所做的功为

$$V_a - V_b = \boldsymbol{E} \cdot \Delta \boldsymbol{l} = E\Delta l\cos\theta$$

因电场强度 $\boldsymbol{E}$ 在 $\Delta\boldsymbol{l}$ 上的分量为 $E_l = E\cos\theta$，且 $\Delta V = V_b - V_a = -(V_a - V_b)$，则上式可改写为

$$-\Delta V = E_l \Delta l$$

或

$$E_l = -\frac{\Delta V}{\Delta l} \tag{6-35}$$

式中，$\Delta V/\Delta l$ 为电势沿 $\Delta\boldsymbol{l}$ 方向的单位长度上电势的变化率. 式（6-35）的负号表明，沿电场强度的方向，电势由高到低；逆着电场强度的方向电势由低到高. 当 $\Delta l \to 0$ 时，式（6-35）可写成微分形式，即

$$E_l = -\frac{\partial V}{\partial l} \tag{6-36}$$

式（6-36）表示，电场中给定点的电场强度沿某一方向 $\boldsymbol{l}$ 的分量 E_l，等于电势在这一点沿该方向变化率的负值. 负号表示电场强度指向电势降落的方向. 从式（6-36）可知，在电势不变（V=恒量）的空间内，沿任一方向电势的变化率 $\mathrm{d}V/\mathrm{d}l = 0$，因此在空间任一点上，$\boldsymbol{E}$ 沿各方向的分量均为零，即 $E_l = E\cos\theta = 0$，故任一点的电场强度必为零. 其次，在电势变化的电场内，电势为零处，该处的电势变化率则不一定为零，因而由上式可知，电场强度 $\boldsymbol{E}$ 不一定为零；反之，电场强度为零处，该处的电势变化率也为零，但该处的电势 V 则不一定为零. 这就是说，电场中一点的电场强度与该点电势的变化率有关；而由一点的电势则不足以确定该点的电场强度.

如果在电场中取定一个直角坐标系 $Oxyz$，并把 Ox、Oy、Oz 轴的正方向分别取作 $\boldsymbol{l}$ 的方向，则按照式（6-36），可分别得到电场强度 $\boldsymbol{E}$ 沿这三个方向的分量 E_x、E_y、E_z 与电势 V 的关系为

$$E_x = -\frac{\partial V}{\partial x},\ E_y = -\frac{\partial V}{\partial y},\ E_z = -\frac{\partial V}{\partial z} \tag{6-37}$$

这一关系在电学中非常重要. 当计算电场强度 $\boldsymbol{E}$ 时，通常可先求出电势 V，然后再按上式计算 E_x、E_y、E_z，从而就可求出电场强度 $\boldsymbol{E}$. 因为 V 是标量，计算 V 及其导数显然比计算矢量 $\boldsymbol{E}$ 来得方便.

在实际应用中，测量电势要比测量电场强度容易得多. 因此人们常常用等势面来研究电场. 通过测量电势，可以测绘出等势面，然后再由电场线和等势面的关系就可以画出电场线的分布. 人们在设计不同要求的电子仪器，如示波管时，都是先通过实验测绘出等势面的形状和分布，再推知所需设计电极产生电场的情况，从而确定电极的形状、大小和相互位置等.

思考题

6-10　（1）电场强度和电势是描写静电场的两个重要概念，它们之间有何联系？

（2）为什么说电场强度为零的点，电势不一定为零；电势为零的点，电场强度也不一定为零？一根细铜棒，两端的电势不等，问在棒内是否有电场？沿棒轴的电场强度与两端的电势差有什么关系？电场强度的方向如何？

例题 6-15 在例题6-6中，求垂直于带电圆面的轴线上任一点的电场强度.

解: 设轴线上一点 P 距圆面中心 O 的距离为 x（见例题6-6图）. 在平面上取半径为 r、宽为 $\mathrm{d}r$ 的圆环，环上所带电荷为 $\mathrm{d}q=\sigma(2\pi r\mathrm{d}r)$. 由例题6-13可知，它在点 P 的电势为

$$\mathrm{d}V=\frac{\mathrm{d}q}{4\pi\varepsilon_0\sqrt{r^2+x^2}}=\frac{\sigma r\mathrm{d}r}{2\varepsilon_0\sqrt{r^2+x^2}}$$

整个带电圆面在点 P（将 x 看作定值）的电势为

$$V=\int_S\mathrm{d}V=\int_0^R\frac{\sigma r\mathrm{d}r}{2\varepsilon_0\sqrt{r^2+x^2}}=\frac{\sigma}{2\varepsilon_0}\left(\sqrt{R^2+x^2}-x\right)$$

即点 P 的电势 V 仅仅是 x 的函数，故 $E_y=-\partial V/\partial y=0$，$E_z=-\partial V/\partial z=0$，所以点 P 的电场强度 $\boldsymbol{E}$ 沿 Ox 轴方向，其大小为

$$E=E_x=-\frac{\partial V}{\partial x}=-\frac{\partial}{\partial x}\left[\frac{\sigma}{2\varepsilon_0}\left(\sqrt{R^2+x^2}-x\right)\right]=\frac{\sigma}{2\varepsilon_0}\left(1-\frac{x}{\sqrt{R^2+x^2}}\right)$$

这与例题6-6中所得的结果一致，有时，由电势求电场强度比用电场强度叠加原理直接积分求电场强度，更为简便.

6.7 静电场中的金属导体

6.7.1 金属导体的电结构

导体能够很好地导电是由于导体中存在着大量可以自由运动的电荷. 在各种金属导体中，由于原子中最外层的价电子与原子核之间的吸引力很弱，所以很容易摆脱原子的束缚，脱离所属的原子而在金属中自由运动，成为自由电子；而组成金属的原子，由于失去了部分价电子，成为带正电的离子. 正离子在金属内按一定的分布规则排列着，形成金属的骨架，称为晶体点阵. 因此，从物质的电结构来看，金属导体具有带负电的自由电子和带正电的晶体点阵. 当导体不带电也不受外电场作用时，在导体中任意划分的微体积元内，自由电子的负电荷和晶体点阵上的正电荷的数目是相等的，整个导体或其中任一部分都不显现电性，而呈中性. 这时两种电荷在导体内均匀分布，都没有宏观移动，或者说，电荷并没有做定向运动.

6.7.2 导体的静电平衡条件

如图6-12所示，设在外电场 $\boldsymbol{E}_0$ 中放入一块金属导体. 导体内带负电的自由电子在电场力 $-e\boldsymbol{E}_0$ 作用下，将相对于晶体点阵逆着电场 $\boldsymbol{E}_0$ 的方向做宏观的定向运动（见图6-12a），从而使导体左、右两侧表面上分别出现了等量的负电荷和正电荷（见图6-12b）. 导体因受外电场作用而发生上述电荷重新分布的现象，称为**静电感应**. 导体上因静电感应而出现的电荷，称为**感应电荷**.

当然，这些感应电荷也要激发电场. 其电场强度 $\boldsymbol{E}'$ 与外电场的电场强度 $\boldsymbol{E}_0$ 的方向相反

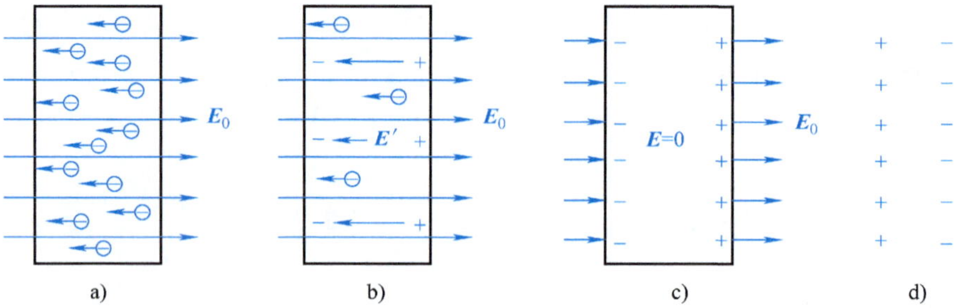

图 6-12　导体的静电感应和静电平衡

（见图 6-12b）．导体内部各点的总电场强度应是 $\boldsymbol{E}_0$ 和 $\boldsymbol{E}'$ 的叠加．起初，$E'<E_0$，导体内各点的总电场强度不等于零，其方向仍与外电场 $\boldsymbol{E}_0$ 相同，就会继续有自由电子逆着外电场 $\boldsymbol{E}_0$ 的方向做定向移动，使两侧的感应电荷继续增多，感应电荷的电场强度 $\boldsymbol{E}'$ 也随之继续增大，经过极短暂的时间，当 $\boldsymbol{E}'$ 在量值上增大到与 $\boldsymbol{E}_0$ 相等时，导体内各点的总电场强度 $\boldsymbol{E}=\boldsymbol{E}_0+\boldsymbol{E}'=0$（见图 6-12c），这时导体内自由电子所受电场力也为零，定向移动停止，导体两侧的正、负感应电荷也不再增加，于是静电感应的过程就此结束．我们把**导体上没有电荷做定向运动的状态**，称为**静电平衡状态**．这时导体两侧的表面上呈现的正、负电荷分布，等效于没有导体时真空中存在着的正、负电荷的分布（见图 6-12d）．

欲使导体处于静电平衡状态，必须满足下述两个条件：

1）导体内部任何一点的电场强度都等于零；

2）紧靠导体表面附近任一点的电场强度方向垂直于该点处的表面．

这是因为：如果导体内部有一点电场强度不为零，该点的自由电子就要在电场力作用下做定向运动，这就不是静电平衡了；再说，若导体表面附近的电场强度 $\boldsymbol{E}$ 不垂直于导体表面，则电场强度将有沿表面的切向分量，使自由电子沿表面运动，整个导体仍无法维持静电平衡．

当导体处于静电平衡时，由于内部电场强度 $\boldsymbol{E}$ 处处为零，故在导体中沿连接任意两点 a、b 的曲线，必有 $\int_a^b E\cos\theta \mathrm{d}l=0$，由关系式 $U_{ab}=\int_a^b E\cos\theta \mathrm{d}l$，可得该两点的电势差 $U_{ab}=0$，即 $V_a=V_b$．由于 a、b 是导体中（包括导体表面）任取的两点，因此，**静电平衡时导体内各点和导体表面上各点的电势都相等**．也即，**整个导体是一个等势体，导体表面是一个等势面．**

处于静电平衡状态下的导体所具有的电势，称为**导体的电势**．当电势不同的两个导体相互接触或用另一导体（例如导线）连接时，导体间将出现电势差，引起电荷做宏观的定向运动，使电荷重新分布从而改变原有的电势差，直至各个导体之间的电势相等、建立起新的静电平衡状态为止．

思考题

6-11　（1）导体在电结构方面有何特征？什么是金属导体的静电平衡？试分析导体的静电平衡条件．

（2）为什么从导体出发或终止于导体上的电场线都垂直于导体外表面？

6.7.3 静电平衡时导体上的电荷分布

如图6-13a所示，在带电导体内部任意作一个高斯面（如虚线所示的闭合曲面 S_1 或 S_2），根据导体的静电平衡条件，导体内的电场强度 $\boldsymbol{E}$ 处处为零，所以通过高斯面的电通量 $\oint\!\!\!\oint_S \boldsymbol{E}\cdot \mathrm{d}\boldsymbol{S}=0$. 故按高斯定理 $\oint\!\!\!\oint_S \boldsymbol{E}\cdot \mathrm{d}\boldsymbol{S}=\sum_i q_i/\varepsilon_0$，得 $\sum_i q_i=0$. 由于高斯面 S_1 或 S_2 在导体内部是任意选取的，所以，对导体内的任何部分来说，都可得出 $\sum_i q_i=0$ 的结论. 这就表明，**当带电导体达到静电平衡时，导体内部没有净电荷存在，因而电荷只能分布在导体的表面上.**

演示实验——静电滚筒

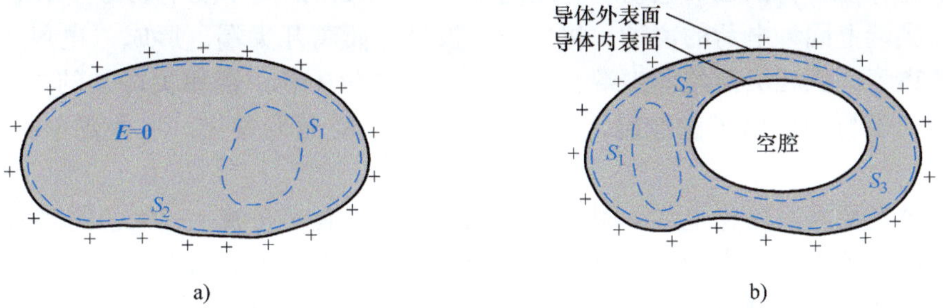

图6-13 带电导体上的电荷分布

如果带电导体内有空腔，而且腔内没有其他带电物体，如图6-13b所示，则在导体内部任取闭合曲面 S_1、贴近导体外表面内侧的闭合曲面 S_2 和包围导体内表面的闭合曲面 S_3，把它们分别作为高斯面，则由于静电平衡的导体内部，电场强度 $\boldsymbol{E}$ 处处为零，同样可用高斯定理证明：导体内部没有净电荷存在，而且在导体的内表面上也不存在净电荷. 因此，**带电导体在静电平衡时，电荷只分布在导体的外表面上.**

一般来说，导体外表面各部分的电荷分布是不均匀的，即表面各部分的面电荷密度并不相同，而与相应各部分的表面曲率有关. 实验表明，**如果带电导体不受外电场的影响，那么在导体表面曲率越大处，电荷面密度也越大.**

对于孤立球形带电导体，由于球面上各部分的曲率相同，所以球面上电荷的分布是均匀的，面电荷密度在球面上处处相同.

> 孤立导体是指离开其他物体很远，这些物体对它的影响可忽略不计的导体.

如上所述，不难推想，带电导体表面任一点附近处的电场强度与该点处的表面带电状况有关. 如图6-14所示，设在带电导体表面点 P 处取一面积元 $\mathrm{d}S$，此处导体的电荷面密度为 σ，其表面附近的电场强度 $\boldsymbol{E}$ 垂直于 $\mathrm{d}S$，且可视作大小在 $\mathrm{d}S$ 上处处相等. 作一柱形高斯面包围此面积元 $\mathrm{d}S$. 在导体内部，由于电场强度处处为零，所以通过圆柱形底面的电通量为零. 在侧面上，E 不是为零就是与侧面的法线垂直，所以穿过侧面的电通量为零. 在外侧的底面上，$\boldsymbol{E}$ 与 $\mathrm{d}S$ 面垂直，通过它的电通量为 $E\mathrm{d}S$. 此柱形高斯面所包围的电荷量为 $\sigma\mathrm{d}S$，根据高斯定理，有

$$E\mathrm{d}S = \frac{\sigma \mathrm{d}S}{\varepsilon_0}$$

得

$$E = \frac{\sigma}{\varepsilon_0} \tag{6-38}$$

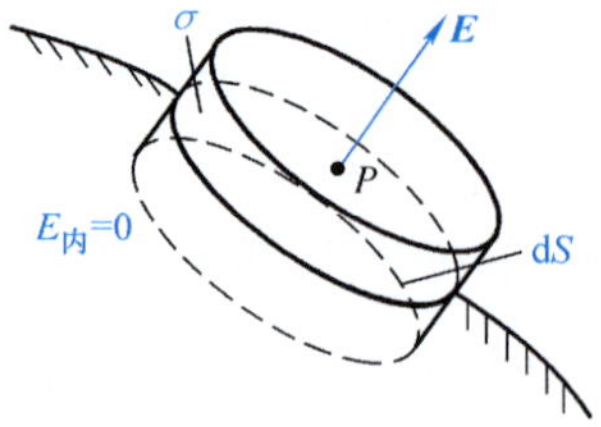

图 6-14 导体表面的电场强度与电荷面密度的关系

由式（6-38）可见，**处于平衡状态的带电导体外表面上任一点附近的电场强度的大小与该点处的电荷面密度成正比.**

对于形状不规则的孤立带电导体，表面上曲率越大处（例如尖端部分），电荷面密度越大，因此单位面积上发出（或聚集）的电场线数目也越多，附近的电场也越强（见图 6-10c）. 由此可知，在带电导体的尖端附近存在着特别强的电场，导致周围空气中残留的离子在电场力作用下会发生激烈的运动，与尖端上同种电荷的离子，将急速地被排斥而离开尖端，形成“电风”，与尖端上异种电荷的离子，因相吸而趋向尖端，并与尖端的电荷中和，而使尖端上的电荷逐渐漏失；急速运动的离子与中性原子碰撞时，还可能会使原子受激而发光. 这些现象称为尖端放电现象.

尖端放电现象在高压输电导线附近也可能会发生. 有时在晚上或天色阴暗时，可看到高压输电线周围笼罩着一圈光晕，它是带电导线微弱的尖端放电的结果，叫作电晕放电. 这一现象要消耗电能，能量散逸出去会使空气变热；特别在远距离的输电过程中，电能损耗更大；放电时发生的电磁波，还会干扰电视信号. 为了避免这种现象，应采用较粗导线，并使导线表面平滑. 又如，为了避免高压电气设备中的电极因尖端放电而发生漏电现象，往往把电极做成光滑的球形.

尖端放电也有可利用之处，避雷针就是一例. 雷雨季节，当带电的大块雷雨云接近地面时，由于静电感应，使地面上的物体带上异种电荷，这些电荷较集中地分布在地面上凸出处（高楼、烟囱、大树等），电荷面密度很大，故电场强度很大；且大到一定程度时，足以使空气电离，引起雷雨云与这些物体之间的火花放电，这就是雷击现象. 为了防止雷击对建筑物的破坏，可安装比建筑物更高的避雷针. 当雷雨云接近地面时，在避雷针尖端处的电荷面密度甚大，故电场强度特别大，首先会把其周围空气击穿，使来自地面并集结于避雷针尖端的感应电荷与雷雨云所带电荷持续中和，这样就不至于积累出足以导致雷击的电荷.

注：避雷针上端必须尖锐，并将通地一端与深埋地下的铜板相接，保持与大地接触良好. 如果接地通路损坏，避雷针不仅不能起到应有作用，反而会使建筑物遭受雷击.

演示实验——避雷针

6.7.4 静电屏蔽

前面讲过，在导体空腔内无其他带电体的情况下，导体内部和导体的内表面上处处皆无电荷，电荷仅仅分布在导体外表面上. 所以腔内的电场强度和导体内部一样，也处处等于零；各点的电势均相等，而且与导体电势相等. 因此，如果把空心的导体放在电场中时，电场线将垂直地终止于导体的外表面上，而不能穿过导体进入腔内. 这样，放在导体空腔中的物体，因空腔导体屏蔽了外电场，而不会受到任何外电场的影响，如图 6-15a 所示.

另一方面，我们也可以使任何带电体不去影响别的物体. 例如，把一个带正电的物体 A 放在空心的金属盒子 B 内，如图 6-15b 所示，则金属盒子的内表面上将产生感应的负电荷，外表面上则产生等量的感应正电荷. 电场线的分布如图 6-15b 所示，电场线不会穿过盒壁(因导体壁内的电场强度为零). 如果再把金属盒子用导线接地，则盒子外表面的正电荷将和来自地上的负电荷中和，盒外的电场线也就消失（见图 6-15c). 这样，金属盒内的带电体就对盒外不发生任何影响.

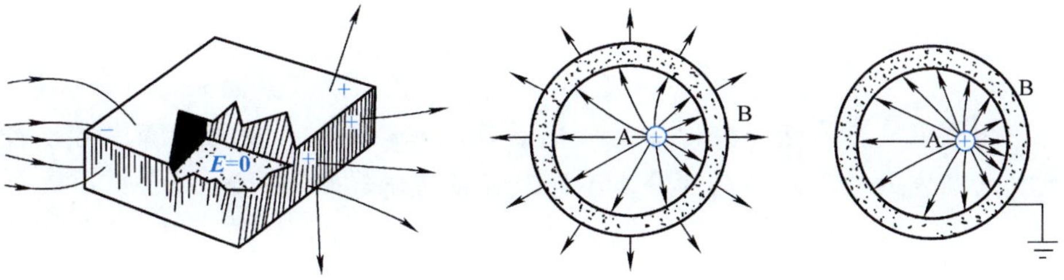

图 6-15　静电屏蔽

总之，**一个接地的空心金属导体隔离了放在它内腔中的带电体与外界带电体之间的静电作用**. 这就是**静电屏蔽的原理**. 这样的一个空心金属导体，我们称它为**静电屏**.

静电屏在实际中应用广泛. 例如火药库以及有爆炸危险的建筑物和物体都可用编织得相当密集的金属网蒙蔽起来，再把金属网很好地接地，则可避免由于雷电而引起爆炸. 一般电学仪器的金属外壳都是接地的，这也是为了避免外电场的影响. 又如，在高压输电线上进行带电操作时，工作人员全身需穿上金属丝网制成的屏蔽服（称为均压服)，它相当于一个导体壳，以屏蔽外电场对人体的影响，并可使感应出来的交流电通过均压服而不危及人体.

思考题

6-12　(1) 何谓尖端放电现象?

(2) 将一个带电物体移近一个导体壳，带电体单独在导体空腔内激发的电场是否等于零? 静电屏蔽效应是怎样体现的?

例题 6-16　如例题 6-16 图所示，一半径 $R_1=1\text{cm}$ 的导体球 A，带有电荷量 $q=1.0\times10^{-10}\text{C}$. 球外有一个内、外半径分别为 $R_2=3\text{cm}$、$R_3=4\text{cm}$ 的同心导体球壳 B，球壳带有电荷 $Q=11\times10^{-10}\text{C}$. 求：(1) 球壳 B 的外表面上带电多少；(2) 球和球壳的电势 V_A、V_B 以及电势差 V_A-V_B；(3) 用导线将球与球壳连接后的电势 V_A 和 V_B.

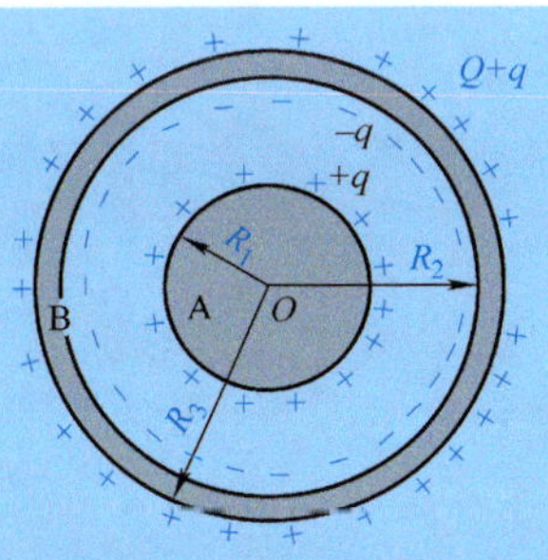

例题 6-16 图

解：(1) 先设想球壳 B 不带电. 由于球 A 带电，球壳 B 被静电感应. 由题设，球 A 带正电 $q=1.0\times10^{-10}$C，从而在球壳 B 的内、外表面分别感应出电荷量 -1.0×10^{-10}C 和 $+1.0\times10^{-10}$C. 当再给球壳 B 带电 $Q=11\times10^{-10}$C 时，它将分布在其外表面上（为什么?），这样，球壳 B 外表面共带电 $Q+q=12\times10^{-10}$C，并且球 A 以及球壳 B 的内、外表面上的电荷是均匀分布的.

(2) 球 A 是一等势体，其上各点的电势相同，为此我们只需求出球上任一点的电势即可. 今根据电势定义来求球 A 表面上一点的电势，即

$$V_{\mathrm{A}} = \int_{R_1}^{\infty} \boldsymbol{E} \cdot \mathrm{d}\boldsymbol{r}$$

由于均匀带电的球和球壳共同激发的电场是球对称的，为便于计算，可沿径向积分；又考虑到电场强度 $\boldsymbol{E}$ 在各区域内的分布不同，可按高斯定理求出如下：

$$E = \begin{cases} \dfrac{q}{4\pi\varepsilon_0 r^2}, & R_1 \leqslant r \leqslant R_2 \\ 0, & R_2 < r < R_3 \\ \dfrac{Q+q}{4\pi\varepsilon_0 r^2}, & r \geqslant R_3 \end{cases}$$

这就需要分段进行积分，于是，得球 A 的电势为

$$\begin{aligned} V_{\mathrm{A}} &= \int_{R_1}^{\infty} \boldsymbol{E} \cdot \mathrm{d}\boldsymbol{r} = \int_{R_1}^{R_2} \boldsymbol{E} \cdot \mathrm{d}\boldsymbol{r} + \int_{R_2}^{R_3} \boldsymbol{E} \cdot \mathrm{d}\boldsymbol{r} + \int_{R_3}^{\infty} \boldsymbol{E} \cdot \mathrm{d}\boldsymbol{r} \\ &= \int_{R_1}^{R_2} \frac{q}{4\pi\varepsilon_0 r^2}\cos 0^\circ \mathrm{d}r + \int_{R_2}^{R_3} \cos 0^\circ \mathrm{d}r + \int_{R_3}^{\infty} \frac{Q+q}{4\pi\varepsilon_0 r^2}\cos 0^\circ \mathrm{d}r \\ &= \frac{1}{4\pi\varepsilon_0}\left(\frac{q}{R_1} - \frac{q}{R_2} + \frac{Q+q}{R_3}\right) \end{aligned}$$

同理，可求得球壳 B 的电势为

$$V_{\mathrm{B}} = \int_{R_3}^{\infty} \boldsymbol{E} \cdot \mathrm{d}\boldsymbol{r} = \int_{R_3}^{\infty} \frac{Q+q}{4\pi\varepsilon_0 r^2}\cos 0^\circ \mathrm{d}r = \frac{Q+q}{4\pi\varepsilon_0 R_3}$$

将上两式相减，即得球与球壳之间的电势差，为

$$V_{\mathrm{A}} - V_{\mathrm{B}} = \frac{q}{4\pi\varepsilon_0}\left(\frac{1}{R_1} - \frac{1}{R_2}\right)$$

由题给数据，读者可自行算出：

$$V_{\mathrm{A}} = 330\mathrm{V}, V_{\mathrm{B}} = 270\mathrm{V}, V_{\mathrm{A}} - V_{\mathrm{B}} = 60\mathrm{V}$$

(3) 当球 A 与球壳 B 用导线相连接后，电荷 Q、q 将全部分布在球壳外表面上，且球和球壳成为一个等势体，故

$$V_{\mathrm{A}} = V_{\mathrm{B}} = \int_{R_3}^{\infty} \frac{Q+q}{4\pi\varepsilon_0 r^2}\cos 0^\circ \mathrm{d}r = \frac{Q+q}{4\pi\varepsilon_0 R_3}$$

显然，

$$V_{\mathrm{A}} = V_{\mathrm{B}} = 270\mathrm{V}$$

6.8 静电场中的电介质

6.8.1 电介质的电结构

电介质的主要特征是，它的分子中电子被原子核束缚得很紧，即使在外电场作用下，电子一般只能相对于原子核有一微观的位移，而不像导体中的自由电子那样，能够摆脱所属原子做宏观运动. 因而电介质在宏观上几乎没有自由电荷，其导电性很差，故也称为绝缘体. 并且，在外电场作用下达到静电平衡时，电介质内部的电场强度也可以不等于零.

由于在电介质分子中，带负电的电子和带正电的原子核紧密地束缚在一起，故每个电介质分子都可视作中性. 但其中正、负电荷并不集中于一点，而是分散于分子所占的体积中. 不过，在相对于分子的距离比分子本身线度大得多的地方来观察时，分子中全部正电荷所起的作用可用一等效的正电荷来代替. 全部负电荷所起的作用可用一等效的负电荷来代替. 等效的正、负电荷在分子中所处的位置，分别称为该分子的正、负电荷“中心”. 具体说，等效正电荷（或负电荷）等于分子中的全部正电荷（或负电荷）；等效正、负电荷在远处激发的电场和分子中按原状分布的所有正、负电荷在该处激发的电场大致相同.

从分子内正、负电荷中心的分布情况来看，电介质可分为两类，如图 6-16 所示.

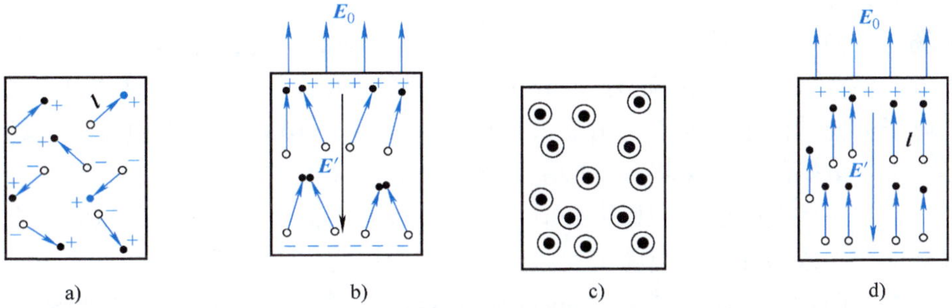

图 6-16 两类电介质及其极化过程

a）有极分子电介质 $\boldsymbol{p}_e=q\boldsymbol{l}\neq\boldsymbol{0}$ b）有极分子电介质处于外电场中极化时，$\sum\limits_i \boldsymbol{p}_{ei}\neq\boldsymbol{0}$，出现束缚电荷

c）无极分子电介质 $\boldsymbol{p}_e=\boldsymbol{0}$ d）无极分子电介质处于外电场中极化时，$\sum\limits_i \boldsymbol{p}_{ei}\neq\boldsymbol{0}$，也出现束缚电荷

（“●”代表正电荷中心，“○”代表负电荷中心）

> 矢量 $\boldsymbol{l}$ 与 $\boldsymbol{p}_e$ 同方向（参阅例题 6-3）.

一类电介质，如氯化氢（HCl）、水（H_2O）、氨（NH_3）、甲醇（CH_3OH）等，分子内正、负电荷的中心不相重合，其间有一定距离，这类分子称为**有极分子**. 设有极分子的正、负电荷的中心相距为 l，分子中全部正（或负）电荷的大小为 q，则每个有极分子都可以等效地看作由一对等量异种点电荷所组成的电偶极子，其电矩为 $\boldsymbol{p}_e=q\boldsymbol{l}$，称为**分子电矩**；整块的有极分子电介质，可以看成无数分子电矩的集合体，如图 6-16a 所示.

另一类电介质，如氦（He）、氢（H_2）、甲烷（CH_4）等，分子内正、负电荷中心是重合的，$l=0$，故分子电矩 $\boldsymbol{p}_e=\boldsymbol{0}$，这类分子称为**无极分子**. 整块的无极分子电介质如

图 6-16c所示.

6.8.2 电介质在外电场中的极化现象

当无极分子处在外电场 $\boldsymbol{E}_0$ 中时，每个分子中的正、负电荷将分别受到相反方向的电场力 $\boldsymbol{F}_+$、$\boldsymbol{F}_-$ 作用而被拉开，导致正、负电荷中心发生相对位移 $\boldsymbol{l}$. 这时，每个分子等效于一个电偶极子，其电矩 $\boldsymbol{p}_e$ 的方向和外电场 $\boldsymbol{E}_0$ 的方向一致. 外电场越强，每个分子的正、负电荷中心的距离被拉得越开，分子电矩也就越大；反之，则越小. 当外电场撤去后，正、负电荷中心又趋于重合.

对于整块的无极分子电介质来说，如图 6-16d 所示，在外电场 $\boldsymbol{E}_0$ 作用下，由于每个分子都成为一个电偶极子，其电矩方向都沿着外电场的方向，以致在和外电场相垂直的电介质两侧的表面上，分别出现正、负电荷. 这两侧表面上分别出现的正电荷和负电荷是和电介质分子连在一起的，不能在电介质中自由移动，也不能脱离电介质而独立存在，故称为**束缚电荷**或**极化电荷**. 在外电场作用下，电介质出现束缚电荷的这种现象，称为电介质的**极化**.

对于有极分子而言，即使没有外电场，每个分子本来就等效于具有一定电矩的电偶极子；但由于分子无规则的热运动，分子电矩的方向是杂乱无序的（见图 6-16a）. 所以，对于由有极分子组成的电介质的整体或某一部分来说，所有分子电矩的矢量和 $\sum\limits_i \boldsymbol{p}_{ei}$ 的平均值为零，电介质各部分都是中性的. 当有外电场 $\boldsymbol{E}_0$ 时，每个分子电矩都受到力偶矩作用，要转向外电场的方向（参阅例题 6-9）. 但由于分子热运动的干扰，并不能使各分子电矩都循外电场的方向整齐排列. 外电场越强，分子电矩的排列越趋向整齐. 对整块电介质而言，在垂直于外电场方向的两个表面上也出现束缚电荷（见图 6-16b）. 如果撤去外电场，由于分子热运动，分子电矩的排列又将变得杂乱无序，电介质又恢复电中性状态.

但是，也有一些电介质，在撤去外电场后，在表面上仍可留驻电荷，这种电介质称为**驻极体**. 驻极体元件或器件，在当前工业和科技领域中应用日渐广泛.

上面所讲的两种电介质，其极化的微观过程虽然不同，但却有同样的宏观效果，即介质极化后，都使得其中所有分子电矩的矢量和 $\sum\limits_i \boldsymbol{p}_{ei} \neq \boldsymbol{0}$，同时在介质上都要出现束缚电荷. 因此，在宏观上表征电介质的极化程度和讨论有电介质存在的电场时，就无须把这两类电介质区别开来，而可统一地进行论述.

思考题

6-13 简述电介质的电结构特征，并由此说明电介质分子和电介质的极化现象.

6.8.3 电极化强度

在外电场中，不同介质的极化情况往往有很大差别，可以用电极化强度来定量描述. 电极化强度 $\boldsymbol{P}$ 的定义为

$$\boldsymbol{P} = \frac{\sum \boldsymbol{p}_{ei}}{\Delta V} \qquad (6\text{-}39)$$

式中求和是对体积 ΔV 内所有偶极矩进行的，表示单位体积内的电偶极矩矢量和. 当 $\Delta V\to 0$ 时，$\boldsymbol{P}$ 描述介质中某点的极化情况. $\boldsymbol{P}$ 是矢量，单位是 $\mathrm{C\cdot m^{-2}}$.

如果介质是均匀极化的，那么其各处的电极化强度 $\boldsymbol{P}$ 的大小和方向均相同，内部的极化电荷正负抵消，只在表面上出现净的极化电荷. 极化电荷面密度可由 $\boldsymbol{P}$ 求出.

如图 6-16 所示，极化后每个分子的电偶极矩为 $\boldsymbol{p}=q\boldsymbol{l}$. 设介质的分子数密度为 n，根据电极化强度的定义可知

$$\boldsymbol{P} = nq\boldsymbol{l} \tag{6-40}$$

考虑底面积为 $\mathrm{d}S$，斜高为 l 的一个圆柱体，负电荷位于此体积元内的所有电偶极子的正电荷均会从右侧界面穿出，形成表面极化电荷，如图 6-17 所示. 斜圆柱体的体积为 $\mathrm{d}V=\mathrm{d}\boldsymbol{S}\cdot\boldsymbol{l}=\mathrm{d}Sl\cos\theta$. 从右侧界面穿出面积元 $\mathrm{d}S$ 的极化电荷电量为

$$\mathrm{d}q' = qn\mathrm{d}V = nq\mathrm{d}Sl\cos\theta = \boldsymbol{P}\cdot\mathrm{d}\boldsymbol{S} \tag{6-41}$$

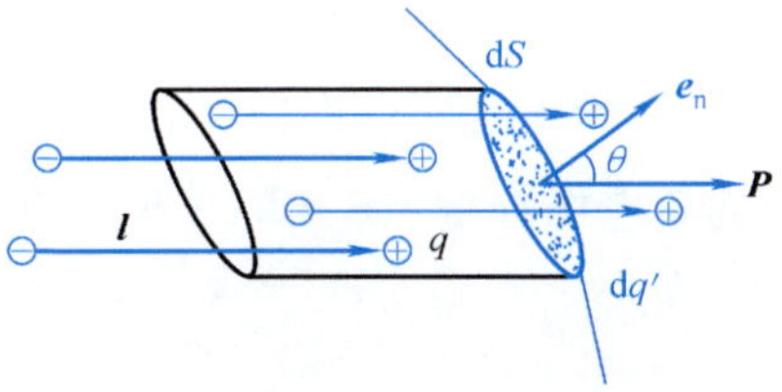

图 6-17 穿过电介质边界的极化电荷

相应的极化电荷面密度为

$$\sigma' = \frac{\mathrm{d}q'}{\mathrm{d}S} = nql\cos\theta = \boldsymbol{P}\cdot\boldsymbol{e}_{\mathrm{n}} \tag{6-42}$$

式中，$\boldsymbol{e}_{\mathrm{n}}$为面积元 $\mathrm{d}S$ 的法向单位矢量.

介质的表面构成一个闭合的曲面，对 $\mathrm{d}q'$积分可得介质表面总的极化电荷电量. 由于电中性的要求，介质内部的极化电荷电量与表面相同，但符号相反，由此可知

$$\oint_S \boldsymbol{P}\cdot\mathrm{d}\boldsymbol{S} = -\sum_{S_{内}} q' \tag{6-43}$$

即介质极化强度对表面的面积分等于内部包围极化电荷代数和的相反数，式（6-42）和式（6-43）给出了极化电荷分布与电极化强度之间的定量关系.

6.8.4 有电介质时的静电场

如前所述，电介质在电场中会发生极化，产生极化电荷. 空间（无论电介质内部或外部）中不但存在自由电荷所激发的电场 $\boldsymbol{E}_0$（它使电介质极化），而且还有极化电荷激发的电场 $\boldsymbol{E}'$. 根据电场强度叠加原理，在这种有电介质时的电场中，某点的总电场强度 $\boldsymbol{E}$，应等于自由电荷和极化电荷分别在该点激发的电场强度 $\boldsymbol{E}_0$和 $\boldsymbol{E}'$的矢量和，即

$$\boldsymbol{E} = \boldsymbol{E}_0 + \boldsymbol{E}' \tag{6-44}$$

从图 6-16b、d 不难判定，极化电荷激发的电场 $\boldsymbol{E}'$与外电场 $\boldsymbol{E}_0$方向相反，使原来的电场有所削弱. 因而

$$E = E_0 - E' \tag{6-45}$$

可见，电介质的极化改变了空间的电场强度. 在均匀充满电介质的空间，$\boldsymbol{E}$ 与 $\boldsymbol{E}_0$的关系可写成

$$\boldsymbol{E} = \frac{\boldsymbol{E}_0}{\varepsilon_{\mathrm{r}}} \tag{6-46}$$

式中，$\varepsilon_r>1$，ε_r 称为**电介质的相对电容率**（习惯上也称**相对介电常数**），是一个纯数，是用来表征电介质性质的一个物性参数，其值可由实验测定. 对某些常见的电介质，其值也可查物理手册.

6.8.5 有电介质时的高斯定理 电位移矢量

现在进一步研究电介质中的高斯定理，由于真空中的高斯定理为 $\oint_S \boldsymbol{E}\cdot \mathrm{d}\boldsymbol{S}=\sum_i q_i/\varepsilon_0$，式中的 q_i 是自由电荷. 当有电介质存在时，电场是由自由电荷和极化电荷共同激发的，$\sum q_i$ 应理解为闭合面内的自由电荷 q 和极化电荷 q'之和，$\boldsymbol{E}$ 应理解为闭合面上面积元所在处的总电场强度：$\boldsymbol{E}=\boldsymbol{E}_0+\boldsymbol{E}'$. 在电介质中取一个高斯面 S，则高斯定理应是

$$\oint_S \boldsymbol{E}\cdot \mathrm{d}\boldsymbol{S}=\frac{q+q'}{\varepsilon_0} \tag{6-47}$$

可见，要计算电场强度，需要知道极化电荷相关的信息，极化电荷增加了处理问题的复杂程度. 将式（6-43）代入上式并整理，得

$$\oint_S \varepsilon_0\boldsymbol{E}\cdot \mathrm{d}\boldsymbol{S}=q+q'=q-\oint_S \boldsymbol{P}\cdot \mathrm{d}\boldsymbol{S}$$

即 $\oint_S(\varepsilon_0\boldsymbol{E}+\boldsymbol{P})\cdot \mathrm{d}\boldsymbol{S}=q$. 定义一个辅助矢量 $\boldsymbol{D}=\varepsilon_0\boldsymbol{E}+\boldsymbol{P}$，称为**电位移矢量**，则有

$$\oint_S \boldsymbol{D}\cdot \mathrm{d}\boldsymbol{S}=q \tag{6-48}$$

$\oint_S \boldsymbol{D}\cdot \mathrm{d}\boldsymbol{S}$ 为**电位移通量**. 上式表明在有电介质时的电场中，通过封闭面 S 的电位移通量等于该封闭面所包围的自由电荷.

这一规律称为**有电介质时的静电场的高斯定理**，叙述如下：**在任何电介质存在的电场中，通过任意一个封闭面 S 的电位移通量等于该面所包围的自由电荷的代数和. 其数学表达式为**

$$\oint_S \boldsymbol{D}\cdot \mathrm{d}\boldsymbol{S}=\sum_i q_i \tag{6-49}$$

式（6-49）表明，电位移矢量 $\boldsymbol{D}$ 是和自由电荷 q 联系在一起的. 电位移矢量 $\boldsymbol{D}$ 的引入有效地避开了极化电荷，简化了问题的处理. 电位移的单位是 $\mathrm{C\cdot m^{-2}}$（库仑每平方米），与电极化强度 $\boldsymbol{P}$ 一样.

实验发现，对均匀、各向同性的线性介质，电极化强度 $\boldsymbol{P}$ 与电场强度 $\boldsymbol{E}$ 成正比，即

$$\boldsymbol{P}=\chi_e\varepsilon_0\boldsymbol{E} \tag{6-50}$$

式中，χ_e 称为介质的**电极化率**，在弱电场条件下与电场强度 $\boldsymbol{E}$ 无关，只与介质的种类有关. 根据 $\boldsymbol{D}$ 的定义，可得

$$\boldsymbol{D}=\varepsilon_0\boldsymbol{E}+\boldsymbol{P}=\varepsilon_0\boldsymbol{E}+\chi_e\varepsilon_0\boldsymbol{E}=\varepsilon_0(1+\chi_e)\boldsymbol{E} \tag{6-51}$$

今以均匀带电球体周围充满相对介电常数为 ε_r 的无限大均匀电介质的情况为例，来推导介质中电位移矢量 $\boldsymbol{D}$ 和电场强度 $\boldsymbol{E}$ 的关系.

如例题6-11所述，在没有电介质时，均匀分布在导体球表面上的自由电荷 q 所激发的电场是球对称的；而今在球的周围充满均匀电介质，极化电荷 q' 将均匀分布在与导体球表面相毗邻的介质边界面上，它无异是一个均匀地带异种电荷 q'，且与导体球半径相同的同心球面（见图6-18），故而它所激发的电场也是球对称的. 因此自由电荷和极化电荷在电介质内共同激发的总电场是球对称的，因而可借助于真空中的高斯定理求解.

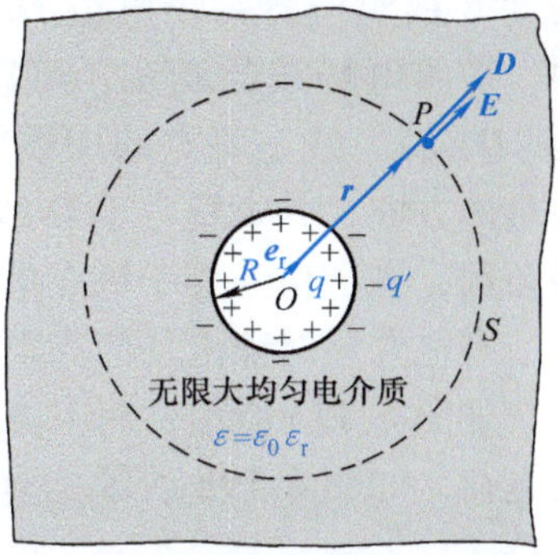

图6-18 无限大均匀电介质中的带电导体球

设球外一点 P 相对于球心 O 的位矢为 $\boldsymbol{r}$，今作一高斯面，它是以 O 为中心，以 r 为半径，且通过场点 P 的闭合球面 S. 按式（6-21），均匀带电球体在球外真空中的电场强度为

$$\boldsymbol{E}_0=\frac{1}{4\pi\varepsilon_0}\frac{q}{r^2}\boldsymbol{e}_r \tag{a}$$

式中，$\boldsymbol{e}_r$ 为球心 O 指向场点 P 的径向单位矢量. 而今在电介质中的电场应是自由电荷 q 和极化电荷 q'共同激发的，其电场强度为

$$\boldsymbol{E}=\boldsymbol{E}_0+\boldsymbol{E}'=\frac{1}{4\pi\varepsilon_0}\frac{q+q'}{r^2}\boldsymbol{e}_r \tag{b}$$

又由式（6-46），有

$$\boldsymbol{E}=\frac{\boldsymbol{E}_0}{\varepsilon_r}=\frac{1}{4\pi\varepsilon_0\varepsilon_r}\frac{q}{r^2}\boldsymbol{e}_r \tag{c}$$

比较式ⓑ和式ⓒ，可得到极化电荷

$$q'=-\left(1-\frac{1}{\varepsilon_r}\right)q \tag{6-52}$$

另一方面，对于图6-18所示的情形，根据式（6-47）和式（6-52），$\oint_S \boldsymbol{E}\cdot \mathrm{d}\boldsymbol{S}=\frac{q}{\varepsilon_0\varepsilon_r}$，即

$$\oint_S \varepsilon_0\varepsilon_r\boldsymbol{E}\cdot \mathrm{d}\boldsymbol{S}=q$$

引入电介质的电容率（习惯上称为介电常数）$\varepsilon=\varepsilon_r\varepsilon_0$，则与式（6-48）比较，有

$$\boldsymbol{D}=\varepsilon_r\varepsilon_0\boldsymbol{E}=\varepsilon\boldsymbol{E} \tag{6-53}$$

式（6-53）与式（6-51）比较可知，相对介电常数 ε_r 和电极化率 χ_e 之间满足关系

$$\varepsilon_r=1+\chi_e$$

可见，引入电位移矢量 $\boldsymbol{D}$ 后，有效地规避了极化电荷，使得问题的处理变得简单.

电位移矢量 $\boldsymbol{D}$ 是表述有电介质时电场性质的一个辅助量，在有电介质时的电场中，各点的电场强度 $\boldsymbol{E}$ 都对应着一个电位 $\boldsymbol{D}$. 因此，在这种电场中，仿照电场线的画法，可以作一系列电位移线（或 $\boldsymbol{D}$ 线），线上每点的切线方向就是该点电位移矢量的方向，并令垂直于 $\boldsymbol{D}$ 线单位面积上通过的 $\boldsymbol{D}$ 线条数，在数值上等于该点电位移 $\boldsymbol{D}$ 的大小，而 $\boldsymbol{D}\cdot \mathrm{d}\boldsymbol{S}$ 称为通过面积元 $\mathrm{d}\boldsymbol{S}$ 的电位移通量.

注意：我们所讨论的电介质不仅是均匀的，而且是各向同性的. 否则，对各向异性的电介质，$\boldsymbol{D}$ 和 $\boldsymbol{E}$ 就不可能存在式（6-45）的简单关系，且 $\boldsymbol{D}$ 和 $\boldsymbol{E}$ 一般也将具有不同的方向.

有电介质时静电场的高斯定理也表明电位移线从正的自由电荷发出，终止于负的自由电荷，如图 6-19a 所示；而不像电场线那样，起迄于包括自由电荷和束缚电荷在内的各种正、负电荷，如图 6-19b 所示. 读者对此务必区别清楚.

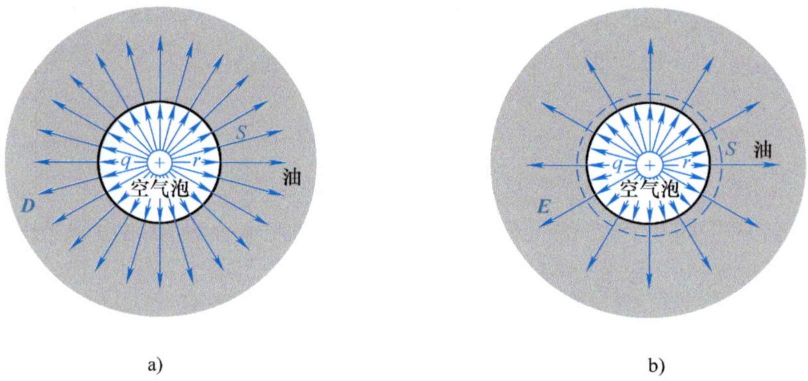

图 6-19　在油和空气两种介质中的电位移线和电场线的分布

a）电位移线在两种介质界面上连续　b）电场线密度在两种介质中不相同

思考题

6-14　（1）有电介质时静电场与真空中的静电场，其电场强度有何差别？

（2）为什么要引入电位移 $\boldsymbol{D}$ 这个物理量？它与电场强度有何异同？

（3）试述有电介质时静电场的高斯定理.

6.8.6　有电介质时静电场高斯定理的应用

利用有电介质时静电场的高斯定理，有时可以较方便地求解有电介质时的电场问题. 当已知自由电荷的分布时，可先由式（6-49）求得 $\boldsymbol{D}$；由于 ε_r 可由实验测定，因而 $\varepsilon=\varepsilon_0\varepsilon_r$ 也是已知的，于是再通过式（6-53），便可求出电介质中的电场强度 $\boldsymbol{E}=\boldsymbol{D}/\varepsilon$.

根据以上所述，可以应用有电介质时静电场的高斯定理来求解有电介质时的静电场问题. 为简明起见，不妨仍以图 6-19 所示的情况为例，即对一个半径为 R、电荷为 q 的导体球，求它在周围充满电容率为 ε 的无限大均匀电介质中任一点的电场强度和电势.

设球外一点 P 相对于球心 O 的位矢为 $\boldsymbol{r}$，今作一高斯面，它是以 O 为中心，以 r 为半径，且通过场点 P 的闭合球面 S. 由于 $\boldsymbol{D}$ 是球对称分布的，各场点的 $\boldsymbol{D}$ 均沿径向，故按有

电介质时静电场的高斯定理［式（6-49）］，高斯面 S 上的电位移通量为

$$\oint_S \boldsymbol{D} \cdot \mathrm{d}\boldsymbol{S} = \oint_S D\cos 0^\circ \mathrm{d}S = D(4\pi r^2)$$

S 面所包围的自由电荷为 $\sum_i q_i = q$，故有

$$D(4\pi r^2) = q$$

则由上式，可求得 D，并将它写成矢量式，即

$$\boldsymbol{D} = \frac{q}{4\pi r^2}\boldsymbol{e}_r \tag{ⓐ}$$

式中，$\boldsymbol{e}_r$ 为沿位矢 $\boldsymbol{r}$ 方向的单位矢量，由电介质的性质方程 $\boldsymbol{D}=\varepsilon\boldsymbol{E}$，且 $\boldsymbol{E}$ 和 $\boldsymbol{D}$ 的方向相同，得电介质中一点 P 的电场强度为

$$\boldsymbol{E} = \frac{q}{4\pi\varepsilon_0\varepsilon_r r^2}\boldsymbol{e}_r = \frac{q}{4\pi\varepsilon r^2}\boldsymbol{e}_r \tag{ⓑ}$$

即在相同的自由电荷分布下，与真空中的电场强度 $E_0 = q/(4\pi\varepsilon_0 r^2)$ 相比较，电介质中的电场强度只有真空中电场强度的 $1/\varepsilon_r$. 这是由于电介质极化而出现的极化电荷所激发的附加电场 $\boldsymbol{E}'$ 削弱了原来的电场 $\boldsymbol{E}_0$ 所致，今沿径向取积分路径，则得场点 P 的电势为

$$V = \int_P^\infty \boldsymbol{E} \cdot \mathrm{d}\boldsymbol{l} = \int_r^\infty \frac{q}{4\pi\varepsilon r^2}\cos 0^\circ \mathrm{d}r = \frac{q}{4\pi\varepsilon r} \tag{ⓒ}$$

若导体球的半径 R 远小于场点 P 至中心 O 的距离 r，则可以将导体球看作点电荷. 在此情形下，式ⓑ、式ⓒ仍成立，即点电荷 q 在无限大均匀电介质中激发的电场是球对称的. 上两式分别是它在场点 P 的电场强度和电势的公式. 将点电荷 q_0 放在点 P 处，它所受的力可由 $\boldsymbol{F} = q_0\boldsymbol{E}$ 和式ⓑ给出，即

$$\boldsymbol{F} = q_0\boldsymbol{E} = \frac{1}{4\pi\varepsilon}\frac{qq_0}{r^2}\boldsymbol{e}_r \tag{ⓓ}$$

式ⓓ常称为**无限大均匀电介质中的库仑定律**.

至此，读者不难领会，从式ⓑ和式ⓒ出发，分别利用电场强度和电势的叠加原理，与求解真空中的静电场问题相仿，可以**求解均匀电介质中的电场问题**. **所得的结果与真空中的完全类同，只不过轻而易举地将 ε_0 换成 ε** 而已.

例如，将例题6-8所述的两个无限大均匀带异种电荷的平行平面，置于电容率为 ε 的均匀电介质中，则按电场强度叠加原理，可导出此两带电平行平面之间的电位移和电场强度分别为

$$D = \sigma,\ E = \frac{\sigma}{\varepsilon} \tag{ⓔ}$$

两者方向也都垂直于两带电平面，且从带正电的平面指向带负电的平面，若沿此方向取单位矢量 $\boldsymbol{i}$，则相应的矢量式为

$$\boldsymbol{D} = \sigma\boldsymbol{i},\ \boldsymbol{E} = \frac{\sigma}{\varepsilon}\boldsymbol{i} \tag{ⓕ}$$

读者试将式ⓔ中的电场强度 $\boldsymbol{E}$ 与式（6-15）中的 $\boldsymbol{E}$ 相比较.

思考题

6-15　根据有电介质时静电场的高斯定理和电介质的性质方程求解有关静电场问题时，具体步骤如何？

例题 6-17　在无限长直的电缆内，导体圆柱 A 和同轴导体圆柱壳 B 的半径分别分 r_1 和 r_2（$r_1 < r_2$），单位长度所带电荷分别为 $+\lambda$ 和 $-\lambda$，内、外导体 A 与 B 之间充满电容率为 ε 的均匀电介质. 求电介质中任一点的电场强度大小及内、外导体间的电势差.

分析：由于内、外导体面上的自由电荷和电介质与内、外导体 A 与 B 的交界面上的极化电荷都是轴对称分布的，故介质中的电场也是轴对称的.

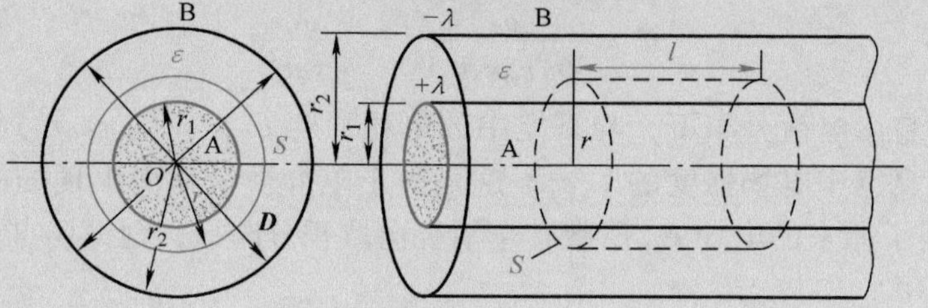

例题 6-17 图

解：取高斯面，它是半径为 r（$r_1 < r < r_2$）、长度为 l 的同轴圆柱形闭合面 S. 左、右两底面与电位移 D 的方向平行，其外法线方向皆与 D 成夹角 $\theta = \pi/2$，故电位移通量为零；柱侧面与 D 的方向垂直，其外法线与 D 同方向，$\theta = 0°$，通过侧面的电位移通量为 $D\cos 0°(2\pi rl)$. 被闭合面包围的自由电荷为 λl. 按有电介质时静电场的高斯定理［式(6-49)］，有

$$D\cos 0°(2\pi rl) = \lambda l$$

即

$$D = \frac{\lambda}{2\pi r}$$

并由于 $\boldsymbol{E}$ 和 $\boldsymbol{D}$ 的方向一致，故由 $\boldsymbol{D} = \varepsilon\boldsymbol{E}$，得所求电场强度的大小为

$$E = \frac{D}{\varepsilon} = \frac{\lambda}{2\pi\varepsilon r}$$

内、外导体间的电势差为

$$V_A - V_B = \int_A^B \boldsymbol{E}\cdot \mathrm{d}\boldsymbol{l} = \int_{r_1}^{r_2} \frac{\lambda}{2\pi\varepsilon r}\cos 0°\mathrm{d}r = \frac{\lambda}{2\pi\varepsilon}\ln\frac{r_2}{r_1}$$

6.9　电容　电容器

6.9.1　孤立导体的电容

电容是导体的一个重要特性. 首先讨论孤立导体的电容. 在静电平衡时，电荷量为 q 的孤立导体是一个等势体，具有确定的电势 V. 如果导体所带电荷量从 q 增加到 nq 时，理论和实验都证明，导体的电势就从 V 增加到 nV. 由此可知：如果导体带电，**导体所带的电荷**

量 q 与相应的电势 V 的比值，是一个与导体所带的电荷量无关的恒量，称为孤立导体的电容，用符号 C 表示，即

$$C=\frac{q}{V} \tag{6-54}$$

电容 C 是表征导体储电容量的一个物理量，它决定于导体的尺寸和形状，而与 q、V 无关. 在量值上等于该导体的电势为一单位时导体所带的电荷量. 在一定的电势下，孤立导体所带的电荷量为 $q=CV$，这说明导体的电容 C 越大，能够储存的电荷量越多. 在 SI 中，电容的单位为 F（法［拉］）. 如果导体所带的电荷量为 1C，相应的电势为 1V 时，导体的电容即为 1F. 由于法拉这个单位太大，常用 μF（微法）或 pF（皮法）等较小的单位，其换算关系为

$$1\mu F=10^{-6}F,\ 1pF=10^{-12}F$$

6.9.2 电容器的电容

实际上，电容器使用的都不是孤立导体. 一般导体的电容，不仅与导体的大小和几何形状有关，而且还要受周围其他物体的影响. 例如，当带电导体 A 的附近有另一导体 B 时，由于静电感应，B 的两端将出现异种电荷，导体 A 上的电荷也要重新分布，这些都会使导体 A 的电势生变化，从而使其电容改变. 因此，为了利用导体来储存电荷（电势能），并便于实际应用，需要设计一个导体组，一方面使其电容较大而体积较小；另一方面使这个导体组的电容一般不受其他物体影响. 电容器就是这种由导体组构成的储存电能的器件. 通常的电容器由两个金属极板和介于其间的电介质所组成. 电容器带电时，常使两极板带上等量异种的电荷（或使一板带电，另一板接地，借感应起电而使另一板带上等量异种电荷）. 电容器的电容定义为**电容器一个极板所带电荷 q（指它的绝对值）和两极板的电势差 V_A-V_B（不是某一极板的电势）之比**，即

$$C=\frac{q}{V_A-V_B} \tag{6-55}$$

下面根据上述定义式计算几种常用电容器的电容.

1. 平行板电容器

设有两平行的金属板，每板的面积为 S，两板的内表面之间相距为 d，并使板面的线度远大于两板的内表面的间距（见图 6-20）. 设想板 A 带正电，板 B 带等量的负电. 由于板面线度远大于两板的间距，所以除边缘部分以外，两板间的电场可以认为是均匀的，而且电场局限于两板之间. 现在先不考虑介质的影响，即认为两极板间为真空或充满空气. 按式（6-15），两极板间均匀电场的电场强度大小为

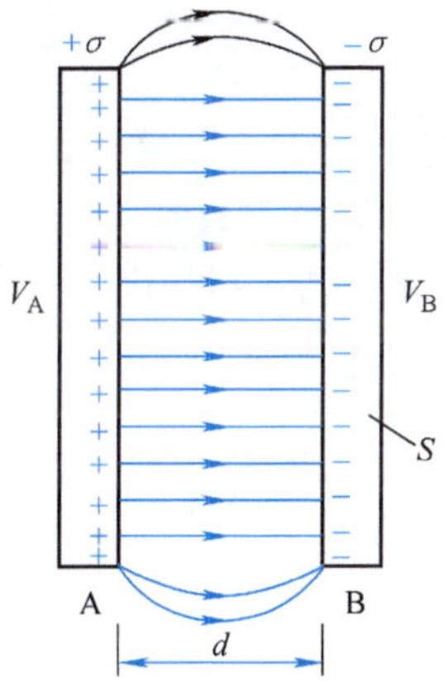

图 6-20 平行板电容器两板之间的电场

$$E=\frac{\sigma}{\varepsilon_0}$$

式中，σ 为任一极板上的电荷面密度（绝对值）. 两极板间的电势差为

$$V_A - V_B = Ed = \frac{\sigma}{\varepsilon_0}d = \frac{qd}{\varepsilon_0 S}$$

其中，$q=\sigma S$ 为任一极板表面上所带的电荷量．设两极板间为真空时的平行板电容器电容为 C_0，则按电容器电容的定义，得

$$C_0 = \frac{q}{V_A - V_B} = \frac{\varepsilon_0 S}{d} \tag{6-56}$$

由上式可知，只要使两极板的间距 d 足够微小，并增大两极板的面积 S，就可获得较大的电容．但是缩小电容器两极板的间距，毕竟有一定限度；而加大两极板的面积，又势必要增大电容器的体积．因此，为了制成电容量大、体积小的电容器，通常要在两极板间夹一层适当的电介质，它的电容就会增大．仿照式（6-56）的导出过程，可以求得平行板电容器在两极板间充满均匀电介质时的电容为

$$C = \frac{\varepsilon S}{d} \tag{6-57}$$

式中，ε 为该电介质的电容率，将式（6-57）与式（6-56）相比，得

$$\frac{C}{C_0} = \frac{\varepsilon}{\varepsilon_0} = \varepsilon_r \tag{6-58}$$

ε_r 即为该电介质的相对电容率（或相对介电常数）．除空气的 ε_r 近似等于 1 以外，一般电介质的 ε_r 均大于1．故从式（6-58）可知，在充入均匀电介质后，平行板电容器的电容 C 将增大为真空情况下的 ε_r 倍．并且对任何电容器来说，当其间充满相对电容率为 ε_r 的均匀电介质后，它的电容也总是增至 ε_r 倍（证明从略）．

有的材料（如钛酸钡），它的 ε_r 可达数千，用来作为电容器的电介质，就能制成电容大、体积小的电容器．

从式（6-57）可知，当 S、d 和 ε 三者中任一个量发生变化时，都会引起电容 C 的变化．根据这一原理所制成的电容式传感器，可用来测量诸如位移、液面高度、压强和流量等非电学量．例如，图 6-21 所示的电容测厚仪，可用来测量塑料带子等的厚度．当被测的带子 B 置于平行板电容器的两极板之间、并在辊筒 K 驱动下不断移动过去时，若带子厚度 t 有变化，电容 C 也会随之改变．这样，只需测量电容 C，就能测定带子厚度 t（参阅习题6-27）．

2. 球形电容器

球形电容器是由半径分别为 R_A 和 R_B 的两个同心球壳组成的，两球壳中间充满电容率为 ε 的电介质（见图 6-22）．

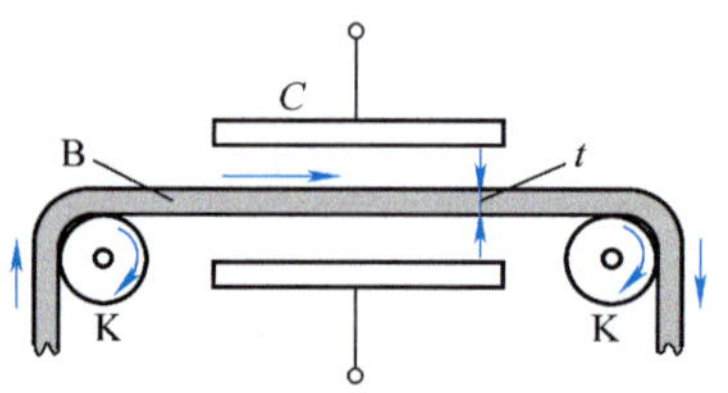

图 6-21　电容测厚仪

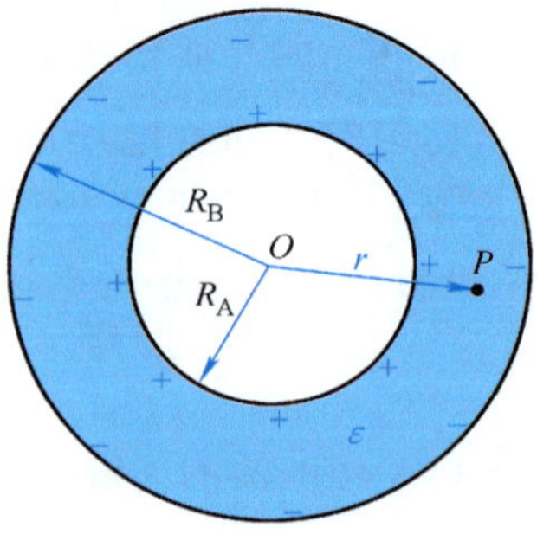

图 6-22　球形电容器

假定内球壳带电荷 $+q$，此电荷将均匀地分布在它的外表面上. 同时，在外球壳的内、外两表面上的感应电荷 $-q$ 和 $+q$ 也都是均匀分布的. 外球壳的外表面上的正电荷可用接地法消除掉. 两球壳之间的电场具有球对称性，可用有介质时的高斯定理求出这电场，它和单独由内球激发的电场相同，即

$$E=\frac{q}{4\pi\varepsilon r^2}$$

式中，r 为球心 O 到场点 P 的距离. 因为 $V_A-V_B=\int_A^B \boldsymbol{E}\cdot\mathrm{d}\boldsymbol{l}$；而今取 $\mathrm{d}\boldsymbol{l}$ 沿径向，则 $\theta=0°$，故

$$V_A-V_B=\int_{R_A}^{R_B}E\cos0°\mathrm{d}r=\int_{R_A}^{R_B}\frac{q}{4\pi\varepsilon r^2}\mathrm{d}r=\frac{q}{4\pi\varepsilon}\left(\frac{1}{R_A}-\frac{1}{R_B}\right)$$

所以

$$C=\frac{q}{V_A-V_B}=\frac{q}{\frac{q}{4\pi\varepsilon}\left(\frac{1}{R_A}-\frac{1}{R_B}\right)}=\frac{4\pi\varepsilon R_AR_B}{R_B-R_A} \tag{6-59}$$

由式（6-56）、式（6-59）可见，电容器的电容取决于组成电容器的导体的形状、几何尺寸、相对位置以及介质情况，与它是否带电无关. 这就表明，电容器的电容是描述电容器本身容电性质的一个物理量.

电容器的电容通常也可用交流电桥等电学仪器来测定.

随着科技的发展，人们制造出越来越多具有更优良性质的电容器，例如超级电容器和薄膜电容器. 超级电容器是由电极和电介质的双层界面构成的，既保持了传统电容器快速充放电的特点，又具有电池的储能功能. 薄膜电容器以塑料薄膜为电介质，具有绝缘阻抗高和介质损失率低等优点.

思考题

6-16　电容器的电容取决于哪些因素？导出平行板电容器的电容公式.

例题 6-18　设有面积为 S 的平板电容器，两极板间填充两层均匀电介质，电容率分别为 ε_1 和 ε_2（见例题 6-18 图），厚度分别为 d_1 和 d_2，求此电容器的电容.

解： 设想两极板分别带有电荷 $+q$、$-q$，在两层介质中的电场强度分别为 $\boldsymbol{E}_1$ 和 $\boldsymbol{E}_2$.

根据有介质时静电场的高斯定理，由于电位移通量只与自由电荷有关，故可先求电场中的电位移 $\boldsymbol{D}$. 为此，作高斯面，它是长方棱柱形的闭合面 S_1，其右侧表面在电容率为 ε_1 的介质内，左侧表面在导体极板内（图中虚线所示）. 板内的电场强度为零；上、下、前、后面的外法线皆与 $\boldsymbol{D}$ 垂直，其夹角 $\theta=\pi/2$，故 $\boldsymbol{D}\cdot\mathrm{d}\boldsymbol{S}=0$；右侧面的外法线与 $\boldsymbol{D}$ 同方向，$\theta=0°$，即 $\boldsymbol{D}\cdot\mathrm{d}\boldsymbol{S}=D\cos0°\mathrm{d}S=D\mathrm{d}S$. 则由

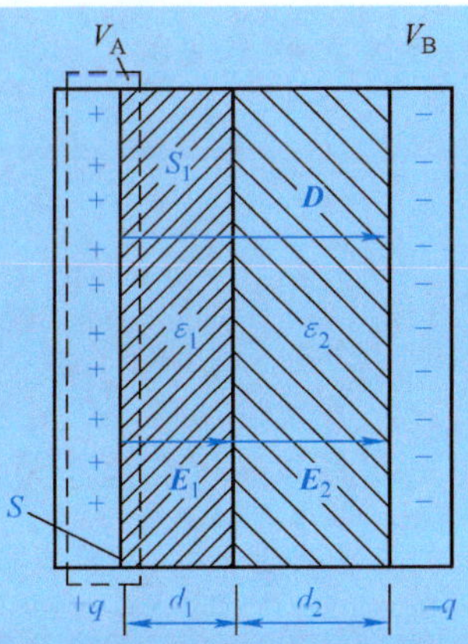

例题 6-18 图

$$\oint\!\!\!\oint_S \boldsymbol{D}\cdot \mathrm{d}\boldsymbol{S} = \sum_i q_i$$

有

$$DS = q$$

再由 $\boldsymbol{D}=\varepsilon\boldsymbol{E}$，并因 $\boldsymbol{D}$ 与 $\boldsymbol{E}$ 同方向，故分别由上式得

$$E_1 = \frac{D}{\varepsilon_1} = \frac{q}{\varepsilon_1 S},\quad E_2 = \frac{D}{\varepsilon_2} = \frac{q}{\varepsilon_2 S}$$

两极板间的电势差为

$$V_A - V_B = E_1 d_1 + E_2 d_2 = \frac{q}{S}\left(\frac{d_1}{\varepsilon_1} + \frac{d_2}{\varepsilon_2}\right)$$

所求电容为

$$C = \frac{q}{V_\mathrm{A} - V_\mathrm{B}} = \frac{S}{\dfrac{d_1}{\varepsilon_1} + \dfrac{d_2}{\varepsilon_2}}$$

可见电容和电介质填充的次序无关；而且上述结果可以推广到两极板间含有较多层数的电介质中去.

例题 6-19　设有半径皆为 r 的两条平行的“无限长”直导线 A 和 B，其间相距为 d（$d\gg r$），且充满电容率为 ε 的电介质. 求单位长度导线的电容.

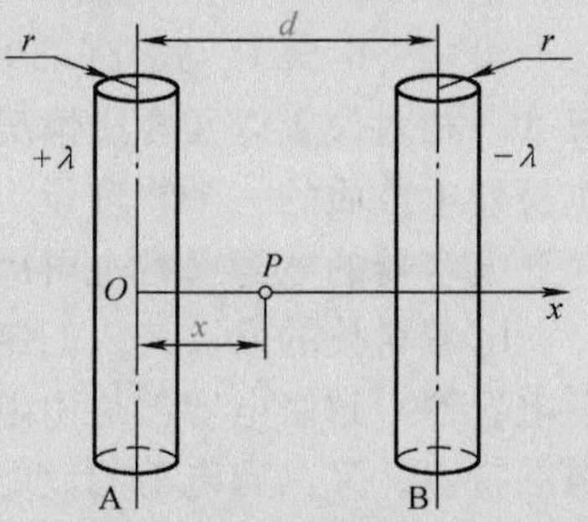

例题 6-19 图

解: 先假设两条导线 A、B 均匀带电，电荷线密度分别为 $+\lambda$ 和 $-\lambda$，沿垂直于两导线的方向取 Ox 轴（见例题 6-19 图），原点 O 取在导线 A 的轴线上. 按有电介质时静电场的高斯定理，可求出这两条“无限长”均匀带电直导线在两导线间的任一点 P 所激发的电场强度，其大小分别为

$$E_\mathrm{A} = \frac{1}{2\pi\varepsilon}\frac{\lambda}{x},\quad E_\mathrm{B} = \frac{1}{2\pi\varepsilon}\frac{\lambda}{d-x}$$

式中，x 为点 P 的坐标. 由于 $\boldsymbol{E}_\mathrm{A}$ 和 $\boldsymbol{E}_\mathrm{B}$ 均指向 Ox 轴正方向，故点 P 的总电场强度大小为

$$E = E_\mathrm{A} + E_\mathrm{B} = \frac{\lambda}{2\pi\varepsilon}\left(\frac{1}{x} + \frac{1}{d-x}\right)$$

两导线 A 和 B 之间的电势差为

$$\begin{aligned} V_\mathrm{A} - V_\mathrm{B} &= \int_r^{d-r} E\mathrm{d}x = \int_r^{d-r} \frac{\lambda}{2\pi\varepsilon}\left(\frac{1}{x} + \frac{1}{d-x}\right)\mathrm{d}x \\ &= \frac{\lambda}{2\pi\varepsilon}[\ln x - \ln(d-x)]_r^{d-r} \\ &= \frac{\lambda}{\pi\varepsilon}\ln\frac{d-r}{r} \approx \frac{\lambda}{\pi\varepsilon}\ln\frac{d}{r}(\text{因为 } d >> r) \end{aligned}$$

由这两根导线（相当于两极板）构成的电容器，其单位长度的电容为

$$C' = \frac{\lambda}{V_\mathrm{A} - V_\mathrm{B}} = \frac{\pi\varepsilon}{\ln(d/r)}$$

设 $r=2\mathrm{mm}$，$d=50\mathrm{mm}$；电介质为空气，即 $\varepsilon\approx\varepsilon_0=8.85\times10^{-12}\mathrm{C}^2\cdot\mathrm{N}^{-1}\cdot\mathrm{m}^{-2}$，代入上式，得平行的“无限长”直导线上单位长度的电容为 $C'=8.63\times10^{-12}\mathrm{F}\cdot\mathrm{m}^{-1}$，可见其值甚小.

注意

如本节开头所指出的那样，任何导体之间实际上都存在着电容．不仅像本例所述的导线与导线之间存在电容，就像导线与电器元件、金属外壳之间也都存在着电容．这些电容在电子技术和电工学中通常叫作分布电容．一般情形下，分布电容值甚小，可忽略不计（见本例的计算结果）．但在布设高频设备中的电子线路时，应考虑分布电容的影响．

6.9.3 电容器的串联和并联

在实际应用中，常会遇到手头现有的电容器不适合于需要，例如电容的大小不合用，或者是打算加在电容器上的电势差（电压）超过电容器的耐压程度等，这时可以把现有的电容器适当地连接起来使用．

两电容器串联如图6-23所示，电容器 C_1、C_2 极板上的电荷量相同，电势差（也称电压）分别为 U_{ac} 和 U_{cb}，串联后的总电容（也称等值电容）为 C，电势差为 U_{ab}，则 $U_{ab}=U_{ac}+U_{cb}$，而

$$C=\frac{q}{U_{ab}},\quad C_1=\frac{q}{U_{ac}},\quad C_2=\frac{q}{U_{cb}}$$

从而可得

$$\frac{1}{C}=\frac{1}{C_1}+\frac{1}{C_2}$$

推而广之，可得 n 个串联电容器的总电容为

$$\frac{1}{C}=\frac{1}{C_1}+\frac{1}{C_2}+\cdots+\frac{1}{C_n} \tag{6-60}$$

这就是说：串联电容器组的总电容的倒数，等于各个电容器电容的倒数之和．这样，电容器串联后，使总电容变小，但每个电容器两极板间的电势差，比总电压小，因此电容器的耐压程度有了增加．这是串联的优点．

两电容器并联如图6-24所示，电容器 C_1、C_2 极板上的电压相同，极板上的电荷为 q_1、q_2，并联的总电容为 C，极板上的电荷为 q，则 $q=q_1+q_2$，而

$$C=\frac{q}{U_{ab}},\quad C_1=\frac{q_1}{U_{ab}},\quad C_2=\frac{q_2}{U_{ab}}$$

从而可得

$$C=C_1+C_2$$

推而广之，可得 n 个并联电容器的总电容为

$$C=C_1+C_2+\cdots+C_n \tag{6-61}$$

所以，并联电容器组的总电容是各个电容器电容的总和．这样，总的电容量是增加了，但是每只电容器两极板间的电势差和单独使用时一样，因而耐压程度并没有因并联而改善．

以上是电容器的两种基本连接方法．实际上，还有混合连接法，即串联和并联一起应用，如下面的例题6-20所示的情况．

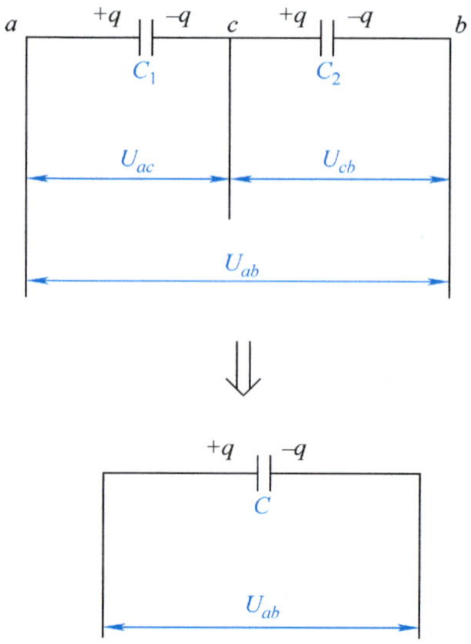

图 6-23　电容器的串联

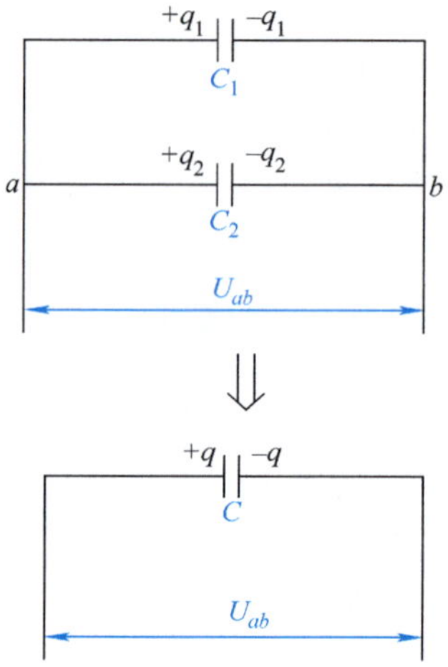

图 6-24　电容器的并联

思考题

6-17　(1) 如何求电容器并联或串联后的总电容？在什么情况下宜用并联？在什么情况下宜用串联？

(2) 电容器中的介质击穿是怎样引起的？

例题 6-20　有三个相同的电容器，电容均为 $C_1 = 6\mu F$，相互连接，如例题 6-20 图所示. 今在此电容器组的两端加上电压 $U_{AD} = V_A - V_D = 300V$. 求：(1) 电容器 1 上的电荷；(2) 电容器 3 两端的电势差.

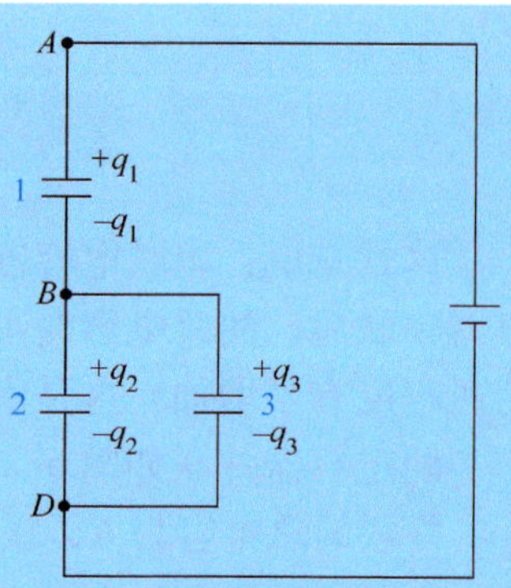

例题 6-20 图

解：(1) 设 C 为这一组合的等值电容，q_1 为电容器 1 上的电荷，也就是这一组合所储蓄的电荷. 图中 A、B、D 各点的电势分别为 V_A、V_B 和 V_D，则

$$q_1 = C(V_A - V_D)$$

因
$$C = \frac{C_1 \times 2C_1}{C_1 + 2C_1} = \frac{2}{3}C_1$$

得
$$q_1 = \frac{2}{3}C_1(V_A - V_D) = \frac{2}{3} \times 6 \times 10^{-6}F \times 300V = 1.2 \times 10^{-3}C$$

(2) 设 q_2 和 q_3 分别为电容器 2 和电容器 3 上所带电荷量，则

$$V_B - V_D = \frac{q_2}{C_1} = \frac{q_3}{C_1}$$

因为 $q_1 = q_2 + q_3$，而由上式又有 $q_2 = q_3$，故 $q_2 = q_3 = q_1/2$，于是得

$$V_B - V_D = \frac{1}{2}\frac{q_1}{C_1} = \frac{1}{2} \times \frac{1.2 \times 10^{-3}C}{6 \times 10^{-6}F} = 100V$$

6.10　电场的能量

如前所述，任何带电过程都是正、负电荷的分离过程. 在带电系统的形成过程中，凭借外界提供的能量，外力必须克服电荷之间相互作用的静电力而做功. 带电系统形成后，根据能量守恒定律，外界能源所供给的能量必定转变为该带电系统的电能. 电能在量值上等于外力所做的功，所以任何带电系统都具有一定值的能量.

6.10.1　点电荷系的电能

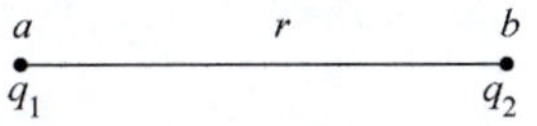

图 6-25　两个点电荷系统

如图 6-25 所示，由两个点电荷 q_1 和 q_2，构成带电系统，两电荷之间的距离为 r. 若开始时 q_1 在点 a，将 q_2 从无限远处移到点 b，在这个过程中，外力要克服 q_1 的电场力做功

$$A = -\int_{\infty}^{b} \boldsymbol{F} \cdot \mathrm{d}\boldsymbol{l} = -q_2\int_{a}^{\infty} \boldsymbol{E}_1 \cdot \mathrm{d}\boldsymbol{l} = \frac{q_1 q_2}{4\pi\varepsilon_0 r}$$

根据能量守恒定律，外力做功等于该带电系统电能的增量，即两个点电荷系统的电能（也称为相互作用能）

$$W_e = \frac{q_1 q_2}{4\pi\varepsilon_0 r} \tag{6-62}$$

由于 $V_2 = \dfrac{q_1}{4\pi\varepsilon_0 r}$表示 q_1 在 q_2 处产生的电势，所以式（6-62）可以写成 $W_e = q_2 V_2$. 又由于 $V_1 = \dfrac{q_2}{4\pi\varepsilon_0 r}$表示 q_2 在 q_1 处产生的电势，所以式（6-62）又可以写成 $W_e = q_1 V_1$.

合并上述两式，两个点电荷系统的相互作用能可写成下列对称形式：

$$W_e = \frac{1}{2}(q_1 V_1 + q_2 V_2) \tag{6-63}$$

上述结果可推广到由 n 个点电荷组成的系统，该系统的相互作用能为

$$W_e = \frac{1}{2}\sum_{i=1}^{n} q_i V_i \tag{6-64}$$

式中，V_i 为 q_i 所在处除 q_i 以外的其他点电荷所产生的总电势. 上式不管在真空中还是介质中都是正确的. 当有介质时，q_i 仍为自由点电荷，V_i 为介质中的电势.

对于电荷连续分布的带电体，可以设想将该带电体分割成无限多个电荷元，这时将式（6-64）的求和号改为积分号就可以了，即

$$W_e = \frac{1}{2}\int_q V \mathrm{d}q \tag{6-65}$$

由于电荷元 dq 为无限小，所以上式积分号内的 V 为带电体上所有电荷在电荷元 dq 所在处的电势. 积分号下标 q 表示积分范围遍及该带电体上所有的电荷.

如果将电荷连续分布的系统看成是一个带电体，则式（6-65）就是这个带电体的电能，

有时也称为自能．因此，一个带电体的自能就是组成它的各个电荷元之间的相互作用能.

6.10.2 电容器的能量

如图6-26a所示，若带电系统是一个电容器，它的电容是C．设想电容器的充电过程是这样的，即不断地从原来中性的极板B上取正电荷移到极板A上，而使两极板A和B所带的电荷分别达到$+q$和$-q$，这时两板间的电势差$U_{AB}=V_A-V_B=q/C$（见图6-26c）．在上述带电过程中的某一时刻，设两极板已分别带电到$+q_i$和$-q_i$，且其电势差为q_i/C（见图6-26b）．若从板B再将电荷$+dq_i$移到板A上，则外力做功为

> 正、负电是同时呈现的．例如摩擦起电，我们把正、负电荷及其周围伴随激发的电场叫作带电系统.

$$dA=\frac{q_i}{C}dq_i$$

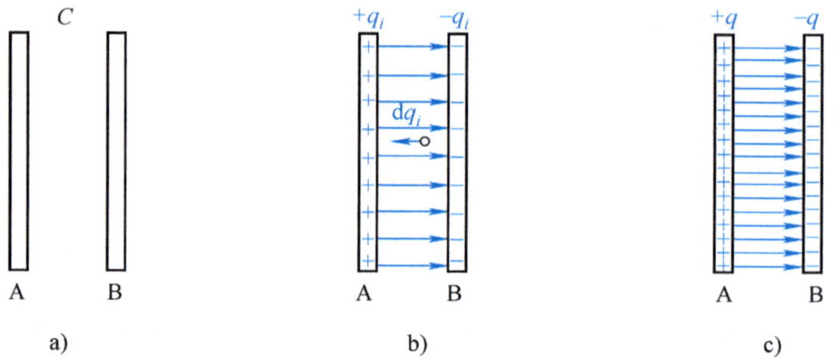

图6-26 电容器的充电过程

a) $q_0=0$ b) $U_{AB}=q_i/C$ c) $U_{AB}=q/C$

在极板带电从零达到q值的整个过程中，外力做功为

$$A=\int_0^q dA=\int_0^q \frac{q_i}{C}dq_i=\frac{1}{2}\frac{q^2}{C}$$

这功便等于带电荷为q的电容器所拥有的能量W_e，即

$$W_e=\frac{1}{2}\frac{q^2}{C} \tag{6-66}$$

根据电容器电容的定义式（6-55），式（6-66）也可写成

$$W_e=\frac{1}{2}C(V_A-V_B)^2 \tag{6-66a}$$

或

$$W_e=\frac{1}{2}q(V_A-V_B) \tag{6-66b}$$

现在进一步说明这些能量是如何分布的．实验证明，在电磁现象中，能量能够以电磁波的形式和有限的速度在空间传播，这件事证实了带电系统所储藏的能量分布在它所激发的电场空间之中，即电场具有能量．电场中单位体积内的能量，称为**电场的能量密度**．现在以平板电容器为例，导出电场的能量密度公式．今把$C=\varepsilon S/d$代入式（6-66a）中，即得电场的能量为

$$W_e = \frac{1}{2}\frac{\varepsilon S}{d}(V_A - V_B)^2 = \frac{1}{2}\varepsilon Sd\left(\frac{V_A - V_B}{d}\right)^2 = \frac{\varepsilon E^2}{2}\tau$$

式中，$(V_A - V_B)/d$ 是电容器两极板间的电场强度 E；$\tau = Sd$ 是两极板间的电场体积. 由于平板电容器中的电场是均匀的，所以将电场能量 W_e 除以电场体积 τ，即为电场的能量密度 w_e，故由上式得

$$w_e = \frac{W_e}{\tau} = \frac{\varepsilon E^2}{2} = \frac{DE}{2} \tag{6-67}$$

上述结果虽从均匀电场导出，但可证明它是一个普遍适用的公式. 也就是说，在任何非均匀电场中，只要给出场中某点的电容率 ε、电场强度 E（或电位移 $D = \varepsilon E$），那么该点的电场能量密度就可由式（6-67）确定.

因为能量是物质的状态特性之一，所以它是不能和物质分割开来的. 电场具有能量，这就证明电场也是一种物质.

思考题

6-18 （1）说明带电系统形成过程中的功、能转换关系；在此过程中，系统获得的能量储藏在何处？电场中一点的能量密度如何表述？

（2）电容为 $C = 600\mu F$ 的电容器借电源充电而储有能量，这能量通过思考题6-18图所示的线路放电时，转换成固体激光闪光灯的闪光能量. 放电时的火花间隙击穿电压为2000V. 求电容器在一次放电过程中所释放的能量.

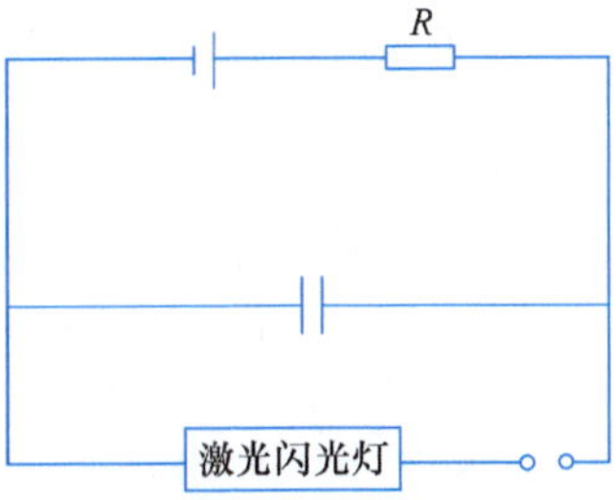

思考题6-18图

例题6-21 设半径为 $R = 10cm$ 的均匀带电金属球体，带有电荷为 $q = 1.0\times10^{-5}C$，位于相对电容率 $\varepsilon_r = 2$ 的无限大均匀电介质中. 求此带电球体的电场能量.

解： 根据有电介质时静电场的高斯定理，可求得在离开球心为 r $(r > R)$ 处的电场强度为

$$E = \frac{q}{4\pi\varepsilon r^2}$$

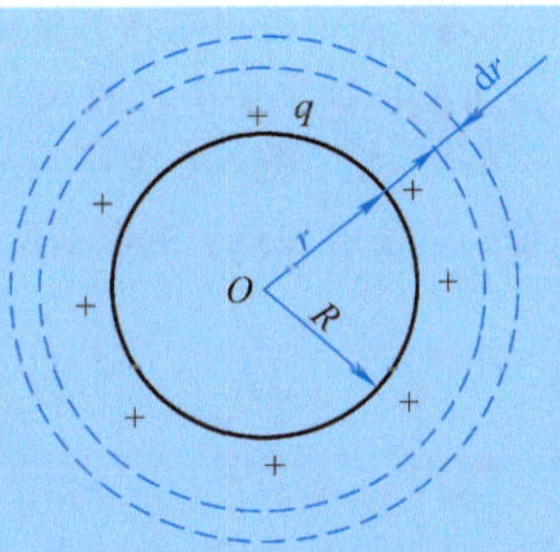

例题6-21图

该处任一点的电场能量密度为

$$w_e = \frac{\varepsilon E^2}{2} = \frac{q^2}{32\pi^2\varepsilon r^4}$$

如例题6-21图所示，在该处取一个与金属球同心的球壳层，其厚度为 dr，体积为 $d\tau = 4\pi r^2 dr$，拥有的能量为 $dW_e = w_e d\tau$，则整个电场的能量可用积分计算：

$$W_e = \iiint_\tau w_e d\tau = \int_R^\infty \frac{q^2}{32\pi^2\varepsilon r^4}4\pi r^2 dr = \frac{q^2}{8\pi\varepsilon R} = \frac{1}{4\pi\varepsilon_0}\frac{q^2}{2\varepsilon_r R}$$

按上式，代入题设数据，可自行算出整个电场的能量为 $W_e = 2.25J$.

章后感悟

我们的祖先很早就注意到大自然中的雷电现象，并进行了细致的观察. 公元前1500年，殷商时代的甲骨文中就有“雷”字，西周青铜器上出现了“电”字.“风驰电掣”“电闪雷鸣”“电光石火”等成语为静电学增添了不少人文气息. 不少史料表明，中国很早以前就有了避雷装置，《靖康缃素杂记》中记载：“……尚有为飞鱼尾上指者”，将雷雨云中的电荷导入大地，以此避雷. 您还知道哪些中国古代和静电学有关的典故？您对生活的观察是否与古人一样细致入微呢？

习题6

6-1 如习题6-1图所示，两个小球A和B的质量均为 $m=0.1\times10^{-3}$kg，分别用两根长 $l=1.20$m 的塑料细线悬挂于点 O. 当两球带有电荷量相等的同种电荷时，它们相互推斥分开，在彼此相距 $d=5\times10^{-2}$m 处达到平衡. 求每个球上所带的电荷量 q. ［答：$q=\pm2.38\times10^{-9}$C］

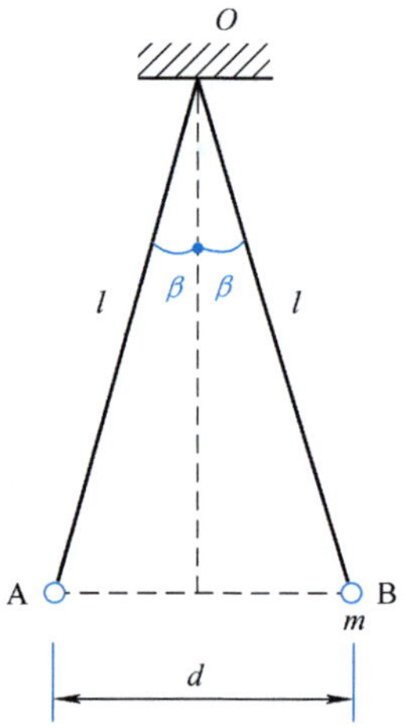

习题6-1图

6-2 点电荷 $q_1=+5.0\times10^{-9}$C，置于距离激发电场的点电荷 q 为10cm处的一点上时，它所受的力为 30×10^{-5}N，方向则背离 q 向外. 求此点的电场强度大小和场源的电荷量 q. ［答：$6.0\times10^4\text{N}\cdot\text{C}^{-1}$；$66.7\times10^{-9}$C］

6-3 氢原子里的原子核外只有一个电子. 设想电子沿圆形轨道绕原子核做匀速率旋转，轨道半径为 0.529×10^{-8}cm，求电子的向心加速度和每秒钟绕核的转数. ［答：$9.04\times10^{22}\text{m}\cdot\text{s}^{-2}$；$6.58\times10^{15}\text{r}\cdot\text{s}^{-2}$］

6-4 如习题6-4图所示，设有两个点电荷 $q_1=+2.0\times10^{-7}$C、$q_2=-2.0\times10^{-7}$C，它们分别位于斜边长为 $a=0.6$m 的直角三角形的两个顶点上，相距为 $a/2$，求另一顶点 P 处的电场强度. ［答：$E=34.3\times10^2\text{N}\cdot\text{C}^{-1}$，方向自行确定］

6-5 求电偶极子在其轴线的中垂线上某点 B 的电场强度 $\boldsymbol{E}_B$. 如习题6-5图所示，令该轴线的中垂线上点 B 到电偶极子中心 O 的距离为 r. ［答：$\boldsymbol{E}_B=-\boldsymbol{p}_e/(4\pi\varepsilon_0r^3)$］

6-6 如习题6-6图所示，在边长为 a 的正方形四个顶点 A、B、C、D 上，分别有相等的同种电荷 $-e$. 求证：若使各顶点上的电荷所受电场力为零，在正方形中心 O 应放置电荷 $e_O=(2\sqrt{2}+1)e/4$.

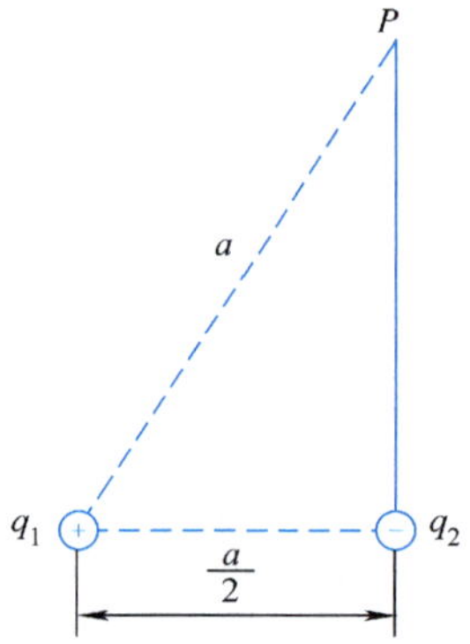

习题6-4图

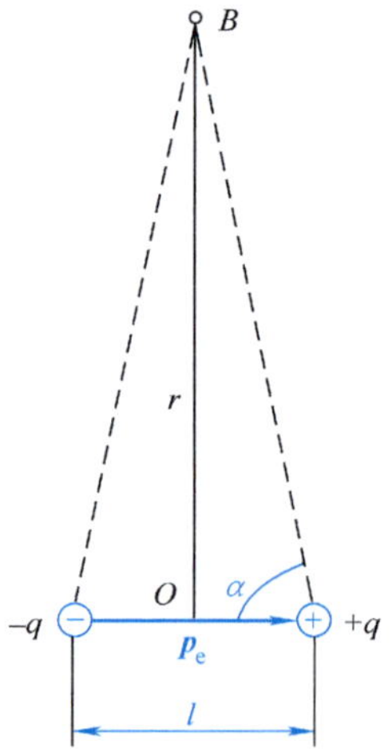

习题6-5图

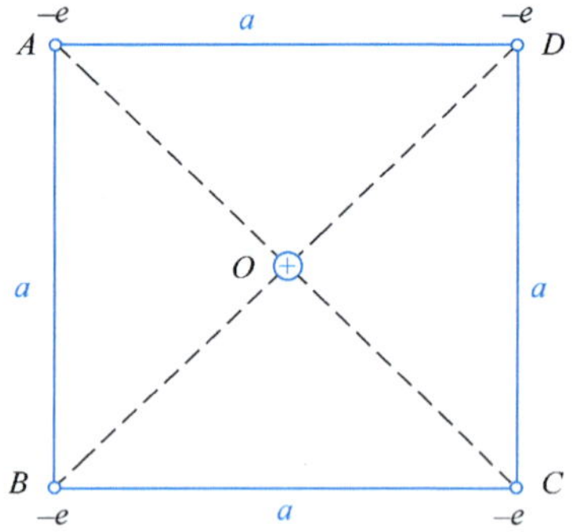

习题6-6图

6-7　如习题6-7图所示，水平地放置着一长为L、电荷线密度为λ（$\lambda>0$）的均匀带电直线．设点P是带电直线的延长线上的一点，它到直线近端的距离为a，试求点P的电场强度．［答：$E=\lambda/(4\pi\varepsilon_0)[1/a-1/(a+L)]$，方向自行确定］

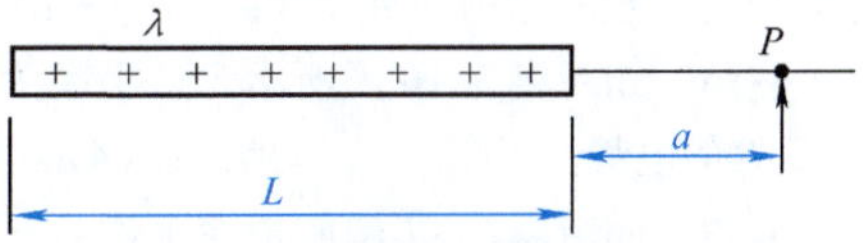

习题6-7图

6-8　设电荷$q>0$均匀分布在半径为R的圆弧上，圆弧对圆心所张的圆心角为α．试求圆心处的电场强度．若此圆弧为一半圆周，求圆心处的电场强度．［答：$[q/(2\pi\varepsilon_0R^2\alpha)]\sin\alpha/2$，↓；$q/(2\pi^2\varepsilon_0R^2)$；方向按$q>0$和$q<0$自行确定］

6-9　如习题6-9图所示，一均匀带正电的无限大平面，平面上的电荷面密度为σ，在面上挖去一个半径为R的小圆孔，求垂直于平面的圆孔轴线上某点P的电场强度．已知场点P与圆孔中心O相距为$3R$．［答：$E=3\sqrt{10}\sigma/(20\varepsilon_0)$，方向向右］

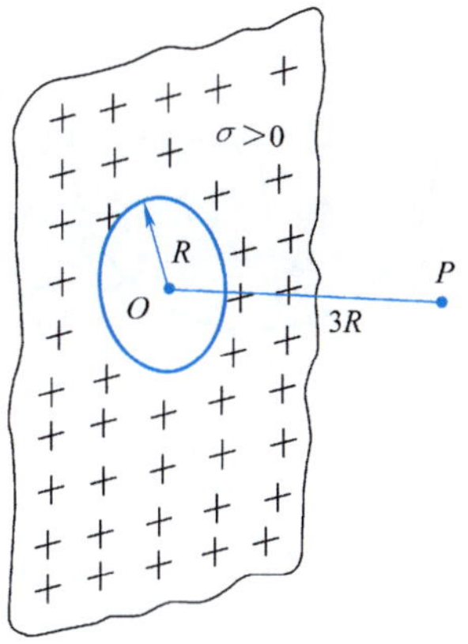

习题6-9图

6-10　求证：远离均匀带电圆平面处的电场相当于电荷集中于圆平面中心的一个点电荷的电场，即$\boldsymbol{E}=\dfrac{q}{4\pi\varepsilon_0x^2}\boldsymbol{i}$.

6-11　真空中两块相互平行的无限大均匀带电平面，电荷面密度分别为σ和2σ，求两平面间的电场强度．［答：$\sigma/2\varepsilon_0$，方向朝左］

6-12　在真空中，沿Ox轴正方向分布着电场，电场强度为$\boldsymbol{E}=bx\boldsymbol{i}$（$b$为正的恒量）．如习题6-12图所示，今若作一边长为a的立方体形高斯面，试求通过高斯面右侧面S_1的电通量Φ_1和通过上表面S_2的电通量Φ_2，以及立方体内的净电荷量为Q．［答：$2a^3b$，0，ε_0a^3b］

6-13　如习题6-13图所示，一个金属球体A（$R_1=2\text{cm}$）被另一个同心金属球壳B（$R_2=4\text{cm}$）所包围．球A表面上均匀地带电荷$q_1=+10/3\times10^{-9}\text{C}$，球壳B上均匀地带电荷$q_2=-20/3\times10^{-9}\text{C}$．求与球心$O$相距$r=5\text{cm}$的点$C$的电场强度．［答：$E=-1.2\times10^4\text{N}\cdot\text{C}^{-1}$，负号表示$\boldsymbol{E}$的方向指向中心］

6-14　如习题6-14图所示，设在半径分别为R_1和R_2的两个同心球面上，若各自均匀地分布着电荷q_1和q_2．求：(1) Ⅰ、Ⅱ、Ⅲ三个区域内的电场强度分布；(2) 若$q_1=-q_2$，情况如何？画出此情况下的$E-r$曲线，取r为场点到球心O的距离．［答：(1) $E_{\text{I}}=0$ ($r<R_1$)，$E_{\text{II}}=\dfrac{1}{4\pi\varepsilon_0}\dfrac{q_1}{r^2}$ ($R_1<r<R_2$)，$E_{\text{III}}=\dfrac{1}{4\pi\varepsilon_0}\dfrac{q_1+q_2}{r^2}$ ($r>R_2$)；(2) $E_{\text{I}}=E_{\text{III}}=0$，$E_{\text{II}}=\dfrac{1}{4\pi\varepsilon_0}\dfrac{q_1}{r^2}$］

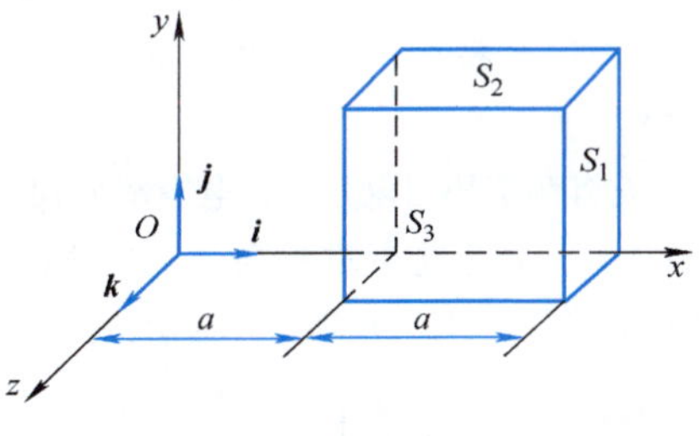

习题6-12图

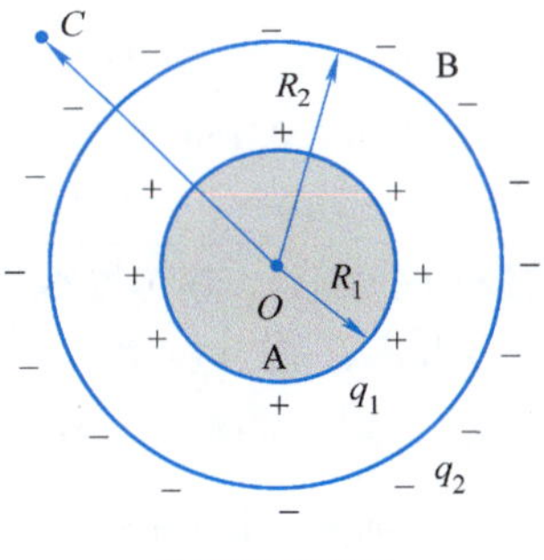

习题6-13图

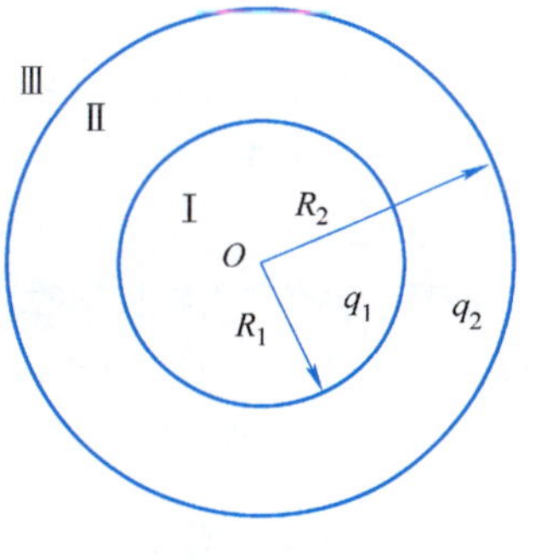

习题6-14图

6-15　如习题6-15图所示，在同一水平面$ABCO'$上，点电荷$+Q$和$-Q$分别置于点O、O'处，若沿着以点O为圆心、R为半径的水平半圆弧ABC，把质量为m、带电荷$+q$的质点从点A移到点C，求电场力和重力分别对它所做的功 A_e、A_W. [答:$A_e=qQ/(6\pi\varepsilon_0 R)$;$A_W=0$]

6-16 如习题6-16图所示，一半径为 R 的均匀带电球面，电荷为 q，求球内、球外及球面上各点 Q、P、S 处的电势. [答: $V_Q=V_S=q/(4\pi\varepsilon_0 R)$, $V_P=q/(4\pi\varepsilon_0 r)$]

6-17 如习题6-17图所示，求将一个点电荷 $q=1.0\times10^{-9}$C 由场点 A 移到场点 B 时电场力所做的功及由点 C 移到点 D 时电场力所做的功. 已知 $r=6$cm，$a=8$cm，$q_1=+3.3\times10^{-9}$C，$q_2=-3.3\times10^{-9}$C. [答: 3.96×10^{-7}J; 0]

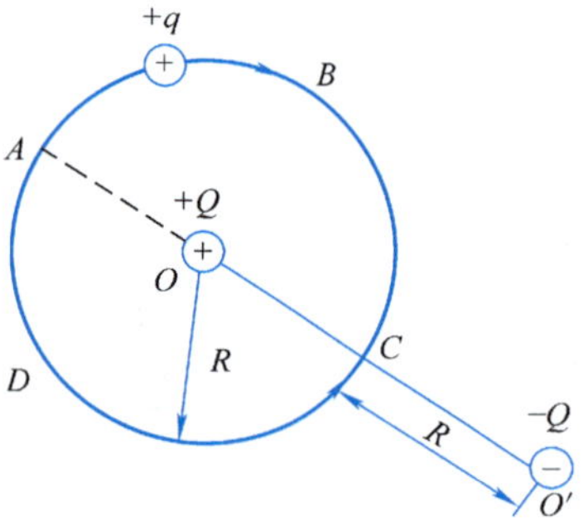

习题 6-15 图

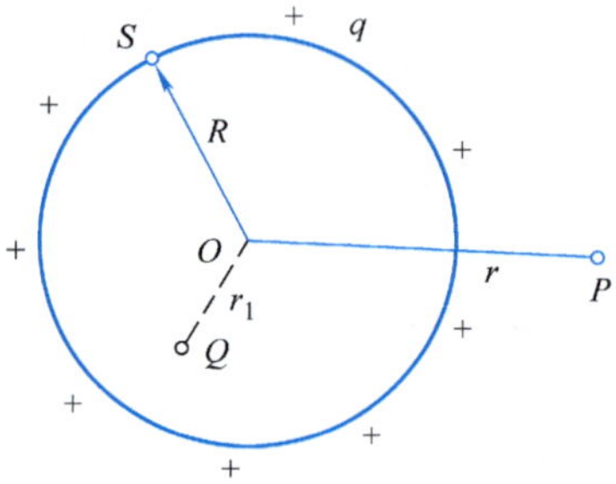

习题 6-16 图

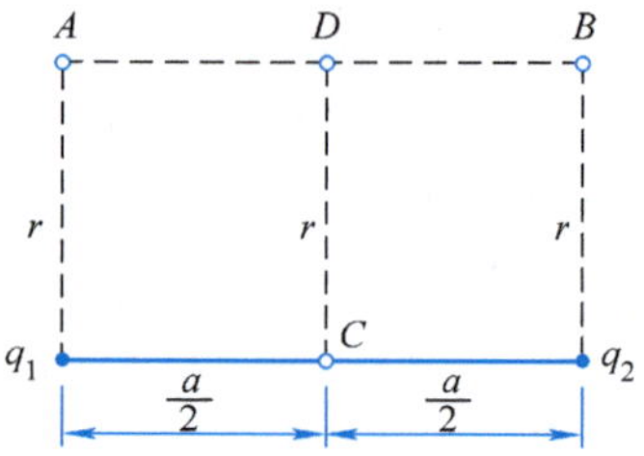

习题 6-17 图

6-18 如习题6-18图所示，一无限大的带电平板竖直放置，板上均匀地分布着正电荷，电荷面密度为 σ. 求：(1) 距平板的距离为 d 的一点 A 与平板之间的电势差；(2) 与平板相距分别为 d_1、d_2 的两点 B 和 C 之间的电势差 ($d_1<d_2$). [答: (1) $U_{板A}=\sigma d/(2\varepsilon_0)$; (2) $U_{BC}=\sigma(d_2-d_1)/(2\varepsilon_0)$]

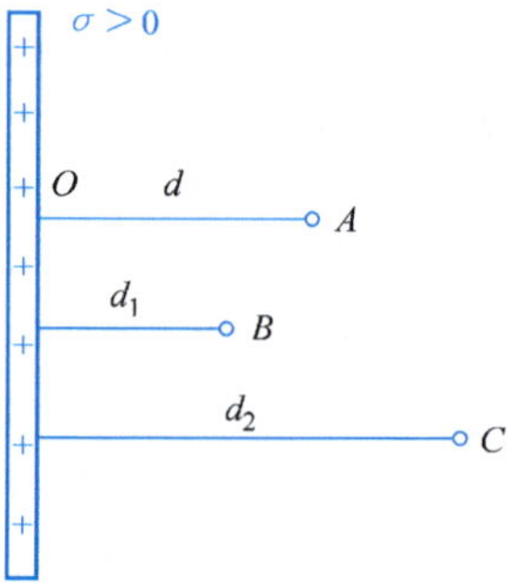

习题 6-18 图

6-19 半径分别为 1.0cm 与 2.0cm 的两个球形导体，各带电 1.0×10^{-8}C，两球相距很远而互不影响. 若用细导线将两球连接，求：(1) 每球所带电荷量；(2) 每球的电荷面密度与球的半径有何关系？(3) 每球的电势. [答: (1) 6.67×10^{-9}C，13.3×10^{-9}C; (2) $\sigma\propto1/r$; (3) 6000V]

6-20 如习题6-20图所示，平行放置的两块均匀地带有等量异种电荷的铜板 A 和 B，相距为 $d=5.5$mm，两铜板的面积均为 250cm^2，电荷量均为 2.15×10^{-8}C，A 板带正电并接地. 以地的电势为零，不计边缘效应. 求：(1) B 板的电势；(2) A 和 B 两极间离 A 板 2.2mm 处点 C 的电势. [答: (1) $V_B=-534$V; (2) $V_C=-213$V]

6-21 半径为 0.10m 的金属球 A 带电 $q=1.0\times10^{-8}$C，将一原来不带电的半径为 0.20m 的薄金属球壳 B 同心地罩在 A 球的外面. (1) 求与球心相距 0.15m 处点 P 的电势；(2) 将 A 与 B 用金属导线连接在一起，再求上述点 P 的电势. [答: (1) 6.0×10^2V; (2) 4.5×10^2V]

6-22 设有“无限长”的均匀带电同轴电缆，缆芯与外皮之间充有两层均匀电介质，电容率分别为 ε_1 和 ε_2，缆芯半径为 R_1，外皮的内半径为 R_2，里层电介质的外半径为 r_1，如习题6-22图所示. 当缆芯的线电荷密度为 $+\lambda$，外皮的电荷线密度为 $-\lambda$ 时，问缆芯与外皮之间电势差 V_1-V_2 为多大？(提示：由于电场强度分布是轴对称的，因而可作高斯面，如图中虚线所示的同轴圆柱面) [答: $\dfrac{\lambda}{2\pi}\left(\dfrac{1}{\varepsilon_1}\ln\dfrac{r_1}{R_1}+\dfrac{1}{\varepsilon_2}\ln\dfrac{R_2}{r_1}\right)$]

6-23 一半径为 R 的电介质实心球体，均匀地带正电，电荷体密度为 ρ，球体的电容率为 ε_1，球体外充满电容率为 ε_2 的无限大均匀电介质. 求球体内、外任一点的电场强度和电势. [答: $E_{内}=\dfrac{\rho r_1}{3\varepsilon_1}$, $r_1<R$;

$E_{外}=\dfrac{\rho R^3}{3\varepsilon_2 r_2^2}$，$r_2>R$；$V_{内}=\dfrac{\rho}{6}\left[\left(\dfrac{1}{\varepsilon_1}+\dfrac{2}{\varepsilon_2}\right)R^2-\dfrac{r_1^2}{\varepsilon_1}\right]$，$r_1<R$；$V_{外}=\dfrac{\rho R^3}{3\varepsilon_2 r_2}$，$r_2>R$]

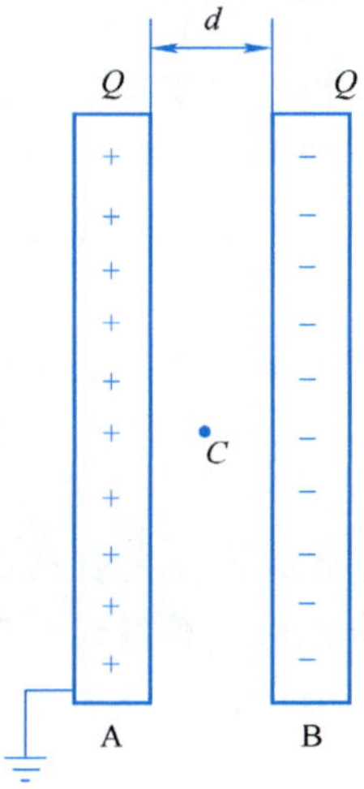

习题 6-20 图

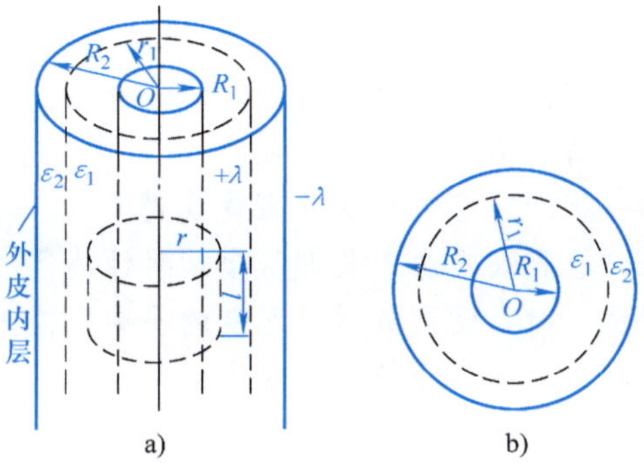

习题 6-22 图

6-24　两块平行的导体平板，面积都是 $2.0\mathrm{m}^2$，放在空气中，并相距 5.0mm，两极板的电势差为 1000V，略去边缘效应. 求：(1) 电容 C；(2) 各极板上的电荷 Q 和电荷面密度 σ；(3) 两板间的电场强度.　[答：(1) $3.54\times10^{-9}\mathrm{F}$；(2) $3.54\times10^{-6}\mathrm{C}$，$1.77\times10^{-6}\mathrm{C\cdot m^{-2}}$；(3) $2.0\times10^{5}\mathrm{V\cdot m^{-1}}$]

6-25　一平行板电容器，当两极板间的电介质是空气时，测得电容为 25μF；当两极板间的电介质换用木材时，测得电容为 200μF. 问木材的相对电容率 $\varepsilon_{r木}$ 为多大？　[答：$\varepsilon_{r木}=8$]

6-26　利用锡箔和厚 0.1mm 的云母片（作为电介质）制成一个电容为 1μF 的平行板电容器，这个电容器的面积应该多大？（云母的 $\varepsilon_r=8$）　[答：$1.41\mathrm{m}^2$]

6-27　在 6.9 节的图 6-21 所示的电容测厚仪中，设平行板电容器的极板面积为 S，两极板的间距为 d，被测带子的厚度和相对电容率分别为 t 和 ε_r. 求证：$C=\varepsilon_0 S/[d-(1-1/\varepsilon_r)t]$.

6-28　串联电容器 A、B、C 的电容分别为 0.002μF、0.004μF、0.006μF，各个电容器的击穿电压皆为 4000V. 现在如果我们要想在这个电容器组的两极间维持 11000V 的电势差，可能不可能？为什么？　[答：不可能；电容器 A 的电压已超过 4000V]

6-29　如习题 6-29 图所示，电容 C_1、C_2、C_3 已知，电容 C 可以调节. 试证：当调节到 A、B 两点的电势相等时，$C=C_2C_3/C_1$.

6-30　两电容器分别具有电容 $C_1=1\mu\mathrm{F}$、$C_2=2\mu\mathrm{F}$，串联后两端加上 1200V 的电势差. 求每个电容器上的电量及电场能量.　[答：(1) $8\times10^{-4}\mathrm{C}$；(2) 0.32J，0.16J]

6-31　由两个半径分别为 a 和 b 的同心球面组成的球形电容器，分别带上电荷 $+Q$ 和 $-Q$. 求此电容器所拥有的静电能.　[答：$Q^2(b-a)(8\pi\varepsilon_0 ab)^{-1}$]

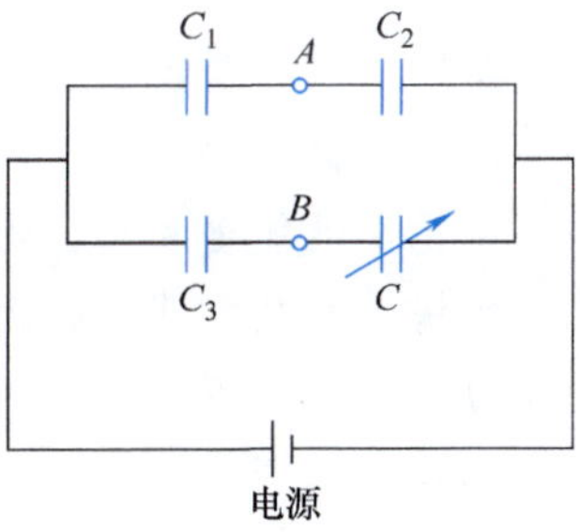

习题 6-29 图

科学家轶事

居里夫人——世界在变，但我始终如一

居里夫人的大半生都是清贫的，提取镭的艰苦过程是在简陋的条件下完成的．居里夫人拒绝为她的任何发明申请专利，把诺贝尔奖奖金和其他奖金都用到了以后的研究中去了．居里夫妇发现镭以后，当成功、荣誉、祝贺像潮水般涌来的时候，他们表现出了具有的高贵品质：毫不夸耀，谦虚忘我！

居里夫人从理论上推测到了新元素镭的存在，但由于得不到巴黎大学董事会的支持而无奈选择学校无人用的破棚子当成“实验室”．然后，她把从矿上收集到的沥青矿渣用大麻袋运回，便开始分析沥青溶解后的分离物（镭）．

几十年来，居里夫人由于长期从事放射性物质的研究工作，加上恶劣的实验环境和对身体保护不够严格，时常受到放射性元素的侵袭，使她患上白血病、神经错乱症．可科学研究对她来说比健康更重要，即使在她生命最后一息，躺在床上的她，仍然要求她的女儿替她校对她写的《放射性》著作．

在居里夫人一生的贡献中，对学生的培养不容忽视．她培养了许多优秀的科学家，其中就包括我国著名的物理学家——施士元院士．施士元是居里夫人为中国培养的第一个物理学博士，他也是中国最早从事核物理研究的学者之一．在学习过程中，居里夫人对施士元求真的科研态度十分赞许；在进行有害实验时，居里夫人反复强调防辐射措施．在居里夫人的言传身教下，施士元完成了锕元素的核谱测量工作，并和居里夫人一起对 α 射线的精细结构和能量进行了大量研究，取得了众多突破．回国以后，施士元先生不仅在学术方面为中国的核事业奠定了基础，而且在科普方面翻译和发表了大量的文章，并编写了大量有关原子物理、X 射线结构分析的教材，深入教学第一线，培养了大批栋梁之材．

可以说，居里夫人的一生是科学发现的一生，是为科学事业献身的一生，更是为人类进步奉献全部的一生．她不仅是一名心怀科研的伟大科学家，也是一位骨血温热的女士．

应用拓展

柔性超级电容器

柔性、可穿戴被认为是下一代电子产品的重要特征．随着柔性可穿戴电子产品的发展，柔性储能器件近些年成了研究热点．同传统的超级电容器相比，柔性超级电容器除了满足基本的电化学性能要求外，例如高的能量密度和功率密度、超长的循环寿命和优异的循环稳定性、较快的充放电速度、大的比电容和宽的工作电压窗口等性能，还必须具有良好的机械形变能力，因此对柔性超级电容器的电极和柔性封装提出了更高的要求，在外力作用下，柔性超级电容器能够正常工作，保证能量的持续输出，且具有高的安全性、稳定性和可靠性．

超级电容器，包括电化学双电层电容器和赝电容器．双电层储能是指电极在外加电压的作用下，电解质溶液与电极表面电子发生相互作用，导致电极材料表面导带电子过剩或者欠缺，产生电荷富集．同时，电极材料表面的电荷富集会引起电解质中的阴离子或者阳离子静电吸附于其表面形成双电层，电极表面正负电荷吸引达到平衡后，电荷便被存储在电极材料

与电解质的界面上，实现储能. 赝电容又被称为法拉第电容，与依赖于电极表面与电解质离子静电吸附储能的双电层电容不同，赝电容是在电极表面以及电极体相的二维或者准二维空间上，活性物质如过渡金属氧化物或者导电高分子等在充电电位作用下，发生氧化还原反应或者发生高度电化学吸脱附而产生的电容.

柔性超级电容器的展望：将可拉伸的超级电容器与可拉伸太阳能电池，纳米发电机等新型能量产生与转化装置结合，可以实现整体可拉伸的自发电储能系统，形成高效的自发电便携器件；设计制备具有自拉伸性能的可拉伸电极材料，避免弹性基底材料的引入对器件比容造成的影响，进一步提高可拉伸超级电容器的储能能力；应用于人体穿戴，但需要考虑其安全性、舒适性、功能性、易用性、美观性、可维护性等多个方面进行改进.

第7章

稳恒磁场

章前问题

磁电式电表是一种常见的测量电流强度的仪表装置，你知道这种电表是如何工作的吗?

学习要点

1. 电流、电流密度；
2. 欧姆定律微分式；
3. 磁场磁感应强度；
4. 毕奥－萨伐尔定律及其应用；
5. 磁通量、真空中磁场的高斯定理；
6. 安培环路定理及其应用；
7. 磁场对载流导线和线圈的作用；
8. 安培定律；
9. 磁场中的磁介质；
10. 有磁介质时的安培环路定理；
11. 铁磁质.

第6章讲过，静止电荷周围的空间中存在着静电场. 对运动电荷来说，它在周围空间中则不仅存在电场，而且还存在磁场. 当大量电荷做定向运动而形成恒定电流时，其周围将存在不随时间而变的稳恒磁场. 本章主要讨论真空中的稳恒磁场及其基本性质，并简述磁介质在磁场中的性质. 为此，我们首先介绍金属导体中的稳恒电流及其基本规律.

7.1 电流 电流密度矢量 电动势

7.1.1 电流

为了在导体中形成电流，必须具备两个条件：第一要有可以移动的电荷，第二要有维持电荷做定向移动的电场.

我们把可以形成电流的电荷统称为**载流子**. 载流子可以是各种不同的带电粒子（如电

子、正离子、负离子等）. 在金属导体中的载流子是带负电的自由电子.

值得指出，虽然金属导体中的电流是带负电的自由电子逆着电场方向做有规则的定向移动（见图 7-1），但在历史上规定**正电荷移动的方向作为电流的方向**（以后统称"流向"）.

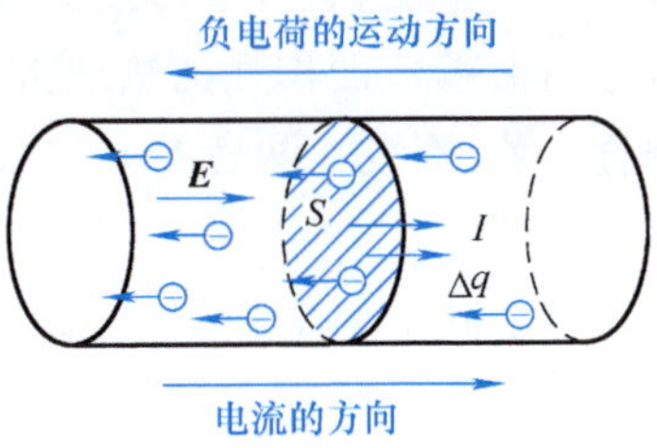

图 7-1 电流的方向与负电荷运动的方向相反

这就是说，在金属导体中，我们把实际上负电荷的移动都看成是正电荷沿着相反方向（即循着电场方向）的移动.

其次，当导体处于静电平衡状态时，其内部各处的电场强度为零. 若能设法提供一个非静电性的电场（后面要讲到），维持导体内部的电场强度不为零，那么导体内可移动的电荷，在电场力驱动下将相对于导体做宏观的定向运动. **大量电荷的定向移动**就形成了**电流**.

电流常用 I 表示，如果在 $\mathrm{d}t$ 时间内通过某一横截面的电荷量为 $\mathrm{d}q$，则电流的大小为

$$I=\frac{\mathrm{d}q}{\mathrm{d}t} \tag{7-1}$$

在 SI 中，电流的单位为安培，简称安，符号为 A，按式（7-1）电流的定义规定，$1\mathrm{A}=1\mathrm{C}\cdot\mathrm{s}^{-1}$.

7.1.2 电流密度矢量

电流 I 是指导体中整个截面上的电荷通过率，它不能反映出导体中各点的电荷运动情况. 为此，需引入**电流密度** $\boldsymbol{j}$ 这个矢量来描述. 如图 7-2 所示，在通有电流的导体中任一点的电流密度 $\boldsymbol{j}$，其大小可规定如下：设在导体内某点 P 处，取一微小的面积元 $\mathrm{d}S_{\perp}$，使它与点 P 的正电荷运动方向相垂直. 如果通过 $\mathrm{d}S_{\perp}$ 的电流为 $\mathrm{d}I$，则在该点处垂直于电流流向的单位面积上通过的电流，就是该点处电流密度的大小 j，即

$$j=\frac{\mathrm{d}I}{\mathrm{d}S_{\perp}} \tag{7-2}$$

电流密度的单位是 $\mathrm{A}\cdot\mathrm{m}^{-2}$. 其次，我们规定，导体中各点的电流密度的方向与该点的电场强度 $\boldsymbol{E}$ 的方向相同.

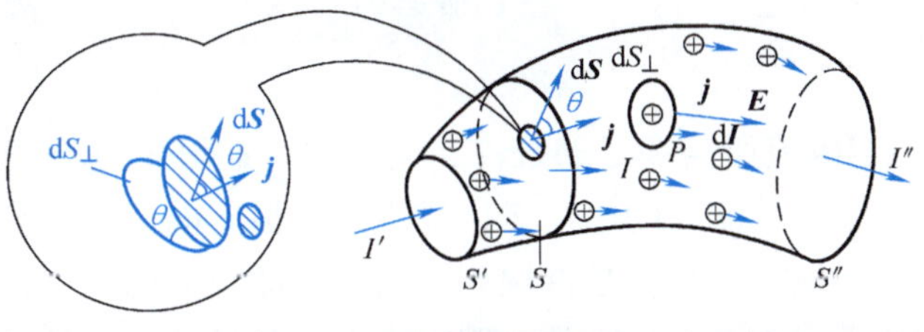

图 7-2 电流密度

现在我们来讨论通过导体上某一截面（不论它是曲面还是平面）的电流 I 与该截面上各点的电流密度 $\boldsymbol{j}$ 之间的关系. 如图 7-2 所示，在截面上任取一面积元矢量 $\mathrm{d}\boldsymbol{S}$，其大小为 $\mathrm{d}S$，其方向沿着该面积元的法线方向. 在一般情况下，面积元不一定与它所在处的电流密度 $\boldsymbol{j}$ 相垂直，若 $\mathrm{d}\boldsymbol{S}$ 与 $\boldsymbol{j}$ 两者的方向成 θ 角，则由式（7-2），有

$$\mathrm{d}I = j\mathrm{d}S_{\perp} = j\mathrm{d}S\cos\theta = \boldsymbol{j}\cdot\mathrm{d}\boldsymbol{S}$$

将上式对整个截面 S 求曲面积分，可得通过该截面的电流为

$$I = \iint_S \boldsymbol{j}\cdot\mathrm{d}\boldsymbol{S} \tag{7-3}$$

由于电流密度 $\boldsymbol{j}$ 是一个矢量的点函数，即 $\boldsymbol{j}=\boldsymbol{j}\ (x,\ y,\ z)$，它构成了整个电流空间的一个电流密度场——“**电流场**”. 与电场线概念相仿，可用电流线（即 $\boldsymbol{j}$ 线）描绘电流场. 上式表明，在电流场中，电流线经任何曲面 S 的通量，就是通过该曲面 S 的电流 I.

7.1.3 电流的连续性方程 稳恒电场

在图 7-3 所示的电流场中任取一闭合曲面 S，根据电荷守恒定律，在单位时间内，从 S 面内流出的电荷量 $\oint\!\!\!\oint_S \boldsymbol{j}\cdot\mathrm{d}\boldsymbol{S}$ 应等于 S 面所包围体积内电荷的减少，即 $-\mathrm{d}q/\mathrm{d}t$. 可写作

$$\oint\!\!\!\oint_S \boldsymbol{j}\cdot\mathrm{d}\boldsymbol{S} = -\frac{\mathrm{d}q}{\mathrm{d}t} \tag{7-4}$$

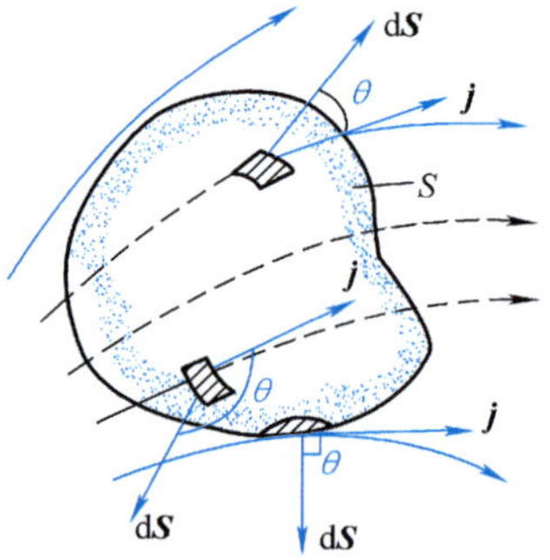

图 7-3 电流场中的闭合曲面

式（7-4）称为**电流的连续性方程**. 它实际上是电荷守恒定律的数学表达式.

我们知道，在通有电流的导体内必存在电场强度不为零的电场. 这个电场是由分布在导体内的电荷所激发的. 若导体内电荷在各处的分布状况不随时间而改变，即 $\mathrm{d}q/\mathrm{d}t=0$，则在所激发的电场中，各点的电场强度 E 也不随时间而改变，由此所引起的导体的电流场中各点的电流密度 $\boldsymbol{j}$ 和通过任一给定截面上的电流 I 都将不随时间而改变. 这种不随时间而改变的电流称为**恒定电流**，常称为**直流电**；而**形成恒定电流的电场**称为**稳恒电场**. 这样，相应的电流场中，上述连续性方程应为

$$\oint\!\!\!\oint_S \boldsymbol{j}\cdot\mathrm{d}\boldsymbol{S} = 0 \tag{7-5}$$

式（7-5）就是恒定电流所需满足的条件，它指出，在恒定电流场中，单位时间内向闭合曲面 S 流入的电荷量等于其流出的电荷量，或者说，恒定电流的电流线穿过闭合曲面 S 所包围的体积，不会在任何地方中断，是首尾相接的闭合曲线. 因此，恒定电流所通过的直流电路必然是闭合的；并且，在没有分支的电路中，电流是处处相等的.

7.1.4 欧姆定律

欧姆（Ohm）从大量实验中总结出如下规律：当一段均匀的金属导体 AB 通有恒定电流而其温度不变时，电流 I 与其两端的电压 U_{AB} 成正比，与这段导体的电阻 R 成反比，即

$$I = \frac{U_{AB}}{R} \tag{7-6}$$

式中，R 是表示导体特性的物理量，称为电阻，其单位为 Ω（欧姆，简称欧），即 $1\Omega = 1\text{V}\cdot\text{A}^{-1}$. 式（7-6）是欧姆定律的数学表达式.

导体的电阻是描述整段导体的电学性质的物理量，它一般与导体的材料性质和所处的温度以及导体的形状、大小（如粗细、长短等）有关. 当导体的材料和温度一定时，横截面面积为 S、长度为 l 的一段线形导体的电阻为

$$R = \rho\frac{l}{S} \tag{7-7}$$

式中，ρ 是取决于导体材料和温度的一个物理量，叫作材料的电阻率. 应用上式时，如果 l 和 S 分别以 m 和 m^2 为单位，R 以 Ω 为单位，则电阻率 ρ 的单位为 $\Omega\cdot\text{m}$. 电阻率的倒数称为电导率，记作 γ，即 $\gamma = \dfrac{1}{\rho}$，γ 的单位是 $\Omega^{-1}\cdot\text{m}^{-1}$.

上述欧姆定律是关于一段有限长导体而言的导电规律，至于导体中各点的导电规律，就必须考虑与电流 I 有关的电流密度 $\boldsymbol{j}$，与电势差 $V_1 - V_2$ 有关的电场强度 $\boldsymbol{E}$，并找出 $\boldsymbol{j}$ 与 $\boldsymbol{E}$ 的关系. 设想在导体电流场内一点 P 附近，取长为 $\text{d}l$、截面面积为 $\text{d}S$ 的细电流管，如图 7-4 所示. 将 $I = j\text{d}S$，$U_{ab} = E\text{d}l$，$R = \rho\text{d}l/\text{d}S$ 代入欧姆定律式（7-6），有

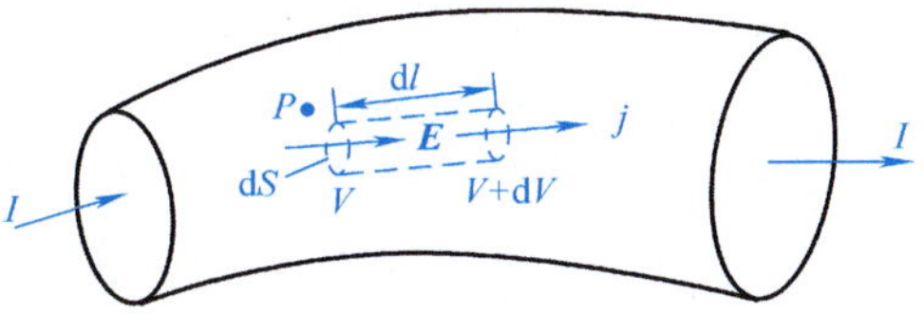

图 7-4　电流密度与电场强度的关系

$$j\text{d}S = \frac{(E\text{d}l)}{\dfrac{\rho\text{d}l}{\text{d}S}}$$

考虑到电导率 $\gamma = 1/\rho$ 取决于导体材料的性质，并因 $\boldsymbol{j}$ 和 $\boldsymbol{E}$ 的方向相同，则化简上式，可写成矢量式

$$\boldsymbol{j} = \gamma\boldsymbol{E} \tag{7-8}$$

式（7-8）称为欧姆定律的微分形式，也适用于非恒定电流情况下导体内各点的电流情况.

7.1.5 焦耳定律

如图 7-5 所示，设有一段电阻为 R 的导体 AB（例如用电器），依靠外电源维持其两端的电压 $V_1 - V_2$ 不变，则导体中便建立起稳恒电场，相应地通有电流 I，因而，在时间 t 内，从 A 端向 B 端移动的电荷量为 $q = It$，于是电场力所做的功（也称电流的功或电功）为

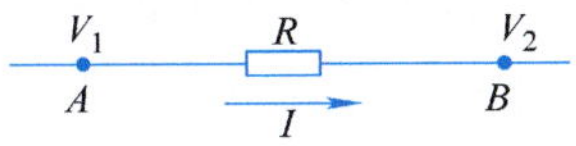

图 7-5　电流的功

$$A = It(V_1 - V_2) \tag{7-9}$$

如果用电器是阻值为 R 的纯电阻，则上述电势能的降低将通过电场力的做功 A 全部转变为热能 Q，这种现象称为**电流的热效应**. 按能量守恒和转换定律，并借欧姆定律，则电流通过电阻时发散的热量（也称焦耳热）即为如下的**焦耳定律表达式**，

$$Q = A = It(V_1 - V_2) = I^2Rt \tag{7-10}$$

这是最初由英国物理学家焦耳（Joule）从实验得出的.

电场力在单位时间内所做的功，称为**电功率或热功率**，以 P 表示. 显然，$P = A/t$. 由式（7-10），并利用欧姆定律，可得热功率 P 的不同形式的表达式

$$P = I(V_1 - V_2) = \frac{(V_1 - V_2)^2}{R} = I^2R \tag{7-11}$$

今在电流场中取一长为 Δl、垂直于电流密度 $\boldsymbol{j}$ 的截面面积为 ΔS、体积为 $\Delta\tau = \Delta l\Delta S$ 的细电流管，则由式（7-11）和式（7-8），得热功率为

$$P = I^2R = (j\Delta S)^2\left(\frac{\Delta l}{\gamma\Delta S}\right) = (\gamma E)^2\frac{\Delta l\Delta S}{\gamma} = \gamma E^2\Delta\tau$$

我们把单位体积的热功率称为**热功率密度**，记作 p，即 $p = P/\Delta\tau$，则由上式可得

$$p = \gamma E^2 \tag{7-12}$$

这就是**焦耳定律的微分形式**.

7.1.6 电源 电动势

图 7-6 所示的孤立导体 ACB，在开始时，它的 A 端带正电，电势为 V_1，B 端带负电，电势为 V_2，且 $V_1 > V_2$，则正电荷在静电场力作用下，从 A 端经导体 ACB 流向 B 端，形成瞬时电流. 由于静电场力不可能把正电荷从 B 端再移到 A 端，因而导致 A 端的电势降低，B 端的电势升高，使导体最后成为等势体，电流遂而终止. 可见仅凭静电场力是难以实现恒定电流的. 但若在 A、B 两端间同时存在另一种与静电力不同的力，能够将到达 B 端的正电荷再移到 A 端，这种力称为**非静电力**. 这样，就可以使正电荷沿闭合回路 $ACBDA$ 恒定地流动，形成恒定电流. 我们将能够**提供非静电力的装置**称为**电源**. 在电路中存在恒定电流时，电源中的非静电力要不断地做功，将正电荷从低电势的 B 端（电源的负极，用“－”标示），经电源内部移到高电势的 A 端（电源的正极，用“＋”标示），从而使电源不断地将某种形式的能量转换为电能. 所以，从能量角度看，电源是实现能量转换的一种装置.

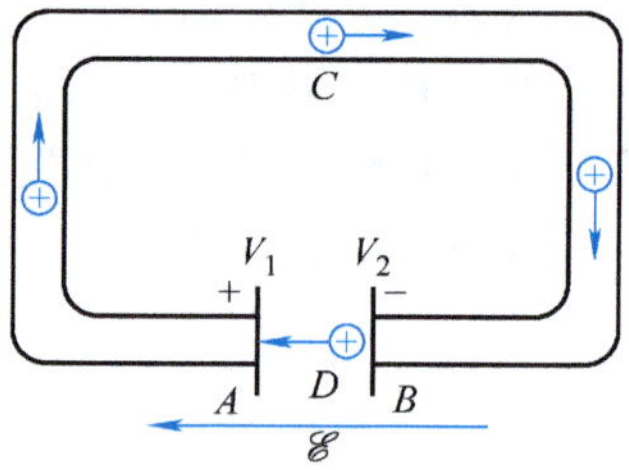

图 7-6 闭合电路

不同类型的电源，形成非静电力的过程不同，实现着不同形式的能量转换. 常见的化学电池、普通发电机、温差电池、光电池等电源，就是分别把化学能、机械能、热能、光能等转换为电能的装置.

为了量度电源中转换的能量有多少，只需考虑非静电力做功的多少就行了. 假设正电荷 q 从电源负极被送回到正极的过程中非静电力所做的功为 A，则可把

$$\mathscr{E}=\frac{A}{q} \tag{7-13}$$

称为电源的电动势. $\mathscr{E}$在数值上等于将单位正电荷从负极经电源内部送回到正极的过程中，非静电力所做的功. 电动势$\mathscr{E}$是标量，没有方向，通常我们规定其指向为在电源内从负极指向正极，以表征它起到电势升高的作用.

虽然电源内部的非静电力和静电力在性质上是不同的，但是它们都有推动电荷运动的作用. 为此，可以等效地将非静电力 $\boldsymbol{F}_{非}$ 与电荷 q 之比定义为一个非静电性电场强度 $\boldsymbol{E}_{非}$，即

$$\boldsymbol{E}_{非}=\frac{\boldsymbol{F}_{非}}{q} \tag{7-14}$$

这个非静电性电场强度 $\boldsymbol{E}_{非}$ 只存在于电源内部. 非静电力的功可表示为

$$A=\int_{-}^{+}q\boldsymbol{E}_{非}\cdot \mathrm{d}\boldsymbol{l}=q\int_{-}^{+}\boldsymbol{E}_{非}\cdot \mathrm{d}\boldsymbol{l} \tag{7-15}$$

则按照式（7-15），电源电动势的定义式（7-13）可写成

$$\mathscr{E}=\int_{-}^{+}\boldsymbol{E}_{非}\cdot \mathrm{d}\boldsymbol{l} \tag{7-16}$$

电源电动势$\mathscr{E}$标志着单位正电荷在电源内通过时有多少其他形式的能量（如电池的化学能、发电机的机械能等）转换成电能.

所以，从能量角度来看，就整个闭合电路而言，在电源内部电路 ADB 中，正电荷处于稳恒电场 $\boldsymbol{E}$（方向向右）和非静电性电场 $\boldsymbol{E}_{非}$（方向向左）的共同作用下，非静电力克服稳恒电场的静电力做功，实现其他形式能量向电能的转换；在外电路 ACB 中，只存在稳恒电场 $\boldsymbol{E}$（方向循 $ACBDA$），通过静电力做功，实现电能向其他形式能量的转换. 存在于整个闭合电路 $ACBDA$ 中的这种静电力是保守力. 根据静电场的环路定理，在正电荷从电源正极出发沿整个电路绕行一周又回到电源正极时，静电力所做总功恒等于零. 因此，在整个过程中，稳恒电场并没有贡献任何能量；不过，在外电路上，还得依靠稳恒电场以静电力做功的方式，将电源提供的能量转换为其他形式的能量（如在电阻上转换为热能等）.

顺便指出，如果在整个闭合回路上都有非静电力存在（例如第 8 章所讲的感生电动势），这就无法区分电源内部和电源外部，这时式（7-13）中的 A 应理解为正电荷 q 绕行闭合回路一周，非静电力所做的功，而相应的电动势$\mathscr{E}$**就等于将单位正电荷沿整个闭合回路绕行一周，非静电力所做的功**. 即

$$\mathscr{E}=\int_{闭合回路}\boldsymbol{E}_{非}\cdot \mathrm{d}\boldsymbol{l} \tag{7-17}$$

式（7-16）是式（7-17）的一种特殊情况，因为对电源外部 $\boldsymbol{E}_{非}=0$，式（7-17）就简化为式（7-16）.

7.2 磁场 磁感应强度

7.2.1 磁的基本现象

我国约在公元前300年就发现了天然磁铁矿石. **磁铁具有吸引铁、镍、钴等物质的性质**，称为**磁性**. 磁铁上各部分的磁性强弱是不同的，在靠近磁铁两端的磁性为最强的区域，称为**磁极**. 将磁铁悬挂起来使它在水平面内能够自由转动，那么，两端的磁极分别指向南、北的方向，指北的一端称为**北极**或**N极**，指南的一端称为**南极**或**S极**. 磁铁的两个磁极不能分割成独立存在的N极或S极；即使把磁铁分割得很小很小，每一个小磁铁仍具有N极和S极. 迄今为止，自然界尚未发现独立存在的N极和S极.

两块磁铁的磁极之间存在相互作用力，称为**磁力**. 实验发现，当两磁极靠近时，**同种磁极相互排斥，异种磁极相互吸引**. 从磁铁在空间自动指向南北的事实可以推知，地球本身也是一个大磁体，它的N极在地理南极附近，S极在地理北极附近.

铁、镍、钴以及某些合金，都能被磁铁所吸引，这些物质称为**铁磁质**. 原来并不显示磁性的铁磁质，在接触或靠近磁铁时，就显示出磁性，这种现象称为**磁化**. 把铁磁质从磁铁附近移去后，磁性不一定能保留. 如果采取某些人工措施，使铁磁质获得磁性并能长期保留，就成为**永久磁铁**. 通常，在各种电表、扬声器（俗称“喇叭”）等设备中，常用这种永久磁铁，一般并不采用上述的天然磁铁.

到了19世纪初叶，人们发现了磁现象与电现象之间的密切关系.

1820年，奥斯特（Oersted）发现，放在载流导线（即通有电流的导线）附近的磁针，会受到力的作用而发生偏转（见图7-7）. 同年安培（Ampére）又发现，放在磁铁附近的载流导线或载流线圈，也会受到力的作用而发生运动（见图7-8）. 其后他又发现，载流导线之间或载流线圈之间也有相互作用. 例如，把两根细直导线平行地悬挂起来，当电流通过导线时，发现它们之间有相互作用. 当电流方向相反时，它们相互排斥；当电流方向相同时，它们互相吸引（见图7-9）.

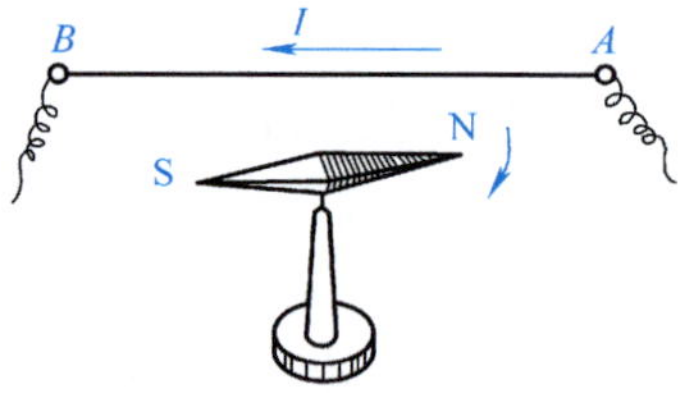

图7-7 磁针在载流导线附近发生偏转

根据上述实验事实可知，磁现象与电现象之间有一定联系，磁铁与磁铁之间，电流与磁铁之间，电流与电流之间都存在着相互作用力，这些力皆称为**磁力**.

实验还证明，将同样的磁铁或电流放在真空中或各种不同物质中，它们相互间作用的磁力是不同的，亦即，各种物质对磁力有不同的影响. 因此，就磁性而言，这些物质皆可称为**磁介质**.

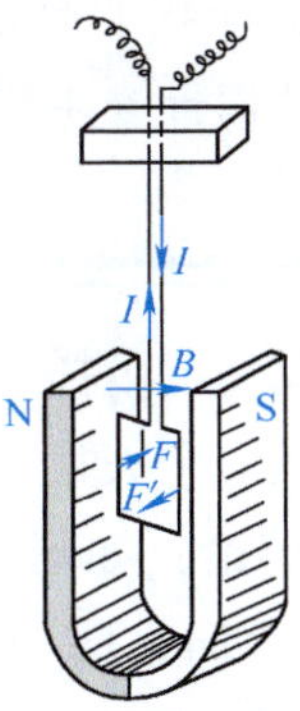

图 7-8 磁铁对载流线圈的作用
(线圈受到力偶矩作用而转动)

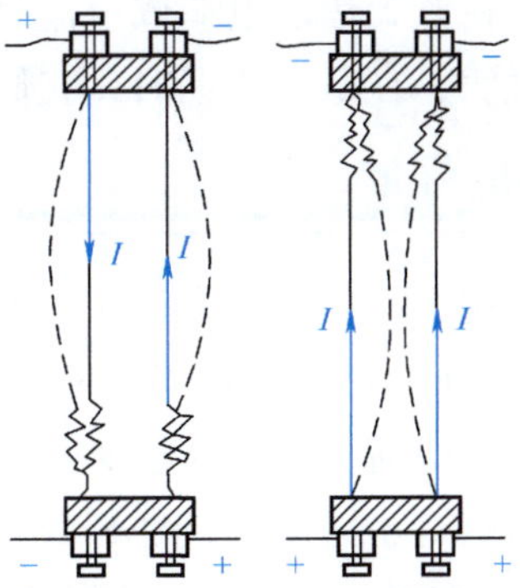

图 7-9 载流导线之间的作用

为了解释磁的本质，安培提出了下述假说：**一切磁现象的本源是电流**. 磁性物质里每个分子中都存在着圆形电流，称为**分子电流**，它等效于一个甚小的基元磁体. 当物质不呈现磁性时，这些分子电流呈无规则排列；一旦处于外磁场中而受外磁场作用时，等效于基元磁体的分子电流将倾向于外磁场方向取向，使物质呈现磁性.

演示试验——通电线圈相互作用

总而言之，一切磁现象的本源都是电流，而电流是由大量的电荷有规则的运动所形成的. 因而电流与电流之间、电流与磁铁之间以及磁铁与磁铁之间的相互作用，都可看作运动电荷之间的相互作用. 即运动电荷之间除了和静止电荷一样有电力的作用外，还有磁力的作用.

思考题

7-1 (1) 简述基本磁现象，并举例说明磁现象与电现象之间的相互关系. 磁现象的本质是什么？

(2) 如果在周围没有输电线的原始山区，发现磁针不指向南、北的异常现象，你认为该处地面浅层可能存在什么矿藏？

7.2.2 磁场

我们曾经在静电学中介绍过，电荷之间相互作用的电场力是通过电场来施加的. 与此相仿，运动电荷之间作用的磁力也并不是超距作用，而是通过运动电荷激发的磁场来施加的. 具体地说，任何电流（运动电荷）在其周围空间都存在着磁场，此磁场对位于该空间中的任一电流（运动电荷）都施以力的作用. 这种力称为磁场力，因为磁场类似于电场，也是一种客观存在的物质形态. 因而各种磁现象之间的相互作用可归结为

$$\text{运动电荷}\underset{\text{作用于}}{\overset{\text{激发}}{\rightleftharpoons}}\text{磁场}\underset{\text{激发}}{\overset{\text{作用于}}{\rightleftharpoons}}\text{运动电荷}$$

我们记得，在静电场中，规定了用试探正电荷的受力方向来表示该点电场的方向；相仿地，**在磁场中任一点，则规定放在该点的试探小磁针 N 极的指向表示该点磁场的方向.**

值得指出，在谈到运动电荷或电流时，为明确起见，应指明是对哪一个参考系而言的. 今后，若不加说明，在研究磁场时，我们都是对所选定的惯性参考系而言的.

7.2.3 磁感应强度

现在，我们用运动的试探电荷 q 在磁场中受力的情况来定量描述磁场，从而引入描述磁场各点的强弱和方向的一个物理量——**磁感应强度**，它是一个矢量，记作 $\boldsymbol{B}$.

从磁场对运动电荷作用的大量实验可以总结出如下结论：如图 7-10 所示，运动电荷所受磁场力的方向垂直于运动方向，磁场力的大小随电荷运动方向与磁场方向间的夹角而变化，当电荷的运动方向与磁场方向平行时，受力为零，如图 7-10a 所示；当电荷的运动方向与磁场方向垂直时，受力最大，此力的大小用 F_{max} 表示，如图 7-10b 所示. 最大磁场力 F_{max} 与运动电荷的电荷量 $|q|$ 和速度 v 的大小之乘积成正比，即 $F_{max}\propto|q|v$. 对磁场中某一个定点来说，比值 $F_{max}/(|q|v)$ 是一恒量；对于不同的点，具有不同的确定值. 因此，可以用此比值描述磁场中一点的磁场强弱，即

$$B=\frac{F_{max}}{|q|v} \tag{7-18}$$

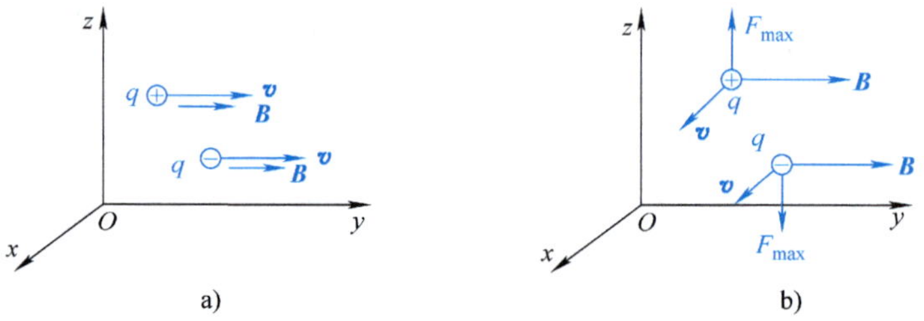

图 7-10 运动点电荷在磁场中受力的两种特殊情况

a) $\boldsymbol{v}/\!/\boldsymbol{B}$，$\boldsymbol{F}=0$ b) $\boldsymbol{v}\perp\boldsymbol{B}$，$F=F_{max}$

（图中 $\boldsymbol{B}$ 的方向即为磁场方向）

而该点磁场的方向即为试探的小磁针 N 极的指向. 这样，就可归结为可用磁感应强度矢量 $\boldsymbol{B}$ 来描述磁场中各点磁场的强弱和方向.

总之，磁感应强度 $\boldsymbol{B}$（简称 $\boldsymbol{B}$ 矢量）是表述磁场中各点磁场强弱和方向的物理量. 某点磁感应强度的大小规定为：当试探电荷在该点的运动方向与磁场方向垂直时，磁感应强度的大小等于它所受的最大磁场力 F_{max} 与电荷大小 $|q|$ 及其速度大小 v 的乘积的比值；磁感应强度的方向就是该点的磁场方向.

在 SI 中，力 F_{max} 的单位是 N，电荷 q 的单位是 C，速度 v 的单位是 $m\cdot s^{-1}$，则磁感应强度 $\boldsymbol{B}$ 的单位是 T，叫作“特斯拉”（Tesla），简称“特”. 于是有 $1T=1N/(1C\times1m\cdot s^{-1})$，由于 $1C\cdot s^{-1}=1A$，所以

$$1T=\frac{1N}{1A\times1m}=1N\cdot A^{-1}\cdot m^{-1} \tag{7-19}$$

思考题

7-2 磁场有哪些对外表现？如何从磁场的对外表现来定义磁感应强度的大小和方向？磁场对静止电荷有力的作用吗？运动电荷（或电流）A 与运动电荷（或电流）B 之间的相互作用是否是满足牛顿第三定律的一对作用与反作用力？

7.3 电流和运动电荷的磁场

7.3.1 毕奥－萨伐尔定律及其应用

现在我们将进一步讨论：在真空中恒定电流（即运动电荷）与其所激发的磁场中各点磁感应强度的定量关系.

为了求恒定电流的磁场，我们也可将载流导线分成无限多个小段（即线元），而每小段的电流情况可用电流元来表征，即在载流导线上循电流流向取一段长度为 dl 的线元，若线元中通过的恒定电流为 I，则我们就把 $I\mathrm{d}l$ 表示为矢量 $I\mathrm{d}\boldsymbol{l}$. $I\mathrm{d}\boldsymbol{l}$ 的方向沿着线元中的电流流向，这一载流线元矢量 $I\mathrm{d}\boldsymbol{l}$ 称为**电流元**. 因此，电流元 $I\mathrm{d}\boldsymbol{l}$ 的大小为 $I\mathrm{d}l$，方向循着这小段电流的流向（见图7-11）. 并且实验证明，磁场也服从叠加原理，也就是说，整个载流导线 l 在空间中某点所激发的磁感应强度 $\boldsymbol{B}$，就是这导线上所有电流元 $I\mathrm{d}\boldsymbol{l}$ 在该点激发的磁感应强度 d$\boldsymbol{B}$ 的叠加（矢量和），即

$$B = \int_l \mathrm{d}\boldsymbol{B} \tag{7-20}$$

积分号下的 l 表示对整个导线中的电流求积分. 式（7-20）是一矢量积分，具体计算时可用它在选定的坐标系中的分量式.

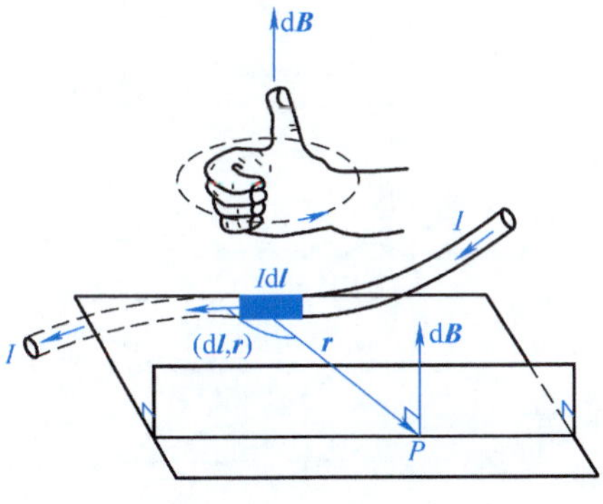

图7-11 电流元所激发的磁感应强度

严格地说，$I\mathrm{d}\boldsymbol{l}$ 的方向应是导线元中的电流密度矢量 $\boldsymbol{j}$ 的方向.

显然，要解决由 d$\boldsymbol{B}$ 叠加而求 $\boldsymbol{B}$ 的问题，就必须先找出电流元 $I\mathrm{d}\boldsymbol{l}$ 与它所激发的磁感应强度 d$\boldsymbol{B}$ 之间的关系. 法国物理学家毕奥（Biot，1774—1862）和萨伐尔（Savart，1791—1841）等人分析了许多实验数据，总结出一条说明这两者之间关系的普遍定律，称为

毕奥 – 萨伐尔定律，即：电流元 $Id\boldsymbol{l}$ 在真空中给定场点 P 所激发的磁感应强度 $d\boldsymbol{B}$ 的大小，与电流元的大小 Idl 成正比，与电流元的方向和由电流元到点 P 的位矢 $\boldsymbol{r}$ 间的夹角 $<d\boldsymbol{l},\ \boldsymbol{r}>$ 之正弦成正比，并与电流元到点 P 的距离 r 之平方成反比，即

$$dB = k\frac{Idl\sin<d\boldsymbol{l},\boldsymbol{r}>}{r^2} \quad \text{ⓐ}$$

式中，比例常量 k 的数值，与采用的单位制和电流周围的磁介质有关. 对于真空中的磁场，在 SI 中，$k=10^{-7}\text{N}\cdot\text{A}^{-2}$. 为了使今后从毕奥 – 萨伐尔定律推得的其他公式中不再出现因子 4π，规定

$$k = \frac{\mu_0}{4\pi}$$

μ_0称为真空磁导率，其值为

$$\mu_0 = 4\pi k = 4\pi\times10^{-7}\text{N}\cdot\text{A}^{-2}$$

这样，式ⓐ就成为

$$dB = \frac{\mu_0}{4\pi}\frac{Idl\sin<d\boldsymbol{l},\boldsymbol{r}>}{r^2} \tag{7-21}$$

再有，电流元 $Id\boldsymbol{l}$ 在磁场中场点 P 所激发的磁感应强度 $d\boldsymbol{B}$ 的方向，则是垂直于电流元 $Id\boldsymbol{l}$ 与场点 P 的位矢 $\boldsymbol{r}$ 所组成的平面，其指向按右手螺旋法则判定，即用右手四指从 $Id\boldsymbol{l}$ 经小于 180°角转到 $\boldsymbol{r}$，则伸直的大拇指的指向就是 $d\boldsymbol{B}$ 的方向（见图 7-11）.

综上所述，便可把毕奥 – 萨伐尔定律表示成如下的矢量式，即

$$d\boldsymbol{B} = \frac{\mu_0}{4\pi}\frac{Id\boldsymbol{l}\times\boldsymbol{r}}{r^3} \tag{7-22}$$

现在举例来说明毕奥 – 萨伐尔定律的应用. 由例题 7-1 和例题 7-2 所获得的结论和公式，在今后解题时，读者可直接引用. 因此，要求读者很好地理解和掌握.

例题 7-1 有限长的直电流的磁场 直导线中通有的电流称为直电流，它所激发的磁场称为直电流的磁场. 今在载流电路中任取一段通有恒定电流 I、长为 L 的直导线（见例题 7-1 图），求此直导线电流在真空中的磁场内一点 P 的磁感应强度.

解： 在直电流上任取一段电流元 $Id\boldsymbol{l}$，从它引向场点 P 的位矢为 $\boldsymbol{r}$，令夹角 $<d\boldsymbol{l},\ \boldsymbol{r}>=\alpha$，于是电流元 $Id\boldsymbol{l}$ 在点 P 激发的磁感应强度 $d\boldsymbol{B}$ 的大小为

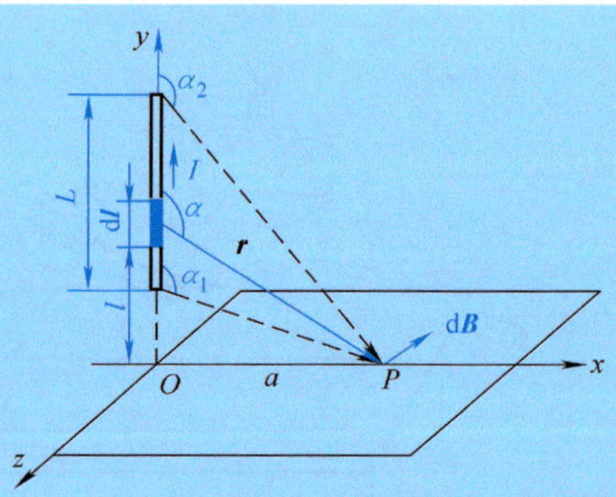

例题 7-1 图

$$dB = \frac{\mu_0}{4\pi}\frac{Idl\sin\alpha}{r^2}$$

其方向垂直于电流元与位矢所决定的平面（即图示的 xOy 平面），并指向里面（沿图示的 z 轴负向）. 读者不难自行判断，这条直电流上任何一段电流元在点 P 所激发的磁感应强度，

其方向都是相同的，故按式（7-20），它们的代数和就是整个直电流在场点 P 的磁感应强度，因而可用标量积分来计算其大小，即

$$B=\int_L \mathrm{d}B=\int_L \frac{\mu_0}{4\pi}\frac{I\sin\alpha}{r^2}\mathrm{d}l \tag{ⓐ}$$

在计算这个积分时，需要把 dl、α 和 r 等各变量统一用同一个自变量来表示. 这里，我们用电流元 $I\mathrm{d}\boldsymbol{l}$ 与位矢 $\boldsymbol{r}$ 二者方向的夹角 α 作为被积函数的自变量，由图中的几何关系，可将 r、l 分别表示为

$$l=a\cot(180°-\alpha)=-a\cot\alpha \tag{ⓑ}$$

$$r=\frac{a}{\sin(180°-\alpha)}=\frac{a}{\sin\alpha} \tag{ⓒ}$$

上两式中，a 为场点 P 到直电流的垂直距离（即 PO 的长度）；l 为垂足 O 到电流元 $I\mathrm{d}\boldsymbol{l}$ 处的距离. 对式ⓑ求微分，得

$$\mathrm{d}l=\frac{a}{\sin^2\alpha}\mathrm{d}\alpha \tag{ⓓ}$$

把式ⓒ、式ⓓ代入式ⓐ，**并从直电流始端沿电流方向积分到末端**，相应地，自变量 α 的上、下限分别为 α_2 和 α_1（见例题7-1图），则式ⓐ的积分，即场点 P 的磁感应强度 $\boldsymbol{B}$ 的大小为

$$B=\frac{\mu_0 I}{4\pi a}\int_{\alpha_1}^{\alpha_2}\sin\alpha\mathrm{d}\alpha=\frac{\mu_0 I}{4\pi a}\left[-\cos\alpha\right]_{\alpha_1}^{\alpha_2}$$

即

$$B=\frac{\mu_0 I}{4\pi a}(\cos\alpha_1-\cos\alpha_2) \tag{7-23}$$

其方向也可用右手螺旋法则来确定，以右手四指围绕直电流，拇指指向电流流向，则四指的围绕方向即为 $\boldsymbol{B}$ 的方向.

再次提醒，在应用上式时，读者千万不要把上、下限写错.

> 今后，凡题中未指明磁介质时，按照惯例，都认为是对真空而言的.

讨论：当 $\alpha_1\to 0$，$\alpha_2\to\pi$ 时，载流直导线可视为“无限长”（导线长度远大于场点 P 到导线的垂直距离，即 $L\gg a$，以后简称**长直电流**），则由式（7-23）得到，长直电流在空间激发的磁感应强度的大小为

$$B=\frac{\mu_0}{2\pi}\frac{I}{a} \tag{7-24}$$

即“无限长”的直电流在某点所激发的磁感应强度的大小，正比于电流，反比于该点与直电流间的垂直距离 a.

思考题

7-3　一长直载流导线被折成直角，如何求直角平分线上一点的磁感应强度？

例题 7-2 圆电流轴线上的磁场 设真空中有一半径为 R、通有恒定电流 I 的圆线圈，求此圆电流在经过圆心 O 且垂直于线圈平面的轴线上任一点 P 所激发的磁感应强度 $\boldsymbol{B}$.

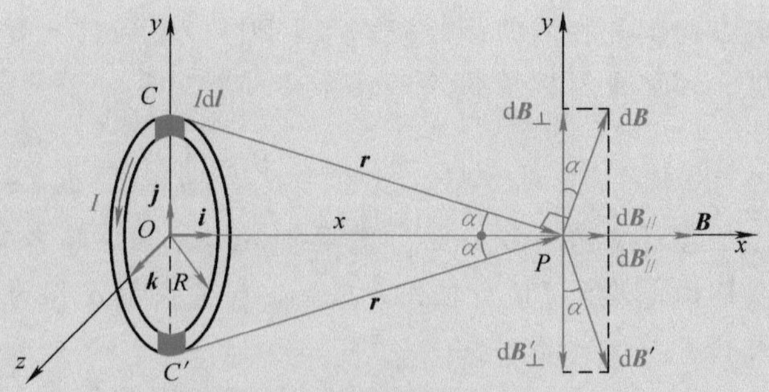

例题 7-2 图

解： 取以 O 为原点的坐标系 $Oxyz$，Ox 轴沿圆电流的轴线，设场点 P 的坐标为 x. 根据毕奥－萨伐尔定律，在圆电流上任取一电流元，例如在 Oy 轴上点 C 处取 $I\mathrm{d}\boldsymbol{l}$，并向场点 P 引位矢 $\boldsymbol{r}$，按矢量积定义，由于 $I\mathrm{d}\boldsymbol{l}$（在 yOz 平面内）与 $\boldsymbol{r}$ 垂直，故 $I\mathrm{d}\boldsymbol{l}$ 在点 P 激发的磁感应强度 $\mathrm{d}\boldsymbol{B}$ 应在 xOy 平面内，而且垂直于 $\boldsymbol{r}$，指向用右手螺旋法则确定，如例题 7-2 图所示. $\mathrm{d}\boldsymbol{B}$ 与 Ox 轴所成的角等于 $\boldsymbol{r}$ 与 Ox 轴之间夹角 α 的余角，即 $\dfrac{\pi}{2}-\alpha$. 磁感应强度 $\mathrm{d}\boldsymbol{B}$ 的大小为

$$\mathrm{d}B = \frac{\mu_0}{4\pi}\frac{I\mathrm{d}l\sin 90°}{r^3} = \frac{\mu_0}{4\pi}\frac{I\mathrm{d}l}{r^2} \qquad ⓐ$$

按式 (7-20)，整个圆电流在场点 P 激发的磁感应强度 $\boldsymbol{B}$，等于其中每个电流元 $I\mathrm{d}\boldsymbol{l}$ 在该点激发的磁感应强度 $\mathrm{d}\boldsymbol{B}$ 的矢量和，也即求 $\mathrm{d}\boldsymbol{B}$ 的矢量积分. 这可用矢量的正交分解合成法来求解. 由于各电流元在点 P 激发的磁感应强度 $\mathrm{d}\boldsymbol{B}$ 对 Ox 轴线呈对称分布，故宜将 $\mathrm{d}\boldsymbol{B}$ 分解为平行和垂直于 Ox 轴的两个分矢量 $\mathrm{d}\boldsymbol{B}_{/\!/}$ 和 $\mathrm{d}\boldsymbol{B}_{\perp}$. 可以推断，若在通过 $I\mathrm{d}\boldsymbol{l}$ 所在处点 C 的直径的另一端 C'，取一个同样的电流元 $I\mathrm{d}\boldsymbol{l}$，它在点 P 激发的磁感应强度 $\mathrm{d}\boldsymbol{B}'$ 的大小与 $\mathrm{d}\boldsymbol{B}$ 的相等，而且在轴线的另一侧，与 Ox 轴也成 $\pi/2-\alpha$ 角. 显然，$\mathrm{d}\boldsymbol{B}$ 与 $\mathrm{d}\boldsymbol{B}'$ 在垂直于 Ox 轴方向上的分矢量 $\mathrm{d}\boldsymbol{B}_{\perp}$ 与 $\mathrm{d}\boldsymbol{B}'_{\perp}$ 两相抵消. 由于在整个圆电流上每条直径两端的相同电流元在点 P 的磁感应强度，在垂直于轴线方向的分矢量都成对抵消，而所有平行于轴线的分矢量 $\mathrm{d}\boldsymbol{B}_{/\!/}$，皆等值同向（沿 Ox 轴正向），因而点 P 处总的磁感应强度 $\boldsymbol{B}$ 沿着 Ox 轴，其大小等于各分量 $\mathrm{d}B_{/\!/}=\mathrm{d}B\cos\left(\dfrac{\pi}{2}-\alpha\right)=\mathrm{d}B\sin\alpha$ 的代数和. 即

$$B = \int_l \mathrm{d}B_{/\!/} = \int_l \mathrm{d}B\sin\alpha = \int_0^{2\pi R}\frac{\mu_0}{4\pi}\frac{I\mathrm{d}l}{r^2}\frac{R}{r} = \frac{\mu_0}{4\pi}\frac{IR}{r^3}\int_0^{2\pi R}\mathrm{d}l$$

式中，$\int_0^{2\pi R}\mathrm{d}l = 2\pi R$ 为圆电流的周长. 根据几何关系，上式便成为

$$B = \frac{\mu_0 IR^2}{2\,(x^2+R^2)^{3/2}} \qquad (7\text{-}25)$$

取 Ox 轴方向的单位矢量为 $\boldsymbol{i}$，则场点 P 的磁感应强度 $\boldsymbol{B}$ 可表示为

$$\boldsymbol{B} = \frac{\mu_0 IR^2}{2\,(x^2+R^2)^{3/2}}\boldsymbol{i} \qquad (7\text{-}26)$$

讨论： 在式 (7-25) 中，令 $x=0$，即得圆电流中心处的磁感应强度大小为

$$B = \frac{\mu_0}{2}\frac{I}{R} \qquad (7\text{-}27)$$

即圆电流在中心激发的磁感应强度大小，与电流成正比，与圆的半径成反比. 方向满足右手螺旋法则，即四个手指循着电流方向，拇指的指向即为磁场方向.

如果圆电流是由 N 匝彼此绝缘、半径都是 R 的线圈串联而成，并紧紧地叠置在一起，通过每匝的电流仍为 I，则在中心 O 处激发的磁感应强度等于 N 个单匝圆电流在该处激发的磁感应强度之和，即

$$B=\frac{\mu_0}{2}\frac{NI}{R} \tag{7-28}$$

思维拓展

7-1 直流通电线圈可以产生稳恒磁场，而且磁场强度与线圈的匝数、电流等都有关系. 通电线圈在产生磁场的同时也会产生大量的热，因此利用传统的导电线圈并不能产生很高的稳恒磁场，而且产生稳恒磁场的区域也比较小. 由于超导体具有零电阻的优点，因此利用超导体制成的超导线圈可以产生很高的稳恒磁场. 目前，超导磁体已经广泛应用于核磁共振等大型医疗设备.

例题7-3 如例题7-3图所示，两端无限长直导线中部弯成 $\alpha=60°$ 的直线和四分之一圆弧，圆弧半径 $R=5\text{cm}$，导线通有电流 $I=2\text{A}$. 求圆心 O 处的磁感应强度.

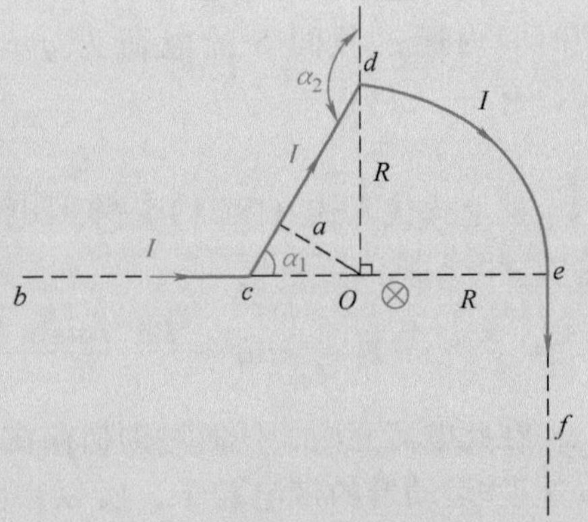

例题7-3图

解: 圆心 O 处的磁感应强度是 bc、cd、de、ef 四段电流产生磁感应强度的矢量和，用右手螺旋法则可判定它们在点 O 的磁感应强度方向相同，都由纸面向里，在例题7-3图中用⊗标示，因此求矢量和就简化为求代数和. 各段电流在点 O 的磁感应强度可依次求出如下：

在 bc 段上任取电流元 $I\mathrm{d}\boldsymbol{l}$，它引向点 O 的位矢 $\boldsymbol{r}$ 与 $I\mathrm{d}\boldsymbol{l}$ 重合，因而角度 $<\mathrm{d}\boldsymbol{l},\boldsymbol{r}>=0$，$\sin<\mathrm{d}\boldsymbol{l},\boldsymbol{r}>=0$，由毕奥-萨伐尔定律，有 $\mathrm{d}\boldsymbol{B}=\boldsymbol{0}$，因而 $\boldsymbol{B}_{bc}=\boldsymbol{0}$.

cd 是一段有限长载流直导线，由点 O 向 cd 段作垂线，有 $\alpha_1=\alpha=60°$，$\alpha_2=150°$，$a=R\sin30°=R/2$，代入式(7-23)，有

$$B_{cd}=\frac{\mu_0}{4\pi}\frac{I}{R/2}(\cos60°-\cos150°)=\frac{\mu_0}{4\pi}\frac{I}{R}(\sqrt{3}+1) \quad \otimes$$

de 段是1/4圆弧，在圆心 O 处的磁感应强度等于整个圆电流在圆心 O 的磁感应强度的四分之一. 因此按式(7-27)，有

$$B_{de}=\frac{1}{4}\frac{\mu_0 I}{2R}=\frac{\mu_0 I}{8R} \quad \otimes$$

ef 段为半无限长载流导线，在点 O 的磁感应强度为无限长载流导线在点 O 的磁感应强度的一半，因而

$$B_{ef} = \frac{1}{2}\frac{\mu_0}{2\pi}\frac{I}{R} = \frac{\mu_0}{4\pi}\frac{I}{R} \qquad \otimes$$

按式 (7-20)，总的磁感应强度为

$$B = B_{bc} + B_{cd} + B_{de} + B_{ef} = 0 + \frac{\mu_0}{4\pi}\frac{I}{R}(\sqrt{3}+1) + \frac{\mu_0 I}{8R} + \frac{\mu_0}{4\pi}\frac{I}{R} = \frac{\mu_0}{4}\frac{I}{R}\left(\frac{\sqrt{3}+2}{\pi}+\frac{1}{2}\right)$$

代入已知数据，可计算得 $B=2.12\times10^{-5}\mathrm{T}$ $\otimes$

7.3.2 运动电荷的磁场

载流导体中的电流在它周围空间激发的磁场，实质上与导体中大量带电粒子的定向运动有关. 下面将讨论运动电荷的磁场，来说明毕奥－萨伐尔定律的微观意义.

如图 7-12 所示，设 S 为电流元 $I\mathrm{d}\boldsymbol{l}$ 的横截面，n 为导体中单位体积内的带电粒子数，每个粒子的电荷为 q（为便于讨论，设 $q>0$）. 它们以速度 $\boldsymbol{v}$ 沿 $\mathrm{d}\boldsymbol{l}$ 的方向做匀速运动，形成导体中的恒定电流，则单位时间内通过截面 S 的电荷为 $qnvS$. 按电流的定义，有

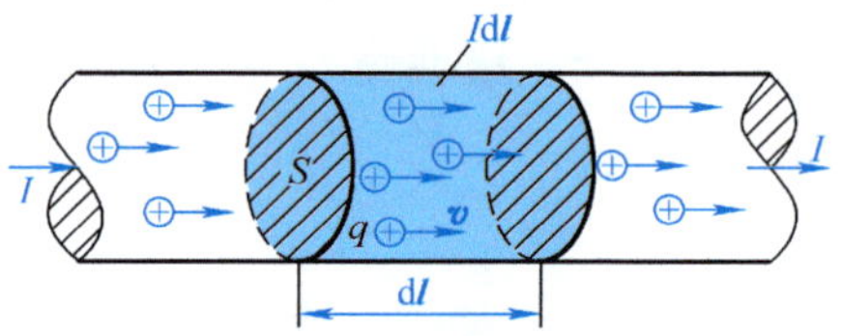

图 7-12 运动电荷的磁场

$$I = qnvS \tag{7-29}$$

把上式代入式 (7-21)，并因电流元 $I\mathrm{d}\boldsymbol{l}$ 的方向和速度 v 的方向相同，即 $<\mathrm{d}\boldsymbol{l},\boldsymbol{r}> = <\boldsymbol{v},\boldsymbol{r}>$，则

$$\mathrm{d}B = \frac{\mu_0}{4\pi}\frac{I\mathrm{d}l\sin<\boldsymbol{v},\boldsymbol{r}>}{r^2} = \frac{\mu_0}{4\pi}\frac{qnvS\mathrm{d}l\sin<\boldsymbol{v},\boldsymbol{r}>}{r^2}$$

在此电流元内，任何时刻都存在着 $\mathrm{d}N=nS\mathrm{d}l$ 个以速度 $\boldsymbol{v}$ 运动着的带电粒子，所以，由电流元 $I\mathrm{d}\boldsymbol{l}$ 所激发的磁场可认为是这 $\mathrm{d}N$ 个运动电荷所激发的. 这样，根据上式，可得其中每一个以速度 $\boldsymbol{v}$ 运动着的带电粒子所激发的磁感应强度 $\boldsymbol{B}$ 的大小为

$$B = \frac{\mathrm{d}B}{\mathrm{d}N} = \frac{\mu_0}{4\pi}\frac{qv\sin<\boldsymbol{v},\boldsymbol{r}>}{r^2}$$

$\boldsymbol{B}$ 的方向垂直于 $\boldsymbol{v}$ 和 $\boldsymbol{r}$ 所组成的平面，其指向也服从右手螺旋法则，如图 7-13 所示. 因此，真空中运动电荷激发的磁场，其磁感应强度 $\boldsymbol{B}$ 可表示成如下的矢量式

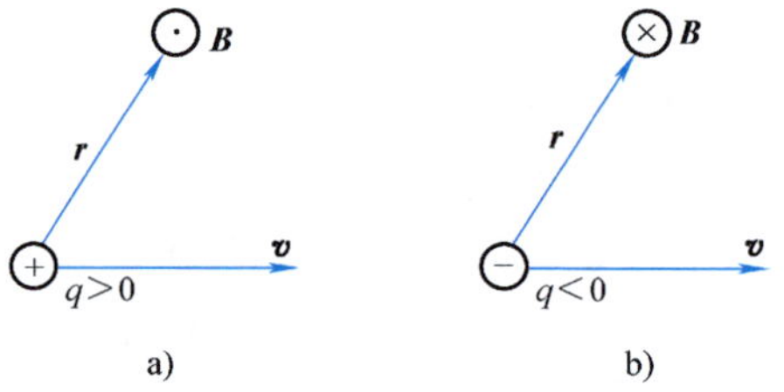

图 7-13 运动电荷的磁场方向

a) 正电荷运动时，$\boldsymbol{B}$ 垂直于纸面向外

b) 负电荷运动时，$\boldsymbol{B}$ 垂直于纸面向里

$$\boldsymbol{B} = \frac{\mu_0}{4\pi}\frac{q\boldsymbol{v}\times\boldsymbol{r}}{r^3} \tag{7-30}$$

7.4 磁感应线 真空中磁场的高斯定理

7.4.1 磁感应线

与用电场线表示静电场相类似，我们也可以在磁场中画一簇有方向的曲线来表示磁场中各处磁感应强度 B 的方向和大小. **这些曲线上任一点的切线方向都和该点的磁场方向一致，**这样的曲线称为**磁感应线**或 ***B* 线**. 磁感应线上的箭头表示线上各点切线应取的方向，也就是小磁针 N 极在该点的指向，即该点的磁感应强度方向. 与电场线相似，**磁感应线在空间中不会相交.**

我们可以利用小磁针在磁场中的取向来描绘磁感应线. 图 7-14 ~ 图 7-17 所示就是利用这种方法描绘出来的直电流、圆电流、螺线管电流和磁铁所激发的磁场中的磁感应线图形.

分析各种磁感应线图形，可以得到两个结论：第一，磁感应线和静电场的电场线不同，**在任何磁场中每一条磁感应线都是环绕电流的无头无尾的闭合线，既没有起点也没有终点，而且这些闭合线都和闭合电路互相套连**. 这是磁场的重要特性，与静电场中有头有尾的不闭合的电场线相比较，是截然不同的. 第二，在任何磁场中，每一条闭合的磁感应线的方向与该闭合磁感应线所包围的电流流向有一定的联系，可用**右手螺旋法则来判断：把右手的拇指伸直，其余四指屈成环形，如果拇指表示电流 I 的流向，则其余四指就指出此电流所激发的磁场中磁感应线的方向**（见图 7-14）.

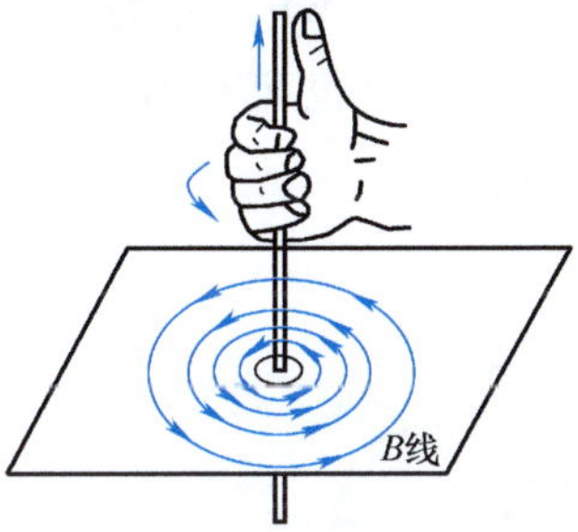

图 7-14 直电流的磁感应线

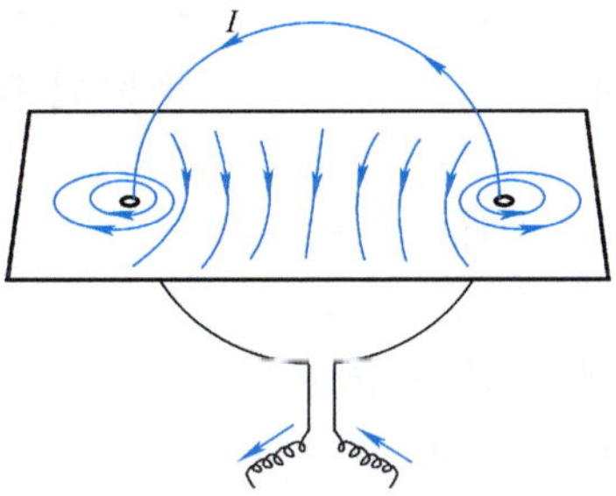

图 7-15 圆电流的磁感应线

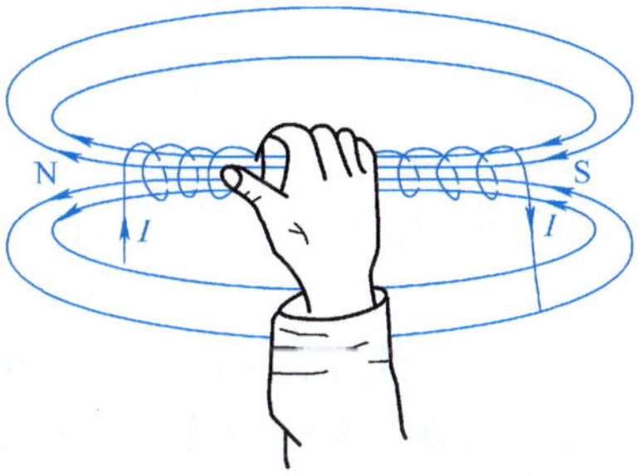

图 7-16 螺线管电流的磁感应线

若是圆电流，如图 7-15 所示，圆电流 I 的流向与它的磁感应线的方向之间的关系则由下述方法判定：**用右手四指循圆电流 I 的流向屈成环形，则伸直的大拇指所指的方向即为穿过圆电流所围绕的内侧的磁感应线方向.**

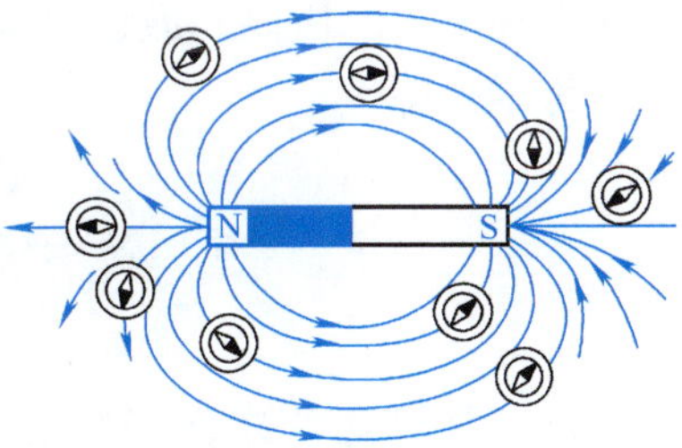

图 7-17 永久磁铁的磁感应线

图 7-16 所示的螺线管电流 I 是由许多圆电流串联而成的，所以螺线管内侧的磁感应线方向也可用上述方法判定.

对照图 7-16 和图 7-17 可见，载流线圈或螺线管外部的磁场与永久磁铁相似，并和永久磁铁一样，载流螺线管也具有极性，即起着条形磁铁的作用.

为了使磁感应线也能够定量地描述磁场的强弱，我们规定：**通过某点上垂直于 $\boldsymbol{B}$ 矢量的单位面积的磁感应线条数（称为磁感应线密度），在数值上等于该点 $\boldsymbol{B}$ 矢量的大小**. 这样，磁场较强的地方，磁感应线就较密；反之，磁场较弱的地方，磁感应线就较疏. 在均匀磁场中，磁感应线是一组间隔相等的同方向平行线. 例如图 7-16 所示的载流螺线管内部（靠近中央部分）的磁场，就是均匀磁场.

7.4.2 磁通量　真空中磁场的高斯定理

规定磁感应线密度后，我们就能够计算穿过一给定曲面的磁感应线条数，并用它来表述这个曲面的**磁通量**或 $\boldsymbol{B}$ 通量，以 Φ_m表示. 如图 7-18 所示，在磁场中设想一个面积元 dS，并用单位矢量 $\boldsymbol{e}_n$标示它的法线方向，$\boldsymbol{e}_n$与该处 $\boldsymbol{B}$ 矢量之间的夹角为 θ，根据磁感应线密度的规定，面积元 dS 的磁通量

$$d\Phi_m = B\cos\theta dS \tag{7-31}$$

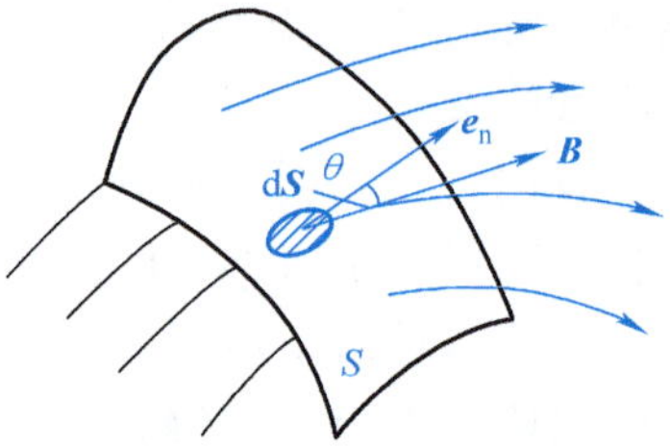

图 7-18　磁通量

将面积元表示成矢量 $d\boldsymbol{S}$，即 $d\boldsymbol{S} = \boldsymbol{e}_n dS$，则因 $B\cos\theta = \boldsymbol{B}\cdot\boldsymbol{e}_n$，故 $B\cos\theta dS = \boldsymbol{B}\cdot\boldsymbol{e}_n dS = \boldsymbol{B}\cdot d\boldsymbol{S}$. 于是，面积为 S 的曲面的磁通量为

$$\Phi_m = \iint_S B\cos\theta dS = \iint_S \boldsymbol{B}\cdot d\boldsymbol{S} \tag{7-32}$$

磁感应强度 $\boldsymbol{B}$ 的单位是 T，面积 S 的单位是 m^2，磁通量 Φ_m的单位是 Wb，称为“韦伯”，简称“韦”. 故 $1Wb = 1T\cdot m^2$. 由此可见，磁感应强度 $\boldsymbol{B}$ 的单位也可记作 $1T = 1Wb\cdot m^{-2}$（韦每平方米）.

在磁场中任意取一个闭合曲面，面上任一点的法线方向 $\boldsymbol{e}_n$按规定为：垂直于该点处的面积元 dS 而指向向外. 这样，从闭合曲面穿出来的磁通量为正，穿入闭合曲面的磁通量为负（见图 7-19）. 由于每一条磁感应线都是闭合线，因此有几条磁感应线进入闭合曲面，必然有相同条数的磁感应线从闭合曲面穿出来. 所以，**通过任何闭合曲面的总磁通量必为零**，即

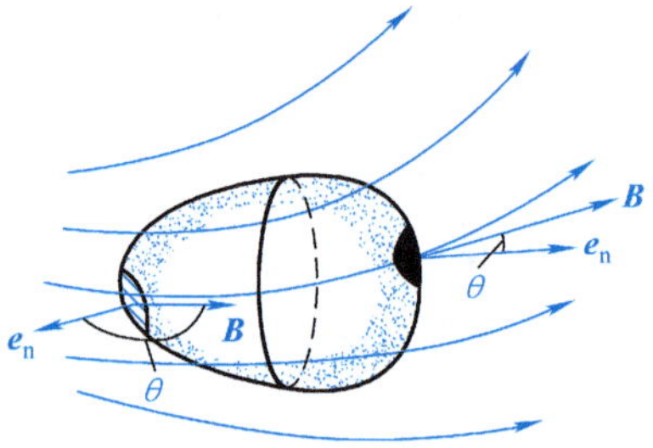

图 7-19　穿过一闭合曲面的磁通量

$$\oint\!\!\!\oint_S \boldsymbol{B}\cdot d\boldsymbol{S} = 0 \tag{7-33}$$

> 切勿将无源场误解为激发磁场不需要场源运动电荷. 无源场是指磁场不是由磁单极激发的.

这就是**真空中磁场的高斯定理**，它阐明磁感应线都是无头无尾的闭合线，所以通过任何闭合面的磁通量必等于零.

利用矢量分析中的奥 - 高公式，式（7-33）可写成

$$\oint\!\!\!\oint_S \boldsymbol{B}\cdot d\boldsymbol{S} = \iiint_V \nabla\cdot\boldsymbol{B}dV = 0$$

该等式对任意大小的体积 V 都成立，所以被积函数应等于零，即

$$\nabla \cdot \boldsymbol{B} = 0 \tag{7-33a}$$

这就是磁场高斯定理的微分形式，它表明恒定电流的磁场是一个无源场. 由此可见，高斯定理是表示磁场性质的一个重要定理.

思考题

7-4 如何用磁感应线来表示磁场？与电场线相比较，两者有何区别？试画出均匀磁场中磁感应线的分布.

7.5 安培环路定理及其应用

在静电场中，我们曾讨论过表述真空中静电场性质的高斯定理和环路定理，即 $\oint_S \boldsymbol{E} \cdot \mathrm{d}\boldsymbol{S} = \sum_i q_i/\varepsilon_0$ 和 $\oint_l \boldsymbol{E} \cdot \mathrm{d}\boldsymbol{l} = 0$. 同样，在磁场中也有相仿的两条定理. 上节已讨论了真空中磁场的高斯定理，本节将讨论真空中磁场的环路定理. 这条定理在电磁理论和电工学中甚为重要.

这里，先从特殊情况讨论，而后再加以推广. 设在真空中长直电流 I 的磁场内，任取一个与电流垂直的平面（见图 7-20），以此平面与直电流的交点 O 为中心，在平面上作一条半径为 r 的圆形闭合线 l，则在这圆周上任一点的磁感应强度为

$$B = \frac{\mu_0}{2\pi}\frac{I}{r}$$

其方向与电流流向成右手螺旋关系，即与圆周相切. 今在圆周 l 上沿着逆时针绕行方向取线元矢量 $\mathrm{d}\boldsymbol{l}$，则 $\boldsymbol{B}$ 与 $\mathrm{d}\boldsymbol{l}$ 间的夹角 $\theta = \langle \boldsymbol{B}, \mathrm{d}\boldsymbol{l} \rangle = 0°$，$\boldsymbol{B}$ 沿这一闭合路径 $\boldsymbol{l}$ 的线积分，也称 **$\boldsymbol{B}$ 矢量的环流**，即为

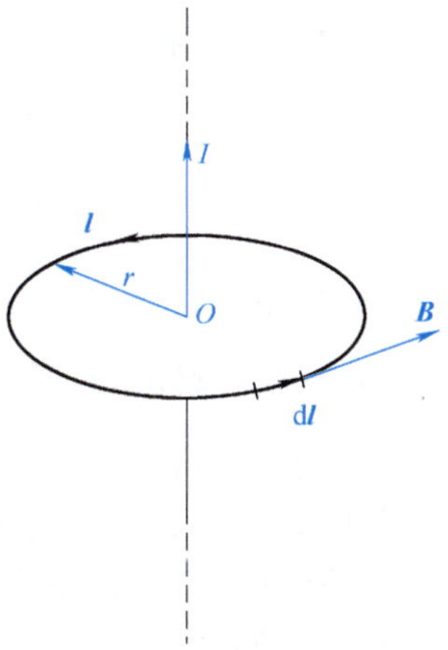

图 7-20 $\boldsymbol{B}$ 矢量的环流

$$\oint_l \boldsymbol{B} \cdot \mathrm{d}\boldsymbol{l} = \oint_l B\cos\theta \mathrm{d}l = \oint_l \frac{\mu_0}{2\pi}\frac{I}{r}\cos 0° \mathrm{d}l = \frac{\mu_0}{2\pi}\frac{I}{r}\oint_l \mathrm{d}l$$

式中，积分 $\oint_l \mathrm{d}l$ 是半径为 r 的圆周之长 $2\pi r$，于是，上式可写作

$$\oint_l \boldsymbol{B} \cdot \mathrm{d}\boldsymbol{l} = \mu_0 I \tag{ⓐ}$$

式ⓐ虽是在长直电流的磁场中取圆周作为积分路径的特殊情况下导出的，但是可以证明（从略），上式不仅对长直电流的磁场成立，而且对任何形式的电流所激发的磁场也都成立；

不仅对闭合的圆周路径成立，而且对任何形状的闭合路径也都成立. 所以，式ⓐ反映了电流的磁场所具有的普遍性质.

求式ⓐ的环流时，如果将绕行方向反过来，即在图 7-20 中按顺时针方向绕行一周，这时 $\boldsymbol{B}$ 与 $\mathrm{d}\boldsymbol{l}$ 的夹角 θ 处处为 180°，则积分值为负，并同样地可以得出

$$\oint_l \boldsymbol{B}\cdot \mathrm{d}\boldsymbol{l} = \oint_l B\cos 180^\circ \mathrm{d}l = -\oint_l B\mathrm{d}l = -\mu_0 I = \mu_0(-I) \quad ⓑ$$

式中最后将 $-\mu_0 I$ 写成 $\mu_0(-I)$，使得电流可以作为代数量来处理，即将电流看作有正、负的量. 对电流的正、负，我们可以用右手螺旋法则做如下规定：如图 7-21 所示，首先沿闭合路径 l 选定一个积分的绕行方向（在图 7-21a 中选取了逆时针绕行方向），然后伸直大拇指，使右手四指沿绕行方向弯曲，若电流流向与大拇指指向一致，则电流取作正值（见图 7-21a）；反之，则电流就取作负值（见图 7-21b）.

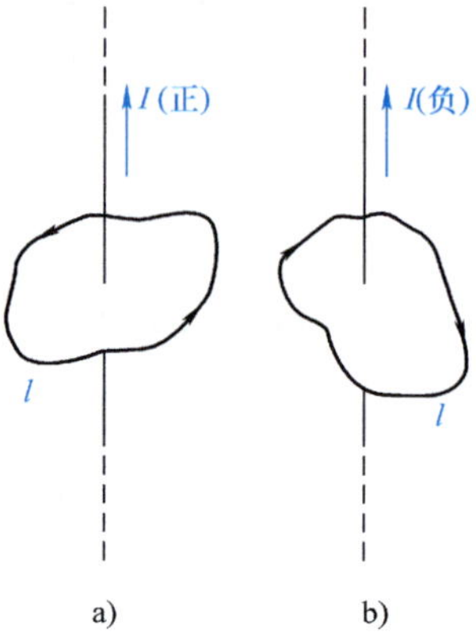

图 7-21　安培环路定理中电流正、负的规定

在一般情况下，如果闭合路径围绕着多个电流，则**在磁场中，磁感应强度沿任何闭合路径的环流，等于该闭合路径所围绕的各个电流的代数和的 μ_0 倍**. 这个结论称为**安培环路定理**. 它的数学表达式是

$$\oint_l \boldsymbol{B}\cdot \mathrm{d}\boldsymbol{l} = \mu_0 \sum_i I_i \quad (7\text{-}34)$$

值得注意：

1）安培环路定理只是说明了 $\boldsymbol{B}$ 矢量的环流 $\oint_l \boldsymbol{B}\cdot \mathrm{d}\boldsymbol{l}$ 值与闭合路径所围绕的电流 $\sum_i I_i$ 有关，并非说其中的磁感应强度 $\boldsymbol{B}$ 只与所围绕的电流有关. 应该指出，就磁场中任一点的磁感应强度 $\boldsymbol{B}$ 而言，它总是由激发这磁场的全部电流所决定的，不管这些电流是否被所取的闭合线所围绕，它们对磁场中任一点的磁感应强度 $\boldsymbol{B}$ 都有贡献.

2）我们知道，每一电流总是闭合的（前面图中我们只画出一条闭合电流中的一段电流，未把闭合电流整体画出），在安培环路定理中，磁感应强度 $\boldsymbol{B}$ 不但是由全部电流激发的，而且其中每一条电流都是指闭合电流，而不是闭合电流上的某一段.

3）在磁场中某一闭合路径 l 上磁感应强度的环流 $\oint_l \boldsymbol{B}\cdot \mathrm{d}\boldsymbol{l}$，其值可以是零，但沿路径上各点磁感应强度 $\boldsymbol{B}$ 的值不见得一定等于零. 例如，当仅存在不被闭合路径所围绕的电流时，闭合路径上各处的磁感应强度 $\boldsymbol{B}$ 不一定为零，可是 $\boldsymbol{B}$ 沿整个闭合路径的环流却等于零.

安培环路定理是反映磁场性质的一条普遍定理. 由于磁场中 $\boldsymbol{B}$ 矢量的环流 $\oint_l \boldsymbol{B}\cdot \mathrm{d}\boldsymbol{l}$ 与闭合路径 l 所包围的电流有关，一般不等于零，所以我们就说磁场是**非保守的**，它是一个**非保守力场或无势场**.

利用矢量分析中的斯托克斯公式，若 S 是闭合环路 l 所包围的面积，则有

$$\oint_l \boldsymbol{B}\cdot \mathrm{d}\boldsymbol{l} = \iint_S (\nabla\times\boldsymbol{B})\cdot \mathrm{d}\boldsymbol{S}$$

利用关系式

$$\sum_i I_i = \iint_S \boldsymbol{j} \cdot \mathrm{d}\boldsymbol{S}$$

可以得到

$$\iint_S (\nabla \times \boldsymbol{B}) \cdot \mathrm{d}\boldsymbol{S} = \mu_0 \iint_S \boldsymbol{j} \cdot \mathrm{d}\boldsymbol{S}$$

该式对任意大小的面积都成立，所以被积函数应相等，即

$$\nabla \times \boldsymbol{B} = \mu_0 \boldsymbol{j} \tag{7-34a}$$

这就是**安培环路定理的微分形式**，表明电流密度 $\boldsymbol{j}$ 不等于零的地方就有漩涡. $\nabla \times \boldsymbol{B}$ 称为 $\boldsymbol{B}$ 的**旋度**.

安培环路定理的微分形式和积分形式都很重要. 在介绍微分形式时，我们引入了旋度的概念，在建立麦克斯韦电磁理论和预言光是电磁波时都要用到这一概念. 积分形式的安培定理不仅在理论上说明磁感线是闭合的，而且在计算某些特殊形式载流导线磁场的 $\boldsymbol{B}$ 时十分有用.

思考题

7-5 (1) 如思考题7-5图所示，求磁感应强度 $\boldsymbol{B}$ 循闭合路径 l 沿图示的绕行方向的环流.

(2) 在圆形电流所在的平面上，作半径小于圆电流半径的小圆形环路，可得 $\oint_l \boldsymbol{B} \cdot \mathrm{d}\boldsymbol{l} = 0$，能否说明环路上各点的 B 值为零？

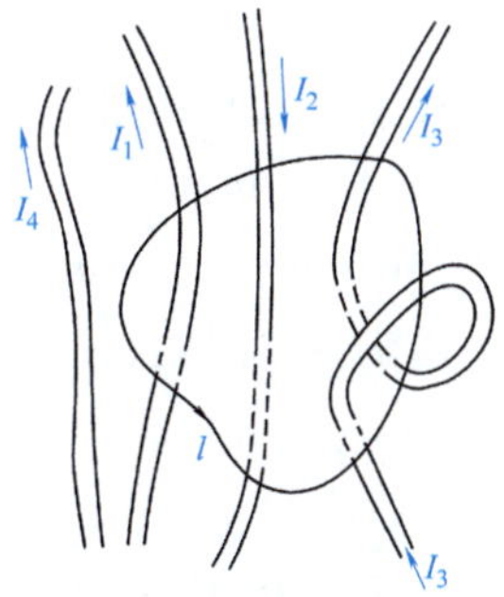

思考题7-5图

例题7-4　长直螺线管内的磁场　例题7-4图a表示一个均匀密绕的长直螺线管，通有电流 I；例题7-4图b表示螺线管的轴截面和电流所激发的磁场的磁感应线，小圈“◦”表示密绕导线的横截面，点子“·”表示电流从横截面向外，叉号“×”表示电流进入横截面.

分析： 首先分析题给螺线管周围磁场的大致分布情形. 从图7-15所示的单匝圆电流的磁场分布情况可以看到，靠近导线处的磁场和一条长直载流导线附近的磁场很相似，磁感应线近似为围绕导线的一些同心圆.

对螺线管来说，它是用一条很长的导线一匝匝地绕制而成的，当它通以电流时，其周围磁场是各匝电流所激发磁场的叠加结果. 如例题7-4图c所示，在螺线管绕得不紧的情况下，管内、外的磁场是不均匀的，仅在螺线管的轴线附近，磁感应强度 $\boldsymbol{B}$ 的方向近乎与轴线平行. 如果螺线管很长，所绕的导线甚细，而且绕得很紧密，如例题7-4图b所示，这时整个载流螺线管的各匝电流宛如连成一片，形成一个与此螺线管的大小、形状全同的圆筒形“面电流”，则实验表明，对这种相当长而又绕得较紧密的螺线管（简称长直螺线管）而言，在管内的中央部分，磁场是均匀的，其方向与轴线平行，并可按右手螺旋法则

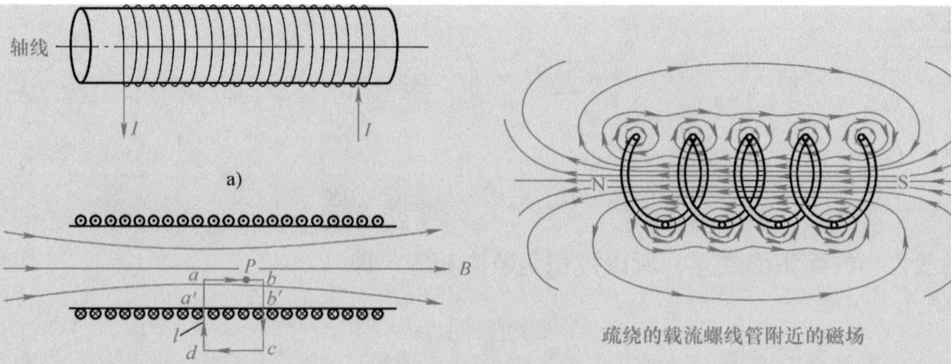

a)

密绕的载流长直螺线管内的磁场

b)

疏绕的载流螺线管附近的磁场

c)

例题 7-4 图

判定其指向（见图7-16）；而在管的中央部分外侧，磁场很微弱，可忽略不计，即 $\boldsymbol{B}=\boldsymbol{0}$. 今后，我们所说的螺线管及其磁场都是指这种密绕螺线管的中央部分而言的.

解： 为了计算上述螺线管内的中央部分任一点 P 的磁感应强度 $\boldsymbol{B}$，我们不妨通过该点 P 选取一条长方形的闭合路径 l，其一边平行于管轴，如例题 7-4 图 b 所示. 根据上面所述，在线段 cd 上，以及在 bc 和 da 的一部分上（$b'c$ 和 da' 段），由于它们位于螺线管的外侧，$\boldsymbol{B}=\boldsymbol{0}$；又因磁场方向与管轴平行，位于螺线管内部的那一部分（bb' 和 $a'a$ 段），虽然 $\boldsymbol{B}\neq\boldsymbol{0}$，但是 $\mathrm{d}\boldsymbol{l}$ 与 $\boldsymbol{B}$ 相互垂直，即 $\cos\theta=\cos\langle\boldsymbol{B},\ \mathrm{d}\boldsymbol{l}\rangle=\cos 90°=0$；若取闭合路径 l 的绕行方向为 $a\to b\to c\to d\to a$，则沿 ab 段的 $\mathrm{d}\boldsymbol{l}$ 方向与磁场 $\boldsymbol{B}$ 的方向一致，即 $\langle\boldsymbol{B},\ \mathrm{d}\boldsymbol{l}\rangle=0°$. 于是，沿此闭合路径 l，磁感应强度 $\boldsymbol{B}$ 的环流为

$$
\begin{aligned}
\oint_l \boldsymbol{B}\cdot \mathrm{d}\boldsymbol{l} &= \oint_l B\cos\theta \mathrm{d}l \\
&= \int_a^b B\cos 0° \mathrm{d}l + \int_b^{b'} B\cos 90° \mathrm{d}l + \int_{b'}^{c} 0\cdot \mathrm{d}l + \int_c^d 0\cdot \mathrm{d}l + \int_d^{a'} 0\cdot \mathrm{d}l + \int_{a'}^{a} B\cos 90° \mathrm{d}l \\
&= \int_a^b B \mathrm{d}l
\end{aligned}
$$

因为管内的磁场是均匀的，磁感应强度 $\boldsymbol{B}$ 是恒量，则上式成为

$$\oint_l \boldsymbol{B}\cdot \mathrm{d}\boldsymbol{l} = B\int_a^b \mathrm{d}l = B(\overline{ab})$$

设螺线管上每单位长度有 n 匝线圈，通过每匝的电流是 I，则闭合路径所围绕的总电流为 $(\overline{ab})nI$，根据右手螺旋法则，其方向是正的. 按安培环路定理，有

$$B(\overline{ab})=\mu_0(\overline{ab})nI$$

由此得长直螺线管内的磁场公式为

$$B=\mu_0 nI \tag{7-35}$$

例题 7-5　环形螺线管内的磁场　通有电流 I 的环形螺线管（也称**螺绕环**）及其剖面图，如例题 7-5 图所示. 如螺线管的平均周长为 l，管上的线圈绕得很密，则其周围磁场的分布，可仿照前面的分析来说明，即磁场几乎全部集中于管内，管内的磁感应线都是同心圆，在同一条磁感应线上，磁感应强度的数值相等，磁感应线上各点的磁感应强度方向分

别沿圆周的切线方向.

为了计算环内某一点 P 的磁感应强度 $\boldsymbol{B}$，我们取通过该点的一条磁感应线作为闭合路径 l. 这样，在闭合路径 l 上任何一点的磁感应强度 $\boldsymbol{B}$ 都和闭合路径 l 相切，所以 $\theta = \langle \boldsymbol{b}, \mathrm{d}\boldsymbol{l} \rangle = 0°$；而且 B 是一个恒量. 于是有

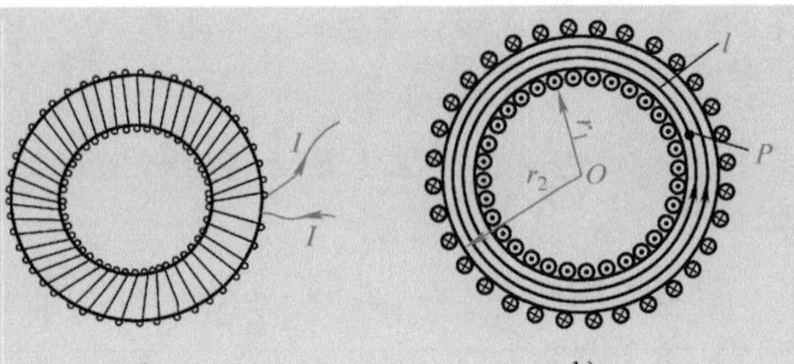

a)　　b)

例题 7-5 图

$$\oint_l \boldsymbol{B} \cdot \mathrm{d}\boldsymbol{l} = \oint_l B\cos\theta \mathrm{d}l = \oint_l B\cos 0° \mathrm{d}l = B\oint_l \mathrm{d}l = Bl$$

式中，l 为闭合路径的长度.

当环形螺线管本身管径 $r_2 - r_1 \ll$ 平均管径 $(r_2 + r_1)/2$ 时，环中各条磁感应线长度都可近似认为等于平均周长 l.

设环形螺线管每单位长度上有 n 匝导线，导线中的电流为 I，则闭合路径所围绕的总电流为 nlI. 由安培环路定理，得

$$Bl = \mu_0 nlI$$

即

$$B = \mu_0 nI \tag{7-36}$$

可见，当环形螺线管的 n 和 I 与长直螺线管的 n 和 I 都相等时，则两管内磁感应强度的大小也相等.

例题 7-6　在半径为 R 的“无限长”圆柱体中通有电流 I；设电流均匀地分布在柱体横截面上，求距离轴线 $r > R$ 处场点 P 的磁感应强度.

分析： 我们取 r 为半径，并取垂直于柱轴且以柱轴上一点 O 为中心的圆周作为闭合路径 l（见例题 7-6 图 a）. 由于轴对称性，磁感应强度 $\boldsymbol{B}$ 的大小只与场点 P 到载流圆柱轴线的垂直距离 r 有关，故在所取的同一闭合圆周路径 l 上，各点磁感应强度的大小相等.

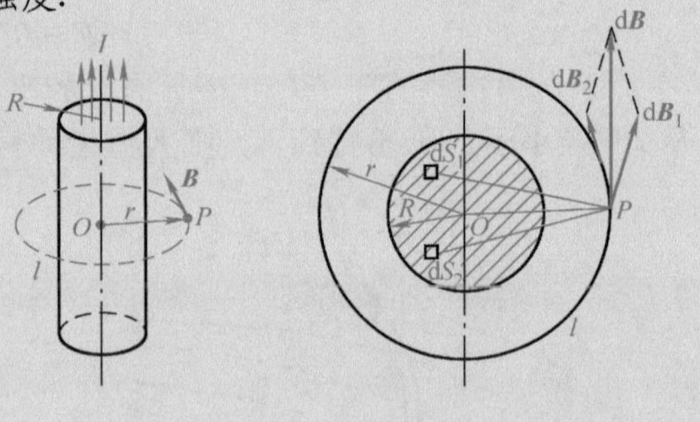

a)　　b)

例题 7-6 图

其次，为了分析 $\boldsymbol{B}$ 的方向，在通过场点 P 的导线横截面上（见例题 7-6 图 b），取一对面积元 $\mathrm{d}S_1$ 和 $\mathrm{d}S_2$，它们关于 OP 对称. 设 $\mathrm{d}\boldsymbol{B}_1$ 和 $\mathrm{d}\boldsymbol{B}_2$ 分别是以 $\mathrm{d}S_1$ 和 $\mathrm{d}S_2$ 为横截面的长直电流在点 P 的磁感应强度. 从图示的关系可以看出，它们关于闭合路径 l 在点 P 的切线对称，故合矢量 $\mathrm{d}\boldsymbol{B} = \mathrm{d}\boldsymbol{B}_1 + \mathrm{d}\boldsymbol{B}_2$ 沿 l 的切线方向（即垂直于半径 r）. 由于整个柱截面可以成对地分割成许多对称的面积元，以对称面积元为横截面的每对长直电流在点 P 的磁感应强度（合矢量）也都沿 l 的切线方向. 因此，通过整个柱截面的总电流 I 在点 P 的磁感应强度 $\boldsymbol{B}$，必沿圆周 l 的切线方向.

解： 对所选的闭合圆周路径 l，应用安培环路定理，有

$$B2\pi r = \mu_0 I$$

得

$$B=\frac{\mu_0}{2\pi}\frac{I}{R}\quad (r>R)$$

即柱外一点的磁感应强度 $\boldsymbol{B}$ 与将全部电流汇集于柱轴线时的长直电流所激发的磁感应强度 $\boldsymbol{B}$ 相同.

思考题

7-6　例题7-6中，在距离轴线 $r<R$ 处，任意场点的磁感应强度如何求解？

7.6　磁场对载流导线的作用　安培定律

前面各节讨论了电流（或运动电荷）所激发的磁场. 下面，我们将研究磁场对电流（或运动电荷）的作用力.

7.6.1　安培定律

关于磁场对载流导线的作用力，安培从许多实验结果的分析中，总结出关于电流元在磁场中受力的基本规律，称为**安培定律：位于磁场中某点的电流元 $I\mathrm{d}\boldsymbol{l}$ 要受到磁场的作用力 $\mathrm{d}\boldsymbol{F}$**（见图7-22）**的作用，$\mathrm{d}F$ 的大小和电流元所在处的磁感应强度的大小 B、电流元的大小 $I\mathrm{d}l$，以及电流元与磁感应强度两者方向间小于180°的夹角 $\langle \mathrm{d}\boldsymbol{l}, \boldsymbol{B}\rangle$ 的正弦均成正比**. 在SI中，其数学表达式为

$$\mathrm{d}F=BI\mathrm{d}l\sin\langle \mathrm{d}\boldsymbol{l}, \boldsymbol{B}\rangle \tag{7-37}$$

$\mathrm{d}\boldsymbol{F}$ 的方向垂直于 $I\mathrm{d}\boldsymbol{l}$ 和 $\boldsymbol{B}$ 所构成的平面，其指向可由右手螺旋法则判定：用右手四指从 $I\mathrm{d}\boldsymbol{l}$ 经小于180°角转到 $\boldsymbol{B}$，则大拇指伸直的指向就是 $\mathrm{d}\boldsymbol{F}$ 的方向，如图7-23所示.

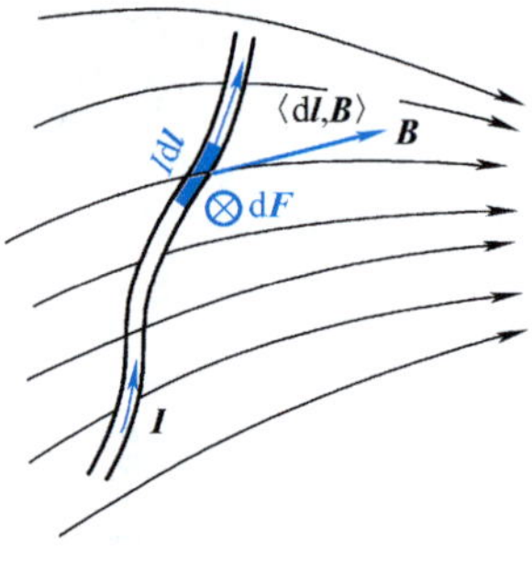

图7-22　电流元在磁场中所受的磁场力

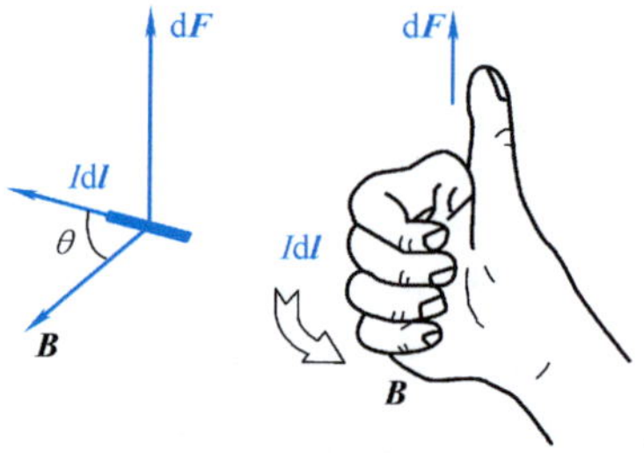

图7-23　电流元在磁场中受力的方向

如上所述，可将安培定律写成矢量式（矢量积），即

$$\mathrm{d}\boldsymbol{F}=I\mathrm{d}\boldsymbol{l}\times\boldsymbol{B} \tag{7-38}$$

安培定律说明磁场对一段电流元的作用；但任何载流导线都是由连续的无限多个电流元所组成的，因此，根据这定律来计算磁场对载流导线的作用力（也称**安培力**）$\boldsymbol{F}$ 时，需要对长度为 l 的整条导线进行矢量积分，即

$$\boldsymbol{F}=\int_l \mathrm{d}\boldsymbol{F}=\int_0^l I\mathrm{d}\boldsymbol{l}\times\boldsymbol{B} \tag{7-39}$$

今应用式（7-39）来讨论磁感应强度为 $\boldsymbol{B}$ 的均匀磁场中，有一段载流的直导线，电流为 I，长为 l（见图7-24）. 在此直电流上任取一个电流元 $I\mathrm{d}\boldsymbol{l}$，则 $\mathrm{d}\boldsymbol{l}$ 与 $\boldsymbol{B}$ 之间的夹角 $\langle \mathrm{d}\boldsymbol{l}, \boldsymbol{B}\rangle$ 为恒量. 按安培定律，电流元 $I\mathrm{d}\boldsymbol{l}$ 所受磁场力 $\mathrm{d}\boldsymbol{F}$ 的大小为

$$\mathrm{d}F = BI\mathrm{d}l\sin\langle \mathrm{d}\boldsymbol{l}, \boldsymbol{B}\rangle$$

如图7-24所示，图中 I 和 $\boldsymbol{B}$ 都在纸面上，$\mathrm{d}\boldsymbol{F}$ 的方向按照矢量积的右手螺旋法则，为垂直纸面向里，在图上用⊗表示.

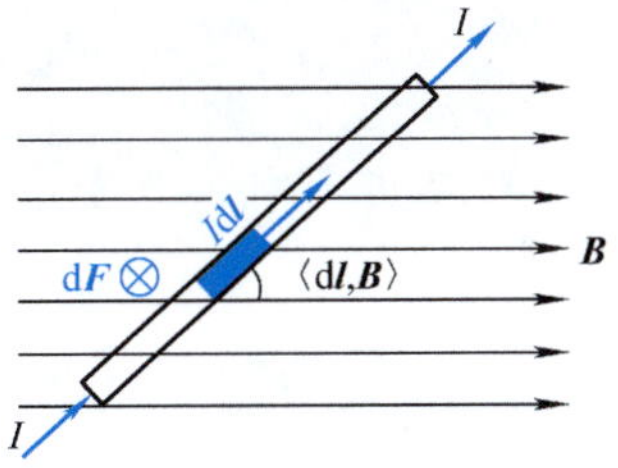

图7-24 直电流在均匀磁场中所受的磁场力

因为磁感应强度 $\boldsymbol{B}$ 的方向和夹角 $\langle \mathrm{d}\boldsymbol{l}, \boldsymbol{B}\rangle$ 是恒定的，所以，直电流上任何一段电流元所受的磁场力，其方向按右手螺旋法则可以判断，都和上述方向相同，因而整个直电流所受的磁场力等于各电流元所受的上述同方向平行力的代数和，因而就可用标量积分法求出，即

$$F = \int_l \mathrm{d}F = \int_0^l BI\mathrm{d}l\sin\langle \mathrm{d}\boldsymbol{l},\boldsymbol{B}\rangle = BI\sin\langle \mathrm{d}\boldsymbol{l},\boldsymbol{B}\rangle \int_0^l \mathrm{d}l = BIl\sin\langle \mathrm{d}\boldsymbol{l},\boldsymbol{B}\rangle \qquad (7\text{-}40)$$

合力的作用点在载流导线的中点.

思考题

7-7 试述安培定律，并说明如何利用安培定律求磁场中载流导线所受的磁场力. 当图7-24中的直电流分别平行和垂直于磁场时，所受力的大小是多少？

例题7-7 如例题7-7图所示，一竖直放置的长直导线，通有电流 $I_1 = 2.0\mathrm{A}$；另一水平直导线 L，长为 $l_2 = 40\mathrm{cm}$，通有电流 $I_2 = 3.0\mathrm{A}$，其始端与竖直载流导线相距 $l_1 = 40\mathrm{cm}$，求水平直导线 L 上所受的力.

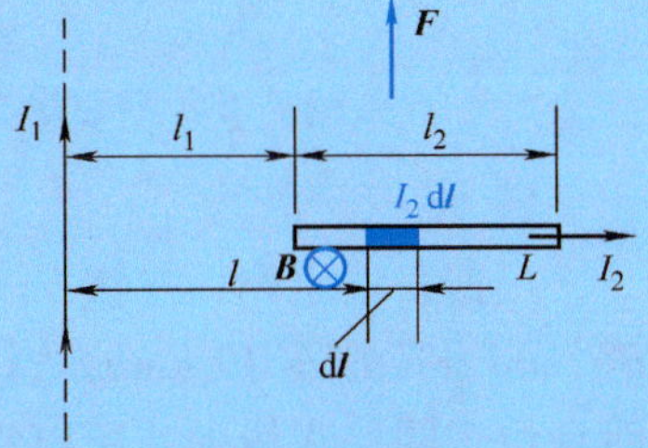

例题7-7图

解： 长直电流 I_1 所激发的磁场是非均匀的. 因此，我们可在水平载流导线 L 上任取一段电流元 $I_2\mathrm{d}\boldsymbol{l}$，它与长直电流相距 l，在 $I_2\mathrm{d}\boldsymbol{l}$ 的微小范围内，磁感应强度可视作相等，这样

$$B = \frac{\mu_0}{2\pi}\frac{I_1}{l}$$

其方向垂直指向纸里，而 $\langle \mathrm{d}\boldsymbol{l}, \boldsymbol{B}\rangle = 90°$，电流元 $I_2\mathrm{d}\boldsymbol{l}$ 所受磁场力 $\mathrm{d}\boldsymbol{F}$ 的大小和方向为

$$\mathrm{d}F = BI_2\mathrm{d}l\sin 90° = \frac{\mu_0}{2\pi}\frac{I_1}{l}I_2\mathrm{d}l \quad \uparrow$$

由于水平载流直导线上任一电流元所受磁场力的方向都是相同的，因此整个水平载流导线上所受的磁场力 $\boldsymbol{F}$ 是许多同方向平行力的代数和，可用标量积分法算出，即

$$\begin{aligned} F &= \int_L \mathrm{d}F = \int_{l_1}^{l_1+l_2} \frac{\mu_0}{2\pi}\frac{I_1}{l}I_2\mathrm{d}l = \frac{\mu_0}{2\pi}I_1I_2\int_{l_1}^{l_1+l_2}\frac{\mathrm{d}l}{l} \\ &= \frac{\mu_0}{2\pi}I_1I_2[\ln l]_{l_1}^{l_1+l_2} = \frac{\mu_0}{2\pi}I_1I_2\ln\frac{l_1+l_2}{l_1} \\ &= \frac{\mu_0}{4\pi}2I_1I_2\ln\frac{l_1+l_2}{l_1} \end{aligned}$$

代入题设数据后，算得

$$F=\left(10^{-7}\times2\times2\times3\times\ln\frac{0.40+0.40}{0.40}\right)\text{N}=(10^{-7}\times12\times0.693)\text{N}=8.32\times10^{-7}\text{N}$$

磁场力 $\boldsymbol{F}$ 的方向竖直向上. 试问力 $\boldsymbol{F}$ 的作用点在水平直导线 L 的中点上吗?

7.6.2 均匀磁场中载流线圈所受的力矩

磁电式仪表和电动机，均是利用载流线圈在磁场中受力偶矩作用而转动的原理制成的. 设有一矩形的平面载流的刚性线圈（以下简称“线圈”）$abcd$，边长分别为 l_1 和 l_2，通有电流 I，放在磁感应强度为 $\boldsymbol{B}$ 的均匀磁场中（见图 7-25），线圈平面与磁场方向成任意角 θ，且 ab 边、cd 边均与磁场垂直.

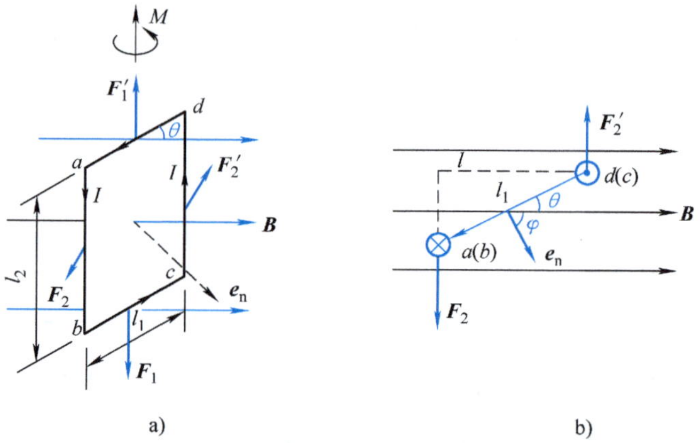

图 7-25 平面载流线圈在均匀磁场中所受的力偶矩（平面与磁场 $\boldsymbol{B}$ 成 θ 角）

a）侧视图 b）俯视图

根据安培定律，导线 bc 和 ad 所受磁场力 $\boldsymbol{F}_1$ 和 $\boldsymbol{F}_1'$ 的大小分别为 $F_1=BIl_1\sin\theta$ 和 $F_1'=BIl_1\sin(\pi-\theta)=BIl_1\sin\theta$，这两个力大小相等、指向相反，分别作用在 ad 和 bc 边的中点，而且位于同一直线上，所以它们的作用互相抵消. 导线 ab 和 cd 所受的磁场力 F_2 和 F_2' 的大小皆为

$$F_2=F_2'=BIl_2$$

这两个力大小相等、指向相反，但不在同一直线上，因此形成一个力偶，其力臂为 $l=l_1\cos\theta$，所以均匀磁场对载流线圈的作用是一个力偶，其磁力矩大小为

$$M=F_2l=F_2l_1\cos\theta=BIl_2l_1\cos\theta=BIS\cos\theta \quad ⓐ$$

式中，$S=l_1l_2$ 就是线圈的面积.

我们常利用载流线圈平面的正法线方向来标示线圈平面在空间的方位，正法线方向可用单位矢量 $\boldsymbol{e}_n$ 标示. 其方向可用右手螺旋法则来规定，即握紧右手，伸直大拇指，如果四指的弯曲方向表示线圈内的电流流向，则大拇指的指向就是线圈平面的正法线 $\boldsymbol{e}_n$ 的方向（见图 7-26）. 反过来说，线圈的正法线 $\boldsymbol{e}_n$ 在空间的方向一旦

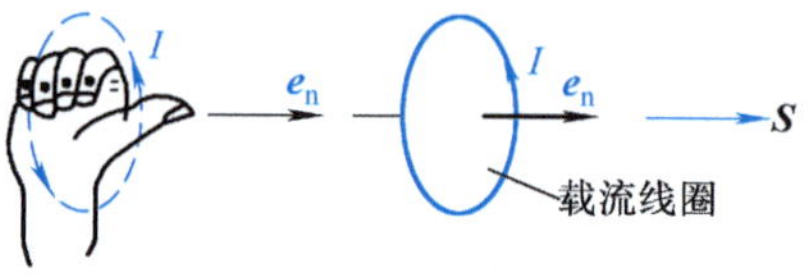

图 7-26 载流平面线圈正法线的指向

给出，则线圈平面在空间的方位和其中电流的流向也就确定.

进一步我们还可引用线圈的面积矢量 $\boldsymbol{S}$ 来描述线圈的大小、方位和其中电流的流向. 亦即，规定面积矢量 $\boldsymbol{S}$ 的大小为线圈平面面积的大小 S，方向与线圈平面的正法线方向一致（见图 7-26），则 $\boldsymbol{S}=S\boldsymbol{e}_n$.

如果以线圈平面的正法线 $\boldsymbol{e}_n$ 方向与磁场 $\boldsymbol{B}$ 的方向之间的夹角 φ 来代替 θ（见图 7-25b），由于 $\theta+\varphi=\pi/2$，则式ⓐ可改写成

$$M=BIS\sin\varphi \quad ⓑ$$

如果线圈有 N 匝，则线圈所受的磁力矩为

$$M=NBIS\sin\varphi=Bp_m\sin\varphi \tag{7-41}$$

式中，$p_m=NIS$ 称为载流线圈的磁矩. 为了还能同时表示线圈的方位和其中电流的流向，可将磁矩表示成矢量：

$$\boldsymbol{p}_m=N\boldsymbol{IS}=NIS\boldsymbol{e}_n \quad ⓒ$$

载流线圈磁矩的大小为 $p_m=NIS$，其方向就是面积矢量 $\boldsymbol{S}$ 的方向（也就是正法线 $\boldsymbol{e}_n$ 的方向）. 磁矩的单位是 $\mathrm{A\cdot m^2}$. 可见，磁矩矢量 $\boldsymbol{p}_m$ 完全反映了载流线圈本身的特征和方位.

综上所述，就可以把式（7-41）改写成矢量式

$$\boldsymbol{M}=\boldsymbol{p}_m\times\boldsymbol{B} \tag{7-42}$$

按上述矢量积给出的磁力矩矢量 $\boldsymbol{M}$ 的方向，可用右手螺旋法则来判定线圈在磁力矩 $\boldsymbol{M}$ 作用下的转向. 把伸直的大拇指指向矢量 $\boldsymbol{M}$ 的方向，四指弯曲的回转方向就是线圈的转向（见图 7-25a）.

可以证明（从略），上述由长方形载流线圈所导出的结果也适用于一般情况，即**任何形状的平面载流线圈在均匀磁场中只受到力偶作用，力偶矩的数值等于磁感应强度 B、线圈的磁矩 p_m 和磁矩与磁场方向之间小于 180° 的夹角 φ 的正弦的乘积，而与线圈的形状无关**. 也即，式（7-41）或式（7-42）对任意形状的平面线圈也是同样适用的. 应用式（7-42）时，如 B 的单位用 $\mathrm{Wb\cdot m^{-2}}$，$\boldsymbol{p}_m$ 的单位用 $\mathrm{A\cdot m^2}$，则力矩的单位是 $\mathrm{N\cdot m}$.

考虑到载流线圈在磁场中所受的力矩与 $\sin\varphi$ 成正比，故有如下几种特殊情形：

1）当 $\varphi=\pi/2$ 时，线圈平面与磁场 $\boldsymbol{B}$ 平行，通过线圈平面的磁通量为零，线圈所受到的磁力矩为最大值，即 $M_{max}=Bp_m=NIBS$.

2）当 $\varphi=0$ 时，线圈平面与磁场 $\boldsymbol{B}$ 垂直，通过线圈平面的磁通量最大，线圈所受到的磁力矩为零，相当于稳定平衡位置.

3）当 $\varphi=\pi$ 时，线圈平面也与磁场 $\boldsymbol{B}$ 垂直，通过线圈平面的磁通量是负的最大值，线圈所受磁力矩也为零，相当于不稳定平衡位置.

由此可见，载流线圈在磁场中转动的趋势是要使通过线圈平面的磁通量增加，当磁通量增至最大值时，线圈达到稳定平衡. 也就是说，载流线圈在所受磁力矩的作用下，总是要转到它的磁矩 $\boldsymbol{p}_m$（或者说正法线 $\boldsymbol{e}_n$）和 $\boldsymbol{B}$ 同方向的位置上.

总而言之，处于均匀磁场中的载流线圈在磁力矩的作用下，可以发生转动，但不会发生整个线圈的平动（因为合力为零）. 进一步分析（从略）指出，在不均匀的磁场中，载流线圈在任意位置时，不仅受到磁力矩，同时还受到一个磁场力，这时，根据线圈运动的初始条

件，它既可能做平动，也可能兼有平动和转动.

思考题

7-8　(1) 导出载流平面线圈在均匀磁场中所受磁力矩的公式.

(2) 求解半径为 R 的半圆形线圈所受的磁力矩.（设半圆形线圈通有电流 I，放在磁感应强度为 $\boldsymbol{B}$ 的均匀磁场中，磁场方向为水平且与线圈平面平行.）

例题 7-8　如例题 7-8 图所示，一个边长 $l=0.1\text{m}$ 的等边三角形载流线圈，放在均匀磁场 $\boldsymbol{B}$ 中，磁场与线圈平面平行，设 $I=10\text{A}$，$B=1.0\text{Wb}\cdot\text{m}^{-2}$，求线圈所受磁力矩的大小.

解：已知：$I=10\text{A}$，$B=1.0\text{Wb}\cdot\text{m}^{-2}$，$l=0.1\text{m}$，$N=1$，可求得线圈的磁矩大小为

$$p_{\text{m}}=NIS=I\frac{l}{2}\times\sin60^\circ=\frac{\sqrt{3}}{4}Il^2$$

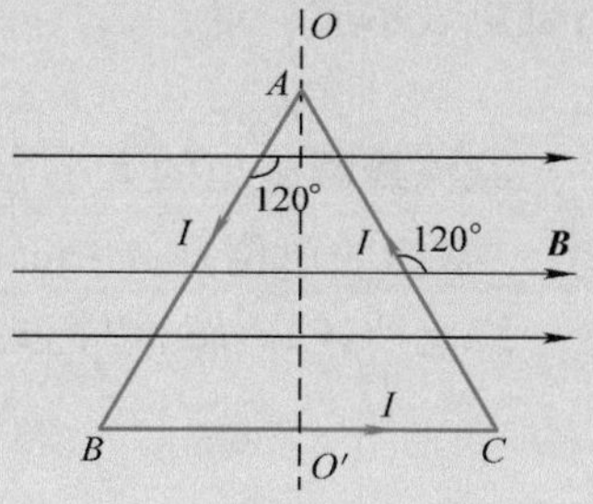

例题 7-8 图

根据磁力矩公式 (7-41)，有

$$M=p_{\text{m}}B\sin\frac{\pi}{2}=\frac{\sqrt{3}}{4}Il^2B$$

代入已知数据，计算得

$$M=\left[\frac{1.732}{4}\times10\times(0.1)^2\times1\right]\text{N}\cdot\text{m}=4.33\times10^{-2}\text{N}\cdot\text{m}$$

磁力矩的方向沿磁矩 $\boldsymbol{p}_{\text{m}}$ 与 $\boldsymbol{B}$ 的矢量积方向，沿 OO' 轴，向上.

例题 7-9　如例题 7-9 图所示，原子中的一个电子以速率 $v=2.2\times10^6\text{m}\cdot\text{s}^{-1}$ 在半径 $r=0.53\times10^{-8}\text{cm}$ 的圆周上做匀速圆周运动，求该电子轨道的磁矩.

解：电子的速率为 v，轨道半径为 r，所以在 1s 内电子通过轨道上任意一点的次数为 $n=v/(2\pi r)$ 次. 由于电子带着大小为 e 的电荷在做圆周运动，这种定向运动相当于圆电流，该圆电流 I 和面积 S 分别为

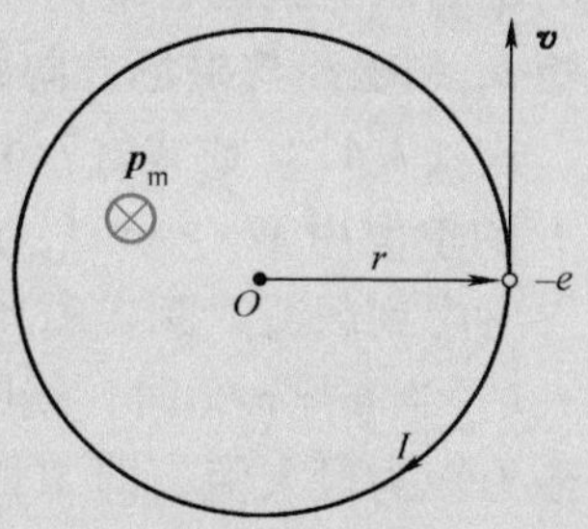

例题 7-9 图

$$I=ne=\frac{v}{2\pi r}e,\ S=\pi r^2$$

设以 p_{m} 表示电子的轨道磁矩，则由磁矩的定义，它的大小和方向为

$$\begin{aligned}p_{\text{m}}&=IS=\frac{v}{2\pi r}e\pi r^2=\frac{1}{2}ver\\&=\left(\frac{1}{2}\times2.2\times10^6\times1.6\times10^{-19}\times0.53\times10^{-10}\right)\text{A}\cdot\text{m}^2=9.3\times10^{-24}\text{A}\cdot\text{m}^2\qquad\otimes\end{aligned}$$

因电子带负电，故圆电流 I 的方向与电子运动方向相反，圆电流平面的正法线方向指向纸面内，所以磁矩 $\boldsymbol{p}_{\text{m}}$ 的方向也指向纸面内.

读者根据质点的角动量定义 $\boldsymbol{L}=\boldsymbol{r}\times m\boldsymbol{v}$，可以自行证明：上述电子的轨道磁矩 $\boldsymbol{p}_{\text{m}}$ 与电子

的角动量 $\boldsymbol{L}$ 存在着如下的矢量关系式：

$$\boldsymbol{p}_{\mathrm{m}}=-\frac{e}{2m}\boldsymbol{L}$$

式中，m 为电子的质量.

说明

由于原子中的电子存在着轨道磁矩，因此，在外磁场中的电子轨道平面，将和载流线圈一样，因受到力矩的作用而发生转向. 并且原子中的电子除沿轨道运动外，电子本身还有自旋，故还有电子的自旋磁矩.

章前问题解答

载流线圈在磁场中会受到磁力矩的作用而发生偏转，根据这一原理，可制成磁电式电表，如直流电流表、电压表等均属此类电表. 磁电式电表的基本构造（见问题解答图）是圆弧形的永久磁铁和置于永久磁铁两极间的可动线圈. 线圈安装在一个圆柱形铁心上，当线圈通以电流时，线圈将在磁极和铁心之间空气隙内的磁场的磁力矩作用下发生偏转.

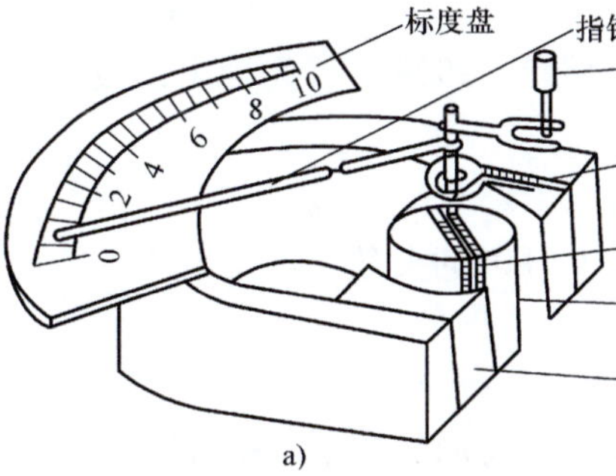

a)

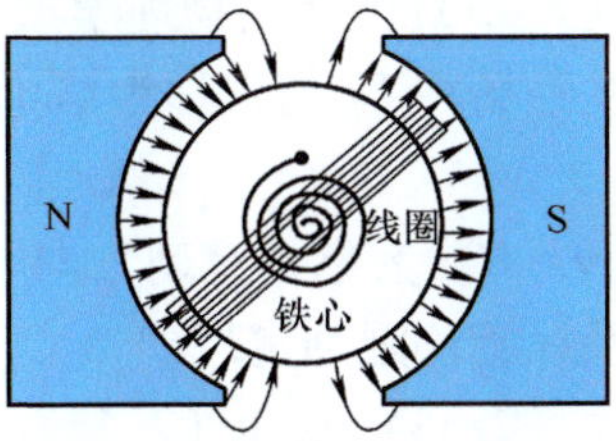

b)

章前问题解答图

在转轴的两端各安装有一根游丝，且在一端上固定一指针. 通过电流时，指针将随线圈一起发生偏转，根据标准电流值的偏转角度标出刻度，就可测出通过线圈的待测电流.

思维拓展

7-2 两个电流方向相反的线圈会产生一个中间弱两端强的磁场，这一磁场区域的两端就形成了两个磁镜，平行于磁场方向的速度分量不太大的带电粒子将被约束在两个磁镜间的磁场内来回运动而不能逃脱. 这种能约束带电粒子的磁场分布叫作磁瓶. 磁瓶可以用来控制和约束核聚变中产生的高温高压等离子体. 托卡马克装置就是一种利用磁约束来实现受控核聚变的环形容器.

7.7 带电粒子在电场和磁场中的运动

7.7.1 磁场对运动电荷的作用力——洛伦兹力

上面说过，载流导线在磁场中要受到力的作用. 由于导线中的电流是由其中大量带电粒子的定向运动所形成的，因此可以推断，这些运动电荷在磁场中一定也受到磁场力的作用，并不断地与金属导线中晶体点阵的正离子碰撞，把力传递给导线.

按安培定律，设载流导线上任一段电流元 $I\mathrm{d}\boldsymbol{l}$ 在磁感应强度 $\boldsymbol{B}$ 的磁场中所受磁场力大小为

$$\mathrm{d}F_{\mathrm{m}} = BI\mathrm{d}l\sin\langle \mathrm{d}\boldsymbol{l}, \boldsymbol{B}\rangle$$

借关系式 $I = nvSq$［式（7-29）］，并考虑到运动电荷的 v 方向就是 $\mathrm{d}\boldsymbol{l}$ 的方向，则

$$\mathrm{d}F_{\mathrm{m}} = nvSqB\mathrm{d}l\sin\langle \boldsymbol{v}, \boldsymbol{B}\rangle$$

在 $\mathrm{d}l$ 这段导体内，当电流恒定时，始终保持有 $\mathrm{d}N = nS\mathrm{d}l$ 个定向运动的电荷，因此，每个定向运动电荷受力大小为

$$F_{\mathrm{m}} = \frac{\mathrm{d}F_{\mathrm{m}}}{\mathrm{d}N} = qvB\sin\langle \boldsymbol{v}, \boldsymbol{B}\rangle$$

写成矢量式为

$$\boldsymbol{F}_{\mathrm{m}} = q\boldsymbol{v}\times\boldsymbol{B} \tag{7-43}$$

式中，q 的正、负决定于带电粒子所带电荷的正、负.

式（7-43）由荷兰物理学家洛伦兹（Lorertz，1853—1928）首先导出，故称为洛伦兹公式. 上述磁场力 F_{m}通常称为洛伦兹力，其大小为

$$F_{\mathrm{m}} = |q|vB\sin\langle \boldsymbol{v}, \boldsymbol{B}\rangle \tag{7-44}$$

式中，$\langle \boldsymbol{v}, \boldsymbol{B}\rangle$ 为电荷运动方向与磁场方向之间小于 180°的夹角. 洛伦兹力的方向可按矢量积的右手螺旋法则判定.

由式（7-43）及式（7-44）可知：

1）当电荷的运动方向与磁场方向相平行（同向或反向）时，$\langle \boldsymbol{v}, \boldsymbol{B}\rangle = 0°$或 180°，则 $\sin\langle \boldsymbol{v}, \boldsymbol{B}\rangle = 0$，所以 $F_{\mathrm{m}} = 0$，此时运动电荷不受磁场力作用.

2）当电荷的运动方向与磁场方向相垂直时，$\langle \boldsymbol{v}, \boldsymbol{B}\rangle = 90°$，则 $\sin\langle \boldsymbol{v}, \boldsymbol{B}\rangle = 1$，所以 $F_{\mathrm{m}} = |q|vB$，此时运动电荷所受的磁场力为最大，即 $F_{\max} = |q|vB$.

事实上，我们在 7.3 节中就是利用运动电荷在磁场中所受洛伦兹力的上述特殊情况，来定义磁场中某点的磁感应强度 $\boldsymbol{B}$.

3）作用于运动电荷上的洛伦兹力 $\boldsymbol{F}_{\mathrm{m}}$的方向，恒垂直于$\boldsymbol{v}$和 $\boldsymbol{B}$ 所构成的平面，此力在电荷运动路径上的分量永远为零. 因此，洛伦兹力永远不做功，仅能改变电荷运动的方向，使运动路径发生弯曲，而不能改变运动速度的大小.

例题 7-10 如例题 7-10 图所示，一带电粒子的电荷为 q、质量为 m，以速度$\boldsymbol{v}$进入一磁感应强度为 $\boldsymbol{B}$ 的均匀磁场中.（1）若速度$\boldsymbol{v}$的方向与磁场 $\boldsymbol{B}$ 的方向垂直；（2）若速度$\boldsymbol{v}$的方向与磁场 $\boldsymbol{B}$ 的方向成 θ 角（$\theta\neq 90°$）. 试分别求带电粒子在磁场中的运动轨道（为便于讨论，设 $q>0$，且不计带电粒子的重力）.

解：（1）由题设$\boldsymbol{v}\perp\boldsymbol{B}$，故 $\langle \boldsymbol{v}, \boldsymbol{B}\rangle = 90°$，带电粒子 q（$q>0$）所受的洛伦兹力大小是

$$F_{\mathrm{m}} = |q|vB\sin 90° = qvB$$

该力的方向垂直于带电粒子的速度方向，它只能改变粒子的运动方向，使运动轨道弯曲，而不会改变运动速度的大小. 由上式可知，在粒子运动的全部路程中，洛伦兹力的大小不

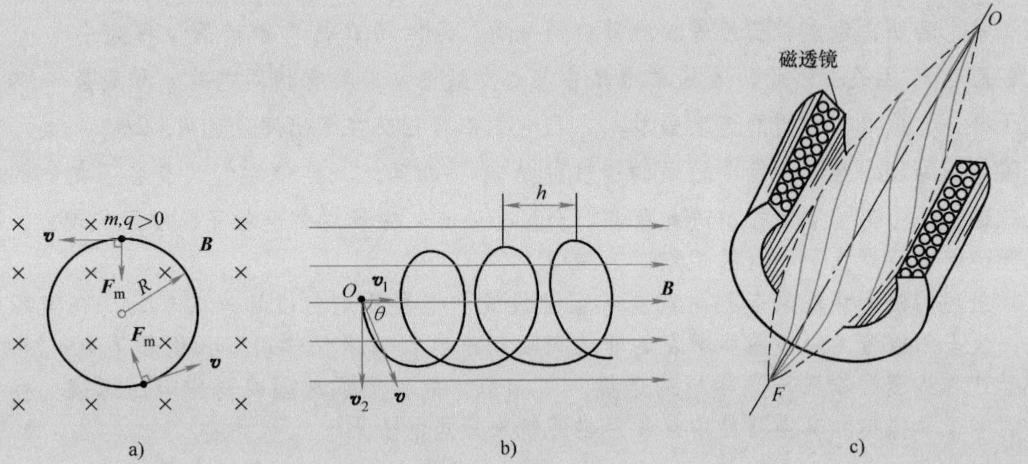

例题 7-10 图

变，因此带电粒子将做匀速率圆周运动，如例题 7-10 图 a 所示．按牛顿第二定律，有

$$qvB = m\frac{v^2}{R} \quad ⓐ$$

由此得

$$R = \frac{mv}{qB} \quad (7\text{-}45)$$

式中，R 为圆形轨道半径，它与带电粒子的速率 v 成正比，而与磁感应强度的大小 B 成反比．

顺便指出，带电粒子绕圆形轨道一周所需时间（称为周期）为

$$T = \frac{2\pi R}{v} = 2\pi\frac{m}{q}\frac{1}{B} \quad ⓑ$$

即带电粒子在磁场中沿圆形轨道绕行的周期与带电粒子运动的速率 v 无关．

（2）按题设，$\langle \boldsymbol{v}, \boldsymbol{B}\rangle = \theta \neq 90°$，如例题 7-10 图 b 所示，这时可将速度$\boldsymbol{v}$分解为垂直和平行于磁场的分量：$\boldsymbol{v}_2 = \boldsymbol{v}\sin\theta$，$\boldsymbol{v}_1 = \boldsymbol{v}\cos\theta$；其中，速度分量 v_2 使带电粒子在磁场力作用下做匀速率圆周运动，按式ⓐ，其回旋半径为

$$R = \frac{mv_2}{qB} = \frac{mv\sin\theta}{qB} \quad ⓒ$$

与此同时，速度分量 v_1 使带电粒子沿磁场方向做匀速直线运动，其速度为

$$\boldsymbol{v}_1 = \boldsymbol{v}\cos\theta \quad ⓓ$$

由于带电粒子同时参与这两种运动，可以想象，其合成运动的轨道是一条螺旋线，如例题 7-10 图 b 所示．带电粒子在螺旋线上每旋转一周，沿磁场 $\boldsymbol{B}$ 的方向前进的距离称为螺旋线的螺距，其值 h 可由式ⓑ、式ⓓ求得，即

$$h = v_1 T = \frac{2\pi mv\cos\theta}{qB} \quad ⓔ$$

说明

式ⓔ表明，带电粒子沿螺旋线每旋转一周，沿磁场 $\boldsymbol{B}$ 方向前进的位移大小与 v_1 成正比，而与 v_2 无关. 因此，若从磁场 $\boldsymbol{B}$ 中某点发射出一束具有相同电荷 q 和质量 m 的带电粒子群，它们具有相同的速度分量 v_1，则它们都将相交在距出发点为 h，$2h$，…处. 这就是**磁聚焦原理**. 至于各带电粒子的速度分量 v_2 不相同，只能使它们具有各不相同的螺旋线轨道，而不影响它们在前进 h 距离时会聚于一点. 磁场对带电粒子的磁聚焦现象，与一束光经透镜后聚焦于一点的现象颇为相似.

上述的磁聚焦现象是利用载流长直螺线管中激发的均匀磁场来实现的. 在实际应用中，大多用载流的短线圈所激发的非均匀磁场来实现磁聚焦作用，如例题 7-10c 图所示，由于这种线圈的作用与光学中的透镜作用相似，故称为**磁透镜**或叫作**电磁透镜**. 在显像管、电子显微镜和真空器件中，常用磁透镜来聚焦电子束.

思考题

7-9　(1) 试述洛伦兹力公式及其意义.

(2) 若电子枪同时将速度分别为 v 与 $2v$ 的两个电子射入均匀磁场 $\boldsymbol{B}$ 中，射入时两电子的运动方向相同，且皆垂直于磁场 $\boldsymbol{B}$，这两个电子能同时回到出发点吗？

7.7.2　带电粒子在电场和磁场中的运动

如果在某一区域内同时有电场 $\boldsymbol{E}$ 和磁场 $\boldsymbol{B}$ 存在，则一个以速度为 $\boldsymbol{v}$ 运动的带有电荷量 q 的带电粒子在此区域内所受的总作用力 F，应是所受电场力和磁场力两者的矢量和，即

$$\boldsymbol{F}=\boldsymbol{F}_{\mathrm{e}}+\boldsymbol{F}_{\mathrm{m}}=q\boldsymbol{E}+q\boldsymbol{v}\times\boldsymbol{B} \tag{7-46}$$

按牛顿第二定律，若该带电粒子质量为 m，则它在上述两个力作用下的运动方程为

$$q\boldsymbol{E}+q\boldsymbol{v}\times\boldsymbol{B}=m\frac{\mathrm{d}\boldsymbol{v}}{\mathrm{d}t} \tag{7-47}$$

如果带电粒子的运动速率 $\boldsymbol{v}$ 接近光速 c，则按相对论力学，运动方程为

$$q\boldsymbol{E}+q\boldsymbol{v}\times\boldsymbol{B}=\frac{\mathrm{d}\ (m\boldsymbol{v})}{\mathrm{d}t} \tag{7-48}$$

式中，$m=m_0/\sqrt{1-v^2/c^2}$ 是带电粒子的运动质量. 当粒子运动的初始位置和初始速度等已知时，按式 (7-47) 或式 (7-48) 就可以求解带电粒子的运动规律. 下面，我们限于讨论低速 ($v\ll c$) 带电粒子在均匀磁场中的运动. 主要是通过外加的电场和磁场，来控制带电粒子（电子射线或离子射线）的运动，这在近代科学技术中是极为重要的. 例如，在阴极射线示波管、电视机显像管、微波炉的磁控管、电子显微镜和加速器等的设计中都获得了广泛应用.

1. 汤姆孙实验　电子的比荷

1897 年，英国物理学家汤姆孙（Thomson，1856—1940）利用运动电荷在均匀电场和均匀磁场中受力的规律，通过实验测定了电子的电荷量 e 和质量 m 之比——电子的比荷 e/m，

这就是著名的汤姆孙实验. 其实验装置如图 7-27 所示. K 为发射电子的阴极，A 为阳极. 在 K、A 之间加上了高电压. 阳极 A 和金属屏 A′中心各开一个小孔. 由阴极发射的电子在 K、A 之间被电场加速，经 A、A′小孔后形成狭窄的沿水平方向前进的电子束，最后打在荧光屏 S 上的点 O. 整个装置安放在高真空的玻璃泡内. 如果在圆形区域内有图 7-27 所示的磁场，则电子束就向下偏转，最后打在荧光屏 S 上的点 O'，电子束在磁场中做圆弧形运动，由式（7-45）可知，圆弧的半径为

$$R=\frac{mv}{eB} \tag{ⓐ}$$

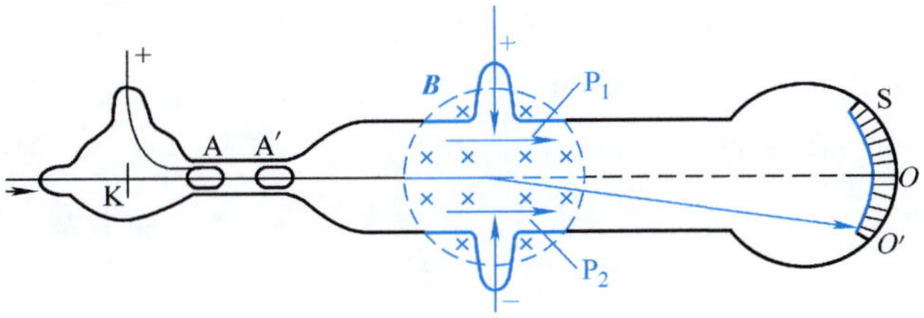

图 7-27　汤姆孙实验装置

倘若再加一竖直向下的均匀电场 $\boldsymbol{E}$，只要 $\boldsymbol{E}$ 的大小适当，就可使作用于电子上的电场力与洛伦兹力平衡，即 $eE=evB$，由此得

$$v=\frac{E}{B} \tag{ⓑ}$$

遂而使电子束仍打在荧光屏上的点 O. 测出这时的 B 与 E，就可知道电子的速率 v，再将式ⓑ代入式ⓐ，便得电子的比荷为

$$\frac{e}{m}=\frac{E}{RB^2} \tag{7-49}$$

式中，E、B、R 皆可由实验测定，因而由式（7-49）可求出电子的比荷. 后来，汤姆孙不断改进实验设备，充分提高测量准确度，测得电子的比荷为 $1.7588047(49)\times10^{11}\,\mathrm{C\cdot kg^{-1}}$. 此前，人们还未确切知道电子的存在，认为原子是最小的不可分割的粒子. 汤姆孙实验测得阴极射线的比荷很大，说明这种粒子比原子要小得多，后来就把它称为**电子**. 所以汤姆孙实验被称为发现电子的实验. 实际上，汤姆孙实验并没有分别测出电子的电荷和质量. 12 年后，密立根（Millikan，1868—1953）用油滴实验测得电子的电荷 $e=1.602\times10^{-19}\,\mathrm{C}$，从而通过比荷求出了电子的质量，即

$$m=\frac{1.602\times10^{-19}}{1.759\times10^{11}}\,\mathrm{kg}=9.110\times10^{-31}\,\mathrm{kg}$$

顺便指出，当电子速度接近光速时，应考虑相对论的质量与速度的关系：

$$m=\frac{m_0}{\sqrt{1-v^2/c^2}}$$

式中，m_0为电子的静止质量. 显然，电子运动质量 m 将随其速度的增大而增大，因电子的电荷量保持不变，故比荷 e/m 因电子速度增大而减小，但是 e/m_0则仍为常量.

2. 质谱仪

质谱仪是一种用来分析同位素的仪器. 同位素是原子序数相同、相对原子质量不同的原

子，因为同位素的化学性质相同，所以需要用物理方法来区分，常用的仪器就是质谱仪.

质谱仪的结构如图 7-28 所示. 离子源产生的正离子（$q>0$）通过有狭缝的电极 S_1、S_2，中间存在加速电场，沿狭缝径直地进入速度选择器，即图示的平板 P_1、P_2 之间的区域. 在速度选择器中，存在由 P_1、P_2 两极间的电势差所形成的水平向右的均匀电场 $\boldsymbol{E}$，同时还存在垂直纸面向外的均匀磁场，磁感应强度为 $\boldsymbol{B}$. 由于离子源产生的离子经加速后可以有不同的速度，当它们进入速度选择器时，其中速率为 v 的离子恰能使其所受的电场力 $\boldsymbol{F}_e$ 和洛伦兹力 $\boldsymbol{F}_m$ 相平衡，离子方可无偏转地径直向下通过小孔 S_3. 亦即，这时速率 v 满足

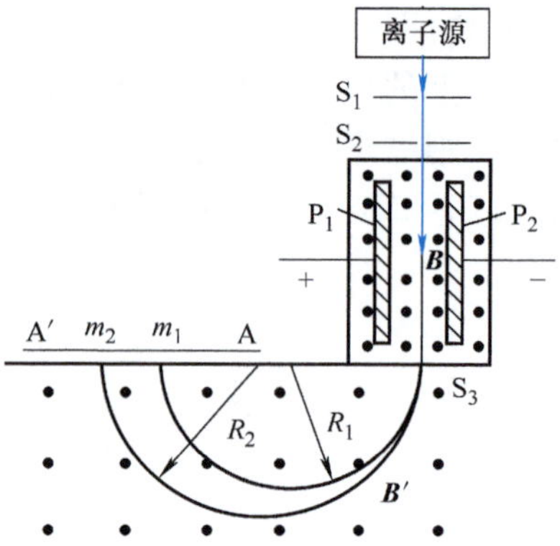

图 7-28 质谱仪的结构简图

$$eE=evB$$

或

$$v=\frac{E}{B} \tag{a}$$

的离子才能通过速度选择器而从小孔 S_3 进入均匀磁场 $\boldsymbol{B}'$ 的区域. $\boldsymbol{B}'$ 的方向也是垂直纸面向外的. 这样，由于该区域内没有电场，因而进入磁场 $\boldsymbol{B}'$ 的正离子在洛伦兹力作用下，做匀速率圆周运动，其轨道半径为

$$R=\frac{mv}{qB'} \tag{b}$$

将式ⓐ代入式ⓑ，得离子的比荷为

$$\frac{q}{m}=\frac{E}{RB'B} \tag{7-50}$$

式（7-50）右端各量都可直接测定，因而，离子的比荷 q/m 便可算出；若离子是一价的，q 与电子的电荷大小 e 相等，即 $q=e$；若离子是二价的，则 $q=2e$，其余情况依此类推. 于是从离子的价数可知离子所带的电荷 q，再由 q/m，便可确定离子的质量 m.

从狭缝 S_3 射出而进入磁场 $\boldsymbol{B}'$ 中的离子，它们的速度 $\boldsymbol{v}$、电荷 q 都是相等的. 如果这些离子中有不同质量的同位素，则由 $R=mv/(qB')$ 可知，它们在磁场 $\boldsymbol{B}'$ 中做圆周运动的轨道半径 R 就不相同. 因此，这些不同质量 m_1，m_2，…的离子将分别射到胶卷 AA′上的不同位置，胶卷感光后，便形成若干条纹状的细条纹，每一细条纹相当于一定质量的离子. 根据条纹的位置，可测出轨道半径 R_1，R_2，…，从而算出它们的相应质量，所以这种仪器叫作**质谱仪**. 图 7-29 所示是利用质谱仪测得的锗（Ge）元素的质谱，条纹表示质量数（即最靠近相对原子质量的整数）分别为 70，72，…的锗的同位素 ^{70}Ge，^{72}Ge，…. 利用质谱仪还可以测定岩石中铅的同位素的成分，用来确定岩石的年龄，据此可对地球、月球甚至银河系的年龄做估算.

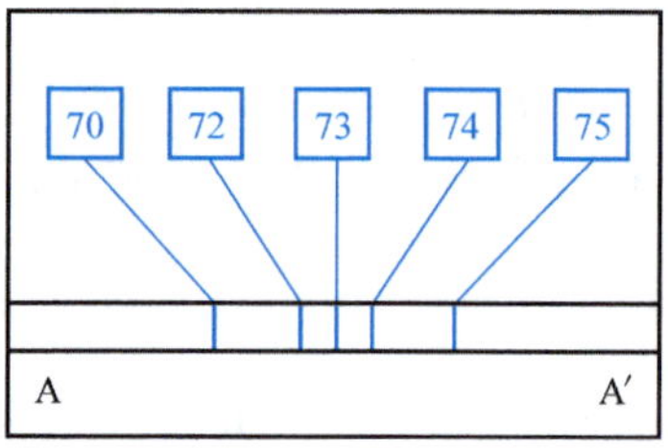

图 7-29 锗的质谱

3. 霍尔效应

如图 7-30 所示，在磁场中放入一块宽为 b、厚为 d 的载流导电薄板（为一导体或半导体的薄板），若电流方向与磁场方向垂直，则在与磁场和电流两者垂直的方向上（即导电板的上、下两侧 A_1、A_2）会产生一个电势差，这一现象称为**霍尔效应**，这个电势差称为霍尔

电势差.

实验指出，霍尔电势差 V_1-V_2 与电流强度 I、磁感应强度的大小 B 成正比，与板的厚度 d 成反比，即

$$V_1-V_2=R_H\frac{IB}{d} \tag{7-51}$$

式中，比例系数 R_H 称为**霍尔系数**，它取决于导电板材料的性质.

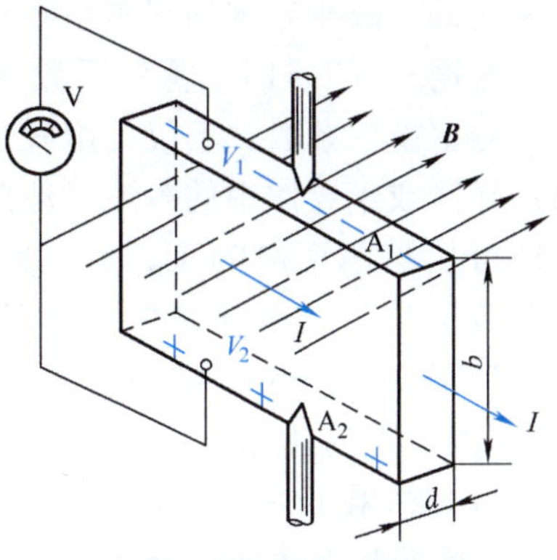

图 7-30　霍尔效应原理图

霍尔效应可以用导体或半导体中的载流子（做定向运动的带电粒子）在磁场中受到洛伦兹力的作用来说明. 在金属导体中的载流子是带负电的自由电子；在半导体中的载流子是带正电的空穴（即相当于带正电的粒子）和带负电的电子. 当上述导电板中通有电流时，若其中的载流子带正电（$q>0$），则载流子定向漂移运动的平均速度$\boldsymbol{v}$的方向与电流的方向相同；若载流子带负电（$q<0$），则此平均速度$\boldsymbol{v}$的方向与电流方向相反. 如果在垂直于电流的方向加上磁感应强度为 $\boldsymbol{B}$ 的均匀磁场，则导电板中的运动电荷（载流子）将受洛伦兹力 $\boldsymbol{F}_m$的作用而发生偏转（见图 7-31），结果在 A_1、A_2 两侧表面上分别聚积了正、负电荷. 随着电荷的积累，在两侧表面之间出现了电场强度为 $\boldsymbol{E}$ 的电场，使电荷 q 受到一个与洛伦兹力 $\boldsymbol{F}_m$方向恒相反的电场力 $\boldsymbol{F}_e$的作用. 电荷在两侧表面上不断积累，电场力也不断增大，当电场力增大到刚好等于洛伦兹力时，就达到两力平衡. 这时，两侧积累的电荷所产生的电场叫作霍尔电场，以 $\boldsymbol{E}_H$ 表示；相应地在两侧面间所形成的横向电势差就是霍尔电势差 V_1-V_2.

如上所述，达到平衡时，载流子所受的洛伦兹力 $\boldsymbol{F}_m=q\boldsymbol{v}\times\boldsymbol{B}$ 与电场力 $\boldsymbol{F}_e=q\boldsymbol{E}_H$ 等值反向，即

$$qE_H=qvB \tag{ⓐ}$$

把电场强度与电势差的关系式 $E_H=(V_1-V_2)/b$ 代入式ⓐ，得

$$V_1-V_2=bvB \tag{ⓑ}$$

设单位体积内的载流子数目（即**载流子浓度**）为 n，则电流密度为 $j=nqv$，而电流 I 又等于电流密度 j 乘截面面积 bd，即

$$I=jbd=nqvbd \tag{ⓒ}$$

从式ⓒ和式ⓑ中消去 v，于是得

$$V_1-V_2=\frac{1}{nq}\frac{IB}{d} \tag{ⓓ}$$

将式ⓓ与式（7-51）相比较，可得霍尔系数为

$$R_H=\frac{1}{nq} \tag{7-52}$$

式（7-52）表明，霍尔系数 R_H与载流子浓度 n 成反比. 在金属导体中，由于自由电子的浓度大，故金属导体的霍尔系数很小，相应的霍尔电势差也就很弱. 在半导体中，载流子

浓度甚低，故半导体的霍尔系数比金属导体大得多，所以半导体能产生很强的霍尔效应.

根据式（7-51），霍尔系数 R_H 可通过测量霍尔电势差 $V_1 - V_2$ 来确定.

测定霍尔系数，不仅可由式（7-52）获知导体或半导体中的载流子浓度 n，而且还可从霍尔系数的正、负，判断其中的载流子是带正电还是带负电的. 这是因为带正电（$q>0$）的载流子在洛伦兹力作用下要向上朝 A_1 侧偏转（见图 7-31a），结果 $V_1 - V_2 > 0$，可见 $R_H > 0$；反之，带负电的载流子在洛伦兹力作用下也要向上朝 A_1 侧偏转（见图 7-31b），结果 $V_1 - V_2 < 0$，可见 $R_H < 0$. 对于半导体，就是用这个方法判定它的导电类型的. 半导体有电子型（n 型）、空穴型（p 型）两种，前者的载流子是带负电的自由电子，后者的载流子是带正电的空穴.

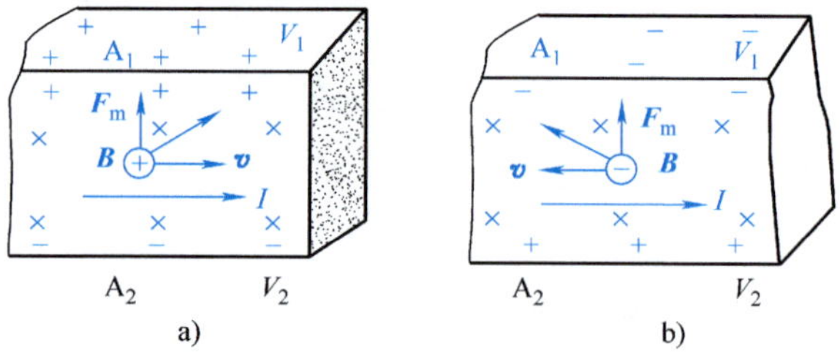

图 7-31 霍尔效应与载流子正、负的关系

a）带正电的载流子（$q>0$） b）带负电的载流子（$q<0$）

值得指出，利用霍尔效应制成的霍尔元件，可以用来测量磁场、直流或交流电路中的电流和功率以及传递信号等，结构简单，使用方便. 在科学技术的许多领域（如电子技术、自动化等）中应用日益广泛.

思考题

7-10 （1）如何测定带电粒子（电子、离子）的比荷？

（2）试述霍尔效应是如何产生的？

7.8 磁场中的磁介质

前面我们研究了电流在真空中激发的磁场，现在讨论有磁介质时的情况. 在磁场中可以存在着各种各样的物质（指由原子、分子构成的固体、液体或气体等），这些物质因受磁场的作用而处于所谓磁化状态；与此同时，磁化了的物质反过来又要对原来的磁场产生影响. 这种能影响磁场的物质，统称为**磁介质**. 这里只讨论各向同性的均匀磁介质.

7.8.1 磁介质在外磁场中的磁化现象

我们知道，电介质放在外电场中要极化，在介质中要出现极化电荷（或束缚电荷），有电介质时的电场是外电场与极化电荷激发的附加电场相叠加的结果. 与此相仿，磁介质放入外磁场中要磁化，在磁介质中要出现所谓磁化电流，有磁介质时的磁场 $\boldsymbol{B}$ 应是外磁场 $\boldsymbol{B}_0$ 和磁化电流激发的附加磁场 $\boldsymbol{B}'$ 的叠加，即

$$\boldsymbol{B} = \boldsymbol{B}_0 + \boldsymbol{B}' \tag{7-53}$$

实验表明，不同的磁介质在磁场中磁化的效果是不同的. 在有些磁介质内，磁化电流所激发的附加磁场 $\boldsymbol{B}'$ 与原来的外磁场 $\boldsymbol{B}_0$ 的方向相同（见图 7-32a），因而总磁场大于原来的磁场，即 $B > B_0$，这类磁介质称为**顺磁质**，例如锰、铬、氧等；而在另一些磁介质内，$\boldsymbol{B}'$ 与

$\boldsymbol{B}_0$的方向则相反（见图 7-32b），因而总磁场小于原来的外磁场，即 $B < B_0$，这类磁介质称为**抗磁质**，例如铜、水银、氢等. 在上述这两类磁介质中，磁化电流激发的附加磁场 $\boldsymbol{B}'$的数值是很小的，即 $B' \ll B_0$，也就是说，磁性颇为微弱，故把顺磁质和抗磁质统称为**弱磁物质**.

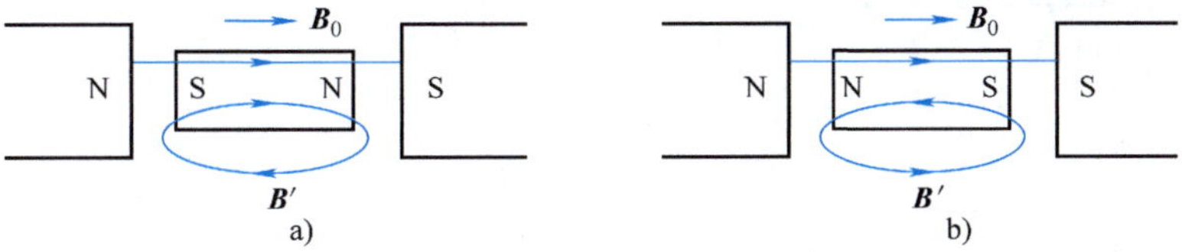

图 7-32 顺磁质和抗磁质的磁化

a）顺磁质 b）抗磁质

还有一类磁介质，如铁、镍、钴及其合金等，磁化后不仅 $\boldsymbol{B}'$与 $\boldsymbol{B}_0$的方向相同，而且在数值上 $B' \gg B_0$，因而能显著地增强和影响外磁场，我们把这类磁介质称为**铁磁质**或**强磁物质**. 铁磁质用途广泛，平常所说的磁性材料主要是指这类磁介质，将在 7.9 节中详细介绍铁磁质.

7.8.2 抗磁质和顺磁质的磁化机理

前面讲过，一切磁现象起源于电流. 现在我们从物质的电结构出发，对物质的磁性做一初步解释.

在任何物质的分子（或原子）中，每个电子都在环绕着原子核做轨道运动；与此同时，它还绕其自身轴做自旋（自转）运动（见图 7-33），宛如地球绕太阳公转的同时也在绕地轴自转一样.

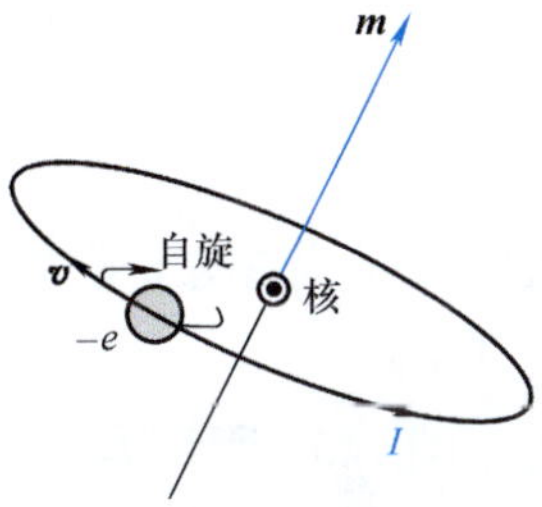

图 7-33 电子的运动

电子在带正电的原子核的库仑力（向心力）$\boldsymbol{F}_e$的作用下，沿着圆形轨道运动. 由于电子带负电，形成与电子运动速度$\boldsymbol{v}$反方向的电流 I，相当于这个圆电流的磁矩，叫作轨道磁矩，记作 $\boldsymbol{m}$，$\boldsymbol{m}$垂直于电子轨道平面，方向如图 7-33 所示（参阅例题 7-9）. 类似地，电子的自旋运动所具有的磁矩，叫作自旋磁矩. 分子中所有电子的轨道磁矩和自旋磁矩的矢量和，称为分子磁矩，记作 $\boldsymbol{p}_m$. 不同物质的分子磁矩大小不同.

今以顺磁质为例，说明介质磁化过程中所形成的磁化电流. 设一条无限长载流直螺线管（见图 7-34a），单位长度绕有 n 匝线圈，通有电流 I，在管内激发了一个沿管轴方向的均匀磁场 $\boldsymbol{B}_0$. 当管内充满均匀磁介质时，与螺线管形状、大小全同的整块介质沿轴线方向被均匀地磁化，其中每个分子圆电流（即分子磁矩）的平面在外磁场的力偶矩作用下，将转到与外磁场 $\boldsymbol{B}_0$的方向垂直. 图 7-34b 表示磁介质任一截面上分子电流的排列情况. 由于各个分子电流的环绕方向一致，因此在介质内任一位置（例如点 P）处的两个相邻分子电流的流向恒相反，它们的效应相互抵消. 只有在介质截面边缘各点上分子电流的效应未被抵消，它们相当于与截面边缘重合的一个大的圆形电流. 对于被螺线管包围的整个圆柱形介质的各个截面边缘上，都有这种大的圆形电流. 因此，介质内所有分子电流之和实际上等效于分布在介质圆柱面上的电流，这些表面电流称为**磁化电流**，以 I'表示（见图 7-34c）. 这样，便可把磁化了的介质归结为一个在真空中通有电流 I' 的“螺线管”，它所激发的磁场 $\boldsymbol{B}'$（大小为 $B'=\mu_0 nI'$）与螺线管中的传导电流 I 所激发的外磁场 $\boldsymbol{B}_0$（大小为 $B_0=\mu_0 nI$）两者方向相同，这两个磁场 $\boldsymbol{B}_0$ 与 $\boldsymbol{B}'$ 相叠加，就是顺磁质处于外磁场 $\boldsymbol{B}_0$ 中时的总磁感应强度 $\boldsymbol{B}$.

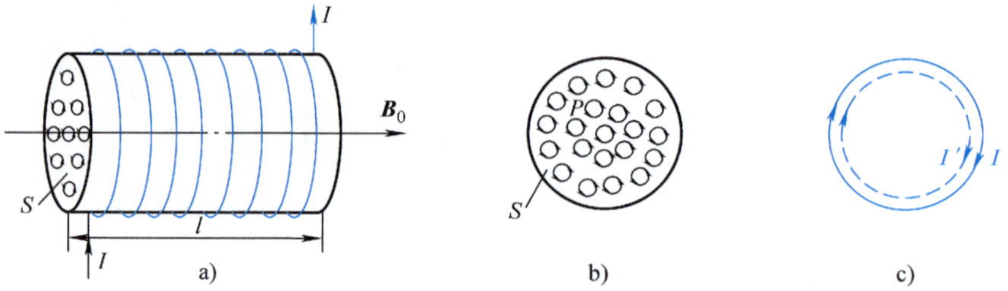

图 7-34 充满均匀磁介质（顺磁质）的载流长直螺线管

如果在上述载流螺线管内充满均匀的抗磁质，其磁化电流 I' 的形成类似于顺磁质的情况. 不过，这时磁化电流 I' 所激发的磁场 $\boldsymbol{B}'$ 与外磁场 $\boldsymbol{B}_0$ 的方向相反.

思考题

7-11 何谓磁化电流？相当于分子圆电流所形成的分子磁矩与磁化电流有何关系？

7.8.3 磁化强度

为了定量描述磁介质的磁化情况，引入磁化强度 $\boldsymbol{M}$，其定义为单位体积内分子磁矩的矢量和，即

$$\boldsymbol{M}=\frac{\sum \boldsymbol{m}_i}{\Delta V} \tag{7-54}$$

式中，$\boldsymbol{m}_i$ 代表分子磁矩，而 $\sum \boldsymbol{m}_i$ 为体积 ΔV 中分子磁矩的矢量和. 显然，磁化强度的单位为 $\mathrm{A\cdot m^{-1}}$.

图 7-35 所示为一个被均匀磁化了的圆柱形磁介质，表面形成了圆形的磁化电流. 设磁化电流强度为 I'，圆柱体的横截面面积为 S，根据前文的分析可知，所有分子的磁矩矢量和等效于一个大的环形磁化电流的磁矩，即

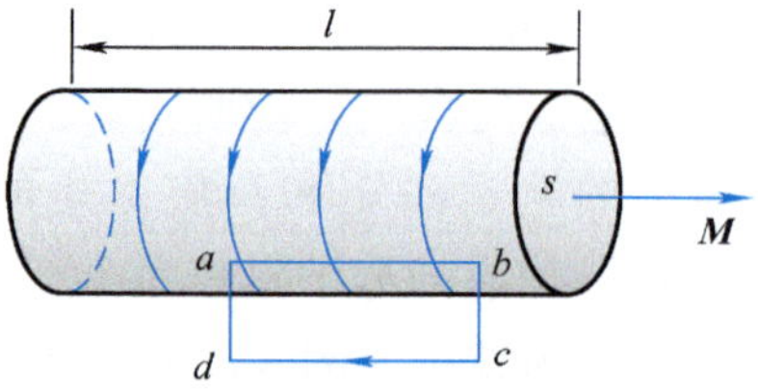

图 7-35 磁化强度和磁化电流

$$\left|\sum \boldsymbol{m}_i\right|=I'S$$

根据磁化强度的定义，

$$M=\frac{\left|\sum \boldsymbol{m}_i\right|}{\Delta V}=\frac{I'S}{Sl}=\frac{I'}{l}=j' \tag{7-55}$$

式中，l 为圆柱体的长度. 因此，介质的磁化强度值就是单位长度内的磁化电流 j'，即**磁化电流密度**. 选取图示的积分回路 $abcd$（L），对磁化强度 $\boldsymbol{M}$ 线积分. 可以看出，在 cd 段，磁化强度为零；bc 和 da 段，磁化强度与积分路径垂直. 可得

$$\oint_L \boldsymbol{M}\cdot \mathrm{d}\boldsymbol{l}=\int_a^b \boldsymbol{M}\cdot \mathrm{d}\boldsymbol{l}=j'\cdot ab=I'_{ab} \tag{7-56}$$

式中，I'_{ab}为回路所包围的磁化电流．式（7-56）虽然从均匀磁化的圆柱形磁介质导出，但却是普遍适用的，

$$\oint_L \boldsymbol{M}\cdot \mathrm{d}\boldsymbol{l} = \sum_{(L内)} I'_i \tag{7-57}$$

即磁化强度 $\boldsymbol{M}$ 沿闭合回路 L 的线积分等于该回路包围磁化电流的代数和．这一点和电介质的电极化强度类似．

7.8.4 磁介质的磁导率

设在真空中某点的磁感应强度为 $\boldsymbol{B}_0$，充满均匀磁介质后，由于磁介质的磁化，该点的磁感应强度变为 $\boldsymbol{B}$，B 和 B_0的比值称为磁介质的**相对磁导率**，用 μ_r 表示，即

$$\frac{B}{B_0}=\mu_r \tag{7-58}$$

相对磁导率 μ_r是没有单位的纯数，它的大小说明磁介质对磁场影响的大小．真空中的毕奥－萨伐尔定律的数学表达式为

$$\mathrm{d}\boldsymbol{B}_0=\frac{\mu_0}{4\pi}\frac{I\mathrm{d}\boldsymbol{l}\times\boldsymbol{r}}{r^3}$$

则由式（7-58），无限大均匀磁介质中的毕奥－萨伐尔定律的数学表达式为

$$\mathrm{d}\boldsymbol{B}=\frac{\mu_0\mu_r}{4\pi}\frac{I\mathrm{d}\boldsymbol{l}\times\boldsymbol{r}}{r^3}=\frac{\mu}{4\pi}\frac{I\mathrm{d}\boldsymbol{l}\times\boldsymbol{r}}{r^3}$$

式中，$\mu=\mu_0\mu_r$ 称为磁介质的磁导率．真空中，$\boldsymbol{B}=\boldsymbol{B}_0$，磁介质的相对磁导率 $\mu_r=1$，$\mu=\mu_0$，故 μ_0 称为真空中的磁导率．μ 与 μ_0 的单位相同．

按相对磁导率 μ_r 值的不同，对上述三类磁介质而言，$\mu_r>1$，即为顺磁质；$\mu_r<1$，即为抗磁质；$\mu_r>>1$，即为铁磁质．顺磁质和抗磁质的 μ_r 都近似等于1，表明这两种磁介质对磁场的影响很小；而铁磁质的 μ_r 可高至几万，铁磁质对磁场的影响很大．

相对磁导率 μ_r 的值可由实验测得，其值可查阅有关物理手册．

7.8.5 有磁介质时磁场的安培环路定理

真空中磁场的安培环路定理为 $\oint_L \boldsymbol{B}_0\cdot\mathrm{d}\boldsymbol{l}=\mu_0\sum_{i=1}^{n}I_{传导i}$，与此类似，磁介质的附加磁场 $\boldsymbol{B}'$ 和磁化电流的关系为 $\oint_L \boldsymbol{B}'\cdot\mathrm{d}\boldsymbol{l}=\mu_0\sum_{i=1}^{n}I_{磁化i}$．在磁介质中，安培环路定理为

$$\oint_L \boldsymbol{B}\cdot\mathrm{d}\boldsymbol{l}=\mu_0\left(\sum_{i=1}^{n}I_{传导i}+\sum_{i=1}^{n}I_{磁化i}\right)$$

其中 $\boldsymbol{B}=\boldsymbol{B}_0+\boldsymbol{B}'$，由上式得

$$\oint_L \frac{\boldsymbol{B}}{\mu_0}\cdot\mathrm{d}\boldsymbol{l}-\sum_{i=1}^{n}I_{磁化i}=\sum_{i=1}^{n}I_{传导i}$$

将式（7-57）代入上式，得到

$$\oint_L \frac{\boldsymbol{B}}{\mu_0}\cdot \mathrm{d}\boldsymbol{l} - \oint_L \boldsymbol{M}\cdot \mathrm{d}\boldsymbol{l} = \oint_L \left(\frac{\boldsymbol{B}}{\mu_0} - \boldsymbol{M}\right)\cdot \mathrm{d}\boldsymbol{l} = \sum_{i=1}^{n} I_{传导i}$$

定义**磁场强度** $\boldsymbol{H} = \frac{\boldsymbol{B}}{\mu_0} - \boldsymbol{M}$，则有

$$\oint_L \boldsymbol{H}\cdot \mathrm{d}\boldsymbol{l} = \sum_{i=1}^{n} I_{传导i} \tag{7-59}$$

式（7-59）称为**有磁介质时的安培环路定理**，它表明磁场强度 $\boldsymbol{H}$ 沿闭合回路的线积分等于回路内传导电流的代数和，对任意磁场均适用. 磁场强度的单位与磁化强度一样，均为 $\mathrm{A\cdot m^{-1}}$.

实验发现，对各向同性、均匀的顺磁和抗磁性介质，磁化强度 $\boldsymbol{M}$ 与磁场强度 $\boldsymbol{H}$ 成正比，即

$$\boldsymbol{M} = \chi_{\mathrm{m}}\boldsymbol{H}$$

式中，χ_{m}称为介质的磁化率. 根据 $\boldsymbol{H}$ 的定义，可得

$$\boldsymbol{B} = \mu_0(\boldsymbol{H}+\boldsymbol{M}) = \mu_0(1+\chi_{\mathrm{m}})\boldsymbol{H} \tag{7-60}$$

另一方面，由于 $\oint_L \boldsymbol{B}_0\cdot \mathrm{d}\boldsymbol{l} = \mu_0 \sum_{i=1}^{n} I_{传导i}$，且 $\boldsymbol{B} = \frac{\boldsymbol{B}_0}{\mu_{\mathrm{r}}}$，则式（7-59）变为

$$\oint_L \boldsymbol{H}\cdot \mathrm{d}\boldsymbol{l} = \oint_L \frac{\boldsymbol{B}}{\mu_0\mu_{\mathrm{r}}}\cdot \mathrm{d}\boldsymbol{l}$$

考虑到积分回路的任意性，有

$$\boldsymbol{B} = \mu_0\mu_{\mathrm{r}}\boldsymbol{H} = \mu\boldsymbol{H} \tag{7-61}$$

式（7-61）称为磁介质的性质方程. 此外，与式（7-60）比较可知，相对磁导率 μ_{r}和磁化率χ_{m}之间满足关系

$$\mu_{\mathrm{r}} = 1+\chi_{\mathrm{m}}$$

可见，引入磁场强度 $\boldsymbol{H}$ 后，有效地规避了磁化电流，使得问题的处理变得简单. 在求解具有一定对称性的磁介质的磁场时，可先用式（7-59）求出磁场强度 $\boldsymbol{H}$，然后利用式（7-61）求出磁感应强度 $\boldsymbol{B}$.

最后我们指出，与求解真空中的磁场问题相仿，根据有磁介质时磁场的安培环路定理和毕奥－萨伐尔定律，并利用磁场的叠加原理，可以求解有磁介质时的磁场问题，所得的结果与真空中的类同，只不过将 μ_0 换成 μ 而已.

思考题

7-12 （1）为什么要引入磁场强度 $\boldsymbol{H}$ 这个物理量？它与磁感应强度 $\boldsymbol{B}$ 有何异同？（2）试述有磁介质时磁场的安培环路定理和毕奥－萨伐尔定律.

例题 7-11 如例题 7-11 图所示，在磁导率 $\mu = 5.0\times10^{-4}\mathrm{Wb\cdot A^{-1}\cdot m^{-1}}$ 的磁介质圆环上，每米长度均匀密绕着 1000 匝的线圈，绕组中通有电流 $I = 2.0\mathrm{A}$. 试计算环内的磁感应强度的大小.

解：在螺绕环内充满磁介质时，欲求磁感应强度 $\boldsymbol{B}$，一般是先求磁场强度 $\boldsymbol{H}$. 这是因为 $\boldsymbol{H}$ 只与绕组中的传导电流 I 有关. 所以，可利用有磁介质时磁场的安培环路定理来求磁场强度 $\boldsymbol{H}$. 为此，取通过场点 P 的一条磁感应线作为线积分的闭合路径 l，由于 l 上任一点的磁感应强度 $\boldsymbol{B}$ 都和这条闭合的磁感应线相切，则由关系式 $\boldsymbol{H}=\boldsymbol{B}/\mu$，$l$ 上任一点的磁场强度 $\boldsymbol{H}$ 也都和闭合线相切，且由于环内同一条磁感应线上的 $\boldsymbol{B}$ 或 $\boldsymbol{H}$ 的值都相等，故有

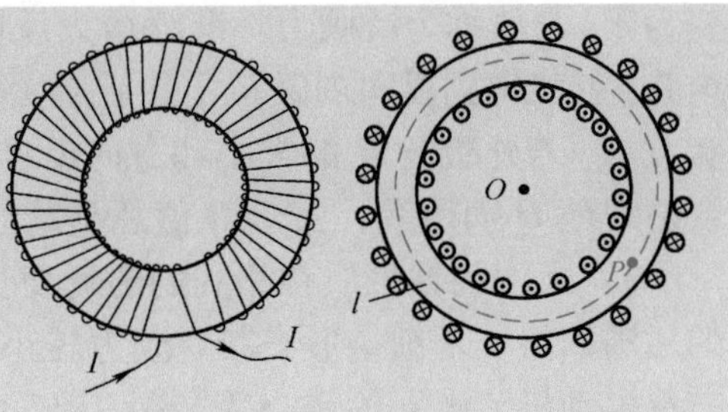

例题 7-11 图

$$\oint_l \boldsymbol{H}\cdot \mathrm{d}\boldsymbol{l} = \oint_l H\cos\theta \mathrm{d}l = H\oint_l \cos 0^\circ \mathrm{d}l = H\oint_l \mathrm{d}l = Hl$$

l 为闭合线长度，近似等于环形螺线管的平均周长. 而被 l 所围绕的传导电流为 nlI（其中 n 为每单位长度的匝数），故由安培环路定理［式（7-59）］，有

$$Hl = nlI$$

即

$$H = nI$$

代入题设数据，算得 $H=1000\mathrm{m}^{-1}\times 2.0\mathrm{A}=2.0\times 10^3\mathrm{A}\cdot\mathrm{m}^{-1}$

然后按照关系式 $\boldsymbol{B}=\mu\boldsymbol{H}$，得出磁感应强度的大小为

$$B=\mu H=5.0\times 10^{-4}\times 2.0\times 10^3\mathrm{Wb}\cdot\mathrm{m}^{-2}=1.0\mathrm{Wb}\cdot\mathrm{m}^{-2}$$

7.9 铁磁质

7.9.1 铁磁质的磁化特性 磁滞回线

顺磁质和抗磁质的相对磁导率 μ_r 接近于1，因此对磁场的影响不大. 而铁磁质材料在电工设备上却被广泛采用，因为铁磁质的最主要特性是磁导率非常高，可以比真空或空气的磁导率大几百倍甚至几万倍，也就是说，在同样的磁场强度下，在磁场中充以铁磁质，其磁感应强度的大小 B（$=\mu H$）比充以其他磁介质要强得多. 此外，铁磁质还具有如下一些特性：

1）在铁磁质的磁场中，它的磁感应强度 B 并不随着磁场强度 H 按比例地变化，即两者具有非线性的关系，铁磁质的磁导率不是恒量. 利用实验方法，我们可以测绘出铁磁质的磁感应强度 B 与磁场强度 H 之间的关系曲线，称为磁化曲线，又叫作 $B-H$ 曲线，如图 7-36 所示. 分析 $B-H$ 曲线可知，当 H 从零值渐渐增大而使铁磁质磁化的过程中，开始时 B 随 H 的增加而很快增大；当 H 增大到一定程度时（H_0以后），H 虽继续加大，但 B 却增长得极为缓慢，这种状态叫作**磁饱和现象**.

2）当使磁介质达到磁饱和后，减小外磁场 H，使铁磁质退磁时，发现 B 值不沿原来的曲线下降，而是从点 a 下降至点 b，如图 7-37 所示，在外磁场 $H=0$ 时，磁介质仍保留部分磁性，数值 b 称为剩磁. 若要消除剩磁，则必须加入反向外磁场至某一数值 c，才能使 B 值

变为零. c 值称为矫顽力，继续增大反向外磁场，可达到反向磁饱和点 d，再减小外磁场 H 至0，就能得到反向剩磁 b'，然后增大外磁场，可消去剩磁. 再增大外磁场，又可达到磁饱和点 a. 若外磁场 $\boldsymbol{H}$ 的大小和方向反复变化，磁介质的磁感应强度 $\boldsymbol{B}$ 就沿图 7-37 所示的闭合曲线随 $\boldsymbol{H}$ 而改变，由于 $\boldsymbol{B}$ 值总是落后于 $\boldsymbol{H}$ 值的改变，所以此闭合曲线称为磁滞回线.

3）不同的铁磁质在相同的磁场变化条件下，磁滞回线的形状是不同的. 图 7-38a 所示的磁滞回线，呈细条形，其矫顽力较小，易被磁化，也易退磁，称为软磁材料，适用于制作交流电动机、电器的铁心等. 图 7-37 所示的磁滞回线，回线呈肥大形，能保留强的剩磁，且不易退磁，称为硬磁材料，适用于制作永久磁铁. 图 7-38b 所示的磁滞回线，回线呈长方形，其剩磁接近饱和，矫顽力很小，称为矩磁材料，适用于制作电子计算机中储存元件的磁心. 将矩磁材料在不同方向的外磁场中磁化后，若撤去外磁场，就具有接近于 $+B_s$ 或 $-B_s$ 的两种不同的剩磁状态. 在电子计算机中，用矩磁材料制成的环形磁心，可作为存储元件. 这是因为计算机技术中通常采用二进制，只需“0”和“1”两个数码，而借矩磁材料的两种剩磁状态 $+B_s$ 和 $-B_s$，就可分别代表这两个数码. 若沿一定方向的磁场使元件磁化，则在磁场撤去后，元件将永久存在这种剩磁状态，起到“记忆”的作用.

铁氧体是一种新的磁性材料，它是由三氧化二铁和其他二价金属氧化物的粉末混合烧结而成的. 铁氧体可制成软磁材料、硬磁材料或矩磁材料，其特点是既有一定的磁导率，又有很高的电阻率，因此在科学技术上有广泛应用. 例如，电子技术中的天线和高频线圈的磁心、电子计算机中的记忆元件等多用铁氧体制成.

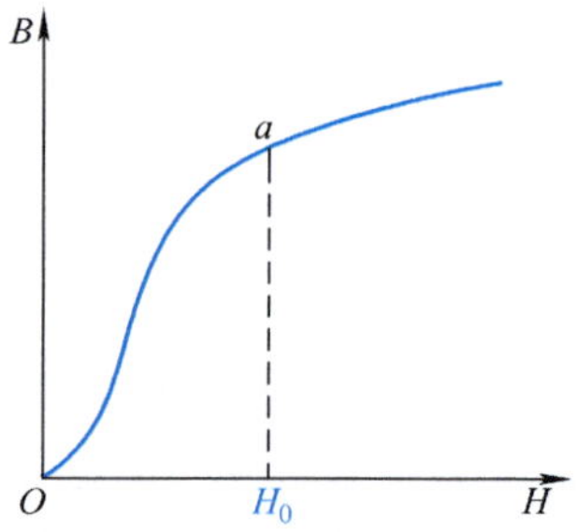

图 7-36 铁磁质的 $\boldsymbol{B}-\boldsymbol{H}$ 曲线

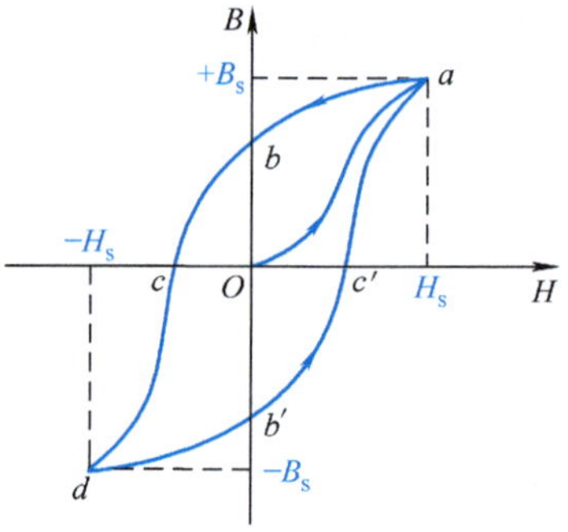

图 7-37 铁磁质的磁滞回线

某些铁磁材料及其合金和某些铁氧体等都具有磁致伸缩的特性. 如果在这些材料中沿着某一方向施加外磁场，则随着外磁场的强弱变化，材料沿此方向的长度就会发生伸缩. 这种具有磁致伸缩特性的材料可作为超声波技术中的换能器，以用于超声波清洗和探测鱼群等.

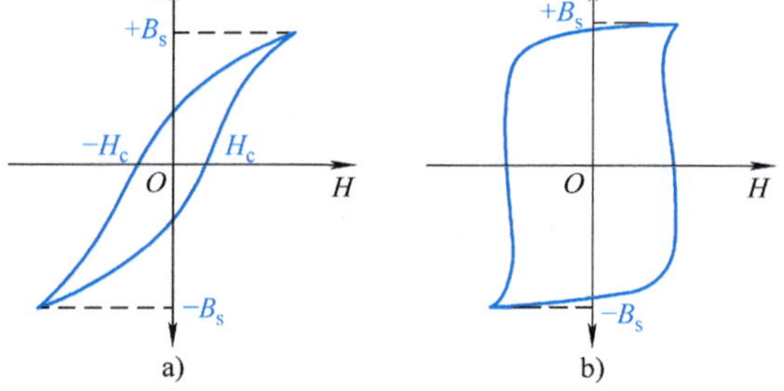

图 7-38 软磁材料和矩磁材料的磁滞回线

另一方面，铁磁质的非线性和磁滞特性在实际中也有其不利的方面. 例如，铁磁质的非线性使铁心线圈的自感（参见下一章）随线圈中电流的变化而变化，在使用时应考虑它对线圈工作的影响；又如，处于交变磁场中的铁磁质被反复地磁化，由于磁滞需要消耗额外的能量，因此会造成所谓的磁滞损耗.

4）实验还发现，当温度升高到一定程度时，铁磁性物质便会转化为顺磁质，人们把开始转化的这一温度称为居里点. 例如，铁的居里点是1043K.

7.9.2 铁磁性的磁畴理论

上述铁磁性不能用一般弱磁物质的磁化理论来解释，但可以利用磁畴理论来加以说明，简介如下：

磁畴理论认为，在铁磁质中存在着许多体积很小（体积约为 $10^{-12}\mathrm{m}^2$，其中含有 $10^{12}\sim10^{15}$ 个原子）的区域，每个小区域内部都分别自发地磁化到饱和状态（即小区域中的分子电流因自发地规则排列而具有均匀的强磁性），这种自发磁化的区域称为磁畴（见图7-39）. 在无外磁场时，各磁畴的排列是不规则的，各磁畴的磁化方向不同，产生的磁效应相互抵消，整个铁磁质不呈现磁性（见图7-40a）. 把铁磁质放入磁场强度为 H 的外磁场中，铁磁质中磁化方向与外磁场方向接近的磁畴体积扩大，而磁化方向与外磁场方向相反的磁畴体积缩小，最终消失（当外磁场足够强时），两者体积消长的过程实际上是磁畴间界壁移动的过程（见图7-40b）. 继续增强外磁场，磁畴的磁化方向发生转向，直到所有磁畴的磁化方向转到与外磁场同方向时，铁磁质就达到磁饱和状态（见图7-40c）. 由于磁畴界壁运动的过程是不可逆的，即外磁场减弱后，磁畴不能恢复原状，故表现在退磁时，磁化曲线不沿原路退回，而形成磁滞回线. 当温度升高并超过居里点时，铁磁质中的磁畴结构由于热运动而被破坏，以致完全瓦解，铁磁质便转化为顺磁质.

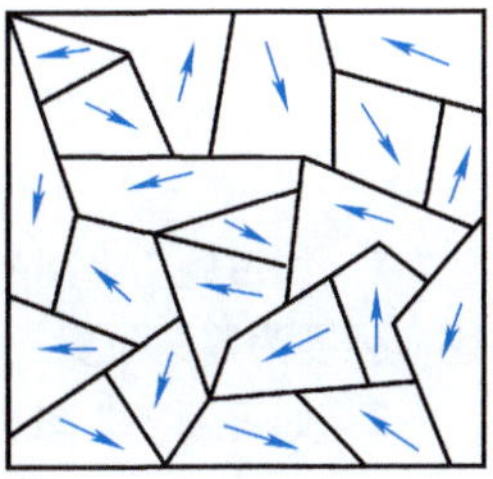

图7-39 铁磁质的磁畴

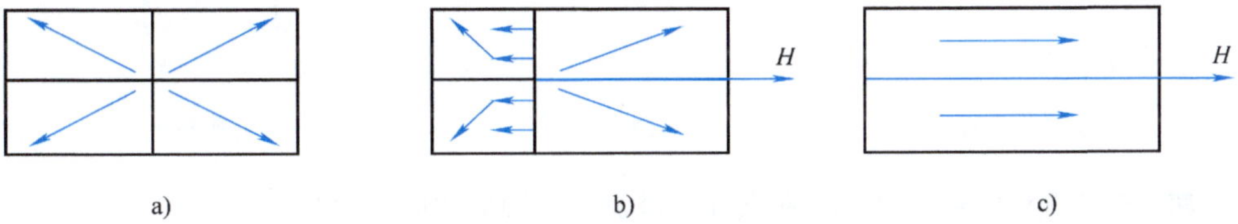

图7-40 铁磁质的磁化过程

a）无外磁场时铁磁质的磁畴 b）铁磁质在外磁场中时磁畴的消长 c）铁磁质在外磁场中磁化的结果

思考题

7-13 （1）简述铁磁质的特性及其磁化现象，说明磁滞回线是如何形成的；并用磁畴理论说明铁磁质的磁化过程.

（2）如思考题7-13图所示，图线Ⅰ、Ⅱ、Ⅲ分别表示三种不同磁介质的 $B-H$ 关系. 试说出哪一条代表铁磁质？哪一条代表抗磁质或顺磁质？为什么？

（3）试解释：①磁铁为什么能吸引铁钉之类的未磁化的铁制物体？②钢铁厂在吊运烧到赤红的钢锭时，为何不能用电磁铁的起重机？

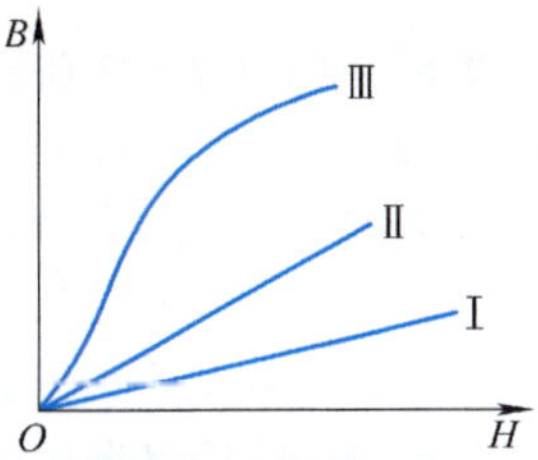

思考题7-13图

章后感悟

通过对磁介质的学习我们知道：大量无规则的铁屑置于桌面上时其指向杂乱无章，而当施加磁场后，会受到磁场的作用发生磁化，变成一个个小磁针，最终铁屑会沿磁感应线有规律地排布，从无序变为有序. 这正如我们人类社会群体，每个独立的个体都有其特点和追求，但没有规矩不成方圆，必须遵从一定的道德准则、法律法规，只有这样，社会才能更加和谐，国家才能长治久安. 你是怎么看待这件事情的呢?

习　题　7

7-1 如习题 7-1 图所示，分别通有流向相同的电流 I 和 $2I$ 的两条平行长直导线，相距为 $d=30\text{cm}$，求磁感应强度为零的位置. ［答：与电流 I 相距为 10cm 处］

7-2 如习题 7-2 图所示，折成角的长直导线 AOB 通有电流 $I=30\text{A}$. 求在角平分线上，离角的顶点 O 为 $a=5\text{cm}$ 处点 P 的磁感应强度. ［答：$4.48\times10^{-4}\text{T}$，⊙］

7-3 如习题 7-3 图所示，两根“无限长”载流直导线互相垂直地放置，已知 $I_1=4\text{A}$，$I_2=6\text{A}$（I_2 的流向为垂直于纸面向外），$d=2\text{cm}$，求点 P 处的磁感应强度. ［答：$B=7.2\times10^{-5}\text{N}$，在垂直于纸面的平面上，与 B_2 成 $\theta=33°41'$角］

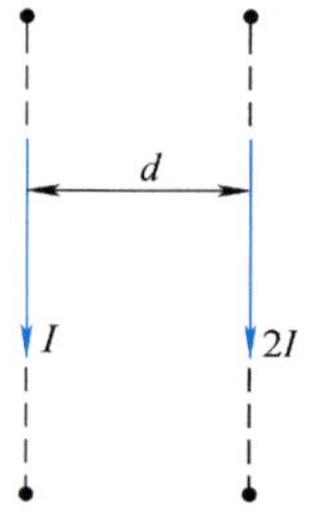

习题 7-1 图

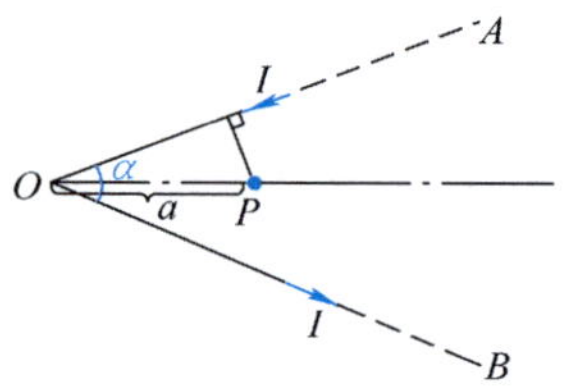

习题 7-2 图

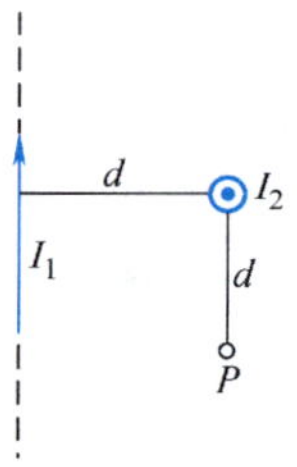

习题 7-3 图

7-4 两平行长直导线相距 40cm，每条通有电流 $I=200\text{A}$，其流向如习题 7-4图所示. 求：(1) 两导线所在平面内与该两导线等距的一点 A 处的磁感应强度；(2) 通过图中斜线所示矩形面积内的磁通量（$\ln3=1.10$）.（提示：求磁通量时要用积分法. 可先取一微长条面积元 $\mathrm{d}S=l\mathrm{d}x$，在 $\mathrm{d}S$ 内各点的磁感应强度可视作相等.） ［答：(1) $4.0\times10^{-4}\text{T}$，⊙；(2) $2.2\times10^{-5}\text{Wb}$］

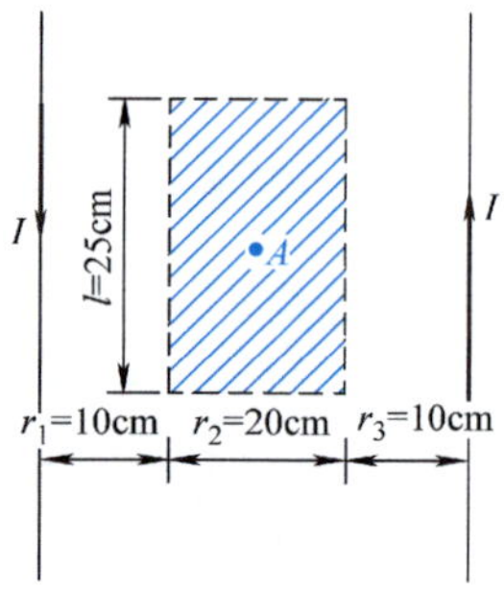

习题 7-4 图

7-5 如习题 7-5 图所示，一条通有电流 I 的长直导线，中间部分被弯成 1/4 的圆弧，圆弧半径为 R. 求圆心 O 处的磁感应强度. ［答：$\mu_0 I/(8R)$，⊗］

7-6 如习题 7-6 图所示，一长直导线与一半径 $R=5\text{cm}$ 的圆形回路分别载有电流 $I_1=4\text{A}$，$I_2=3\text{A}$，求距长直导线为 $a=10\text{cm}$ 的圆形回路中心点 O 的磁感应强度. ［答：$4.57\times10^{-5}\text{T}$，⊗］

7-7 有一线圈如习题 7-7 图所示，AB、CD 为两同心圆弧，$OB=0.50\text{m}$，$OC=0.25\text{m}$，$\varphi=30°$，$I=4.0\text{A}$. 求圆心点 O 处的磁感应强度. ［答：$4.1\times10^{-7}\text{T}$，⊙］

7-8 如习题 7-8 图所示，一个平面回路，由两同心圆弧和两平行直线段组成，其中通有电流 I，求证在此闭合回路中心点 O 处的磁感应强度为

$$B=\frac{\mu_0 I}{\pi R}\left(\arctan\frac{a}{\sqrt{R^2-a^2}}+\frac{\sqrt{R^2-a^2}}{a}\right),\ \otimes$$

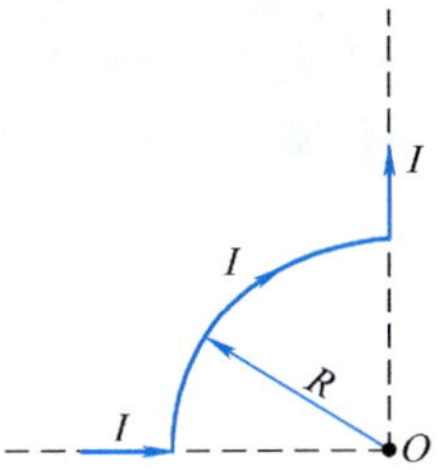

习题 7-5 图

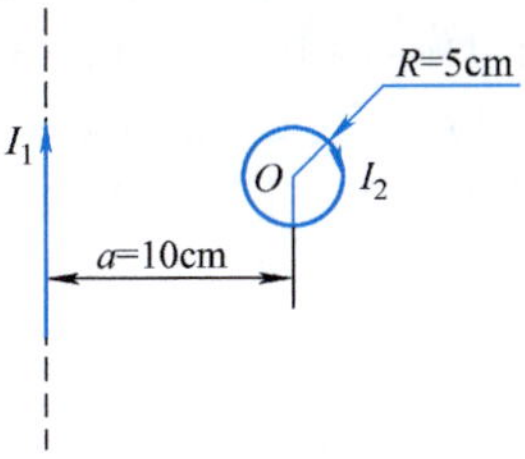

习题 7-6 图

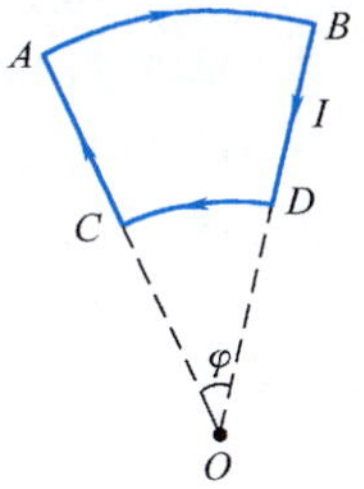

习题 7-7 图

7-9 通有电流 $I=3\text{A}$ 的一条无限长直导线，中部被弯成半径 $R=3\text{m}$ 的半圆环，如习题 7-9 图所示. 求环心 O 处的磁感应强度. ［答：$B=3.14\times10^{-5}\text{T}$，$\otimes$］

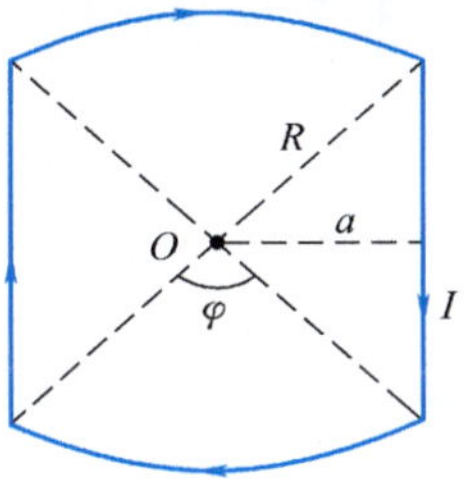

习题 7-8 图

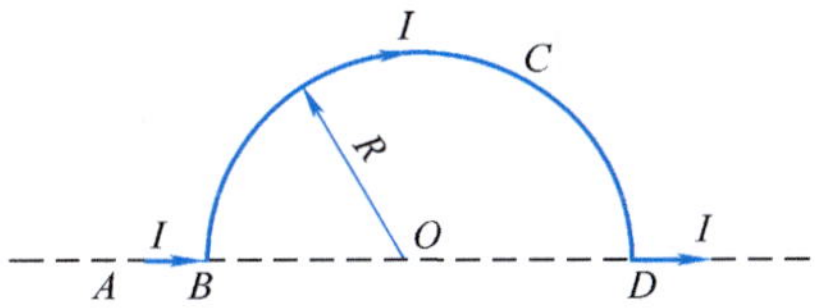

习题 7-9 图

7-10 如习题 7-10 图所示，两个半径为 R、匝数为 N、通有电流 I 的线圈，同轴平行地放置着，相距为 l. 这两个载流线圈的组合称为亥姆霍兹线圈，在实验室中常用它来激发均匀磁场. 求在距离它们的中心点 O 为 x 处的磁感应强度. ［答：$B=\frac{\mu_0}{2}NR^2I\left\{\left[R^2+\left(\frac{l}{2}+x\right)^2\right]^{-3/2}+\left[R^2+\left(\frac{l}{2}-x\right)^2\right]^{-3/2}\right\}$］

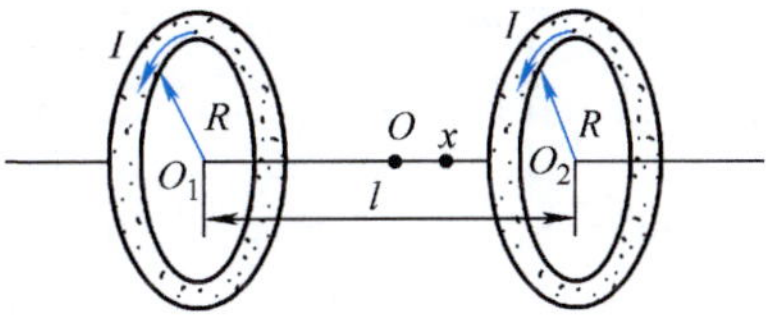

习题 7-10 图

7-11 在氢原子中，设电荷量为 $-e$ 的电子绕原子核沿半径为 R 的圆周轨道，以速率 v 做逆时针旋转. 求证：此运动电子在圆心处激发的磁场为 $B=\frac{\mu_0 ev}{4\pi R^2}$，$\otimes$.

7-12 如习题 7-12 图所示，同轴的两个长直圆筒状导体，外筒与内筒通有大小相等、流向相反的电流 I，设外圆筒的半径为 R_2，内圆筒的半径为 R_1，求与轴相距为 r 处一点的磁感应强度. 若：(1) $r>R_2$；(2) $R_1<r<R_2$；(3) $r<R_1$. ［答：(1) $B=0$ $(r>R_2)$；(2) $B=\mu_0 I/2\pi r$ $(R_1<r<R_2)$；(3) $B=0$ $(r<R_1)$］

7-13 一长直螺线管的横截面面积为 15cm^2，在 1cm 长度上绕有线圈 20 匝，当线圈通有电流 $I=0.5\text{A}$ 时，求：(1) 螺线管中部的磁感应强度的大小；(2) 通过螺线管横截面的磁通量. ［答：(1) $12.6\times10^{-4}\text{Wb}\cdot\text{m}^{-2}$；(2) 1.89×10^{-6} Wb］

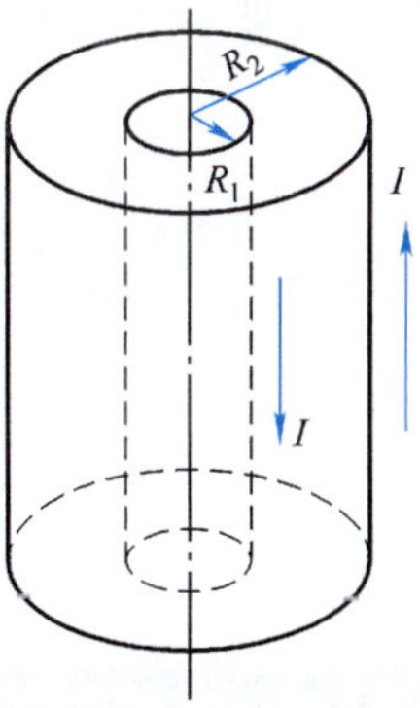

习题 7-12 图

7-14 一均质圆柱形铜棒，质量为 100g，安放在两根相距为 20cm 的水平轨道上，若铜棒中流过的电流为 20A，棒与轨道之间的静摩擦系数为 0.16，求使棒开始滑动的最小磁感应强度的大小及方向. ［答：$3.92\times10^{-2}\text{T}$，竖直向上］

7-15　如习题7-15图所示，AB、CD、EF为三条相互平行，且间距$r=20\text{cm}$的长直导线，三根导线处在同一竖直平面上，如果各条导线中皆通有电流2.0A，流向如图所示．分别求各条导线上每单位长度所受的磁场力．　[答：$F_{AB}=6.0\times10^{-6}\text{N}\cdot\text{m}^{-1}\uparrow$；$F_{CD}=8.0\times10^{-6}\text{N}\cdot\text{m}^{-1}\downarrow$；$F_{EF}=2.0\times10^{-6}\text{N}\cdot\text{m}^{-1}\uparrow$]

7-16　在长方形线圈$CDEF$中通有电流$I_2=10\text{A}$，在长直导线AB内通有电流$I_1=20\text{A}$，电流流向如习题7-16图所示；AB与CF及DE互相平行，尺寸已在图上标明．求长方形线圈上所受磁场力的合力．（提示：先求出每段导线上所受的力，再求合力．）　[答：$72\times10^{-5}\text{N}$，←]

7-17　如习题7-17图所示，半径为R、载有电流I_1的导体圆环与载有电流I_2的长直导线AB共面，AB通过圆环的竖直直径，而且与圆环彼此绝缘．求证：圆环所受的力为$F=\mu_0 I_1 I_2$，方向向右．

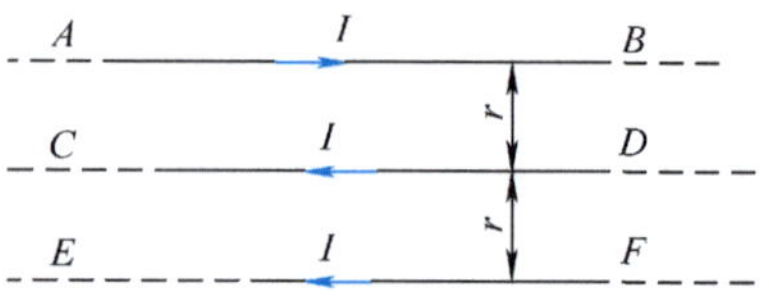

习题7-15图

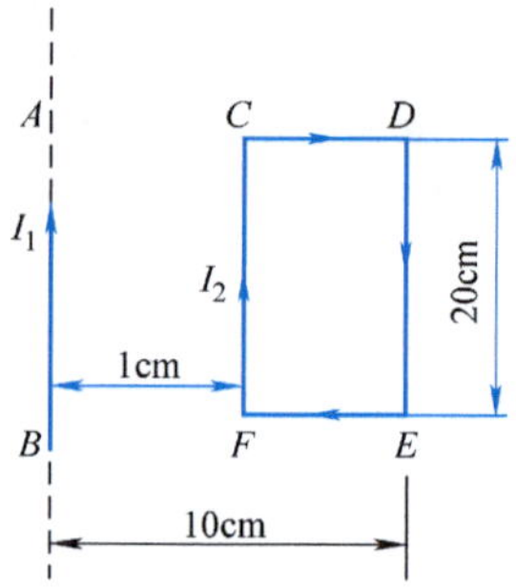

习题7-16图

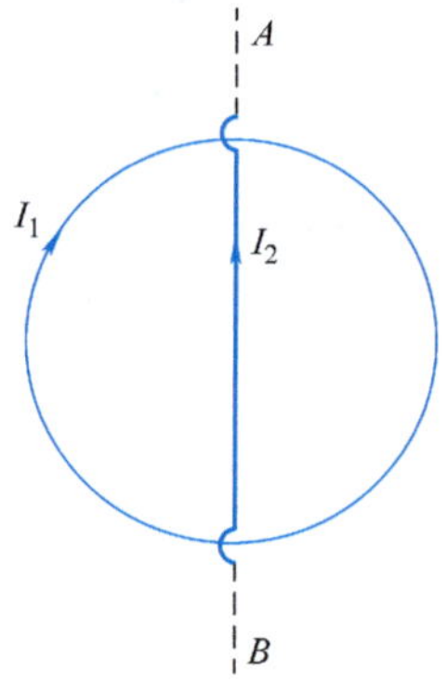

习题7-17图

7-18　如习题7-18图所示，若在长直电流I_1附近有一个两直角边长度均为a、载有电流I_2的等腰直角三角形线圈ABC，与长直电流I_1处在同一平面内，点A与长直电流相距为b，求：（1）三角形线圈ABC各边所受的安培力；（2）线圈所受的磁力矩．　[答：（1）$F_1=\dfrac{\mu_0 I_1 I_2}{2\pi}\ln\dfrac{a+b}{b}$，←；$F_2=\dfrac{\sqrt{2}\mu_0 I_1 I_2}{2\pi}\ln\dfrac{a+b}{b}$，↘；$F_3=\dfrac{\mu_0 I_1 I_2 a}{2\pi}$，↑；（2）$M=0$]

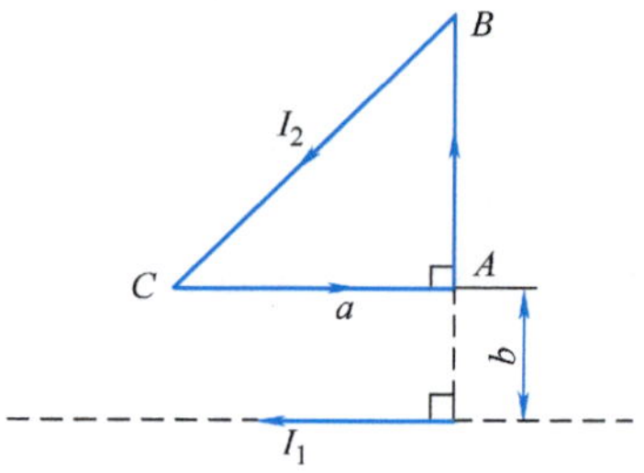

习题7-18图

7-19　一半径为R的半圆形线圈（ACB），通有电流I，放在均匀磁场$\boldsymbol{B}$中，如习题7-19图所示，磁场方向与线圈平面垂直．求线圈所受的磁场力和磁力矩．　[答：0，0]

7-20　如习题7-20图所示，电子从点O沿Oy轴方向飞出，其速度为$v=10^6\text{m}\cdot\text{s}^{-1}$，欲使电子沿直径为20cm的半圆运动到点$P$，求需加的均匀磁场的磁感应强度$B$的大小和方向．　[答：$B=5.6\times10^{-5}\text{T}$，⊗]

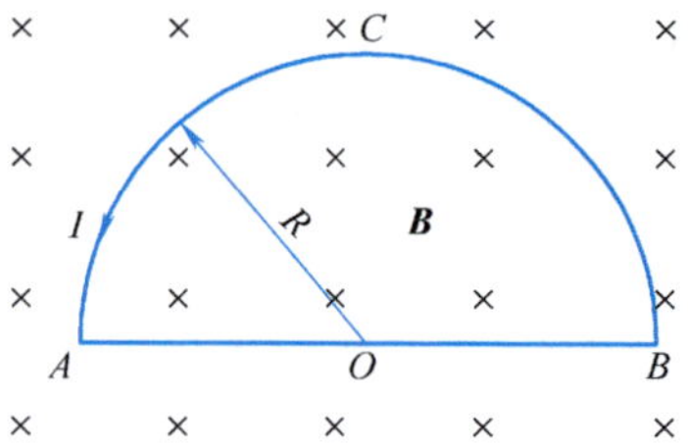

习题7-19图

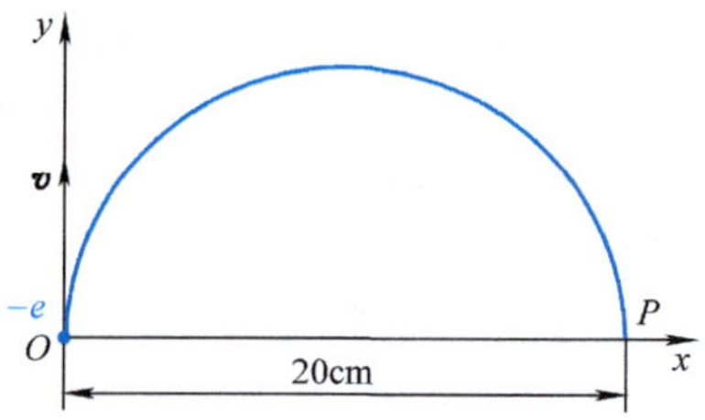

习题7-20图

7-21　如习题7-21图所示，从阴极K逸出的电子自初速为零开始，受阳极A和阴极K之间的加速电场作用而穿过A上的小孔，然后受垂直纸面向外的均匀磁场$\boldsymbol{B}$作用，使其轨道弯曲而射到点P，若加速电压为U_{AK}，且不计电子的重力，求证：电子的比荷$e/m = 8U_{AK}d^2/[B^2(d^2+l^2)^2]$.

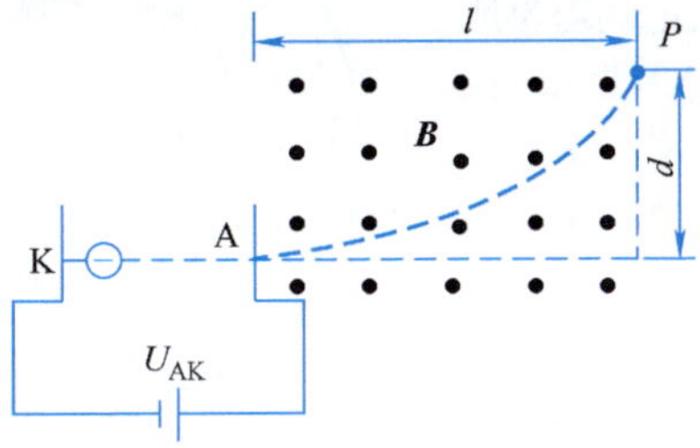

习题7-21图

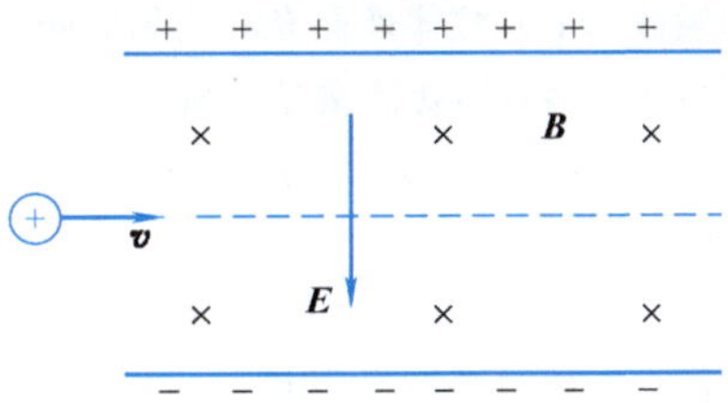

习题7-22图

7-22 一方向竖直向下的均匀电场与一均匀磁场（方向垂直纸面向里）互相垂直. 电场强度大小为$E = 1.0\times10^{-3}\text{V}\cdot\text{m}^{-1}$，若要使速度$v = 6\times10^8\text{cm}\cdot\text{s}^{-1}$的带正电质点沿水平方向穿过这两个场而不改变运动方向，如习题7-22图所示，且不计质点的重力，则磁场的磁感应强度应为何值？ ［答：$1.67\times10^{-10}\text{Wb}\cdot\text{m}^{-2}$］

7-23 如习题7-23图所示，设均匀磁场$\boldsymbol{B}$的方向垂直纸面向外，此磁场区域的宽度为D，若一个质量为m、电荷为$-e$的电子以垂直于磁场的速度$\boldsymbol{v}$水平地射入磁场，求它穿出磁场时的偏转角α. 电子的重力不计. ［答：$\alpha = \arcsin(DeB/mv)$］

7-24 如习题7-24图所示，借大磁铁在半径为r的圆周范围内激发一个均匀磁场$\boldsymbol{B}$，设其方向垂直纸面向外. 当质子（或其他带电粒子）从磁场中心O处注入后，垂直于磁场B做圆周运动，每转过半圈，就被具有几千伏电压的电场加速一次，使质子以更大的半径旋转. 转过数千圈后，质子运动到磁场边缘处时，已获得很高的动能. 利用这种高能粒子去轰击原子核，可以引起核反应. 这就是研究原子核的重要装置——回旋加速器的工作原理. 设磁场半径为$r = 0.8\text{m}$、磁感应强度$B = 1.2\text{T}$，求质子运转到磁场边界时所获得的能量. ［答：43.9MeV］

7-25 如习题7-25图所示，一电子进入相距为l的极板C和D之间的均匀电场$\boldsymbol{E}$，若初速不计，它逆着电场方向做加速直线运动而穿过狭缝S_0后，就在均匀磁场$\boldsymbol{B}$中做半径为R的圆周运动. 求证：由此测定的电子比荷$e/m = 2El/(B^2R^2)$.

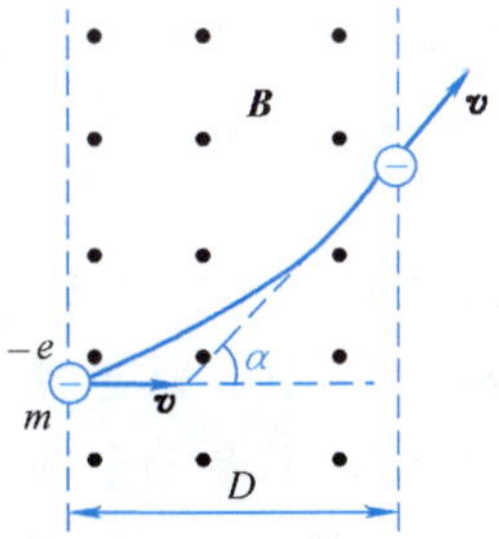

习题7-23图

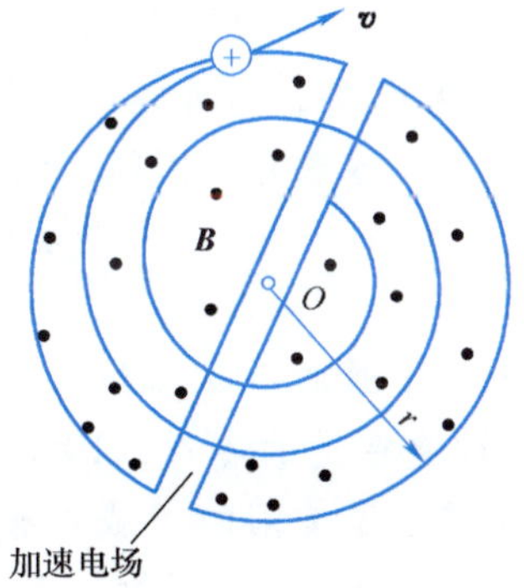

习题7-24图

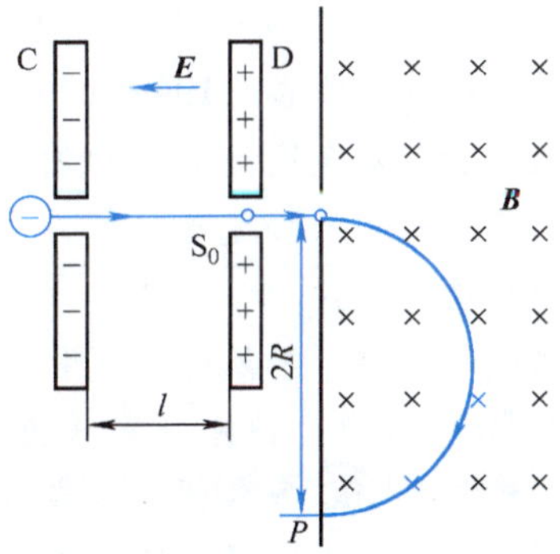

习题7-25图

7-26 测量磁场用的霍尔效应高斯计，其探头采用厚度$d = 0.2\text{mm}$、载流子浓度$n = 3.0\times10^{14}\text{cm}^{-3}$的n型锗半导体薄片. 当锗片中通有电流20mA且垂直于磁场放置时，测得霍尔电势差为$2.1\times10^{-2}\text{V}$. 求磁感应强度. ［答：$B = 1.0\times10^{-2}\text{T}$］

7-27 如习题7-27图所示，在磁导率$\mu = 5.0\times10^{-4}\text{Wb}\cdot\text{A}^{-1}\cdot\text{m}^{-1}$的磁介质圆环上，每米长度均匀

密绕着 1000 匝的线圈，绕组中通有电流 $I=2.0\text{A}$. 试计算环内的磁感应强度. [答：$1\text{Wb}\cdot\text{m}^{-2}$]

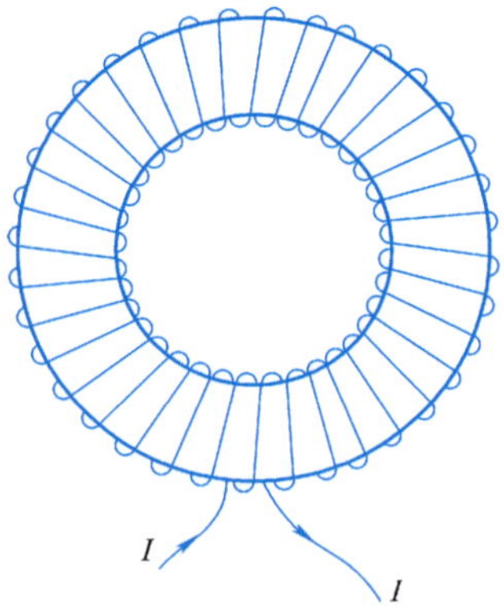

习题 7-27 图

7-28 在半径为 R 的无限长圆柱体中通有电流 I，设电流均匀地分布在柱体的横截面上，柱体外面充满均匀磁介质，磁导率为 μ. 试求：(1) 离轴线 r ($r>R$) 处的磁感应强度；(2) 离轴线 r ($r<R$) 处的磁场强度. [答：(1) $B=\mu I/(2\pi r)$ ($r>R$)；(2) $H=Ir/(2\pi R^2)$ ($r<R$)]

7-29 在生产中，为了测定某种材料的相对磁导率，常将这种材料做成横截面为矩形的环形螺线管的芯子. 设环上绕有线圈 200 匝，平均周长为 0.10m，横截面面积为 $5.0\times10^{-5}\text{m}^2$，当线圈内通有电流 0.10A 时，用磁通计测得穿过环形螺线管横截面的磁通量为 6.0×10^{-5} Wb. 试计算该材料的相对磁导率. [答：$\mu_r=8.84\times10^3$]

科学家轶事

赵忠尧——巨流无声　赤子情怀

中国科学院院士、著名核物理学家赵忠尧于 1931 年赴英国剑桥大学，师从著名物理学家卢瑟福，在赵忠尧学成归国时，卢瑟福特意将 50mg 放射性实验镭赠送给他. 赵忠尧历尽千难万险，将这 50mg 镭带回了中国，开设中国第一个核物理实验室. 在赵忠尧开设中国第一个核物理实验室的时候，日本人打进了北平城. 北平城中许多教授都在收拾细软准备南下避难，而身在外地的赵忠尧却秘密潜回北平，在好友梁思成的帮助下回到一片狼藉的清华园，并找到了伪装在铅桶里的镭.

为了躲避日军的盘查，赵忠尧化妆成难民，将镭元素藏在咸菜坛子中，跟着人流向长沙进发. 他尽量选择昼伏夜出，一路风餐露宿，行李几乎全被舍弃，唯独不敢松开手中拎着的坛子，哪怕双手被磨出道道血痕. 一个多月后，长沙临时大学报到处出现了个一手拄着拐杖，一手拎着坛子的乞丐. 他颤巍巍地将镭交给了梅贻琦校长.

1946 年，中国秘密开始核物理研究. 赵忠尧再次赴美，学习制造静电加速器，这是制造原子弹的核心设备. 1949 年秋，新中国成立，赵忠尧兴奋异常，他看到了中华民族崛起的希望. 加速器是制造原子弹的核心设备，他躲开美国联邦调查局和海关的严密检查，将自己几年来收集到的加速器零部件分装入 30 多个箱子，与购买的教学设备混在一起，陆续运回祖国大陆.

但此时国际形势发生了变化，中美已不通航，赵忠尧本人回国遇到了难以想象的困难. 直到 1950 年 8 月，他才侥幸获得一份过境香港的签证，1950 年 8 月 29 日，赵忠尧和钱学森、邓稼先等 100 多名留美学者一起，登上了美国的“威尔逊总统号”. 正要启航时，美国联邦调查局的特工突然上船搜查. 钱学森 800 多公斤重的书籍和笔记本被扣留，钱学森本人被指为“间谍”，被押送到特米那岛上关了起来. 赵忠尧竟侥幸被放行了，可当轮船开到日本横滨时，美国特工气势汹汹地冲上船，抓走赵忠尧，将他押进了美军在日本的巢鸭军事监狱. 赵忠尧被以“莫须有”的罪名关进美军在日本监狱的消息披露后，由于赵忠尧人品端正，在学界人缘极好，他的遭遇立刻在国际上引起巨大轰动，美国科学界也对此表示强烈抗议，周恩来更为此发表了声明！在国内外的强大压力之下，美国政府在没有证据可抓的情况下，只得将赵忠尧放行.

1998 年 5 月 28 日，当他以 96 岁高龄辞别人世时，依然悄然无声，他神情极其安详，因为他深以自慰："这一生一直在为祖国兢兢业业地工作，没有谋取私利，没有虚度光阴"，他对得起时代、对得起国家和人民！他为我国核物理和高能物理研究事业，为培养我国原子能、核物理和高能物理的实验研究人才做出了重大贡献，是我国原子核物理、中子物理、加速器和宇宙线研究的先驱者和奠基人之一.

应用拓展

激光尾波加速

传统的加速器是根据带电粒子（例如电子、质子、离子等）在电场中受到的作用力而得到加速，提高粒子能量的. 加速器提供的电场强度越大，带电粒子能够获得的能量越大. 但是设备占地很大、成本很高. 物理学家一直试图减少加速器的体积和长度. 光波是高频率的电磁波，与电子有强烈的交互作用. 现在的激光技术能够获得单色性好、相干性好和方向性好的激光束，能够提供电场强度很高的电场，而且可获得比传统加速器更高的加速梯度，从而为缩短加速的长度带来可能.

激光尾波加速的原理是利用强度、脉宽、聚焦尺度合适的激光在气体等离子体中激发出大幅电子密度波，该波跟随激光向前运动，可以承载极强的纵向和横向电磁场，且其相速度与驱动激光的群速度相当. 该结构可以对处于其中合适相位的带电粒子束进行纵向加速和横向聚焦，形成一个完美的加速结构，其加速梯度可达 1GV/cm.

虽然我国在激光尾波加速研究的早期起步较晚，但在这方面的理论和实验研究都也取得了快速的发展. 如中国科学院上海光机所、中国科学院物理所、中国工程物理研究院、清华大学、国防科技大学、上海交通大学等，都在激光尾波加速的研究上有重要的贡献. 其中中科院上海光机所、中国工程物理研究院激光聚变研究中心和上海交通大学都成功实现了利用激光尾波加速获得吉电子伏特级的电子加速. 我国科学家在尾场电子注入、尾场诊断及尾场实现高品质辐射方面，在国际上都做出了杰出的贡献，并受邀参与多项国际研究计划，如上海交通大学受邀参加欧盟的首个等离子体尾场加速装置（EuPRAXIA）建设.

第 8 章

电磁感应和电磁波

章前问题

一铝质圆盘可以绕固定轴 Oz 转动. 为了使圆盘在力矩作用下做匀速转动，常在圆盘边缘处放一蹄形的永久磁铁. 圆盘受到力矩作用后做加速转动. 实验发现，当角速度增加到一定值时，就不再增加了. 这是为什么？试说明其作用原理.

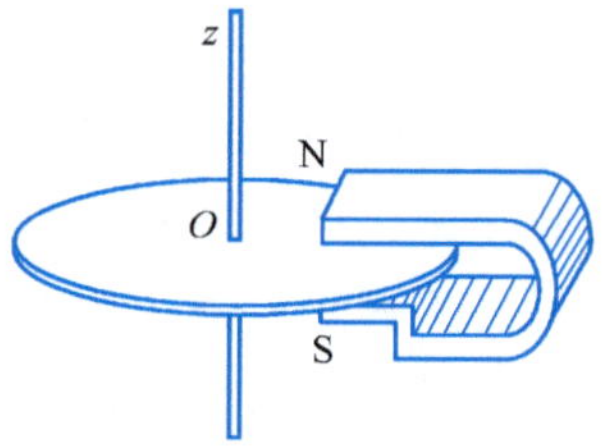

学习要点

1. 电磁感应现象；
2. 法拉第电磁感应定律；
3. 动生电动势；
4. 涡旋电流；
5. 自感与互感；
6. 磁场的能量；
7. 位移电流；
8. 全电流安培环路定理；
9. 电磁场的麦克斯韦方程组；
10. 电磁波的产生与性质；
11. 电磁波的能量；
12. 电磁波谱.

前两章我们相继讨论了静电场和稳恒磁场的基本规律. 本章将进一步研究电场和磁场在时变的情况下相互激发、相互联系的情况和性质，并由此引入和归结为宏观电磁场理论的基础——麦克斯韦方程组.

奥斯特于 1820 年发现电流的磁现象之后不久，英国物理学家法拉第（Faraday，1791—1867）于 1821 年提出“磁”能否产生“电”的想法，并经过多年实验研究，终于在 1831 年发现，当穿过闭合导体回路中的磁通量随时间发生改变时，回路中就会出现电流，这个现象称为电磁感应现象.

电磁感应现象的发现，不仅揭示了电与磁之间的内在联系，为进一步建立电磁场理论提供了基础，而且使机械能转变为电能得以实现，促进了工业化社会的发展.

8.1 电磁感应及其基本规律

8.1.1 电磁感应现象

如图 8-1 所示，一线圈 A 与灵敏电流计 G 连接成一个回路，用一磁铁的 N 极或 S 极插入线圈的过程中，电流计显示出回路中有电流通过. 电流的方向与磁铁的极性及运动方向有关；电流的大小则与磁铁相对于线圈运动的快慢有关. 磁铁运动得越快，电流越大；运动得越慢，电流越小；停止运动，则电流为零.

演示实验——发动机

如果采取相反的操作过程，磁铁静止不动，将线圈相对于磁铁运动，结果完全相同.

如果将磁铁换成另一载流线圈 B，如图 8-2 所示，则发现只要载流线圈 B 和线圈 A 之间有相对运动，在线圈 A 的回路中就有电流通过. 情况和磁铁与线圈 A 之间有相对运动时完全一样. 不仅如此，还发现即使线圈 A 与 B 之间没有相对运动，但只要改变线圈 B 中的电流大小，或者甚至电流大小也不改变，只要改变线圈 B 中的介质（例如，把一根铁棒插入线圈 B 或将线圈中原有的铁棒抽出的过程中），同样会在线圈 A 的回路中引起电流.

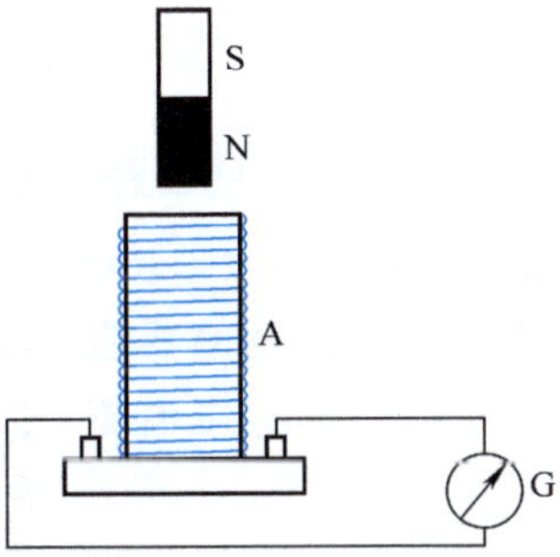

图 8-1 磁铁插入线圈的实验

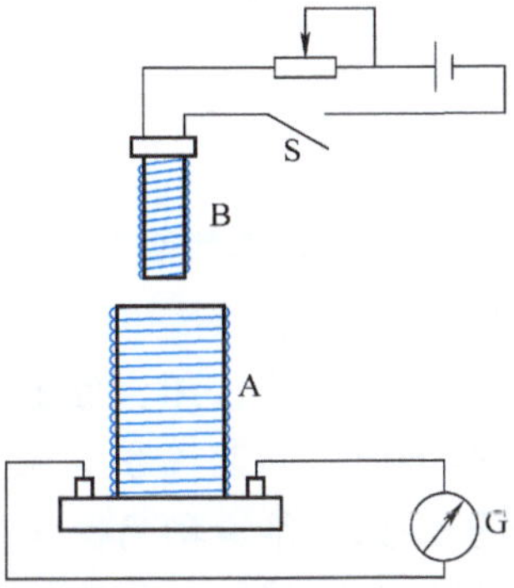

图 8-2 载流小线圈插入线圈

以上各实验的条件似乎很不相同，但是仔细分析，可以发现它们具有一个共同特征，即当线圈 A 内的磁感应强度发生变化时，线圈 A 中就有电流通过，这个电流称为感应电流. 并且，磁感应强度变化越迅速，感应电流也越大. 感应电流的方向可以根据磁场变化的具体情况来确定.

那么，磁场不变化能否产生感应电流呢? 实验还发现另一种情况，如图 8-3 所示，在一均匀磁场 $\boldsymbol{B}$ 中放一矩形线框 $abcd$，线框的一边 cd 可以在 ad、bc 两条边上滑动，以改变线框平面的面积. 线框的另一边 ab 中接一灵敏电流计 G. 使线框平面与磁场 $\boldsymbol{B}$ 垂直，则当 cd 边滑动时，也会引起感应电流，滑动速度 v 越大，感应电流也越大. 感应电流的流向与磁场 $\boldsymbol{B}$ 的方

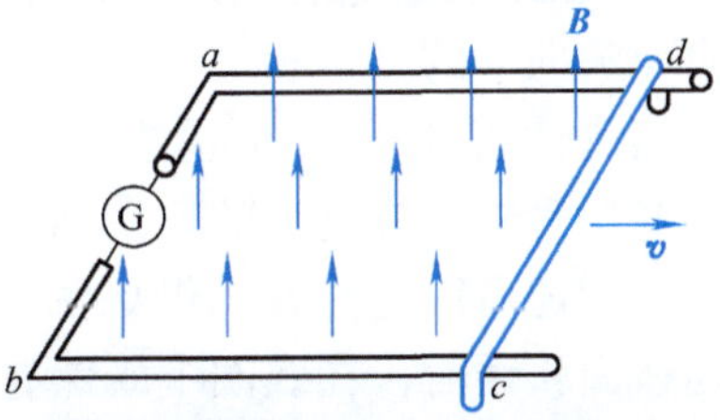

图 8-3 线框平面面积改变引起感应电流

向及 cd 边滑动的方向彼此有关. 但如果线框平面平行于磁场方向，则无论怎样滑动，cd 边都没有感应电流产生. 在这个实验中，磁场没有发生变化，但当 cd 边的滑动使得通过线框的磁通量发生变化时，也会产生感应电流.

从以上三个实验现象可以看到，线圈中的感应电流是在磁铁相对于线圈位置发生变化，或者在磁场中的线圈回路面积发生变化的情形下引起的. 这种电流的产生可以归结为如下结论：**当通过一闭合电路所包围面积的磁通量发生变化时，闭合电路中就会出现感应电流.**

思考题

8-1　如思考题 8-1 图所示，放在纸面上的闭合导体回路 C，在垂直纸面且向里的均匀磁场 $\boldsymbol{B}$ 中做各图所示的运动时，回路 C 中有无感应电流？

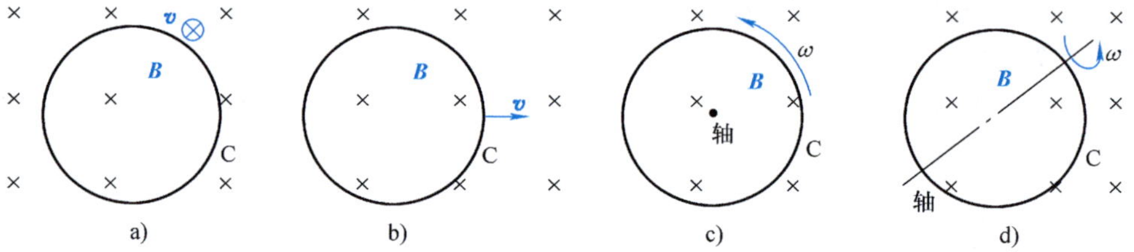

思考题 8-1 图

a）回路沿磁场方向平动　b）回路垂直于磁场方向平动

c）回路绕平行于磁场的轴转动　d）回路绕垂直于磁场的轴转动

8.1.2　楞次定律

现在来说明如何判断感应电流的流向. 1833 年楞次（Lenz，1804—1865）在概括实验结果的基础上得出如下结论：**闭合回路中感应电流的流向，总是企图使感应电流本身所产生的通过回路面积的磁通量，去抵消或者补偿引起感应电流的磁通量的改变. 这一结论称为楞次定律.**

演示实验——跳环楞次定律

应用楞次定律判断感应电流的流向，可举例说明. 如图 8-4 所示，当磁铁向线圈 A 移动时，我们可以按下述三个步骤来判断线圈 A 中感应电流的流向：

1）随着磁铁向线圈 A 靠近，穿过线圈 A 的磁通量在增大.

2）根据楞次定律，螺绕管中感应电流的磁场方向应与磁铁的磁场方向相反（如图中虚线所示）.

3）根据右手螺旋法则，螺绕管中感应电流 I_i 的方向是自 a 流向 b 的.

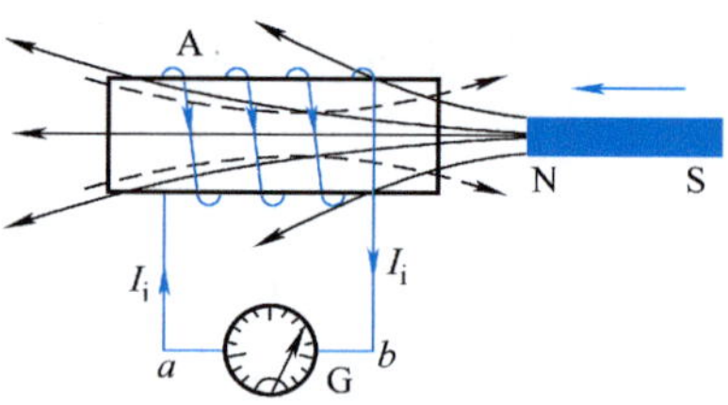

图 8-4　楞次定律举例说明

当磁铁离开线圈 A 向右移动时，读者不难自行判断，螺绕管中感应电流的方向则会自 b 流向 a.

我们还可以这样看：仍如图 8-4 所示，当磁棒的 N 极向线圈移动时，在线圈中既然有感应电流，那么，这个线圈就相当于一个条形磁铁，它的右端便成为 N 极，面迎着磁棒的 N 极，以致这两个 N 极互相排斥. 反之，当磁棒的 N 极离开线圈时，读者可自行分析，线圈的右端则成为 S 极，将吸引磁棒而企图阻止它离开. 总之，感应电流激发的磁场，其作用是反抗磁棒的运动.

细加思量，读者不难领会，用以决定感应电流流向的楞次定律，是符合能量守恒与转换定律的. 在上述例子中可以看到，感应电流所激发的磁场，它的作用是反抗磁棒的运动，因此，一旦移动磁棒，外力就要做功；与此同时，在导体回路中就具有感应电流，这电流在回路上则是要消耗电能的，例如消耗在电阻上而转变为热能. 事实上，这个能量的来源就是外力所做的功.

反之，假如感应电流激发的磁场方向是使磁棒继续移动，而不是阻止它的移动，那么，只要我们将磁棒稍微移动一下，感应电流将帮助它移动得更快些，于是更增大了感应电流大小，这个增大更促进相对运动的加速，这样继续下去，相对运动就越加迅速，回路中感应电流就越加增大，不断获得能量. 这就是说，此后我们可以不做功，而同时无限地获得电能，这显然是违背能量守恒定律的. 所以，感应电流的流向只能按照楞次定律的规定取向.

思考题

8-2　(1) 试述楞次定律，为什么说楞次定律是符合能量守恒定律的？

(2) 如思考题 8-2 图所示，一导体回路 A 接入电源和可变电阻 R. 当电阻值 R 增大或减小时，试判定回路中感应电流的流向.

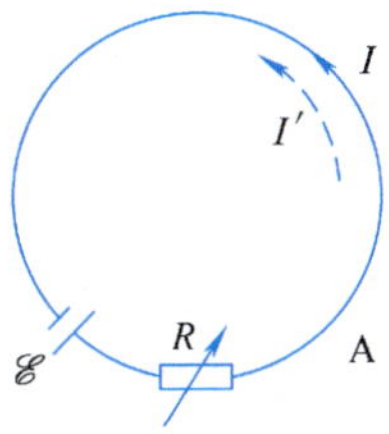

思考题 8-2 图

8.1.3　法拉第电磁感应定律及其应用

不言而喻，电路中出现电流，说明电路中有电动势. 直接由电磁感应而产生的是感应电动势，只有当电路闭合时感应电动势才会产生感应电流. 法拉第从实验中总结了感应电动势与磁通量变化之间的关系，得出法拉第电磁感应定律：不论任何原因使通过回路面积的磁通量发生变化时，回路中产生的感应电动势 $\mathscr{E}_i$ 与磁通量对时间的变化率 $\mathrm{d}\Phi_m/\mathrm{d}t$ 的负值成正比，即

演示实验——电磁炮

$$\mathscr{E}_i = -k\frac{\mathrm{d}\Phi_m}{\mathrm{d}t}$$

式中，k 是比例系数. 在国际单位制中 $k=1$，则上式可写成

$$\mathscr{E}_i = -\frac{\mathrm{d}\Phi_m}{\mathrm{d}t} \tag{8-1}$$

式中，Φ_m 的单位为 Wb（韦伯）；t 的单位为 s（秒）；$\mathscr{E}_i$ 的单位为 V（伏特）.

如果闭合回路的电阻为 R，则回路中的感应电流为

$$I_i = -\frac{1}{R}\frac{d\Phi_m}{dt} \tag{8-2}$$

如果回路是由 N 匝线圈密绕而成的，穿过每匝线圈的磁通量均为 Φ_m，那么总磁通量为 $N\Phi_m$. 这时，我们可把法拉第电磁感应定律写成如下形式：

$$\mathscr{E}_i = -\frac{d(N\Phi_m)}{dt} = -\frac{d\Psi}{dt} \tag{8-3}$$

式中，$\Psi = N\Phi_m$ 称为通过 N 匝线圈的**磁通链数**，简称**磁链**.

上述各式中的负号反映了感应电动势的指向或电流的流向与磁通量变化趋势的关系，乃是楞次定律的数学表示. 具体确定电动势 $\mathscr{E}_i$ 的指向（或电流 I_i 的流向）的方法如下：首先任意选定回路绕行的正取向，为方便起见，一般选取与原磁场 $\boldsymbol{B}$ 的方向成右手螺旋关系的绕行方向作为正的取向，如图 8-5a、b 中的虚线所示. 如果磁通量随时间增大，则 $d\Phi_m/dt > 0$，$\mathscr{E}_i < 0$，$I_i < 0$，说明感应电动势 $\mathscr{E}_i$ 的指向或感应电流 I_i 的流向与假设的正取向相反（见图 8-5a）；如果磁通量随时间减小，则 $d\Phi_m/dt < 0$，$\mathscr{E}_i > 0$，$I_i > 0$，说明感应电动势 $\mathscr{E}_i$ 的指向或感应电流 I_i 的流向与假定的正取向相同（见图 8-5b）. 在具体进行数值计算时，我们往往用式（8-1）来求感应电动势的大小（绝对值），即 $|\mathscr{E}_i| = |-d\Phi_m/dt|$；而用楞次定律直接确定感应电动势的指向，这样较为方便. 但是，在理论上讨论或分析电磁感应问题时，为了能从量值上同时表述感应电动势的指向（或感应电流的流向），则需要直接运用法拉第电磁感应定律［式（8-1）、式（8-2）或式（8-3）］进行探究.

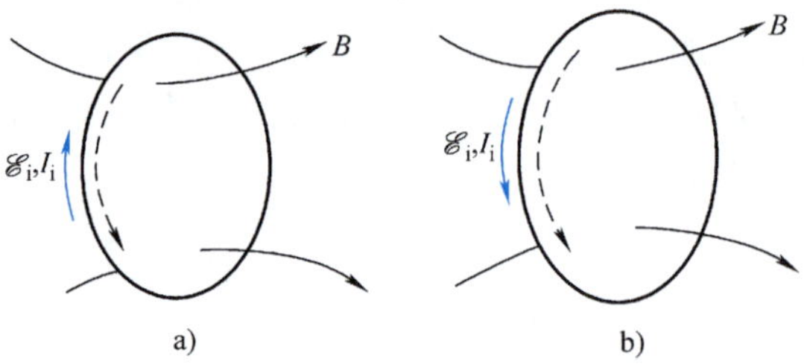

图 8-5 用法拉第电磁感应定律判定 $\mathscr{E}_i$ 的指向或 I_i 的流向

a）若 $d\Phi_m/dt>0$，则 $\mathscr{E}_i<0$，$I_i<0$

b）若 $d\Phi_m/dt<0$，则 $\mathscr{E}_i>0$，$I_i>0$

思考题

8-3 如思考题 8-3 图所示，当一长方形回路 A 以匀速 $\boldsymbol{v}$ 自无场区进入均匀磁场 $\boldsymbol{B}$ 后，又移出到无场区中. 试判断回路在运动全过程中感应电动势的指向.

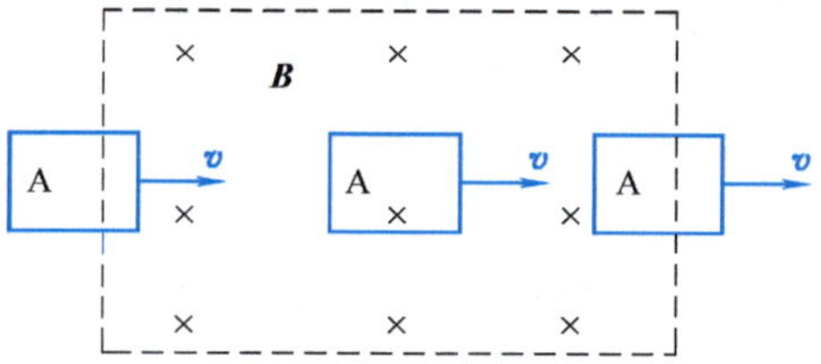

思考题 8-3 图

例题 8-1 自 $t=t_0$ 到 $t=t_1$ 的时间内，若穿过闭合导线回路所包围面积的磁通量由 Φ_{m0} 变为 Φ_{m1}，求这段时间内通过该回路导线自身的任一横截面上的电荷 q. 设回路导线的电阻为 R.

解： 按题意可知，回路中将引起感应电动势，其大小为

$$|\mathscr{E}_i| = \left|\frac{-\mathrm{d}\Phi_m}{\mathrm{d}t}\right| = \frac{|-\mathrm{d}\Phi_m|}{\mathrm{d}t}$$

则由闭合电路的欧姆定律，有

$$I = \frac{\mathscr{E}_i}{R} = \frac{1}{R}\frac{|\mathrm{d}\Phi_m|}{\mathrm{d}t}$$

根据电流的定义，$I=\mathrm{d}q/\mathrm{d}t$，遂得通过导线横截面的电荷为

$$q = \int_{t_0}^{t_1}\mathrm{d}q = \int_{t_0}^{t_1}I\mathrm{d}t = \frac{1}{R}\int_{\Phi_{m0}}^{\Phi_{m1}}|\mathrm{d}\Phi_m| = \frac{1}{R}\left|\int_{\Phi_{m0}}^{\Phi_{m1}}\mathrm{d}\Phi_m\right| = \frac{1}{R}|\Phi_{m1}-\Phi_{m0}|$$

说明

电荷的多少与磁通量 Φ_m 的改变值成正比，而与其变化率无关. 因此，只要测得通过回路导线中任一横截面的电荷，并在回路导线电阻已知的情况下，就可用来测定磁通量 Φ_m 的变化值. 磁通计就是根据这个原理设计的.

例题 8-2　如例题 8-2 图所示，在磁感应强度 $\boldsymbol{B}=0.5T$、方向垂直于纸面向里的均匀磁场中，一矩形闭合导体回路 $Oabc$ 的平面与磁场 $\boldsymbol{B}$ 相垂直，其中 ab 段的长度为 $l=20\text{cm}$，它可沿 Ox 轴方向平动. 当 ab 段以匀速 $v=1\text{m}\cdot\text{s}^{-1}$ 向右移动时，求回路中的感应电动势.

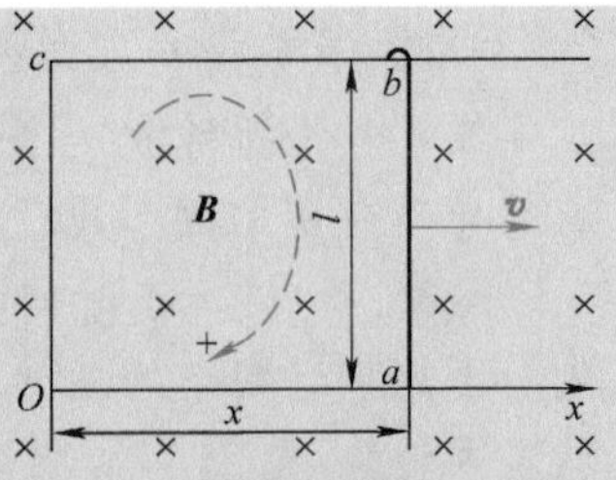

例题 8-2 图

解： 首先，我们不妨选定正的回路绕向为顺时针转向（如图中带箭头的虚线所示），则按右手螺旋法则，此回路平面的法线 $\boldsymbol{e}_n$ 的方向垂直纸面向里，与磁场 $\boldsymbol{B}$ 的方向一致，即与磁感应线的夹角 $\theta=0°$. 因此，在导线段 ab、速度 $\boldsymbol{v}$ 和磁场 $\boldsymbol{B}$ 三者相互垂直的情况下，在任一时刻穿过回路的磁通量是正的，即 $\Phi_m=Blx$；由于磁场 $\boldsymbol{B}$ 不变，当导线段 ab 以速度 $\boldsymbol{v}$ 运动时，它离开 Oc 段的距离 x 是变量. 因此，按法拉第电磁感应定律［式 (8-1)］，整个回路上的感应电动势为

$$\mathscr{E}_i = -\frac{\mathrm{d}\Phi_m}{\mathrm{d}t} = -\frac{\mathrm{d}(Blx)}{\mathrm{d}t} = -Bl\frac{\mathrm{d}x}{\mathrm{d}t} = -Blv$$

将题设各量单位统一用 SI 表示，并代入上式后，可算得

$$\mathscr{E}_i = (-0.5\times0.2\times1)\text{V} = -0.1\text{V}$$

式中，负号表示感应电动势的方向与所设的回路绕行方向相反，即感应电动势是循逆时针转向的；感应电动势的大小为 0.1V.

例题 8-3　如例题 8-3 图所示，一竖直的长直导线通有电流 $I=1.5\text{A}$，将一个面积 $S=1.4\text{cm}^2$ 的小铜线圈 C 以匀速 $v=3.25\text{m}\cdot\text{s}^{-1}$ 离开导线水平向右移动，铜圈平面与长直导线恒在同一平面内，当线圈距导线 20cm 时，求线圈中的感应电动势.

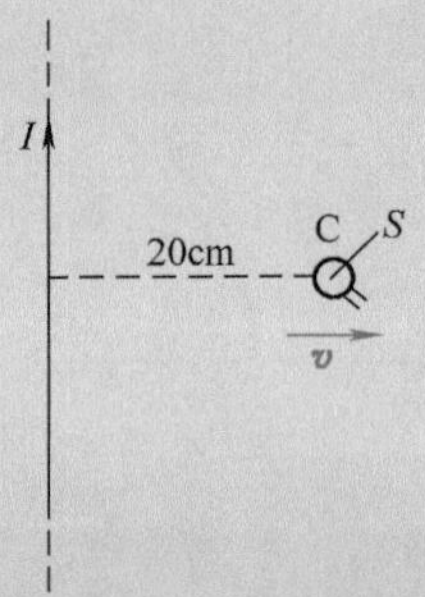

例题 8-3 图

解： 取小线圈绕行的正方向为顺时针方向，则它的正法线方向 $\boldsymbol{e}_n$ 与 $\boldsymbol{B}$ 的方向一致，$\cos\langle\boldsymbol{e}_n, \boldsymbol{B}\rangle = \cos 0° = 1$. 当铜圈运动到距长直导线为 r 处时，通过小铜线圈的磁通量为

$$\Phi_m = BS\cos0° = BS = \frac{\mu_0 I}{2\pi r}S$$

通过线圈的磁通量变化率为

$$\frac{d\Phi_m}{dt} = \frac{d}{dt}\left(\frac{\mu_0 IS}{2\pi r}\right) = -\frac{\mu_0 IS}{2\pi r^2}\frac{dr}{dt} = -\frac{\mu_0}{4\pi}\frac{2IS}{r^2}v$$

由已知数据，可求出小线圈中的感应电动势为

$$\mathscr{E}_i = -\frac{d\Phi_m}{dt} = \frac{\mu_0 2IS}{4\pi r^2}v = 10^{-7}\text{N}\cdot\text{A}^{-2}\times\frac{2\times1.5\text{A}\times1.4\times10^{-4}\text{m}^2\times3.25\text{m}\cdot\text{s}^{-1}}{(0.2\text{m})^2}$$
$$=3.41\times10^{-9}\text{V}$$

$\mathscr{E}_i$为正值，表明小线圈中感应电动势的指向循所取的回路正绕行方向，即顺时针方向. 或者，也可以像通常那样，按法拉第电磁感应定律求 $\mathscr{E}_i$的大小，用楞次定律确定其方向.

例题 8-4 如例题 8-4 图所示，一长直导线通以交变电流 $i = I_0\sin\omega t$（即电流随时间 t 正弦变化），式中 i 表示瞬时电流，而 I_0 表示最大电流（或称电流振幅），ω 是角频率，I_0和 ω 都是恒量. 在此导线近旁平行地放一个长方形回路，长为 l，宽为 a，回路一边与导线相距为 d. 周围充满磁导率为 μ 的磁介质. 求任一时刻回路中的感应电动势.

> 今后，常用 i 表示随时间 t 变化的电流，以区别于恒定电流 I.

分析： 电流 i 随时间 t 变化，它激发的磁场也随时间 t 而变化，因此穿过回路的磁通量也随 t 而变化，故在此回路中要产生感应电动势 $\mathscr{E}_i$.

解： 先求穿过回路的磁通量. 在某一瞬时，距导线 x 处的磁感应强度为

$$B = \frac{\mu}{2\pi}\frac{i}{x} \qquad ⓐ$$

在距导线为 x 处，通过面积元 $dS = ldx$ 的磁通量为

$$d\Phi_m = BdS\cos0° = \frac{\mu}{2\pi}\frac{i}{x}ldx \qquad ⓑ$$

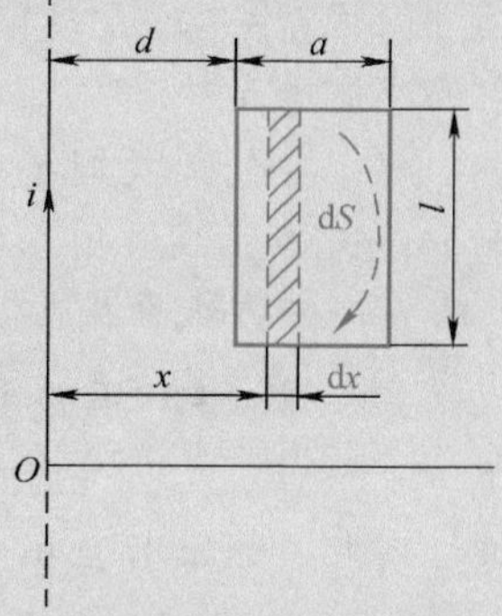

例题 8-4 图

在该瞬时（t 为定值）通过整个回路面积的磁通量为

$$\Phi_m = \int_S d\Phi_m = \int_d^{d+a}\frac{\mu}{2\pi}\frac{i}{x}ldx = \frac{\mu l}{2\pi}\int_d^{d+a}\frac{I_0\sin\omega t}{x}dx$$
$$= \frac{\mu I_0 l}{2\pi}\sin\omega t\int_d^{d+a}\frac{dx}{x} = \frac{\mu I_0 l}{2\pi}\left(\ln\frac{d+a}{d}\right)\sin\omega t \qquad ⓒ$$

从式ⓒ可知，当时间 t 变化时，磁通量 Φ_m也随之改变. 故回路内的感应电动势为

$$\mathscr{E}_i = -\frac{d\Phi_m}{dt} = -\frac{\mu I_0 l}{2\pi}\left(\ln\frac{d+a}{d}\right)\frac{d}{dt}(\sin\omega t)$$

即

$$\mathscr{E}_i = -\frac{\mu l I_0\omega}{2\pi}\left(\ln\frac{d+a}{d}\right)\cos\omega t \qquad ⓓ$$

可见，感应电动势如同电流 $i=I_0\sin\omega t$ 那样，也随时间 t 按余弦而改变. 若选定此回路正的绕向是循顺时针转向的，则当 $0<t<\pi/(2\omega)$ 时，$\cos\omega t>0$，由式ⓓ可知，$\mathscr{E}_i<0$，表明回路内的感应电动势 $\mathscr{E}_i$ 的指向为逆时针的. 如果我们用楞次定律来判断，由式ⓒ可知，在 $0<t<\pi/(2\omega)$ 时间内，$\Phi_m>0$，且其值随时间 t 而增大，故回路内的感应电流应是循逆时针流向的. 而感应电动势的指向也是循逆时针转向的. 结果是一致的.

读者试自行用法拉第电磁感应定律或楞次定律判断：在 $\pi/(2\omega)<t<\pi/\omega$ 这段时间内，此回路中感应电动势的指向.

例题 8-5　如例题 8-5 图所示，一矩形线圈在匀强磁场中转动，求线圈中产生的交变电动势和交变电流.

解：设线圈 $abcd$ 的形状不变，面积为 S，共有 N 匝，在均匀磁场 $\boldsymbol{B}$ 中绕固定轴 OO' 转动，OO' 轴和磁感应强度 $\boldsymbol{B}$ 的方向垂直（见例题 8-5 图 a）. 在某一瞬时，设线圈平面的法线 $\boldsymbol{e}_n$ 和磁感应强度 $\boldsymbol{B}$ 之间的夹角为 θ，则这时刻穿过线圈平面的磁链为

$$N\Phi_m=NBS\cos\theta \tag{ⓐ}$$

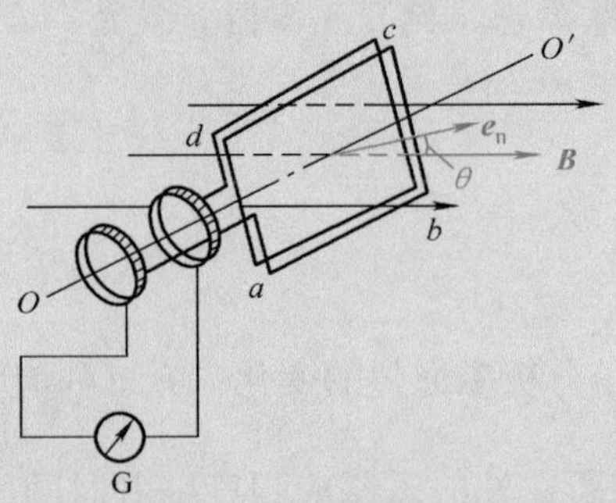

a)

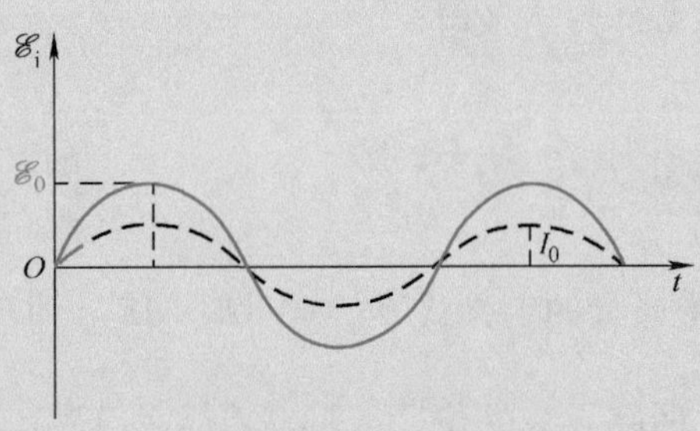

b)

例题 8-5 图

a）在磁场中转动的线圈　b）交变电动势 $\mathscr{E}_i$ 和交变电流 i

当外加的机械力矩驱动线圈绕 OO' 轴转动时，上式的 N、B、S 各量都是不变的恒量，只有夹角 θ 随时间改变，因此磁通量 Φ_m 也随时间改变，从而在线圈中产生感应电动势，即

$$\mathscr{E}_i=-N\frac{d\Phi_m}{dt}=NBS\sin\theta\frac{d\theta}{dt} \tag{ⓑ}$$

式中，$d\theta/dt$ 是线圈转动的角速度 ω；如果 ω 是恒量（即匀角速转动），而且使 $t=0$ 时，$\theta=0°$，则得 $\theta=\omega t$，代入式ⓑ，得

$$\mathscr{E}_i=NBS\omega\sin\omega t \tag{ⓒ}$$

令 $NBS\omega=\mathscr{E}_0$，它是线圈平面平行于磁场方向（$\theta=90°$）时的感应电动势，也就是线圈中的最大感应电动势，则式ⓒ成为

$$\mathscr{E}_i=\mathscr{E}_0\sin\omega t \tag{ⓓ}$$

式ⓓ表明，在均匀磁场内转动的线圈所具有的感应电动势是随时间做周期性变化的，周期为 $2\pi/\omega$ 或频率为 $\nu=\omega/(2\pi)$. 在相邻的每半个周期中，电动势的指向相反（见例题 8-5

图 b)，这种电动势叫作**交变电动势**. 在任一瞬时的电动势 $\mathscr{E}_i$ 可由式ⓓ决定，称为**电动势的瞬时值**，而最大瞬时值 $\mathscr{E}_0$ 称为**电动势的振幅**.

如果线圈与外电路接通而构成回路，其总电阻是 R，则其电流为

$$i=\frac{\mathscr{E}_0\sin\omega t}{R}=I_0\sin\omega t=I_0\sin 2\pi\nu t \tag{e}$$

即 i 也是交变的（见例题 8-5 图 b），称为**交变电流**或**交流电**，$I_0=\mathscr{E}_0/R$ 是电流的最大值，称为**电流振幅**.

说明

从功能观点来看，当线圈转动而出现感应电流时，此线圈在磁场中同时要受到安培力的力矩作用［参见 7.7.2 节］，这个力矩的方向与线圈的转动方向相反，形成反向的制动力矩（楞次定律）. 因此，要维持线圈在磁场中不停地转动，必须通过外加的机械力矩做功，即要消耗机械能；另一方面，在线圈转动过程中，感应电流的出现，意味着拥有了电能. 这电能必然是由机械能转化过来的. 因此，线圈和磁场做相对运动而形成的电磁感应作用是：使机械能转化为电能. 这就是发电机的基本原理. 例题 8-5 图 a 就是一台简单的交流发电机的示意图.

8.2 动生电动势

从磁通量的定义式 $\Phi_m=\iint_S \boldsymbol{B}\cdot d\boldsymbol{S}=\iint_S B\cos\theta dS$，分析磁通量的变化，有三种情况：

1）回路导线的位置、形状和大小不变，而回路所在处的磁感应强度随着时间的变化在变化. 例如，θ、S 不变，$\boldsymbol{B}$ 的大小在变. 在这种情况下，由磁通量 Φ_m 变化而引起的感应电动势，称为感生电动势（例题 8-4）.

2）回路导线所在处的空间内是稳恒磁场，但回路的位置、形状或大小在改变. 例如，S 和 θ 在变化，而 $\boldsymbol{B}$ 不变（例题 8-2、例题 8-5）. 在这种情况下，由磁通量 Φ_m 变化而引起的感应电动势，称为动生电动势. 本节将详细讨论.

3）还有一种是磁场和回路都在变化，同时产生上述两种感应电动势.

8.2.1 动生电动势的由来

如图 8-6 所示，一段长为 l 的直导线 ab 在给定的均匀磁场 $\boldsymbol{B}$ 中，以速度 $\boldsymbol{v}$ 平动，设 ab、$\boldsymbol{B}$、$\boldsymbol{v}$ 三者相互垂直，则直导线 ab 在运动时宛如在切割磁感应线；并且导线内每个自由电子（带电 $-e$）受洛伦兹力 $\boldsymbol{F}_m$ 作用，$\boldsymbol{F}_m=-e\boldsymbol{v}\times\boldsymbol{B}$，方向沿导线向下，使电子向下运动到 a 端，结果，上端 b 因电子缺失而带正电，下端 a 带负电. 由于上、下端正、负电荷的积累，ab 间遂形成一个逐渐增大的静电场，该静电场使电子受到一个向上的静电力 $\boldsymbol{F}_e=-e\boldsymbol{E}$. 当静电力增大到与洛伦兹力相等而达到两力平衡时，导线内的电子不再因导线的移动而发生定向运动. 这时，相应于导线内所存在的静电场，使导线两端具有一

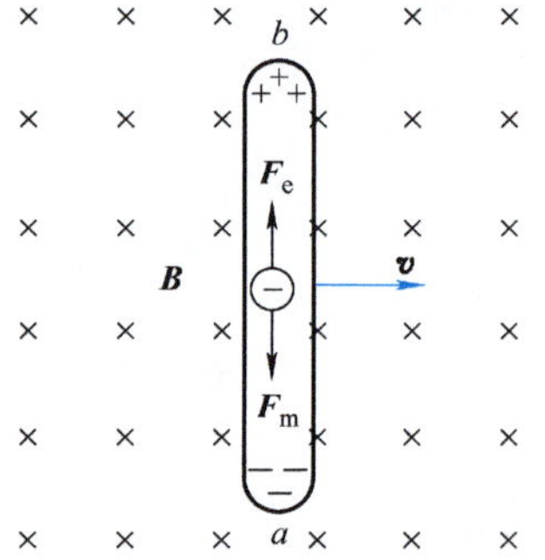

图 8-6 动生电动势的电子理论

定的电势差，在数值上就等于动生电动势 $\mathscr{E}_i$.

可见，在磁场中切割磁感应线的上述导线 ab，相当于一个电源，上端 b 为正极，下端 a 为负极. 这表明 $\mathscr{E}_i$ 的方向在导体内部是从 a 指向 b 的.

总而言之，运动导线在磁场中切割磁感应线所引起的动生电动势，其根源在于洛伦兹力.

事实上，随着 ab 棒内电动势的出现，导体棒与导轨构成的闭合回路中产生感应电流. 分析导体棒内任意一个自由电子，它的速度由两部分组成（见图 8-7）：其一是随导线向右运动的速度；其二是由于受到洛伦兹力的作用而向下运动（形成感应电流）的速度 $\boldsymbol{u}$. 电子运动的合速度为 $\boldsymbol{u}+\boldsymbol{v}$，因而电子所受总的洛伦兹力为

$$\boldsymbol{F}_{合}=-e(\boldsymbol{u}+\boldsymbol{v})\times\boldsymbol{B}=\boldsymbol{F}_u+\boldsymbol{F}_v$$

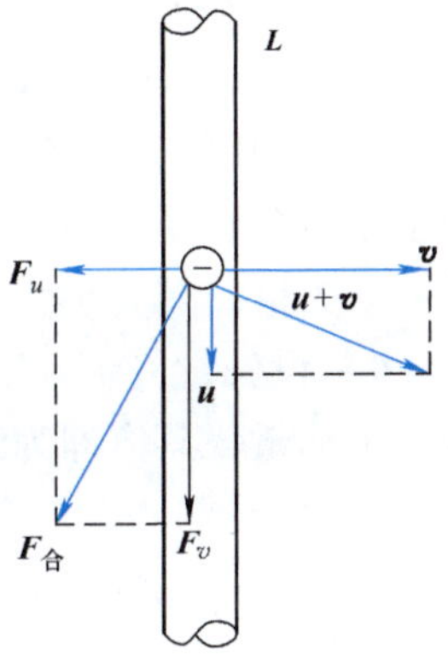

图 8-7　洛伦兹力不做功

它与电子的合速度（$\boldsymbol{u}+\boldsymbol{v}$）垂直，因而总洛伦兹力不对电子做功. 但它的两个分力 $\boldsymbol{F}_u$ 和 $\boldsymbol{F}_v$ 却分别起着不同的作用. 其中 $\boldsymbol{F}_v=-e(v\times\boldsymbol{B})$，方向向下，起着电源内非静电力的作用. $\boldsymbol{F}_v/(-e)$ 沿导体棒的积分就是前面提到的电动势；另一个分力 $\boldsymbol{F}_u=-e(u\times\boldsymbol{B})$，方向向左，与导体棒 ab 垂直，宏观上表现为导体棒受到的安培力. 由于该分力与导体棒的平移速度 $\boldsymbol{v}$ 相反，故对导体做负功. 注意到

$$\boldsymbol{F}_{合}\perp(\boldsymbol{u}+\boldsymbol{v})$$

于是有

$$\boldsymbol{F}_{合}\cdot(\boldsymbol{u}+v)=(\boldsymbol{F}_u+\boldsymbol{F}_v)\cdot(\boldsymbol{u}+v)=\boldsymbol{F}_v\cdot\boldsymbol{u}+\boldsymbol{F}_u\cdot v=\boldsymbol{0}$$

或

$$-\boldsymbol{F}_u\cdot v=\boldsymbol{F}_v\cdot\boldsymbol{u}$$

这说明上述两个分力所做功的代数和等于零. 因此在使导体棒以速度 v 在磁场中匀速运动并产生电动势的过程中，必须施加外力以克服阻力（此处为安培力）做功. 由此可见，产生动生电动势的能量是由外部机械能提供的，洛伦兹力并不提供能量，但起着能量传递的作用. 这一过程是由外力克服洛伦兹力的一个分力 $\boldsymbol{F}_u$ 所做功，通过另一分量 $\boldsymbol{F}_v$ 转变为导体的动生电动势来完成的.

8.2.2　动生电动势的表达式

在 7.1 节中曾说过，电源的电动势等于单位正电荷从电源负极通过电源内部移到正极的过程中非静电力所做的功. 按照电动势的定义式（7-16），有

$$\mathscr{E}_i=\int_l\boldsymbol{E}_{非}\cdot\mathrm{d}\boldsymbol{l}$$

这里的非静电力就是电子所受的洛伦兹力 $\boldsymbol{F}_m=-e\boldsymbol{v}\times\boldsymbol{B}$，相应的非静电场的电场强度为 $\boldsymbol{E}_{非}=\boldsymbol{F}_m/(-e)=\boldsymbol{v}\times\boldsymbol{B}$，因而对均匀磁场中一段有限长的运动导线 l 而言，其动生电动势为

$$\mathscr{E}_i=\int_l(\boldsymbol{v}\times\boldsymbol{B})\cdot\mathrm{d}\boldsymbol{l}\tag{8-4}$$

应用式（8-4）求动生电动势的具体步骤如下：

1）在一般情形下，导线 L 不一定是直导线，其运动也不一定做平动，且处在非均匀磁场中（见图 8-8）. 为此，我们可以首先沿导线 L 假定电动势的一个指向（例如，在图 8-8 中，选取 $a \to b$ 为电动势的指向）.

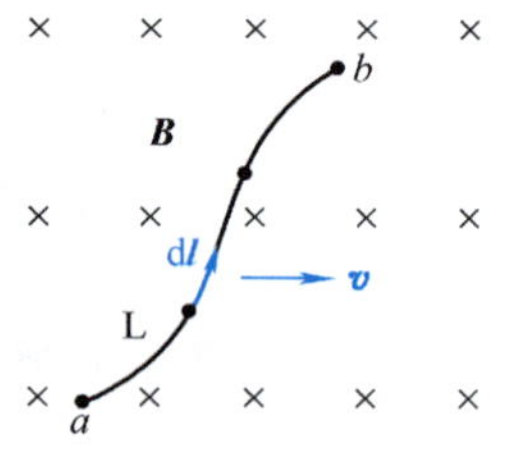

图 8-8 磁场中的运动导线

2）循电动势的指向，在导线上任取一个线元矢量 $\mathrm{d}\boldsymbol{l}$，它相当于一小段直导线，其上的磁场可视作均匀的.

3）根据线元 $\mathrm{d}\boldsymbol{l}$ 的速度 $\boldsymbol{v}$ 和该处的磁感应强度 $\boldsymbol{B}$ 以及两者之间小于 180° 的夹角 θ，按矢积的定义，可求得 $\boldsymbol{v}\times\boldsymbol{B}$. $(\boldsymbol{v}\times\boldsymbol{B})$ 仍是一个矢量，其大小为 $Bv\sin\theta$，方向按右手螺旋法则确定.

4）设矢量 $(\boldsymbol{v}\times\boldsymbol{B})$ 与 $\mathrm{d}\boldsymbol{l}$ 之间小于 180° 的夹角为 γ，则按标积的定义，$(\boldsymbol{v}\times\boldsymbol{B})\cdot\mathrm{d}\boldsymbol{l}$ 仍是一个标量，其值即为线元 $\mathrm{d}\boldsymbol{l}$ 上的动生电动势，即

$$\mathrm{d}\mathscr{E}_{\mathrm{i}} = (\boldsymbol{v}\times\boldsymbol{B})\cdot\mathrm{d}\boldsymbol{l} = (vB\sin\theta)\,\mathrm{d}l\cos\gamma$$

5）最后，循电动势的指向 $a \to b$，对上式进行积分，就可求得整个运动导线上的动生电动势，即

$$\mathscr{E}_{\mathrm{i}} = \int_a^b vB\sin\theta\cos\gamma\,\mathrm{d}l \tag{8-4a}$$

今后读者按式（8-4）求动生电动势时，可直接利用它的具体计算式（8-4a），但必须搞清楚其中 θ、γ 的含义.

6）根据求出的动生电动势 $\mathscr{E}_{\mathrm{i}}$ 的正、负，判定其指向. 若 $\mathscr{E}_{\mathrm{i}} > 0$，其指向与事先假定的指向 $a \to b$ 一致，表明 a 端为电源负极，b 端为电源正极；若 $\mathscr{E}_{\mathrm{i}} < 0$，其指向则与 $a \to b$ 相反，即 a 端为电源正极，b 端为电源负极.

现在，我们按照上述计算步骤，求长为 l 的直导线 ab 以匀速 $\boldsymbol{v}$ 在均匀磁场 $\boldsymbol{B}$ 中运动时的动生电动势. 如图 8-9 所示，设磁感应强度 $\boldsymbol{B}$ 与速度 $\boldsymbol{v}$ 的夹角为 θ. 若假定导线 ab 中动生电动势 $\mathscr{E}_{\mathrm{i}}$ 的指向为 $a \to b$，则在这条直导线上，每一线元矢量 $\mathrm{d}\boldsymbol{l}$ 的方向皆沿 $a \to b$. 因而，在所设指向 $a \to b$ 的情况下，矢量 $(\boldsymbol{v}\times\boldsymbol{B})$ 与 $\mathrm{d}\boldsymbol{l}$ 处处同方向，即 $\gamma = 0$，而 $\boldsymbol{v}$、$\boldsymbol{B}$ 和 θ 诸量是给定的，于是，由式（8-4a），有

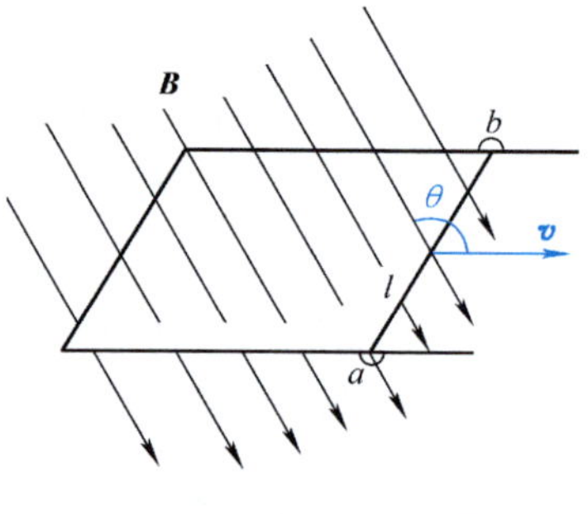

图 8-9 动生电动势的计算

$$\mathscr{E}_{\mathrm{i}} = \int_a^b vB\sin\theta\cos 0°\,\mathrm{d}l = vB\sin\theta\int_a^b \mathrm{d}l$$

式中，$\int_a^b \mathrm{d}l$ 即为导线的长度 l. 故所求的动生电动势为

$$\mathscr{E}_{\mathrm{i}} = Blv\sin\theta \tag{8-4b}$$

显然，$\mathscr{E}_{\mathrm{i}} > 0$，表明其指向与假定的取向一致，即由 a 指向 b.

如果在图 8-9 中，磁感应强度 $\boldsymbol{B}$ 与速度 $\boldsymbol{v}$ 的夹角为 $\theta = 90°$，即 $\boldsymbol{B}$、$\boldsymbol{v}$ 与直导线 ab 段三者满足相互垂直的条件，则式（8-4b）成为

> 注：从导体切割磁感线来理解，式（8-4c）中的乘积 lv 为单位时间内导线 ab 段划过的面积，Blv 为单位时间内直导线切割过的这个面积中的磁感应线条数（磁通量）. 所以**动生电动势在数值上等于单位时间内导线所切割的磁感应线条数**.

$$\mathscr{E}_i = Blv \tag{8-4c}$$

$\mathscr{E}_i$的指向也为 $a \to b$. 这与例题8-2中用法拉第电磁感应定律求得的结果是一致的.

思考题

8-4　何谓动生电动势？在式（8-4）中，(1) $\theta=0°$ 或 $180°$，但 $\gamma \neq 90°$；(2) $\theta=0°$ 或 $180°$，$\gamma=90°$，这两种情况下，导线是否切割磁感应线？试绘图说明.

例题 8-6　如例题8-6图所示，一根长直导线通有电流 I，周围介质的磁导率为 μ，在此长直导线近旁有一条长为 l 的导体棒 CD，在它以速度 $\boldsymbol{v}$ 向右做匀速运动的过程中，保持与长直导线平行. 求此棒运动到 $x=d$ 时的动生电动势；并问此棒两端 C、D 哪一点的电势较高？

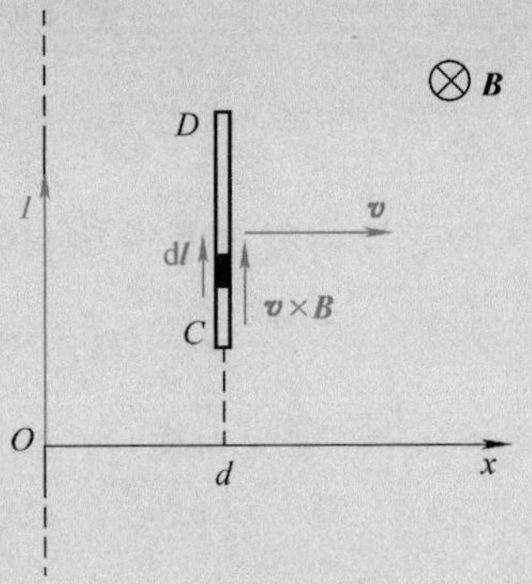

例题 8-6 图

解： 假定 $C \to D$ 为导体棒中电动势的指向，循此指向任取线元 $\mathrm{d}\boldsymbol{l}$. 导体棒虽在非均匀磁场中运动，但棒上各点的磁感应强度处处相同，当 $x=d$ 时，其大小皆为 $B=\mu I/(2\pi d)$，其方向皆垂直纸面向里. 因此，$\boldsymbol{v} \perp \boldsymbol{B}$，$\theta=90°$，按右手螺旋法则，$(\boldsymbol{v}\times\boldsymbol{B})$ 与 $\mathrm{d}\boldsymbol{l}$ 同方向，$\gamma=0$. 于是，按式（8-4）、式（8-4a），得此时棒中的动生电动势为

$$\mathscr{E}_i = \int_C^D (\boldsymbol{v}\times\boldsymbol{B}) \cdot \mathrm{d}\boldsymbol{l} = \int_0^l vB\sin 90° \cos 0° \mathrm{d}l$$

$$= \int_0^l v\left(\frac{\mu I}{2\pi d}\right)\mathrm{d}l = \frac{\mu I v}{2\pi d}\int_0^l \mathrm{d}l = \frac{\mu I v l}{2\pi d}$$

$\mathscr{E}_i > 0$，表明它与所假定的电动势指向一致，即导体棒中的电动势自 C 指向 D. 故点 D 的电势较高.

例题 8-7　如例题8-7图所示，在空气中，通有电流 I 的长直导线近旁有一长为 R 的导线 ab 与之共面，且 ab 绕点 a 在平面内以角速度 ω 循顺时针匀速转动，点 a 到直电流 I 的距离为 R. 求导线 ab 垂直于直电流 I 时的电动势 $\mathscr{E}_{iab}$；并问导线 ab 上哪一端电势高？

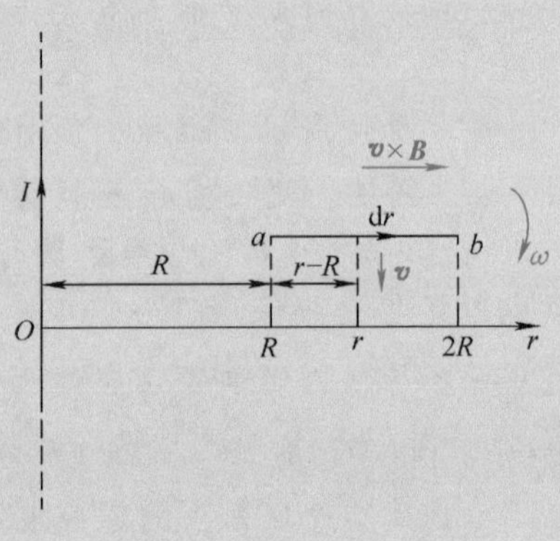

例题 8-7 图

解： 假定电动势指向为 $a \to b$，循此指向取线元 $\mathrm{d}\boldsymbol{r}$，此处的磁感应强度 $B=\mu_0 I/(2\pi r)$，方向垂直于纸面向里. $\mathrm{d}\boldsymbol{r}$ 的线速度为 $v=(r-R)\omega$，且 $\boldsymbol{v}\perp\boldsymbol{B}$，即 $\theta=90°$；$\boldsymbol{v}\times\boldsymbol{B}$ 的方向如图所示，显然，$\mathrm{d}\boldsymbol{r}$ 与 $\boldsymbol{v}\times\boldsymbol{B}$ 同向，$\gamma=0°$，则

$$\mathscr{E}_{iab} = \int_a^b (\boldsymbol{v}\times\boldsymbol{B})\cdot\mathrm{d}\boldsymbol{l} = \int_R^{2R}(r-R)\omega\frac{\mu_0 I}{2\pi r}\sin 90°\cos 0°\mathrm{d}r$$

$$= \frac{\mu_0 I\omega}{2\pi}\int_R^{2R}\left(1-\frac{R}{r}\right)\mathrm{d}r = \frac{\mu_0 I\omega R}{2\pi}(1-\ln 2)$$

$\mathscr{E}_{iab} > 0$，说明点 b 比点 a 电势高.

例题 8-8 如例题 8-8 图所示，一金属棒 OA 长 $l=50\text{cm}$，在大小为 $B=0.50\times10^{-4}\text{Wb}\cdot\text{m}^{-2}$、方向垂直纸面向内的均匀磁场中，以一端 O 为轴心做逆时针的匀速转动，转速 ω 为 $2\text{r}\cdot\text{s}^{-1}$. 求此金属棒的动生电动势，并问哪一端电势高?

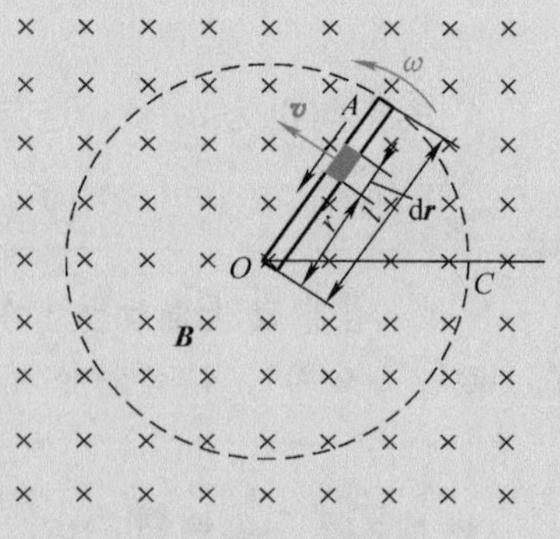

例题 8-8 图

解: 假定金属棒中电动势的指向为 $A\to O$，循着这个指向，在金属棒上距轴心 O 为 r 处取线元 $\mathrm{d}\boldsymbol{r}$，其速度大小为 $v=r\omega$，方向垂直于 OA，也垂直于磁场 $\boldsymbol{B}$，按题意，$\boldsymbol{v}\perp\boldsymbol{B}$，$\theta=90°$，故按右手螺旋法则，矢量 $(\boldsymbol{v}\times\boldsymbol{B})$ 与 $\mathrm{d}\boldsymbol{r}$ 同方向，即 $\gamma=0°$. 于是，按式 (8-4a)，得棒中的动生电动势为

$$\mathscr{E}_{\mathrm{i}} = \int_{OA} vB\sin90°\cos0°\mathrm{d}r = \int_0^l Br\omega\mathrm{d}r = B\omega\int_0^l r\mathrm{d}r = \frac{B\omega l^2}{2}$$

代入题设数据，解得动生电动势为

$$\mathscr{E}_{\mathrm{i}} = \frac{B\omega l^2}{2} = \frac{1}{2}(0.5\times10^{-4}\text{Wb}\cdot\text{m}^{-2})(2\times2\pi\text{rad}\cdot\text{s}^{-1})(0.50\text{m})^2 = 7.85\times10^{-5}\text{V}$$

$\mathscr{E}_{\mathrm{i}}>0$，故它的指向与所假定的一致，即 $A\to O$，故 O 端的电势高；而两端之间的电势差为 $V_O - V_A = \mathscr{E}_{\mathrm{i}} = 7.85\times10^{-5}\text{V}$.

例题 8-9 如例题 8-9 图所示，在通有电流 I 的长直导线近旁，有一个半径为 R 的半圆形金属细杆 acb 与之共面，a 端与长直导线相距为 D，在细杆保持其直径 aOb 垂直于长直导线的情况下，以匀速 $\boldsymbol{v}$ 竖直向上平动时，求此细杆的动生电动势.

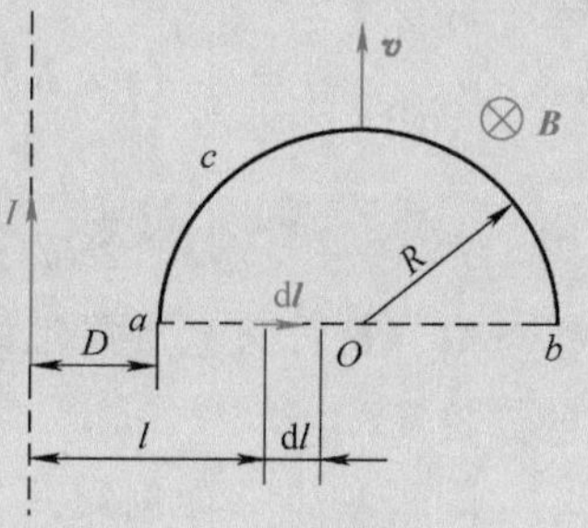

例题 8-9 图

分析: 细杆处于非均匀磁场中，其上各点的磁感应强度不同.

解: 如图所示，添加一条辅助的直导线 aOb，连接金属细杆 acb 的两端，使之构成一个假想的闭合回路 $aObca$. 当此回路以匀速 $\boldsymbol{v}$ 平行于载流导线运动时，回路内各点到载流导线的距离保持不变，因此，各点的磁感应强度 $\boldsymbol{B}$ 也保持不变，穿过回路的磁通量 Φ_{m} 没有改变，即 $\mathrm{d}\Phi_{\mathrm{m}}/\mathrm{d}t=0$. 所以，纵然其中每条导线因切割磁感应线而具有动生电动势，但根据法拉第电磁感应定律有 $\mathscr{E}_{\mathrm{i回路}} = -\mathrm{d}\Phi_{\mathrm{m}}/\mathrm{d}t=0$，即整个回路无电动势.

考虑到整个回路上的感应电动势是两段导线 bca 与 aOb 的电动势的代数和（这相当于两个串联的电池所构成的一个电池组，其电动势为各个电池的电动势的代数和），即

$$\mathscr{E}_{\mathrm{i回路}} = \mathscr{E}_{\mathrm{i}bca} + \mathscr{E}_{\mathrm{i}aOb}$$

如上所述，$\mathscr{E}_{\mathrm{i回路}}=0$，故

$$\mathscr{E}_{\mathrm{i}bca} = -\mathscr{E}_{\mathrm{i}aOb} \qquad ⓐ$$

因而，只需求出直导线 aOb 的电动势 $\mathscr{E}_{\mathrm{i}aOb}$，就可得出所求金属细杆 bca 的电动势.

仿照例题 8-7 的求解方法，在直导线 aOb 上假定电动势的指向为 $a \to O \to b$，循此指向，取线元 $\mathrm{d}\boldsymbol{l}$，它载流导线相距为 l，读者据此可以自行求出直导线 aOb 中的电动势为

$$\mathscr{E}_{\mathrm{i}aOb} = \frac{\mu_0 I v}{2\pi}\ln\frac{D+2R}{D} \tag{ⓑ}$$

把式ⓑ代入式ⓐ，便得所求的金属细杆 bca（即 acb）中的动生电动势 $\mathscr{E}_{\mathrm{i}}$，即

$$\mathscr{E}_{\mathrm{i}} = \mathscr{E}_{\mathrm{i}bca} = \frac{\mu_0 I v}{2\pi}\ln\frac{D+2R}{D} \tag{ⓒ}$$

说明

从本例可知，我们可以直接按式（8-4）或式（8-4a）求动生电动势；有时，特别是当导线形状较复杂而不易直接计算时，也可添加适当的辅助线，构成假想的导体回路，利用法拉第电磁感应定律［式（8-1）］，间接解算出回路中该导线的动生电动势.

8.3　感生电动势　感生电场及其应用

8.3.1　感生电动势与感生电场

如前所述，当线圈或导线在磁场里不运动，而是磁场随时间 t 不断地在改变时，在线圈或导线内产生的感应电动势称为**感生电动势**. 感生电动势产生的原因不能用洛伦兹力来说明，但肯定也是电子受到定向力作用而运动的结果. 在静电场中，电子在电场力作用下，可做定向运动. 于是麦克斯韦发展了电场的概念，提出假说：当空间的磁场发生变化时，在其周围会产生一种**感生电场**，也称为**涡旋电场**，这种电场对电荷有力作用，这种力是非静电力. 因此，感生电场是产生感生电动势的原因.

演示实验——磁阻尼摆

设变化磁场中有一个周长为 l 的导体回路，回路所包围的面积为 S，导体所在处的变化磁场所产生的感生电场为 $\boldsymbol{E}_{\mathrm{g}}$，如图 8-10 所示，根据电动势的定义，回路 l 中产生的感生电动势为

$$\mathscr{E}_{\mathrm{i}} = \oint_l \boldsymbol{E}_{\mathrm{g}} \cdot \mathrm{d}\boldsymbol{l} \tag{ⓐ}$$

又根据法拉第电磁感应定律和磁通量定义式，有

$$\mathscr{E}_{\mathrm{i}} = -\frac{\mathrm{d}\Phi_{\mathrm{m}}}{\mathrm{d}t} = -\frac{\mathrm{d}}{\mathrm{d}t}\iint_S \boldsymbol{B} \cdot \mathrm{d}\boldsymbol{S} \tag{ⓑ}$$

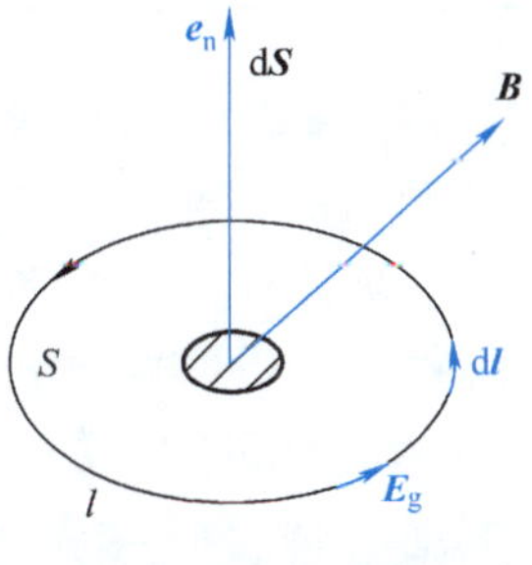

图 8-10　感生电动势由感生电场产生

则

$$\oint_l \boldsymbol{E}_{\mathrm{g}} \cdot \mathrm{d}\boldsymbol{l} = -\frac{\mathrm{d}}{\mathrm{d}t}\iint_S \boldsymbol{B} \cdot \mathrm{d}\boldsymbol{S} \tag{8-5}$$

矢量 $\boldsymbol{B}$ 是坐标和时间的函数，因此可将式（8-5）改写为

$$\oint_l \boldsymbol{E}_{\mathrm{g}} \cdot \mathrm{d}\boldsymbol{l} = -\iint_S \frac{\partial \boldsymbol{B}}{\partial t} \cdot \mathrm{d}\boldsymbol{S} \tag{8-6}$$

式（8-6）的物理意义是：**变化的磁场在其周围产生感生电场**. 实验证明，不管在变化的磁场里有没有导体存在，都会在空间产生感生电场，利用此式可求感生电场 $\boldsymbol{E}_g$，于是感生电动势与变化磁场的关系式可写为

$$\mathscr{E}_i = -\iint_S \frac{\partial \boldsymbol{B}}{\partial t} \cdot d\boldsymbol{S} \tag{8-7}$$

式（8-6）表明，**在涡旋电场中，对于任何的闭合回路，$\boldsymbol{E}_g$ 的环流** $\oint_l \boldsymbol{E}_g \cdot d\boldsymbol{l} \neq 0$. 所以，**涡旋电场是非保守力场**. 这就是电荷的电场和变化磁场的电场两者之间的一个重要区别. 式（8-7）中的负号来源于楞次定律的数学表示；即 $\boldsymbol{E}_g$ 与 $\partial \boldsymbol{B}/\partial t$ 在方向上是**左旋**的，即遵循**左手螺旋关系**，如果左手的四指沿着电场线 $\boldsymbol{E}_g$ 的绕向弯曲，那么大拇指伸直的指向就是 $\partial \boldsymbol{B}/\partial t$ 的方向（见图 8-11）.

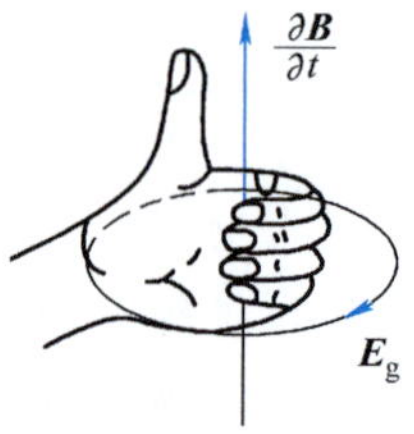

图 8-11　$\boldsymbol{E}_g$ 与 $\partial \boldsymbol{B}/\partial t$ 形成左手螺旋关系

综上所述，感生电场和静电场的相同之处在于皆对电荷有作用力，不同之处主要有二：①静电场是由静止电荷激发的，感生电场却是随时间 t 而改变的磁场（也称**时变磁场**）所激发的；②静电场的电场线是不闭合的，沿闭合回路一周时，静电力做功为零，感生电场的电场线是闭合的，故称**涡旋电场**. 沿闭合回路一周时，感生电场力做功不为零.

思考题

8-5　（1）何谓涡旋电场？它是如何引起的？静止电荷的电场和涡旋电场有什么区别？有人说："凡是电场都是由电荷激发的，电场线总是有起点和终点."对这句话应如何评判？

（2）设在空间中存在时变磁场，如果在该空间内没有导体，则这个空间中是否存在电场？是否存在感生电动势？

例题 8-10　如例题 8-10 图所示，在横截面半径为 R 的无限长圆柱形范围内，有方向垂直于纸面向里的均匀磁场 $\boldsymbol{B}$，并以 $dB/dt>0$ 的恒定变化率在变化着. 求圆柱内、外空间的感生电场.

解： 由于圆柱形空间内磁场均匀，且与圆柱轴线对称，因此磁场变化所激发的感生电场 $\boldsymbol{E}_g$ 的电场线是以圆柱轴线为圆心的一系列同心圆，同一圆周上的电场强度 $\boldsymbol{E}_g$ 大小相同，方向与圆相切.

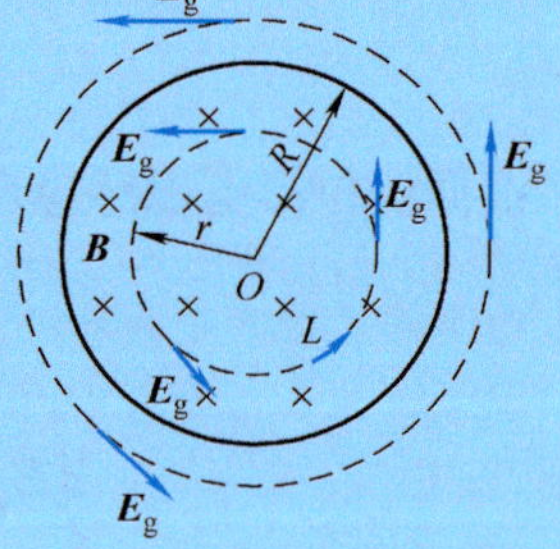

例题 8-10 图

对于半径 $r<R$ 的圆周上各点 $\boldsymbol{E}_g$ 的方向，可以从 $dB>0$ 和楞次定律判定，即 $\boldsymbol{E}_g$ 与 $\partial \boldsymbol{B}/\partial t$ 在方向上成左手螺旋关系，如图所示，乃沿逆时针方向. 求感生电场 $\boldsymbol{E}_g$ 的公式为

$$\oint_l \boldsymbol{E}_g \cdot d\boldsymbol{l} = -\iint_S \frac{\partial \boldsymbol{B}}{\partial t} \cdot d\boldsymbol{S}$$

应用上式时，必须注意到 dl 是面积 S 的周界上的一小段，它与 d$\boldsymbol{S}$ 的方向之间存在右手螺旋关系. 本题中如果选取 d$\boldsymbol{l}$ 的绕行方向与 $\boldsymbol{E}_g$ 同向，则 dS 的方向垂直于纸面向外，而 $\frac{\partial \boldsymbol{B}}{\partial t}$ 的方向垂直于纸面向里，因此 $\boldsymbol{E}_g$ 与 d$\boldsymbol{l}$ 的夹角为 0，$\frac{\partial \boldsymbol{B}}{\partial t}$ 与 dS 的夹角为 π. 积分计算得

$$E_g 2\pi r = \frac{\partial B}{\partial t}\pi r^2$$

所以

$$E_g = \frac{r}{2}\frac{\partial B}{\partial t}$$

对于半径 $r>R$ 的圆周上各点 $\boldsymbol{E}_g$ 的方向，也是逆时针方向，同理，可进行积分计算，得

$$E_g 2\pi r = \frac{\partial B}{\partial t}\pi R^2$$

所以

$$E_g = \frac{R^2}{2r}\frac{\partial B}{\partial t}$$

8.3.2　电子感应加速器

电子感应加速器是利用涡旋电场加速电子以获得高能的一种装置. 如图 8-12所示，在绕有励磁线圈的圆形电磁铁两极之间，安装一个环形真空室. 当励磁线圈通有交变电流时，电磁铁便在真空室区域内激发随时间变化的交变磁场，使该区域内的磁通量发生变化，从而在环形真空室内激发涡旋电场. 这时，借电子枪射入环形真空室中的电子，既要受磁场中的洛伦兹力 $\boldsymbol{F}_m$ 作用，在真空室内沿圆形轨道运行；同时，在涡旋电场中又要受电场力 $\boldsymbol{F}_e = -e\boldsymbol{E}_g$ 作用，沿轨道切线方向被加速. 为了使电子在涡旋电场作用下沿恒定的圆形轨道不断被加速而获得越来越大的能量，必须保证磁感应强度随时间按一定的规律变化.

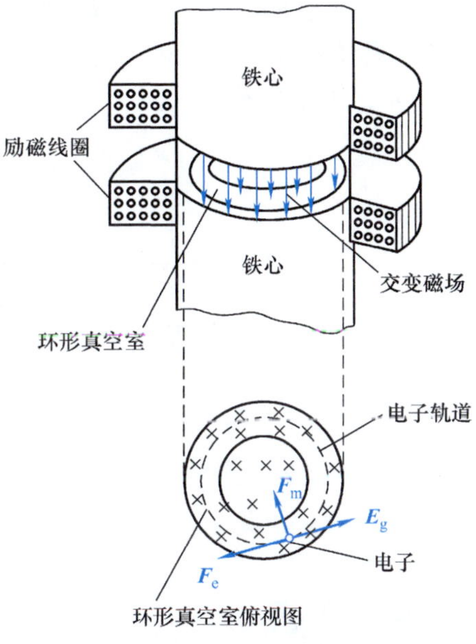

图 8-12　电子感应加速器工作原理图

8.3.3　涡旋电流及其在工业中的应用

把金属块放在变化的磁场中，金属内产生的感生电场（涡旋电场）能使金属中的自由电子运动形成涡旋电流，简称涡流. 由于金属中的电阻很小，涡流的强度很高，产生大量热

量使金属发热，甚至熔化. 用此原理制成的高频感应炉（见图 8-13）可进行有色金属的冶炼. 涡流的热效应还可用来加热真空系统中的金属部件，以除去它们吸附的气体. 又如，金属在磁场中运动时要产生涡流，涡流在磁场中要受洛伦兹力作用使金属的运动受阻，常称为电磁阻尼，此原理常用于电磁测量仪表，以及无轨电车中的电磁制动器. 涡流在电动机、变压器等铁心中所引起的发热是有害的，所以它们的铁心是用许多薄片叠合而成的，片间绝缘，隔断强大涡流的流动，以减少热能的损耗.

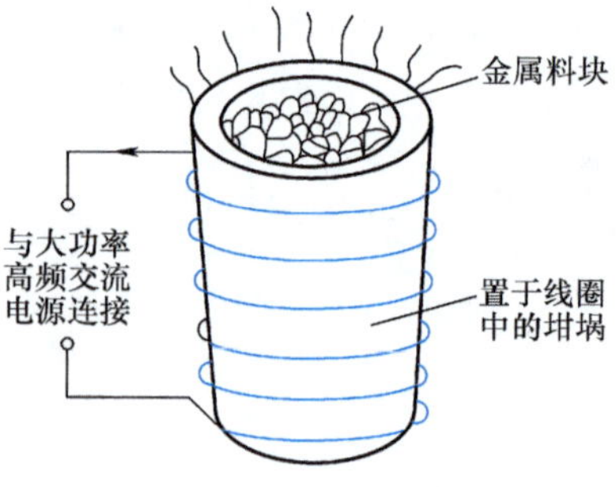

图 8-13　高频感应冶金炉

章前问题解答

如章前问题解答图所示，圆盘转动时总有一部分进入蹄形磁铁两极间的磁场，如章前问题解答图 a 所示，同时另有一部分离开磁场. 进入磁场的这一部分，由于穿过它的磁通量增加，这部分中就产生了涡流. 载有涡流的这部分在磁场中要受到磁场力作用，力的方向与盘的转向相反，如章前问题解答图 b 所示. 同样，离开磁场的那一部分，由于穿过它的磁通量减少，也会产生涡流，所以磁场对那一部分也有力的作用，且力的方向也与盘的转向相反. 总之，圆盘经过蹄形磁铁两极间的磁场时，由于涡流的阻尼作用，使圆盘受到一个阻碍运动的力矩，而且转速越快，这个阻碍运动的力矩也越大. 当这个力对 Oz 轴的转矩与外力矩平衡时，就达到了匀角速转动状态.

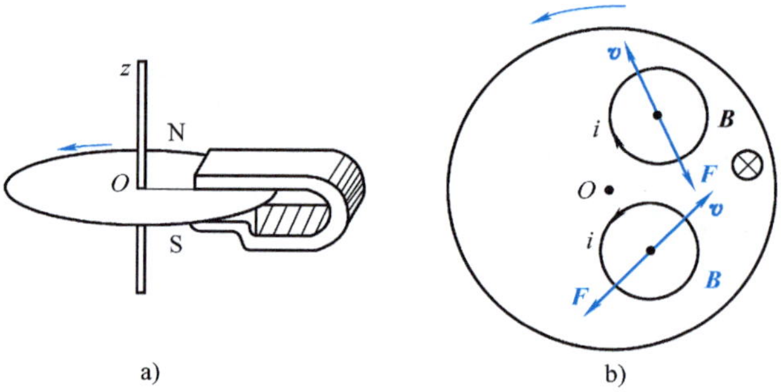

章前问题解答图

8.4　自感与互感

8.4.1　自感

当回路中通有电流而在其周围激发磁场时，将有一部分磁通量穿过此回路所包围的面积. 因而，当回路中的电流、回路的形状或大小、回路周围的磁介质发生变化时，穿过此回路所包围面积内的磁通量都要发生变化，从而在此回路中也要激起感应电动势（见例题 8-2）. 上述**由于回路中的电流所引起的磁通量变化而在回路自身中激起感应电动势的现**

象，称为**自感现象**，回路中激起的电动势称为**自感电动势**.

关于自感现象，我们可以用下述实验来观察. 在图8-14所示的电路中，A和B是两只相同的白炽灯泡，灯泡B与具有显著自感而电阻很小的线圈L串联，灯泡A和变阻器R串联，把它的电阻调节到和线圈L的电阻相同. 现在断开电键S′，按下电键S，接通电流，可以看到灯泡A先亮，而和线圈L串联的灯泡B需经过相当一段时间后才能和灯泡A具有同样的亮度. 这是由于当电路接通时，电流在片刻之间从无到有，线圈L所包围的面积内穿过的磁通量也从无到有地增加，但由于自感的存在，线圈L中就产生了感应电动势，以反抗电流的增长，因而使电路中的电流不能立即达到它的最大值，而只是逐渐增长，比没有自感的电路缓慢些.

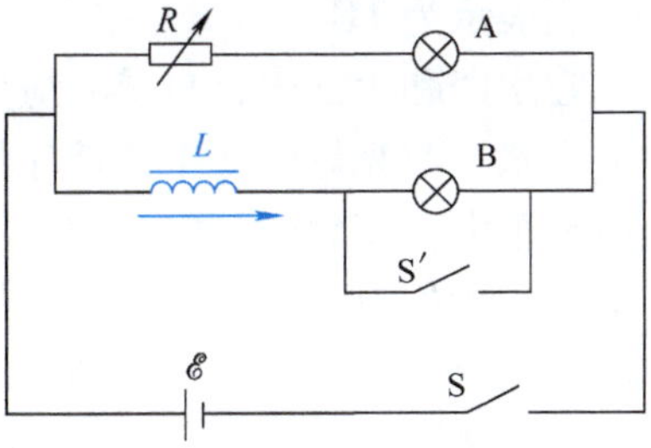

图8-14　自感现象实验示意图

现在闭合开关S′，同时断开S. 在断开开关S的瞬时，这时电路中的电流就成为零，通过线圈L所包围面积的磁通量也减少，由于线圈L的自感作用，有和原来电流相同流向的感应电流出现，如图中箭头所示. 因为在切断原来电流的瞬时，电流从有到无，在很短时间Δt内，线圈L便产生很大的自感电动势，又因S′已按下，故有感应电流通过灯泡A，因此使A发出比原来更强的闪光，而后逐渐熄灭.

设闭合回路中的电流为i，根据毕奥－萨伐尔定律，空间任意一点的磁感应强度$\boldsymbol{B}$的大小都和回路中的电流i成正比，因此穿过该回路所包围面积内的磁通量Φ_m也和i成正比，即

$$\Phi_m = Li \tag{8-8}$$

比例恒量L叫作回路的**自感**，它表征回路本身的一种属性，与电流的大小无关，它的数值由回路的几何形状、大小及周围介质（指非铁磁质）的磁导率所决定. 从式（8-8）可见，**某回路的自感在数值上等于该回路中的电流为1单位时穿过此回路所包围面积中的磁通量**.

按法拉第电磁感应定律，回路中所产生的自感电动势为

$$\mathscr{E}_L = -\frac{d\Phi_m}{dt} = -\frac{d(Li)}{dt} = -\left(L\frac{di}{dt} + i\frac{dL}{dt}\right)$$

如果回路的形状、大小和周围磁介质的磁导率等都不变，则取决于这些因素的自感L也不变，即$dL/dt = 0$，于是得

$$\mathscr{E}_L = -L\frac{di}{dt} \tag{8-9}$$

式中，负号是楞次定律的数学表示，它指出自感电动势将反抗回路中电流的改变. 也即，**当电流增加时，自感电动势与原来电流的流向相反；当电流减小时，自感电动势与原来电流的流向相同**. 由此可见，任何回路中电流改变的同时，必将引起自感的作用，以反抗回路中电流的改变. 显然，回路的自感越大，自感的作用也越大，则改变该回路中的电流也越不易. 换句话说，回路的自感L有使回路保持原有电流不变的性质，这一特性和力学中物体的惯性相仿. 因而，自感L可认为是描述回路“电惯性”的一个物理量.

若在某回路中电流的改变率为$1A\cdot s^{-1}$时，自感电动势为1V，则回路的自感L为1H，

称为**亨利**，简称**亨**，即 1H = 1V/（1A · s^{-1}） = 1Ω · s；或由自感 L 的定义式（8-8），也可将亨利表示为 1H = 1Wb · A^{-1}.

在生产和生活中，自感的应用很多，例如电工和无线电技术中的扼流圈、稳压电源中的滤波电感、荧光灯装置中的镇流器等. 自感现象也有很多害处，在具有铁心线圈的电路里，若电流很大，突然断开电流时，将在断开处产生很大的自感高电压，以致击穿空气产生强大的电弧，例如电车顶上导电弓与架空线脱开时的火花. 在电动机和电磁铁等强电系统中，应先增大电阻、减小电流后再断开电路，有时还在开关中装有灭弧设备，以减少断开开关时所形成的电弧.

思考题

8-6 （1）何谓自感现象？在通有交变电流的交流电路中，接入一个自感线圈，问该线圈对电流有何作用？在通有直流电的电路中接入一自感线圈，问该线圈对电流有作用吗？

（2）要设计一个自感较大的线圈，应从哪些方面去考虑？

例题 8-11 长直螺线管的长度 l 远大于横截面面积 S 的线度，密绕 N 匝线圈，管内充满磁导率为 μ 的磁介质，求它的自感.

解：设想当螺线管通以电流 i 时，管内中部的磁感应强度可视为均匀磁场，它的大小为 $B=\mu ni=\mu \dfrac{N}{l}i$，通过线圈每一匝的磁通量都为 $\Phi_m = BS$，对整个线圈的磁通量为

$$N\Phi_m = NBS = \mu \frac{N^2}{l}Si$$

则按式（8-8），可得长直螺线管的自感为

$$L=\frac{N\Phi_m}{i}=\mu \frac{N^2}{l}S=\mu \frac{N^2}{l^2}lS=\mu n^2\tau \tag{8-10}$$

式中，$\tau = Sl$ 为螺线管的体积；$n = N/l$ 为螺线管单位长度的匝数. 如此看来，某个导体回路（或线圈）的自感只由回路的匝数、大小、形状和介质的磁导率所决定，与回路中有无电流无关. 但对于有铁心的线圈，由于 μ 随电流 i 而变，这时，L 才与电流 i 有关.

在计算自感时，为了先求磁通量，必须假定它已通电，而在最后可以消去电流，这样的计算方法是与电容的计算相类似的.

例题 8-12 如例题 8-12 图所示，设有一电缆，由两个"无限长"同轴圆筒状的导体组成，其间充满磁导率为 μ 的磁介质. 某时刻在电缆中沿内圆筒和外圆筒流过的电流 i 相等，但方向相反. 设内、外圆筒的半径分别为 R_1 和 R_2，求单位长度电缆的自感.

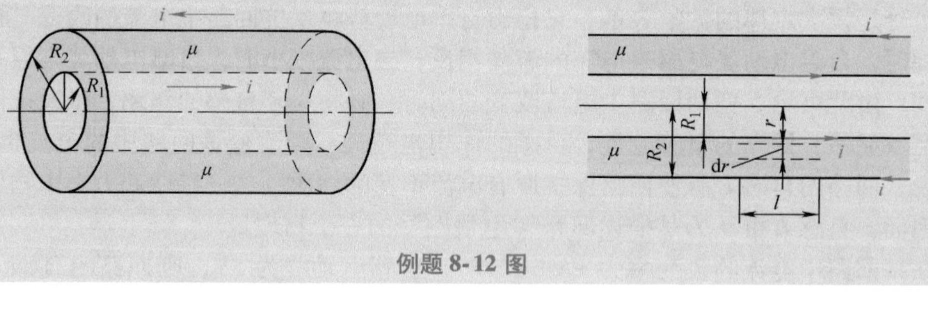

例题 8-12 图

解： 应用有磁介质时磁场的安培环路定理可知，在内圆筒以内及在外圆筒以外的区域中，磁场强度均为零. 在内、外两圆筒之间，离开轴线距离为 r 处的磁场强度为 $H=i/(2\pi r)$. 今任取一段电缆，长为 l，穿过电缆纵剖面上的面积元 $l\mathrm{d}r$ 的磁通量为

$$\mathrm{d}\Phi_{\mathrm{m}}=B\mathrm{d}S=(\mu H)(l\mathrm{d}r)=\frac{\mu il}{2\pi}\frac{\mathrm{d}r}{r}$$

对某一时刻而言，i 为一定值，则长度为 l 的两圆筒之间的总磁通量为

$$\Phi_{\mathrm{m}}=\iint_S \mathrm{d}\Phi_{\mathrm{m}}=\int_{R_1}^{R_2}\frac{\mu il}{2\pi}\frac{\mathrm{d}r}{r}=\frac{\mu il}{2\pi}\ln\frac{R_2}{R_1}$$

按 $\Phi_{\mathrm{m}}=Li$，可得长度为 l 的这段电缆的自感为

$$L=\frac{\Phi_{\mathrm{m}}}{i}=\frac{\mu l}{2\pi}\ln\frac{R_2}{R_1}$$

由此，便可求出单位长度电缆的自感为

$$L'=\frac{L}{l}=\frac{\mu}{2\pi}\ln\frac{R_2}{R_1}$$

8.4.2　互感

设有两个邻近的导体回路 1 和 2，分别通有电流 i_1 和 i_2（见图 8-15）. i_1 激发一磁场，该磁场的一部分磁感应线要穿过回路 2 所包围的面积，用磁通量 Φ_{m21} 表示. 当回路 1 中的电流 i_1 发生变化时，Φ_{m21} 也要变化，因而在回路 2 内激起感应电动势 $\mathscr{E}_{21}$；同样，回路 2 中的电流 i_2 变化时，它也使穿过回路 1 所包围面积的磁通量 Φ_{m12} 变化，因而在回路 1 中也激起感应电动势 $\mathscr{E}_{12}$. 上述**两个载流回路相互地激起感应电动势的现象**，称为**互感现象**.

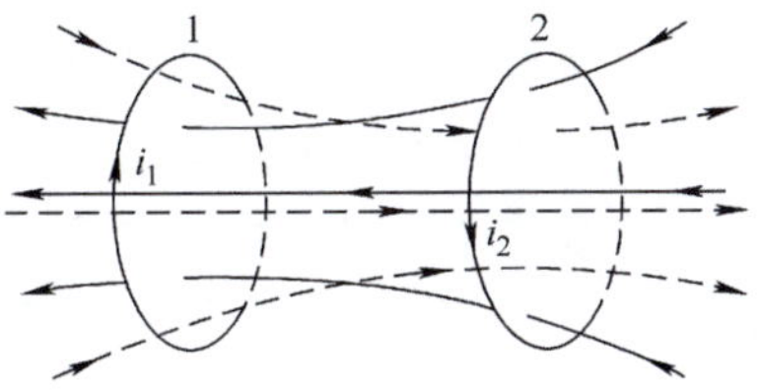

图 8-15　互感现象

假设这两个回路的形状、大小、相对位置和周围磁介质的磁导率都不改变，则根据毕奥 - 萨伐尔定律，由 i_1 在空间任何一点激发的磁感应强度都与 i_1 成正比，相应地，穿过回路 2 的磁通量 Φ_{m21} 也必然与 i_1 成正比，即

$$\Phi_{\mathrm{m21}}=M_{21}i_1$$

同理，有

$$\Phi_{\mathrm{m12}}=M_{12}i_2$$

式中，M_{21} 和 M_{12} 是两个比例恒量，它们只和两个回路的形状、大小、相对位置及其周围磁介质的磁导率有关，可以证明（从略），$M_{12}=M_{21}=M$，M 称为两回路的**互感**. 这样，上两式可简化为

$$\begin{cases}\Phi_{\mathrm{m21}}=Mi_1\\ \Phi_{\mathrm{m12}}=Mi_2\end{cases}$$

由此式可知，**两个导体回路的互感在数值上等于其中一个回路中的电流为 1 单位时，穿过另一个回路所包围面积的磁通量**，其表达式为

$$M=\frac{\Phi_{\mathrm{m21}}}{i_1}=\frac{\Phi_{\mathrm{m12}}}{i_2} \tag{8-11}$$

应用法拉第电磁感应定律，可以决定由互感产生的电动势. 由于上述回路1中电流的变化，在回路2中产生的感应电动势为

$$\mathscr{E}_{21}=-\frac{\mathrm{d}\Phi_{\mathrm{m}21}}{\mathrm{d}t}=-M\frac{\mathrm{d}i_1}{\mathrm{d}t} \tag{8-12}$$

同理，回路2中电流的变化，在回路1中产生的感应电动势为

$$\mathscr{E}_{12}=-\frac{\mathrm{d}\Phi_{\mathrm{m}12}}{\mathrm{d}t}=-M\frac{\mathrm{d}i_2}{\mathrm{d}t} \tag{8-13}$$

根据互感定义式（8-11），我们也可计算 N 匝线圈的互感（见例题8-13）. 互感的计算一般很复杂，常用实验方法测定.

根据式（8-12）和式（8-13），可以规定互感的单位. 如果在两个导体回路中，当一个回路的电流改变率为 $1\mathrm{A}\cdot\mathrm{s}^{-1}$ 时，在另一回路中激起的感应电动势为1V，则两个导体回路的互感规定为1H，这与自感的单位是相同的.

互感在电工和电子技术中应用很广泛. 通过互感线圈可使能量或信号由一个线圈方便地传递到另一个线圈；利用互感现象的原理可制成变压器、感应圈等.

思维拓展

8-1 特高压输电是电力输运的重要途径，它具有输送能力强和电量大的特点，而电学参数无法进行接触式测量，那么如何测量高压电线的电压、电流等参数呢？

通常利用电压互感器来测量线路的电压、功率和电能等参数，其中的电磁式电压互感器就是利用电磁感应原理按比例变换电压或电流的设备.

思考题

8-7 何谓互感现象？互感电动势与哪些因素有关？为了在两个导体回路间获得较大的互感，需用什么方法？

例题8-13 如例题8-13图所示，一长直螺线管线圈 C_1，长为 l，截面面积为 S，共绕 N_1 匝彼此绝缘的导线，在 C_1 上再绕另一与之共轴的绕圈 C_2，其长度和截面积都与线圈 C_1 相同，共绕 N_2 匝彼此绝缘的导线. 线圈 C_1 称为**原线圈**，线圈 C_2 称为**副线圈**. 螺线管内磁介质的磁导率为 μ. 求：（1）这两个共轴螺线管的互感；（2）这两个螺线管的自感与互感的关系.

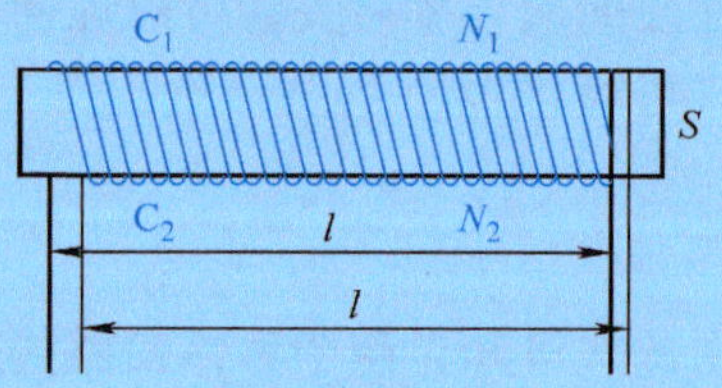

例题8-13图

解：（1）假设原线圈 C_1 中通有电流 i_1，则螺线管内均匀磁场的磁感应强度大小为 $B=\mu N_1 i_1/l$，且磁通量为

$$\Phi_m = BS = \mu \frac{N_1 i_1}{l} S$$

因为磁场集中在螺线管内部，所有磁感应线都通过副线圈 C_2，即通过副线圈的磁通量也为 Φ_m，故副线圈的磁链为

$$\psi_{m21} = N_2 \Phi_m = \mu \frac{N_1 N_2 i_1}{l} S$$

按互感的定义式 (8-11)，对 N_2 匝线圈来说，当穿过每匝回路的磁通量相同时，应有 $Mi_1 = \psi_{m21} = N_2 \Phi_m$，由此得两线圈的互感为

$$M = \frac{\psi_{m21}}{i_1} = \frac{N_2 \Phi_m}{i_1} = \mu \frac{N_1 N_2}{l} S$$

(2) 在原线圈通有电流 i_1 时，原线圈自己的磁链为

$$\psi_{m12} = N_1 \Phi_m = \mu \frac{N_1^2 i_1}{l} S$$

按自感的定义式 (8-8)，对 N_1 匝线圈来说，当穿过每匝回路的磁通量相同时，应有 $L_1 = \psi_{m1}/i_1 = N_1 \Phi_m / i_1$，由此得原线圈的自感为

$$L_1 = \frac{\psi_{m1}}{i_1} = \frac{N_1 \Phi_m}{i_1} = \mu \frac{N_1^2}{l} S$$

同理，设副线圈 C_2 中通有电流 i_2，则副线圈的自感为

$$L_2 = \frac{\psi_{m2}}{i_2} = \frac{N_2 \Phi'_m}{i_2} = \mu \frac{N_2^2}{l} S$$

故有

$$M^2 = L_1 L_2$$

由此，得这两螺线管的自感与互感的关系为

$$M = \sqrt{L_1 L_2} \tag{8-14}$$

顺便指出，只有对本例所述这种完全耦合的线圈，才有 $M = \sqrt{L_1 L_2}$ 的关系．一般情形下，$M = k\sqrt{L_1 L_2}$，而 $0 \leqslant k \leqslant 1$，$k$ 称为**耦合系数**，k 值视两线圈的相对位置（即耦合的程度）而定．

例题 8-14　如例题 8-14 图所示，圆形小线圈 C_2 由绝缘导线绕制而成，其匝数 $N_2 = 50$，面积 $S_2 = 40\text{cm}^2$，放在半径为 $R_1 = 20\text{cm}$、匝数为 $N_1 = 100$ 的大线圈 C_1 的圆心 O 处，两者同轴、同心且共面．试求：(1) 两线圈的互感；(2) 当大线圈的电流以 $5\text{A}\cdot\text{s}^{-1}$ 的变化率减小时，小线圈中的互感电动势为多大？

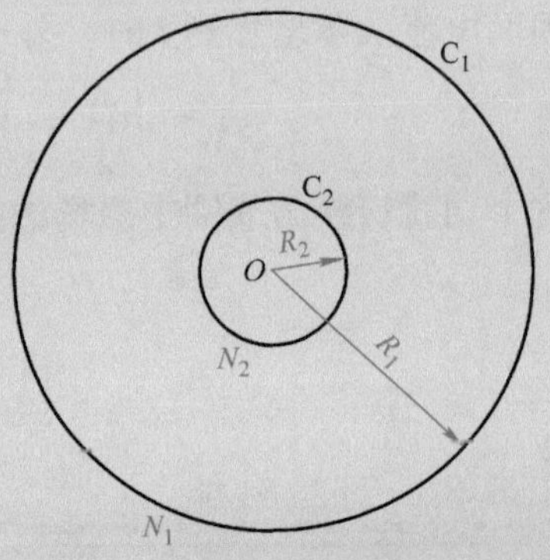

例题 8-14 图

解：(1) 设大线圈中通有电流为 i_1，由题设可知，$S_2 \ll S_1$，且 $S_1 = \pi R_1^2$，因而可视 i_1 在面积 S_2 上各点激发的磁场均匀分布，其值为

$$B = N_1 \frac{\mu_0 i_1}{2R_1}$$

通过 S_2 的磁通量为

$$N_2 \Phi_{m21} = N_2 B S_2 = N_1 N_2 \frac{\mu_0 i_1}{2R_1} S_2$$

互感为

$$M = \frac{N_2 \Phi_{m21}}{i_1} = \frac{N_1 N_2 \mu_0 S_2}{2R_1} = \frac{50 \times 100 \times (4\pi \times 10^{-7}\mathrm{N \cdot A^{-2}}) \times (40 \times 10^{-4}\mathrm{m})}{2 \times 20 \times 10^{-2}\mathrm{m}} = 6.28 \times 10^{-5}\mathrm{H}$$

（2）小线圈中的互感电动势为

$$\mathscr{E}_M = -M \frac{\mathrm{d}i_1}{\mathrm{d}t} = -(6.28 \times 10^{-5}\mathrm{H}) \times (-5\mathrm{A \cdot S^{-1}}) = 3.14 \times 10^{-4}\mathrm{V}$$

说明

读者按本题求解过程，自行总结一下互感和互感电动势的求解方法和步骤.

8.5 磁场的能量

8.5.1 自感磁能

我们讲过，电场拥有能量. 那么，磁场是否也拥有能量？从自感现象的实验中读者曾看到，当切断电源时，由于自感线圈的存在，与其并联的灯泡不是由明到暗地即刻熄灭，而是突然变得很亮后再熄灭. 这就显示通电线圈的磁场中拥有能量. 当切断电流时，磁场消失，磁场的能量被释放出来，转变为灯泡的光能和热能.

如图 8-16 所示，当开关 S 合上时，电路中的电流 i 是缓慢地增长到稳定值 I 的，与此同时，线圈 L 中就逐渐建立起磁场. 现在我们来计算线圈中磁场的能量. 设某时刻电流为 i 时，线圈中的自感电动势为 $\mathscr{E}_L = -L\mathrm{d}i/\mathrm{d}t$，在 $\mathrm{d}t$ 时间内，电源反抗自感电动势所做的功为

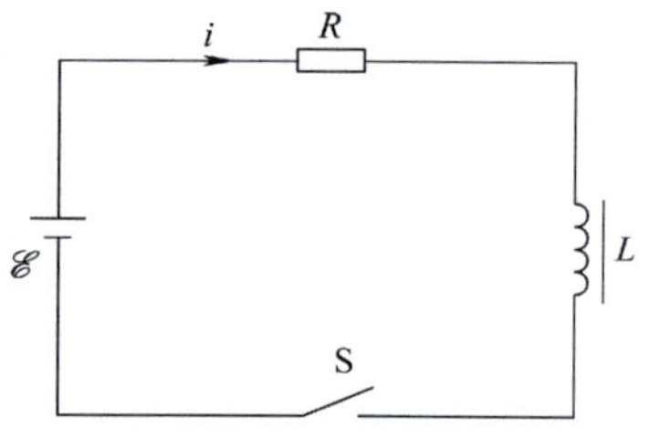

图 8-16 磁场的能量

$$\mathrm{d}A = -\mathscr{E}_L i\mathrm{d}t = Li\mathrm{d}i$$

因而电流从零增加到 I 时，外电源对线圈建立磁场所做的功为

$$A = \int \mathrm{d}A = \int_0^I Li\mathrm{d}i = \frac{1}{2}LI^2 \tag{8-15}$$

这个功就转换为线圈中磁场的能量 W_m 而存储在磁场里，则线圈的**自感磁能**

$$W_m = \frac{1}{2}LI^2 \tag{8-15a}$$

8.5.2 互感磁能

下面我们用上述类似的方法来讨论两个具有互感耦合的线圈当达到稳定状态时的磁能.

现有两个邻近的通电线圈 1 和 2，它们的自感系数分别为 L_1 和 L_2. 在电流由零增大到恒定值 I_1 和 I_2 的过程中，电源除提供线圈中产生的焦耳热的能量和反抗自感电动势做功外，还要克服互感电动势做功，后者成为两载流线圈存储能量的一部分，称为**互感磁能**（magnetic energy of mutual induction）.

设任意时刻，两线圈中的电流分别为 i_1 和 i_2，则在 dt 时间内，电源克服互感电动势 $\mathscr{E}_{12}$ 和 $\mathscr{E}_{21}$ 所做功为

$$\mathrm{d}A=\mathrm{d}A_1+\mathrm{d}A_2=-\mathscr{E}_{12}i_1\mathrm{d}t-\mathscr{E}_{21}i_2\mathrm{d}t=-\left(-M_{12}\frac{\mathrm{d}i_2}{\mathrm{d}t}\right)i_1\mathrm{d}t-\left(-M_{21}\frac{\mathrm{d}i_1}{\mathrm{d}t}\right)i_2\mathrm{d}t=M\mathrm{d}(i_1i_2)$$

上面计算利用到式（8-12）和式（8-13）及 $M_{12}=M_{21}=M$. 对上式积分，得

$$A=\int\mathrm{d}A=M\int_0^{I_1I_2}\mathrm{d}(i_1i_2)=MI_1I_2$$

故两个线圈的互感磁能为

$$W_{互}=MI_1I_2 \tag{8-16}$$

考虑到两个线圈还存在自感磁能，因此两个载流线圈达到稳态时存储的总磁能为

$$W_{\mathrm{m}}=\frac{1}{2}L_1I_1^2+\frac{1}{2}L_2I_2^2+MI_1I_2 \tag{8-17}$$

式中右侧前两项为自感磁能，不可能为负值. 第三项为互感磁能，它可以是正值，也可以是负值. 当 I_1 和 I_2 激发的磁通相互加强时，互感磁能为正，满足式（8-17）；当 I_1 和 I_2 激发的磁通相互削弱时，互感磁能为负，式（8-17）应改成

$$W_{\mathrm{m}}=\frac{1}{2}L_1I_1^2+\frac{1}{2}L_2I_2^2-MI_1I_2 \tag{8-18}$$

8.5.3 磁场的能量 磁能密度

为了用磁场的磁感应强度来表示磁场的能量，我们以密绕的长直螺线管中均匀磁场为例予以讨论，它的自感 $L=\mu n^2\tau$，磁感应强度大小为 $B=\mu nI$，则得**磁场能量**为

$$W_{\mathrm{m}}=\frac{1}{2}LI^2=\frac{1}{2}\mu n^2\tau(B/\mu n)^2=\frac{B^2}{2\mu}\tau$$

式中，τ 为螺线管的体积. 我们把单位体积中的磁场能量称为**磁场能量体密度**，记作 w_{m}，则

$$w_{\mathrm{m}}=\frac{W_{\mathrm{m}}}{\tau}=\frac{B^2}{2\mu}=\frac{1}{2}BH=\frac{\mu}{2}H^2 \tag{8-19}$$

这个结果虽然是从长直螺线管中导出的，但它适用于一切磁场，$\boldsymbol{B}$、$\boldsymbol{H}$ 是描述磁场各点状态的物理量，因此，磁场能量体密度 w_{m} 也是表示磁场中各点的能量. 如果磁场是非均匀场，可以把磁场分割为无数个体积元 dτ，使 dτ 区域内的磁场可视为均匀的，则 dτ 内的磁场能

量为

$$dW_m = w_m d\tau = \frac{B^2}{2\mu} d\tau$$

而有限体积内拥有的总磁场能量为

$$W_m = \iiint_V \frac{B^2}{2\mu} d\tau \tag{8-20}$$

思考题

8-8 阐明磁场能量密度和在有限区域内磁场能量的公式的意义.

例题 8-15 如例题 8-15 图所示，同轴电缆是由半径为 R_1 的铜心线和半径为 R_2 的筒状导体所组成，中间充满磁导率为 μ 的绝缘介质. 电缆工作时沿心线和外筒流过的电流大小相等、方向相反. 如果略去导体内部的磁场，求“无限长”同轴电缆长为 l 的一段电缆内的磁场所存储的能量.

解： 在外筒外面的空间，由安培环路定理计算可知，各处的磁感应强度 $\boldsymbol{B}$ 为零，在心线与外筒之间，距轴线 r 处的磁感应强度的大小，用安培环路定理可算得磁感应强度大小 $B=\mu I/(2\pi r)$，在心线与外筒之间距离轴线 r 处的磁场能量密度为

$$w_m = \frac{B^2}{2\mu} = \frac{\mu I^2}{8\pi^2 r^2}$$

则长为 l 的一段电缆所存储的磁场能量为

$$W_m = \iiint_\tau w_m d\tau = \int_0^r \frac{\mu I^2}{8\pi^2 r^2} d\tau = \int_{R_1}^{R_2} \frac{\mu I^2}{8\pi^2 r^2}(2\pi r l dr) = \frac{\mu I^2 l}{4\pi} \ln \frac{R_2}{R_1}$$

讨论： 如果将磁场能量公式 $W_m = LI^2/2$ 与上式比较，则可得到这段同轴电缆的自感为

$$L = \frac{\mu l}{2\pi} \ln \frac{R_2}{R_1}$$

这与例题 8-12 中对长为 l 的一段电缆的自感的计算结果相同.

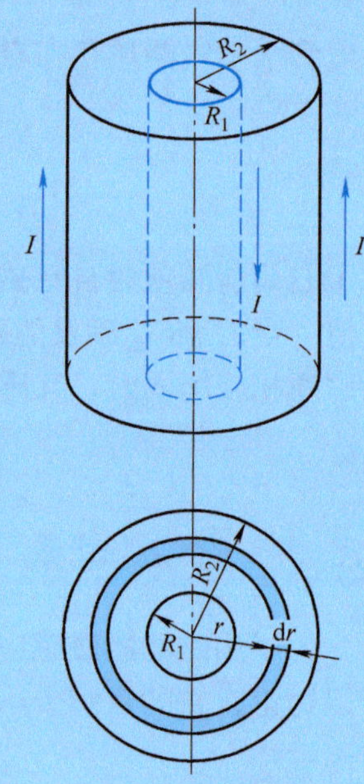

例题 8-15 图

8.6 位移电流

8.6.1 位移电流的概念

在 8.3 节中我们讲过，变化的磁场能够产生涡旋电场. 而今，我们不禁要问：变化的电场能否建立磁场呢？回答是肯定的. 但是，问题的提出在这里还需要借助于电容器的充、放

电情况. 如图 8-17 所示，开关 S 与节点 1 接通时，对电容器充电，S 与节点 2 接触，电容器就放电，无论在充电还是放电过程中，同一瞬时在导线各横截面通过的电流皆相同，可是电容器两极板间却无电流. 对整个电路而言，电流应是不连续的. 这显然与传导电流应该是连续的结论相悖.

为了解决上述传导电流的连续性问题，并在上述场合下，使得适用于传导电流的安培环路定理也能成立，麦克斯韦（Maxwell，1831—1879）提出了在电容器两极板之间存在位移电流的概念.

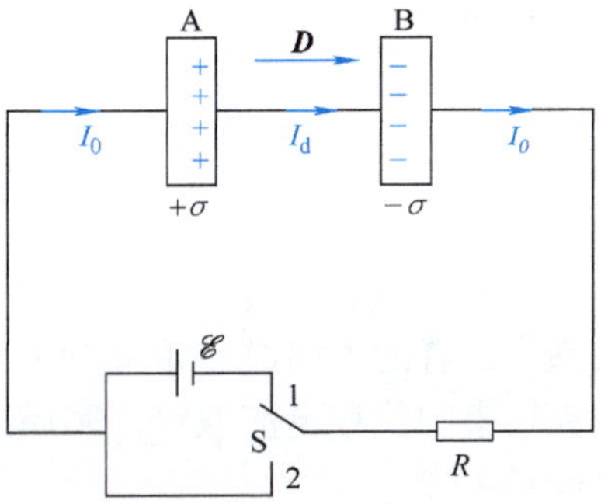

图 8-17　位移电流

下面我们来求位移电流的表达式. 在电容器充电的任一时刻，极板 A 上有正电荷 $+q$，电荷面密度为 $+\sigma$，极板 B 上有负电荷 $-q$，电荷面密度为 $-\sigma$，它们皆随时间而改变. 设极板面积为 S，则极板内部的传导电流为

$$I_0=\frac{\mathrm{d}q}{\mathrm{d}t}=\frac{\mathrm{d}(\sigma S)}{\mathrm{d}t}=S\frac{\mathrm{d}\sigma}{\mathrm{d}t} \quad ⓐ$$

传导电流密度为

$$j_0=\frac{I_0}{S}=\frac{\mathrm{d}\sigma}{\mathrm{d}t} \quad ⓑ$$

而两极板间的空间内传导电流为零；但存在电场，其电位移矢量的大小为 $D=\sigma$，电位移通量为 $\Phi_e=DS=\sigma S$，它们随时间的变化率分别为

$$\frac{\mathrm{d}D}{\mathrm{d}t}=\frac{\mathrm{d}\sigma}{\mathrm{d}t} \quad ⓒ$$

$$\frac{\mathrm{d}\Phi_e}{\mathrm{d}t}=S\frac{\mathrm{d}\sigma}{\mathrm{d}t} \quad ⓓ$$

为了使上述电路中的电流保持连续性，对式ⓐ～式ⓓ进行比较. 麦克斯韦把两极板间变化的电场假设为电流，称为**位移电流**，记作 I_d，则

$$I_d=\frac{\mathrm{d}\Phi_e}{\mathrm{d}t} \tag{8-21}$$

位移电流密度为

$$j_d=\frac{\mathrm{d}D}{\mathrm{d}t} \tag{8-22}$$

这样，整个电路上传导电流中断的地方就由位移电流接续. 实验指出，位移电流在建立磁场方面是与传导电流等效的；在其他方面，位移电流不能与传导电流相提并论. 例如，传导电流有热效应，位移电流则没有.

由于位移电流在磁效应方面与传导电流是等效的，因此，设位移电流周围的磁场强度为 $\boldsymbol{H}_d$，则 $\boldsymbol{H}_d$ 也应满足安培环路定理，即

$$\oint_l \boldsymbol{H}_d\cdot\mathrm{d}\boldsymbol{l}=I_d=\frac{\mathrm{d}\Phi_e}{\mathrm{d}t} \tag{8-23}$$

式中，Φ_e为积分回路 l 所包围面积的电位移通量，即

$$\Phi_e = \iint_S \boldsymbol{D} \cdot d\boldsymbol{S}$$

代入式（8-23），并考虑 $\boldsymbol{D}$ 是坐标和时间的函数，应改用偏导数表示，则有

$$\oint_l \boldsymbol{H}_d \cdot d\boldsymbol{l} = \iint_S \frac{\partial \boldsymbol{D}}{\partial t} \cdot d\boldsymbol{S} \tag{8-24}$$

式（8-24）表述了变化的电场$\partial \boldsymbol{D}/\partial t$ 与它所建立的磁场 $\boldsymbol{H}_d$之间的关系，二者的方向成右手螺旋关系，如图 8-18 所示. 由此可见，麦克斯韦的位移电流假设，实质上揭示了**变化的电场可以激发涡旋磁场**.

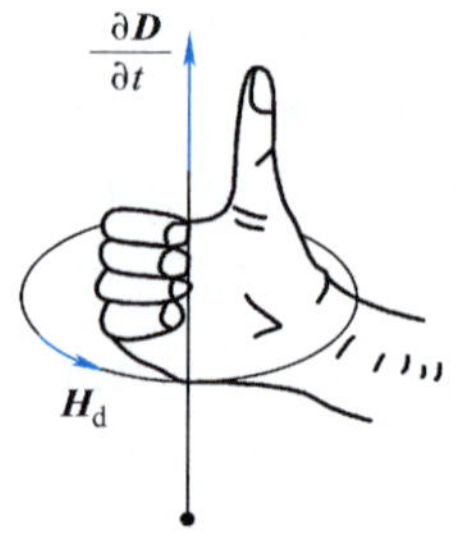

图 8-18 $\boldsymbol{H}_d$与$\partial \boldsymbol{D}/\partial t$ 形成右旋系统

8.6.2 全电流安培环路定理

按照麦克斯韦假设，在上述电容器电路中，极板表面中断的传导电流 I_0，可以由位移电流 I_d替代而被接续，二者合在一起维持了电路中电流的连续性. 麦克斯韦认为，传导电流 I_0 和位移电流 I_d可以共存，两者之和称为全电流，用 $I_{全}$表示，即

$$I_{全} = I_0 + I_d = \iint_S \left(\boldsymbol{j}_0 + \frac{\partial \boldsymbol{D}}{\partial t}\right) \cdot d\boldsymbol{S}$$

对任何回路，全电流总是闭合的，也即全电流永远是连续的.

应该指出，位移电流在激发磁场方面与传导电流是等效的，但在其他方面，两者不能相提并论，例如①传导电流的本质是电荷的定向运动，而位移电流的本质是变化的电场；②传导电流在通过导体时要产生热效应，而位移电流则没有热效应；③传导电流只能存在于导体中，而位移电流则可以存在于真空、导体及电介质中.

有了全电流的概念后，麦克斯韦把从恒定电流磁场中总结出来的安培环路定理推广到非恒定电流情况下更一般的形式，即

$$\oint_l \boldsymbol{H} \cdot d\boldsymbol{l} = \iint_S \left(\boldsymbol{j}_0 + \frac{\partial \boldsymbol{D}}{\partial t}\right) \cdot d\boldsymbol{S} \tag{8-25}$$

式中，$\boldsymbol{H}$ 为全电流激发的磁场，既包括传导电流也包括变化的电场. 式（8-25）表明：磁场强度沿任意闭合回路的积分等于穿过此闭合回路所包围曲面的全电流，这就是全电流安培环路定理，也称为全电流定律. 当空间只有恒定电流时，式（8-25）回到恒定电流时的安培环路定理式（7-34）；当空间只有变化的电场时，式（8-25）回到式（8-24）.

思考题

8-9 为什么要引入位移电流的概念？其实质是什么？它与传导电流有何异同？

例题 8-16　如例题 8-16 图所示，真空中的一个平行板电容器，它由半径为 $R=0.1\text{m}$ 的两块平行圆形极板组成，设电容器被匀速地充电，使两板间电场的变化率 $\text{d}E/\text{d}t=1.0\times10^{13}\text{V}\cdot\text{m}^{-1}\cdot\text{s}^{-1}$. 求：(1) 两极板间的位移电流；(2) 电容器内离两极板中心连线为 r 处 ($r<R$) 处及 $r=R$ 处的磁感应强度.

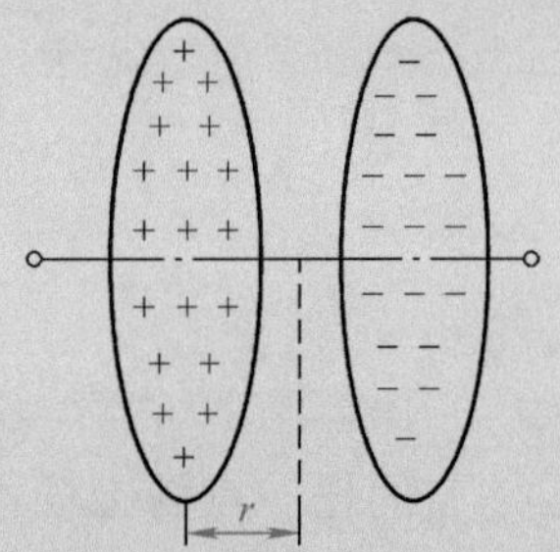

例题 8-16 图

解：(1) 平行板电容器中的位移电流为

$$I_\text{d}=\frac{\text{d}\Phi_\text{m}}{\text{d}t}=\varepsilon_0\pi R^2\frac{\text{d}E}{\text{d}t}$$

$$=8.85\times10^{-12}\times\pi\times(0.10)^2\times1.0\times10^{13}\text{A}=2.8\text{A}$$

(2) 在离两极板中心连线 r 处 ($r<R$) 取一环路，由安培环路定理有

$$\oint_l \boldsymbol{H}_\text{d}\cdot\text{d}\boldsymbol{l}=I_\text{d}$$

考虑到磁场对称分布，按题设，有

$$H_\text{d}(2\pi r)=\varepsilon_0(\text{d}E/\text{d}t)\pi r^2$$

由上式，即得所求的磁感应强度为

$$B=\mu_0H_\text{d}=\frac{\mu_0\varepsilon_0}{2}\frac{\text{d}E}{\text{d}t}r$$

当 $r=R$ 时，

$$B=\frac{\mu_0\varepsilon_0}{2}\frac{\text{d}E}{\text{d}t}R=\frac{4\pi\times10^{-7}\times8.85\times10^{-12}}{2}\times1.0\times10^{13}\times0.1\text{T}=5.6\times10^{-6}\text{T}$$

8.7　麦克斯韦电磁场理论

麦克斯韦系统地总结了前人的成果，特别是总结了电磁学的基本规律，然后提出了涡旋电场和位移电流的概念，从理论上概括、总结、推广和发展了电磁学理论，从而建立了表达电磁场理论的麦克斯韦方程组，为此，我们先对电场和磁场的规律做一归纳.

8.7.1　电场

空间任一点的电场可以是由电荷激发的静电场或稳恒电场，也可以是由变化的磁场激发的涡旋电场. 稳恒电场和静电场的规律是相同的，是有源无旋场，是保守场，具有电势；涡旋电场是无源有旋场. 前者的电场线不闭合，后者则是闭合的，若用 $\boldsymbol{E}_\text{e}$、$\boldsymbol{D}_\text{e}$ 表示静电场或稳恒电场的电场强度和电位移矢量，用 $\boldsymbol{E}_\text{g}$、$\boldsymbol{D}_\text{g}$ 表示涡旋电场的电场强度和电位移矢量，则高斯定理和电场强度的环流为

$$\oiint_S \boldsymbol{D}_\text{e}\cdot\text{d}\boldsymbol{S}=\sum_i q_i \tag{8-26}$$

$$\oint_l \boldsymbol{E}_\text{e}\cdot\text{d}\boldsymbol{l}=0 \tag{8-27}$$

$$\oiint_S \boldsymbol{D}_\text{g}\cdot\text{d}\boldsymbol{S}=0 \tag{8-28}$$

$$\oint_l \boldsymbol{E}_g \cdot d\boldsymbol{l} = -\iint_S \frac{\partial \boldsymbol{B}}{\partial t} \cdot d\boldsymbol{S} \tag{8-29}$$

设 $\boldsymbol{E}$、$\boldsymbol{D}$ 分别表示空间任一点电场的电场强度和电位移矢量，则 $\boldsymbol{E}$、$\boldsymbol{D}$ 应为两类性质不同的电场的矢量和，即 $\boldsymbol{E}=\boldsymbol{E}_e+\boldsymbol{E}_g$，$\boldsymbol{D}=\boldsymbol{D}_e+\boldsymbol{D}_g$，因此

$$\oiint_S \boldsymbol{D} \cdot d\boldsymbol{S} = \sum_i q_i \tag{8-30}$$

$$\oint_l \boldsymbol{E} \cdot d\boldsymbol{l} = -\iint_S \frac{\partial \boldsymbol{B}}{\partial t} \cdot d\boldsymbol{S} \tag{8-31}$$

8.7.2 磁场

空间任一点的磁场可以是由传导电流产生的，也可以是由位移电流产生的．两者产生的磁场是相同的，都是涡旋场，磁感应线都是闭合的．若用 $\boldsymbol{B}_m$ 和 $\boldsymbol{H}_m$ 表示传导电流的磁场，$\boldsymbol{B}_d$ 和 $\boldsymbol{H}_d$ 表示位移电流的磁场，则高斯定理和安培环路定理为

$$\oiint_S \boldsymbol{B}_m \cdot d\boldsymbol{S} = 0 \tag{8-32}$$

$$\oint_l \boldsymbol{H}_m \cdot d\boldsymbol{l} = \sum_i I_i \tag{8-33}$$

$$\oiint_S \boldsymbol{B}_d \cdot d\boldsymbol{S} = 0 \tag{8-34}$$

$$\oint_l \boldsymbol{H}_d \cdot d\boldsymbol{l} = \iint_S \frac{\partial \boldsymbol{D}}{\partial t} \cdot d\boldsymbol{S} \tag{8-35}$$

设 $\boldsymbol{B}$、$\boldsymbol{H}$ 分别表示空间任一点磁场的磁感应强度和磁场强度，则 $\boldsymbol{B}$、$\boldsymbol{H}$ 应为两种相同性质磁场的矢量和，即 $\boldsymbol{B}=\boldsymbol{B}_m+\boldsymbol{B}_d$，$\boldsymbol{H}=\boldsymbol{H}_m+\boldsymbol{H}_d$．因此

$$\oiint_S \boldsymbol{B} \cdot d\boldsymbol{S} = 0 \tag{8-36}$$

$$\oint_l \boldsymbol{H} \cdot d\boldsymbol{l} = \sum_i I_i + \iint_S \frac{\partial \boldsymbol{D}}{\partial t} \cdot d\boldsymbol{S} \tag{8-37}$$

式（8-37）即为全电流定律．实际上，无论在真空中或在电介质中的电流主要是位移电流，传导电流可忽略不计，但是，当电介质被击穿时，传导电流就不能忽略了．在一般情况下，金属中的位移电流可忽略不计，但在电流变化频率较高的情况下，位移电流就不能略去．

8.7.3 电磁场的麦克斯韦方程组

综合上述电场和磁场的规律，可以简洁而完美地用下列四个方程表达：

$$\oiint_S \boldsymbol{D} \cdot d\boldsymbol{S} = \sum_i q_i \tag{8-38}$$

$$\oint_l \boldsymbol{E} \cdot d\boldsymbol{l} = -\iint_S \frac{\partial \boldsymbol{B}}{\partial t} \cdot d\boldsymbol{S} \tag{8-39}$$

$$\oiint_S \boldsymbol{B} \cdot \mathrm{d}\boldsymbol{S} = 0 \tag{8-40}$$

$$\oint_l \boldsymbol{H} \cdot \mathrm{d}\boldsymbol{l} = \sum_i I_i + \iint_S \frac{\partial \boldsymbol{D}}{\partial t} \cdot \mathrm{d}\boldsymbol{S} \tag{8-41}$$

一般地说，$\partial \boldsymbol{B}/\partial t$ 是随时间的变化而变化的. 从上述四个方程可知，变化的磁场所激发的电场是变化的；又$\partial \boldsymbol{D}/\partial t$ 也是随时间的变化而变化的，同理可知，变化的电场所激发的磁场也是变化的. 这样，变化的电场和磁场是紧密联系、互相交织在一起的，而不是简单的电场和磁场的叠加，故可以称为统一的**电磁场**，这在认识上是一个飞跃. 这四个方程称为麦克斯韦方程组的积分形式. 在实际应用中更为重要的是要知道场中各点的场量，为此，可以通过数学变换，将上述积分形式的方程组变为微分形式的方程组，即

$$\nabla \cdot \boldsymbol{D} = \rho_0 \tag{8-42}$$

$$\nabla \times \boldsymbol{E} = -\frac{\partial \boldsymbol{B}}{\partial t} \tag{8-43}$$

$$\nabla \cdot \boldsymbol{B} = 0 \tag{8-44}$$

$$\nabla \times \boldsymbol{H} = \boldsymbol{j}_0 + \frac{\partial \boldsymbol{D}}{\partial t} \tag{8-45}$$

这个微分方程组，常称为麦克斯韦方程组.

在各向同性均匀介质中，由麦克斯韦方程组，再加上以前曾介绍过的描述物质性质的物质方程，即

$$\boldsymbol{D} = \varepsilon \boldsymbol{E}$$
$$\boldsymbol{B} = \mu \boldsymbol{H}$$
$$\boldsymbol{j} = \gamma \boldsymbol{E}$$

再考虑到边界条件和初始条件，原则上就可求解电磁场的问题. 因此，麦克斯韦方程组在电磁学中具有举足轻重的重要地位.

思考题

8-10　试述麦克斯韦方程组及其物理意义.

8.8　电磁波

麦克斯韦将电场和磁场的规律概括为四个方程，称为麦克斯韦方程组［见式(8-42)～式（8-45)］．它说明了变化的磁场可激发电场，变化的电场也可激发磁场．变化的电场和变化的磁场紧密联系、相互交织在一起，构成一个不可分离的统一的电磁场，而变化的电磁场在空间传播形成电磁波．1865 年，麦克斯韦根据麦克斯韦方程组推导出电场和磁场的波动微分方程（推导略），预言电场和磁场具有波动性，而后德国物理学家赫兹在实验上证实了电磁波的存在．

8.8.1　电磁振荡

麦克斯韦电磁场理论最卓越的成就之一是预言了电磁波的存在．要形成电磁波必须由波源，以下介绍一种电磁振荡电路，期许作为电磁波的波源．在具有电容和自感的电路中，电流做周期性的变化，称为**电磁振荡**．产生电磁振荡的电路称为**振荡电路**．图 8-19 所示电路就是 LC 自由振荡电路，回路中的电阻忽略不计．当电容器 C 充电后，电容器中存储了电场能量，当电容器对电感线圈 L 放电时，线圈中就有了磁场能量，等到电容器极板上的电荷放电完毕，即电场能量全部转化磁场能量后，由于线圈中存在自感电动势，它对电容器反向充电，磁场能又转化为电场．整个物理过程由图 8-20 表示．图 8-20a 表示在 $t=0$ 时，电容器已充了电，极板之间有电场 $\boldsymbol{E}$，因而拥有电场能量，连接线圈后，电容器开始放电，同时由于线圈的自感作用，电流只能是从零开始逐渐增大．这样，电容器由于放电而电场能量逐渐减少，同时线圈中由于电流增大而磁场能量逐渐增加，磁通量也逐渐增加，因而线圈中激起了自感电动势，其方向是反抗回路电流的增加．到电容器极板上的电荷放电完毕，电场能量也就减小为零．但此时电路中的电流达到最大，线圈中所产生的磁场能量达到最大．图 8-20b 所示为 $t=T/4$ 的情况，T 表示振荡的周期．这时，由于线圈的自感作用，线圈对电容器作反向的充电，但这时极板上所集积的电荷的符号与 $t=0$ 时相反．到 $t=T/2$ 时（见图 8-20c），这一反向的充电过程结束，磁场消失了，电流也就消失了，磁场能量又重新转化为电场能量集中在电容器内．上述是振荡电路半个周期中的物理过程．下半个周期的物理过程恰好相反，电流方向也相反．这样，电荷在电容器的极板间来回流动，形成了电磁振荡．

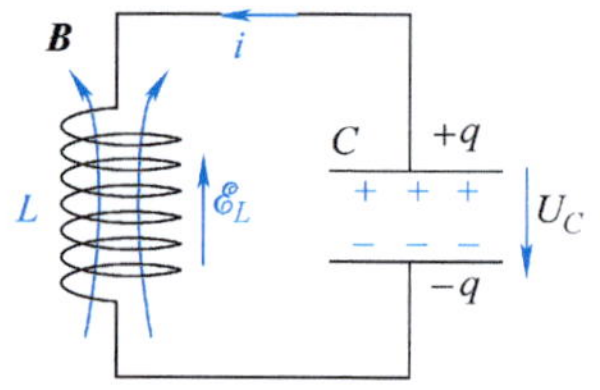

图 8-19　LC 电磁振荡电路

下面定量讨论 LC 电路中，电荷电量和电流随时间变化的规律．在图 8-19 所示的电路中，设任意时刻 t 电感线圈两端的自感电动势恒等于电容器两端的瞬时电压，即

$$\mathscr{E}_L=U_C$$

式中 $\mathscr{E}_L=-L\dfrac{\mathrm{d}i}{\mathrm{d}t}$，$U_C=\dfrac{q}{C}$，考虑到 $i=\dfrac{\mathrm{d}q}{\mathrm{d}t}$，上式可写成

$$\frac{\mathrm{d}^2q}{\mathrm{d}t^2}+\frac{1}{LC}q=0 \tag{8-46}$$

令 $\omega^2=\dfrac{1}{LC}$，得

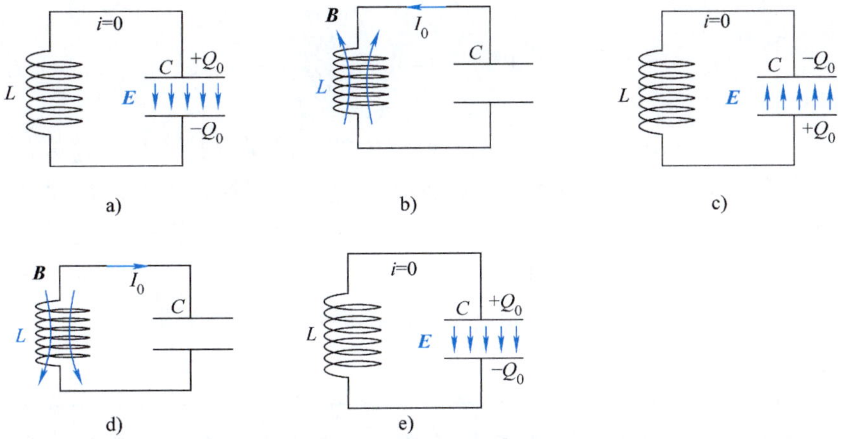

图 8-20　电磁振荡

a) $t=0$　b) $t=T/4$　c) $t=T/2$　d) $t=3T/4$　e) $t=T$

$$\frac{d^2q}{dt^2}+\omega^2q=0 \tag{8-46a}$$

式（8-46a）为 LC 振荡回路中关于电荷变化的微分方程，其解为

$$q=Q_0\cos(\omega t+\varphi) \tag{8-47}$$

式中，q 为任意时刻电容器极板上的电荷，Q_0 是 $t=0$ 时电容器极板上电荷量的最大值，叫作电荷振幅，φ 是初相. Q_0 和 φ 的数值均可由初始条件决定.

将式（8-47）对时间 t 求导，得电流的表达式为

$$i=-\omega Q_0\sin(\omega t+\varphi)$$

令 $I_0=\omega Q_0$ 为电流的最大值，称为**电流振幅**，则上式也可写作

$$i=-I_0\sin(\omega t+\varphi)=I_0\cos\left(\omega t+\varphi+\frac{\pi}{2}\right) \tag{8-48}$$

式（8-47）和式（8-48）表明，振荡电路两端极板上电荷和电路中的电流都随时间 t 呈周期性变化，并且电流的相位比电荷的相位超前 $\pi/2$，即当电容器两极板上所带电荷的电量最大时，电路中的电流为零. 反之，电流最大时，电荷为零. 上述诸式中 ω 为振荡的角频率，由于 $T=2\pi/\omega$，$\nu=1/T$，则振荡的周期和频率分别为

$$T=2\pi\sqrt{LC}\quad 和\quad \nu=\frac{1}{2\pi\sqrt{LC}} \tag{8-49}$$

由此可见，振荡的周期和频率取决于振荡电路本身的性质（即 L 和 C），故分别称为**固有周期**和**固有频率**. 自感和电容越小，固有周期越短，也就是固有频率越高.

利用式（8-47）和式（8-48），可得 LC 振荡电路中电能和磁能的变化规律

$$W_e=\frac{q^2}{2C}=\frac{Q_0^2}{2C}\cos^2(\omega t+\varphi) \tag{8-50}$$

$$W_m=\frac{1}{2}Li^2=\frac{L\omega^2Q_0^2}{2}\sin^2(\omega t+\varphi)=\frac{Q_0^2}{2C}\sin^2(\omega t+\varphi) \tag{8-51}$$

LC 振荡电路总能量为电能和磁能之和，即

$$W = W_e + W_m = \frac{Q_0^2}{2C} \tag{8-52}$$

由于忽略了电路中的电阻，因此，振荡过程中的总能量保持不变，这样的 LC 振荡电路称为无阻尼自由振荡电路，振荡电流的振幅保持不变. 无阻尼自由振荡是理想的情况，事实上任何电路都有电阻，因而一部分能量要转变为热能. 此外，振荡电路还要把电磁能量以电磁波的形式向周围空间发射出去. 因此，电磁能量的总和逐渐减少，电荷和电流的振幅逐渐衰减. 这种能量和振幅随时间减小的振荡称为**阻尼振荡**或**减幅振荡**.

思考题

8-11 什么是电磁振荡？从能量观点说明含有自感线圈和电容器的电路（电阻不计）能产生电磁振荡，只含有电阻和电容器的电路或只含有电阻和自感线圈的电路都不可能产生电磁振荡.

8-12 在 LC 电磁振荡中，电场能量和磁场能量是怎样交替转换的？试由能量转换与守恒定律推出 LC 自由振荡电路的振荡表达式.

8.8.2 电磁波的产生

我们知道，一切电场和磁场都来源于电荷及其运动. 相对于我们（参考系）静止或做匀速直线运动的电荷，相应地只能在其周围空间激发静电场或稳恒磁场，这种场不能向远处传播. 如果电荷相对于我们做变速运动，那么，其周围空间的电场和磁场都将随时间的变化而变化，从而将引起变化的电磁场在空间的传播. 也就是说，加速运动的电荷能够向周围空间辐射电磁波. 此外原子从高能级向低能级跃迁时也辐射电磁波. 例如，在天线中振荡的电子辐射无线电波；光源中的原子从高能级向低能级跃迁时发出一列列的光波（光波也是电磁波）；在各种加速器中被加速的电子都要辐射电磁波，等等.

演示实验——电磁波

在 8.8.1 节讨论的无阻尼自由振荡电路，虽然能够产生电磁振荡，但是还不能作为一个有效的电磁波发射源. 因为电场能量和磁场能量被局限在电容器 C 和线圈 L 内，不利于将电磁能辐射出去；并且，由于前述的 LC 振荡电路中的 L 和 C 都比较大，因此其固有频率很低，不适合作为辐射电磁波的波源. 为使电磁能辐射出去，必须改变电路的形状，一方面使振荡的频率增高，另一方面使电场和磁场能够尽量地分散在周围的空间.

由于振荡电路的固有频率 $\nu = 1/(2\pi\sqrt{LC})$ 与 L、C 有关，如欲提高振荡频率 ν，应减小自感 L 和电容 C，其方法是减小电容器极板的面积，并增大两极板间距离，同时把线圈的自感 L 逐渐减小，最后变成一条直导线. 将图 8-21a 中的振荡电路中的电容器两极板逐渐打开. 同时减少线圈的匝数，如图 8-21b、c、d 所示. 电路变成直线时，电场和磁场就分散在周围空间，而且这时电路的电容 C 和自感 L 都很小，因而其振荡频率很高. 图 8-21d 所示的这段直导线，电流在其中往复振荡，使电荷在其中涌来涌去，导线两端出现正、负交替的等量异种电荷，这样的电路就是一个**振荡电偶极子**，以它为波源，能够发出电磁波，向四周的空间传播出去．实际上，广播电台的天线就相当于一个振荡电偶极子．

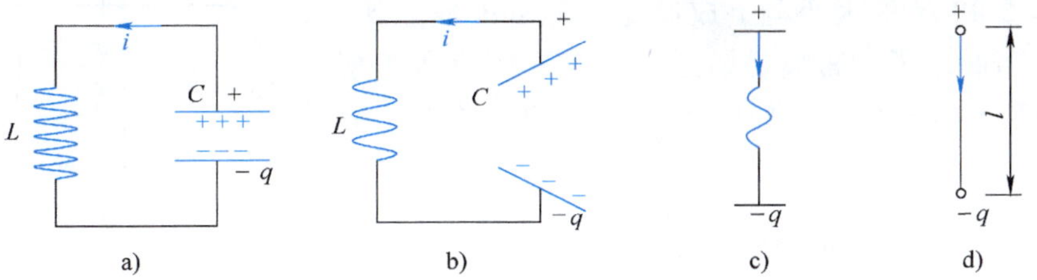

图 8-21　增高振荡频率并开放电磁场的方法

设振荡电偶极子中的等量异种电荷分别为 $+q$ 和 $-q$，它们的距离为 l．由于正、负电荷交替地出现，振荡电偶极子实际上是一个电矩 $\boldsymbol{p}=q\boldsymbol{l}$ 随时间做周期性变化的电偶极子．最简单的振荡偶极子是电矩按余弦方式变化的偶极子，它的电矩大小 p 可表示为

$$p=p_0\cos\omega t$$

式中，$p_0=Q_0l$ 是振幅，而 Q_0 是电荷最大值；ω 是角频率．我们可以把电偶极矩的变化等效于距离 l 随时间按余弦规律变化，即正、负电荷都以电偶极子中心为平衡位置相对做简谐振动．图 8-22 中表示了电荷 $+q$、$-q$ 间的距离由最大逐渐变为零，然后又变化为反方向配置过程中，其周围电场线分布和电场的变化情况．两电荷在 $t=0$ 时的电场线如图 8-22a 所示，当两电荷相互靠近时，电场线逐渐向外扩展，如图 8-22b 所示；当两电荷在平衡位置重合时，电场线闭合，如图 8-22c 所示；在电荷继续运动时，在十分靠近电偶极子的区域，电场线起于正电荷，止于负电荷；而在较远区域，电场线形成闭合曲线，如图 8-22d 所示，这样的区域称为辐射区．在辐射区，电场是涡旋场．按麦克斯韦理论，涡旋电场在其周围产生磁场，如图 8-23 所示，而变化磁场又感生变化电场，变化电场与变化磁场交替感生，从而形成由近及远的电磁波．

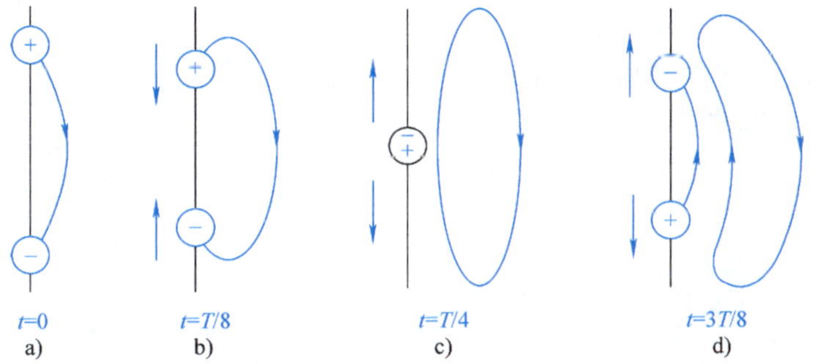

图 8-22　振荡电偶极子附近电磁线变化过程示意图

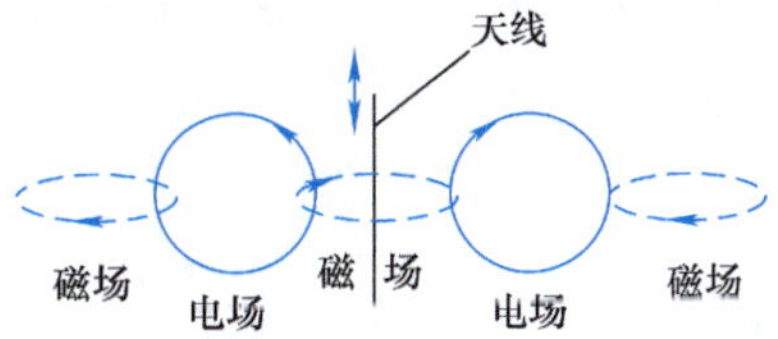

图 8-23　变化的电场和变化的磁场向周围空间传播的示意图

这种振荡电偶极子所激发的电场和磁场，其波函数可由麦克斯韦方程计算出来，这里我们只给出计算结果（推导从略）．设振荡电偶极子位于原点 O，其电矩 $\boldsymbol{p}$ 的方向为竖直向上（见图 8-24），周围介质的电容率和磁导率分别为 ε 和 μ．P 为空间任意一点，其位矢 $\boldsymbol{r}$ 与竖直方向成 θ 角．计算结果表明，点 P 的电场强度 $\boldsymbol{E}$、磁场强度 $\boldsymbol{H}$ 和位矢 $\boldsymbol{r}$ 三个

矢量互相垂直，并组成一个右旋系统，即矢积 $\boldsymbol{E}\times\boldsymbol{H}$ 的方向与 $\boldsymbol{r}$ 的方向一致. 振荡电偶极子辐射出去的电磁波是球面波，其 $\boldsymbol{E}$ 和 $\boldsymbol{H}$ 的大小与 r 成反比、与 $\sin\theta$ 成正比. 但如果点 P 离偶极子的距离足够远，在点 P 附近所考察的空间范围与 r 相比甚小，则电场强度 $\boldsymbol{E}$ 和磁场强度 $\boldsymbol{H}$ 的数值分别为

$$E=E_0\cos\omega\left(t-\frac{r}{u}\right) \tag{8-53a}$$

$$H=H_0\cos\omega\left(t-\frac{r}{u}\right) \tag{8-53b}$$

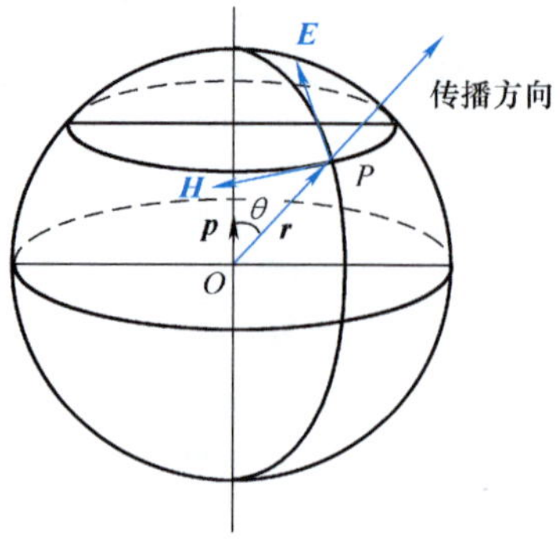

图 8-24　振荡电偶极子的辐射

式中，$u=\dfrac{1}{\sqrt{\varepsilon\mu}}$为电磁波的波速. 式（8-53）就是**平面电磁波的波函数**. 所以在远离偶极子的空间，**当所考察的空间范围与 $\boldsymbol{r}$ 相比甚小时，则电磁波就可视作平面波**（见图 8-25）.

8.8.3　电磁波的性质

电磁波的性质可综述如下：

1）在任一给定点上，$\boldsymbol{E}$ 和 $\boldsymbol{H}$ 都在做周期性变化，**两者的振动相位相同**，即它们同时达到最大值，也同时达到零（见图 8-25）.

2）$\boldsymbol{E}$ 和 $\boldsymbol{H}$ 相互垂直，而且都与传播方向 $\boldsymbol{u}$ 垂直，因而**电磁波是横波**. $\boldsymbol{E}$、$\boldsymbol{H}$、$\boldsymbol{u}$ 三者互相垂直，且构成右手螺旋关系：若右手四指由 $\boldsymbol{E}$ 矢量方向转过 90°而至 $\boldsymbol{H}$ 矢量方向，则大拇指伸直方向就是电磁波的传播方向，即波速 $\boldsymbol{u}$ 的方向（见图 8-25）. $\boldsymbol{E}$ 和 $\boldsymbol{H}$ 只在各自所处的平面内振动的这一特性，称为**横波的偏振性**.

3）在空间任一点上的 $\boldsymbol{E}$ 和 $\boldsymbol{H}$，在数值上有如下的确定关系：

$$\sqrt{\varepsilon}E=\sqrt{\mu}H \tag{8-54}$$

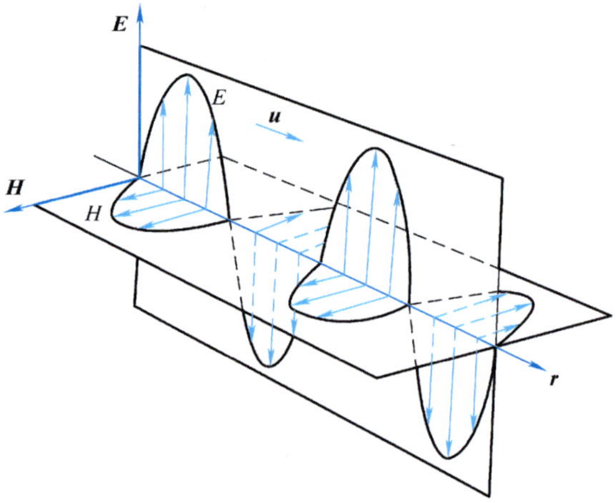

图 8-25　平面电磁波

4）电磁波传播速度的大小 u 取决于介质的电容率 ε 和磁导率 μ. 由于真空的电容率 $\varepsilon_0=8.854\times10^{-12}\,\mathrm{F\cdot m^{-1}}$，真空的磁导率 $\mu_0=4\pi\times10^{-7}\,\mathrm{H\cdot m^{-1}}$，电磁波在真空中的传播速度通常用 c 表示，则

$$\begin{aligned}c&=\frac{1}{\sqrt{\varepsilon_0\mu_0}}=\frac{1}{\sqrt{8.854\times10^{-12}\times4\pi\times10^{-7}}}\,\mathrm{m\cdot s^{-1}}\\&=2.998\times10^{8}\,\mathrm{m\cdot s^{-1}}\approx3.0\times10^{8}\,\mathrm{m\cdot s^{-1}}\end{aligned} \tag{8-55}$$

这一结果与目前用气体激光测定的真空中光速的最精确实验值 $c=299792458\,\mathrm{m\cdot s^{-1}}$ 非常接近. 历史上，麦克斯韦曾认为这不是一种巧合，并以此作为依据提出光的电磁理论，预言**光**

从本质上来说，乃是一种电磁波. 这种光的电磁理论后来果然被大量实验所证实.

5）电场和磁场的变化都是同周期的（见图 8-25），以 λ、T 和 ν 分别表示电磁波的波长、周期和频率，则

$$\lambda = uT = \frac{u}{\nu} \tag{8-56}$$

式中，u 为电磁波的波速大小，ν 和 T 都是由电磁波的辐射源所决定的. 显然，这里的辐射源就是振荡偶极子.

6）振荡偶极子所辐射的电磁波频率等于偶极子的振动频率. 理论表明，$\boldsymbol{E}$ 和 $\boldsymbol{H}$ 的振幅都和该频率的二次方成正比，这说明短波波源比长波波源更易于辐射.

8.8.4 电磁波的能量

电磁波的传播就是变化电磁场的传播. 由于电场和磁场皆拥有能量，所以随着电磁波的传播，就有能量的传播. 这种以电磁波传播出去的能量，叫作**辐射能**. 由以前讲过的电场和磁场的能量公式，可以得到电磁波的能量密度为

$$w = w_{\mathrm{e}} + w_{\mathrm{m}} = \frac{1}{2}(\varepsilon E^2 + \mu H^2)$$

由于上述能量取决于 E 和 H，所以辐射能量的传播速度就是电磁波的传播速度 u，辐射能的传播方向就是电磁波的传播方向. 因而可以得到电磁波的能流密度（推导略）

$$S = wu = \frac{1}{2}(\varepsilon E^2 + \mu H^2)\frac{1}{\sqrt{\varepsilon\mu}}$$

将式（8-54）代入上式得

$$S = \frac{1}{2\sqrt{\varepsilon\mu}}(\sqrt{\varepsilon}E\sqrt{\mu}H + \sqrt{\mu}H\sqrt{\varepsilon}E) = EH \tag{8-57}$$

由于 $\boldsymbol{E}$ 和 $\boldsymbol{H}$ 两者互相垂直，并且都垂直于传播方向，三者组成一个右手螺旋关系；而辐射能的传播方向就是电磁波的传播方向，所以式（8-57）又可进一步表示成矢量式，即

$$\boldsymbol{S} = \boldsymbol{E} \times \boldsymbol{H} \tag{8-58}$$

式中，$\boldsymbol{S}$ 为电磁波的能流密度矢量，也称为**坡印廷矢量**. 上式中三个矢量 $\boldsymbol{E}$、$\boldsymbol{H}$ 和 $\boldsymbol{S}$ 组成右手螺旋关系，如图 8-26 所示.

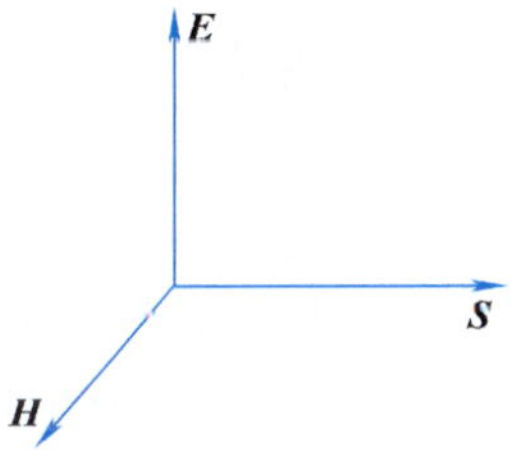

图 8-26 $\boldsymbol{E}$、$\boldsymbol{H}$ 和 $\boldsymbol{S}$ 组成右手螺旋关系

可以证明（从略），平面电磁波能流密度的平均值为

$$\overline{S} = \frac{1}{2}E_0 H_0 \tag{8-59}$$

式中，E_0 和 H_0 分别是电场强度和磁场强度的振幅.

振荡偶极子在单位时间内辐射出去的能量，称为**辐射功率**. 辐射功率在一个周期内的平均值称为**平均辐射功率**，其值为

$$\overline{P}=\frac{\mu p_0^2\omega^4}{12\pi u} \tag{8-60}$$

由此可知，振荡偶极子的辐射功率与频率的四次方成正比，即辐射能量随着频率的增高而迅速增大. 普通发电厂发出的交流电的频率仅为 50Hz，因此，电路中辐射出来的电磁波能量可忽略不计. 事实上，只有频率大于 10^5 Hz（例如无线电台使用的频率）时，才有显著的辐射. 所以在辐射电磁波时，必须设法增高其频率.

场是物质存在的一种形式. 电磁场除具有能量外，还具有动量和质量，因此，电磁波除具有能量外，还具有动量和质量，所以对被照射的物体能够产生压力，称为**辐射压或光压**. 光压的存在已被实验所证实.

思考题

8-13 （1）什么叫作电磁波？它与机械波在本质上有什么区别？试述电磁波的产生方法及其在传播时的一些性质.

（2）为什么当半导体收音机磁性天线的磁棒（棒上绕有线圈）和电磁波的磁场强度 $\boldsymbol{H}$ 方向平行时，收到的信号最响？

8-14 （1）振荡偶极子辐射的电磁波在什么情况下可看作平面波？为什么说电磁波是一种横波？

（2）试述坡印廷矢量及其意义.

（3）为什么振荡频率越高，电磁波的能量越容易辐射出去？

8.8.5 电磁波谱

电磁波的范围很广，其频率和波长没有明显的上下限. 从无线电波、红外线、可见光、紫外线到 X 射线、γ 射线等都是电磁波. 所有这些电磁波在本质上完全相同，只是由于频率和波长的差异而使它们在来源、探测方法以及与物质相互作用的方式等方面具有各自的特性. 由于电磁波在真空中的传播速度 c 是一常量，而 $c=\lambda\nu$，所以频率不同的电磁波在真空中具有不同的波长. 频率越高，相应的波长就越短. 因此，可以按照它们的波长或频率的次序排列成谱，称为**电磁波谱**（见图 8-27）. 图中指出了各种波长范围（波段）的电磁波名称.

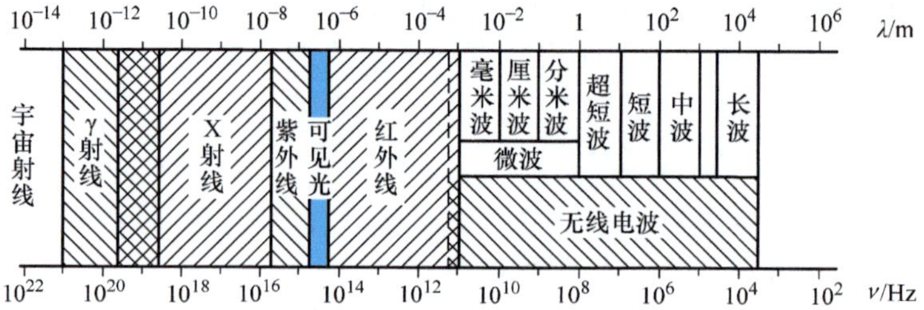

图 8-27 电磁波谱

无线电波　无线电波的波长范围为 $3\times10^{4}\sim10^{-3}$m，是电磁波谱中波长最长的. 无线电波是由电磁振荡电路通过天线发射出去的. 无线电波按波长的不同被分为长波（3km 以上）、中波（3km ~ 200m）、短波（200 ~ 10m）、超短波（10 ~ 1m）、微波（$10^{-3}\sim1$m）等波段. 它主要用在导航、无线电广播、电视、雷达等方面. 例如：广播电台使用的中波频率范围（频段）为 535 ~ 1605kHz；短波频率为 2 ~ 24MHz；电视台使用的频率在超短波段；用来测定物体位置的雷达、无线电导航等使用的频率在微波段. 红外线、可见光和紫外线都是炽热物体中原子受到激发而产生的电磁辐射，统称为**热辐射**或**光辐射**.

红外线　其波长在 $760\sim10^{6}$nm. 它的显著特性是热效应大，能透过浓雾或较厚大气层而不易被吸收. 平时我们站在封闭的火炉的周围，虽看不见光，却明显地感受到热，这种热来源于火炉辐射的红外线. 红外线在生产和军事上有着重要应用，例如用红外线烘干油漆，干得快、质量好；由于坦克、舰艇、人体等一切物体都在不停地发射红外线，并且不同的物体所辐射的红外线，其波长和强度也不同，故而在夜间或浓雾天气可通过红外线探测器来接收信号，并用电子仪器对接收到的信号进行处理，或用对红外线敏感的照相底片进行远距离摄影和高空摄影，从而就可察知物体的形状和特征. 这种技术称为**红外线遥感**. 利用遥感技术可在飞机或卫星上勘测地形、地貌，监测森林火情和环境污染，预报台风、寒潮，寻找水源或地热等. 此外，根据物质对红外线的吸收情况，可以研究物质的分子结构.

可见光　其波长范围在 400 ~ 760nm，在电磁波谱中只占很小的一部分波段，这些电磁波能使人眼产生光的感觉，所以叫作**光波**. 人眼所看见的不同颜色的光，实际上是不同波长的电磁波，白光则是各种颜色（红、橙、黄、绿、青、蓝、紫）的可见光的混合. 波长最长的可见光是红光（$\lambda=630\sim760$nm），波长最短的光是紫光（$\lambda=400\sim430$nm）.

紫外线　波长范围在 400 ~ 10nm. 紫外线有显著的生理作用，杀菌能力较强. 许多昆虫对紫外线特别敏感，农村常用紫外灯（黑光灯）来诱捕害虫；紫外线还会引起强烈的化学作用，使照相底片感光. 另一方面，波长为 290 ~ 320nm 的紫外线，对生命有害，易诱发皮肤癌，使白内障疾病患者增多. 由于臭氧对太阳辐射中的上述紫外线的吸收能力极强，有 95% 以上可被它吸收. 可是近数十年来，地球上空的臭氧层被严重破坏，导致到达地球表面的紫外辐射增加. 因此，为了减小和避免太阳紫外线的损害，在中午应尽量减少在阳光下的停留时间，并配戴墨镜，用遮阳伞，甚至穿防护服. 由于紫外线很易被长波的红色可见光吸收，滤掉太阳光中较多的紫外线，因此，穿红色衣服，也可减轻皮肤受紫外线的伤害.

X 射线　又称伦琴射线（俗称 X 光），其波长范围在 $10\sim10^{-3}$nm，是由高速电子流轰击原子中的内层电子而产生的电磁辐射. 具有很强的穿透能力，能使照相底片感光、使荧光屏发光. 这种性质，在医疗上广泛用于透视和病理检查；工业上用于检查金属部件的内部缺陷和分析晶体结构.

γ 射线　波长在 $3\times10^{-2}\sim10^{-4}$nm 以至于更短. 它来自宇宙射线或是由某些放射性元素在衰变过程中放射出来的. 它的穿透能力比 X 射线更强，用于金属探伤等，医疗上用来杀灭癌细胞，还可帮助了解原子核的结构. 此外，原子武器爆炸时，有大量γ射线放出，它是原子武器主要杀伤因素之一.

思考题

8-15　何谓电磁波谱？各种电磁波的特性如何？

8-16 试按波长的长短将下列电磁波排列起来：可见光、红外线、无线电波、γ射线、紫外线、X射线.

章后感悟

有人在法拉第发现电磁感应现象后问他这个现象有什么作用，法拉第反问道：一个刚出生的婴儿有什么用呢？一百多年过去了，如今电磁感应已广泛应用并渗透到我们生活的方方面面. 由此可见，并不是每个科学发现在其诞生之初就能够被人们看好. 你在学习的过程中是否曾有过异想天开、天马行空的想法，甚至连你自己都不太认可它的“实际应用”前景？当你的观点或研究成果不被他人认可时，你会怎么做呢？

习 题 8

8-1 设穿过一回路的磁通量原为 5×10^{-4}Wb. 在 0.001s 内完全消失，试求回路内平均感应电动势的大小. ［答：0.5V］

8-2 设回路平面与磁场方向相垂直，穿过回路的磁通量 Φ_m 随时间 t 的变化规律为 $\Phi_m=(3t^3+2t^2+5)\times10^{-2}$（式中 Φ_m 以 Wb 计，t 以 s 计），求 $t=1$s 时回路中感应电动势的大小和指向. 已知磁场方向始终垂直纸面向外. ［答：13×10^{-2}，循顺时针转向］

8-3 在习题 8-3 图所示的回路中，金属棒 ab 是可移动的，设整个回路处在一均匀磁场中，$B=0.5$T，电阻 $R=0.5\Omega$，金属棒的长度 $l=0.5$m，且以速率 $v=4.0\text{m}\cdot\text{s}^{-1}$ 向右匀速运动. 问：(1) 作用在金属棒 ab 上的拉力 $\boldsymbol{F}$ 为多大？(2) 拉力的功率为多少？(3) 感应电流消耗在电阻上的功率为多少？ ［答：(1) 0.5N；(2) 2W；(3) 2W］

8-4 如习题 8-4 图所示，一条水平金属杆 AB 以匀速 $v=2\text{m}\cdot\text{s}^{-1}$ 垂直于一竖直载流长直导线移动，$a=0.1$m，$b=1.0$m，导线通以电流 $I=40$A. 求此杆中的感应电动势；杆的哪一端电动势较高？ ［答：3.7×10^{-5}V，左端较高］

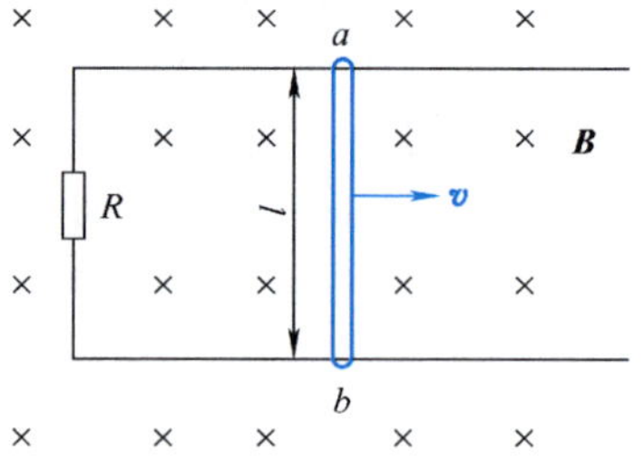

习题 8-3 图

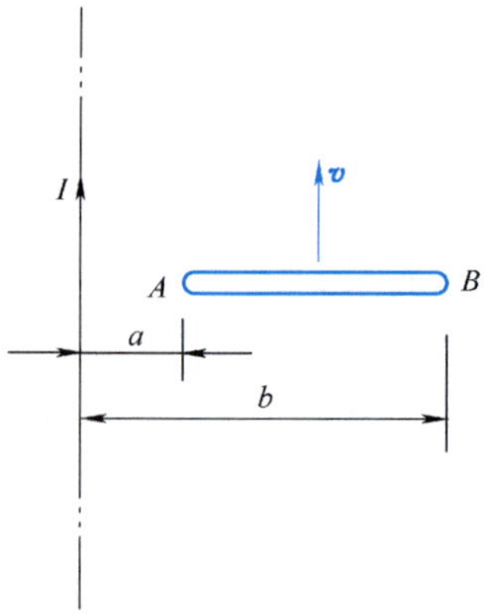

习题 8-4 图

8-5 一通有电流 I_0 的长直导线旁，有一与其共面的相距为 d 的 U 形导轨，在导轨上有电阻为 R 的金属棒 AB，其长度为 a，以匀速率 v 向右沿导轨平动（见习题 8-5 图），不计一切摩擦，AB 棒上的感应电动势为多大？求 AB 棒所受安培力的大小和方向. ［答：$\frac{\mu_0 I_0 v}{2\pi}\ln\left(\frac{d+a}{d}\right)$；$\left[\frac{\mu_0 I_0}{2\pi}\ln\left(\frac{d+a}{d}\right)\right]^2\frac{v}{R}$；←］

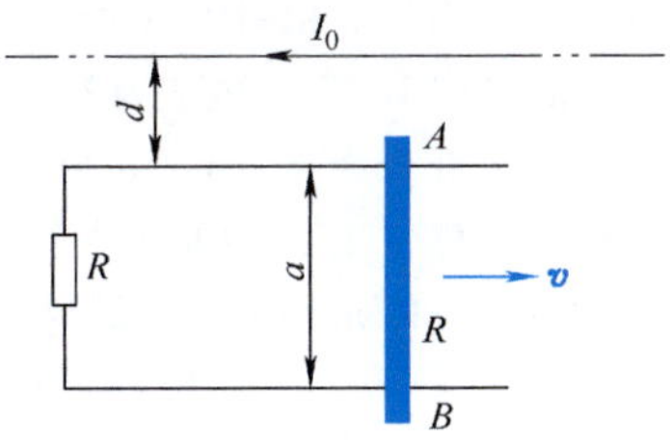

习题 8-5 图

8-6　如习题8-6图所示，在磁感应强度 $B=0.84\text{Wb}\cdot\text{m}^{-2}$ 的均匀磁场中，有一边长为 $a=5\text{cm}$ 的正方形线圈在旋转，磁感应强度方向与转轴垂直，当线圈以角速度 $\omega=20\pi\text{rad}\cdot\text{s}^{-1}$ 旋转时，求线圈中最大的感应电动势.　[答：1.32×10^{-1}V]

8-7　如习题8-7图所示，两段导体棒 $AB=BC=10\text{cm}$，在 B 处相接而成30°角. 若使整个棒在均匀磁场中以速度 $v=1.5\text{m}\cdot\text{s}^{-1}$ 平动，v 的方向垂直于 AB；磁场方向垂直图面向内，磁感应强度的大小为 $B=2.5\times10^{-2}\text{Wb}\cdot\text{m}^{-2}$，问 A、C 间的电势差为多少？哪一端电势高？[答：7.02×10^{-3}V，A 端高]

8-8　如习题8-8图所示，一半径为 R 的水平导体圆盘，在竖直向上的均匀磁场 $\boldsymbol{B}$ 中以匀角速度 ω 绕通过盘心的竖直轴转动，即圆盘的轴线与磁场 $\boldsymbol{B}$ 平行. (1) 求盘边与盘心间的电势差；(2) 盘边还是盘心的电势高？当盘反转时，它们的电势高低是否也会反过来？　[答：(1) $R^2\omega B/2$；(2) 盘边电势高；反转时盘心电势高]

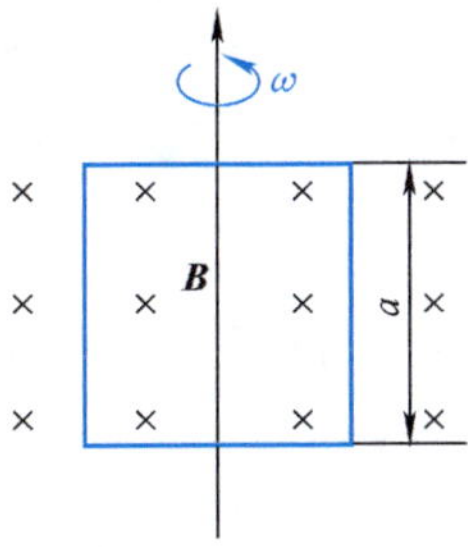

习题 8-6 图

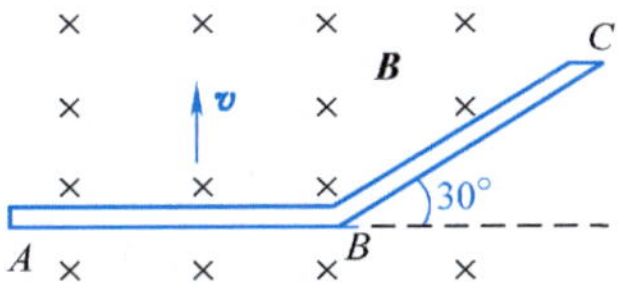

习题 8-7 图

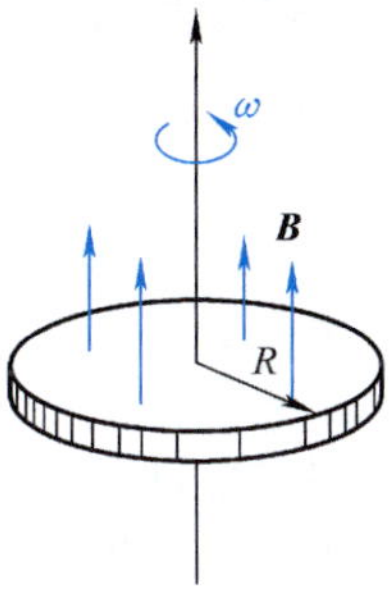

习题 8-8 图

8-9　如习题8-9图所示，一铜棒长为 $l=0.5\text{m}$，水平放置于一竖直向上的均匀磁场 $\boldsymbol{B}$ 中，绕位于距 a 端 $l/5$ 处的竖直轴 OO' 在水平面内匀速旋转，每秒钟转两转，转向如图所示. 已知该磁场的磁感应强度大小 $B=0.50\times10^{-4}\text{Wb}\cdot\text{m}^{-2}$. 求铜棒 a、b 两端的电势差.　[答：-4.71×10^{-5}V，b 端电势较高]

8-10　一竖直放置的长直导线载有电流 I，近旁有一长为 l 的铜棒 CD 与导线共面，并与水平面成 θ 角，C 端与导线相距为 d. 当铜棒以速度 v 竖直向上做匀速平动时（见习题8-10图），求证：棒中的动生电动势为 $\mathscr{E}_i=[\mu_0Iv/(2\pi)]\ln(1+l\cos\theta/d)$.

8-11　如习题8-11图所示，一根长直导线通有电流 I，周围介质的磁导率为 μ，与此载流导线相距为 d 的近旁有一长 b、宽 a 的矩形回路 $ABCD$，回路平面与导线同在纸面上. 回路以速度 $\boldsymbol{v}$ 在平行于长直导线的方向上匀速运动. 求：(1) AB、BC、CD 和 DA 各段导线上的动生电动势；(2) 整个回路上的感应电动势.　[答：(1) 分别为 $-[\mu Iv/(2\pi)]\ln(1+a/d)$，0，$[\mu Iv/(2\pi)]\ln(1+a/d)$，0；(2) 0]

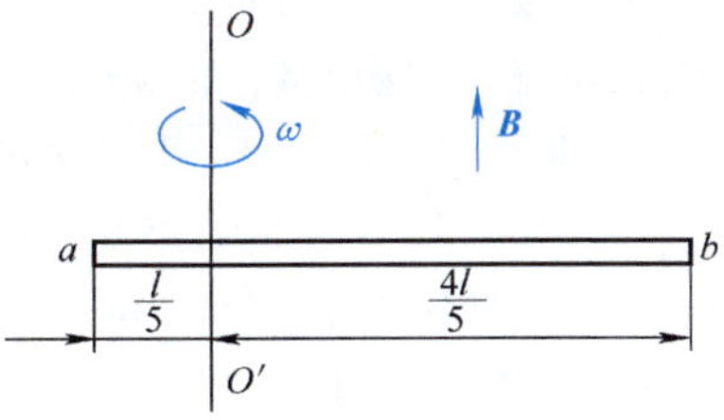

习题 8-9 图

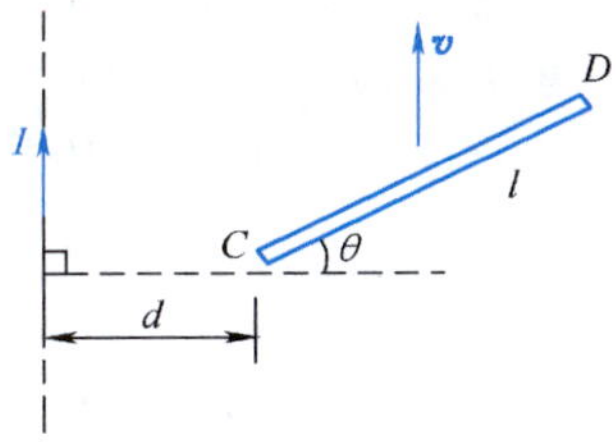

习题 8-10 图

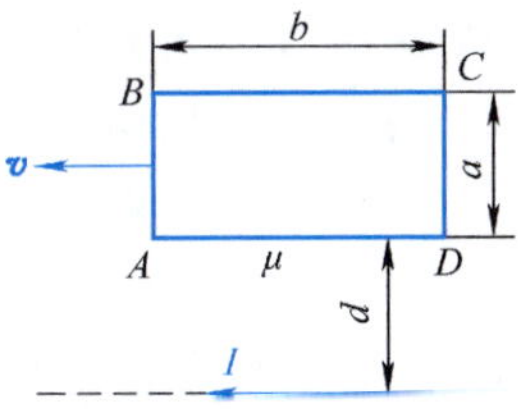

习题 8-11 图

8-12　在8.4.1节的图8-14所示的电路中，电阻 $R=10\text{k}\Omega$，电感 $L=1\text{H}$，电源的电动势为 $\mathscr{E}=10\text{V}$.

当开关 S 闭合后，电路中电流达到稳定值 $I_m = 1\text{mA}$. 此后，开关 S 断开，并合上开关 S′，此电流由稳定值 I_m在 1μs（即 10^{-6}s）内变为零. 求线圈中的自感电动势. （答：1000V，达到原来电源电压的 100 倍）

8-13 在长为 0.2cm、直径为 5.0cm 的硬纸筒上，需绕多少匝线圈，才能使绕成的螺线管的自感约为 2.0×10^{-3}H？ [答：400 匝]

8-14 一矩形横截面的螺绕环，尺寸如习题 8-14 图所示，总匝数为 N. (1) 求它的自感；(2) 设 $N = 1000$ 匝，$D_1 = 20\text{cm}$，$D_2 = 10\text{cm}$，$h = 1.0\text{cm}$，试问自感为多少？ [答：$\dfrac{\mu_0 N^2 h}{2\pi}\ln\dfrac{D_1}{D_2}$；$1.39 \times 10^{-3}$H]

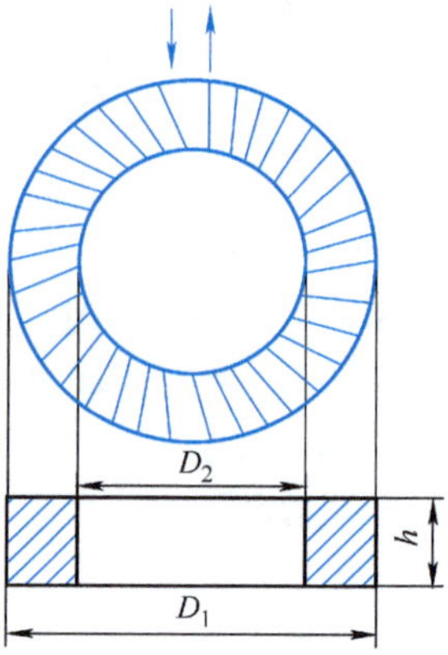

习题 8-14 图

8-15 设例题 8-13 中的两共轴螺线管，长 $l = 1.0\text{m}$，截面面积 $S = 10\text{cm}^2$，匝数 $N_1 = 1000$，$N_2 = 200$. 计算这两线圈的互感. 若线圈 C_1 内的电流变化率为 $10\text{A} \cdot \text{s}^{-1}$，求线圈 C_2 内的感应电动势.（设管内充满空气.）[答：25.1×10^{-5}H；25.1×10^{-4}V]

8-16 一环状铁心绕有 1000 匝线圈，环的平均半径为 $r = 8\text{cm}$，环的横截面面积 $S = 1\text{cm}^2$，铁心的相对磁导率 $\mu_r = 500$. 试求：当线圈中通有电流 $I = 1\text{A}$ 时，磁场的能量和磁场的能量密度. [答：6.25×10^{-2}J；$1.24 \times 10^3 \text{J} \cdot \text{m}^{-3}$]

8-17 设电流 I 均匀地通过一半径为 R 的无限长圆柱形直导线的横截面，(1) 求导线内的磁场分布；(2) 求证：每单位长度导线内所存储的磁场能量为 $\mu_0 I^2/(16\pi)$ [答：(1) $B = (\mu_0 Ir)/(2\pi R^2)\ (r < R)$]

8-18 在习题 8-14 中，若螺绕环内部充满相对磁导率为 μ_r 的磁介质，当线圈上通有电流 I 时，求螺绕环内、外的磁场能量. [答：$W_{m内} = [1/(4\pi)]\mu_r\mu_0 N^2 I^2 h\ln(D_1/D_2)$；$W_{m外} = 0$]

8-19 如习题 8-19 图所示，半径为 R 的圆形平行板电容器，电荷 $q = q_0\sin\omega t$ 均匀分布在极板上，忽略边缘效应，求两极板间的位移电流密度和位移电流. [答：$I_d = q_0\omega\cos\omega t$]

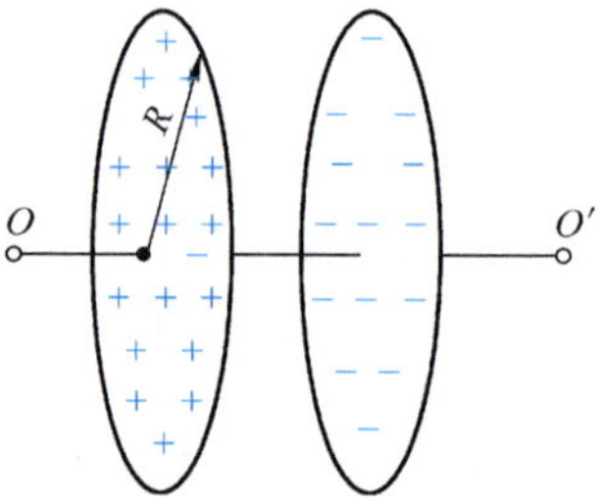

习题 8-19 图

8-20 若收音机的调谐电路所用线圈的自感为 260μH，要想收到 535 ~ 1605kHz 的广播，问与线圈相连接的电容的最大值和最小值各应为多少？ [答：$C_{max} = 340\text{pF}$；$C_{min} = 37.8\text{pF}$]

8-21 在一个 LC 振荡电路中，若电容器两极板上的交变电压 $V = 50\cos(10^4\pi t)$ V，电容 $C = 1.0 \times 10^{-7}$F，电路中的电阻可忽略不计，求：(1) 振荡的周期；(2) 电路的自感；(3) 电路中电流随时间变化的规律. [答：(1) $T = 2.0 \times 10^4$s；(2) $L = 1.01 \times 10^{-2}$H；(3) $I = -0.157\sin(10^4\pi t)$]

8-22 一个 LC 电路由自感为 1.015H 的线圈和电容为 0.0250×10^{-6}F 的电容器所构成，线路中的电阻忽略不计，倘若在开始时测得此 LC 电路中的电容器带电 2.50×10^{-6}C. (1) 写出电路接通后，电容器两极板间的电势差和电流随时间变化的表达式；(2) 写出电场能量、磁场能量及总能量随时间而变化的表达式；(3) 求在 $T/8$，$T/4$ 及 $T/2$ 时，电容器两极板间的电势差、电路中的电流、电场能量、磁场能量和总能量. [答：(1) $V_{ab} = 100\cos(6.3 \times 10^3 t)$V，$i = 1.575 \times 10^{-2}\cos(6.3 \times 10^3 t)$ A；(2) $W_e = 1.25 \times 10^{-4}\cos^2(6.3 \times 10^3 t)$ J，$W_m = 1.25 \times 10^{-4}\sin^2(6.3 \times 10^3 t)$ J，$W_总 = 1.25 \times 10^{-4}$J；(3) 电势差分别为 70.7V，0，−100V，电流分别为 -1.11×10^{-2}A，-1.58×10^{-2}A，0，电场能量分别为 0.625×10^{-4}J，0，1.25×10^{-4}J，磁场能量分别为 0.625×10^{-4}J，1.25×10^{-4}J，0，总能量为 1.25×10^{-4}J]

8-23 用一个电容可在 10.0 ~ 360.0pF 范围内变化的电容器和一个自感线圈并联组成无线电收音机的调谐电路. (1) 求该调谐电路可以接收的最大和最小频率之比；(2) 为了使调谐频率能在 5.0×10^5 ~ 1.5×10^6Hz 的范围内，需在原电容器上并联一个多大电容？此电路选用的自感应为多大？ [答：(1) 6.0；

(2) 33.75pF, 2.58×10^{-4}H]

8-24 已知电磁波在空气中的波速为 $3.0\times10^{8}\mathrm{m\cdot s^{-1}}$，试计算下列各种频率的电磁波在空气中的波长：(1) 一广播电台使用的一种频率是990kHz；(2) 我国第一颗人造地球卫星播放东方红乐曲的无线电波的频率是20.009MHz；(3) 一电视台某频道的图像载波频率是184.25MHz. [答：(1) 303.03m；(2) 14.99m；(3) 1.63m]

8-25 一平面电磁波在真空中传播，电场强度振幅为 $E_0=100\times10^{-6}\mathrm{V\cdot m^{-1}}$，求磁场强度振幅及电磁波的强度（即能流密度）. [答：$2.65\times10^{-7}\mathrm{A\cdot m^{-1}}$；$1.33\times10^{-11}\mathrm{W\cdot m^{-2}}$]

科学家轶事

刘永坦——一辈子坚守初心

刘永坦，中国科学院院士，中国工程院院士，哈尔滨工业大学教授. 他率领团队全面自主创新，实现对海新体制探测理论、技术的重大突破.

1981年秋天，45岁的刘永坦心中萌生了一个宏愿——开创和发展中国的新体制雷达. 这个宏愿源自此前他在英国伯明翰大学的一段学习经历.

刘永坦的导师谢尔曼当时正主持一项重大科研项目“民用海态遥感信号处理机”的研制工作，刘永坦有幸参与其中. 这种“超级”雷达就是新体制雷达，对航天、航海、渔业、沿海石油开发、海洋气候预报、海岸经济区发展、国防等领域都具有重要作用.

那时，刘永坦心中便萌生了一种思想：中国必须要发展这样的新体制雷达！国家需要，就是奋斗的方向. 刘永坦回国后说干就干！他带领团队，建成中国第一个新体制雷达站，完成中国首次对海远程目标探测试验，成功研制出国际领先的新体制对海远程探测雷达等. 37年间，经过刘永坦和团队成员们的努力攻关，中国的新体制雷达终于从梦想成为现实. 中国成为世界上少数几个拥有该技术的国家.

2018年82岁的刘永坦站到了年度国家最高科学技术奖的领奖台上. 面对荣誉，他说：“我只是一名普通的教师和科技工作者，在党和国家的支持下做成了点事. 这份荣誉不仅属于我个人，更属于这个伟大时代所有爱国奉献的知识分子.”

2021年9月，中宣部授予刘永坦院士“时代楷模”称号，褒扬他是矢志筑牢祖国“海防长城”的杰出科学家，号召全社会向他学习。

应用拓展

磁悬浮列车

磁悬浮列车是由无接触的电磁悬浮、导向和驱动系统组成的新型交通工具，磁悬浮列车分为超导型和常导型两大类. 简单地说，从内部技术而言，两者在系统上存在着是利用磁斥力还是利用磁吸力的区别. 从外部表象而言，两者存在着速度上的区别：超导型磁悬浮列车最高时速可达500km以上（高速轮轨列车的最高时速一般为300~350km），在1000~1500km的距离内堪与航空竞争；而常导型磁悬浮列车时速为400~500km，它的中低速则比较适合于城市间的长距离快速运输. 日本使用的是低温超导型磁悬浮技术，列车的超导磁悬浮装置在液氦压缩制冷机下保持在 –196℃低温状态，产生的抗磁性与车厢的电磁体极性相同，因而相互排斥. 中国和德国利用的是常导型磁悬浮技术，这种技术是采用抱轨运行形式，车身下端像伸出两排弯曲的胳臂将铁轨抱住，这能解决列车脱轨的危险，给安装在列车弯曲胳臂上的磁铁通电就会产生强大磁力，铁轨会被磁力吸引，轨道是静止的，整个列车由于吸引力就会悬浮.

我国第一辆磁悬浮列车（购自德国）2003 年 1 月开始在上海磁浮线运行，上海磁悬浮列车时速 430km，从浦东龙阳路站到浦东国际机场，全程 29.863km. 2015 年 10 月中国首条国产磁悬浮线路长沙磁浮线成功试跑. 2016 年 5 月 6 日，中国首条具有完全自主知识产权的中低速磁悬浮商业运营示范线——长沙磁浮快线开通试运营. 该线路也是世界上最长的中低速磁浮运营线，全长 18.55km. 2018 年 6 月，我国首列商用磁浮 2.0 版列车在中车株洲电力机车有限公司下线. 2019 年 5 月 23 日，我国时速 600km 高速磁浮试验样车在青岛下线. 这标志着我国在高速磁浮技术领域实现重大突破. 高速磁浮列车可以填补航空与高铁客运之间的旅行速度空白，对于完善我国立体高速客运交通网具有重大的技术和经济意义. 目前中国的高速铁路运营里程已经达到世界第一. 除了高速磁悬浮项目，时速 1200km 的“真空管道”超级高铁研究工作也在展开.

上海磁悬浮列车

附　录

附录 A　一些物理常量

1. 引力常量　$G=6.67259\times10^{11}\mathrm{N\cdot m^2\cdot kg^{-2}}$
2. 重力加速度　$g=9.80665\mathrm{m\cdot s^{-2}}$
3. 1mol 中的分子数目（阿伏伽德罗常数）$N_A=6.0221367\times10^{23}\mathrm{mol^{-1}}$
4. 摩尔气体常数　$R=8.3145\mathrm{J\cdot mol^{-1}\cdot K^{-1}}$
5. 玻尔兹曼常数　$k=1.380658\times10^{-23}\mathrm{J\cdot K^{-1}}$
6. 空气的平均摩尔质量　$M=28.9\times10^{-3}\mathrm{kg\cdot mol^{-1}}$
7. 冰的熔点为 273.16K（解题时用 273K）
8. 电子静质量　$m_e=9.1093897\times10^{-31}\mathrm{kg}$（解题时取 $9.1\times10^{-31}\mathrm{kg}$）
9. 质子静质量　$m_p=1.672623\times10^{-27}\mathrm{kg}$
10. 中子静质量　$m_n=1.6749286\times10^{-27}\mathrm{kg}$
11. 元电荷　$e=1.60217733\times10^{-19}\mathrm{C}$
12. 普朗克常量　$h=6.6260755\times10^{-34}\mathrm{J\cdot s}$
13. 里德伯常量　$R_H=1.0973731534\times10^{7}\mathrm{m^{-1}}$
14. 氢原子质量　$m_H=1.6734\times10^{-27}\mathrm{kg}$
15. 地球的平均半径　$6.371\times10^{6}\mathrm{m}$
16. 地球的质量　$5.97742\times10^{24}\mathrm{kg}$
17. 太阳的直径　$1.392\times10^{9}\mathrm{m}$
18. 太阳的质量　$1.9891\times10^{30}\mathrm{kg}$
19. 由太阳至地球的平均距离　$1.4959787\times10^{11}\mathrm{m}$
20. 月球半径与地球半径的比　3∶11
21. 月球质量　$7.3483\times10^{22}\mathrm{kg}$
22. 地球到月球距离与地球半径的比　60∶1

附录 B　数学公式

B.1　级数展开式

1. $\sqrt{1+x^2}=1+\frac{x}{2}-\frac{x^2}{8}+\frac{x^3}{16}-\cdots\quad(-1<x<1)$

2. $e^x = 1 + x + \frac{x^2}{2!} + \frac{x^3}{3!} + \cdots + \frac{x^m}{m!} + \cdots \quad (-\infty < x < +\infty)$

3. $\sin x = x - \frac{x^3}{3!} + \frac{x^5}{5!} - \frac{x^7}{7!} + \cdots \quad (-\infty < x < +\infty)$

4. $\cos x = 1 - \frac{x^2}{2!} + \frac{x^4}{4!} - \frac{x^6}{6!} + \cdots \quad (-\infty < x < +\infty)$

5. $(x+y)^n = x^n + \frac{n}{1!}x^{n-1}y + \frac{n(n-1)}{2!}x^{n-2}y^2 + \cdots$

B.2 二次方程 $ax^2 + bx + c = 0$ $(a \neq 0)$ 的根

$$x = \frac{-b \pm \sqrt{b^2 - 4ac}}{2a}$$

B.3 勾股定理 $x^2 + y^2 = r^2$

（r 为直角三角形的斜边长，x、y 为两直角边长.）

B.4 三角恒等式

1. $\sin^2\theta + \cos^2\theta = 1, \sec^2\theta = 1 + \tan^2\theta, \mathrm{cec}^2\theta = 1 + \cot^2\theta$
2. $\sin(\alpha \pm \beta) = \sin\alpha\cos\beta \pm \cos\alpha\sin\beta$
3. $\cos(\alpha \pm \beta) = \cos\alpha\cos\beta \mp \sin\alpha\sin\beta$
4. $\tan(\alpha \pm \beta) = \frac{\tan\alpha \pm \tan\beta}{1 \mp \tan\alpha\tan\beta}$
5. $\sin 2\theta = 2\sin\theta\cos\theta$
6. $\cos 2\theta = \cos^2\theta - \sin^2\theta = 1 - 2\sin^2\theta = 2\cos^2\theta - 1$

B.5 对数

如果 $a = 10^m$，则 m 为数 a 的常用对数（十进对数）

$$\lg a = m$$

而 10 为常用对数的底. 对数的一般性质如下：

1. $\lg(ab) = \lg a + \lg b.$

2. $\lg\frac{a}{b} = \lg a - \lg b$

3. $\lg a^n = n\lg a$

4. $\lg\sqrt[m]{a^n} = \frac{n}{m}\lg a$

如果 $a = e^m$，则 m 为数 a 的自然对数，即

$$\ln a = m$$

$e = 2.7182818\cdots$为自然对数的底.

常用对数与自然对数间的换算公式　$\mathrm{l}a = 0.434294\ln a$

B.6 导数公式

1. $\frac{\mathrm{d}}{\mathrm{d}x}x^n = nx^{n-1}$

2. $\frac{\mathrm{d}}{\mathrm{d}x}\sin x = \cos x$

3. $\frac{\mathrm{d}}{\mathrm{d}x}\cos x = -\sin x$

4. $\frac{\mathrm{d}}{\mathrm{d}x}e^x = e^x$

5. $\frac{d}{dx}\ln x=\frac{1}{x}$ （$x\neq0$）

6. $\frac{d}{dx}\tan x=\sec^2 x$

7. $\frac{d}{dx}\cot x = -\mathrm{cec}^2 x$

8. $\frac{d}{dx}a^x=a^x\ln a$ （$a>0$，且 $a\neq1$）

B.7　积分公式

1. $\int x^n dx = \frac{x^{n+1}}{n+1}(n\neq-1)$

2. $\int e^x dx = e^x$

3. $\int \sin x dx = -\cos x$

4. $\int \frac{dx}{x} = \ln x$

5. $\int a^x dx = \frac{a^x}{\ln a}(a>0,$且$\ a\neq1)$

6. $\int \cos x dx = \sin x$

注：在引用上述积分公式时，应加上一个积分常数.

参 考 文 献

[1] 程守洙，江之永. 普通物理学 [M]. 6 版. 北京：高等教育出版社，2006.
[2] 杨仲耆. 大学物理学：力学 [M]. 北京：人民教育出版社，1979.
[3] 林润生，彭知难. 大学物理学 [M]. 兰州：甘肃教育出版社，1990.
[4] 古玥，李衡芝. 物理学 [M]. 北京：化学工业出版社，1985.
[5] 江宪庆，邓新模，陶相国. 大学物理学 [M]. 上海：上海科学技术文献出版社，1989.
[6] 张三慧. 大学物理学 [M]. 2 版. 北京：清华大学出版社，1985.
[7] 刘克哲，张承琚. 物理学 [M]. 3 版. 北京：高等教育出版社，2005.
[8] 梁绍荣，池无量，杨敬明. 普通物理学 [M]. 北京：北京师范大学出版社，1999.
[9] 张宇，赵远. 大学物理 [M]. 2 版. 北京：机械工业出版社，2007.
[10] 毛骏健，顾牡. 大学物理学 [M]. 北京：高等教育出版社，2006.
[11] 赵凯华，陈熙谋. 电磁学 [M]. 北京：高等教育出版社，1985.
[12] 梁灿彬，秦光戎，梁竹健. 电磁学 [M]. 北京：人民教育出版社，1980.
[13] 洛兰，科逊. 电磁学原理及应用 [M]. 潘仲麟，胡芬，译. 成都：成都科技大学出版社，1988.
[14] 唐瑞方. 物理 [M]. 上海：上海科学普及出版社，2001.
[15] 林焕文. 物理阅读与实验制作 [M]. 上海：上海科学普及出版社，1998.
[16] 上海市物理学会，上海市中专物理协作组. 物理阅读与辅导 [M]. 上海：上海科学普及出版社，1996.
[17] 克罗默. 科学和工业中的物理学 [M]. 陆思，译. 北京：科学出版社，1986.
[18] 王雯宇，许洋. 光和引力波专题 1：广义相对性原理、光速不变原理及引力论 [J]. 物理与工程，2019，29 (1)：131.
[19] A BBOTT B P，et al. Observation of Gravitational Waves from a Binary Black Hole Merger [J]. Physical Review Letters，2016 (116)：61 – 102.
[20] 安宇森，蔡荣根，季力伟，等. 2017 年诺贝尔物理学奖解读 [J]. 物理，2017，46 (12)：794.
[21] 姜韬. 对光纤通信技术的应用及发展趋势的研究 [J]. 通讯世界，2018 (6)：61 – 62.
[22] 郭爱玲. 光纤通信技术的现状及发展趋势分析 [J]. 数字通信世界，2018 (7)：42.
[23] 葛军，康邦进，张文瑜. 光纤通讯技术及其发展 [J]. 通讯世界，2016 (5)：24 – 25.
[24] 许春霞，黄光宇，孙兰. 光纤通讯技术特点及其发展应用 [J]. 科技创新导报，2018 (6)：167.
[25] 孙晨阳. 基于现代技术角度下对光纤通讯传输技术的分析 [J]. 信息系统工程，2018 (1)：95.
[26] 张晓龙. 基于激光测距的三维空间景深获取 [D]. 南京：东南大学，2015.
[27] 卢颖. 基于三维激光扫描的桥梁检测技术应用研究 [D]. 长春：吉林大学，2017.
[28] 张政. 三维激光扫描技术的原理简述及应用研究概况 [J]. 建材与装饰，2016 (7)：213 – 214.
[29] 覃遵涛. 三维激光扫描系统的误差分析与标定技术的研究 [D]. 哈尔滨：东北林业大学，2010.
[30] 刘红旗，项鑫，李军杰. 三维激光扫描原理及其在露天矿测量中的应用 [J]. 科技资讯，2009 (3)：7 – 8.
[31] 田正华. 三维激光扫描技术应用于地面建模的精度分析 [D]. 西安：西安科技大学，2015.
[32] 郑鹏，韩雨萌. 大型复杂零件的三维扫描测量精度研究 [J]. 电大理工，2016 (3)：15 – 17.
[33] 位洪军. 单线激光扫描三维测量技术研究 [D]. 天津：天津大学，2011.